Microrganismos em Alimentos 8

Blucher

INTERNATIONAL COMMISSION ON MICROBIOLOGICAL SPECIFICATIONS
FOR FOODS (ICMSF)

Microrganismos em Alimentos 8

UTILIZAÇÃO DE DADOS PARA AVALIAÇÃO DO CONTROLE DE PROCESSO E ACEITAÇÃO DE PRODUTO

Tradução

Bernadette D. G. M. Franco
Universidade de São Paulo, SP, Brasil & ICMSF
Marta H. Taniwaki
Instituto de Tecnologia de Alimentos, SP, Brasil & ICMSF
Mariza Landgraf
Universidade de São Paulo, SP, Brasil
Maria Teresa Destro
Universidade de São Paulo, SP, Brasil

Microrganismos em Alimentos 8: Utilização de Dados para Avaliação do Controle de Processo e Aceitação de Produto

Tradução da edição em inglês: *Microorganisms in Foods 8* by International Commission on Microbiological Specifications for Foods (ICMSF)

Copyright© 2011 Springer US

Springer US é parte da Springer Science + Business Media

All rights reserved

Direitos reservados para a língua portuguesa pela Editora Edgard Blücher Ltda. 2015

Blucher

Rua Pedroso Alvarenga, 1245, 4º andar
04531-012 – São Paulo – SP – Brasil
Tel.: 55 11 3078-5366
contato@blucher.com.br
www.blucher.com.br

Segundo o Novo Acordo Ortográfico, conforme 5. ed. do *Vocabulário Ortográfico da Língua Portuguesa*, Academia Brasileira de Letras, março de 2009.

É proibida a reprodução total ou parcial por quaisquer meios, sem autorização escrita da Editora.

Todos os direitos reservados pela Editora Edgard Blücher Ltda.

Impressão e acabamento: Yangraf Gráfica e Editora

Ficha Catalográfica

International Commission on Microbiological Specifications for Foods

    Microrganismos em alimentos 8: utilização de dados para avaliação do controle de processo e aceitação de produto / International Commission on Microbiological Specifications for Foods; tradução de Bernadette D. G. M. Franco, Marta H. Taniwaki, Mariza Landgraf, Maria Teresa Destro. – São Paulo: Blucher, 2015.

    Bibliografia

    ISBN 978-85-212-0857-0

    1. Alimentos – microbiologia 2. Alimentos – normas – controle de qualidade I. Título II. Taniwaki, Marta H. III. Franco, Bernadette D. G. M.

14-0372   CDD 664.001579

Índices para catálogo sistemático:

1. Tecnologia de alimentos

APRESENTAÇÃO PARA A EDIÇÃO BRASILEIRA

A ICMSF tem uma longa história de fornecimento de recomendações com base científica em análises microbiológicas de alimentos e mantém uma composição diversificada de seus membros em uma tentativa de capturar informações relevantes internacionalmente. Os textos originais são publicados em inglês, que é a língua usada nas reuniões da ICMSF, mas muitas publicações da ICMSF estão traduzidas para várias línguas.

A tradução de informações técnicas não é uma tarefa fácil. Podem existir diferenças sutis na tradução de termos específicos, e uma mesma palavra pode ser traduzida para diferentes palavras em uma outra língua, dependendo da região ou país onde essa língua é falada. Esta versão em português de *Microorganisms in Foods 8: Use of Data for Assessing Process Control and Product Acceptance* foi traduzida por dois membros da ICMSF e duas microbiologistas de alimentos adicionais como um projeto voluntário, visto que reconheceram a importância de ter as informações disponíveis no idioma nativo no Brasil. Foi feita uma tradução direta, muitas vezes consultando o editor-chefe para garantir a compreensão das nuances de certas frases ou palavras. O grupo também ajudou a encontrar o editor para esta edição em português. A ICMSF reconhece e valoriza muito os esforços das tradutoras, por disponibilizarem esta publicação para um novo público.

Comitê Editorial

FOREWORD TO THE BRAZILIAN TRANSLATION

The ICMSF has a long history of providing science-based recommendations on microbiological testing of foods and maintains a diverse membership in an attempt to capture information relevant internationally. The original texts are published in English, which is the language used at ICMSF meetings; however, many ICMSF publications are translated to several languages.

Translation of technical information is not an easy task. Subtle differences may exist in translation of specific terms, and the same word may be translated to different words in a given language depending on the region or country where that language is spoken. This Portuguese version of *Microorganisms in Foods 8: Use of Data for Assessing Process Control and Product Acceptance* was translated by two members of ICMSF and two additional food microbiologists as a voluntary project because they recognized the importance of having the information available in their native language in Brazil. They provided a direct translation, frequently working with the Editorial Chair to ensure that they fully understood fine nuances of certain sentences or words. This group also helped to identify the publisher for this Portuguese version. The ICMSF acknowledges and greatly appreciates the efforts of the translators to bring this publication to a new audience.

The Editorial Committee

CONTEÚDO

Prefácio **15**

Colaboradores e Revisores **19**

Abreviações **25**

Parte I Princípios da Utilização de Dados em Controle Microbiológico

1 Utilidade das Análises Microbiológicas para Segurança e Qualidade 29

1.1 Introdução 29

1.2 BPH e HACCP 35

1.3 Limitações das análises microbiológicas de alimentos 40

1.4 Conclusões 40

Referências 41

2 Validação de Medidas de Controle 43

2.1 Introdução 43

2.2 Considerações para validação 45

2.3 Validação de medidas de controle 47

2.4 Efeito da variabilidade do processo na validação da conformidade com o FSO .. 57

2.5 Validação de limpeza e outras medidas de controle de BPH 63

2.6 Determinação da vida de prateleira 65

2.7 Quando revalidar 66

Referências 67

3 Verificação do Controle de Processo 69

3.1 Introdução 69

3.2 Como verificar se um processo está sob controle 72

3.3 Obtenção e revisão de dados de rotina 75
3.4 Exemplos de programas de controle de processo de autoridades competentes 77
Referências 78

4 Verificação do Controle de Ambiente 81
4.1 Introdução 81
4.2 Estabelecendo um programa de controle do ambiente 82
Referências 87

5 Ações Corretivas para Restabelecimento do Controle 89
5.1 Introdução 89
5.2 Boas Práticas de Higiene (BPH) 90
5.3 HACCP 91
5.4 Avaliação do controle de BPH e do plano HACCP 91
5.5 Ações corretivas 94
5.6 Opções de destino de produtos questionáveis 97
5.7 Perda repetitiva de controle 98
Referências 99

6 Análises Microbiológicas nas Relações Cliente–Fornecedor 101
6.1 Introdução 101
6.2 Auditoria 106
6.3 Dados microbiológicos 107
Referências 107

Parte II   Aplicação dos Princípios a Categorias de Produto
7 Aplicações e Uso de Critérios e Outras Análises 111
7.1 Introdução 111
7.2 Formato dos capítulos das *commodities* 112
7.3 Escolha dos microrganismos ou de seus produtos 116
7.4 Seleção de limites e planos de amostragem 116
7.5 Limitações das análises microbiológicas 122
Referências 123

8 Produtos Cárneos 125
8.1 Introdução 125
8.2 Produção primária 126

Conteúdo **9**

8.3 Produtos à base de carnes cruas, exceto carnes picadas.................................127

8.4 Carnes cruas picadas 132

8.5 Carnes cruas curadas estáveis à temperatura ambiente 135

8.6 Produtos cárneos secos...137

8.7 Produtos cárneos cozidos..140

8.8 Carnes não curadas estáveis à temperatura ambiente 145

8.9 Carnes curadas cozidas estáveis à temperatura ambiente..............................145

8.10 *Escargots*...146

8.11 Pernas de rãs 147

Referências 148

9 Produtos Avícolas..151

9.1 Introdução 151

9.2 Produção primária..152

9.3 Produtos avícolas *in natura*..153

9.4 Produtos avícolas cozidos 158

9.5 Produtos avícolas comercialmente estéreis 163

9.6 Produtos avícolas desidratados 163

Referências 165

10 Pescados e Derivados...169

10.1 Introdução 169

10.2 Peixes crus marinhos e de água doce 171

10.3 Pescados crus congelados 175

10.4 Crustáceos crus...177

10.5 Crustáceos cozidos 179

10.6 Moluscos crus..181

10.7 Moluscos sem concha e cozidos 184

10.8 Surimi e produtos à base de pescado moído..186

10.9 Produtos levemente conservados à base de pescado 189

10.10 Produtos semiconservados à base de pescado 192

10.11 Produtos fermentados à base de pescado 194

10.12 Produtos totalmente desidratados ou salgados 196

10.13 Pescados pasteurizados..196

10.14 Produtos envasados à base de pescado...199

Referências 200

10   Microrganismos em Alimentos 8

11 Rações e *Pet Food* **203**

11.1 Introdução 203

11.2 Ingredientes processados para ração 204

11.3 Rações não processadas 207

11.4 Rações compostas 210

11.5 *Pet foods*, mastigáveis e petiscos 211

Referências 214

12 Hortaliças e Derivados **219**

12.1 Introdução 219

12.2 Produção primária 219

12.3 Hortaliças frescas e minimamente processadas 227

12.4 Hortaliças cozidas 233

12.5 Hortaliças congeladas 238

12.6 Hortaliças envasadas 241

12.7 Hortaliças desidratadas 241

12.8 Hortaliças fermentadas e acidificadas 244

12.9 Sementes germinadas (*sprouted seeds*) 246

12.10 Cogumelos 250

Referências 253

13 Frutas e Derivados **257**

13.1 Introdução 257

13.2 Produção primária 258

13.3 Frutas inteiras *in natura* 260

13.4 Frutas minimamente processadas 264

13.5 Frutas congeladas 269

13.6 Frutas envasadas 271

13.7 Frutas secas 271

13.8 Tomates e produtos de tomates 274

13.9 Frutas em compota 276

Referências 277

14 Especiarias, Sopas Desidratadas e Condimentos Asiáticos **283**

14.1 Introdução 283

14.2 Especiarias e ervas desidratadas 284

Conteúdo **11**

14.3 Misturas de especiarias desidratadas e temperos à base de vegetais 287

14.4 Sopas e molhos desidratados 289

14.5 Molho de soja 291

14.6 Molho e pasta de peixe e de camarão 293

Referências 296

15 Cereais e Derivados 299

15.1 Introdução 299

15.2 Grãos secos, *in natura* e suas farinhas e misturas à base de farinhas 300

15.3 Massas frescas, congeladas e refrigeradas 304

15.4 Produtos de cereais desidratados 307

15.5 Produtos de panificação 309

15.6 Macarrão sem recheio e macarrão chinês (*noodles*) 311

15.7 Cereais cozidos 315

15.8 Produtos de panificação com cobertura ou recheio 317

Referências 318

16 Nozes, Sementes Oleaginosas, Leguminosas Desidratadas e Café 321

16.1 Introdução 321

16.2 Nozes 322

16.3 Sementes oleaginosas 326

16.4 Leguminosas desidratadas 328

16.5 Café 332

Referências 334

17 Cacau, Chocolate e Confeitos 339

17.1 Introdução 339

17.2 Cacau em pó, chocolate e confeitos 340

Referências 345

18 Alimentos à Base de Óleos e Gorduras 347

18.1 Introdução 347

18.2 Maionese e molhos para saladas 348

18.3 Saladas à base de maionese 351

18.4 Margarina 355

12   Microrganismos em Alimentos 8

18.5 Pastas (*spreads*) com baixo teor de gordura 358

18.6 Manteiga 361

18.7 Pastas (*spreads*) de fase aquosa contínua 364

18.8 Diversos 364

Referências 365

19 Açúcar, Xaropes e Mel 367

19.1 Introdução 367

19.2 Açúcar de cana e de beterraba 367

19.3 Xaropes 369

19.4 Mel 371

Referências 372

20 Bebidas Não Alcoólicas 375

20.1 Introdução 375

20.2 Refrigerantes 375

20.3 Sucos de frutas e produtos relacionados 379

20.4 Bebidas à base de chá 383

20.5 Leite de coco, creme de coco e água de coco 385

20.6 Sucos de hortaliças 386

Referências 388

21 Água 391

21.1 Introdução 391

21.2 Água potável 391

21.3 Água de processamento ou de produto 394

21.4 Águas envasadas 397

Referências 399

22 Ovos e Derivados 403

22.1 Introdução 403

22.2 Produção primária 404

22.3 Ovos com casca 404

22.4 Ovos líquidos e congelados 407

22.5 Ovos desidratados 412

22.6 Produtos cozidos de ovos 414

Referências 417

Conteúdo

23 Leite e Produtos Lácteos **421**
23.1 Introdução 421
23.2 Leite cru para consumo direto 422
23.3 Leite fluido processado 425
23.4 Creme de leite 429
23.5 Leite concentrado 429
23.6 Produtos lácteos desidratados 432
23.7 Sorvetes e produtos similares 435
23.8 Leite fermentado 438
23.9 Queijos 441
Referências 446

24 Alimentos Termoprocessados Estáveis à Temperatura Ambiente **449**
24.1 Introdução 449
24.2 Microrganismos de importância 450
24.3 Controle do processamento 452
24.4 Dados microbiológicos 453
Referências 458

25 Alimentos Desidratados para Lactentes e Crianças de Primeira Infância **461**
25.1 Introdução 461
25.2 Fórmulas infantis em pó 462
25.3 Cereais infantis 466
Referências 472

26 Alimentos Combinados **475**
26.1 Introdução 475
26.2 Considerações gerais 475
26.3 Dados microbiológicos 476
26.4 Produtos à base de massa, recheados ou com cobertura 478
Referências 482

Apêndice A – Considerações sobre Amostragem e Aspectos Estatísticos dos Planos de Amostragem **483**
Apêndice B – Cálculos para o Capítulo 2 .... **497**
Apêndice C – Métodos ISO Mencionados nas Tabelas **499**

14   Microrganismos em Alimentos 8

Apêndice D – Objetivos e Realizações da ICMSF 501

Apêndice E – Participantes da ICMSF...509

Apêndice F – Publicações da ICMSF 515

Apêndice G – Patrocinadores das atividades da ICMSF 519

Índice remissivo 523

PREFÁCIO

A ICMSF e a evolução da gestão da segurança dos alimentos

A obra *Microrganismos em alimentos 8: Utilização de dados para avaliação do controle de processo e da aceitação de produto* foi escrito pela International Commission on Microbiological Specifications for Foods (ICMSF) com a ajuda de um pequeno número de consultores especialistas. O objetivo deste livro é fornecer orientação para análise correta de ingredientes, ambiente de processamento de alimentos, linhas de processamento e produtos acabados, de forma a melhorar a segurança microbiológica e a qualidade dos alimentos.

Os livros da ICMSF representam uma evolução nos princípios de gestão da segurança microbiológica dos alimentos. Nos anos 1970 e 1980, o controle da segurança dos alimentos era feito principalmente por meio de inspeção, conformidade com regulamentos de higiene e análise do produto final. O livro *Microorganisms in foods 2: Sampling for microbiological analysis: Principles and specific applications* (ICMSF, 1986) apresentou uma base estatística sólida às analises microbiológicas pela aplicação de planos de amostragem. Os planos de amostragem continuam relevantes quando não há informação sobre as condições em que um alimento foi produzido ou processado.

Em uma fase inicial, a ICMSF reconheceu que nenhum plano de amostragem é capaz de garantir a ausência de um patógeno no alimento. Com isto, a ICMSF publicou *Microorganisms in foods 4: Application of the Hazard Analysis Critical Control Point (HACCP) system to ensure microbiological safety and quality* (ICMSF, 1988). O papel do HACCP na melhoria da segurança dos alimentos é reconhecido mundialmente. A publicação *Microorganisms in foods 4* apresentou os procedimentos para identificação de perigos microbiológicos nos alimentos, determinação dos pontos críticos de controle destes perigos e estabelecimento de sistemas para monitoramento da eficiência do controle.

A implementação adequada do HAACP requer conhecimento dos microrganismos prejudiciais e suas respostas às condições encontradas nos alimentos (por exemplo, pH, atividade de água, temperatura, conservantes etc.). O livro *Microorganisms in foods 5: Characteristics of microbial pathogens* (ICMSF, 1996), da ICMSF, é uma revisão abrangente da literatura sobre multiplicação, sobrevivência e morte de patógenos de origem alimentar.

A obra objetiva ser uma referência rápida para auxílio na avaliação da multiplicação, da sobrevivência e da morte de patógenos como apoio aos planos HACCP e para melhoria na segurança dos alimentos.

A gestão da segurança microbiológica dos alimentos requer uma compreensão da ecologia microbiana do alimento em produção. O livro *Microorganisms in foods 6: Microbial ecology of food commodities* (ICMSF, 2005) destina-se aos interessados nos aspectos aplicados da microbiologia de alimentos. Ele descreve a microbiota inicial, a prevalência de patógenos, os efeitos do processamento, os padrões de deterioração, os surtos de origem alimentar e as medidas de controle para 17 *commodities* alimentares. A versão atualizada de *Microorganisms in foods 6* serve como base para o *Microorganisms in foods 7,* que identifica os controles que influenciam o nível inicial de contaminação e os aumentos e diminuições nas populações microbianas.

O livro *Microorganisms in foods 7: Microbiological testing in food safety management* (ICMSF, 2002) descreve como o HACCP e as Boas Práticas de Higiene (BPH) dão mais garantia de segurança do que a análise microbiológica, mas também indica em quais circunstâncias a análise microbiológica pode ser de grande utilidade. Ele apresenta ao leitor uma abordagem estruturada para a gestão da segurança microbiológica dos alimentos, por meio da aplicação de medidas de controle de três categorias: (1) aquelas que influenciam o nível inicial do perigo, (2) aquelas que reduzem o perigo e (3) aquelas que impedem o aumento do perigo durante o processamento e o armazenamento. Os conceitos de *Food Safety Objective* (FSO) e *Performance Objective* (PO) são recomendados à indústria e a autoridades de controle para transformar o risco em um objetivo definido para o estabelecimento dos sistemas de gestão da segurança microbiológica dos alimentos baseados em BPH e HACCP. Os FSOs e POs dão a base científica para que a indústria possa desenvolver e implementar medidas a fim de controlar os perigos de relevância em um determinado alimento, para que as autoridades de controle possam desenvolver sistemas de inspeção que avaliem se as medidas de controle são adequadas e para que os países possam quantificar a equivalência dos procedimentos de inspeção. Adicionalmente, as informações sobre os planos de amostragem apresentados na obra *Microorganisms in foods 2* são atualizadas e ampliadas.

Este novo livro *Microrganismos em alimentos 8: Utilização de dados para avaliação do controle de processo e da aceitação de produto* é constituído de duas partes. A Parte I, "Princípios da utilização de dados em controle microbiológico", é baseada nos princípios de *Microorganisms in foods 7*. A Parte II, "Aplicação dos princípios a categorias de produtos", fornece exemplos práticos para uma variedade de alimentos e ambientes de processamento. Este material atualiza e substitui informações semelhantes apresentadas em *Microorganisms in foods 2*. A Parte II também é baseada na segunda edição de *Microorganisms in foods 6: Microbial ecology of food commodities* (ICMSF, 2005), identificando testes adicionais para avaliação da eficácia dos controles.

Os livros *Microorganisms in foods 5*, 6, 7 e 8 se destinam aos envolvidos em análise microbiológica ou encarregados do estabelecimento de critérios microbiológicos. Eles são úteis para processadores de alimentos, microbiologistas de alimentos, tecnólogos de alimentos, profissionais da área de saúde pública e da área reguladora. Para estudantes de ciência e tecnologia de alimentos, a série de livros da ICMSF oferece uma enorme quantidade de informações sobre microbiologia de alimentos e gestão da segurança de alimentos, com muitas referencias bibliográficas para consulta.

A análise microbiológica pode ser uma ferramenta muito útil para a gestão da segurança de alimentos. Entretanto, as análises microbiológicas devem ser selecionadas e aplicadas com o conhecimento de suas limitações, benefícios e objetivos para os quais são utilizadas. Em muitos casos, outras formas de avaliação são mais rápidas e eficientes do que a análise microbiológica para garantir a segurança dos alimentos. A necessidade de análise microbiológica varia ao longo da cadeia de produção de alimentos, da produção primária ao processamento, à distribuição e comercialização à preparação e ao consumo. Na cadeia de produção de alimentos, devem ser selecionados aqueles pontos capazes de fornecer informações sobre as condições microbiológicas de um alimento que sejam mais úteis para o controle.

REFERÊNCIAS

ICMSF - INTERNATIONAL COMMISSION FOR MICROBIOLOGICAL SPECIFICATIONS FOR FOODS. **Microorganisms in foods 2**: sampling for microbiological analysis: principles and specific applications. 2. ed. Toronto: University of Toronto Press, 1986.

_____. **Microorganisms in foods 4**: application of the hazard analysis critical control point (HACCP) system to ensure microbiological safety and quality. London: Blackwell Scientific Publications, 1988.

_____. **Microorganisms in foods 5**: characteristics of microbial pathogens. London: Blackie Academic & Professional, 1996.

_____. **Microorganisms in foods 7**: microbiological testing in food safety management. New York: Kluwer Academic: Plenum Publishers, 2002.

_____. **Microorganisms in foods 6**: microbial ecology of food commodities 2. ed. New York: Kluwer Academic: Plenum Publishers, 2005.

COLABORADORES E REVISORES

Membros da ICMSF durante a preparação deste livro

Martin Cole (*Presidente*), CSIRO, North Ryde NSW, Austrália

Fumiko Kasuga (*Secretária*), National Institute of Health Sciences, Tóquio, Japão

Jeffrey M. Farber (*Tesoureiro*), Health Canada, Ottawa, Ontário, Canadá

Wayne Anderson, Food Safety Authority of Ireland, Dublin, Irlanda (a partir de 2008)

Lucia Anelich, Anelich Consulting, Pretória, África do Sul

Robert L. Buchanan, University of Maryland, College Park, MD, Estados Unidos

Jean-Louis Cordier, Nestlé Nutrition, Vevey, Suíça

Susanne Dahms, Freie Universität, Berlim, Alemanha (até 2007)

Ratih Dewanti-Hariyadi, Bogor Agricultural University, Bogor, Indonésia (a partir de 2008)

Russ S. Flowers, Silliker Group Corp. Homewood, IL, Estados Unidos

Bernadette D. G. M. Franco, Universidade de São Paulo, São Paulo, SP, Brasil

Leon G. M. Gorris (*Secretário 2007–2010*), Unilever, Xangai, China

Lone Gram (*Secretária até 2007*), Technical University of Denmark, Lyngby, Dinamarca (até 2009)

Anna M. Lammerding, Public Health Agency of Canada, Guelph, Ontário, Canadá

Xiumei Liu, China CDC, Ministry of Health, República Popular da China

Morris Potter, FDA Center for Food Safety and Applied Nutrition, Atlanta, GA, Estados Unidos (até 2009)

Tom Ross, University of Tasmania, Hobart, Tasmânia, Austrália (a partir de 2008)

Katherine M. J. Swanson, Ecolab, Eagan, MN, Estados Unidos

Marta H. Taniwaki, Instituto de Tecnologia de Alimentos, Campinas, SP, Brasil (a partir de 2010)

Paul Teufel, Federal Dairy Research Center, Kiel, Alemanha (até 2007)

Marcel Zwietering, Wageningen University, Wageningen, Holanda

Consultores durante a preparação deste livro

Wayne Anderson, Food Safety Authority of Ireland, Dublin, Irlanda (2006–2007)

Kiran N. Bhilegaonkar, Indian Veterinary Research Institute, Bareilly, Índia (2009–2010)

Ratih Dewanti-Hariyadi, Bogor Agricultural University, Bogor, Indonésia (2006–2007)

Peter McClure, Unilever, Milton Keynes, Reino Unido (2010)

Tom Ross, University of Tasmania, Hobart, Tasmânia, Austrália (2006–2007)

Cindy M. Stewart, PepsiCo, Hawthorne, NY, Estados Unidos (2005)

Marta H. Taniwaki, Instituto de Tecnologia de Alimentos, Campinas, SP, Brasil (2008–2009)

R. Bruce Tompkin, Conagra, Chicago, IL, Estados Unidos (2005–2009)

Michiel van Schothorst, Nestlé, La Tour de Peilz, Suíça (2005)

Richard Whiting, Exponent Inc., Bowie, MD, Estados Unidos (2005)

Colaboradores

A ICMSF agradece às seguintes pessoas pela contribuição para o desenvolvimento deste livro:

2 - Validação de Medidas de Controle

Cindy M. Stewart, PepsiCo, Hawthorne, NY, Estados Unidos
Richard Whiting, Exponent Inc., Bowie, MD, Estados Unidos

18 - Alimentos à Base de Óleos e Gorduras

Peter McClure, Unilever, Milton Keynes, Reino Unido

22 - Ovos e Derivados

Todd McAloon, Cargill, Mineápolis, MN, Estados Unidos

Apêndice A - Considerações sobre Amostragem e Aspectos Estatísticos dos Planos de Amostragem

Peter Sestoft, University of Copenhagen, Dinamarca

Revisores

A ICMSF realizou uma ampla revisão interna dos capítulos deste livro. Além disso, emitiu uma chamada a revisores externos, para expandir a base da revisão. A ICMSF agradece às seguintes pessoas por revisarem capítulos e aprimorarem este trabalho:

1 - Utilidade das Análises Microbiológicas para Segurança e Qualidade

Mark Powell, USDA/ORACBA, Washington, DC, Estados Unidos

2 - Validação de Medidas de Controle

Juliana M. Ruzante, Joint Institute for Food Safety and Applied Nutrition, College Park, MD, Estados Unidos

Virginia N. Scott, FDA Center for Food Safety and Applied Nutrition, College Park, MD, Estados Unidos

3 - Verificação do Controle de Processo

Cristiana Pacheco, Universidade Estadual de Campinas, Campinas, São Paulo, Brasil

Donald Schaffner, Rutgers University, New Brunswick, NJ, Estados Unidos

Richard Whiting, Exponent Inc., Bowie, MD, Estados Unidos

4 - Verificação do Controle de Ambiente

Joseph F. Frank, University of Georgia, Athens, GA, Estados Unidos

Gerardo Guzmán Gómez, Universidad de Guadalajara, Guadalajara, México

Andreas Kiermeier, SA Research and Development Institute, Adelaide, Austrália

Joseph D. Meyer, Covance Laboratories Inc., Madison, WI, Estados Unidos

5 - Ações Corretivas para Restabelecimento do Controle

Susan Ranck, Kellogg Company, Lancaster, PA, Estados Unidos

Virginia N. Scott, FDA Center for Food Safety and Applied Nutrition, College Park, MD, Estados Unidos

6 - Análises Microbiológicas nas Relações Cliente-Fornecedor

Scott Brooks, Yum! Brands, Branch, TX, Estados Unidos

Alison Larsson, Market Fresh Food Testing Laboratory, Mineápolis, MN, Estados Unidos

Skip Seward II, Conagra Inc., Omaha, NE, Estados Unidos

7 - Aplicações e Uso de Critérios e Outras Análises

Ivan Nastasijevic, World Health Organization EURO, Tirana, Albânia

Ranzell Nickelson II, Standard Meat Company, Saginaw, TX, Estados Unidos

Kelly Stevens, General Mills Inc., Mineápolis, MN, Estados Unidos

Ewen Todd, Michigan State University, East Lansing, MI, Estados Unidos

Erdal U. Tuncan, Silliker Inc., Homewood, IL, Estados Unidos

8 - Produtos Cárneos

James S. Dickson, Iowa State University, Ames, IA, Estados Unidos
Ian Jensen, Meat and Livestock Australia, North Sydney, NSW, Austrália
Ivan Nastasijevic, World Health Organization EURO, Tirana, Albânia

9 - Produtos Avícolas

Dane Bernard, Keystone Foods LLC, Conshohocken, PA, Estados Unidos
Marcos X. Sanchez-Plata, Inter-American Institute for Cooperation on Agriculture, Miami, FL, Estados Unidos

10 - Pescados e Derivados

Beatrice Dias-Wanigasekera, Food Standards Australia New Zealand, Wellington, Austrália
Lee-Ann Jaykus, North Carolina State University, Raleigh, NC, Estados Unidos
Ranzell Nickelson II, Standard Meat Company, Saginaw, TX, Estados Unidos

11 - Rações e *Pet Food*

Timothy Freier e David Harlan, Cargill, Mineápolis, MN, Estados Unidos
Frank T. Jones, Performance Poultry Consulting, LLC, Springdale, AR, Estados Unidos

12 - Hortaliças e Derivados

Patricia Desmarchelier, FASM FAIFST, Pullenvale, Queensland, Austrália
David E. Gombas, United Fresh, Washington, DC, Estados Unidos
Mary Lou Tortorello, Food and Drug Administration National Center for Food Safety and Technology, Summit-Argo, IL, Estados Unidos

13 - Frutas e Derivados

David E. Gombas, United Fresh, Washington, DC, Estados Unidos
Ewen Todd, Michigan State University, East Lansing, MI, Estados Unidos

14 - Especiarias, Sopas Desidratadas e Condimentos Asiáticos

John Hanlin, Kellogg Company, Battle Creek, MI, Estados Unidos
Skip Seward II, Conagra Inc., Omaha, NE, Estados Unidos

15 - Cereais e Derivados

William H. Sperber, Cargill Inc., Minnetonka, MN, Estados Unidos
Kelly Stevens, General Mills Inc., Mineápolis, MN, Estados Unidos

16 - Nozes, Sementes Oleaginosas, Leguminosas Desidratadas e Café

Philip Blagoyevich, The HACCP Institute, San Ramon, CA, Estados Unidos
Linda J. Harris, University of California-Davis, Davis, CA, Estados Unidos
Erdal U. Tuncan, Silliker Inc., Homewood, IL, Estados Unidos

Colaboradores e Revisores

17 - Cacau, Chocolate e Confeitos

Philip Blagoyevich, The HACCP Institute, San Ramon, CA, Estados Unidos
Michael Rissakis, Hellenic Catering SA, Ática, Grécia

18 - Alimentos à Base de Óleos e Gorduras

Sandra Kelly-Harris e S. Matilda Freund, Kraft Foods, Glenview, IL, Estados Unidos
Judy Fraser-Heaps, Land O'Lakes, St. Paul, MN, Estados Unidos

19 - Açúcar, Xaropes e Mel

Bruce Feree, California Natural Products, Lathrop, CA, Estados Unidos

20 - Bebidas Não Alcoólicas

Peter Simpson, The Coca-Cola Company, Atlanta, GA, Estados Unidos
Peter Taormina, John Morrell Food Group, Cincinnati, OH, Estados Unidos

21 - Água

Willette M. Crawford, FDA Center for Food Safety and Applied Nutrition, College Park, MD, Estados Unidos

22 - Ovos e Derivados

Stephanie Doores, Pennsylvania State University, State College, PA, Estados Unidos

23 - Leite e Produtos Lácteos

Roger Hooi, Dean Foods Company, Estados Unidos
Paul Teufel, Federal Dairy Research Center, Kiel, Alemanha

24 - Alimentos Termoprocessados Estáveis à Temperatura Ambiente

Rui M. S. Cruz, Universidade do Algarve, Faro, Portugal
Andy Davies, H. J. Heinz Company Limited, Reino Unido
Alejandro S. Mazzotta, Campbell Soup Company, Camden, NJ, Estados Unidos

25 - Alimentos Desidratados para Lactentes e Crianças de Primeira Infância

Daniel A. March, Mead Johnson Nutrition Company, Evansville, IN, Estados Unidos

26 - Alimentos Combinados

Cheng-An Hwang, USDA/ARS/ERRC, Wyndmoor, PA, Estados Unidos
Alejandro S. Mazzotta, Campbell Soup Company, Camden, NJ, Estados Unidos

Apêndice A - Considerações sobre Amostragem e Aspectos Estatísticos dos Planos de Amostragem

Mark Powell, USDA/ORACBA, Washington, DC, Estados Unidos

ABREVIAÇÕES

ΣI	Soma dos aumentos nos níveis dos microrganismos devidos à multiplicação ou recontaminação
ΣR	Soma das reduções nos níveis dos microrganismos
ALOP	Appropriate Level of Protection
ATP	Adenosine tri-phosphate
a_w	Atividade da água
BPA	Boas Práticas Agrícolas
BPF	Boas Práticas de Fabricação
BPH	Boas Práticas de Higiene
BPMA	Boas Práticas de Manejo de Animais
BPV	Boas Práticas Veterinárias
CDC	Centers for Disease Control and Prevention
CIP	Clean In Place (Limpeza sem desmontagem de equipamento)
CM	Critério Microbiológico
CoA	Certificates of Analysis (Certificado de análise)
CoC	Certificates of Conformance or Compliance (Certificados de Conformidade ou Cumprimento)
COP	Clean Out of Place (Limpeza fora do lugar)

EAM	Embalagem de Atmosfera Modificada
EC	European Commission
EEB	Encefalopatia Espongiforme Bovina
EHEC	Enterohemorrhagic *E. coli* (*E. coli* enterohemorrágicas)
EPA	US Environmental Protection Agency
ETA	Enfermidades Transmitidas por Alimentos
FAO	Food and Agriculture Organization (Organização das Nações Unidas para a Alimentação e a Agricultura)
FDA	US Food and Drug Administration
FSO	Food Safety Objective
H_0	Nível da contaminação inicial
HACCP	Hazard Analysis and Critical Control Points
IFT	Institute of Food Technologists
ITT	Integrador de Tempo–Temperatura
kGy	Quilogray
NACMCF	National Advisory Committee on Microbiological Criteria for Foods
PC	Performance Criteria (Critérios de Desempenho)
PCC	Ponto Crítico de Controle
PO	Performance Objective (Objetivos de Desempenho)
PPC	Produtos Prontos para Consumo
ppm	Partes por milhão
TME	Taxa de Multiplicação Exponencial
UHT	Ultrahigh temperature
USDA-FSIS	US Department of Agriculture – Food Safety Inspection Service
WHO	World Health Organization (Organização Mundial da Saúde – OMS)

PARTE **1**

PRINCÍPIOS DA UTILIZAÇÃO DE DADOS EM CONTROLE MICROBIOLÓGICO

CAPÍTULO 1

Utilidade das Análises Microbiológicas para Segurança e Qualidade

1.1 INTRODUÇÃO

Este capítulo tem o objetivo de oferecer uma revisão sobre a análise microbiológica e uma introdução aos conceitos a ela relacionados, que são discutidos mais detalhadamente em capítulos subsequentes e em outras publicações da ICMSF. As análises microbiológicas podem ser aplicadas na gestão da segurança e da qualidade de alimentos de várias maneiras. Os órgãos governamentais podem utilizar a análise de patógenos e indicadores para inspeção ou avaliação de lotes a fim de verificar sua aceitação em um porto de entrada, por exemplo, ou para vigilância dos produtos no comércio. A indústria também pode empregar a análise do produto final para patógenos e indicadores a fim de verificar a aceitação de lotes na relação consumidor–fornecedor. A indústria também utiliza a análise microbiológica para o desenvolvimento de produtos e para a verificação do desempenho dos controles de processo em programas de Hazard Analysis Critical Control Point (HACCP) e de Boas Práticas de Higiene/Boas Práticas de Fabricação. Estas análises podem ser feitas no produto final, em amostras ambientais e de processo. O microrganismo–alvo pode ser um patógeno ou um microrganismo de utilidade. Órgãos governamentais e indústrias realizam análise investigativa quando surge um problema microbiológico, para obtenção de informação ou identificação das causas potenciais do problema e das soluções possíveis. Essa análise pode ser feita em produtos finais, em ingredientes e em amostras ambientais e de processo, as quais podem ser obtidas em diferentes pontos da linha de produção dos alimentos.

Os critérios microbiológicos podem ser utilizados em todas as etapas da cadeia de fornecimento de alimentos, desde a produção no campo e na água até o processamento e a comercialização. Para proteger os consumidores e atender suas expectativas, órgãos governamentais podem exigir que os alimentos no comércio tenham qualidade e segurança, mas, para isso, pode ser necessário que os limites microbiológicos sejam aplicados em pontos anteriores da cadeia de suprimento. Frequentemente, esses critérios são determinados e impostos pelas empresas, e não pelos órgãos governamentais, e podem ser diferentes daqueles aplicáveis ao comércio.

Ao utilizar análises microbiológicas para avaliar a segurança e a qualidade de alimentos, é importante selecioná-las e aplicá-las com conhecimento de suas limitações, seus benefícios e os objetivos pretendidos. Em muitas situações, outras avaliações são mais rápidas e eficientes que as análises microbiológicas para assegurar a segurança dos alimentos. É bem sabido que a aplicação de programas de pré-requisitos (Boas Práticas de Agricultura, Boas Práticas de Higiene, Boas Práticas de Fabricação etc.) e programas de HACCP são as estratégias mais eficientes para a segurança do alimento (CODEX ALIMENTARIUS, 1997a; ICMSF, 1988, 2002a). Estas abordagens, quando aplicadas em pontos apropriados da cadeia de produção, são as melhores para o controle de microrganismos indesejáveis nos alimentos. Entretanto, as análises microbiológicas, que podem ou não incluir testes para patógenos, têm um importante papel na verificação da eficiência de programas de gestão da segurança de alimentos, desde que utilizadas de maneira consciente e bem planejada.

O principal tema deste texto é a identificação dos critérios relevantes para garantir a segurança e a qualidade microbiológica de alimentos, e sua especificação de acordo com as estratégias de gestão de segurança de alimentos baseada em risco. O livro objetiva fornecer orientação sobre as análises microbiológicas apropriadas para avaliação da segurança e da qualidade microbiológica de alimentos, incluindo os microrganismos, os limites e as etapas importantes na cadeia de produção e na comercialização de alimentos em que podem ser empregadas. Os Capítulos 2 a 6 apresentam discussões mais detalhadas das aplicações específicas das análises microbiológicas, enquanto os Capítulos 8 a 26 apresentam orientações sobre as análises microbiológicas de relevância e os critérios para grupos específicos de produtos alimentícios. O Capítulo 7 descreve a estrutura dos Capítulos 8 a 26 e explica a abordagem utilizada nas recomendações de análises microbiológicas e de critérios. Este capítulo contém uma rápida introdução sobre as análises microbiológicas para a gestão da segurança e da qualidade microbiológica de alimentos e dá uma introdução ao texto como um todo.

1.1.1 Análise microbiológica como parte do programa de gestão da segurança dos alimentos

O papel da segurança dos alimentos no comércio internacional é regulado pelo Acordo de Medidas Sanitárias e Fitossanitárias da Organização Mundial do Comércio (WTO, 1994). Para determinar se um alimento deve ser considerado seguro, a expressão *appropriate level of protection* (ALOP) tem sido utilizada, definida como o "nível de proteção considerado adequado [...] para proteger a saúde humana, animal e vegetal". Essa definição tem causado muita confusão por várias razões, principalmente porque o conceito do que deve ser considerado "adequado" varia de país para país, isto é, o risco "aceitável" tem um contexto cultural. Apesar disso, há um interesse crescente no desenvolvimento de ferramentas que permitam associar de forma mais eficiente os programas de segurança de alimentos com o impacto esperado na saúde da população.

O conceito de análise de risco descrito pela ICMSF (2002a) e pela Comissão do Codex Alimentarius (2008b) oferece uma abordagem estruturada para a gestão da segurança dos alimentos, com a introdução do conceito de Food Safety Objective (FSO) como uma ferramenta para atingir uma meta de saúde pública como o ALOP. Os FSOs e os *Performance Objectives* (POs) podem ser empregados para comunicar requisitos de níveis de segurança de alimentos para a indústria, por exemplo. FSOs e POs são níveis distintos de perigos microbiológicos que não podem ser excedidos no momento do consumo e em algum momento anterior da cadeia de produção, respectivamente, e podem ser obtidos com a utilização de boas práticas (BPH e BPA) e programas de HACCP. Embora sejam aplicados principalmente para garantia da segurança de alimentos, esses princípios podem também ser aplicados para assegurar sua qualidade.

Os princípios da utilização de boas práticas e de HACCP para produção de alimentos seguros não mudam com a introdução desses conceitos. Boas Práticas de Higiene, Boas Práticas de Agricultura e HACCP são ferramentas para se atingir um FSO ou um PO. A avaliação dos parâmetros de processo e de conservação é a opção preferida para verificar se um FSO ou um PO foi atingido, mas, algumas vezes, pode-se utilizar também amostragem e análise microbiológica para verificar o atendimento de critérios.

Considerando que FSO é a frequência ou concentração máxima de um perigo no momento do consumo, esse nível é frequentemente muito baixo. Consequentemente, na maioria dos casos, é impossível obter uma medida correta desse nível. A conformidade com um PO estabelecido em algum ponto da cadeia de produção anterior ao consumo pode ser mensurado por meio de análises microbiológicas. Entretanto, na maioria dos casos, a validação das medidas de controle, a verificação dos resultados do monitoramento dos Pontos Críticos de Controle e a auditoria dos sistemas de Boas Práticas de Higiene e de HACCP são necessárias para evidenciar de forma confiável que os POs e o FSO são atingidos.

Para se beneficiar da flexibilidade de um sistema de gestão de risco baseado em resultados, é importante que seja possível demonstrar de forma consistente que as medidas de controle selecionadas são de fato capazes de atingir o nível de controle pretendido. A implantação bem-sucedida do programa de HACCP depende de sua validação, incluindo a identificação clara dos perigos, as medidas de controle disponíveis, os pontos críticos de controle, os limites críticos e as ações corretivas. Os resultados das atividades de monitoramento e a verificação de um sistema HACCP ajudam a determinar quando uma revalidação é necessária.

1.1.2 Princípios da análise microbiológica e definições

A ICMSF tem inúmeras publicações sobre os princípios do controle de perigos microbiológicos em alimentos (ver Prefácio). Estes mesmos princípios se aplicam ao controle de microrganismos associados à deterioração e também aos indicadores das Boas Práticas de Higiene.

Frequentemente, as análises microbiológicas são realizadas para que se tome uma decisão ou se faça um julgamento. Quando o objetivo de uma coleta de amostra não pode ser determinado, muito provavelmente a análise não deve ser realizada. O motivo da análise deve estar determinado antes de sua realização e, no contexto de gestão da segurança de alimentos, as análises podem pertencer a quatro categorias distintas:

1. para determinar a segurança;
2. para determinar o atendimento das Boas Práticas de Higiene (BPH);
3. para determinar se um alimento ou ingrediente é adequado para um objetivo em particular; e
4. para prever a estabilidade de um produto.

As análises microbiológicas podem ser utilizadas também para obter dados de referência, não relacionados com o estabelecimento de limites. Além disso, as análises microbiológicas podem ser feitas para rastreamento no caso de uma investigação epidemiológica, com implicações importantes em termos de responsabilidade legal, comércio e identificação da origem potencial do problema. Como este livro está focado no uso de dados para avaliar controle de processos e aceitação de produtos, o leitor deve consultar outras referências sobre análises em investigações epidemiológicas (CLSI, 2007, por exemplo) e sobre o uso de dados epidemiológicos para mensurar o impacto dos programas de controle da segurança de alimentos (ICMSF, 2006).

Tomadas de decisão com base em dados microbiológicos exigem que os limites sejam estabelecidos de forma a diferenciar produtos ou processos aceitáveis dos não aceitáveis. Esses limites, assim como as decisões a serem tomadas e as ações a serem implementadas em consequência dos resultados obtidos, não têm sentido sem a determinação do plano de amostragem e dos métodos de análise empregados para gerar os dados. Os limites microbiológicos que incluem os métodos e o plano de amostragem são denominados "critérios microbiológicos". Os critérios microbiológicos devem especificar o número de unidades amostrais a serem coletadas, o método de análise a ser empregado e o número de unidades analíticas que devem apresentar conformidade com os limites. Os critérios podem ser estabelecidos tanto para qualidade quanto para segurança de alimentos (CODEX ALIMENTARIUS, 1997a), sendo utilizados no estabelecimento de padrões, diretrizes e especificações de compra, definidos como segue:

Padrões microbiológicos: padrões fazem parte de leis e regulamentos internacionais, nacionais e regionais. O não atendimento de um padrão para um patógeno, como *Salmonella* ou *Listeria,* pode causar o *recall* de produto e uma ação punitiva.

Especificações microbiológicas: especificações de compra são acordos entre comprador e vendedor de um produto, como base para comércio. Esses critérios podem ser obrigatórios e o não atendimento por parte do vendedor pode resultar na rejeição do produto.

Diretrizes microbiológicas: diretrizes são critérios internos, de orientação, estabelecidos por um processador, uma associação comercial ou, algumas vezes, órgãos governamentais. O não atendimento dessas diretrizes serve como um alerta para o processador, indicando que alguma ação remediadora é necessária. Uma grande variedade de critérios se encaixa nesta categoria, como resultados de amostras de superfície de equipamentos antes do processamento, amostras de produtos ou equipamentos obtidas durante o processamento e amostras ambientais testadas para patógenos.

1.1.3 Microrganismos de utilidade, indicadores ou patógenos

Algumas análises microbiológicas fornecem informações sobre a contaminação geral, deterioração iminente ou vida de prateleira reduzida, isto é, vida útil do produto. Uma análise para microrganismos de utilidade deve ser apoiada em evidências relevantes, por exemplo, que a contagem total de aeróbios, mais do que a enumeração de microrganismos deteriorantes específicos, mede deterioração iminente. Tais testes podem ser bons indicadores da qualidade do produto. Podem envolver contagens microscópicas diretas, contagens de bolores e leveduras, contagens totais de aeróbios, ou análises especiais, como pesquisa de bactérias tolerantes ao frio ou de espécies que causam um tipo específico de deterioração (por exemplo, pseudomonas psicrotróficas em carnes armazenadas ao ar, lactobacilos em maionese ou termofílicos formadores de esporos em açúcar).

Microrganismos que normalmente não causam danos, mas que podem indicar a presença de microrganismos patogênicos, podem ser empregados como indicadores indiretos de um perigo à saúde. Por exemplo, em produtos à base de ovos desidratados, *Enterobacteriaceae* e coliformes podem ser utilizados como indicadores da presença potencial de salmonelas. Em produtos à base de ovos desidratados, nenhum plano de amostragem é capaz de detectar os baixos níveis de salmonelas possivelmente presentes, mas que podem representar um risco inaceitável para o consumidor. A informação quantitativa dada pelas análises de microrganismos indicadores pode ser muito útil para análises de tendência e verificação do controle de processo. Em um programa bem montado de análise microbiológica para gestão da segurança e da qualidade microbiológica, a importância relativa da realização de análise de indicadores pode ser maior do que a análise microbiológica do produto final. De maneira similar, microrganismos indicadores podem ser úteis em outras situações, como na avaliação da eficiência dos processos de limpeza e desinfecção e na amostragem investigativa. Análises de microrganismos relevantes podem também indicar se certos alimentos foram processados inadequadamente, por exemplo, números elevados de bactérias formadoras de esporos em alimentos enlatados de baixa acidez, sem a ocorrência de vazamento na embalagem, indicam provável subprocessamento.

É importante reconhecer que as relações entre patógenos e indicadores não são universais e são influenciadas pelo produto e pelo processo, sendo necessário ter cuidado ao selecionar os microrganismos indicadores. Por exemplo, contagens de coliformes têm sido muito empregadas como indicadores universais de higiene, mas em muitos produtos (carne bovina, carne de frango, hortaliças etc.), *Enterobacteriaceae* psicrotróficas estão inevitavelmente presentes e as contagens aparentemente elevadas de coliformes não necessariamente indicam falhas de higiene ou risco para o consumidor. De modo similar, microrganismos naturalmente presentes no produto podem também interferir na análise e na interpretação dos resultados, como ocorre em produtos marinhos, nos quais as aeromonas podem ser confundidas com os coliformes, dependendo do método de análise.

1.1.4 Amostragem baseada em risco empregando os casos ICMSF

Os planos de amostragem da ICMSF são descritos e avaliados quanto ao desempenho no Capítulo 7 ("Aplicações e Uso de Critérios e Outras Análises"). O rigor dos planos de amostragem varia de acordo com o número de amostras analisadas (n), o limite superior da concentração aceitável (m), o número máximo tolerável de resultados (c) que ultrapassam o m e, em um plano de três classes, o limite superior do nível aceitável marginal (M). Os planos se tornam mais rigorosos à medida que n aumenta e c, m e M diminuem. A ICMSF (1974, 1986, 2002a) apresentou uma revisão abrangente sobre o uso de planos de amostragem para aceitação de produto, com base no grau de risco à saúde ou de preocupação associada a um alimento e na mudança no nível do perigo, e no consequente risco à saúde, que se espera que ocorra entre a amostragem e o consumo. Estes últimos são denominados condições de uso. Os planos de amostragem consideram cinco níveis de perigo relacionados a microrganismos de utilidade e indicadores e três níveis de perigo relacionados a patógenos, de acordo com a gravidade da enfermidade que causam. Três condições de uso são consideradas:

1. Aquelas em que o nível do perigo microbiológico, entre o momento da produção e do consumo, diminui.

2. Aquelas em que o nível do perigo microbiológico não muda.

3. Aquelas em que o nível do perigo microbiológico, e consequentemente o risco, entre o momento da produção e do consumo, aumenta.

Estas combinações resultam em 15 casos diferentes, cada qual com um plano de amostragem correspondente, sendo que os casos com os números mais altos são os

Utilidade das Análises Microbiológicas para Segurança e Qualidade

mais rigorosos. Ver a Seção 7.4 para explicações adicionais dos casos e como eles são utilizados neste livro.

Os testes de utilidade não são relacionados com perigos à saúde, mas com problemas econômicos e estéticos, e consequentemente o grau de preocupação é categorizado como baixo. Os testes de utilidade correspondem aos Casos 1 a 3, com planos de amostragem bastante lenientes. Em virtude da relação imprecisa entre indicadores e patógenos, o grau de preocupação é categorizado como moderado, sendo inadequado aplicar planos de amostragem muito rigorosos para microrganismos indicadores.

Os planos de três classes são menos rigorosos que os de duas classes e devem ser empregados quando o risco à saúde é relativamente baixo (Casos 1 a 9). Planos de duas classes com $c = 0$ são utilizados em situações em que o risco à saúde é significativo, sendo necessário um controle mais rigoroso (Casos 10 a 15).

1.2 BPH E HACCP

Conforme mencionado acima, a produção de um alimento seguro requer a aplicação de Boas Práticas de Higiene (BPH), Boas Práticas de Agricultura (BPA) e outros programas de pré-requisitos, e também os princípios de HACCP, sempre que aplicáveis. Estas abordagens permitem desenvolver e implementar um sistema completo de gestão de segurança de alimentos, capaz de controlar de forma confiável os perigos significativos no alimento produzido. Alguns perigos são mais bem controlados por meio de Boas Práticas de Higiene ou Boas Práticas de Agricultura (por exemplo, controle dos níveis iniciais de um perigo por meio de higiene adequada), enquanto outros são claramente mais bem controlados por meio de HACCP, no qual um determinado ponto crítico de controle (PCC – Critical Control Point – CCP) foi validado para controlar o perigo em questão (por exemplo, redução do nível de perigo ou inibição da multiplicação).

Sabe-se que, em muitas situações, medidas preventivas, como as BPH e o HACCP, são ferramentas muito mais eficientes para a gestão da segurança dos alimentos do que a análise do produto final. Consequentemente, a análise microbiológica para determinar a adoção das BPH e para validação e verificação do HACCP é essencial. O Capítulo 5 ("Ações Corretivas para Restabelecimento do Controle") discute os elementos das BPH e de HACCP, enquanto o Capítulo 3, "Verificação do Controle de Processo", discute os métodos para avaliar a eficiência e a integridade destes importantes programas, que diferem das ferramentas estatísticas e premissas que auxiliam na interpretação dos resultados das análises.

1.2.1 Validação de medidas de controle

Uma validação envolve a obtenção de evidências que indiquem que as medidas de controle, quando implementadas de forma correta, são capazes de controlar os perigos identificados (CODEX ALIMENTARIUS, 2008a). A validação é essencial para demonstrar que as BPH e os sistemas HACCP conferem o nível de garantia de segurança necessário e que os planos de amostragem rotineiros provavelmente não são suficientes para estudos de validação. A validação está focada na obtenção e na avaliação das informações científicas, técnicas e, observacionais, e, na maioria das vezes, inclui análises microbiológicas. O escopo da validação pode ir além das medidas de controle determinadas pelo HACCP, de forma a incluir áreas como produção primária e manuseio pelo consumidor, que também podem afetar a segurança do produto no ponto de consumo.

Os processos podem ser validados por meio de modelos preditivos, testes de desafio microbiológico ou aplicação de critérios de processo (PCs) previamente validados ou aprovados para que forneçam níveis adequados de segurança, algumas vezes denominados "portos seguros" (*safe harbors*). Nem todos esses métodos precisam ser usados e, frequentemente, utiliza-se uma combinação de abordagens para estabelecer evidências suficientes para validar um processo. As diretrizes para validação foram desenvolvidas pelo Codex Alimentarius (2008a).

O Capítulo 2, "Validação de Medidas de Controle", fornece uma discussão detalhada das abordagens para validação de processos e dos fatores a serem considerados, bem como uma orientação prática para os testes de desafio microbiológico, de forma que gerem resultados confiáveis.

1.2.2 Verificação de controle de processo

A verificação de medidas de controle envolve a "aplicação de métodos, procedimentos, análises e outras avaliações, além de monitoramento, para determinar se uma medida de controle está ou esteve operando conforme se pretendia", sendo que "monitoramento" é definido como "o ato de realizar uma sequência planejada de observações ou mensurações dos parâmetros de controle para verificar se uma medida de controle está sob controle" (CODEX ALIMENTARIUS, 1997b). A verificação pode empregar várias mensurações, como:

- Avaliação sensorial;
- Análises químicas, como níveis de ácido acético e conservantes, teor de água etc.;
- Análises físicas, como pH, a_w e temperatura;
- Medidas de tempo;
- Análises microbiológicas, inclusive testes pra metabólitos tóxicos.

O Capítulo 3, "Verificação do Controle de Processo", discute o desenvolvimento de critérios microbiológicos relevantes para verificação de processo, a estratégia de amostragem e da seleção do plano de amostragem, e a análise e a interpretação dos dados gerados para as tomadas de decisão. O capítulo aborda as variabilidades intralote e entrelote nos testes de verificação. Uma base de dados de referência sobre o desempenho de uma linha de processamento de alimentos pode ser utilizada para caracterizar a qualidade e a segurança do produto resultante quando o processo funciona conforme se pretende. A comparação dessa base de dados de referência com resultados de análise periódica pode:

1. Assegurar que as condições de processo capazes de produzir alimentos seguros estão sendo mantidas.

Utilidade das Análises Microbiológicas para Segurança e Qualidade

2. Fornecer uma base de análise de tendência de desempenho, de modo a permitir que ações corretivas sejam tomadas antes que haja perda do controle do processo.

3. Fornecer informações sobre as possíveis causas da perda de controle (por exemplo, periodicidade da contaminação).

4. Alertar para quando as condições tiverem mudado o suficiente para que o plano HACCP necessite ser revisto.

Uma vez estabelecida, a análise de controle do processo requer a análise rotineira de um número pequeno de amostras. Os limites microbiológicos de um programa de análise para controle de processo geralmente incluem um limite de ação e um limite máximo. O limite de ação permite a adoção de ações corretivas proativas, antes que o limite máximo seja atingido. Para detectar, o mais rápido possível, essas tendências em direção à perda inaceitável do controle e para diferenciá-las dos resultados extremos que surgem simplesmente como consequência de variações normais dentro de uma faixa aceitável, é necessário comparar dados obtidos ao longo do tempo, o que geralmente é feito por meio de alguma forma de análise de controle de processo, como tabulação de controles. Os requisitos específicos das análises são discutidos e exemplificados no Capítulo 3.

1.2.3 Verificação de controle ambiental

A avaliação e o controle das cargas microbianas no ambiente de processamento de alimentos são importantes em razão das amplas evidências de que a contaminação pós--processamento pode afetar a qualidade e a segurança do produto. A análise do ambiente é realizada para assegurar que as BPH são eficazes na minimização da contaminação do produto pelo ambiente de processamento. A análise microbiológica é empregada para:

1. Avaliar o risco de contaminação do produto.

2. Estabelecer uma base de dados de referência que caracteriza um ambiente de processamento, quando adequadamente controlado.

3. Avaliar se o controle está sendo mantido.

4. Investigar as fontes de contaminação para que ações corretivas possam ser implementadas.

A amostragem rotineira do ambiente é mais apropriada para plantas processadoras de alimentos nas quais a recontaminação do produto pelo ambiente pode ocorrer após uma etapa letal (*kill step*). No caso de alimentos prontos para consumo, para os quais não existe um PCC efetivo, o monitoramento dos ambientes de produção primária (*farm environments*) também pode ser útil. É pouco provável que a amostragem do ambiente seja útil em outros pontos da cadeia de produção do alimento. Os fatores que facilitam e influenciam a contaminação pós-processamento, bem como as estratégias e ações para controlar os patógenos em ambientes de processamento de alimentos, estão descritos em detalhes pela ICMSF (2002b) e resumidos no Capítulo 4, "Verificação do Controle de Ambiente".

1.2.4 Ação corretiva para restabelecimento do controle

Apesar da aplicação de sistemas de gestão da segurança de alimentos, o controle pode ser perdido, com implicações para a qualidade e a segurança do produto. As evidências da perda de controle podem ser obtidas por meio de inspeção local, monitoramento das BPH, monitoramento ou verificação das atividades, análise de amostras, reclamações de consumidores ou informações epidemiológicas relacionadas ao processo de produção do alimento.

Conforme definição da Comissão do Codex Alimentarius (1997b), uma ação corretiva é "qualquer ação a ser tomada quando os resultados do monitoramento do indicam perda de controle". O controle pode basear-se não somente nos pontos de controle do HACCP, mas também no efeito combinado dos programas de pré-requisitos, de outras ações e do plano HACCP. Dessa forma, a avaliação do controle efetivo nem sempre é simples e direto.

Diferentemente dos planos HACCP, nos quais as ações corretivas em resposta à perda de controle devem ser documentadas como parte do plano HACCP, a descrição das ações específicas em resposta à perda de controle em relação às BPH é menos clara. O Capítulo 5, "Ações Corretivas para Restabelecimento do Controle", descreve como a inspeção visual e as análises microbiológicas são normalmente empregadas para avaliar programas de pré-requisitos e como elas podem indicar a perda de controle e revelar a necessidade de limpeza mais frequente ou mais eficiente, de manutenção mais frequente e mais adequada dos equipamentos, de novo treinamento dos empregados em práticas de higiene e outras ações. Análises específicas também podem ser empregadas para identificar as fontes da contaminação.

Para o controle determinado pelo plano HACCP, a necessidade de ações corretivas para PCCs pode ser detectada por meio de monitoramento de rotina ou de dados epidemiológicos ou de reclamações de consumidores. Nessas situações, as análises podem mostrar que os critérios de controle estavam incorretos ou se tornaram inadequados. A utilização das análises adequadas e do plano de amostragem correto pode ajudar a revelar as consequências microbiológicas da perda do controle e do destino a ser dado ao produto, ou seja, não há aumento de risco, o reprocessamento é necessário ou o produto deve ser descartado.

O Capítulo 5 apresenta esses tópicos em mais detalhes, fornecendo sugestões práticas para avaliar os pontos que necessitam de controle, estabelecendo os valores de uma base de dados de referência que permitam que desvios inaceitáveis sejam reconhecidos e que sejam identificados os testes apropriados para o reestabelecimento do controle da operação.

1.2.5 Análises microbiológicas nas relações cliente–fornecedor

A cadeia comercial de alimentos envolve vários negócios interativos e relações cliente–fornecedor, cada um com contratos que definem as expectativas dos clientes e os compromissos dos fornecedores. Para alimentos ou ingredientes perecíveis e semiperecíveis,

Utilidade das Análises Microbiológicas para Segurança e Qualidade

esses contratos podem incluir aspectos microbiológicos do produto, relacionados com expectativas em relação a segurança, qualidade e vida de prateleira. Para alimentos estáveis e congelados, a vida de prateleira não é relevante, mas em virtude da sobrevivência de alguns patógenos, os critérios microbiológicos podem ser relevantes especialmente se for possível que patógenos resistentes ou toxinas microbianas estejam presentes por causa do manuseio inadequado em algum momento da vida do produto.

Os critérios e as análises microbiológicas nas relações cliente–fornecedor podem estar relacionados com matérias-primas, ingredientes e produtos semiprocessados e acabados. Podem considerar também o potencial para multiplicação microbiana no produto. Critérios relacionados com a qualidade e a segurança de alimentos podem incluir limites microbiológicos, especificações de formulação de produto, embalagem, condições de armazenamento e transporte, além de condições de tempo/temperatura para prevenir, ou minimizar até um nível aceitável, a multiplicação de microrganismos patogênicos e deteriorantes. A avaliação pode incluir análises microbiológicas, medidas físico-químicas (por exemplo, pH, a_w, cloro residual etc.) ou mesmo avaliação visual (por exemplo, fungos em frutas, grãos e nozes em quantidade que não ultrapasse o limite aceitável para um lote).

Os critérios podem também estar relacionados com as operações de processamento, como as que podem fazer parte do programa de HACCP do fornecedor. Os critérios microbiológicos podem ser relativos a um ponto na cadeia de produção, ao uso pretendido após o processamento ou ao uso final do produto, à viabilidade tecnológica etc. As considerações sobre as análises microbiológicas relevantes nas relações cliente–fornecedor são discutidas em mais detalhes no Capítulo 6, "Análises Microbiológicas nas Relações Cliente–Fornecedor".

1.2.6 Análises de produto final para avaliação de integridade

A importância relativa das análises do produto final deve ser determinada de acordo com o produto. Em alguns casos, a análise do produto final é o único ponto ao qual os limites legais se aplicam. A análise do produto final pode ser usada para aceitação de lotes quando as informações sobre o processo ou sobre a análise são insuficientes para avaliação da segurança ou da utilidade do produto. De modo similar, para produtos sem nenhum PCC disponível ou produtos em que não há outra forma de avaliação de integridade, a análise do produto final pode ser a única alternativa. Os critérios sugeridos para aceitação de lotes na Parte II deste livro (Capítulos 8 a 26) são fundamentados em uma base de dados de referência, experiência, prática industrial, risco relativo quando os casos da ICMSF são considerados ou critérios microbiológicos internacionais existentes, decorrentes de análises de risco estabelecidas pela Comissão do Codex Alimentarius (ver a Seção 7.4). Em certas situações, diferentes planos de amostragem podem ser apropriados. A redução do número de amostras pode ser apropriada quando há vigilância contínua, ao passo que o aumento do número de amostras pode ser prudente quando há investigação de desvios no processo ou surtos. Por exemplo, no caso de perda de controle, a frequência de tomada de amostras deve ser aumentada até que se tenha confiança em que o processo está novamente sob controle.

Essas amostras investigacionais devem ser analisadas individualmente e não como amostras compostas, pois isso ajuda na identificação da causa do problema.

1.3 LIMITAÇÕES DAS ANÁLISES MICROBIOLÓGICAS DE ALIMENTOS

Este livro objetiva fornecer orientação prática sobre as análises microbiológicas de relevância dos alimentos, que ajudam na garantia de segurança e de qualidade. No entanto, os leitores devem estar atentos aos limites de confiança possíveis nos resultados dessas análises, não só em relação aos aspectos estatísticos como também em relação às limitações das metodologias de detecção e enumeração de microrganismos em alimentos.

As considerações metodológicas são discutidas brevemente na Seção 7.5, "Limitações das análises microbiológicas", mas deve ser enfatizado que as estimativas do desempenho dos planos de amostragem apresentadas neste livro (ver Tabela 7.2) não levam em conta erros que possam ocorrer nos métodos microbiológicos usados para determinar tanto a presença como a concentração de microrganismos em alimentos.

O processo de amostragem em si nunca é totalmente confiável. O quanto os resultados de amostras podem representar a situação do lote inteiro ou partida do alimento em avaliação é discutido no Apêndice A, "Considerações sobre a Amostragem e Aspectos Estatísticos dos Planos de Amostragem".

1.4 CONCLUSÕES

As análises microbiológicas são utilizadas para a gestão da segurança e da qualidade dos alimentos por várias razões, que incluem desenvolvimento de controles de processo, monitoramento e verificação dos controles de processo, investigação das causas da perda de controle e, em algumas situações, avaliação direta da qualidade e da segurança do produto em si. A avaliação da segurança e da qualidade dos alimentos é frequentemente trabalhosa e demorada, e um programa abrangente de análises microbiológicas para muitos produtos requer mais do que análise rotineira para aceitação de lotes. Atualmente, todas as análises microbiológicas de produtos finais são destrutivas. Dessa forma, o objetivo de um programa abrangente é inferir a qualidade e a segurança de partidas de produto, empregando dados de processo gerados pela avaliação microbiológica das amostras tomadas não somente do lote, mas também dos ingredientes de relevância e de amostras tomadas durante o processamento, no ambiente e durante a vida de prateleira. Esse processo tem limitações, tanto em relação à confiança em que as amostras analisadas são representativas do lote como em relação às imperfeições dos métodos de isolamento, à identificação e à enumeração de microrganismos em alimentos. Essas limitações devem ser bem compreendidas no desenvolvimento de programas de análises microbiológicas para garantia da qualidade e da segurança dos alimentos.

A ICMSF espera que este livro forneça orientação prática para que os responsáveis pela garantia da qualidade e da segurança microbiológicas de alimentos possam atingir este importante objetivo. Os capítulos subsequentes fornecem recomendações específicas para diferentes categorias de produtos.

REFERÊNCIAS

CLSI - CLINICAL AND LABORATORY STANDARDS INSTITUTE. **Molecular methods for bacterial strain typing:** approved guideline: CLSI document MM11-A. Wayne, 2007.

CODEX ALIMENTARIUS. **Principles for the establishment and application of microbiological criteria for foods (CAC/GL-21).** Rome: FAO, 1997a. FAO/WHO Food Standards Program.

_____. **Recommended international code of practice for the general principles of food hygiene (CAC/RCP 1-1969).** Rome: FAO, 1997b. FAO/WHO Food Standards Program.

_____. **Guidelines for the validation of food safety control measures (CAC/GL 69–2008).** Rome: FAO, 2008a. FAO/WHO Food Standards Program.

_____. **Principles and guidelines for the conduct of microbiological risk management (CAC/GL 63–2007).** Rome: FAO, 2008b. FAO/WHO Food Standards Program.

ICMSF - INTERNATIONAL COMMISSION FOR MICROBIOLOGICAL SPECIFICATIONS FOR FOODS. **Microorganisms in foods 2**: sampling for microbiological analysis; principles and specific applications. Toronto: University of Toronto Press, 1974.

_____. **Microorganisms in foods 2**: sampling for microbiological analysis; principles and specific applications. 2. ed. Toronto: University of Toronto Press, 1986.

_____. **Microorganisms in foods 4**: application of hazard analysis critical control point (HACCP) system to ensure microbiological safety and quality. London: Blackwell Scientific Publications, 1988.

_____. **Microorganisms in foods 7**: microbiological testing in food safety management. New York: Kluwer Academic: Plenum Publishers, 2002a.

_____. Sampling to assess control of the environment. In: _____. **Microorganisms in Foods 7**: microbiological testing in food safety management. New York: Kluwer Academic: Plenum Publishers, 2002b.

_____. Use of epidemiologic data to measure the impact of food safety control programs. **Food Control**, Oxford, v. 17, p. 825-837, 2006.

WTO - WORLD TRADE ORGANIZATION. **The WTO agreement on the application of sanitary and phytosanitary measures (SPS agreement).** Geneva, 1994. Disponível em: <http://www.wto.org/english/tratop_e/sps_e/spsagr_e.htm>. Acesso em: 10 out. 2010.

2 CAPÍTULO

Validação de Medidas de Controle[1]

2.1 INTRODUÇÃO

A ICMSF discutiu, em publicação anterior, a validação de medidas de controle na cadeia de alimentos (ZWIETERING; STEWART; WHITING, 2010) e partes dessa publicação foram incluídas neste capítulo. A flexibilidade de um sistema de gestão de risco baseado em resultados deve apoiar-se na demonstração de que as medidas de controle selecionadas são realmente capazes de atingir, de forma consistente, o nível de controle pretendido. **Validação** é definida pela Comissão do Codex Alimentarius (2008) como:

> **Validação:** a obtenção de evidências que demonstrem que uma medida de controle, ou uma combinação de medidas de controle, quando implementadas de forma correta, são capazes de controlar o perigo, conforme esperado.

A eficiência das medidas de controle deve ser validada de acordo com a ocorrência dos perigos no alimento em questão, levando em consideração as características do(s) perigo(s) considerado(s), o FSO (Food Safety Objective) ou o PO (Performance Objective) estabelecidos e o nível de risco para o consumidor.

---

[1] Parte deste capítulo foi publicada como: ZWIETERING, M. H.; STEWART, C. M.; WHITING, R. C. Validation of control measures in a food chain using the FSO concept. **Food Control**, Oxford, v. 21, n. 12, p. 1716–1722, 2010.

2.1.1 Relação entre validação para monitoramento e verificação

Além da definição de validação descrita aqui, a Comissão do Codex Alimentarius (2008) adotou as seguintes definições:

Monitoramento: o ato de conduzir uma sequência planejada de observações ou de medidas dos parâmetros de controle para avaliar se uma medida de controle está sob controle.

Verificação: a aplicação de métodos, procedimentos, análises e outras avaliações, além de monitoramento, para determinar se uma medida de controle está ou esteve funcionando da maneira pretendida.

A validação tem como foco a obtenção e a avaliação de informações científicas, técnicas e observacionais, sendo diferente de verificação e monitoramento. O monitoramento é a obtenção de informações a respeito de uma medida de controle no momento em que está sendo aplicada e a verificação é usada para determinar se as medidas de controle foram implementadas adequadamente. A implementação bem-sucedida do HACCP requer validação, que inclui identificação clara dos perigos, das medidas de controle disponíveis, dos pontos críticos de controle, dos limites críticos e das ações corretivas. Os resultados das atividades de monitoramento e verificação associadas com um sistema HACCP ajudam na determinação do momento em que uma reavaliação pode ser necessária. Para ser eficaz, o escopo da validação pode ir além das medidas de controle utilizadas na indústria e pode incluir outras áreas de controle, como processamento primário e uso pelo consumidor.

A produção de alimentos seguros requer a aplicação dos princípios de Bos Práticas de Higiene (BPH) e HACCP para o desenvolvimento e a implementação de um sistema completo de gestão da segurança que controle os perigos importantes no alimento em produção. Alguns princípios de gestão de riscos são mais bem executados pela medidas de BPH (por exemplo, pelo controle dos níveis iniciais de um perigo pela higiene adequada) e outros fazem claramente parte de um ponto crítico de controle do HACCP (por exemplo, redução do nível de um perigo usando uma etapa de descontaminação).

Os fabricantes de alimentos desenvolvem processos para atender aos objetivos de desempenho (*Performance Objectives* – POs) ou aos critérios de desempenho (*Performance Criteria* – PCs), que podem ser estabelecidos em pontos específicos da cadeia de alimentos para garantir a sua segurança. A preocupação das autoridades reguladoras é quanto a um grupo de produtos ou consequências de uma série de etapas de processamento e uso antes do consumo conseguirem atender ao FSO e garantir que esses alimentos atinjam níveis condizentes com o ALOP (ver o Capítulo 1, "Utilidade das Análises Microbiológicas para Segurança e Qualidade").

Várias medidas de controle incluem o controle de ingredientes na fase inicial do processamento ou da cadeia de alimentos e protocolos intensivos para reduzir ou eliminar a contaminação por meio de lavagem, aquecimento, desinfecção e outras medidas. As medidas de controle são planejadas para prevenir o aumento dos perigos ao longo

Validação de Medidas de Controle

do transporte e do armazenamento, por contaminação cruzada durante o processamento ou cozimento, ou mesmo decorrentes de recontaminação após essas etapas.

As medidas de controle devem ser validadas para determinar se os produtos estão de acordo com os objetivos; entretanto, diferentes segmentos da indústria de alimentos realizam essas atividades de acordo com a situação. Os processadores de alimentos podem validar as medidas de controle para os processos que utilizam, e a validação deve ser focada no atendimento de um determinado PO ou PC. Nesse caso de validação, deve-se considerar a variabilidade intralote e também entrelotes. Por outro lado, medidas de controle validadas sob a responsabilidade de autoridades reguladoras cobrem todas as ações de controle em um sistema para produtos e processos múltiplos, considerando também a variabilidade entrelotes. Nesse caso, a validação é direcionada ao atendimento dos PC, PO e FSO estabelecidos. Por exemplo, a gestão de risco eficaz de um sistema de produção de carne pode incluir a validação de:

- Práticas utilizadas no campo, visando a garantia da saúde animal e a redução do nível de infecção do rebanho (zoonoses).
- Práticas de abate direcionadas à minimização da contaminação.
- Procedimentos de resfriamento e controle de temperatura, direcionados à minimização do potencial de multiplicação de patógenos.
- Instruções para os consumidores, visando a garantia de que o produto será aquecido até a temperatura mínima necessária para a inativação de patógenos.

Neste capítulo, consideram-se a prevalência e os níveis dos microrganismos da contaminação inicial (H_0), da redução ($\sum R$), da multiplicação e da recontaminação ($\sum I$) e os fatores que os influenciam, ao longo de toda a produção do alimento até o consumo. A influência desses fatores no atendimento ao FSO é representada pela equação $H_0 - \sum R + \sum I \leq$ FSO. Os aspectos estocásticos destes parâmetros são considerados, assim como os valores determinísticos. Fatores-chave potenciais, dados e métodos de análise de dados são descritos. Entretanto, alguns destes fatores podem não ser relevantes para uma linha de processamento em particular. Exemplos do uso de dados para validar um ou uma série de processos, incluindo aspectos estatísticos, são fornecidos.

2.2 CONSIDERAÇÕES PARA VALIDAÇÃO

Os processos podem ser validados de várias maneiras (CODEX ALIMENTARIUS, 2008), incluindo modelagem preditiva, literatura, estudos de desafio microbiológico, e uso de *safe-harbors*, isto é, abordagens aprovadas previamente como provedoras de produtos seguros (ver o Capítulo 1). Nem todas as maneiras precisam ser utilizadas, mas frequentemente várias abordagens são combinadas para fornecer evidências suficientes de validação. Quando se utiliza uma abordagem *safe-harbor*, pode ser desnecessário realizar estudos de validação para esse processo. Por exemplo, um *safe-harbor* para pasteurização de leite é garantir um aquecimento a 72 °C por, no mínimo, 15 s. Este critério de processo foi validado e, assim, pode ser adotado pelos produtores sem nova validação do processo.

Inúmeras considerações para o estabelecimento da eficácia e da equivalência dos processos são discutidas pelo NACMCF (2006), que propôs os seguintes passos para o desenvolvimento de processos destinados à redução do(s) patógeno(s) de importância:

- Fazer uma análise de perigos para identificar o(s) microrganismo(s) importantes para a saúde pública no alimento.
- Determinar o patógeno importante para a saúde pública, que seja mais resistente e que tenha maior probabilidade de sobreviver ao processo.
- Avaliar o nível de inativação necessário. Esta avaliação deve incluir a determinação dos números iniciais de células e a variação normal na concentração que ocorre antes do processamento.
- Considerar o impacto da matriz alimentar na sobrevivência e a possível multiplicação do patógeno durante o armazenamento.
- Validar a eficácia do processo.
- Definir os limites críticos que necessitam ser atingidos durante o processamento, de modo que o alimento esteja de acordo com os POs e PCs.
- Definir os parâmetros específicos dos equipamentos e da operação para o processo proposto.
- Implementar BPH e/ou HACCP.

Independentemente dos métodos utilizados para determinar e validar os critérios de processo, também devem ser levadas em conta considerações microbiológicas (NACMCF, 2010), que incluem:

- Qual é o microrganismo mais resistente de importância para a saúde pública em cada processo? Ao determinar o microrganismo-alvo, é necessário considerar todos os patógenos que têm alguma associação epidemiológica relevante com o produto, pois o patógeno mais resistente pode não ser aquele presente em maior quantidade. Por outro lado, patógenos controlados de outras formas podem não ser relevantes para a saúde pública quando é necessário que se multipliquem para causar doença (por exemplo, C. *botulinum* controlado pelo pH).
- Seleção das cepas utilizadas para os estudos de validação.
- Fase de multiplicação em que os microrganismos são obtidos.
- O substrato e as condições ambientais (pH, temperatura, condições atmosféricas) em que o microrganismo é cultivado, incluindo adaptação da cultura, quando pertinente.
- Meio em que o microrganismo é suspenso.
- Fatores intrínsecos do alimento, como pH, a_w e quantidade de conservantes.
- Tamanho, preparação e manuseio da amostra (amostra composta, homogeneização, subamostras).
- Condições da embalagem (material da embalagem e condições atmosféricas, incluindo atmosfera modificada com mistura de gases).
- Métodos de enumeração após o processamento e seleção dos sistemas de medida adequados.
- Variabilidade no processamento.

Validação de Medidas de Controle

De modo geral, utilizam-se três estratégias para a validação de processos: simultânea, retrospectiva e prospectiva. A **validação de processo simultânea é aquela em que os dados do processo são obtidos e avaliados simultaneamente** com sua aplicação. Esse procedimento é utilizado quando há mudança de processo ou modificação em um processo estabelecido e previamente validado. A **validação de processo retrospectiva é a validação de um produto já em comercialização, com base em dados acumulados de produção, análise e controle.** Essa técnica é frequentemente utilizada para analisar falhas de processo que resultam em recolhimento de produtos. A **validação de processo prospectiva** é uma validação planejada, que determina se é possível depender do processo com um grau de confiança suficientemente alto para garantir um produto seguro. A validação prospectiva é mais adequada para avaliação de processos novos e deve considerar os equipamentos, o processo e o produto (KEENER, 2006).

A validação de sistemas requer um time de especialistas com formação em engenharia, microbiologia, físico-química etc. Para assegurar adequação técnica e aceitação pelas autoridades, é essencial o envolvimento de especialistas externos e profissionais da área reguladora no desenvolvimento tanto do plano maior de validação quanto de protocolos de validação. Uma validação de processo requer a análise adequada de dados objetivos.

2.3 VALIDAÇÃO DE MEDIDAS DE CONTROLE

Uma validação geralmente se inicia com estudos microbiológicos em escala laboratorial, evolui para a escala de planta piloto e termina com a validação completa em escala comercial, quando possível ou necessário. Testes de desafio microbiológico servem para validar a letalidade de um processo contra microrganismo(s)-alvo, para verificar se o alimento permite a multiplicação microbiana e para determinar a vida de prateleira potencial de alimentos refrigerados e não refrigerados. Por exemplo, estudos de cinética de inativação podem ser realizados para uma reduzida gama de tratamentos, como uma única combinação de fatores e níveis de contaminação (por exemplo, pH 6,5 e 70 °C). Por outro lado, esses testes podem ser feitos também para uma gama grande de tratamentos e podem detectar onde ocorre falha e auxiliar na determinação da margem de segurança em qualquer processo, assim como fornecer dados que poderão ser utilizados para avaliação dos desvios. Além disso, facilita-se o desenvolvimento de modelos preditivos para uso futuro, público ou privado. Vários modelos preditivos microbiológicos são conhecidos, como o Pathogen Modeling Program (USDA, 2006), do USDA, e a ComBase (2010). Testes de desafio podem também ser utilizados para determinar critérios de processo, embora tenham aplicação menos genérica que modelos, sendo empregados frequentemente para produtos em particular ou como maneira de validação de predições de modelos. Por outro lado, modelos são frequentemente genéricos e não contêm todos os fatores relevantes para um alimento em especial. Assim, modelos e testes de desafio devem ser combinados de forma iterativa. Este assunto é discutido pelo NACMCF (2010). Finalmente, em uma escala comercial, os testes de desafio podem ser realizados empregando-se microrganismos substitutos (*surrogates*) não patogênicos. Estudos de vida de prateleira com produtos não inoculados podem também gerar informações úteis para a validação de um processo.

Embora os testes de desafio microbiológico possam ser empregados para determinar a estabilidade de um produto em relação à deterioração durante a vida de prateleira pretendida, o restante desta discussão está focado na segurança microbiológica de produtos alimentícios. Nas seções a seguir, a contaminação inicial (H_0), a redução ($\sum R$), a multiplicação ou recontaminação ($\sum I$) e os fatores que os influenciam são discutidos em sequência, incluindo necessidades de dados e considerações experimentais.

É importante observar que, neste livro, pressupõe-se que os métodos de diagnóstico sejam 100% sensíveis e 100% específicos, o que não é o caso. Essas características dos métodos dependem muito do microrganismo-alvo, do método de diagnóstico em si e do alimento investigado. Quando o nível de patógenos é baixo, espera-se que ocorram resultados falso-negativos. Esses aspectos devem ser sempre levados em conta nos estudos de validação.

2.3.1 Nível inicial (H_0), desvio padrão e distribuição

O planejamento de um processo de alimento influencia a importância da matéria-prima para a segurança do alimento. A principal fonte do patógeno em questão pode ser um ingrediente mais ou menos importante, adicionado nas etapas iniciais do processamento ou adicionado mais tarde. É importante conhecer qual(is) ingrediente(s) podem conter o patógeno e se há algum efeito sazonal no nível do patógeno. Por exemplo, nos Estados Unidos, o número de lotes de carne moída amostrados entre 2001 e 2009 positivos para *Escherichia coli* O157:H7 foi mais alto no período de junho a outubro (USDA; FSIS, 2009). A origem geográfica do ingrediente pode também ter um papel importante na probabilidade de conter um determinado patógeno. Quando a contaminação é inevitável, o objetivo é estabelecer especificações e critérios para as matérias-primas de forma a se atingir os PO e o FSO finais, em conjunto com os critérios de desempenho para as demais etapas do processo. As especificações para a aprovação de matérias-primas incluem a proporção aceitável acima de um limite ou o nível log médio e o desvio padrão.

As informações necessárias para validar que matérias-primas atendem às especificações exigidas podem vir de:

- Dados de referência de agências governamentais.
- Documentação de fornecedores, indicando que as especificações foram atendidas (o fornecedor providencia a validação e a análise do produto final).
- Dados de referência baseados na experiência do processador.
- Resultados de análise dos lotes que chegam.

A análise microbiológica é uma das ferramentas que pode ser utilizada para avaliar se um sistema de segurança de alimentos está atingindo o nível de controle esperado. As indústrias e o governo podem utilizar uma grande variedade de análises microbiológicas. Uma das mais utilizadas é a análise intralote, que compara o nível detecta-

Validação de Medidas de Controle

do do perigo microbiológico no alimento com um limite pré-especificado, isto é, um critério microbiológico (microbiological criteria – MC) (ICMSF, 2002). Os critérios microbiológicos são desenvolvidos para verificar aderência às BPH e ao HACCP (isto é, verificação) quando não existem maneiras mais efetivas e eficientes. Neste contexto, FSO e PO são limites a serem atendidos, e a análise intralote pode ser uma forma estatisticamente fundamentada de determinar se esses limites estão sendo atendidos (VAN SCHOTHORST et al., 2009). Para avaliar se um lote está de acordo com um MC, é estabelecido um plano de amostragem baseado no MC especificado e no nível de confiança desejado. Para isso, devem ser seguidas as recomendações para estabelecimento de um MC, conforme explicado no Apêndice A. O MC deve especificar a concentração a ser atendida (m em UFC/g), a proporção de amostras defeituosas (c) que ultrapassam o m permitido, o número de amostras a ser analisado (n) e uma avaliação das implicações de um determinado plano de amostragem.

O plano de amostragem adequado para verificar concordância com uma determinada concentração pode ser desenvolvido empregando-se a planilha da ICMSF (LEGAN et al., 2002; <http://www.icmsf.org>). Os cálculos subjacentes da planilha determinam a probabilidade de o número de células/g em uma unidade analítica retirada de um lote estar acima de um número especificado. Essa probabilidade pode ser estimada pela concentração média de células no lote e o respectivo desvio padrão. Admite-se que as concentrações de células em um lote têm distribuição log normal. Um PO pode determinar, por exemplo, que 99% das unidades devem conter menos do que uma determinada concentração de células e do que uma correspondente concentração log média determinada pelo desvio padrão presumido. Então o número de unidades amostrais a ser retirado do lote pode ser calculado levando em conta o tamanho da unidade analítica, de modo a garantir 95% de confiança em que um lote inaceitável será rejeitado pela amostragem. Em um exemplo de *Listeria monocytogenes* em embutido cozido (ICMSF, 2002), o número inicial nas matérias-primas antes do cozimento não pode ser superior a 10^3 UFC/g (ou seja, $H_0 = 3$). Frequentemente, um PO para H_0 pode ser interpretado também como o PO da etapa anterior na cadeia de produção.

Em qualquer processo de amostragem em microbiologia, o número real de microrganismos detectados em uma amostra retirada de um lote é afetado pela distribuição ao acaso das células na parte do alimento que é amostrada. Esse acaso é descrito pela distribuição de Poisson. O efeito relativo desse acaso é baixo quando o número de células na amostra é elevado (por exemplo, quando a média é 100, o desvio padrão é ± 10), mas é relativamente elevado quando a concentração é uma célula por grama, como ocorre nos testes de ausência/presença. A inclusão dessa consideração no planejamento de um plano de amostragem é mais importante quando o resultado da análise é presença/ausência e foi também incorporado nos cálculos da planilha (VAN SCHOTHORST et al., 2009). Assim como para a avaliação de planos de amostragem baseados em análise de um número determinado de células, também para a avaliação de planos de amostragem baseados em presença/ausência presume-se que a distribuição da concentração de células em um lote é log normal e é caracterizada pelo log médio e pelo desvio padrão. O efeito Poisson está incluído nos cálculos para a primeira alternativa, mas é relativamente baixo.

2.3.2 Estudos de inativação ($\sum R$)

2.3.2.1 Estudos de modelagem

Um modelo de microbiologia preditiva pode descrever ou predizer a multiplicação, a sobrevivência e a morte de microrganismos em alimentos. Esses modelos relacionam as respostas de multiplicação, sobrevivência e morte com fatores de controle, como temperatura, pH, atividade de água etc. De modo geral, os modelos não devem ser extrapolados para outros fatores além daqueles para os quais foram desenvolvidos, porque não há base para essa extrapolação. Assim, antes de iniciar os experimentos é necessário considerar o escopo em que serão utilizados (LEGAN et al., 2002). Quando é necessário fazer a extrapolação, devem ser realizadas análises que confirmem que a extrapolação é válida, ou seja, confirmem que o processo estabelecido destrói uma determinada população do microrganismos-alvo. Entretanto, modelos capazes de predizer a velocidade de morte de patógenos podem ser empregados para o planejamento de processos seguros e eficientes.

Vários autores descrevem o planejamento experimental para modelagem em microbiologia de alimentos (RATKOWSKY et al., 1983; DAVIES, 1993; RATKOWSKY, 1993; McMEEKIN et al., 1993). Diretrizes para a obtenção e o armazenamento de dados também estão disponíveis (KILSBY; WALKER, 1990; WALKER; JONES, 1993). Um guia prático para modelagem, com referências de fontes primárias de informação em modelagem é discutido por Legan et al. (2002). O leitor deve consultar essas referências para detalhes e desenvolvimento de modelos preditivos em microbiologia.

2.3.2.2 Estudos de desafio microbiológico

Informações detalhadas sobre o desenvolvimento e a implementação de testes de desafio microbiológico já foram publicadas (IFT, 2001; SCOTT et al., 2005; NACMCF, 2010). Os testes de desafio microbiológico são úteis para validar processos de destruição de microrganismo(s)-alvo(s).

Ao planejar e realizar um teste de desafio microbiológico, alguns fatores devem ser considerados, como a seleção dos patógenos ou dos substitutos (*surrogates*) adequados, o nível do inóculo de desafio, o preparo do inóculo e o método de inoculação, a duração do estudo, os fatores da formulação, as condições de armazenamento e as análises das amostras (VESTERGAARD, 2001). Os experimentos devem ser realizados em várias replicatas para refletir a variação nos lotes e outros fatores. O número de replicatas e o seu impacto nos resultados do estudo devem ser considerados.

2.3.2.3 Seleção do microrganismo de desafio

Os microrganismos de desafio ideais são aqueles isolados de alimentos similares. Se possível, patógenos isolados de surtos de origem alimentar devem ser incluídos. Ao contrário do que ocorre com estudos de cinética, estudos de desafio utilizam uma mistura de cinco ou mais cepas do patógeno, porque uma única cepa pode não ser a mais resistente a cada um dos fatores de estresse envolvidos na combinação produto/proces-

Validação de Medidas de Controle

so. Além disso, cepas com tempo de geração mais curto podem não ter a fase lag mais curta nas condições do teste, assim como cepas podem diferir na resposta a mudanças no tratamento de inativação (SCOTT et al., 2005). As cepas na mistura devem estar em concentrações semelhantes. É também importante incubar e preparar a suspensão de desafio em condições padronizadas.

Quando possível, os estudos de validação devem utilizar o patógeno em vez de um substituto (*surrogate*). Entretanto, os substitutos são empregados em certas situações especiais, como em estudos de desafio conduzidos em uma planta processadora de uma indústria. As características do substituto (*surrogate*) em relação às do patógeno devem ser determinadas e as diferenças levadas em conta na interpretação dos resultados (SCOTT et al., 2005). Informações detalhadas sobre os atributos desejáveis para os microrganismos substitutos podem ser encontradas no material do IFT (2001).

2.3.2.4 Nível do inóculo

O nível do inóculo depende do objetivo do estudo, ou seja, se o objetivo é determinar a estabilidade ou a vida de prateleira do produto ou se é validar uma etapa do processo planejada para reduzir o número de microrganismos. Ao validar uma etapa de processo letal, geralmente é necessário utilizar um nível de inóculo elevado, como 10^6–10^7 UFC/g de produto, ou até mais, para demonstrar a redução log do microrganismo-alvo. A concentração real do inóculo antes e depois da inoculação precisa ser confirmada. Amostras não inoculadas devem ser analisadas também, para investigar a contaminação intrínseca. A completa inativação do inóculo pode não ser necessária, especialmente em situações em que o H_0 é provavelmente baixo, como quando a população inicial é < 10^3 UFC/g, a redução necessária é 5D e o inóculo inicial é 10^7 UFC/g. Isso pode ser relevante ao validar tratamentos pós-letalidade, em que o processo foi planejado para inativar baixos níveis de patógenos resultantes da recontaminação do produto após o tratamento letal, como pode ocorrer durante as operações de fatiamento ou embalagem.

2.3.2.5 Preparação do inóculo e método de inoculação

O preparo do inóculo é um componente importante do protocolo geral. As culturas de desafio devem ser obtidas em meio e condições ótimas para sua multiplicação. Em alguns estudos, os microrganismos de desafio devem passar por uma adaptação às condições do estudo.

O método de inoculação é outra consideração importante. É essencial evitar mudanças nos parâmetros críticos da formulação do produto avaliado. Por exemplo, em alimentos com umidade intermediária, o emprego de um diluente ajustado à atividade de água do produto por meio do uso do umectante presente no alimento minimiza o potencial de resultados errôneos. Devem ser feitas análises preliminares para assegurar que a atividade de água ou o nível de umidade da formulação não mudam após a inoculação. As diretrizes para inoculação de alimentos com atividade de água intermediária ou para testes de desafio com esporos podem ser encontradas no material do IFT (2001).

2.3.2.6 Duração dos estudos de desafio

É prudente estender o tempo do estudo de desafio para além da vida de prateleira desejada a fim de se determinar o que aconteceria se os consumidores armazenassem e consumissem o produto após o vencimento da vida de prateleira. Além disso, ao validar processos de inativação, é possível que ocorra injúria subletal em alguns produtos, causando um aumento na fase lag (BUSTA, 1978). Se um produto não é analisado por pelo menos toda a sua vida de prateleira, é possível que a recuperação e posterior multiplicação do microrganismo de desafio no final da vida de prateleira não sejam detectadas. Algumas agências reguladoras exigem resultados obtidos em 1,3 vezes o tempo de vida de prateleira do produto. Tempos inferiores podem ser empregados para produtos refrigerados que são armazenados em condições de abuso.

A frequência de análise depende da duração do estudo de desafio. Quando a vida de prateleira é mensurada em semanas, a frequência do teste deve ser, pelo menos, de uma vez por semana. Para se ter uma boa indicação do comportamento do inóculo, é desejável ter, pelo menos, 5 a 7 resultados ao longo da vida de prateleira. Todos os estudos devem iniciar-se no tempo zero, ou seja, análise do produto imediatamente após a inoculação e, para estudos de inativação, imediatamente após o processamento. Pode ser também desejável testar com mais frequência no início do estudo de desafio e, então, aumentar o intervalo entre os testes.

Deve-se inocular uma quantidade suficiente de produto, de forma que pelo menos três replicatas estejam disponíveis ao longo de todo o estudo. Em alguns casos, como em certos estudos de revalidação e em controles não inoculados, pode ser utilizado um número menor de replicatas.

2.3.2.7 Fatores de formulação e condições de armazenamento

Ao avaliar uma formulação, é importante compreender a variedade de fatores que controlam a estabilidade microbiológica, como pH, quantidade de conservantes e atividade de água. Essas propriedades intrínsecas devem ser documentadas. É útil coletar dados sobre a variabilidade inerente dos parâmetros críticos e assegurar que as condições do teste de desafio levem em consideração essa variabilidade com uma certa margem (por exemplo, com 95% de grau de confiança). Esses parâmetros devem ser ajustados para a pior condição possível em relação à multiplicação ou inativação microbiana (por exemplo, no pH mais alto). Uma abordagem seria usar o intervalo de confiança de 95% para o parâmetro ou a média acrescida de dois desvios padrões. Quando há somente um parâmetro crítico, a confiança de 95% significa que a realidade pode estar fora dessa faixa em uma entre 20 vezes. Mas quando existem muitos parâmetros críticos, estabelecer 95% de confiança para todos eles pode simular uma condição falsa. O nível de confiança desejado deve ser considerado ao avaliar esses parâmetros.

É importante testar cada variável separadamente ou em combinação sob condições de pior caso. Por exemplo, se o pH-alvo é 4,5 ± 0,2 (intervalo de confiança de 95%) e a capacidade do processo fica nesta faixa, o produto desafiado deve estar no lado superior dessa faixa (pH 4,7). Isto deve ser seguido para todos os parâmetros. Por exemplo, a

Validação de Medidas de Controle

redução da atividade de água de um produto pode retardar ou impedir a multiplicação microbiana. Entretanto, o uso de um umectante diferente daquele presente no produto é uma mudança em um fator crítico, mesmo que resulte na mesma atividade de água, pois as velocidades de multiplicação podem variar de acordo com o umectante presente. Além disso, a diminuição da a_w de um sistema pode reduzir a letalidade de um processo (MATTICK et al., 2001). A inclusão do impacto da variabilidade nos fatores críticos ajuda a garantir que o estudo de desafio considere a faixa de capacidade do processo para cada fator crítico na formulação.

2.3.2.8 Análise das amostras

Geralmente a contagem é feita a cada tomada de amostra. É desejável ter ao menos duplicatas, e preferencialmente triplicatas, das amostras a cada tempo amostrado. A seleção do meio de contagem e do método depende dos microrganismos empregados nos testes de desafio. Em situações em que são utilizados microrganismos produtores de toxinas, devem-se testar as toxinas a cada tempo de amostragem empregando-se métodos validados mais comuns. Pode haver multiplicação sem produção de toxina.

É prudente analisar produtos inoculados e controles não inoculados a cada tempo de amostragem para determinar o comportamento da microbiota acompanhante presente no produto durante a vida de prateleira. É também importante monitorar os parâmetros físicos e químicos ao longo da vida de prateleira, pois estes podem influenciar o comportamento dos microrganismos. Para compreender a estabilidade microbiológica do produto, é importante compreender de que modo fatores como a_w, teor de umidade, teor de sal, pH, concentração de gases em Embalagens de Atmosfera Modificada (Modified Atmosphere Packaging – MAP), quantidade de conservantes e outras variáveis podem mudar ao longo da vida de prateleira. Os atributos de qualidade também devem ser observados.

2.3.2.9 Interpretação dos dados

Quando o estudo de desafio está finalizado, os dados devem ser analisados para determinar o comportamento dos microrganismos ao longo do tempo. Para patógenos produtores de toxinas, nenhuma toxina deve ser detectada no período correspondente ao desafio. A combinação de dados quantitativos do inóculo para cada tempo de amostragem com dados da microbiota acompanhante presente no produto e os parâmetros físicos e químicos relevantes fornece uma representação abrangente da estabilidade microbiológica da formulação em avaliação. Um estudo de desafio bem planejado pode fornecer informação crítica sobre a segurança microbiológica e a estabilidade da formulação. Esses estudos são de valor inestimável na validação da letalidade ou pontos de controle microbiológico em um processo.

2.3.3 Estudos de multiplicação (ΣI)

O aumento no número de microrganismos patogênicos e deteriorantes pode ocorrer por multiplicação ou recontaminação. Esta seção é dedicada à multiplicação.

A multiplicação pode ocorrer quando o alimento, a temperatura e a atmosfera de embalagem forem favoráveis e o tempo for suficiente. O potencial de multiplicação deve ser avaliado para matérias-primas, pontos intermediários durante a produção e a comercialização, o armazenamento nos serviços de alimentação e nos domicílios e o uso. Geralmente, a saúde pública não pode ser garantida a menos que o potencial de multiplicação seja minimizado. Caso o patógeno não seja completamente inativado e a multiplicação for possível, então é importante fazer uma estimativa precisa da multiplicação na validação da segurança e da estabilidade do produto.

Como anteriormente descrito para a validação de inativação, as estimativas de multiplicação podem ser obtidas de várias fontes, como na literatura, em modelos e em testes de desafio (SCOTT et al., 2005). A confiança é maior quando os estudos são realizados em condições experimentais que refletem as condições reais nos alimentos. A validação satisfatória da multiplicação de um patógeno em um alimento inclui testes de desafio com a microbiota acompanhante presente no produto. Modelos e estudos em caldo podem ajudar na avaliação de pequenas mudanças na formulação e das diferenças entre as cepas e na extrapolação a condições não testadas explicitamente nos testes de desafio. Aplicações de modelos preditivos em microbiologia de alimentos incluem modelos que predizem a velocidade de multiplicação de patógenos bacterianos em resposta ao produto ou fatores ambientais como a_w, temperatura e pH. Os modelos de multiplicação podem ser utilizados para planejar formulações de alimentos seguros, para estabelecer condições adequadas de armazenamento, para explorar o intervalo máximo entre limpeza e sanitização de equipamentos do processo e podem ser usados também para informar decisões sobre quando um estudo de desafio é necessário e para determinar os parâmetros de teste.

Os fatores que devem ser considerados ao avaliar a multiplicação incluem a(s) cepa(s) utilizada(s), a(s) cepa(s) substituta(s) (*surrogates*), o estado fisiológico do inóculo, o método de inoculação, a simulação das condições da planta experimental ou piloto ao processo comercial, a inclusão de todos os fatores intrínsecos (pH, a_w, ânions ácidos) e extrínsecos (temperatura, embalagem) do alimento e a inclusão de microrganismos deteriorantes. Muitos desses fatores foram descritos na seção de inativação; considerações particulares na estimativa de multiplicação são discutidas a seguir.

2.3.3.1 Nível do inóculo

O IFT (2001) publicou uma lista de microrganismos que podem ser empregados em estudos microbiológicos de desafio e também recomendações para seleção e avaliação da multiplicação tolerável. Quando o objetivo é determinar a segurança do alimento e a extensão da multiplicação ao longo de sua vida de prateleira *(ΣI)*, frequentemente se utiliza um nível de inóculo entre 10^2 e 10^3 UFC/g de produto. Quando a deterioração microbiana é comum e quando são esperados números baixos, os níveis de inóculo podem ser mais baixos. Ver as Seções 2.3.3.3 e 2.3.3.6 para mais informações sobre o nível de inóculo.

2.3.3.2 Fatores de formulação e condições de armazenamento

Quando produtos semelhantes estão sendo avaliados, analisar formulações mais favoráveis à multiplicação pode limitar a necessidade de realizar estudos de desafio com formulações menos favoráveis à multiplicação. Por exemplo, avaliar produtos com pH próximo à neutralidade pode ser o pior caso quando produtos similares têm pH mais baixo.

As amostras testadas devem ser mantidas na mesma embalagem e nas mesmas condições (embalagens de atmosfera modificada, por exemplo) utilizadas no comércio. As temperaturas de armazenamento utilizadas no estudo de desafio devem estar na faixa de temperatura em que o produto é mantido e distribuído. Produtos refrigerados devem ser desafiados em temperaturas de abuso representativas. Alguns estudos de desafio podem incorporar rotações de temperatura no protocolo.

2.3.3.3 Fase lag

A fase lag acontece quando as células necessitam de tempo para se ajustar a um novo ambiente. A fase lag é influenciada pela magnitude da mudança e por quão favorável é o novo ambiente. Em geral, uma fase lag demorada ocorre quando as células enfrentam uma mudança significativa para um ambiente menos favorável, como quando a temperatura ou a atividade de água são mais baixas.

O estado fisiológico das células também tem um papel importante na extensão da fase lag. Geralmente, células em fase exponencial de multiplicação adaptam-se mais rapidamente que células na fase estacionária. Células estressadas, em ambientes pobres em nutrientes como água, congeladas ou desidratadas em uma superfície de contato com o alimento, têm uma fase lag mais longa quando comparadas a outras células. Após um tratamento de inativação ou outro estresse severo, as células sobreviventes podem necessitar de tempo para se recuperar, o que também pode resultar em uma fase lag antes da multiplicação. As fases lag são mais longas quando certos ingredientes são adicionados (sal e acidulante, por exemplo) ou após um processo estressante (aquecimento, descongelamento, mudança brusca de temperatura). A ocorrência de fase lag como consequência de mudanças de temperatura é menos provável em um produto acabado porque a massa do alimento e a embalagem atuam como moderadores da mudança da temperatura. A validação deve reconhecer que a redução da temperatura durante o período de resfriamento pode se estender por alguns dias quando o alimento é embalado em caixas ou paletizado. A validação de um processo deve se esforçar para reproduzir o estado fisiológico inicial e as mudanças ambientais para determinar a duração da fase lag de forma precisa, se ela existir.

A extensão da fase lag pode ser afetada pelo número inicial de células porque existe uma distribuição log normal dos tempos de lag para cada célula individual. Os estudos de validação com números elevados de células (> 10^2 UFC/pacote ou unidade) terão inevitavelmente algumas células com as fases lag curtas e células-filhas serão derivadas quase que exclusivamente dessas células. Quando o nível de contaminação for baixo, é possível que nenhuma dessas células mais rápidas esteja presente em alguns pacotes e os tempos lag aparentes nesses pacotes ficarão mais longos e mais variados nestes pacotes.

2.3.3.4 Taxa de multiplicação exponencial

A taxa de multiplicação exponencial (TME) aumenta com a temperatura de armazenamento até a temperatura ótima do patógeno (geralmente 35–45 °C). A TME depende de outras características intrínsecas do alimento, como acidez, atividade de água e inibidores, de maneira complexa, que pode ser estimada por modelos. Entretanto, estudos de desafio são necessários para demonstrar que a predição do modelo é precisa para um determinado alimento. Uma vez validado, o modelo pode ser empregado para estimar o impacto das mudanças nos fatores ambientais (T, pH, a_w etc.) na TME.

2.3.3.5 Nível máximo de multiplicação

Um patógeno tem um nível máximo de multiplicação que pode atingir em meio de cultura ou em um alimento. Em caldo e em cultura pura, esse nível é geralmente 10^8–10^9 UFC/mL, mas algumas vezes é mais baixo em um alimento. O máximo em um alimento é afetado também pela temperatura de armazenamento. Na avaliação de risco da FDA-FSIS, os níveis máximos de multiplicação de *L. monocytogenes* (UFC/g) foram 10^5 para temperaturas inferiores a 5 °C, $10^{6,5}$ para 5–7 °C e 10^8 para temperaturas acima de 7 °C (FDA; FSIS, 2003), com base em várias informações da literatura.

2.3.3.6 Competição e microbiota deteriorante

A competição entre patógenos e microrganismos deteriorantes é difícil de ser prevista. Para muitas combinações patógeno–microrganismo deteriorante, a multiplicação de ambos é independente, até que os deteriorantes se multipliquem significativamente. Microrganismos deteriorantes podem abaixar o pH ou produzir inibidores, como bacteriocinas. Geralmente, os patógenos estão presentes em baixas quantidades e não afetam os deteriorantes. A microbiota encontrada no momento do comércio deve fazer parte dos estudos de desafio. Os patógenos devem ser inoculados no estado fisiológico adequado, na localização adequada do produto (superfície, interior ou interface de componentes) e nas concentrações mais prováveis em situações comerciais.

Outra consideração importante na determinação da segurança de um alimento são as condições de armazenamento que causam deterioração, principalmente a deterioração que ocorre antes do patógeno atingir o PO. A avaliação da multiplicação durante o armazenamento requer conhecimento dos tempos e temperaturas características desse estágio. Isso pode ser fácil para os períodos de multiplicação relativamente curtos que ocorrem durante as fases comerciais da cadeia do alimento. Entretanto, tempo e temperatura variam muito nos domicílios e nos serviços de alimentação. Para determinar a multiplicação, deve-se selecionar uma temperatura de abuso moderado e determinar o tempo máximo de armazenamento antes da deterioração a essa temperatura. Os alimentos devem ser testados por tempo equivalente a 1,25 a 1,5 vezes a vida de prateleira, a menos que a deterioração ocorra antes.

Validação de Medidas de Controle

2.3.3.7 Variação de efeitos na multiplicação

Além de determinar o aumento médio na população de células em cada período de multiplicação, é importante estimar a variação dessa determinação (por exemplo, intervalo de confiança de 95%). Essa variação ocorre por causa das diferenças nas características das várias cepas, das flutuações nas condições ambientais no alimento (pH, teor de sal) e das faixas de tempo e temperatura de armazenamento. O teste de desafio pode estimar o valor log médio, e variações dos parâmetros de um modelo podem fornecer dados adicionais para estimar a variação. Essa variação depende das diferenças de multiplicação decorrentes dos fatores calculados aqui, mas pode também ser aumentada pelo analista para incluir incertezas decorrentes da falta de dados de boa qualidade.

2.3.4 Recontaminação (ΣI)

Se o processo do alimento inclui uma etapa letal que elimina o patógeno, então qualquer patógeno presente no alimento no consumo é resultado de recontaminação. Os alimentos submetidos a reduções de 6 a 8 log raramente têm um pacote contaminado imediatamente após esta etapa. Por exemplo, se o produto contém uma contaminação inicial homogênea de 10^2 UFC/g em cada pacote de 100g, após a redução de 7 log apenas um entre 1.000 pacotes estará contaminado e terá cerca de 1 UFC/pacote. Ao determinar se tal alimento está de acordo com um FSO ou PO em uma etapa posterior, os cálculos começam após a etapa letal. A frequência e o nível de contaminação representam o novo H_O.

Existem poucos dados de literatura sobre as frequências e os níveis de contaminação e poucos modelos aplicáveis têm sido desenvolvidos para estimar os resultados da recontaminação. A única maneira de obter dados válidos sobre recontaminação é fazendo uma amostragem suficiente do processo nessa etapa ou na etapa subsequente com cálculos para trás. É difícil predizer um processo de alimento que não tem a etapa letal e com vários pontos potenciais de recontaminação, especialmente porque os dados sobre recontaminação normalmente não estão disponíveis. Uma amostragem suficiente do alimento após o último ponto de recontaminação é uma maneira possível de validar se um FSO ou PO são atendidos. Outra abordagem é o monitoramento do ambiente e das superfícies de contato com o alimento. Outros fatores a considerar são a integridade da embalagem e o treinamento dos empregados em práticas de manuseio.

2.4 EFEITO DA VARIABILIDADE DO PROCESSO NA VALIDAÇÃO DA CONFORMIDADE COM O FSO

Um maneira de demostrar conformidade com um FSO é empregando a equação:

$$H_0 - \Sigma R + \Sigma I \leq \text{FSO}$$

Por meio da combinação da informação sobre o nível inicial (H_0), reduções (ΣR) e aumentos (ΣI) nos perigos microbiológicos ao longo da cadeia de produção e comercialização, é possível determinar de forma confiável se o FSO ou o PO será atendido.

A variabilidade dos níveis microbianos nas diferentes etapas da cadeia de processo influencia a capacidade de atender ao FSO.

Os exemplos seguintes ilustram o impacto de incluir o efeito das distribuições estatísticas de H_0, ΣR e ΣI no nível do perigo e na porcentagem de não conformidades (% de produtos acima do PO ou do FSO). Na avaliação da capacidade de atender a um PO ou FSO, inicialmente, utiliza-se uma estimativa pontual, sem considerar a variabilidade, e em seguida inclui-se o impacto da variabilidade nos níveis iniciais, nas reduções obtidas durante o processamento e nos aumentos decorrentes de multiplicação durante a comercialização do alimento. Para exemplificar, cita-se uma alface minimamente processada e embalada, e *L. monocytogenes* como patógeno preocupante. Para ilustrar, admite-se que para atingir um ALOP, a exposição máxima de *L. monocytogenes* em alimentos prontos para consumo é de 10^2 UFC/g (isto é, um FSP = 2 log UFC/g ou 10^2 UFC/g).

2.4.1 Abordagem de estimativa pontual

Szabo et al. (2003) estimaram o nível de contaminação inicial de uma alface minimamente processada, a redução pela lavagem com sanitizante e os aumentos após a embalagem e durante o armazenamento e a comercialização. Para um determinado nível inicial de *L. monocytogenes* em uma alface e o nível esperado de multiplicação (ΣI) durante o armazenamento e a comercialização, é possível calcular o nível de redução necessária para atender a um determinado FSO. De acordo com Szabo et al. (2003), a população inicial foi H_0 = 0,1 log UFC/g e o aumento potencial durante armazenamento por 14 dias a 8 °C foi ΣI = 2,7 log UFC/g. Para atingir um FSO de 2 log UFC/g, calculou-se que era necessário ter uma ΣR 0,8 log UFC/g$\geq$.

$$H_0 - \Sigma R + \Sigma I = 2 \rightarrow 0,1 - 0,8 + 2,7 = 2$$

Neste exemplo, pode-se considerar que o processo atinge exatamente o FSO. Entretanto, esses cálculos não consideram o impacto da variação no processo.

2.4.2 Incluindo variabilidade no processo
2.4.2.1 Variabilidade para um parâmetro

O próximo exemplo ilustra o impacto da variabilidade nos cálculos usando dados de Szabo et al. (2003). Admita que o desvio padrão para ΣI é 0,59 e que o aumento em log de *L. monocytogenes* tem distribuição normal. Para facilitar o cálculo e a explicação, os níveis de H_0 e ΣR não incluem a variação. Em virtude da distribuição de ΣI, para poder atender ao FSO, o produtor necessita ter como alvo o nível médio mais baixo de *L. monocytogenes* no produto final. Se o objetivo é o mesmo nível médio, isto é, FSO = 2 log UFC/g, 50% dos produtos estariam de alguma forma acima do FSO. O produtor pode considerar outros métodos de lavagem sanitizante para obter uma redução maior que permita atingir o FSO por meio do controle do processo. O nível de redução necessário para conseguir diferentes níveis de conformidade está apresentado na Tabela 2.1. Por exemplo, se a ΣR é 2,62, a proporção de produtos acima de 2 log, considerando-se uma distribuição log normal com log médio de 1,8 e desvio padrão de 0,59, é 0,1%.

Validação de Medidas de Controle

Tabela 2.1 Resultados de vários níveis de redução ($\sum R$) na proporção de unidades defeituosas (P) com um desvio padrão (dp) de 0,59, pressupondo que o aumento log tenha distribuição normal

Redução ($\sum R$)	H0 − $\sum R$ + $\sum I$	Probabilidade de exceder FSO = 2 P(H0 − $\sum R$ + $\sum I$) > 2 (dp = 0,59)
0,8	0,1 − 0,8 + 2,7 = 2	0,5 (50%)
1,2	0,1 − 1,2 + 2,7 = 1,6	0,25 (25%)
1,77	0,1 − 1,77 + 2,7 = 1,03	0,05 (5%)
2,17	0,1 − 2,17 + 2,7 = 0,63	0,01 (1%)
2,62	0,1 − 2,62 + 2,7 = 0,18	0,001 (0,1%)

Nota: a proporção acima do FSO determinado pela distribuição normal acumulativa F (2; μ, σ²) calculada em Excel por 1−NORMDIST (2; x; s; 1). Por exemplo, para a última linha = 1−NORMDIST (2; 0,18; 0,59;1) = 0,001019.

Tabela 2.2 Resultados de proporção de produtos que não atendem ao FSO (pacotes de alface minimamente processada com contagem calculada de *L. monocytogenes* acima de 2 log UFC/g no ponto de consumo), com vários valores de log médio e desvio padrão (dp) para H_0, $\sum I$ e $\sum R$

	H_0	$\sum R$	$\sum I$		Total[a]	
Log médio	−2,5	1,4	2,7		−1,2	$H_0 - \sum I + \sum R$
dp	0,80	0,50	0,59		1,11	dp = raiz quadrada ($dp_1^2 + dp_2^2 + dp_3^2$)
				P(> FSO)	0,2%	

[a] Nível (log UFC/g) de *L. monocytogenes* presente em um pacote de alface no ponto de consumo.

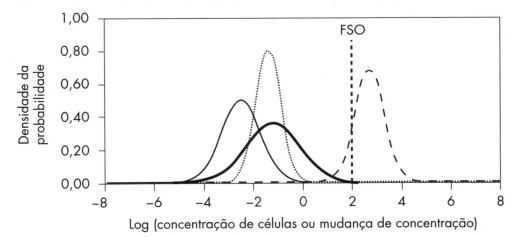

Figura 2.1 Distribuição de probabilidade do nível de contaminação inicial (H_0 ———), redução na concentração (−$\sum R$ − − −) e aumento na concentração ($\sum I$ − − −) de *L. monocytogenes* em alface minimamente processada, e distribuição da concentração resultante (———) nos pacotes de alface no momento do consumo, com base nos valores da Tabela 2.2.

2.4.2.2 Incluindo variabilidade no processo em todas as etapas

O exemplo da Seção 2.4.2.1 não incluiu a estimativa da variabilidade de H_0 ou $\sum R$, mas essa variação existe. Esta seção considera a variabilidade para H_0, $\sum I$ e $\sum R$ (valores na Tabela 2.2). O total resultante descreve a distribuição dos níveis de *L. monocytogenes* nos pacotes de alface minimamente processada no ponto de consumo e é igual à soma dos log médios de H_0, ΣI e ΣR. A média não é o indicador correto do risco se a variância não é considerada. A variância da distribuição total é igual à soma das variâncias, assim o desvio padrão é a raiz quadrada da soma dos quadrados dos desvios padrões. As distribuições estão ilustradas na Figura 2.1. Considerando essa distribuição de resultados, a proporção de pacotes de alface que não atende a um FSO = 2 neste exemplo é 0,2%.

2.4.2.3 Etapa de lavagem ineficaz

Admitindo-se que a etapa de lavagem da alface (ΣR) não é eficaz na redução do nível de *L. monocytogenes* (Tabela 2.3, Figura 2.2), a eficiência do processo como um todo pode ser calculada. O nível log médio de *L. monocytogenes* nos pacotes de alface minimamente processada aumenta de –1,2 para 0,2 e o desvio padrão total diminui de 1,11 para 0,99. A proporção de pacotes com níveis de *L. monocytogenes* acima do FSO (2 log UFC/g) no momento do consumo aumenta para 3,5% (Tabela 2.3). Observe que o desvio padrão não muda muito porque o desvio padrão total é influenciado pelo item que contribui mais, que no exemplo é H_0. Dada a ineficácia do processo de lavagem, uma proporção maior de pacotes (3,5%) não está de acordo com o FSO (2 log UFC/g).

Tabela 2.3 Impacto da etapa de lavagem de alface (ΣR) incapaz de reduzir os níveis de *L. monocytogenes* na proporção de pacotes de alface minimamente processada que não atendem ao *food safety objective* (FSO)

	H_0	ΣR	ΣI		Total[a]	
Log médio	–2,5	0	2,7		0,2	$H_0 - \Sigma I + \Sigma R$
dp	0,80	–	0,59		0,99	dp = raiz quadrada (dp$_1^2$ + dp$_2^2$ + dp$_3^2$)
				P(> FSO)	3,5%	

[a] Nível (log UFC/g) de *L. monocytogenes* presente em um pacote de alface no ponto de consumo.

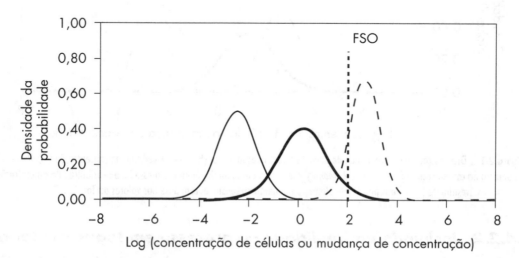

Figura 2.2 Distribuição de probabilidade do nível de contaminação inicial (H_0 ——), aumento na concentração (ΣI – – –) e distribuição da concentração final resultante (——) dos níveis de *L. monocytogenes* nos pacotes de alface no momento do consumo para um processo no qual não há redução do nível de *L. monocytogenes* ($\Sigma R = 0$) na etapa de lavagem, com base nos valores da Tabela 2.3.

Tabela 2.4 Impacto da redução da vida de prateleira do produto de 14 para 7 dias, reduzindo assim o nível de crescimento (∑I) de *L. monocytogenes*, na proporção de pacotes de alface minimamente processada que não atendem ao FSO

	H_0	$\sum R$	$\sum I$		Total[a]	
Log médio	–2,5	1,4	1,9		–2	$H_0 - \sum I + \sum R$
dp	0,80	0,50	0,56		1,10	dp = raiz quadrada (dp$_1^2$ + dp$_2^2$ + dp$_3^2$)
				P(> FSO)	0,01%	

[a] Nível (log UFC/g) de *L. monocytogenes* presente em um pacote de alface no ponto de consumo.

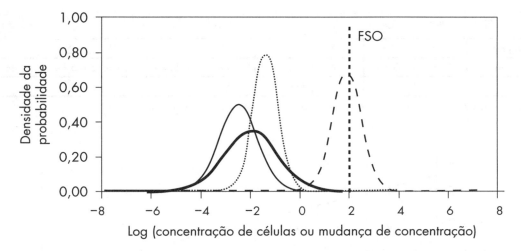

Figura 2.3 Distribuição de probabilidade do nível de contaminação inicial (H_0 ——), redução na concentração (–∑R - -), aumento na concentração (∑I – – –) e distribuição da concentração final resultante dos níveis de *L. monocytogenes* nos pacotes de alface no momento do consumo (——) para um produto com a vida de prateleira diminuída (ver a Tabela 2.4).

2.4.2.4 Efeito da diminuição da vida de prateleira da alface empacotada

Se o produto contém patógenos e permite sua multiplicação, a extensão da vida de prateleira pode influenciar o impacto na saúde pública. Neste exemplo, o efeito de uma vida de prateleira mais curta na proporção de pacotes de alface que não atendem ao FSO é avaliada por meio da redução do valor previsto para ∑I. Quando o produto é armazenado por 7 dias a 8 °C, em vez de 14 dias, estima-se que o aumento de *L. monocytogenes* em 7 dias é 1,9 log UFC/g, com um desvio padrão de 0,56 (SZABO et al., 2003) (Tabela 2.4, Figura 2.3). Ao diminuir a vida de prateleira, que diminui a extensão da multiplicação de *L. monocytogenes*, a proporção de pacotes de alface que não atendem ao FSO diminui para 0,01 %, reduzindo o risco mais do que dez vezes quando comparado a 0,2%.

2.4.2.5 Atendendo ao FSO por meio de alteração do nível de contaminação ou da variabilidade

A redução da variabilidade de um dos parâmetros medidos pode resultar que uma mesma proporção de produtos atenda ao FSO. Por exemplo, se a variabilidade dos níveis iniciais de *L. monocytogenes* nas matérias-primas é reduzida de 0,8 para 0,4, o nível de redução necessário de *L. monocytogenes* na alface durante a fase de lavagem (ΣR) pode ser diminuído de 1,4 para 0,7 para que se obtenha a mesma proporção que atende ao FSO (Tabela 2.5). Embora seja difícil reduzir o desvio padrão para uma *commodity* agrícola crua como a alface, com as medidas de controle disponíveis neste momento, esta estratégia pode ser aplicável a outros tipos de produtos.

Tabela 2.5 Efeito da redução da variabilidade de H_0 e da diminuição de ΣR durante a lavagem na proporção de pacotes de alface minimamente processada que não atendem ao FSO (compare com a Tabela 2.2)

	H_0	ΣR	ΣI		Total[a]	
Log médio	−2,5	0,7	2,7		−0,5	$H_0 - \Sigma I + \Sigma R$
dp	0,40	0,50	0,59		0,87	dp = raiz quadrada ($dp_1^2 + dp_2^2 + dp_3^2$)
				P(> FSO)	0,2%	

[a] Nível (log UFC/g) de *L. monocytogenes* presente em um pacote de alface no ponto de consumo.

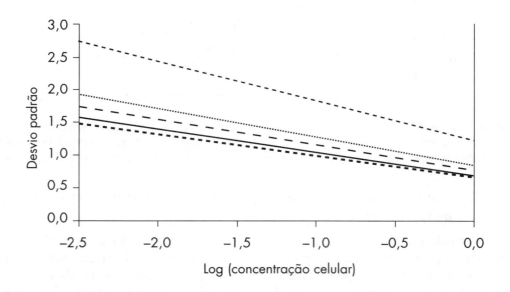

Figura 2.4 Várias combinações de níveis log médios e desvios padrões de distribuições combinadas de H_0, ΣI e ΣR que resultam em uma proporção de produtos que não atendem ao FSO = 2 log UFC/g. As linhas representam as porcentagens de produtos que não atendem ao FSO. Proporções que não atendem ao critério: 0,1% de defeituosos (····), 0,2% de defeituosos (———), 0,5% de defeituosos (— —), 1,0% de defeituosos (- – -), e 2,0% de defeituosos (– – –).

2.4.3 Valor log médio, desvio padrão e atendimento de FSO

A proporção de produtos nos quais o nível de microrganismos preocupantes está acima do FSO ou do PO é determinada pelos níveis log médios e os desvios padrões das distribuições combinadas de H_0, ΣR e ΣI. É possível calcular diferentes combinações de média e desvio padrão que resultam na mesma proporção de produtos que não atendem ao FSO. Os resultados são apresentados na Figura 2.4.

Os exemplos apresentados neste capítulo ilustram o impacto tanto do nível log médio quanto da variabilidade de H_0, $\sum R$ e $\sum I$ na proporção de produtos que estão de acordo com o FSO. Compreendendo melhor a influência tanto dos níveis e da variabilidade da carga microbiológica inicial das matérias-primas como das etapas do processo que reduzem o nível do microrganismo preocupante e que aumentam esses níveis durante o armazenamento e a comercialização, um produtor de alimentos pode determinar onde esses têm maior impacto ao garantir que uma proporção adequada de produto está de acordo com o FSO. As estratégias de controle podem ser focadas na diminuição da variabilidade do processo, na diminuição do nível inicial dos microrganismos preocupantes nas matérias-primas ou em outros parâmetros baseados no nível ou na variabilidade observada em uma situação específica. Os cálculos utilizados na Figura 2.4 são apresentados no Apêndice B.

Nestes cálculos, admite-se que:

- Todas as variáveis têm distribuição log normal, consequentemente o log das variáveis utilizadas na equação do FSO tem distribuição normal. Com isso, sua soma na equação do FSO também tem uma distribuição normal. Caso as variáveis tenham outro tipo de distribuição, são necessários cálculos do tipo Monte Carlo para determinar a distribuição estatística da soma. Enquanto a distribuição normal para os logs do nível inicial, os logs do aumento e os logs da redução seja frequentemente descrita na literatura, na vida real a distribuição dos patógenos pode ser bastante heterogênea, não sendo possível considerar que tenham distribuição normal.
- Estes exemplos pressupõem que os cálculos valem até mesmo para níveis muito baixos. Isso pode ter outras implicações em algumas situações. Por exemplo, quando se aplica uma etapa de inativação 6 D a recipientes com 100 g de produto e concentração inicial de 2 log UFC/g, o nível calculado em cada unidade após a inativação é –4 log UFC/g. Se cada UFC contém apenas um microrganismo, então esse processo resultará, na verdade, em um microrganismo em uma unidade de 100 g (isto é, –2 log UFC/g) para cada 100 unidades produzidas (1% das unidades). As demais unidades (99%) estarão livres desse microrganismo. Para alguns microrganismos, uma UFC pode conter mais de uma célula, assim uma porcentagem mais elevada de unidades poderia teoricamente conter um contaminante. Isso ilustra a importância de utilizar esses cálculos como princípios gerais para comparar o efeito relativo de mudanças nas estratégias de gestão da segurança dos alimentos, em vez de usar números absolutos.
- Quando não há dados sobre o desvio padrão, mas os valores mínimos e máximos são conhecidos, representando a faixa na qual estarão 95% dos dados, o desvio padrão (dp) pode ser estimado por meio da fórmula dp = 0,5 × máximo-mínimo/1,96[2].

2.5 VALIDAÇÃO DE LIMPEZA E OUTRAS MEDIDAS DE CONTROLE DE BPH

A aplicação eficaz de BPH é o fundamento para o desenvolvimento e a aplicação de sistemas HACCP. Falhas na manutenção e na implementação das BPH podem invalidar um sistema HACCP e resultar na produção de alimentos não seguros.

---

[2] Os limites mínimo e máximo 95% são: mínimo = média – 1,96dp; máximo = média + 1,96dp, que resultam em máximo - mínimo = 2 x 1,96dp, assim dp = 0.5(máximo-mínimo)/1.96.

O controle eficaz de um perigo em um alimento depende do conhecimento dos componentes das BPH com maior probabilidade de causar impacto no controle desse perigo. Por exemplo, as exigências de matérias-primas são muito importantes no controle de certos perigos em frutos do mar (toxina paralisante dos moluscos, toxina ciguatera, toxina escombroide, por exemplo). As exigências de matérias-primas são menos importantes em um alimento que será cozido o suficiente para eliminar patógenos vegetativos (por exemplo, salmonelas em carne bovina ou de frango) eventualmente presentes. Assim, os vários componentes das BPH não têm o mesmo peso em todas as operações de alimentos. É necessário considerar os perigos mais prováveis de ocorrer no alimento, e então aplicar as BPH que serão mais eficientes para o controle dos perigos. Isso não significa que outros componentes das BPH, como manutenção e calibração de equipamentos, são ignorados. Alguns são muito importantes para assegurar que o alimento atende às exigências de segurança e qualidade.

Em algumas situações, certos componentes das BPH podem ter uma significância maior e devem ser incorporados no plano HACCP. Por exemplo, manutenção e calibração de equipamentos são importantes nos grandes fornos contínuos utilizados em produtos cárneos cozidos. Neste exemplo, o procedimento e a frequência (mensal e trimestral, por exemplo) de checagem da distribuição de calor durante o cozimento podem ser incorporadas no plano HACCP como um procedimento de verificação. Além disso, é necessário verificar a precisão dos termômetros utilizados para o monitoramento da temperatura durante o cozimento.

Informações sobre planejamento higiênico das instalações e dos equipamentos, limpeza e desinfecção, saúde e higiene do pessoal, educação e treinamento já foram dadas anteriormente (ICMSF, 1988). A prevenção da contaminação e da recontaminação do produto durante o processamento é um componente crítico de uma programa de controle. A validação significa que as instalações e os equipamentos, a seleção dos produtos de limpeza e a sanitização, bem como as operações foram realizadas de forma a atingir o nível de controle necessário. As considerações iniciais no planejamento do programa de sanitização incluem características do alimento, construção e materiais dos equipamentos e os microrganismos preocupantes para a segurança e a deterioração. A validação do programa assegura que todas as partes do sistema são tratadas de forma adequada para remover resíduos de alimentos e inativar microrganismos. Resíduos de alimentos em ambientes úmidos, além de serem uma fonte de nutrientes para a multiplicação microbiana subsequente, reduzem a eficiência das etapas de sanitização. Sistemas *clean in place* (CIP – limpeza sem desmontagem de equipamentos) requerem verificação cuidadosa de que todas as partes foram tratadas e que o sistema funcione conforme o pretendido.

A eficiência de muitos sanitizantes é afetada pela presença de resíduos orgânicos do alimento e do ambiente de processamento. Os critérios científicos necessários para determinar o efeito imediato e residual do sanitizante incluem:

- Concentração do sanitizante e condições para eficiência (por exemplo, temperatura).
- Eficiência antimicrobiana em curto e longo prazo (estabilidade do sanitizante).
- Sensibilidade do microrganismo ao sanitizante.

Validação de Medidas de Controle

- Características da superfície a ser sanitizada (temperatura, carga orgânica).
- Impacto das etapas do processamento (tratamento térmico, condições da embalagem).

Assim como ocorre com a validação dos demais componentes do processamento do alimento, a validação do programa de sanitização consiste no conjunto de estudos de laboratório, planta piloto e indústria. Em estudos laboratoriais, os patógenos podem ser inoculados em meio de cultura ou no produto. Estudos em plantas piloto podem utilizar patógenos se a exposição ao alimento e a humanos pode ser controlada. Entretanto, plantas em que são aplicadas as Boas Práticas de Fabricação (BPF) devem usar indicadores (*surrogates*). Em instalações comerciais, os dados são obtidos utilizando-se indicadores quando a presença do patógeno é rara ou por meio de monitoramento quando os patógenos que ocorrem naturalmente estão presentes em frequência e quantidade suficientes (em operações de abate, por exemplo). Devem ser empregadas bactérias patogênicas ou indicadores apropriados. Os agentes químicos devem ser testados de acordo com as instruções, usando-se água potável de dureza, concentração, pH, temperatura e tempo de contato apropriados. Devem ser consideradas as variações no alimento e no processo, identificados os fatores críticos que determinam a margem de segurança e deve ser especificado o tratamento letal mínimo para assegurar o controle adequado. É necessária a verificação periódica para garantir que a eficácia não tenha sido perdida ao longo do tempo, em decorrência do desenvolvimento de resistência, por exemplo.

2.6 DETERMINAÇÃO DA VIDA DE PRATELEIRA

Uma abordagem para o gerenciamento da segurança do alimento é ter o alimento deteriorado e rejeitado pelo consumidor em virtude da baixa qualidade, antes que os patógenos possivelmente presentes possam se multiplicar até um nível em que se tornam uma ameaça à saúde pública. Na ausência de deterioração, outras maneiras de limitar a vida de prateleira podem ser utilizadas, por exemplo, o emprego de rotulagem do tipo "consumir antes de" ou de indicadores de tempo–temperatura. Esses temas são discutidos a seguir mais detalhadamente por NACMCF (2005).

As condições de comercialização e armazenamento podem incluir abuso moderado de tempo e temperatura. O planejamento e a validação de processos devem incluir essas condições ao validar que o produto está de acordo com o FSO. Decisões a respeito do abuso de temperatura podem ser baseadas em parte nas bases de dados de temperaturas no comércio de domicílios do EcoSure (2008), por exemplo, no qual as temperaturas no comércio variou de acordo com o tipo de produto (5% dos refrigeradores domésticos estavam acima de 7,2 °C e 0,7% estavam acima de 10 °C). Para alguns produtos e regiões, uma vida de prateleira que impede a multiplicação em temperaturas de abuso pode ser tão curta que a comercialização fica impraticável, e a expectativa do consumidor não pode ser atendida. A determinação da temperatura máxima de armazenamento é uma decisão de gerenciamento do risco para a saúde pública.

A validação da vida de prateleira inclui a determinação da distribuição da contaminação no final do processamento e o estabelecimento do PO para esse ponto. A quantidade de multiplicação que pode potencialmente ocorrer para que o alimento ainda atenda ao FSO pode então ser determinada. Com a determinação da temperatura máxima de abuso, análises laboratoriais e testes de desafio podem determinar a duração das fase lag e de multiplicação antes que o FSO seja ultrapassado, como explicado nos exemplos anteriores.

Para alimentos que são refrigerados desde a produção até o consumo, o prazo de validade pode ser estimado pelo produtor. Os prazos para comercialização e armazenamento doméstico são incluídos na determinação, e uma data de validade pode ser aplicada. Se o alimento é congelado e então descongelado no comércio, o tempo de multiplicação é o restante do tempo no comércio e no armazenamento doméstico. Para esses alimentos, o rótulo deve indicar o número adequado de dias após a compra.

Os integradores de tempo–temperatura (ITT) para embalagens no comércio apresentam uma mudança de coloração ao final do armazenamento permitido, com base em uma reação biológica, física ou química. A cinética da reação varia entre os integradores, e o ponto final (*end point*) pode ser determinado para diferentes combinações de tempo–temperatura, para avalição de qualidade ou para multiplicação teórica em uma determinada combinação alimento–patógeno. Os ITT têm aplicação limitada em 2010, em razão do alto custo, da complexidade da cinética de reação para diferentes combinações alimento–patógeno e da falta de conhecimento e compreensão dos consumidores. Os ITT indicam o fim da vida de prateleira porque a velocidade de reação depende da temperatura. Se a temperatura estiver abaixo da ótima, a velocidade de reação diminuirá proporcionalmente e o tempo de visualização da mudança de cor aumentará. Se a temperatura exceder a ótima, a reação do ITT indica uma diminuição do tempo de armazenamento. No futuro, será possível escolher ITT que monitorem a temperatura de forma contínua durante todo o tempo de armazenamento e indiquem os pontos finais específicos para cada pacote de alimento individualmente.

2.7 QUANDO REVALIDAR

Os dados de validação devem ser revisados periodicamente para determinar se dados científicos novos ou mudanças nas condições de operação alterariam as conclusões de validações anteriores. O surgimento de um novo patógeno requer uma reavaliação do processo com base nas características desse patógeno. Mudanças na contaminação inicial dos ingredientes, na formulação do produto, nos parâmetros de processo ou nas condições de armazenamento requerem uma revalidação do processo. O impacto de mudanças na concentração, na homogeneidade ou na frequência da contaminação na etapa afetada deve ser estimado. Essa informação pode ser retirada da literatura, de modelos ou de experimentos de laboratório e em plantas piloto. A magnitude da mudança pode ser comparada ao log médio e ao desvio padrão correspondentes do processo validado. Se a mudança está dentro dos valores da validação original, uma nova validação pode ser desnecessária. O impacto final da mudança no ponto de consumo pode ser calculado e comparado ao FSO. Por exemplo, um aumento de 0,2 log na contaminação de um ingrediente pode aumentar a contaminação nos passos seguintes até o consumo em 0,2 log. Se esse aumento não ultrapassa o FSO, não é necessário fazer nova validação.

Entretanto, se a mudança no processo for um aumento no pH que permite o aumento de 1 log na concentração do patógeno no consumo, esse processo provavelmente necessitará ser revalidado. Talvez o processo tenha de ser modificado em outro ponto para compensar esse aumento, devendo o novo processo ser novamente validado.

REFERÊNCIAS

BUSTA, F. F. Introduction to injury and repair of microbial cells. **Advances in Applied Microbiology**, New York, v. 23, p. 195-201, 1978.

CODEX ALIMENTARIUS. **Guidelines for the validation of food safety control measures (CAC/GL 69–2008)**. Rome: FAO, 2008. FAO/WHO Food Standards Program.

COMBASE. **A combined database for predictive microbiology**. Norwich, 2010. Disponível em: <http://www.combase.cc>. Acesso em: 24 out. 2010.

DAVIES, K. W. Design of experiments for predictive microbial modelling. **Journal of Industrial Microbiology**, Basingstoke, v. 12, n. 3/5, p. 295-300, 1993.

ECOSURE. **2007 U.S. cold temperature evaluation**: design and summary pages. Brisbane, 2008. 12p. Disponível em: <http://foodrisk.org/default/assets/File/EcoSure%202007%20 Cold%20Temperature%20Report.pdf >. Acesso em: 24 out. 2010.

FDA – FOOD AND DRUG ADMINISTRATION; FSIS – FOOD SAFETY AND INSPECTION SERVICE. **Quantitative assessment of the relative risk to public health from foodborne *Listeria monocytogenes* among selected categories of ready-to-eat foods**. Washington, DC: USDA, 2003. 27p.

ICMSF - INTERNATIONAL COMMISSION ON THE MICROBIOLOGICAL SPECIFICATIONS FOR FOODS. **Microorganisms in foods 4**: application of the hazard analysis critical control point (HACCP) system to ensure microbiological safety and quality. Oxford: Blackwell Scientific Publications, 1988.

_____. **Microorganisms in foods 7**: microbiological testing in food safety management. New York: Kluwer Academic: Plenum Publishers, 2002.

IFT - INSTITUTE OF FOOD TECHNOLOGISTS. **Evaluation and definition of potentially hazardous foods**: a report by the Institute of Food Technologists for the Food and Drug Administration of the U.S. Department of Health and Human Services. Chicago, 2001. Disponível em: <http://foodsci.rutgers.edu/schaffner/pdf%20files/Busta%20CRFSFS%202003. pdf>. Acesso em: 24 out. 2010.

KEENER, L. Hurdling new technology challenges: investing in process validation of novel technologies. **Food Safety Magazine**, Glendale, Feb./Mar. 2006. Disponível em: <http://www. foodsafetymagazine.com/article.asp?id=490&sub=sub1>. Acesso em: 24 out. 2010.

KILSBY, D. C.; WALKER, S. J. **Predictive modelling of microorganisms in foods**: protocols document for production and recording of data. Chipping Campden: Campden Food and Drink Research Association, 1990.

LEGAN, J. D. et al. Modeling the growth, survival and death of bacterial pathogens in foods. In: BLACKBURN, C.; MCCLURE, P. J. (Ed.). **Foodborne pathogens**: hazards, risk and control. Cambridge: Woodhead Publishing, 2002.

MATTICK, K. L. et al. Effect of challenge temperature and solute type on heat tolerance of *Salmonella* serovars at low water activity. **Applied and Environmental Microbiology**, Washington, DC, v. 67, n. 9, p. 4128-4136, 2001.

McMEEKIN, T. et al. **Predictive microbiology:** theory and application. New York: Wiley, 1993.

NACMCF - US NATIONAL ADVISORY COMMITTEE ON MICROBIOLOGICAL CRITERIA FOR FOODS. Considerations for establishing safety-based consume-by date labels for refrigerated ready-to-eat foods. **Journal of Food Protection,** Des Moines, v. 68, n. 8, p.1761-1775, 2005.

_____. Requisite scientific parameters for establishing the equivalence of alternative methods of pasteurization. **Journal of Food Protection,** Des Moines, v. 69, n. 5, p. 1190-1216, 2006.

_____. Parameters for determining inoculated pack/challenge study protocols. **Journal of Food Protection,** Des Moines, v. 73, n. 1, p. 140-202, 2010.

RATKOWSKY, D. A. et al. Model for bacterial culture growth rate throughout the entire biokinetic temperature range. **Journal of Bacteriology,** Washington, DC, v. 154, n. 3, p. 1222-1226, 1983.

RATKOWSKY, D. A. Principles of nonlinear regression modeling. **Journal of Industrial Microbiology,** Basingstoke, v. 12, n. 3/5, p. 195-199, 1993.

SCOTT, V. N. et al. Guidelines for conducting *Listeria monocytogenes* challenge testing of foods. **Food Protection and Trends,** Des Moines, v. 25, p. 818-825, 2005.

SZABO, E. A. et al. Assessment of control measures to achieve a food safety objective of less than 100 CFU of *Listeria monocytogenes* per gram at the point of consumption for fresh precut iceberg lettuce. **Journal of Food Protection,** Des Moines, v. 66, n. 2, p. 256-264, 2003.

USDA - US DEPARTMENT OF AGRICULTURE. **Pathogen Modeling Program.** Washington, DC, 2006. Disponível em: <http://www.ars.usda.gov/News/docs.htm?docid=6784 >. Acesso em: 24 out. 2010.

USDA- US DEPARTMENT OF AGRICULTURE; FSIS - FOOD SAFETY INSPECTION SERVICE. **Microbiological testing program for** *Escherichia coli* **O157:H7:** individual positive results for raw ground beef and RGB components, 2009. Washington, DC, 2009. Disponível em: <http://www.fsis.usda.gov/wps/portal/fsis/topics/data-collection-and-reports/microbiology/ec/positive-results-current-cy/2009-ecoli-positives>. Acesso em: 24 out. 2014.

VAN SCHOTHORST, M. et al. Relating microbiological criteria to food safety objectives and performance objectives. **Food Control,** Oxford, v. 20, p. 967-979, 2009.

VESTERGAARD, E. M. Building product confidence with challenge studies. **Dairy, Food and Environmental Sanitation,** Ames, v. 21, n. 3, p. 206-209, 2001.

WALKER, S. J.; JONES, J. E. Protocols for data generation for predictive modeling. **Journal of Industrial Microbiology,** Basingstoke, v. 12, n. 3/5, p. 273-276, 1993.

ZWIETERING, M. H.; STEWART, C.; WHITING, R. C. Validation of control measures in a food chain using the FSO concept. **Food Control,** Oxford, v. 21, n. 12, p. 1716-1722, 2010.

3 CAPÍTULO

Verificação do Controle de Processo

3.1 INTRODUÇÃO

Muitos microbiologistas de alimentos têm familiaridade com os planos de amostragem que utilizam resultados microbiológicos para tomar decisões em relação à qualidade ou segurança de um determinado lote de alimentos. De forma ideal, a base estatística das análises microbiológicas é que essas análises são realizadas com um número suficiente de amostras de um mesmo lote, de forma a haver um grau de confiança elevado em que o lote não contém uma população inaceitável de microrganismos que afetam a qualidade ou a segurança do alimento.

Um conceito importante na compreensão da base estatística das análises *lote-a-lote* ou *intralote* é o índice de defeituosos, isto é, a quantidade de porções ou recipientes que não estão de acordo com um atributo, por exemplo, ausência em determinada quantidade de produto ou abaixo de uma determinada concentração (ICMSF, 2002). Tais programas de amostragem ficam mais informativos à medida que o índice de defeituosos aceitável diminui. Uma vez que o método de análise e a correspondente sensibilidade foram selecionados para a análise das amostras, a obtenção do rigor desejado, com diminuição do índice de defeituosos, pode ser alcançada pelo aumento do número de amostras do lote analisadas ou do tamanho das unidades analíticas examinadas. Quando o índice de defeituosos aceitável é baixo (< 5%, por exemplo), o número de amostras que necessita ser analisado pode ser muito alto, o que pode ser um impedimento prático importante para o emprego de análise microbiológica. Por exemplo, considere dois lotes de alimentos prontos para consumo que devem estar isentos de *Salmonella*, um com 50% e outro com 1% de defeituosos. No primeiro lote, a análise de apenas três amostras resultará em uma probabilidade elevada (87,5%) de concluir que o lote está contaminado, enquanto a probabilidade de identificar o segundo lote como contaminado por *Salmonella* será apenas 63% mesmo se forem analisadas 100 amostras.

Outro conceito importante associado às analises intralote[1] é o pressuposto de que há pouco ou nenhum conhecimento sobre o produto e sobre os processos e as condições em que o alimento foi produzido e distribuído. Nesses casos, a análise microbiológica é empregada como uma medida de controle para separar lotes adequados dos inadequados. Considerando que não há conhecimento prévio a respeito do lote, uma consequência importante desse pressuposto é que os resultados da análise desse lote não permitem predizer o *status* de outros lotes.

Enquanto a análise intralote tem um papel importante para a segurança dos alimentos, especialmente no caso de alimentos chegando aos portos de entrada que requerem ações reguladoras, de modo geral os resultados das análises microbiológicas não são baseados em planos de amostragem intralote e estatística tradicionais. Ao contrário, a amostragem é feita periodicamente e somente em uma parte dos lotes. Além disso, a extensão das análises (número e tamanho das amostras analisadas) costuma ser em quantidade insuficiente para garantir um grau de confiança elevado em que um lote com baixos índices de contaminação será detectado. Isto não significa que esse tipo de análise não resulte em dados microbiológicos importantes para produtores e autoridades de controle. Entretanto, esses programas de análise são frequentemente conduzidos de uma maneira que impede o melhor aproveitamento dos resultados gerados.

Esses programas de análise são denominados análise de controle de processo ou análise entrelotes e sua utilidade pode ser significativamente melhorada se forem adequadamente planejados, em relação às análises corretas e à interpretação e à revisão dos resultados. Quando isso é feito, os programas de análise são ferramentas poderosas para avaliar os sistemas utilizados para controlar a segurança e a qualidade e corrigi-los antes que o sistema ultrapasse o ponto desde o qual o produto não está mais adequado para comercialização. Este capítulo fornece uma breve introdução aos conceitos e à aplicação dessa forma de obtenção de dados microbiológicos. Os detalhes para o estabelecimento de tais programas de análise podem ser obtidos em outras referências (DOES; ROES; TRIP, 1996; ROES ; DOES; ROES, 1999; ICMSF, 2002; HUBBARD, 2003; NAS, 2003; ECF, 2004; NIST; SEMATECH, 2006).

A compreensão das diferenças nos objetivos e nos pressupostos associados às análises intralote ou entrelotes é importante para o sucesso das análises de controle de processo. A análise intralote é empregada para estabelecer a segurança e a qualidade de um determinado lote de produto, decorrente da falta de informação a respeito da eficiência dos recursos para o controle da contaminação e para a garantia de produção, proces-

---

[1] A expressão em inglês *within-lot* refere-se a um mesmo lote, e foi traduzida como "intralote", enquanto a expressão *between-lot*, relativa a lotes diferentes, foi traduzida como "entrelotes". N. T.

samento e comercialização seguros. O objetivo da análise entrelotes não é estabelecer a segurança de um lote, já que a segurança foi provavelmente obtida por meio do estabelecimento e da validação de processos e práticas que controlam perigos importantes, incluindo a variabilidade de ingredientes, processos e produtos. O objetivo da análise entrelotes é verificar se o processo e as práticas para garantir segurança continuam tendo o desempenho esperado. O pressuposto neste caso é que há informações detalhadas sobre a maneira como o alimento foi produzido. Assim, a amostragem para controle de processo será mais bem implementada quando fizer parte de um programa completo de gestão de riscos, como o HACCP (ICMSF, 1988). Para reiterar as diferentes aplicações das análises intralote e entrelotes – caso a análise de todos os lotes empregando um plano de amostragem intralote tenha sido parte de um programa de HACCP, essa amostragem seria uma medida de controle (provavelmente um ponto crítico de controle) e também seria parte das atividades de monitoramento. Por outro lado, a análise entrelotes seria empregada como parte da fase de verificação do HACCP. Assim, o não cumprimento do plano de amostragem intralote indicaria um lote potencialmente inaceitável, enquanto o não cumprimento do plano de amostragem entrelotes sinalizaria uma potencial perda de controle de um programa de HACCP.

Como indicado aqui, o objetivo da análise de controle de processo é determinar se um sistema de controle está funcionando conforme pretendido, isto é, se o produto fabricado tem um índice de defeituosos inferior a um valor especificado ou se está dentro de uma faixa especificada. Um pressuposto inerente à realização de análises microbiológicas entrelotes é que foram tomadas ações para reduzir ao mínimo a variabilidade entre os lotes ou que o sistema está funcionando de forma consistente com um nível de controle tal que os produtos são substancialmente melhores do que o nível aceitável especificado. É questionável se um programa de HACCP pode ser considerado realmente sob controle, quando há uma grande variação entre os lotes. Assim, a análise entrelotes é mais eficiente quando há pequena variação na média e no desvio padrão da concentração log das populações de um perigo em lotes resultantes de uma operação normal. Uma variação entrelotes baixa permite identificar mais rapidamente a perda de controle do sistema de segurança e qualidade do alimento, com o menor número de análises microbiológicas.

Como um exemplo simples da diferença entre amostragens intralote e entrelotes, considere uma empresa que tem duas linhas de processamento para um mesmo produto, uma antiga e menos confiável e outra nova e mais confiável. A empresa deseja assegurar um índice de defeituosos < 1% para o produto nas duas linhas. Para o produto da linha antiga, na qual há menos confiança no processo, a empresa pode optar pela análise de cada lote. Neste caso, a análise do produto final é considerada um ponto crítico de controle. Considerando que a variabilidade intralote na linha antiga é mais elevada, o fabricante pode decidir usar um plano de amostragem com um número maior de amostras para ter mais confiança em que os resultados do plano de amostragem são representativos do lote todo. Por outro lado, para a linha de processamento nova, a empresa pode aplicar o mesmo plano de amostragem, mas retirar amostras de um número maior de lotes; ou seja, considerando efetivamente o processo como um lote contínuo, ou como uma série de lotes grandes, com o lote sendo definido por um período de tempo e lotes sobrepondo-se no tempo. Esta é base da abordagem *moving window,* exemplificada na Seção 3.4. Na abordagem *moving window*, um aumento no número de resultados positivos com o tempo indica uma tendência em direção à perda de controle. Nesse caso, o mesmo plano de amostragem é usado para verificar o processo.

Análises estatísticas adequadas podem identificar quando a ocorrência de unidades defeituosas ultrapassa de forma significativa o índice tolerável de defeituosos. Caso a ocorrência seja superior a esse índice, o fabricante deve investigar as causas e determinar os motivos pelos quais o processo não está mais funcionando conforme o esperado, tomando as ações corretivas adequadas. O exame do desempenho do sistema ao longo do tempo também fornece informações úteis sobe os tipos de falha que podem ocorrer (ICMSF, 2002). A análise de controle de processo é mais eficiente quando pode detectar um problema em um nível e uma frequência abaixo do que seria considerado inaceitável para a segurança ou a qualidade. Dessa forma, podem ser tomadas ações corretivas antes que o limite crítico seja ultrapassado.

3.2 COMO VERIFICAR SE UM PROCESSO ESTÁ SOB CONTROLE

Os métodos microbiológicos empregados para detectar, identificar e enumerar microrganismos preocupantes para verificação de controle de processo são essencialmente os mesmos usados para análises intralote. Esses métodos estão disponíveis em várias referências (ISO, AOAC, FDA Bacteriological Analytical Manual, American Public Health Association etc.) e não serão mais discutidos.

Tal como nas análises intralote, os critérios microbiológicos estabelecidos para um programa de análise de controle de processo podem ser baseados em planos de análise de atributos de duas ou de três classes, isto é, presença/ausência ou limite quantitativo (ou limites no caso de um plano de três classes) ou análise de variáveis (lista completa de dados quantitativos). De maneira similar, a análise de atributos pode ser baseada em um plano de amostragem de duas ou de três classes. A amostragem para análise de controle de processo pode ser aplicada para produtos finais, amostras de processo ou ingredientes. A decisão quanto à abordagem analítica a ser empregada deve ser tomada no início do desenvolvimento do programa de amostragem para controle de processo. A abordagem escolhida influencia fortemente os tipos de dados necessários durante as fases iniciais de estabelecimento do programa. A abordagem a ser empregada deve ser determinada antes do estabelecimento dos critérios microbiológicos (critérios de decisão) do programa.

3.2.1 Informações necessárias para o estabelecimento de um programa de análise de controle de processo

Como indicado anteriormente, o emprego de análise de controle de processo é baseado em conhecimento detalhado do produto e do processo. Um programa de análise de controle de processo que tenha sentido requer conhecimento detalhado das po-

Verificação do Controle de Processo

pulações e da frequência dos microrganismos preocupantes que podem ser esperadas no produto quando produzido e tratado de forma adequada. Isso inclui informações sobre a variação nas populações tanto nos lotes como entre os lotes. Assim, o primeiro passo para o estabelecimento de um programa de análise de controle de processo para verificar a operação correta do sistema de segurança e qualidade é reunir os dados de referência sobre o desempenho do sistema quando ele está funcionando conforme pretendido. Este procedimento é denominado estudo de capacidade do processo. Nesse período, realiza-se uma compilação intensiva de dados que caracterizam o desempenho do sistema, tanto por meio da geração de novos dados como por meio da coleta de dados existentes. Os dados coletados são específicos do sistema em avaliação, podendo ser relacionados com uma única linha de uma planta processadora ou abrangentes para um tipo de alimento de uma indústria. Entretanto, estes últimos requerem muita prudência e esforço para garantir que os dados não sejam tendenciosos e que representem, de forma adequada, a indústria inteira. Em escala nacional, isso é feito por meio de estudos de referência, um grande empreendimento do governo nacional ou do órgão representativo do setor. A sensibilidade dos métodos e planos de amostragem selecionados devem ser adequados para que forneçam dados suficientes sobre a incidência verdadeira de defeitos em um lote, bem como a prevalência (frequência média de defeitos ao longo do tempo) de um perigo microbiológico no alimento. A sensibilidade deve ser suficiente para detectar o patógeno ou o defeito de qualidade, pelo menos por algum tempo. Resultados históricos de análises intralote podem ser muito úteis para avaliar o desempenho e a variabilidade do sistema.

Ao realizar um estudo da capacidade do processo, deve-se garantir que os dados coletados representem o produto fabricado quando o sistema de segurança do alimento está sob controle. Caso contrário, é provável que ocorra um aumento na variabilidade das populações (ou frequências) do perigo microbiológico, que constituirá a base do nível de referência utilizado para avaliar o desempenho. Esse aumento diminuirá a capacidade do programa de controle de processo de identificar quando o sistema não está funcionando a contento. A duração de um estudo de capacidade de processo varia de acordo com o produto, o patógeno e o objetivo, mas deve ser longo o suficiente para gerar dados que garantam que a variabilidade no processo tenha sido caracterizada de forma precisa. Devem ser analisados, no mínimo, 30 lotes, pois assim a influência do erro de amostragem será baixa e a caracterização do desempenho será razoavelmente robusta. Há situações em que o estudo da capacidade de processo necessita ser realizado por um período mais longo ou em fases. Por exemplo, quando a contaminação de uma matéria-prima varia muito ao longo do ano, o estudo da capacidade de processo poderá considerar a sazonalidade como um fator, devendo-se estender o estudo por um ano inteiro. Nesses casos, é possível fazer o estudo da capacidade de processo por 30 dias, realizar análises iniciais e estabelecer limites de controle iniciais e, se necessário, rever e revisar as análises e os limites de controle, à medida que surgem dados adicionais. A inclusão desses dados no estudo de controle de processo depende, em parte, de avaliar se o produto está sob controle nos períodos em que os níveis são elevados, por causa da estação do ano ou do fornecedor. Se o processo não for considerado como estando sob controle, então os dados não deverão ser incluídos no pacote de dados de referência. Isso significa que os meios para prevenir o aumento dos índices de defeitos associados à sazonalidade ou ao fornecedor necessitam ser identificados imediatamente, pois uma vez implementado, o programa de análise de controle de processo baseado no estudo de controle de processo e que não inclui o índice mais elevado de defeituosos nesses períodos identificará apropriadamente que o processo está fora do controle nesses períodos.

Como indicado anteriormente, programas de análise de controle de processo são mais eficientes quando detectam a perda do controle *antes* que um limite crítico seja ultrapassado. Por esta razão, os limites microbiológicos de programas de análise de controle de processo empregados pelas indústrias são frequentemente estabelecidos para detectar alterações antes que um limite legal seja excedido. Isso permite a adoção de ações corretivas de forma proativa. Entretanto, essa abordagem proativa pode ser de difícil implementação quando as autoridades competentes estabelecem limites baseados em "tolerância zero", em vez de especificar um determinado critério microbiológico baseado em risco ou em protocolos de análise.

A avaliação do controle de processo pode ser usada para mensurar tanto a segurança quanto a qualidade de alimentos e não é limitada às análises microbiológicas. Mensurações físicas e/ou físico-químicas do impacto da contaminação microbiana, simples e facilmente executáveis, têm várias vantagens em relação a métodos de análise mais sofisticados. Por exemplo, o teste de esterilidade de laticínios UHT, baseado em avaliação sensorial combinada com a determinação do pH, pode ser empregado para avaliar o controle de processo (VON BOCKELMANN, 1989).

3.2.2 Estabelecendo critérios, limites e planos de amostragem microbiológicos

A concentração de microrganismos em lotes de alimentos varia e é frequentemente descrita como uma distribuição log normal. Essas distribuições são funções de distribuição infinita, podendo ocorrer valores elevados mesmo quando o sistema está sob controle. Entretanto, esses acontecimentos devem ser raros e sua ocorrência frequente é uma evidência de que o sistema já não está sob controle. Um critério microbiológico estabelece o critério de decisão para avaliar se um resultado de análise microbiológica ocorreu apenas por acaso ou se o sistema de segurança e qualidade passou por alguma mudança importante, fazendo com que deixasse de funcionar conforme esperado.

O limite microbiológico associado a um processo sob controle estabelece de forma efetiva o critério de decisão, com base nos resultados do estudo inicial de capacidade do processo. Presumindo-se que o nível de controle existente em uma planta ou indústria é considerado aceitável, é possível estabelecer um limite em combinação com um plano de amostragem adequado, de forma que a frequência de detecção de um resultado positivo ou uma determinada concentração não tenha ocorrido somente por acaso. Por exemplo, um resultado que excede a probabilidade de 95% seria esperado, em média, em apenas uma dentre 20 amostras. Se a frequência é mais elevada, há indicação de que o sistema está fora do controle. Um aumento no número e no tamanho das unidades analíticas aumenta a probabilidade de detecção de um resultado positivo, assim os critérios de decisão são específicos ao critério microbiológico e ao plano de amostragem estabelecidos. O estabelecimento do rigor de um critério microbiológico é uma atividade de gerenciamento de risco. Assim, os limites de um plano de amostragem selecionado (95% ou 99% de confiança) podem levar em consideração vários parâmetros, científicos e outros, tais como risco avaliado, gravidade do perigo, capacidade tecnológica, metas de saúde pública, custo da ação quando o processo está na verdade sob controle, além de preferências e expectativas do consumidor. Como este é um caso de gerenciamento de risco e não de avaliação de risco, nenhum valor de probabilidade de detecção serve como critério padrão. Por exemplo, considere duas situações que um país ou empresa pode enfrentar no estabelecimento de um limite microbiológico para um produto alimentício. Primeiro, considere um produto de uma indústria cujos sistemas de segurança e qualidade de alimentos estão baseados em uma única tecnologia bem estabelecida, que está operando com uma boa margem de segurança para controle de um perigo relativamente leve, e a variação entrelotes e intralote é baixa. Neste caso, um limite microbiológico baseado em 99,99% da distribuição de referência (isto é, $\leq 0,001\%$ dos resultados do programa que funciona conforme esperado excederiam o limite microbiológico) poderia ser considerado suficiente para proteger a saúde pública e o critério microbiológico seria estabelecido considerando-se essa constatação. Nessa situação, o limite microbiológico estabelecido resultaria na aceitação da grande maioria desse produto. Este padrão de controle de processo teria baixo impacto no desempenho existente da indústria. Em contrapartida, considere uma indústria na qual há uma variabilidade substancial entre tecnologias, práticas e padrões de cuidado adotados por empresas individuais, causando uma grande variabilidade entrelotes e até no mesmo lote. Neste caso, o país ou empresa pode estabelecer um limite microbiológico em 80% da distribuição de referência (isto é, uma em cinco amostras seria considerada inaceitável). Com o tempo, um limite microbiológico de controle de processo dessa magnitude teria provavelmente um grande impacto em empresas com desempenho inferior, isto é, seus sistemas de alimentos seriam considerados não operantes como esperado. Por outro lado, o limite teria um impacto mínimo em empresas com bom desempenho. O resultado final seria diminuir tanto a média quanto a variância do log da concentração do perigo nas porções de produto liberadas para comércio. Um resultado similar acabaria ocorrendo se o rigor do programa de análise intralote aumentasse.

3.3 OBTENÇÃO E REVISÃO DE DADOS DE ROTINA

A avaliação do controle de processo, uma vez estabelecida, requer a análise rotineira de somente um pequeno número de amostras. O número de lotes que necessita ser analisado, a frequência da análise e o número de amostras de cada lote dependem do índice de defeituosos existente quando o sistema de segurança e qualidade está operando conforme o esperado e também do grau de confiança em que o limite microbiológico não será ultrapassado pelo fabricante ou pelo país. As exigências de análise do plano de amostragem de controle de processo dependem do tipo de análise de controle de processo empregado (por exemplo, CUSUM, *moving window*) (ICMSF, 2002). Os programas de análise de controle de processo podem também incluir variações na frequência de análise com base no desempenho do processo, como aumentar a frequência de análise quando se detecta aumento de defeituosos ou diminuir a frequência de análise quando os resultados são consistentemente aceitáveis ao longo do tempo. Entretanto, as regras para variações na frequência de análise devem ser formuladas com a compreensão clara do efeito de frequências alternadas de amostragem na capacidade do programa de análise para detectar uma perda emergente de controle do processo e para responder a tempo de prevenir que um produto inaceitável seja liberado para comércio.

A implementação de programas de análise de controle de processo requer um sistema eficiente de gerenciamento de dados e resultados de avaliação ao longo do tempo, normalmente feito por meio de gráficos de controle, com dados apresentados em função do tempo (Figura 3.1). A representação gráfica é frequentemente uma ferramenta útil para a avaliação inicial dos dados. A comparação desses dados com dados coletados no monitoramento de rotina dos pontos críticos de controle em planos HACCP e com outros dados de verificação pode ser útil para a interpretação dos resultados das análises de controle de processo, melhorando a identificação das causas de desvios no processo. Para a maioria dos casos relacionados à microbiologia de alimentos, o limite inferior não seria considerado um critério de decisão, com a possível exceção de alimentos fermentados ou contendo probióticos; entretanto, o limite inferior pode refletir o limite de detecção do teste. No exemplo hipotético da Figura 3.1, a perda de controle nas semanas 50 e 51 está evidente, e alguma investigação para o restabelecimento do controle deveria ter ocorrido. Além disso, a tendência de aumento iniciou-se a partir da semana 42 e ficou evidente nas semanas 46–47. Esses dados poderiam ter estimulado a investigação de ações corretivas antes que a perda do controle tivesse ocorrido.

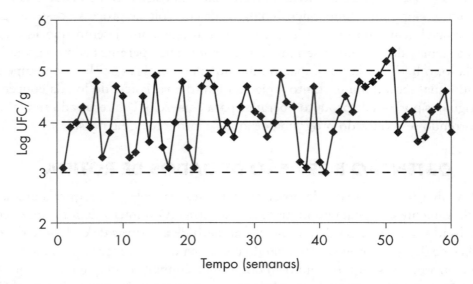

Figura 3.1 Gráfico hipotético de controle de um indicador microbiano, realizado semanalmente. A linha central horizontal (—) representa o critério microbiológico hipotético e as duas linhas adicionais (– –) representam os limites de confiança de 95% superiores e inferiores.

3.4 EXEMPLOS DE PROGRAMAS DE CONTROLE DE PROCESSO DE AUTORIDADES COMPETENTES

O emprego de programas de controle de processo para verificação legal de programas de segurança de alimentos teve início nos anos 1990, quando autoridades competentes passaram a incorporar o HACCP em seus programas de regulação. Com a utilização de técnicas de análise de controle de processo, as autoridades têm formas estatisticamente fundamentadas para estabelecer que análises microbiológicas sejam uma ferramenta para verificação do HACCP, diminuindo o impacto econômico das análises, tanto para as empresas como para a autoridade competente. A adoção dessas técnicas por indústrias e governos vem aumentando, sendo os Estados Unidos o país onde essa adoção é maior. Em seguida, são apresentados alguns exemplos.

3.4.1 Carne bovina e de aves

Uma das primeiras utilizações do programa de controle de processo por autoridades competentes ocorreu no Pathogen Reduction/Hazard Analysis and Critical Control Point (HACCP) Systems; rule (USDA, 1996). Este regulamento estabeleceu dois critérios microbiológicos para a verificação de planos HACCP para produtos de carne bovina e de aves:

1. Análise de *Escherichia coli* como indicador de contaminação fecal e de resfriamento adequado, realizado por empresas.
2. Pesquisa de *Salmonella enterica* realizada pelo USDA Food Safety and Inspection Service (FSIS).

Os limites microbiológicos estabelecidos pelo FSIS foram baseados em uma extensa revisão de dados de referência, análises reguladoras e dados da indústria para várias classes de produtos de carne bovina e de aves (USDA, 1995). Embutido nestes padrões estava o objetivo de diminuir a incidência de doenças de origem alimentar, causadas por carne bovina e de aves. O programa utilizou a abordagem *moving window* entrelotes, no qual, a cada novo resultado, o resultado mais antigo é descartado. Nessa abordagem, os resultados de amostras individuais retiradas em um dia de produção são analisados por um determinado período. A frequência de amostras positivas nesse período de tempo é então comparada com o índice de defeituosos esperado para aquele tipo de produto de carne bovina ou de aves. A análise exigida dos produtores, isto é, presença de *E. coli* biótipo I como indicador de contaminação fecal, é baseada em um plano de amostragem de três classes. A pesquisa de *S. enterica* do FSIS é baseada em um plano de amostragem de duas classes, em conjunto com amostras retiradas periodicamente por pessoal regulador por um determinado número de dias. O não atendimento do limite microbiológico é considerado indicativo de que a probabilidade de a empresa não estar atingindo o nível de controle exigido é > 99% (USDA, 1996). Os padrões de desempenho para *Salmonella* não são padrões de aceitação/rejeição de lote. A simples detecção de *Salmonella* em um determinado lote de carcaças ou de produto moído não causa a condenação do lote. Ao contrário, os padrões objetivam garantir que cada estabelecimento esteja apresentando um nível aceitável de desempenho em relação ao controle e à redução de patógenos entéricos em produtos crus de carne bovina e de aves (USDA, 1996).

78 Microrganismos em Alimentos 8

O regulamento e os requisitos do FSIS pretendem evoluir para tratar de novos riscos e disponibilidade de novos dados. O desenvolvimento de critérios microbiológicos de controle de processo está sendo também considerado por outros governos e organizações intergovernamentais. Por exemplo, a União Europeia estabeleceu critérios de higiene baseados em controle de processo para controlar *Salmonella* em aves cruas (EFSA, 2010), e o Codex Committee on Food Hygiene também está avaliando a abordagem baseada em controle de processo.

3.4.2 Suco

Uma utilização mais limitada de análise microbiológica para controle de processo é empregada pela FDA dos Estados Unidos em Hazard Analysis and Critical Control Point (HACCP); Procedures for the Safe and Sanitary Processing and Importing of Juice; Final Rule (FDA, 2001). Neste exemplo, as autoridades competentes estavam preocupadas com a hipótese científica subjacente de patógenos entéricos não serem internalizados em frutas cítricas. O regulamento tem uma exceção para produtores de sucos de frutas cítricas, permitindo que atinjam a redução 5 D exigida por meio do tratamento da superfície da fruta antes do suco ser extraído. A exceção foi baseada em dados que sugerem que bactérias entéricas estão limitadas à superfície das frutas. Com isso, surgiu a exigência para fabricantes que desejarem usar somente tratamento da superfície analisarem *E. coli* genérica em uma amostra de 20 mL para cada 4.000 litros de suco produzido por dia, empregando análise do tipo *moving window* por sete dias, sendo que duas amostras positivas a cada sete dias indicam que o processo não está mais sob controle. Nesse caso, o fabricante deve investigar a causa do problema e desviar o suco para pasteurização após a extração. Estudos intensivos de dados de referência de produtores de suco comercial sobre o nível de contaminação inicial indicaram que o suco que é adequadamente tratado para resultar na redução 5 D (99,999%) tem a probabilidade < 0,5% de ter duas amostras positivas em 20, quando o tempo de *moving window* é sete dias. No caso de uma redução que resulta em inativação 3 D somente, calcula-se que a frequência de duas amostras positivas para *E. coli* em 20 em um tempo de *moving window* de sete dias, que indica falha de processo, sobe para 34% (GARTHRIGHT; CHIRTEL; GRAVES, 2000; FDA, 2001).

REFERÊNCIAS

DOES, R. J.; ROES, C. B.; TRIP, A. **Statistical process control in industry**: implementation and assurance of SPC: mathematical modelling: theory and applications. New York: Kluwer Academic, 1996.

ECF - ELSMAR COVE FORUM. **Thoughts about statistics and statistical process control (SPC) in business systems.** West Chester, 2004. Disponível em: <http://elsmar.com/SPC>. Acesso em: 18 out. 2010.

EFSA. Scientific opinion on the link between *Salmonella* criteria at different stages of the poultry production chain. **The EFSA Journal**, Parma, v. 8, n. 3, p. 1545, 2010.

FDA - FOOD AND DRUG ADMINISTRATION. Hazard analysis and critical control point

Verificação do Controle de Processo

(HAACP): procedures for the safe and sanitary processing and importing of juice: final rule. **Federal Register**, College Park, v. 66, p. 6137-6202, 2001.

GARTHRIGHT, W. E.; CHIRTEL, S.; GRAVES, O. **Derivation of sampling plan to meet the testing requirement in the juice HACCP final rule for citrus juices that rely solely or in part on surface treatments to achieve the 5-log reduction standard.** College Park: FDA, 2000.

HUBBARD, M. R. **Statistical quality control for the food industry.** 3. ed. New York: Kluwer Academic: Plenum Publishers, 2003.

ICMSF - INTERNATIONAL COMMISSION ON MICROBIOLOGICAL SPECIFICATIONS FOR FOODS. **Microorganisms in foods 4:** application of Hazard Analysis Critical Control Point (HACCP) system to ensure microbiological safety and quality. London: Oxford Blackwell Scientific Publications, 1988.

_____. **Microorganisms in foods 7:** microbiological testing in food safety management. New York: Kluwer Academic: Plenum Publishers, 2002.

NAS - US NATIONAL ACADEMY OF SCIENCES. **Statistical process control:** a science-based approach to ensure regulatory compliance. In Scientific criteria to ensure safe food. Washington, DC, 2003.

NIST - US NATIONAL INSTITUTE OF STANDARDS AND TECHNOLOGY; SEMATECH - SEMICONDUCTOR MANUFACTURING TECHNOLOGY CONSORTIUM. Process or product monitoring and control. In: **e-Handbook of statistical methods.** Washington, DC, 2006. Chapter 6. Disponível em: <http://www. itl.nist.gov/div898/handbook/pmc/pmc.htm>. Acesso em: 18 out. 2010.

ROES, C. B.; DOES, R. J. M. M.; ROES, K. C. B. **Statistical process control in industry:** implementation and assurance of SPC. New York: Kluwer Academic, 1999.

USDA - UNITED STATES DEPARTMENT OF AGRICULTURE. Pathogen reduction: Hazard Analysis and Critical Control Point (HACCP) systems: proposed rule. **Federal Register,** Washington, DC, v. 60, p. 6774, 1995.

_____. Pathogen reduction: Hazard Analysis and Critical Control Point (HACCP) systems: final rule. **Federal Register,** Washington, DC, v. 61, p. 38805-3989, 1996.

VON BOCKELMANN, B. Quality control of aseptically packaged food products. In: REUTER, H. (Ed.). **Aseptic packaging of food.** Lancaster: Technomic Publishing, 1989.

CAPÍTULO 4

Verificação do Controle de Ambiente

4.1 INTRODUÇÃO

A segurança microbiológica de produtos fabricados industrialmente é baseada na concepção e implementação eficaz de Boas Práticas de Higiene (BPH) e HACCP.

Vários estudos de caso publicados demonstram o impacto da contaminação pós--processamento (ICMSF, 2002). Mesmo quando o controle rigoroso em todos os pontos críticos de controle durante o processamento garante a destruição ou a redução dos patógenos a um nível aceitável, os alimentos podem contaminar-se após o processamento, geralmente em duas circunstâncias:

1. Adição de ingredientes contaminados após a etapa letal.
2. Contaminação pelo ambiente de processamento.

Os elementos básicos de BPH estão descritos no documento "General principles of food hygiene", do Codex Alimentarius (CODEX ALIMENTARIUS, 1997). Os princípios gerais são baseados em numerosas diretrizes específicas a produtos, emitidas pelo Codex Alimentarius ou outras organizações. Esses elementos de BPH visam minimizar ou prevenir a entrada de um patógeno em um alimento durante a sua produção. Isso é obtido por meio da implementação de medidas combinadas e múltiplas barreiras de proteção, que podem ser descritas como segue:

1. Prevenção da entrada de patógenos em áreas próximas às linhas de processamento.
2. No caso de ocorrer a entrada, prevenção de estabelecimento no local.
3. No caso de ocorrer o estabelecimento, prevenção ou limitação da multiplicação microbiana, que poderia favorecer a persistência e a disseminação pela planta processadora.
4. No caso de ocorrer a presença, implementação de ações corretivas para garantir o controle dos problemas microbiológicos em níveis baixos ou erradicação quando factível.

4.2 ESTABELECENDO UM PROGRAMA DE CONTROLE DO AMBIENTE

Os elementos que contribuem para a contaminação pós-processamento e as medidas de controle de patógenos em ambientes de processamento de alimentos são discutidos extensivamente e ilustrados pela ICMSF (2002) e pela GMA (2009) para *Salmonella* em alimentos de baixa umidade. Análises de amostras durante o processamento e do ambiente de processamento demonstram que as medidas de BPH implementadas são eficazes para alcançar a prevenção de contaminação desejada. Os resultados das análises podem ser empregados para (1) avaliar o risco de contaminação do produto, (2) estabelecer valores de referência quando se considera que a instalação está sob controle, (3) avaliar se o controle é mantido ao longo do tempo e (4) investigar fontes de contaminação para a aplicação das ações corretivas apropriadas.

Embora os planos de amostragem aplicados para verificar controle do ambiente não sejam baseados em considerações estatísticas, é importante considerar a avaliação de resultados utilizando ferramentas estatísticas apropriadas, como a análise de tendência. Esses elementos são discutidos em detalhes pela ICMSF (2002) e uma abordagem para estabelecimento de um programa de análise está ilustrada na Figura 4.1. Esta abordagem pode ser aplicada para controle de patógenos, indicadores de higiene e microrganismos deteriorantes.

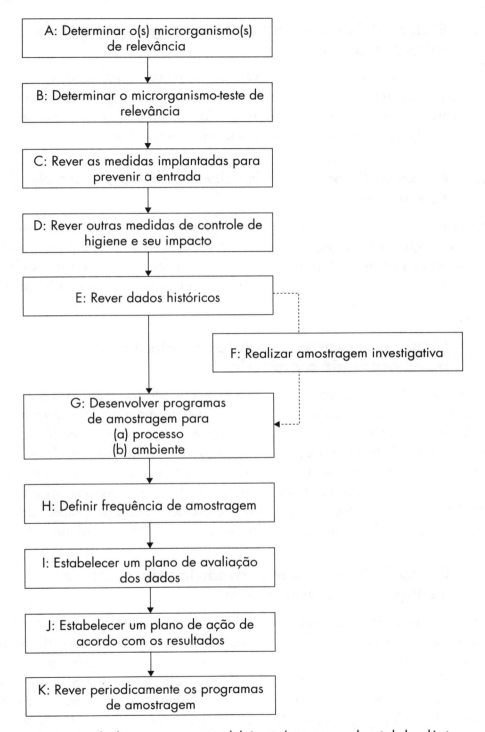

Figura 4.1 Abordagem proposta para o estabelecimento de um programa de controle de ambiente

4.2.1 Etapa A: Determinar o(s) microrganismo(s) de relevância

Determinar o microrganismo de relevância para o processo de fabricação com base no HACCP, na orientação deste livro ou na ICMSF (2005). Em muitos casos, o programa é estabelecido para um único patógeno, entretanto pode ser feito para mais de um patógeno, se julgado necessário para o produto em consideração.

4.2.2 Etapa B: Determinar o microrganismo-teste de relevância

Determinar se a análise deve envolver um indicador ou o microrganismo de relevância. Exemplos de indicadores incluem Enterobacteriaceae para *Salmonella* ou *Cronobacter* spp. e *Listeria* spp. para *L. monocytogenes*. Na maioria dos casos, usa-se tanto o indicador como o patógeno, embora o número de pontos e a frequência de amostragem possam ser diferentes.

4.2.3 Etapa C: Rever as medidas implantadas para prevenir a entrada

Rever as medidas preventivas existentes tais como divisão das instalações por zonas, disposição das diferentes linhas de processamento, interfaces entre as diferentes partes da fábrica, fluxo de pessoas, equipamentos e artigos (por exemplo, matérias-primas, materiais de embalagem, produtos prontos, recipientes, empilhadeiras, paletes, descartes etc.), assim como fluxo de água e ar. A melhor forma de fazer isso é usando um plano básico e discutindo os parâmetros que podem afetar as medidas preventivas para evitar o ingresso de patógenos em áreas específicas da fábrica, especialmente em áreas de higiene elevada, conforme descrito pelas ICMSF (2002, Capítulo 11).

4.2.4 Etapa D: Rever outras medidas de controle de higiene e seu impacto

Rever outros fatores que podem contribuir para o estabelecimento ou a disseminação do microrganismo em questão nas áreas de processamento. Isso inclui a revisão da disposição das linhas de processamento (*layout*), o tipo de equipamento, incluindo desenho higiênico e interfaces com o ambiente, procedimentos de limpeza do ambiente e dos equipamentos (por exemplo, seco ou úmido), esquemas de limpeza etc. Com base no desenho das linhas de processamento, nos equipamentos e nas condições de processamento, determinar se o acúmulo de resíduos de produtos em superfícies de contato com o alimento pode também causar multiplicação microbiana, por exemplo, em pontos nos quais a condensação pode ocorrer ou quando a temperatura fica favorável à multiplicação microbiana por períodos prolongados.

Verificação do Controle de Ambiente

4.2.5 Etapa E: Rever dados históricos

Determinar se existem dados históricos sobre amostragem de ambiente e análise de patógenos ou microrganismos indicadores, e se os dados ainda se aplicam. Por exemplo, se ocorreram construções após a coleta dos dados, pode ser necessário fazer uma amostragem investigativa.

4.2.6 Etapa F: Realizar amostragem investigativa

Caso não existam dados históricos, recomenda-se amostragem investigativa para estabelecer dados de referência que possam ser empregados para o desenvolvimento do programa de amostragem. Pode ser mais útil focar essa amostragem investigativa, inicialmente, em microrganismos indicadores (contagem de aeróbios e *Enterobacteriaceae*, por exemplo) para avaliar tendências que poderão ser utilizadas para estabelecer os tempos de amostragem durante o processamento e as frequências da amostragem.

4.2.7 Etapa G: Desenvolver programas de amostragem

Com os dados históricos e investigativos de amostragem disponíveis e considerando os ingredientes críticos que podem impactar a qualidade e a segurança do produto final, é possível desenvolver um programa de amostragem e análise do ambiente. A terminologia utilizada para descrever as amostras de processo e ambiente pode variar de acordo com o fabricante. As seguintes definições foram empregadas neste livro:

- **Amostras durante o processamento** *(in process samples)*: essas amostras representam uma amostragem representativa da linha de processamento completa e em alguns casos representam o "pior caso". Essas amostras incluem:
  - Produto intermediário coletado em diferentes etapas do processo que terminam em um mesmo recipiente já como produto final, como molhos para cobertura de pizzas.
  - Amostras de superfície de equipamentos ou de contato com o produto que podem causar a contaminação do produto, como água de lavagem, peneiras, resíduos de linha etc.
- **Amostras de ambiente de processamento** (*processing environment samples*): a forma mais comum de obter amostras do ambiente de processamento é com esponjas e *swabs*, mas é importante adaptar as ferramentas de amostragem para cada situação. Se a amostragem é do ar, então deve-se empregar um coletor de ar. Essas amostras são empregadas para verificar se o ambiente está sob controle, isto é, se está sem patógenos ou se os microrganismos indicadores selecionados não ultrapassam os valores estabelecidos. A esta categoria pertencem as amostras de superfícies em contato com os alimentos retiradas antes e após a limpeza úmida que fazem parte da inspeção pré--operacional.

Os pontos de obtenção de amostras tanto durante o processamento quanto de ambiente de processamento devem ser baseados no conhecimento completo das instalações, das linhas de processamento e dos equipamentos e resultados do estudo do HACCP. Os capítulos individuais deste livro contêm orientação sobre a importância relativa desses programas de amostragem. Detalhes práticos em relação às ferramentas de amostragem, técnicas de amostragem, e amostras de rotina e investigativas são fornecidos pela ICMSF (2002).

4.2.8 Etapa H: Definir frequência de amostragem

Após o estabelecimento dos planos de amostragem, é importante determinar a frequência da amostragem, que pode variar de acordo com o tipo de produto fabricado e a duração do ciclo de produção. Por exemplo, para fórmulas infantis, a amostragem adequada pode ser diária, enquanto para outras categorias de produtos a amostragem apropriada pode ser semanal ou mensal. A rotação dos diferentes pontos de amostragem em uma mesma área é recomendada porque as condições nas instalações processadoras podem mudar.

É também importante determinar se as frequências de amostragem para indicadores e patógenos deve ser diferente. Por exemplo, a análise de *Enterobacteriaceae* fornece resultados em 1–2 dias e pode então ser mais frequentemente utilizada como uma ferramenta de gestão do que *Salmonella* em algumas instalações.

4.2.9 Etapa I: Estabelecer um plano de avaliação dos dados

Para maximizar os benefícios de um programa de amostragem ambiental, é muito importante analisar os dados gerados de forma eficiente e proativa. Existem diferentes opções, como análise de tendência estatística, mapeamento ou tabulação dos resultados etc., devendo ser utilizada a opção mais conveniente. É importante revisar os dados periodicamente, para permitir ações corretivas quando necessárias.

4.2.10 Etapa J: Estabelecer um plano de ação de acordo com os resultados

Quando os resultados desviam dos padrões, diretrizes e especificações (por exemplo, presença de *Salmonella* em uma amostra ou níveis de indicadores acima dos limites internos), é importante agir de foram adequada. A melhor forma é agir conforme um plano de ação preestabelecido, "ativado" somente quando um desvio é detectado.

Dependendo dos resultados, o plano de ação deve considerar as seguintes opções: (1) amostragem investigativa completa, para identificar a causa do desvio e a(s) fonte(s) do patógeno ou do indicador, (2) aumento da frequência da amostragem por um determinado período, para verificar se o controle foi reestabelecido, (3) ajuste do regime de amostragem de produtos finais, como mudança de verificação para aceitação.

4.2.11 Etapa K: Rever periodicamente os programas de amostragem

Os programas de amostragem devem ser submetidos a revisões periódicas, por exemplo, anualmente ou quando ocorrem mudanças importantes. A revisão deve considerar mudanças nas instalações, no *layout* e no tipo de equipamento. Para otimização dos planos de amostragem, resultados históricos também devem ser considerados. Por exemplo, pontos de amostragem que se mostraram de pouca utilidade devem ser eliminados e novos pontos devem ser adicionados em áreas onde mais problemas foram detectados. Nessas revisões, é possível fazer mudanças na frequência de amostragem.

Essas revisões devem estar combinadas com revisão das habilidades e nível de treinamento do pessoal responsável pela amostragem, assim como revisão das ferramentas e técnicas para obtenção de amostras.

REFERÊNCIAS

CODEX ALIMENTARIUS. **Principles for the establishment and application of microbiological criteria for foods (CAC/GL-21)**. Rome: FAO, 1997. FAO/WHO Food Standards Program.

ICMSF - INTERNATIONAL COMMISSION ON MICROBIOLOGICAL SPECIFICATIONS FOR FOODS. Sampling to assess control of the environment. In: _____. **Microorganisms in foods 7**: microbiological testing in food safety management. New York: Kluwer Academic: Plenum Publishers, 2002.

_____. **Microorganisms in foods 6**: microbial ecology of food commodities. 2. ed. New York: Kluwer Academic: Plenum Publishers, 2005.

GMA - GROCERY MANUFACTURERS ASSOCIATION. **Control of *Salmonella* in low moisture foods**. Washington, DC, 2009. Disponível em: <http://www.gmaonline.org/downloads/technical-guidance-and-tools/SalmonellaControlGuidance.pdf>. Acesso em: 10 nov. 2010.

CAPÍTULO 5

Ações Corretivas para Restabelecimento do Controle

5.1 INTRODUÇÃO

O principal objetivo de um sistema de segurança de alimentos é prevenir, eliminar ou reduzir os perigos, na medida do possível, pela tecnologia existente. Os sistemas de segurança de alimentos são baseados no conhecimento dos perigos potenciais que podem ocorrer nas operações de alimentos, por meio do processo de análise de perigos. As medidas de controle são então selecionadas e aplicadas para garantir que o alimento esteja de acordo com as exigências do fabricante, do consumidor e das autoridades de controle. É de interesse dos produtores produzir alimentos que os consumidores acreditam serem seguros.

Muitos países exigem que os sistemas de segurança de alimentos incorporem os princípios das Boas Práticas de Higiene (BPH) e programas de HACCP (CODEX ALIMENTARIUS, 1997a, 1997b). As evidências podem indicar que uma operação de alimentos não está ou não esteve sob controle e que ações corretivas são necessárias. Essas evidências podem vir de inspeção no local, monitoramento das BPH, monitoramento e verificação de um Ponto Crítico de Controle (PCC), análise de amostras, reclamação de consumidores ou informação epidemiológica implicando na operação de alimento.

No contexto do HACCP, uma ação corretiva é "qualquer ação a ser tomada quando os resultados do monitoramento do PCC indicam perda de controle" (CODEX

ALIMENTARIUS, 1997a). Além disso, o princípio 5 do documento do Codex sobre HACCP estabelece que:

> Para enfrentar os desvios que possam ocorrer, devem-se formular ações corretivas específicas para cada PCC do sistema HACCP. Essas medidas devem assegurar que o PCC volte a ser controlado. As medidas adotadas devem incluir também um sistema adequado para o destino do produto afetado. Os procedimentos relativos a esses desvios e o destino de produtos devem ser documentados nos registros do sistema HACCP.

Neste capítulo, o foco está nos perigos microbiológicos e nas ações corretivas para deficiências nas BPH, incluindo o varejo.

5.2 BOAS PRÁTICAS DE HIGIENE (BPH)

As BPH podem ser consideradas como as condições e práticas higiênicas básicas necessárias para a produção de alimentos seguros. A aplicação eficaz das as BPH é o fundamento para que um plano HAACP possa ser desenvolvido e aplicado. Em conjunto, as BPH e o plano HACCP constituem o sistema de segurança de alimentos de uma operação de alimentos. A falha na manutenção e na implementação de controles eficazes de patógenos por meio de BPH pode resultar em um alimento não seguro e invalidar o plano HACCP. Defeitos de qualidade e deterioração também podem ser mais comuns quando as BPH não são aplicadas de forma eficaz.

O documento "General principles of food hygiene" (CODEX ALIMENTARIUS, 1997b) descreve os componentes principais das BPH como:

- Projeto e instalações (localização, instalações e salas, equipamentos).
- Controle das operações (controle dos perigos alimentares, aspectos fundamentais do controle da higiene dos alimentos, requisitos relativos às matérias-primas, embalagem, água, direção e supervisão, documentação e registro).
- Manutenção e limpeza (manutenção e limpeza, programas de limpeza, sistemas de controle de pragas, tratamento de resíduos, eficácia do monitoramento).
- Higiene pessoal (estado de saúde, enfermidades e lesões, asseio e comportamento pessoal, visitantes).
- Transporte (geral, requerimentos, uso e manutenção).
- Informação sobre o produto e conscientização de consumidores (identificação de lotes, informação sobre o produto, rotulagem, educação do consumidor, instruções de uso e armazenamento).
- Treinamento (conscientização e responsabilidades, programas de treinamento, instrução e supervisão, cursos de reciclagem).

Os vários componentes das BPH não têm o mesmo peso no controle de patógenos. É preciso considerar os perigos microbiológicos mais prováveis em cada instalação e identificar aqueles elementos das BPH mais importantes para o controle dos microrganismos patogênicos e deteriorantes de interesse. Alguns elementos das BPH podem ter seu uso tradicional modificado de forma a aumentar a eficiência no controle de um

Ações Corretivas para Restabelecimento do Controle

determinado patógeno. Os princípios das BPH objetivam fornecer algum nível de controle para vários problemas microbiológicos de qualidade e segurança. A aplicação do HACCP é direcionada para um patógeno determinado que poderá causar doença de origem alimentar, se não for controlado.

O resultado das atividades de verificação podem também indicar um desvio ocorrido na implementação ou na aplicação das BPH, indicando a necessidade de aplicação de medidas corretivas.

5.3 HACCP

Os planos HACCP são desenvolvidos seguindo um processo passo a passo, no qual:

1. Monta-se uma equipe de indivíduos bem informados sobre a operação de alimentos.
2. Descreve-se o alimento a ser produzido.
3. Descreve-se o uso pretendido do alimento.
4. Prepara-se um diagrama de fluxo que descreva as etapas do processo que estão sob controle do fabricante.
5. Confirma-se o diagrama de fluxo no local.
6. Listam-se todos os perigos potenciais e realiza-se uma análise dos perigos.
7. Determinam-se os PCCs.
8. Estabelecem-se os limites críticos para cada PCC.
9. Estabelece-se um sistema de monitoramento para cada PCC.
10. Estabelecem-se as medidas corretivas.
11. Estabelecem-se os procedimentos de verificação.
12. Estabelecem-se os procedimentos de documentação e manutenção dos registros.

Os resultados no monitoramento (passo 9) podem indicar que ocorreu um desvio em um PCC e que são necessárias ações corretivas (passo 10) (CODEX ALIMENTARIUS, 1997a).

5.4 AVALIAÇÃO DO CONTROLE DE BPH E DO PLANO HACCP

Segundo definição do Codex, *controle* significa a "situação na qual os procedimentos corretos são seguidos e os critérios são atendidos" enquanto *controlar* significa "executar todas as ações necessárias para garantir e manter a conformidade com os critérios estabelecidos no plano HACCP" (CODEX ALIMENTARIUS, 1997a). Esta última definição incorpora vários aspectos do sistema de segurança de alimentos: o estabelecimento de limites críticos, o monitoramento para garantir a conformidade e a realização de ajustes para manter a conformidade com os critérios. O Capítulo 3 aborda a verificação da conformidade com as BPH e os planos HACCP. Este capítulo aborda as ações corretivas para o restabelecimento do controle. Em uma operação de alimentos ideal:

- Os critérios são apoiados em pesquisa e literatura técnica.
- Os critérios são específicos, mensuráveis e dão resposta do tipo "sim ou não".
- A tecnologia para controlar os perigos microbiológicos está disponível e tem custo razoável.
- O monitoramento é contínuo e fornece resultados imediatos, enquanto a operação é automaticamente ajustada para manter o controle.
- Há uma histórico favorável de controle.
- O perigo potencial é prevenido ou eliminado completamente.

Operações de alimentos ideais não existem no mundo real. Infelizmente, os critérios nem sempre podem ser claramente definidos e avaliações da conformidade da operação de alimentos com os critérios devem ser baseadas no julgamento e na experiência de um observador. Em muitos casos, pode ser possível reduzir, mas não prevenir, um perigo (por exemplo, patógenos entéricos em frutos do mar crus e commodities agrícolas). Frequentemente, o controle não se baseia em uma única medida, mas em uma combinação de medidas, embutidas nas BPH e/ou no HACCP, que precisam estar funcionando conforme determinado, durante o decurso da operação. Em alguns casos, pequenas mudanças no produto ou no processo podem impactar a eficácia das medidas de controle. A eficácia das medidas de controle também pode variar de redução parcial de alguns perigos (por exemplo, salmonelas em carne de aves cruas) até redução significativa de perigos muito resistentes (por exemplo, *Clostridium botulinum* em alimentos enlatados de baixa acidez). A avaliação de que uma operação está sob controle pode variar entre indivíduos com diferentes formações a menos que haja um entendimento comum (diretrizes e regulamento, por exemplo) que defina claramente como avaliar o controle.

5.4.1 Avaliação do controle de BPH

Muitas operações de alimentos estabelecem procedimentos documentados para avaliação do controle dos fatores das BPH listados na Seção 5.2. Os dois métodos mais comuns para avaliar o controle são a inspeção visual e a amostragem microbiológica. A inspeção visual é normalmente atribuída a um ou mais empregados experientes, treinados na operação de alimentos. As inspeções também podem ser realizadas pelas autoridades de controle ou por auditores independentes (ICMSF, 2002).

O momento da realização das inspeções é importante e depende da sua finalidade. A inspeção pré-operacional é realizada após a limpeza e a sanitização das instalações e dos equipamentos, objetivando determinar se os equipamentos e o ambiente de processamento estão aceitáveis para as produções seguintes. Deve ser dada atenção às atividades de manutenção para se certificar de que o pessoal segue os procedimentos e não contamina os equipamentos durante a manutenção, a montagem e a partida inicial. As inspeções durante a produção devem observar atividades que podem levar à contaminação do produto, como práticas dos funcionários, fluxo de produto, acúmulo de resíduos etc. Inspeções direcionadas à construção e ao *layout* da planta são menos frequentes, mas igualmente importantes.

Os resultados da inspeção são registrados e disponibilizados para análise por aqueles que necessitam da informação para as providências necessárias. A organização e a avaliação de dados para análise de tendência pode identificar situações de melhor ou pior controle (ICMSF, 2002). A revisão periódica é importante pois permite ajustes no momento adequado, evitando desvios.

A inspeções visuais são uma maneira de avaliar o controle de BPH, mas, em muitos casos, a amostragem microbiológica permite uma melhor avaliação. Para muitas instalações, pode ser relevante manter um programa de amostragem de equipamentos antes do início da produção, assim como obter amostras dos equipamentos ou dos alimentos durante a produção. As amostras podem ser testadas para indicadores (por exemplo, contagem de bactérias aeróbias, coliformes, *Enterobacteriaceae*) que refletem as condições de higiene durante o processamento. Em certos produtos, também podem ser realizadas análises adicionais para patógenos. Muitas orientações sobre amostragem microbiológica do ambiente de processamento e de alimentos estão disponíveis pela ICMSF (2002), e também no presente livro (ver o Capítulo 4 e capítulos sobre produtos).

Para algumas operações de alimentos, a probabilidade de ocorrência de patógenos residentes e de locais de abrigo (*harborage sites*) deve ser considerada (ICMSF, 2002). Caso exista a probabilidade, poderá ser necessário estabelecer um programa de amostragem do ambiente para verificar a eficácia dos procedimentos das BPH (ICMSF, 2002). Essa informação pode ser utilizada para fazer ajustes nas BPH a fim de controlar um ou mais patógenos-alvo que podem se estabelecer no ambiente de produção industrial e causar a contaminação do alimento.

Os componentes básicos de um programa de monitoramento para avaliar o controle de patógenos persistentes no ambiente de processamento incluem as seguintes estratégias:

1. Prevenir o estabelecimento e a multiplicação de patógenos em locais de abrigo que poderiam resultar na contaminação do produto.
2. Implementar um programa de amostragem que permita avaliar, em tempo hábil, se o ambiente ao qual o alimento está exposto está sob controle.
3. Detectar a fonte ou a rota de transferência do patógeno que causa contaminação do alimento.
4. Aplicar as ações corretivas apropriadas em resposta a cada resultado positivo para o patógeno-alvo.
5. Verificar, por meio de amostragens continuadas, se a fonte foi detectada e corrigida.
6. Fornecer uma avaliação de curto prazo (das últimas 4–8 amostragens, por exemplo), para facilitar a detecção de problemas e tendências.
7. Fornecer uma avaliação de longo prazo (trimestral ou anual, por exemplo) para detectar incidentes dispersos de detecção de patógenos e para medir o progresso em geral para a melhoria contínua.

Um ponto fraco inerente à capacidade da indústria para detectar e responder a patógenos em locais de abrigo é a dificuldade e o tempo necessário para coletar as amostras e realizar os testes analíticos necessários para detectar a(s) fonte(s) de contaminação. Um problema comum é que todas as amostras de investigação podem dar resultado negativo para o patógeno-alvo, faltando orientação clara para ações corretivas adequadas. Além disso, o patógeno pode ser detectado novamente em algum momento mais tarde, após a retomada do programa de monitoramento rotineiro.

Os dados microbiológicos devem ser registrados e disponibilizados para análise por pessoas que necessitam conhecer os resultados para que as providências necessárias sejam tomadas de forma adequada. Além disso, os dados devem ser organizados e avaliados quanto a tendências em direção ao controle melhorado ou reduzido (ICMSF, 2002). Tal como acontece com inspeções visuais, essa informação é essencial para que as ações corretivas apropriadas possam ocorrer em tempo hábil.

5.4.2 Avaliação do controle do plano HACCP

Os planos HACCP são documentos formais e estruturados, baseados nos sete princípios do HACCP (CODEX ALIMENTARIUS, 1997a). O tamanho e o tipo da operação de alimentos influenciam o conteúdo de um plano HACCP. Operações de alimentos que não têm um PCC para prevenir, eliminar ou reduzir os perigos de preocupação podem não ter um plano HACCP. Operações menores, como vendedores ambulantes de alimentos, podem confiar mais em regulamentos ou diretrizes de autoridades de saúde que enfatizam as BPH.

Para operações maiores que têm planos HACCP, o controle é avaliado por meio das atividades de monitoramento e verificação estabelecidas no plano HACCP. O plano HACCP deve incluir ações corretivas para os desvios que possam vir a ocorrer (passo 10 na Seção 5.3).

5.5 AÇÕES CORRETIVAS
5.5.1 Ações corretivas para BPH

Para projetar uma operação de alimentos e implementar os procedimentos de controle adequados é necessário ter informações sobre como um perigo microbiológico pode ser introduzido. Não é incomum detectar ocasionalmente deficiências na concepção e na implementação das BPH, o que requer uma ação corretiva. As ações corretivas associadas a BPH envolvem os fatores listados na Seção 5.2. Por exemplo, os dados microbiológicos podem indicar que é necessário melhorar as formas de limpeza e sanitização das salas e dos equipamentos de processamento, o que pode envolver o treinamento de pessoal sobre os procedimentos corretos, a mudança do método ou da frequência de limpeza e sanitização ou a manutenção e o conserto dos equipamentos. Quando as operações de alimentos aumentam a produção ou introduzem de novo produtos, pode ocorrer um aumento inaceitável do risco de o alimento contaminar-se, podendo ser necessária uma mudança no *layout* da planta. Outra ação corretiva frequente é o treinamento dos empregados que não seguem procedimentos estabelecidos em relação à higiene pessoal, à manipulação dos alimentos ou aos padrões de trânsito que separam áreas de processamento de ingredientes crus de áreas onde são manipulados alimentos prontos para consumo.

Quando um equipamento é suspeito de ser uma fonte persistente de contaminação, a ação corretiva pode incluir a desmontagem completa do equipamento para que as peças sejam limpas e sanitizadas corretamente antes da remontagem. Para equipamentos pequenos com muitas peças, a limpeza em um banho circulante com água quente e detergente (tanque clean out of place – COP) é suficiente. Para chegar a um bom resultado, a disposição das peças na limpeza COP deve ser tal que permita a circulação adequada da solução de limpeza. Esse procedimento é geralmente adequado, sendo a ação corretiva preferida. À medida que o equipamento é desmontado, a amostragem de locais suspeitos de conter contaminantes microbianos pode fornecer informações úteis que podem ser empregadas nas mudanças dos procedimentos de manutenção e limpeza. Por exemplo, um equipamento pode precisar ser modificado para tornar a limpeza mais eficiente. Em algumas situações, lubrificantes podem abrigar contaminantes, e a utilização de lubrificantes de grau alimentício pode ser uma ação corretiva adequada.

Às vezes, mesmo desmontagem e limpeza completas são insuficientes. Para equipamentos móveis, pode ser eficiente fazer um aquecimento com calor úmido em uma câmara, após a remoção de óleo, graxa e partes eletrônicas sensíveis. Se isso não for possível, o equipamento pode ser coberto com uma lona resistente ao calor, e o vapor introduzido pelo fundo. Quando essas técnicas de aquecimento úmido são usadas, recomenda-se que a temperatura interna seja de 71 °C por 20–30 min, para eliminação de células vegetativas. A temperatura pode ser monitorada com termopares colocados dentro do equipamento ou termômetros que perfuram a lona. Evidentemente, equipamentos como torres de secagem de produtos lácteos desidratados e muitos sistemas fechados devem ser limpos e sanitizado sem desmontagem dos equipamentos.

A determinação da fonte da contaminação permite que ações corretivas apropriadas possam ser tomadas, ajudando na recuperação do controle. Amostras investigacionais devem ser analisadas individualmente, e não como amostras compostas, e coletadas com maior frequência (a cada 4 horas, por exemplo), incluindo amostras de locais adicionais. Um mapa indicando o *layout* das salas e dos equipamentos pode ajudar. Os locais positivos devem ser assinalados no mapa, com as datas e o tempo de coleta. Pode ser usado um desenho esquemático bem simples ou um diagrama das instalações. Com a organização dos resultados de modo a mostrar os locais que são mais frequentemente positivos ou onde novas amostras positivas ocorreram, a fonte da contaminação é mais facilmente detectada. Em um ambiente que está sob controle, esse procedimento identifica o equipamento que abriga o contaminante. Em geral, a contaminação flui para baixo ao longo ou por meio do equipamento de processamento, com o fluxo do produto. Técnicas de *fingerprinting* podem ajudar na identificação da origem e vias de contaminação.

Superfícies expostas de equipamentos podem ser pontos de transferência, mas geralmente não são fontes de contaminantes em razão da facilidade de limpeza e sanitização. Áreas ocultas (dentro de um cilindro oco de um transportador, por exemplo) são mais preocupantes, porque pode haver acúmulo de restos de alimentos e umidade, que não podem ser removidos por limpeza normal, lavagem e sanitização. Esses locais de abrigo não são necessariamente biofilmes em si, mas locais onde inúmeras bactérias podem se estabelecer e se multiplicar.

Para se obter melhora contínua e controle duradouro, as ações corretivas podem envolver mudanças no *layout* da planta e no *design* dos equipamentos, a substituição de pisos e paredes ou mudanças nos procedimentos de limpeza e sanitização. No caso de uma construção ser necessária, devem-se adotar precauções extras para controlar o patógeno e impedir que o alimento se contamine durante o processamento.

5.5.2 Ações corretivas para HACCP

Há oito ações corretivas possíveis a considerar quando ocorre um desvio em um PCC de um plano HACCP:

1. Se necessário, parar a operação.
2. Colocar todo produto suspeito em espera.
3. Oferecer uma solução ou correção de curto prazo para que a produção possa ser retomada de forma segura e que não ocorram desvios adicionais.
4. Verificar se a solução ou correção de curto prazo foi eficaz, sem recorrências
5. Identificar e corrigir a causa da falha na prevenção de novos desvios.
6. Obter a informação necessária para decidir o que fazer com o produto suspeito
7. Registrar o ocorrido e as ações realizadas.
8. Se necessário, revisar e melhorar o plano HACCP.

As ações corretivas devem fazer com que a operação de alimentos fique em conformidade com os critérios estabelecidos e que o alimento envolvido tenha um destino seguro. As ações corretivas devem ser estabelecidas antecipadamente para cada PCC de um plano HACCP. No entanto, não é realista prever e preparar-se para todos os desvios possíveis que possam ocorrer.

5.5.3 Resposta a evidências epidemiológicas e reclamações

Quando uma investigação epidemiológica implica um determinado alimento como provável causador de doença ou quando as reclamações de consumidores também indicam essa implicação, as causas que levaram à doença podem não ser imediatamente evidentes. Embora a retirada do alimento implicado possa prevenir exposição adicional do consumidor, as ações corretivas necessárias para prevenir novos casos podem não ser claras. Uma revisão detalhada das operações relevantes antes e durante o período da contaminação provável, e a avaliação microbiológica detalhada do ambiente, dos ingredientes e dos produtos finais pode fornecer informações sobre as causas. Os dados isolados obtidos dos alimentos e do ambiente devem ser comparados para confirmar, o mais claramente possível, a(s) fonte(s) do patógeno e as causas da contaminação. Quando um ponto na cadeia do alimento é identificado como a provável fonte, devem ser feitos todos os esforços para determinar os fatores importantes envolvidos, de modo que possam ser feitos ajustes nas medidas de controle existentes (ou seja, BPH e HACCP) para evitar a ocorrência de novos surtos.

É possível que uma avaliação completa do alimento implicado pela investigação epidemiológica revele corretamente um sistema alimentar sob controle, sem defeitos

Ações Corretivas para Restabelecimento do Controle

óbvios nas BPH e nos planos HACCP ou em sua implementação, apesar da presença de patógenos com frequência e concentração suficientes para causar doença. Esse cenário tem ocorrência mais provável quando há *commodities* agrícolas envolvidas e a tecnologia e os controles de segurança do alimento existentes conseguem reduzir, mas não prevenir ou eliminar, o perigo. Embora permaneça adequado evitar exposições adicionais ao alimento implicado, essa situação pode exigir a emissão de um alerta ao consumidor para pessoas em situação de risco. Um alerta ao consumidor na embalagem, informando sobre conservação, preparação e cozimento corretos de carne crua e produtos avícolas, é um exemplo. Informações de agências de saúde pública para médicos e outros prestadores de cuidados de saúde, que aconselham pacientes de alto risco, é outro exemplo.

5.6 OPÇÕES DE DESTINO DE PRODUTOS QUESTIONÁVEIS

Quando o controle é perdido e ocorre um desvio, várias opções podem ser consideradas para o destino de um produto suspeito:

1. Determinar se o produto suspeito está de acordo com os critérios de segurança existentes e se pode ser utilizado conforme pretendido. Para avaliar a aceitabilidade, pode-se aplicar um plano de amostragem, lembrando-se das limitações de um plano de amostragem para detectar lotes defeituosos quando estes têm baixa prevalência (Apêndice A; ICMSF, 2002). Em algumas situações, pode-se considerar a divisão do lote em porções menores (por paletes ou hora, por exemplo), com amostragem e análise de cada porção ou sublote como entidades separadas. Com isso, o número de amostras da produção total aumenta e também obtêm-se informações sobre a distribuição do defeito. A análise de sublotes deverá ser avaliada cuidadosamente. Ver a Seção 5.6.1 para mais considerações.
2. O produto suspeito poderá ser desviado para uma utilização segura. Por exemplo, ovos ou frango cozido contaminados com salmonelas podem ser usados como ingredientes na fabricação de produtos comerciais que terão uma etapa letal que garanta que o alimento será seguro.
3. O alimento suspeito poderá ser reprocessado, se o reprocesso destruir o perigo.
4. O alimento suspeito poderá ser destruído.

A decisão do destino a ser dado ao produto que não está em conformidade é influenciada por uma série de fatores. O primeiro é a severidade ou a gravidade do perigo. Por exemplo, o defeito potencial detectado é a deterioração ou pode ser um perigo severo, como a toxina botulínica? O segundo é o tipo de perigo microbiológico. Por exemplo, toxina estafilocócica é termoestável e sua presença em um alimento o torna inaceitável para consumo humano de qualquer maneira. O terceiro é a probabilidade de o perigo estar presente no alimento. É apenas uma vez em um milhão ou ocorrerá todas as vezes em que o desvio ocorre? O quarto é como o alimento será armazenado, distribuído e preparado. O quinto é quem vai preparar o alimento. O sexto é se os consumidores são pessoas altamente suscetíveis. Cada um desses fatores, e talvez outros, deve ser considerado antes de recomendar um destino para o produto.

5.6.1 Considerações sobre análise de sublotes

Nenhum plano de amostragem diferente daquele que analisa o lote inteiro pode provar que o lote não está contaminado. Assim, embora o termo "tolerância zero" seja frequentemente utilizado, na verdade, para avaliar conformidade, a amostragem proporciona apenas certo nível de confiança em que o nível de contaminação está abaixo de alguma concentração média. Essa concentração depende do tamanho e do número das unidades analíticas testadas, bem como da variância da concentração do patógeno no lote. Do ponto de vista estatístico, o tamanho do lote não influencia o desempenho de um plano de amostragem. Um exemplo de cálculo de probabilidade pode explicar a razão disso ser verdade. Se um dado é jogado cem vezes os números são registrados e então três números entre 1 e 6 são determinados ao acaso, há certa probabilidade de ter um número "1" entre os três. Se o dado é jogado mil vezes, a probabilidade de haver um número "1" entre os três é a mesma daquela de quando o dado é jogado 100 vezes.

Se os contaminantes estão distribuídos ao acaso pelo lote, criar cinco sublotes é igual a tirar cinco vezes o número de amostras do lote, e a concentração média da população microbiana permanece válida para o lote todo, e não apenas para os sublotes. Entretanto, em muitos casos, os microrganismos não estão distribuídos aleatoriamente. Exemplos de situações que podem alterar a distribuição da contaminação durante o processamento são a entrada de água de um telhado que vaza ou um refluxo do ralo em algum momento, mudança nas matérias-primas, introdução de um novo equipamento no processo, quebra mecânica do equipamento, interrupções da produção para limpeza e outros eventos. Nesses casos, não é um bom pressuposto definir esse lote como uniforme, e uma divisão em sublotes pode ajudar na identificação de tendências e porções defeituosas do lote.

A aplicação da análise de sublotes deve ser avaliada cuidadosamente. Os seguintes elementos devem ser considerados:

- Resultados microbiológicos disponíveis para patógenos e microrganismos indicadores no lote em questão.
- Dados de lotes fabricados antes e depois e também durante o processamento (*in process*) e amostras do ambiente.
- Dados de parâmetros de processo.
- O tipo de perigo microbiológico, sua gravidade e seu destino após manuseio subsequente, isso é, a probabilidade de ele aumentar ou diminuir antes do consumo, e também a sensibilidade do consumidor etc.

5.7 PERDA REPETITIVA DE CONTROLE

O conceito de HACCP obteve grande aceitação porque fornece uma abordagem lógica e estruturada para prevenir, eliminar ou reduzir perigos nos alimentos. O sistema é idealizado para detectar perda de controle e, assim, evitar que alimentos suspeitos cheguem até o consumidor. Este é um componente essencial do sistema de segurança de alimentos porque desvios durante uma operação normal podem e vão acontecer. O objetivo é prevenir a ocorrência de desvios repetidos para as BPH e os PCCs, mas isso pode ser difícil de obter em algumas operações de alimentos. Cada operação de alimentos deve lutar para prevenir perdas de controle repetitivas por meio da implementação de um programa contínuo de melhorias, objetivando maior confiança no controle das BPH e dos PCCs em um sistema de segurança de alimentos.

REFERÊNCIAS

CODEX ALIMENTARIUS. **Hazard analysis and critical control point (HACCP) system and guidelines for its application (Anexo ao CAC/RCP 1-1969, Rev., 3)**. Rome: FAO, 1997a. FAO/WHO Food Standards Program.

_____. **Recommended international code of practice, general principles of food hygiene (CAC/ RCP 1-1969, Rev. 3)**. Rome: FAO, 1997b. FAO/WHO Food Standards Program.

ICMSF - INTERNATIONAL COMMISSION ON MICROBIOLOGICAL SPECIFICATIONS FOR FOODS. **Microorganisms in foods 7**: microbiological testing in food safety management. New York: Kluwer Academic: Plenum Publishers, 2002.

CAPÍTULO 6

Análises Microbiológicas nas Relações Cliente–Fornecedor

6.1 INTRODUÇÃO

A cadeia completa do alimento, do campo à mesa, se caracteriza por uma sequência de interfaces cliente–fornecedor. Essas interfaces implicam o estabelecimento de contratos que definam as exigências dos clientes em relação a seus fornecedores. Esses contratos também indicam um compromisso do fornecedor em garantir a entrega dos bens, em conformidade com os requisitos acordados.

Essa sequência de interfaces exerce um papel importante no atendimento de um Food Safety Objective (FSO) no nível do consumidor final, conforme determinado pelas autoridades de saúde pública. Como indicado na Figura 6.1, podem ser estabelecidos Performance Objectives (POs) individuais nessas interfaces, ao longo de toda a cadeia do alimento. Esses POs devem ser idênticos ao FSO quando não ocorrem mudanças no nível do patógeno de relevância na cadeia do alimento até o consumidor. Quando se espera uma diminuição ou um aumento do nível do perigo na cadeia do alimento, é necessário definir novos POs para o atendimento ao FSO final (ICMSF, 2002). Quando isso não é feito pelas autoridades, consumidores e produtores devem definir o PO adequado, levando em conta o impacto das etapas e das condições do processamento para o patógeno de interesse, assim como o impacto da comercialização e da preparação pelo consumidor. Embora FSO e PO sejam relacionados a um único patógeno, todos os demais perigos significativos e outros parâmetros, como microrganismos indicadores e deteriorantes, devem ser considerados nas relações cliente–consumidor.

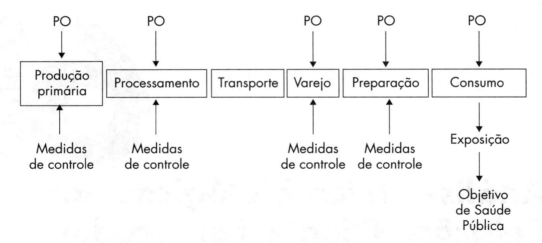

Figura 6.1 Aplicação de Performance Objectives (PO) e Food Safety Objectives (FSO) na cadeia do alimento.

Antecipa-se que as autoridades de saúde pública façam articulações formais para o estabelecimento de FSO. A União Europeia propôs ausência de *Cronobacter* spp. e *Salmonella* em 1, 10 e 100 kg de fórmula infantil em pó (EFSA, 2004). Assim, os contratos entre clientes e fornecedores se baseiam em critérios microbiológicos preestabelecidos, geralmente utilizando o cenário do pior caso estabelecido pelo pessoal comercial e administrativo. Este capítulo discute as relações entre clientes e consumidores e o papel das análises microbiológicas nessas interações comerciais.

As exigências em contratos estabelecidos entre um fornecedor e um cliente podem aplicar-se a matérias-primas ou ingredientes, produtos semiacabados e produtos acabados. Essas exigências podem incluir especificações microbiológicas com parâmetros relevantes, tais como patógenos de significância e microrganismos indicadores e mesmo microrganismos deteriorantes. Exemplos de tais exigências podem ser encontrados em diferentes capítulos deste livro. As exigências podem também incluir outros elementos relacionados com as condições microbiológicas ou estados dos bens em questão, tais como:

- Parâmetros físico-químicos que podem impactar a multiplicação:
  - Condições de aeração e limites de oxigênio residual.
  - pH ou acidez.
  - Temperatura máxima durante o transporte e na recepção.
  - Tempo do transporte do fornecedor para o cliente.
  - Exigência de pasteurização intermediária (por exemplo, soro de leite líquido).
- Parâmetros relacionados a higiene:
  - Separação dos bens durante o transporte, por exemplo, de acordo com o risco de contaminação, formação e transferência de odores de apodrecimento etc.
  - Localização dos contêineres em um navio para evitar a condensação decorrente de diferenças de temperatura.
  - Tipo de material de embalagem empregado, por exemplo, sacos especiais do tipo destacável (*strippable*) para evitar contaminação durante o manuseio e a transferência de ingredientes críticos (por exemplo, mistura a seco).

Análises Microbiológicas nas Relações Cliente–Fornecedor

- Proteção específica do material de embalagem, por exemplo, camadas intermediárias de papelão plastificado entre frascos de vidro para evitar a presença de pó em papelão comum.
- Procedimentos de limpeza de recipientes e tanques empregados no transporte de matérias-primas ou produtos semiacabados.

6.1.1 Matérias-primas e ingredientes utilizados pelos fabricantes

A escolha dos parâmetros incluídos nas especificações para matérias-primas e ingredientes depende de vários elementos, tais como o ponto na cadeia do alimento, o impacto das etapas subsequentes de processamento e o ambiente regulador.

6.1.1.1 Matérias-primas agrícolas

Para matérias-primas agrícolas não processadas, os parâmetros visuais qualitativos e quantitativos têm um papel importante. São exemplos:

- Ausência ou porcentagem máxima de partes emboloradas em produtos a granel (por exemplo, cacau, amendoim, grãos ou milho).
- Ausência ou porcentagem máxima de frutas ou hortaliças apodrecidas ou não maduras em produtos a granel vindos do campo.
- Características definidas de cor e odor (ausência de odores de apodrecimento) em carne fresca ou peixe fresco.

Especificações microbiológicas quantitativas para matérias-primas agrícolas não processadas que serão processadas posteriormente podem também ser incluídas. No entanto, elas podem ser expressas como porcentagem de resultados positivos ou contagens máximas, por exemplo, *Salmonella* em carne utilizada para fabricação de produtos como salame ou nível máximo de contagem de viáveis em leite fresco acima do qual a matéria-prima será rebaixada, respectivamente. Esses limites não são necessariamente utilizados como critérios de aceitação para matérias-primas, mas podem ser usados para direcionar melhorias nos fornecedores, por meio de premiações pela boa qualidade com bônus ou penalizações pela má qualidade por desconto no pagamento.

6.1.1.2 Ingredientes processados

Para ingredientes processados, as especificações microbiológicas são estabelecidas de acordo com uso futuro. Por exemplo, o leite em pó desnatado é um ingrediente muito utilizado na fabricação de inúmeros produtos diferentes, tais como:

- Misturas a seco, sem nenhum tratamento térmico adicional:
  - Chocolates e confeitos.
  - Fórmulas infantis e cereais infantis.
  - Bebidas instantâneas.
  - Produtos culinários desidratados.

- Misturas úmidas, com tratamento térmico subsequente:
  - Leites fluidos recombinados (pasteurizados ou UHT).
  - Laticínios fermentados.
  - Sorvetes.
  - Produtos culinários termoprocessados refrigerados.
  - Produtos de panificação.

Assim, as especificações para leite em pó desnatado dependem do uso e podem ser muito rigorosas (por exemplo, em produtos críticos, como fórmulas infantis) ou mais tolerantes (por exemplo, para produção de leite UHT). Quando usado em fórmulas infantis, as especificações são baseadas em padrões estabelecidos pelas autoridades para produtos acabados. Por outro lado, para uso em leite UHT, as especificações para *Salmonella* e *Enterobacteriaceae* podem ser menos rigorosas, mas devem ser incluídos limites para formadores de esporos de importância para o processo, a fim de minimizar os riscos decorrentes da falha do tratamento térmico (ver o Capítulo 24).

Embora a aderência às exigências microbiológicas estabelecidas possa ser verificada por meio de amostragem e análise, as limitações dos planos de amostragem precisam ser consideradas (ver o Apêndice A). Assim, ao adquirir determinado ingrediente, é importante que o cliente verifique os perigos microbiológicos e os riscos associados. Com isso, será possível categorizar os diferentes ingredientes de acordo com o risco e definir os procedimentos de manuseio desses ingredientes após a entrega.

Para ingredientes de risco alto usados em produtos sensíveis (por exemplo, leite desnatado para fórmulas infantis), é necessário fazer também uma avaliação do nível de confiança nos fornecedores. Essa avaliação deve ser baseada em auditorias de parâmetros-chave que garantam a produção de ingredientes seguros e possam incluir, mas não se limitar a, os seguintes:

- Implementação de medidas preventivas adequadas, como BPH.
- Implementação de HACCP.
- Validação das medidas de controle, incluindo os limites críticos.
- Implementação de medidas de verificação, como monitoramento de patógenos no ambiente.
- Dados históricos.
- Técnicas de análise de tendência.
- Procedimentos de liberação.
- Métodos de amostragem apropriados.
- Procedimentos analíticos, tais como uso de métodos validados e participação em testes de proficiência.

6.1.2 Interações com varejistas

As especificações microbiológicas entre fabricantes e varejistas e serviços de alimentação são frequentemente baseadas em critérios nacionais e internacionais, estabelecidos pelas autoridades de saúde pública. Entretanto, o varejista pode estabelecer exi-

Análises Microbiológicas nas Relações Cliente–Fornecedor   **105**

gências adicionais ou mais específicas. As exigências do varejista para matérias-primas agrícolas, tais como frutas e hortaliças frescas ou produtos manufaturados, podem ser semelhantes ou idênticas às descritas na Seção 6.1.1. Podem ser incluídos elementos adicionais, tais como:

- Elementos relacionados com a vida de prateleira de produtos refrigerados, como laticínios ou produtos culinários, de forma a atender às necessidades dos canais de comercialização.
- Elementos relacionados com a composição dos produtos, tais como conteúdo de sal ou açúcar, ou tratamento térmico empregado na fabricação do produto.
- Elementos relacionados com a certificação e a auditoria do fabricante.

Tais exigências podem requerer que o fabricante conduza testes de desafio e de armazenamento para demostrar a estabilidade e a segurança dos produtos com a mudança de receita determinada ou a vida de prateleira exigida. Uma exigência adicional pode incluir também o monitoramento de amostras de retenção.

6.1.3   Fabricantes subcontratados

Os fabricantes de alimentos podem subcontratar a fabricação de alguns produtos por várias razões:

- Volumes pequenos que podem se beneficiar de linhas de produção preexistentes, dedicadas ao mesmo produto ou produtos similares (razões de custo).
- Tecnologias patenteadas utilizadas pelos fabricantes contratados, que não estão disponíveis para o contratante.
- Produção temporária de novos produtos até que fique claro que o produto terá sucesso e assim justifique o investimento em uma nova linha de processamento.
- Capacidade insuficiente na fábrica do próprio fabricante, requerendo a contratação de outro fabricante para aumentar a produção.

O principal problema relacionado com a subcontratação é o controle de qualidade e segurança do produto. A qualidade necessária pode ser obtida por meio da definição das características do produto, com base na receita e nas condições de processamento ou por meio da subcontratação de um fabricante, escolhido com base nos atributos de qualidade dos produtos que fabrica. Entretanto, é difícil garantir a segurança dos produtos. Isto é particularmente verdade quando os padrões usados pelo fabricante são diferentes dos empregados pela empresa subcontratada. Essas diferenças devem ser consideradas de forma a garantir que as BPH e o HACCP sejam corretamente compreendidos e implementados, evitando o aumento do risco microbiológico.

Embora a implementação das medidas preventivas adequadas e os procedimentos para amostragem e análise sejam geralmente negociados como parte do contrato, a imposição das exigências do contratante nem sempre é possível. Esse pode ser o caso quando os volumes subcontratados são pequenos, se comparados ao volume total produzido pelo fabricante escolhido. Nesses casos, a parte contratante pode não estar em condições de implementar ou impor seu próprio sistema de qualidade e padrões associados, sendo recomendável buscar uma alternativa adequada. Entretanto, diferentes opções podem ser possíveis e dependem do tipo de produto e sua sensibilidade em termos de risco para o consumidor e de risco para o fabricante contratante. As abordagens potenciais incluem:

- O fabricante contratado concorda em produzir o produto de acordo com as especificações e as medidas de controle implementadas são aprovadas pela parte contratante.
- As linhas de produção no fabricante contratado estão sob a supervisão direta de pessoal da parte contratante.
- A liberação é feita pelo próprio pessoal de garantia de qualidade da parte contratante, que pode estar localizado na fábrica da contratada ou visitar a fábrica da contratada durante a produção.
- Auditoria regular conduzida pela parte contratante (ver a Seção 6.2).

6.2   AUDITORIA

A auditoria de fornecedores em uma relação fornecedor–cliente tem um papel importante na verificação do atendimento de forma consistente das exigências acordadas e, assim, do nível de confiança naquele fornecedor em particular. As auditorias de HACCP e de medidas de pré-requisitos como as BPH podem ser muito diferentes e variar, desde uma auditoria simples até um auditoria técnica completa. No primeiro caso, as auditorias verificam se os planos HACCP foram estabelecidos e se as diferentes etapas de um plano HACCP foram consideradas. No segundo caso, dá-se atenção não somente aos aspectos formais, mas também ao conteúdo técnico e científico, como a validade da identificação do perigo e a adequação das medidas de controle e limites críticos derivados. Isso inclui também a avaliação das informações de validação, a eficiência das ações corretivas propostas, os procedimentos de verificação e a melhoria do plano HACCP, nas áreas necessárias. Essas auditorias técnicas requerem profundo conhecimento e compreensão do produto, dos microrganismos possivelmente associados, do processo e das condições de processamento para determinar se foram tomadas as decisões corretas. Essas auditorias técnicas geralmente requerem equipes multidisciplinares, incluindo, no mínimo, especialistas em processos e produção e higienistas ou microbiologistas industriais. Isso é importante porque essas auditorias vão além da simples avaliação do plano HACCP, e são focadas no grau de implementação e eficiência das BPH, que são o fundamento de um plano HACCP coerente. Além disso, é também necessário auditar os procedimentos de verificação da eficiência das medidas, que podem incluir monitoramento do ambiente, verificação do produto final e revisão dos métodos para assegurar que estes são adequados para aquela matriz em particular e para as amostras do ambiente. Mais detalhes a respeito de controle de processo são encontrados no Capítulo 3.

Indivíduos que fazem auditorias devem ser qualificados e treinados para serem eficientes nesse papel. Dois pontos importantes devem ser considerados: treinamento para aquisição de competências específicas e cadastro dos auditores em organizações apropriadas para o setor. Isto é importante para evitar, por exemplo, que um auditor especialista em embalagens plásticas audite um abatedouro de aves. A competência do

Análises Microbiológicas nas Relações Cliente–Fornecedor

auditor deve ser verificada continuadamente. O curso de treinamento de auditores deve ser registrado na organização de treinamento adequada e se um auditor precisa auditar uma instalação sem ter a competência necessária, então é necessário que um especialista técnico acompanhe a auditoria. Essas considerações são especialmente aplicáveis quando a auditoria é feita por terceiros.

6.3   DADOS MICROBIOLÓGICOS

Geralmente, os únicos dados microbiológicos disponíveis nas relações fornecedor–cliente são resultados de bens adquiridos e, dependendo dos acordos e do nível de confiança, comunicados na forma de certificados de análise (*certificates of analysis – CoA*) ou certificados de conformidade ou cumprimento (*certificates of conformance or compliance – CoC*). Os primeiros fornecem resultados analíticos detalhados dos parâmetros incluídos nas especificações, e os últimos correspondem à confirmação ou garantia de que os produtos estão em conformidade com as especificações, com base na implementação e na verificação das medidas de controle. Com isso, obtém-se informações a respeito dos lotes entregues, e, como eles foram liberados e enviados, se estão de acordo com as exigências acertadas. Entretanto, os resultados de um CoA somente fornecem informações a respeito de um determinado lote, e não sobre o desempenho geral ou a capacidade de processo do fornecedor.

Uma abordagem mais útil seria que os fornecedores compartilhassem não somente os resultados de produtos acabados, mas também dados sobre amostras de linha, dados históricos de lotes fabricados na mesma linha de processamento ou no intervalo de tempo em que os lotes entregues foram fabricados, dados do ambiente e outros parâmetros de relevância. Esses dados têm mais utilidade para o cliente confirmar ou modificar a confiança em um fornecedor em particular e deveriam ser considerados mais como um certificado de conformidade ou cumprimento do que um certificado de análise.

REFERÊNCIAS

EFSA - EUROPEAN FOOD SAFETY AUTHORITY. Opinion of the scientific panel on biological hazards on the request from the Commission related to the microbiological risks in infant formulae and follow-on formulae. **The EFSA Journal**, Parma, v. 113, p. 1-35, 2004.

ICMSF - INTERNATIONAL COMMISSION ON MICROBIOLOGICAL SPECIFICATIONS FOR FOODS. **Microorganisms in foods 7**: microbiological testing in food safety management. New York: Kluwer Academic: Plenum Publishers, 2002.

PARTE **2**

APLICAÇÃO DOS PRINCÍPIOS A CATEGORIAS DE PRODUTO

CAPÍTULO 7

Aplicações e Uso de Critérios e Outras Análises

7.1 INTRODUÇÃO

Conforme discutido no Capítulo 1, a estratégia mais eficiente para a gestão da segurança dos alimentos é a aplicação de programas de pré-requisitos na pré-colheita, na colheita e na pós-colheita – por exemplo, Boas Práticas Agrícolas (BPA), Boas Práticas de Manejo de Animais (BPMA), Boas Práticas Veterinárias (BPV), Boas Práticas de Higiene (BPH), Boas Práticas de Fabricação (BPF) etc. – e programas de Hazard Analysis Critical Control Point (HACCP). O controle de microrganismos indesejáveis nos alimentos em cada etapa da cadeia do alimento será mais efetivo se for baseado na aplicação objetiva e sinérgica desses programas. A análise microbiológica da higiene do processo pode ter um papel importante na verificação da eficiência dos programas de gestão da segurança dos alimentos (programas de pré-requisitos e HACCP) quando utilizados de maneira bem planejada. Em alguns casos, a análise microbiológica do produto final pode ser empregada também se não há informações a respeito da história do produto (por exemplo, no porto de entrada). De acordo com considerações anteriores da ICMSF (ICMSF, 2002), a análise microbiológica é necessária somente em duas situações:

1. O produto foi envolvido em enfermidade de origem alimentar ou pode ter uma vida de prateleira inadequada ou apresentar outros problemas microbiológicos caso os controles eficazes não sejam aplicados.

2. A realização da análise reduzirá os problemas de risco à saúde e à qualidade associados ao alimento ou verificará, de forma eficaz, a aderência às medidas de controle microbiológico ou controles de processo.

Este capítulo fornece a base das considerações que a ICMSF utilizou para propor critérios microbiológicos para algumas *commodities,* e não para outras. O capítulo indica também a forma de interpretação e aplicação desses critérios.

As recomendações para análise de produtos finais nos capítulos seguintes substituem aquelas fornecidas em *Microorganisms in foods 2: Sampling for microbiological analysis: Principles and specific applications* (ICMSF, 1986). Os avanços significativos no entendimento da produção e do processamento de alimentos, da gestão de riscos e de estatísticas da amostragem fizeram com que essas mudanças fossem necessárias. Além disso, os capítulos seguintes trazem recomendações não somente para análise de produtos finais, mas também outras análises que podem gerar informações úteis para a gestão da segurança e da qualidade microbiológica.

Apesar do grande esforço despendido no desenvolvimento de critérios apropriados baseados em risco, as recomendações da ICMSF não são oficiais. A promulgação de padrões microbiológicos nacionais oficiais é de responsabilidade dos governos e a articulação de diretrizes internacionais sobre a segurança dos alimentos deve ser feita por organizações intergovernamentais responsáveis pelo estabelecimento de padrões, como a Comissão do Codex Alimentarius, da Organização das Nações Unidas para a Alimentação e a Agricultura (Food and Agriculture Organization – FAO), da Organização Mundial da Saúde (OMS) e da Organização das Nações Unidas (ONU).

7.2 FORMATO DOS CAPÍTULOS DAS *COMMODITIES*

Os produtos foram agrupados de maneira semelhante à utilizada em *Microorganisms in foods 6: Microbial ecology of food commodities* (ICMSF, 2005), que contém detalhes sobre a ecologia microbiana de diferentes *commodities* e derivados. Os capítulos a seguir abordam as aplicações práticas da análise na produção de alimentos seguros e saudáveis, mais do que a ecologia microbiana dos produtos. Cada capítulo discute brevemente os perigos microbiológicos de relevância e os problemas com a deterioração para cada *sub-commodity* e, com base em sua significância, pode recomendar análises e critérios para as diferentes etapas da produção e da comercialização, conforme descrito a seguir.

7.2.1 Produção primária

Para algumas *commodities*, como frutas, hortaliças, condimentos, carne, aves e pescados, as práticas na produção primária têm influência muito importante na qualidade microbiológica do produto. Sempre que adequado e quando há disponibilidade de informações, são fornecidas recomendações para água de irrigação e cultivo de produtos do mar, fertilizantes, programas de vacinação, regimes de alimentação e outras práticas agrícolas ou são dadas referências a padrões nacionais.

Aplicações e Uso de Critérios e Outras Análises

7.2.2 Ingredientes

Muitos alimentos são compostos por vários ingredientes diferentes. A qualidade e a segurança microbiológica de alguns ingredientes pode ser crítica para a segurança e a estabilidade do produto final. O controle de um problema microbiológico no ingrediente pode ser essencial para produtos nos quais não há uma etapa letal posterior (por exemplo, cacau em pó em chocolate que não passa por tratamento térmico, carne destinada à produção de salame fermentado não submetido a tratamento térmico). Para outros alimentos, os ingredientes podem ser submetidos a um tratamento letal durante o processamento e, nesses casos, os critérios microbiológicos são menos importantes (por exemplo, cacau em pó em *mix* para sorvete que será pasteurizado, carne destinada à produção de produtos cárneos cozidos). As referências sobre contaminação inicial esperada ou critérios para tais ingredientes, discutidos em outros capítulos, podem ser consultados, conforme necessário. Geralmente, recomenda-se a análise de ingredientes quando há resposta positiva para uma das seguintes questões em relação à *commodity*:

1. O controle do ingrediente é necessário para a segurança e a qualidade do produto?
2. A análise é necessária para verificar a aceitabilidade do ingrediente?

7.2.3 Durante o processamento

Neste livro, os termos "análise durante o processamento" *(in process testing)* são empregados para descrever análises com o objetivo de (1) verificar uma etapa letal ou (2) monitorar a probabilidade de o produto contaminar-se. O conceito do HACCP enfatiza a importância de aplicar controles de processo validados e verificados para a produção de alimentos seguros. Algumas análises podem ser empregadas para verificar se os processos estão funcionando conforme pretendido (por exemplo, validação inicial na planta para avaliação do desempenho de uma medida de controle em uma determinada etapa de produção). Por exemplo, a análise de microrganismos indicadores como coliformes e *Enterobacteriaceae* em um produto liberado de um equipamento de tratamento térmico pode ser útil para verificar se a etapa de cozimento está adequada.

A amostragem de produtos intermediários (por exemplo, de correias transportadoras, cabeças de enchedoras, tanques ou cubas de armazenamento etc.) e de amostras obtidas na linha de processamento (por exemplo, água de lavagem de processo, resíduos de peneiras, finos, resíduos de linha e raspagens) pode ser uma abordagem alternativa ou complementar para o uso de *swabs* ou esponjas para o monitoramento da contaminação com microrganismos importantes para a saúde pública ou a deterioração. Produtos em processamento ou resíduos de produtos que se acumulam sobre os equipamentos podem representar o pior caso quando tais materiais se acumulam em condições que permitem a multiplicação microbiana durante o período de processamento. A análise durante o processamento pode fornecer informações mais úteis a respeito dos problemas microbiológicos potenciais do que a análise do produto final, especialmente quando os dados são utilizados em um sistema de controle de processo, conforme discutido no Capítulo 3 deste livro e em *Microorganisms in foods 7: Microbiological testing in food safety management* (ICMSF, 2002).

114   Microrganismos em Alimentos 8

Geralmente, a análise durante o processamento é recomendada quando a resposta a todas as questões abaixo, relacionadas à *commodity* em consideração, é "sim":

1. Há necessidade de controlar o processo para prevenir o aumento, garantir a diminuição, manter a população atual de microrganismos ou impedir a disseminação de um problema microbiológico?
2. Há necessidade de realizar análise microbiológica para verificar (a) se o processo está funcionando conforme esperado ou (b) se não está ocorrendo contaminação no processo?
3. Há pontos na linha de processamento em que os resíduos acumulados do produto podem gerar uma amostra representativa ou uma amostra que indique o pior cenário para predizer a segurança ou a qualidade do produto final?

7.2.4 Ambiente de processamento

A manutenção de um ambiente de processamento higiênico é essencial para a produção de alimentos seguros e saudáveis. Entretanto, as considerações microbiológicas de relevância variam entre diferentes *commodities* alimentares. Este capítulo se refere ao uso de *swabs* ou esponjas para a amostragem de equipamentos ou do ambiente. Esse tipo de análise é muito útil e eficaz para verificar se o ambiente está sob controle higiênico adequado para uma determinada *commodity*. As diretrizes gerais sobre a amostragem do ambiente podem ser encontradas no Capítulo 4 deste livro e em *Microorganisms in foods 7: Microbiological testing in food safety management* (ICMSF, 2002). Assim como para a amostragem durante o processamento, um programa de análise de ambiente bem estruturado, baseado em um objetivo claro e bem determinado, pode fornecer dados mais úteis a respeito dos problemas microbiológicos em potencial do que análise do produto final, particularmente quando as informações são empregadas em um sistema de controle de processo, conforme discutido no Capítulo 3 deste livro e em *Microorganisms in foods 7* (ICMSF, 2002).

Geralmente a amostragem do ambiente é recomendada quando a resposta às seguintes questões, relativas a uma determinada *commodity*, é "sim":

1. Há necessidade de controlar o ambiente para prevenir a contaminação do produto com algum perigo microbiológico?
2. A análise ajudará na verificação do controle do microrganismos de relevância no ambiente?

7.2.5 Vida de prateleira

A vida de prateleira de alimentos é influenciada por alterações deletérias que ocorrem com o tempo, muitas das quais não são de natureza microbiológica, como atividade enzimática, oxidação, mudanças estruturais, rancificação etc. Entretanto, a atividade microbiana tem um papel muito importante na segurança e na deterioração dos alimentos. A análise da vida de prateleira é discutida somente quando a atividade microbiana é relevante para uma *commodity* em particular. Para alguns produtos (por exemplo,

Aplicações e Uso de Critérios e Outras Análises

cargas a granel) analisar a vida de prateleira não é viável. Geralmente a análise da vida de prateleira é recomendada quando a resposta às seguintes questões, relativas a uma determinada *commodity*, é "sim":

1. A vida de prateleira depende de um problema microbiológico de segurança e qualidade?
2. A análise da vida de prateleira é viável?

7.2.6 Produto final

Os critérios para produtos finais são recomendados quando são empregados para demonstrar que as medidas de controle são aplicadas corretamente ou para indicar a situação microbiológica de um lote quando as informações a esse respeito são insuficientes. Para alguns alimentos, o programa de pré-requisitos disponível pode ser inadequado para proteger o consumidor. Para esses alimentos, a análise do produto final pode ser um passo necessário para trazer proteção adicional ao consumidor.

A determinação da importância relativa da análise do produto final deve ser feita produto a produto (ver a Seção 7.2.7). A análise do produto final pode ser utilizada para a aceitação de lote quando não há dados suficientes sobre o processo ou sobre outras análises. Os critérios sugeridos para a aceitação de lote são fundamentados na base de dados de referência, na experiência, na prática industrial, no risco relativo quando os casos ICMSF são considerados ou em critérios microbiológicos existentes desenvolvidos internacionalmente como resultado do processo de análise de risco estabelecido pela Codex Alimentarius Commission (ver a Seção 7.4). Em algumas situações, outros planos de amostragem podem se aplicar. Por exemplo, a redução do número de amostras pode ser aceitável quando há vigilância em andamento, enquanto o aumento do número de amostras pode ser prudente em investigações de desvios de processo ou surtos. Geralmente a análise é recomendada quando a resposta às seguintes questões, relativas a uma determinada *commodity*, é "sim":

1. Há necessidade de analisar o produto final para verificar o controle do processo da fabricação como um todo?
2. A garantia da segurança e da qualidade do lote depende da análise do produto final?

7.2.7 Importância relativa das análises recomendadas

As tabelas em cada capítulo de *commodities* apresentam um ranqueamento (isto é, baixo, médio e alto) da importância relativa das análises recomendadas. Esses ranqueamentos refletem a importância da análise de rotina durante as operações que empregam as BPH/BPF e o HACCP validados de forma a produzir alimentos aceitáveis do ponto de vista de segurança e qualidade. Ao fazer o ranqueamento, a ICMSF tentou identificar os tipos de amostras que dariam as informações mais úteis para avaliar a situação microbiológica do produto em fabricação. É importante observar que a importância relativa de uma análise deve ser avaliada no contexto do programa completo de análise microbiológica. Por exemplo, quando há monitoramento contínuo e cuidadoso dos ingredientes, do processo e do ambiente, de forma rotineira, em um ambiente de processamento estável, com o objetivo de usar as informações para análise de tendência e melhoramento de processo, a importância relativa da análise do produto final é provavelmente baixa. Entretanto, quando as análises são realizadas ocasionalmente ou de maneira que não garanta que o processo está sob controle, a importância relativa da análise do produto final pode aumentar.

A importância relativa e os planos de amostragem recomendados podem mudar em situações especiais. Por exemplo, ao validar um processo novo, qualificar um novo ingrediente ou um novo fornecedor, realizar uma ação corretiva para um desvio significativo do processo ou investigar um surto de enfermidade de origem alimentar, é necessário realizar mais análises. Os capítulos anteriores sobre ações corretivas, validação de processos e relações cliente–fornecedor dão orientação sobre estas áreas.

7.3 ESCOLHA DOS MICRORGANISMOS OU DE SEUS PRODUTOS

Os textos contêm recomendações de análises dos microrganismos ou seus produtos (por exemplo, micotoxinas) mais importantes em relação a perigos/riscos ou ao descumprimento das BPH/BPF. A escolha é baseada em análise de perigos e categorização de risco (ou seja, avaliação qualitativa de risco) que considera evidências epidemiológicas, impacto na saúde pública, literatura científica e opinião de especialistas e validação experimental da etapa durante o processamento e reconhece as limitações das metodologias atuais. Nas recomendações de análises, questões de qualidade também são consideradas. Uma discussão detalhada dos microrganismos de relevância em cada *commodity* está disponível em *Microorganisms in foods 6: Microbial ecology of food commodities* (ICMSF, 2005).

7.4 SELEÇÃO DE LIMITES E PLANOS DE AMOSTRAGEM

Os limites e a amostragem para análises durante o processamento e do ambiente são bastante influenciados por local, processo, região geográfica e outros fatores, não sendo possível especificar limites que sejam universalmente aplicáveis a todas as situações. É possível dar algumas diretrizes, mas sem pretensão de aplicação universal. Da mesma forma, na maioria dos casos não se especificam os métodos, o número e o tamanho das amostras. É importante enfatizar que a população de microrganismos mais frequentemente encontrada *não* indica um limite. É de se esperar que, de vez em quando, as populações excedam os valores mais frequentes.

Para a análise do produto final, as seguintes questões foram formuladas sequencialmente para ajudar na identificação da base adequada para os critérios e planos de amostragem recomendados:

1. Existe uma avaliação de risco?
2. Foi estabelecido um ALOP (Appropriate Level of Protection) que permitisse determinar um FSO (Food Safety Objective) ou um PO (Performance Objective)?
3. Há dados suficientes para determinar os valores mais frequentes que sejam consistentes com um alimento seguro ou um alimento de qualidade? Os da-

Aplicações e Uso de Critérios e Outras Análises

dos estimam a variabilidade nos valores encontrados entrelotes e intralotes, por exemplo?

A existência de uma avalição de risco, de dados de dose-resposta, de exposição do consumidor, de ALOP e FSO/PO definidos, e de dados sobre as populações mais frequentes no alimento facilita o desenvolvimento de critérios microbiológicos que tenham uma relação com as metas de saúde pública. A ICMSF (2002) e Van Schothorst et al. (2009) fizeram uma revisão detalhada desse tema. Entretanto, a disponibilidade de avaliações de risco formais (qualitativas e quantitativas) para muitos tipos de alimentos é limitada. Para recomendar planos de amostragem e limites na ausência de uma avaliação de risco, foram utilizados os casos ICMSF (2002), regulamentações internacionais geralmente aceitas (por exemplo, *Codex*, regulamentações nacionais, diretrizes da indústria) ou opinião de especialistas.

Os casos ICMSF, resumidos na Tabela 7.1, consideram a gravidade do perigo, a sensibilidade do consumidor-alvo e se o potencial do risco diminui, permanece o mesmo ou aumenta no período entre a amostragem e o consumo do alimento. O rigor dos planos de amostragem cresce com o aumento da gravidade do perigo. São utilizados os seguintes termos:

n = número de unidades analíticas a serem analisadas

c = número máximo tolerado de unidades analíticas com resultados marginais, mas aceitáveis (isto é, entre m e M)

m = concentração que faz a separação entre qualidade ou segurança boa e qualidade marginalmente aceitável

M = concentração que faz a separação entre qualidade marginalmente aceitável e segurança e qualidade inaceitáveis

Os limites (m e M) recomendados para microrganismos de utilidade, indicadores e perigos moderados (Casos 1–9) são expressos por grama e geralmente são utilizados métodos quantitativos. O critério c nos Casos 1–9 admite que, em virtude da variação estatística, podem ocasionalmente ocorrer resultados acima de m. A especificação do limite máximo M ajuda a prevenir que um produto que excede muito os indicadores de qualidade e segurança seja aceito sem que ocorra investigação ou alguma ação.

Para perigos sérios e severos (Casos 10-15), em que $c = 0$, a população máxima aceitável é $m = M$. Para os Casos 10–15, os resultados das análises são fortemente influenciados pelo tamanho da amostra porque os resultados são geralmente reportados como presente (positivo) ou ausente (negativo) na amostra analisada. Neste livro, para os Casos 10–15, a unidade analítica para cada amostra é 25 g, a menos que esteja especificado de outra forma. Assim, para o Caso 10, $n = 5$, são analisadas cinco amostras individuais de 25 g. As considerações estatísticas relacionadas aos planos de amostragem recomendados neste livro são discutidas no Apêndice A e explicadas mais detalhadamente por Van Schothorst et al. (2009), Whiting et al. (2006) e pela ICMSF (2002).

Tabela 7.1 Rigor do plano de amostragem (caso) em relação ao grau de risco e condições de uso

Grau de preocupação	Exemplos	Condições em que o alimento poderá ser manipulado ou consumido após a amostragem[a]		
		Risco diminui	Risco não se altera	Risco pode aumentar
Utilidade: contaminação geral, vida de prateleira reduzida, deterioração incipiente	Contagem total de aeróbios, leveduras e bolores	Caso 1 $n = 5, c = 3$	Caso 2 $n = 5, c = 2$	Caso 3 $n = 5, c = 1$
Indicador: perigo baixo, indireto	*Enterobacteriaceae*, *Escherichia coli* genérica	Caso 4 $n = 5, c = 3$	Caso 5 $n = 5, c = 2$	Caso 6 $n = 5, c = 1$
Perigo moderado: geralmente não fatal, sem sequelas, geralmente de curta duração, sintomas autolimitantes, pode causar desconforto grave	*S. aureus, B. cereus, C. perfringens, V. parahaemolyticus*	Caso 7 $n = 5, c = 2$	Caso 8 $n = 5, c = 1$	Caso 9 $n = 10, c = 1$
Perigo grave: Incapacitante, mas geralmente não fatal, raras sequelas, duração moderada	*Salmonella, L. monocytogenes*	Caso 10 $n = 5, c = 0$	Caso 11 $n = 10, c = 0$	Caso 12 $n = 20, c = 0$
Perigo severo: para a população em geral ou em alimentos destinados a populações suscetíveis, podendo ser letal ou causar sequelas crônicas ou enfermidade de longa duração	Para a população em geral: *E. coli* O157:H7, neurotoxina de *C. botulinum*; Para populações suscetíveis: *Salmonella, Chronobacter* spp, *L. monocytogenes*	Caso 13 $n = 15, c = 0$	Caso 14 $n = 30, c = 0$	Caso 15 $n = 60, c = 0$

[a] Para alimentos sensíveis destinados a populações suscetíveis, geralmente são utilizados planos de amostragem mais rigorosos.

7.4.1 Comparando os casos ICMSF aos critérios do Codex para *L. monocytogenes*

O exemplo seguinte compara o rigor relativo dos casos ICMSF, baseados em avaliação qualitativa de risco para grupos de microrganismos, aos critérios microbiológicos do *Codex Alimentarius* para *L. monocytogenes* em alimentos prontos para consumo, que foram baseados em avaliações quantitativas de risco.

7.4.1.1 Rigor dos planos de amostragem empregando os casos ICMSF

O rigor relativo dos casos ICMSF selecionados é mostrado na Tabela 7.2, com o emprego de vários valores hipotéticos para m e M. A concentração média que seria corretamente

Aplicações e Uso de Critérios e Outras Análises

rejeitada com probabilidade de 95% é dada com base nos cálculos de Van Schothorst et al. (2009). Admite-se que o desvio padrão seja 0,8 e que haja uma distribuição log normal. À medida que a severidade do perigo aumenta, o rigor dos casos aumenta e a concentração média detectável de maneira confiável diminui (de cima para baixo). A concentração média também diminui à medida que o potencial do perigo aumenta da esquerda para a direita.

Tabela 7.2 Desempenho relativo dos casos ICMSF em termos da concentração média (em negrito), com pelo menos 95% de probabilidade de rejeição, admitindo-se critérios hipotéticos e um desvio padrão de 0,8

Tipo e mudança provável no nível do perigo	Diminui	Não se altera	Pode aumentar
Perigo indicador, indireto; m = 1.000/g, M = 10.000/g	Caso 4 n = 5, c = 3 **5.100 UFC/g**	Caso 5 n = 5, c = 2 **3.300 UFC/g**	Caso 6 n = 5, c = 1 **1.800 UFC/g**
Perigo moderado; m = 100/g, M = 10.000/g	Caso 7 n = 5, c = 2 **2.600 UFC/g**	Caso 8 n = 5, c = 1 **1.100 UFC/g**	Caso 9 n = 10, c = 1 **330 UFC/g**
Perigo grave; m = 0/25 g	Caso 10 n = 5, c = 0 **1 UFC/55 g**	Caso 11 n = 10, c = 0 **1 UFC/100 g**	Caso 12 n = 20, c = 0 **1 UFC/490 g**
Perigo severo; m = 0/25 g	Caso 13 n = 15, c = 0 **1 UFC/330 g**	Caso 14 n = 30, c = 0 **1 UFC/850 g**	Caso 15 n = 60, c = 0 **1 UFC/2.000 g**

7.4.1.2 Rigor dos critérios do Codex para L. monocytogenes

Os critérios para *L. monocytogenes* em alimentos prontos para consumo recomendados neste livro foram desenvolvidos por meio do processo gradativo de consenso no Codex Alimentarius Committee for Food Hygiene. A FAO e WHO (2004) realizou uma avaliação de risco para *L. monocytogenes* em alimentos prontos para consumo para avaliar as questões de risco de enfermidade grave em relação à *L. monocytogenes* em alimentos para diferentes populações suscetíveis em relação à população em geral, e também para enfermidade grave por *L. monocytogenes* em alimentos que permitem e não permitem sua multiplicação nas condições de armazenamento utilizadas durante a vida de prateleira. A avaliação de risco indicou que a maioria dos casos de listeriose foi associada ao consumo de alimentos que não atendem os padrões atuais para *L. monocytogenes* (não detectada em 25 g ou < 100 UFC/g) e que o maior benefício pa\ra a saúde pública seria reduzir de forma significativa o número de porções servidas contaminadas com números elevados de *L. monocytogenes* (FAO; WHO, 2004). Assim, é de se esperar que medidas de controle que reduziram a frequência de contaminação tivessem causado uma redução proporcional nas taxas de enfermidade.

A avalição de risco utilizou o caso "pior cenário", no qual se considerou que todas as porções continham a população máxima permitida, mas utilizou também uma abordagem mais realística, considerando a distribuição das populações de *L. monocytogenes*. Ambos os cenários demonstraram que o risco e o número previsto de casos aumentou com a ampliação da frequência e do nível de contaminação. Considerou-se que a ingestão de uma única célula poderia causar enfermidade. De acordo com a avaliação de risco e considerando-se um único tamanho de porção, se todos os alimentos prontos para consumo tivessem entre 1 e 1.000 UFC/porção, o risco de listeriose aumentaria 1.000 vezes (ver a Tabela 7.3).

Por outro lado, o risco associado à introdução no mercado de 10.000 porções de alimento contendo 1.000 UFC de *L. monocytogenes* seria teoricamente compensado pela retirada de uma única porção contaminada com 10^7 UFC. Ao interpretar esses resultados e o efeito real de uma mudança nos limites legais de *L. monocytogenes* em alimentos prontos para consumo, deve-se levar em conta também o grau de descumprimento dos limites estabelecidos. Com base em dados disponíveis para os Estados Unidos, onde o limite para *L. monocytogenes* em alimentos prontos para consumo era 0,04 UFC/g, o número estimado de casos de listeriose no país era 2.130, considerando os níveis de referência de *L. monocytogenes* na avaliação de risco de *Listeria* nos Estados Unidos (FDA; FSIS, 2003). Caso uma população de 0,04 UFC/g fosse alcançada de forma consistente, seria de se esperar < 1 caso de listeriose por ano. Isso, em combinação com dados disponíveis de exposição, indicou que a população do patógeno em uma porção de alimento pronto para consumo nos Estados Unidos é muito superior ao limite de 0,04 UFC/g e que o impacto de *L. monocytogenes* na saúde púbica depende quase que exclusivamente dos alimentos que excedem muito esse limite. Assim, pode ser questionado se um limite menos rigoroso para alimentos prontos para consumo poderia ser benéfico para a saúde pública desde que estimulasse a adoção de medidas de controle que reduzissem o número de porções que excedessem muito o limite estabelecido. Os resultados da avaliação de risco mostraram que o potencial de multiplicação de *L. monocytogenes* influencia fortemente o risco, embora a extensão da multiplicação dependa das características do alimento e das condições e da duração do armazenamento em refrigeração. Em alguns alimentos prontos para consumo, a capacidade de *L. monocytogenes* multiplicar-se aumenta o risco de listeriose de 100 a 1.000 vezes, tendo a porção como base. Para mostrar a diferença no risco relativo, foram desenvolvidos diferentes critérios, de acordo com a capacidade de o produto permitir ou não a multiplicação do patógeno (Tabela 7.4).

Tabela 7.3 Risco relativo de enfermidade e número estimado de casos/ano nos Estados Unidos se todos os alimentos prontos para consumo estivessem contaminados com o nível indicado. O risco relativo foi calculado a partir de uma dose de 1 UFC (FAO; WHO, 2004)

Nível (UFC/g)	Dose (UFC)	Risco relativo	Número estimado de casos por ano
< 0,04	1	1	0,54
0,1	3	2,5	1
1	32	25	12
10	316	250	118
100	3.160	2.500	1.185
1.000	31.600	25.000	11.850

Aplicações e Uso de Critérios e Outras Análises

O critério para produtos que não permitem a multiplicação de *L. monocytogenes* (ou seja, cinco amostras com um limite de 10^2 UFC/g) é que o lote seria rejeitado com 95% de probabilidade quando a média geométrica da concentração fosse 80 UFC/g, presumindo-se um desvio padrão de 0,8 (ver Apêndice A). Esse critério reflete a conclusão da avaliação de risco que indicou que a grande maioria dos casos de listeriose resulta do consumo de números elevados de *L. monocytogenes*, assim como reflete o desejo de utilizar um nível que ajude a promover o atendimento do critério pela indústria. Por outro lado, o critério para alimentos que permitem a multiplicação é muito mais rigoroso. Esse critério também emprega cinco amostras mas o limite é ausência em 25g em todas as unidades analíticas. Com isso é possível rejeitar um lote quando a média geométrica da concentração é 1 UFC em 55 g, com 95% de confiança (admitindo-se um desvio padrão de 0,8). Deve-se notar que nesse exemplo adotou-se um desvio padrão de 0,8 para calcular o rigor relativo dos casos ICMSF, enquanto no anexo do Codex os cálculos foram em um desvio padrão de 0,25 (CODEX ALIMENTARIUS, 2009). O efeito da utilização de desvios padrões diferentes, de 0,25 a 1,2, no desempenho relativo dos diferentes critérios pode ser visto no Apêndice A. A avalição de risco estimou que os produtos que permitem a multiplicação representam um aumento de 100 a 1.000 vezes no risco por porção. Essa diferença relativa no rigor e na compração com os casos ICMSF está ilustrada na Figura 7.1. Este critério permite um grau de confiança maior em que *L. monocytogenes* não estará presente em alimentos com risco mais alto de enfermidade e é aproximadamente 1.000 vezes mais rigoroso que o critério para alimentos que não permitem a multiplicação de *L. monocytogenes*.

Neste livro, foram empregados os critérios Codex para *L. monocytogenes* em vez dos casos ICMSF.

Tabela 7.4 Critérios do *Codex* para *L. monocytogenes* em alimentos prontos para consumo (CODEX ALIMENTARIUS, 2009) e desempenho relativo em termos de concentração log média (em negrito), rejeitados com pelo menos 95% de probabilidade admitindo-se um desvio padrão de 0,8

Produto	Microrganismo	Método analítico[a]	Planos de amostragem e limites/g				
			Caso	*n*	*c*	*m*	*M*
Alimentos prontos para consumo que não permitem multiplicação	*L. monocytogenes*	ISO 11290-2	NA[b]	5	0	10^2	NA

Concentração log média de rejeição = 80 UFC/g

			Planos de amostragem e limites/25 g			
			n	*c*	*m*	*M*
Alimentos prontos para consumo que permitem multiplicação	*L. monocytogenes*	ISO 11290-1	NA	5[c]	0	0	NA

Concentração log média de rejeição = 1 UFC em 55 g

[a] Podem ser utilizados outros métodos analíticos, desde que validados pelos métodos ISO.

[b] NA = não aplicável (empregados critérios *Codex* em vez dos casos ICMSF).

[c] Unidades analíticas individuais de 25 g (ver a Seção 7.5.2 para amostra composta).

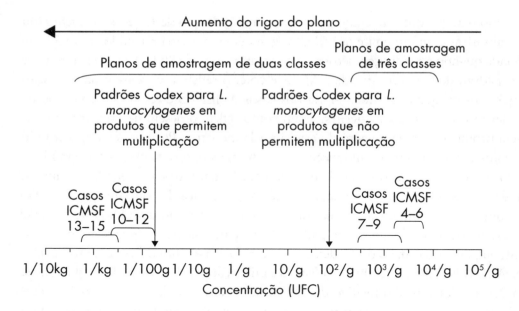

Figura 7.1 Concentrações médias geométricas do perigo, com pelo menos 95% de probabilidade, para os padrões Codex para *L. monocytogenes* e casos ICMSF 4–6 (m = 10^3/g, M = 10^4/g), casos 7–9 (m = 10^2/g, M = 10^4/g) e casos 10–15 (m = 0/25 g), admitindo-se um desvio padrão de 0,8.

7.5 LIMITAÇÕES DAS ANÁLISES MICROBIOLÓGICAS

Quando usadas adequadamente e combinadas com controles de processo validados, as análises microbiológicas podem fornecer informações úteis que ajudam a garantir a segurança e a estabilidade dos alimentos produzidos. A análise microbiológica por si só pode dar uma falsa sensação de segurança em virtude das limitações estatísticas dos planos de amostragem, especialmente quando o perigo apresenta um risco inaceitável em baixas concentrações e tem prevalência baixa e variável. Isso ocorre porque os microrganismos não estão uniformemente distribuídos nos alimentos e, assim, a análise pode falhar na detecção dos microrganismos presentes em uma partida de alimentos quando a amostra analisada deriva de uma porção aceitável da partida. A segurança dos alimentos é sempre um resultado de vários fatores e é obtida principalmente por meio de medidas adequadas, preventivas e *proativas*, aplicadas a toda a cadeia do alimento (produção primária, ingredientes, durante o processamento e no ambiente de processamento) e não por meio da análise microbiológica isoladamente. A análise de produto final isoladamente é *reativa* e lida apenas com as consequências, e não com as causas dos problemas.

7.5.1 Método analítico

Para um critério microbiológico ser completo, é importante identificar o método analítico associado porque podem existir variações nos resultados obtidos por métodos diferentes. As considerações sobre avaliação e garantia do desempenho dos mé-

Aplicações e Uso de Critérios e Outras Análises

todos analíticos microbiológicos são discutidas no Apêndice A, "Considerações sobre Amostragem e Aspectos Estatísticos dos Planos de Amostragem". As estimativas de desempenho dos planos de amostragem apresentados neste livro não levam em conta erros que possam decorrer dos métodos microbiológicos utilizados para determinar a presença ou a concentração de microrganismos em alimentos. Para consistência, com o Codex Alimentarius, a maioria dos critérios identificados neste livro utiliza os métodos ISO (International Standards Organization). O Apêndice C apresenta a lista dos métodos ISO mencionados neste livro. Outros métodos podem ser utilizados desde que validados pelos métodos ISO mencionados.

7.5.2 Unidades analíticas e amostras agrupadas

Para perigos sérios e severos, geralmente recomendam-se métodos de enriquecimento para aumentar a probabilidade de detectar a contaminação. Os métodos de enriquecimento baseiam-se na multiplicação até um nível que pode ser detectado pelo meio de enriquecimento e o nível de detecção pode variar de acordo com o método analítico utilizado. Na maioria dos casos, este livro recomenda a utilização de unidades analíticas de 25 g para os métodos de enriquecimento. Cada unidade analítica de 25 g deve ser coletada individualmente. Entretanto, para análise, unidades múltiplas (por exemplo, 5, 10, 15, 20 etc.) podem ser agrupadas e analisadas como uma única amostra *desde que o método tenha sido validado* para detectar a multiplicação de uma única célula após o período de enriquecimento. Jarvis (2007) apresentou uma revisão das considerações práticas para assegurar que a análise de amostras agrupadas é tão sensível quanto a análise de amostras individuais.

REFERÊNCIAS

CODEX ALIMENTARIUS. **Guidelines on the application of general principles of food hygiene to the control of Listeria monocytogenes in foods:** Annex II: Microbiological criteria for *Listeria monocytogenes* in ready-to-eat foods (CAC/GL 61-2007). Rome: FAO, 2009. FAO/WHO Food Standards Program.

FAO - FOOD AND AGRICULTURE ORGANIZATION; WHO - WORLD HEALTH ORGANIZATION. **Risk assessment of *Listeria monocytogenes* in ready-to-eat foods:** technical report. Rome; Geneva, 2004. Microbiological risk assessment series, n. 5.

FDA - FOOD AND DRUG ADMINISTRATION; FSIS - FOOD SAFETY AND INSPECTION SERVICE. **Quantitative assessment of the relative risk to public health from foodborne Listeria monocytogenes among selected categories of ready-to-eat foods.** College Park: FDA, Center for Science and Applied Nutrition, 2003.

ICMSF - INTERNATIONAL COMMISSION ON MICROBIOLOGICAL SPECIFICATIONS FOR FOODS. **Microorganisms in foods 2:** sampling for microbiological analysis: principles and specific applications. 2. ed. Toronto: University of Toronto Press, 1986.

_____. **Microorganisms in foods 7:** microbiological testing in food safety management. New York: Kluwer Academic: Plenum Publishers, 2002.

_____. **Microorganisms in foods 6**: microbial ecology of food commodities. 2. ed. New York: Kluwer Academic: Plenum Publishers, 2005.

JARVIS, B. On the compositing of samples for qualitative microbiological testing. **Letters in Applied Microbiology**, Oxford, v. 45, n. 6, p. 592-598, 2007.

VAN SCHOTHORST, M. et al. Relating microbiological criteria to food safety objectives and performance objectives. **Food Control**, Oxford, v. 20, p. 967-979, 2009.

WHITING, R. C. et al. Determining the microbiological criteria for lot rejection from the performance objective or food safety objective. **International Journal of Food Microbiology**, Amsterdam, v. 110, p. 263-267, 2006.

8 CAPÍTULO

Produtos Cárneos

8.1 INTRODUÇÃO

A carne é uma *commodity* de importância internacional, que consiste em carnes frescas (resfriadas e congeladas) e uma grande variedade de produtos fermentados, curados a seco e defumados, além de produtos cozidos. Os ovinos são comercializados como carcaças inteiras e partes. Os bovinos e os suínos também podem ser comercializados como meias carcaças ou transformados em cortes primários, cortes comerciais, carnes desossadas e retalhos. A carne crua é uma fonte importante de enfermidades entéricas humanas causadas por salmonelas, *Campylobacter* spp termofílico, cepas toxigênicas de *E. coli* O157:H7 e outras *E. coli* enterohemorrágicas (EHEC) e *Yersinia enterocolitica*. Em geral, as enfermidades causadas por esses patógenos são resultantes da ingestão de carnes mal cozidas ou subprocessadas (por exemplo, carnes fermentadas de maneira incorreta). Os patógenos podem também ser transferidos de carnes cruas para alimentos prontos para o consumo. A germinação de esporos sobreviventes de *Clostridium perfringens* e sua multiplicação durante o resfriamento lento ou a manutenção inadequada de carnes cozidas também é um problema para os serviços de alimentação e domicílios.

A carne fresca resfriada é altamente perecível, deteriorando-se mesmo quando armazenada nas melhores condições, a menos que seja congelada. A carne é conservada pela adição de sal e outros ingredientes e pelo processamento (por exemplo, fermentação, desidratação, cozimento e enlatamento) em muitas regiões do mundo. As condições de processamento e armazenamento podem levar a outros riscos de enfermidades transmitidas por alimentos que serão discutidos em cada categoria de produto.

A carne crua é comercializada como um ingrediente na forma resfriada ou congelada. Embora seja possível fazer a análise microbiológica da carne, essa é uma abordagem pouco eficiente para a avaliação de qualidade. A abordagem preferida é aquela em que o comprador e o fornecedor concordam sobre uma especificação de compra, que inclui o número máximo de dias após o abate (por exemplo 3–10 dias), os dados das análises microbiológicas sobre a higiene do processo e as condições de resfriamento, armazenamento e comercialização (por exemplo, ≤ 5 °C). A segurança e a qualidade microbiológica podem ser mais bem asseguradas para o objetivo pretendido por meio do controle do tempo e da temperatura. Como não existem procedimentos padronizados para estabelecer tais especificações, situações práticas como o tempo necessário para a transformação das carcaças em cortes desejados de carne resfriada e o embarque, incluindo os dias não trabalhados (por exemplo, finais de semana e feriados) devem ser consideradas. A temperatura da carne pode variar com o método de resfriamento (por exemplo, ar frio e CO_2) e o tamanho das porções de carne, mas geralmente, quando recebidas pelos clientes, as temperaturas internas são ≤ 5 °C. Uma exceção pode ocorrer quando grandes pedaços de carne são resfriados por ≤ 24 h (a no mínimo ≤ 7 °C) antes do embarque.

Outra alternativa é comprar carne crua congelada de fornecedores que têm procedimentos que controlam a velocidade de congelamento. O método de embalagem, a paletização e o congelamento podem influenciar a multiplicação microbiana antes de a carne estar congelada no centro. Os produtores de certos produtos cozidos preferem misturar carnes resfriadas com as congeladas para que as temperaturas e as condições desejadas durante o processamento sejam atingidas. Carnes resfriadas e congeladas podem também ser misturadas durante a produção de produtos como salame para manter a gordura fria, evitando, assim, o amolecimento durante o embutimento.

Informações adicionais sobre microbiologia de produtos cárneos encontram-se disponíveis (ICMSF, 2005). O Codex Alimentarius (2005) fornece diretrizes para o gerenciamento de riscos microbiológicos associados aos produtos cárneos.

8.2 PRODUÇÃO PRIMÁRIA

As condições para a criação de animais diferem de maneira significativa ao redor do mundo e variam de pequenas propriedades rurais com um ou mais animais até grandes criações altamente especializadas. Conforme o tamanho e a especialização das fazendas aumenta, os investimentos financeiros e a preocupação com as doenças animais crescem. As fazendas maiores necessitam implementar controles mais severos para atingir maior velocidade de crescimento com custo mais baixo e maior rendimento de carne e outros produtos de melhor qualidade. Em fazendas maiores e em menor quantidade, há oportunidade para o estabelecimento de programas nacionais de controle no local a fim de melhorar as condições necessárias para a redução dos patógenos de interesse para a saúde humana e também animal. Por exemplo, legislações que impedem a alimentação de suínos com sobras cruas e não cozidas de alimentos reduziram

Produtos Cárneos

127

a ocorrência de *Trichinella spiralis* em suínos, diminuindo, portanto, o risco de triquinose entre os humanos nos Estados Unidos. Do mesmo modo, programas adotados em certos países para melhorar o controle de *Salmonella* na criação animal no campo, por exemplo, EU Regulation 2160/2003/EC, melhoraram o controle de *Salmonella* ou outros agentes zoonose de origem alimentar.

8.3 PRODUTOS À BASE DE CARNES CRUAS, EXCETO CARNES PICADAS

Esta seção se refere a produtos cárneos refrigerados ou congelados, exceto carnes picadas que geralmente serão cozidas.

8.3.1 Microrganismos de importância

8.3.1.1 Perigos e controles

Os perigos microbiológicos importantes em carne fresca são salmonelas e *campylobacters*. Na carne bovina, *E. coli* O157:H7 e outras cepas de *E. coli* enterohemorrágica também merecem atenção, principalmente em produtos que não serão suficientemente aquecidos para torná-los seguros. A carne suína fresca é a fonte principal de *T. spiralis* e cepas patogênicas de *Y. enterocolitica*. O conteúdo microbiano de carnes frescas embaladas reflete as condições do animal durante a criação, o abate, o resfriamento, o corte, a desossa etc. O controle consiste em boas práticas na criação animal, prevenção da contaminação durante o abate e redução da contaminação por meio de tratamento da superfície das carcaças antes do resfriamento. Alguns tratamentos de superfície (por exemplo, vapor, água quente, pulverização de ácidos e imersão) não são permitidos em certos países.

O Codex Alimentarius (2005) fornece diretrizes para o gerenciamento dos riscos microbiológicos associados à carne crua.

8.3.1.2 Deterioração e controles

Quatro fatores influenciam a deterioração microbiana de carne crua em temperaturas de refrigeração, (1) o número e o tipo de bactérias psicrotróficas, (2) o pH da carne, (3) a temperatura de armazenamento e (4) o tipo de embalagem, incluindo a embalagem em atmosfera modificada ou a vácuo. Esses fatores necessitam ser controlados. A implementação efetiva de BPH é o fator principal que afeta o número e o tipo de bactérias psicrotróficas na carne crua. Os equipamentos devem ser de fácil manutenção e limpeza, e os equipamentos e o ambiente de processamento devem ser limpos e desinfetados em intervalos, de forma a manter baixos os níveis de bactérias psicrotróficas deteriorantes. As salas de corte, aparamento ou desossa de carcaças resfriadas devem ser mantidas em temperaturas de refrigeração.

O pH inerente ao tecido muscular (por exemplo, pH 5,4–6,5) não pode ser alterado e deve ser entendido como um fator importante que influencia a vida de pratelei-

128 Microrganismos em Alimentos 8

ra de carnes cruas refrigeradas. A temperatura de armazenamento, contudo, pode ser controlada e a manutenção abaixo de 4 °C pode ter um profundo impacto benéfico na manutenção da qualidade. A vida de prateleira é maximizada em temperaturas próximas do ponto de congelamento da carne (ao redor de –1,5 °C).

O tipo de embalagem pode influenciar a velocidade de multiplicação dos microrganismos que causarão a deterioração. Por exemplo, a carne crua embalada a vácuo ou embalada em atmosfera gasosa contendo dióxido de carbono tem uma vida de prateleira mais longa do que quando embalada com filme permeável ao oxigênio. Pequenas quantidades de oxigênio (traços) podem influenciar a velocidade de deterioração em carnes embaladas a vácuo. Carnes congeladas geralmente não sofrem deterioração microbiana.

A informação apresentada aqui também se aplica aos miúdos e outros subprodutos (fígados, corações, rins, cabeça etc.). As operações de abate devem propiciar a remoção e o resfriamento desses órgãos internos e carnes em tempo adequado para prevenir a deterioração incipiente.

8.3.2 Dados microbiológicos

Na Tabela 8.1 encontram-se resumidas as análises úteis para produtos cárneos frescos resfriados e congelados, excluindo-se as carnes picadas, visando à segurança e à qualidade microbiológicas.

8.3.2.1 Ingredientes críticos

Por definição, as carnes frescas destinadas ao comércio internacional não devem conter ingredientes adicionados. Alguns produtos comerciais apresentam a adição de condimentos ou de flavorizantes para marinar o produto durante a comercialização, o armazenamento e a exposição em refrigeração. Esses ingredientes provavelmente não influenciam a vida de prateleira, a menos que introduzam bactérias psicrotróficas capazes de se multiplicar no produto sob as condições da embalagem. Certos ingredientes, como vinagre e sal, quando presentes em concentrações suficientemente altas, podem reduzir a velocidade de deterioração.

8.3.2.2 Durante o processamento

Os momentos mais comuns de amostragem para o controle da higiene do processo de abate são antes e após o resfriamento das carcaças. As amostras pré-resfriamento podem refletir o nível de higiene do processo de abate relacionado à segurança microbiológica da carne (por exemplo, os números de *E. coli* ou *Enterobacteriaceae* indicativos de contaminação fecal). As amostras pós-resfriamento refletem todos os esforços anteriores para minimizar a contaminação durante o processamento de abate e resfriamento. As amostras consistem de *swabs*, esponjas ou amostras de tecidos de locais específicos da carcaça. As amostras subsequentes de tecidos podem ser coletadas após as carcaças serem cortadas em porções para processamento subsequente ou em pacotes comerciais.

Produtos Cárneos

129

Os níveis de contaminação normalmente encontrados em operações em que são aplicadas barreiras múltiplas durante o abate são contagens de microrganismos aeróbios < 10^3 UFC/cm^2 de superfície da carcaça ou < 10^4 UFC/g de tecido de cortes de carne quando as placas são incubadas a 35 °C. Essas contagens podem variar consideravelmente,

Tabela 8.1 Análise de produtos cárneos frescos resfriados e congelados, com exceção de carnes picadas, para avaliação da segurança e da qualidade microbiológicas

Importância relativa		Análises úteis
Ingredientes críticos	Baixa	Carnes *in natura* normalmente não possuem ingredientes adicionados.
Durante o processamento	Média	As amostras coletadas com *swab* ou esponja ou tecidos provenientes de carcaças antes ou após entrarem no resfriador, ou amostras de tecidos provenientes de cortes podem ser úteis para avaliar o controle da higiene do processo e as condições que afetam os níveis da população microbiana do produto subsequente (ISO 17604). Consulte o texto para os níveis encontrados normalmente.
Ambiente de processamento	Média	Amostrar superfícies de equipamentos antes do início das operações para verificar a eficiência da limpeza e da desinfecção. Consulte o texto para os níveis de microrganismos encontrados normalmente.
Vida de prateleira	Baixa	Não se recomendam análises de rotina para vida de prateleira de carnes cruas refrigeradas. A análise da vida de prateleira pode ser útil para validar os prazos de validade de produtos novos no mercado ou quando novos sistemas de embalagem são implementados.
Produto final	Média	Analisar os indicadores ou microrganismos de utilidade (adequados) para controle do processo em andamento e fazer a análise de tendências de produtos recém-embalados usando diretrizes desenvolvidas internamente (consulte o texto). Os valores para o processamento não se aplicam para a distribuição ou a comercialização (consultar o texto).

Produto	Microrganismo	Método analítico[a]	Caso	Plano de amostragem e limites/g[b,c]			
				n	c	m	M
Carne crua, não picada	*E. coli*	ISO 16649-2	4	5	3	10	10^2

Média — A amostragem de rotina para salmonelas para aceitação do lote não é recomendada para produtos cárneos crus. Em países ou regiões nos quais existem *performance criteria* para salmonelas, o plano de amostragem e análises adequadas devem ser utilizados. Realizar análises para *E. coli* O157:H7 em regiões em que carne moída é uma fonte contínua de enfermidade por esse microrganismo.

Produto	Microrganismo	Método analítico[a]	Caso	Plano de amostragem e limites/25 g[b,c]			
				n	c	m	M
Retalhos de carne usados em carne moída	*E. coli* O157:H7	ISO 16654	14	30[d]	0	0	-

[a] Métodos alternativos podem ser usados, desde que validados pelos métodos ISO.

[b] Consulte o Apêndice A para desempenho desses planos de amostragem.

[c] Amostras obtidas com *swabs* ou esponjas podem também ser consideradas.

[d] Unidades analíticas individuais de 25 g (ver a Seção 7.5.2 para amostra composta).

dependendo da temperatura de incubação e dos métodos de processamento usados na região. Por essa razão, os padrões internos de indústrias ou regionais variam, não sendo possível fazer recomendações específicas para essa categoria de produtos.

8.3.2.3 Ambiente de processamento

Amostras obtidas com *swabs* ou esponjas devem ser coletadas antes do início da operação para verificar a eficiência da limpeza e da desinfecção das superfícies que entram em contato com a carne e dos equipamentos usados para corte, separação de aparas, desossa e outras etapas na conversão de carcaças em carne fresca embalada. Geralmente realiza-se a contagem de bactérias aeróbias, mas outros testes (por exemplo, bioluminescência por ATP), coliformes, *Enterobacteriaceae* e ocasionalmente estafilococos podem fornecer informações úteis. O nível normalmente encontrado em superfícies de aço inoxidável totalmente limpas e desinfetadas é uma contagem de bactérias aeróbias de < 500 UFC/cm². Números superiores podem ser encontrados em outras superfícies (por exemplo, esteiras transportadoras não metálicas). Padrões regulatórios podem ser estabelecidos em algumas regiões.

8.3.2.4 Vida de prateleira

As análises de vida de prateleira podem ser realizadas em carnes refrigeradas, caso as empresas as considerem úteis, mas não é necessário analisar carnes cruas congeladas. A análise de vida de prateleira pode ser útil para validar o prazo de validade de novos produtos comerciais ou quando novos sistemas de embalagem são instalados. O termo "prazo de validade" pode incluir "usar até", "vender até" e "melhor antes de", dependendo da região. A verificação do prazo de validade pode basear-se, simplesmente, na avaliação sensorial. As análises microbiológicas para microrganismos deteriorantes específicos podem ser úteis para certos produtos. Outro método é conduzir pesquisas no comércio para verificar a aceitabilidade sensorial relativa ao prazo de validade.

8.3.2.5 Produto final

Muitas empresas e governos têm estabelecido critérios para os indicadores de qualidade ou higiene de processo (por exemplo, contagem de microrganismos aeróbios, *Enterobacteriaceae* e *E. coli* genérica). Os critérios podem ser destinados para uma ou mais etapas da cadeia de produção de alimentos desde o abate até a exposição comercial. Tais análises refletem as condições do abate, o resfriamento, o tempo e a temperatura de armazenamento. Esses valores são indicadores fracos da prevalência ou da concentração de patógenos entéricos nas carnes frescas. Além disso, considerando que os microrganismos psicrotróficos aumentam durante o armazenamento, a distribuição e a comercialização, amostras coletadas nessas etapas não devem ser usadas para estimar as condições higiênicas durante o processamento e o acondicionamento. Amostras que geram resultados inaceitáveis na distribuição e na comercialização devem induzir uma amostragem investigativa para determinar o motivo de sua ocorrência, de maneira que ações corretivas adequadas possam ser implementadas. Por exemplo, populações altas de *E. coli* encontradas em amostras no comércio podem ter sido causadas por condições higiênicas inadequadas durante a produção ou o armazenamento em temperaturas mais altas (por exemplo, > 7–8 °C) que permitiram a multiplicação. As populações de bactérias aeróbias (incubadas a 35 °C) normalmente encontradas nas operações que aplicam barreiras múltiplas durante o abate são < 10^4 UFC/g e para *E. coli* genérica, < 10 UFC/g. Essas populações podem variar consideravelmente, dependendo da temperatura de incubação e dos métodos de processamento usados ou permitidos na região. Por esta razão, os padrões internos de indústrias ou regionais variam, não sendo possível fazer recomendações específicas para essa categoria de produtos.

Análises para indicadores em produtos congelados refletem a população microbiana no momento do congelamento e qualquer redução que possa ter ocorrido durante a distribuição e a comercialização.

Existem diferenças consideráveis na prevalência de salmonelas em carne fresca em diferentes regiões e países. Enquanto a amostragem de rotina para a aceitação de lotes não é recomendada para salmonelas em produtos cárneos frescos, podem ocorrer situações especiais nas quais a informação sobre a presença/prevalência de salmonelas pode ser importante, tais como nas investigações de surtos e qualificação de um novo fornecedor.

É crescente o interesse em melhorar a segurança de alimentos por meio da aplicação de critérios (por exemplo, *performance objectives*) para patógenos transmitidos por alimentos (por exemplo, salmonelas) em etapas específicas na cadeia de produção de alimentos. O crescente apoio que essa abordagem vem recebendo fez com que a Codex Alimentarius Commission fornecesse diretrizes aos governos para a verificação do controle do processo da higiene das carnes por meio de análises microbiológicas (CODEX ALIMENTARIUS, 2005). Embora não sejam fornecidos critérios microbiológicos específicos, as diretrizes afirmam que "o estabelecimento de requisitos para as análises microbiológicas, incluindo os Performance Objetives e os Performance Criteria, devem ser de responsabilidade das autoridades competentes, em consulta com as partes interessadas relevantes, e podem consistir de diretrizes ou padrões legais". Além disso, "a autoridade competente deve verificar a conformidade com os requisitos para as análises microbiológicas quando especificadas no regulamento, por exemplo, requisitos microbiológicos de controle estatístico do processo, padrões para *Salmonella* spp".

A análise de tendência é um componente importante porque os resultados podem ser usados para mensurar alterações nas taxas de prevalência à medida que a indústria implementa procedimentos para atender os requisitos estabelecidos. Alguns países ou regiões (por exemplo, Estados Unidos e União Europeia) iniciaram programas contínuos de melhoria em longo prazo para reduzir a prevalência de salmonelas em produtos crus de carne bovina e suína (USDA, 1996, 2008; EU, 2003, 2005). De maneira ideal, esses programas são combinados com diretrizes que fornecem as melhores práticas do campo ao abate e ao resfriamento, com base científica, e relacionados a um objetivo de saúde pública. Não se sabe ao certo se as abordagens (controle no campo, controle na planta de abate ou a combinação dos dois) aplicadas por diferentes países levariam a graus diferentes do controle de patógenos e da proteção do consumidor. Por exemplo, a adoção de objetivos de desempenho no nível da planta para carne crua e de aves deve ainda resultar na redução da salmonelose humana nos Estados Unidos, o que se esperava obter quando o regulamento sobre a redução do patógeno (USDA, 1996) terminou (COLE; TOMPKIN, 2005; CDC, 2009).

A amostragem para a aceitação de lotes de aparas de carne é usada pela indústria nos Estados Unidos como uma medida de controle em um sistema de gerenciamento abrangente para reduzir o risco de *E. coli* O157:H7 em carne moída. Em países ou regiões onde a *E. coli* O157:H7 ou outras EHEC são um patógeno de interesse em carne moída, existem diretrizes para estabelecer um plano de amostragem adequado (ICMSF, 2002; COLE; TOMPKIN, 2005; BUTLER et al., 2006). Dados epidemiológicos nos Estados Unidos sugerem que essa prática tem contribuído para a redução no número de casos de enfermidades por *E. coli* O157:H7 nos Estados Unidos (COLE; TOMPKIN, 2005).

8.4 CARNES CRUAS PICADAS

8.4.1 Microrganismos de importância

8.4.1.1 Perigos e controles

Uma grande variedade de produtos cárneos picados é produzida com carne bovina, suína, de carneiro, de vitela e outras carnes. Os produtos podem conter extensores (por exemplo, arroz, farinha de trigo, proteína de soja), condimentos, ervas e agentes flavorizantes e estão disponíveis em diferentes formas, tamanhos e embalagens. Os perigos importantes nesses produtos são salmonelas, campilobacters, e quando carne bovina e de outras espécies ruminantes são adicionadas, *E. coli* O157:H7 e outras cepas de EHEC. Em algumas regiões, produtos suínos podem conter cepas patogênicas de *Y. enterocolitica* ou *T. spiralis*. Ambos os patógenos podem ser inativados pelo cozimento.

8.4.1.2 Deterioração e controles

Ver a Seção 8.3.1.2.

8.4.2 Dados microbiológicos

Na Tabela 8.2 encontram-se resumidas as análises úteis para carnes cruas picadas. Consulte o texto para detalhes importantes relacionados a recomendações específicas.

8.4.2.1 Ingredientes críticos

Não há nenhum ingrediente não cárneo que seja crítico. A fonte principal de perigos microbianos é a carne *in natura*. Uma vez que as aparas de carne são a fonte principal de *E. coli* O157:H7, o plano de amostragem na Tabela 8.1 é recomendado para uso pelos produtores de carne moída em regiões onde a enfermidade for uma preocupação. Outros planos de amostragem podem ser propostos. Por exemplo, o USDA e a FSIS (USDA, 2010) cita uma amostragem robusta usando $n = 60$, em que cada amostra corresponde a uma superfície amostrada de $1 \times 3 \times 0,125$ pol ($2,5 \times 7,6 \times 0,32$ cm) (aproxi-

Produtos Cárneos

133

madamente 340 g). A análise de aparas pode ser usada para selecionar fornecedores. O trabalho com fornecedores aprovados pode levar a um melhor controle microbiológico dos produtos finais.

8.4.2.2 Durante o processamento

Normalmente, amostras de rotina durante o processamento não são coletadas. Amostras de carne em várias etapas do processamento podem ser usadas para estabelecer uma base de dados de referência e entender as alterações que ocorrem na população microbiana durante o processamento.

Tabela 8.2 Análise de carnes cruas picadas, para avaliação da segurança e da qualidade microbiológicas

Importância relativa		Análises úteis
Ingredientes críticos	Baixa a alta	Pré-testes em aparas de carne para *E. coli* O157:H7 podem ser úteis quando a confiança em programas de controle de fornecedores for baixa (ver o texto).
Durante o processamento	Baixa	Normalmente não se coletam amostras de rotina durante o processamento. Amostras de carne nas várias etapas do processamento podem ser úteis para estabelecer referências e entender as alterações nas populações microbianas durante o processamento.
Ambiente de processamento	Baixa	Amostrar superfícies de equipamentos antes do início das operações para verificar a eficiência da limpeza e desinfecção. Consultar o texto para os níveis de microrganismos encontrados normalmente.
Vida de prateleira	Baixa	A análise de rotina da vida de prateleira de carnes cruas refrigeradas não é recomendada. A análise de vida de prateleira pode ser útil para validar os prazos de validade de produtos novos no mercado ou quando novos sistemas de embalagem são instalados.
Produto final	Média	Analisar indicadores ou microrganismos de utilidade para controle durante o processamento e análise de tendências de produtos recém-embalados usando diretrizes desenvolvidas internamente (ver o texto). Os valores para o processo não se aplicam para a distribuição ou a comercialização (ver o texto).

Produto	Microrganismo	Método analítico[a]	Caso	Plano de amostragem e limites/g[b]			
				n	c	m	M
Carne crua, não picada	*E. coli*	ISO 16649-2	4	5	3	10	10^2

Média — A amostragem de rotina para salmonelas em produtos cárneos crus não é recomendada. Em regiões onde a carne moída é continuamente causadora de doença por *E. coli* O157:H7, os seguintes critérios são recomendados:

Produto	Microrganismo	Método analítico[a]	Caso	Plano de amostragem e limites/25 g[b]			
				n	c	m	M
Carne moída	*E. coli* O157:H7	ISO 16654	14	30[c]	0	0	-

[a] Métodos alternativos podem ser usados, desde que validados pels métodos ISO.

[b] Consulte o Apêndice A para desempenho desses planos de amostragem.

[c] Unidades analíticas individuais de 25 g (ver a Seção 7.5.2 para amostra composta).

8.4.2.3 Ambiente de processamento

Amostras de superfícies de equipamentos antes do início das operações devem ser usadas para verificar a eficiência dos procedimentos de limpeza e desinfecção. As contagens de aeróbios em superfícies de aço inoxidável limpas e desinfetadas são, geralmente, < 500 UFC/cm². Populações maiores podem ser encontradas em outras superfícies (por exemplo, esteiras transportadoras não metálicas).

8.4.2.4 Vida de prateleira

As análises de vida de prateleira de carnes picadas cruas refrigeradas podem ser realizada se a indústria entender que elas são úteis, mas não recomendadas no caso de produtos congelados. As análises de vida de prateleira podem ser úteis para validar prazos de validade de novos produtos no varejo ou quando novos sistemas de embalagem são instalados. As análises de vida de prateleira podem ser realizadas para verificar periodicamente se os prazos de validade dos produtos são observados no varejo.

8.4.2.5 Produto final

As análises de indicadores podem ser úteis para o controle durante o processamento e para a análise de tendências de produtos recém-embalados. Normalmente, em operações nas quais se aplicam barreiras múltiplas durante o abate, as contagens encontradas de aeróbios mesófilos (incubados a 35 °C) são de < 10^5 UFC/g e as de *E. coli* genérica de < 10^2 UFC/g. Essas contagens podem variar de maneira considerável dependendo da temperatura de incubação e dos métodos de processamento usados ou permitidos na região. Por essa razão, os padrões internos de indústrias ou regionais variam, não sendo possível fazer recomendações específicas para essa categoria de produtos.

As análises de indicadores (por exemplo, contagem de aeróbios e *E. coli*) de carnes picadas durante a distribuição e a comercialização podem ser usadas para avaliar as condições de higiene durante a produção. Quando forem encontradas populações elevadas de *E. coli* no produto no varejo, serão necessárias amostras investigativas para determinar as razões, como más condições de higiene durante a produção e/ou armazenamento em temperaturas elevadas (por exemplo, > 7–8 °C) que permitem a multiplicação microbiana. Análises de indicadores em produtos congelados refletem a população microbiana no momento do congelamento e qualquer diminuição que possa ter ocorrido durante a distribuição e a comercialização.

Há diferenças consideráveis nas taxas de prevalência para salmonela em carnes cruas picadas em diferentes regiões e países. Ainda não foi realizada uma avaliação de risco microbiológico para estimar o risco de salmonelose aplicando-se diferentes planos de amostragem. Embora a amostragem de rotina para aceitação de lotes não seja recomendada para salmonelas em carnes cruas picadas, podem ocorrer situações especiais (por exemplo, investigações de surtos e certificação de um novo fornecedor) nas quais os dados de prevalência de salmonela podem fornecer informação útil.

Produtos Cárneos **135**

As informações na Seção 8.3.2.5 são, de modo geral, aplicáveis a carnes cruas picadas. Em virtude do risco para a saúde pública associado à *E. coli* O157:H7 em carne moída, a amostragem para esse patógeno pode ser apropriada em regiões onde os dados epidemiológicos indicarem que essa amostragem é útil. É importante reconhecer que o plano de amostragem recomendado não garante a ausência de *E. coli* O157:H7 no lote todo, especialmente em razão da baixa prevalência esperada. O objetivo do plano de amostragem é detectar e remover lotes de carne moída com prevalência ou concentrações de *E. coli* O157:H7 acima do normal e com maior probabilidade de causar doença. Normalmente, se aplica o caso 13, uma vez que a carne moída é geralmente cozida antes da ingestão; contudo, o caso 14 pode ser o melhor em regiões onde *E. coli* O157:H7 ou outras EHEC são reconhecidas como um perigo e o cozimento inadequado e/ou a contaminação cruzada de alimentos prontos para o consumo podem ocorrer em domicílios e estabelecimentos de serviços de alimentação (ICMSF, 2002).

8.5 CARNES CRUAS CURADAS ESTÁVEIS À TEMPERATURA AMBIENTE

8.5.1 Microrganismos de importância

8.5.1.1 Perigos e controles

Dois grupos de produtos cárneos estáveis são discutidos nesta seção: (1) presuntos crus secos curados tradicionais e (2) embutidos fermentados secos. Os perigos a considerar nas carnes cruas curadas estáveis à temperatura ambiente são salmonelas, EHEC, *Y. enterocolitica*, *Staphylococcus aureus*, *Clostridium botulinum* e *T. spiralis*. Os patógenos de interesse dependem do tipo de carne (por exemplo, bovina e suína) e do método de produção (por exemplo, cura seca, fermentação, aquecimento brando). Embora *L. monocytogenes* tenha sido detectada em presuntos crus curados e embutidos crus fermentados, as características do produto (por exemplo, baixa a_w) impedem sua multiplicação. Uma avaliação de risco e uma categorização do risco consideraram esses produtos como de baixo risco e fonte de listeriose (FDA; FSIS, 2003; FAO; WHO, 2004). Para presuntos curados e secos, os métodos de controle são baseados em práticas tradicionais que evoluíram ao longo de centenas de anos. Inicialmente, a carne (por exemplo, suína) é recoberta com sal, que pode conter nitrato, nitrito e especiarias, e mantida sob baixas temperaturas por período suficiente para permitir a penetração do sal por toda a carne. A secagem e a maturação posteriores, realizadas em temperaturas mais altas, por períodos relativamente longos (por exemplo, meses), permitem a multiplicação adicional de microrganismos típicos para esses produtos (por exemplo, bactérias láticas) e eliminação de patógenos entéricos.

Para embutidos fermentados secos, o uso de fermentos comerciais ou de glucono--delta-lactona (GDL) e as condições de processamento (por exemplo, quantidade de sal adicionado e temperatura de fermentação) que favorecem a multiplicação da cultura, limitam a multiplicação de *S. aureus* em virtude da acidificação (por exemplo, pH ≤ 5,3) por um determinado período de tempo e temperatura. Outro método, mas menos confiável, para o controle de *S. aureus* é manter os embutidos em temperaturas mais baixas até a redução do teor de umidade e, mais importante, até que a população de bactérias láticas se multiplique. Com isso, diminui a probabilidade de multiplicação de *S. aureus* quando a temperatura for posteriormente elevada na sequência do processamento. Outros procedimentos podem ser aplicados.

A sobrevivência de *Salmonella*, *E. coli* O157:H7 e *Y. enterocolitica* em embutidos fermentados com falhas de processamento tem resultado em enfermidades. Esses patógenos entéricos podem ser controlados nos embutidos fermentados por meio da aplicação de processos já validados para reduzir o patógeno até os níveis esperados nas misturas de carnes cruas e, em seguida, da aplicação dos sistemas HACCP para verificar se as condições exigidas de produção são atingidas. Alguns países (por exemplo, Canadá e Estados Unidos) têm exigências para validar o controle de EHEC em carnes fermentadas porque o produto já esteve envolvido em infecções por EHEC. Esses processos podem incluir uma etapa de aquecimento brando que pode ocasionar a perda da textura da carne crua tradicionalmente associada a esse produto. Em regiões onde *T. spiralis* está presente em carne suína crua, podem ser aplicados procedimentos para inativar o parasita. Uma opção é usar carne suína que tenha sido congelada e assim mantida por um determinado tempo. Outra opção é aplicar condições de processamento especificadas em diretrizes ou regulamentos para inativar o parasita.

8.5.1.2 Deterioração e controles

Por definição, esses produtos são estáveis à temperatura ambiente e geralmente não sofrem deterioração microbiana durante o armazenamento e a comercialização. O método de embalagem pode ser um problema para certos produtos. A exposição à alta umidade pode levar à deterioração por bolores.

8.5.2 Dados microbiológicos

Na Tabela 8.3 encontram-se resumidas as análises úteis para carnes cruas curadas estáveis à temperatura ambiente. Consulte o texto para detalhes importantes relacionados a recomendações específicas.

Tabela 8.3 Análise de carnes cruas curadas estáveis à temperatura ambiente para avaliação da qualidade e da segurança microbiológicas

Importância relativa		Análises úteis
Ingredientes críticos	Baixa	Esses produtos não contêm ingredientes não cárneos importantes para a segurança e a qualidade microbiológicas.
Durante o processamento	Baixa	Não se recomenda a amostragem de rotina para a análise microbiológica de produtos intermediários. Fatores críticos como tempo, temperatura, velocidade de declínio do pH, a_w e adição da quantidade correta de sal e agente de cura devem ser monitorados para segurança.
Ambiente de processamento	Baixa	Não se recomenda a amostragem de rotina de equipamentos e ambiente.
Vida de prateleira	Baixa	Esses produtos são estáveis à temperatura ambiente.
Produto final	Baixa	Não se recomenda a amostragem de rotina do produto final.

Produtos Cárneos

8.5.2.1 Ingredientes críticos

Os processamentos para a carne usada em carnes cruas curadas estáveis à temperatura ambiente devem ser validados para controlar os patógenos que ocorrem na carne. Os ingredientes não cárneos adicionados a esses produtos raramente são fonte de patógenos ou deteriorantes importantes. Contudo, a quantidade de alguns ingredientes (por exemplo, sal e nitrito de sódio) é crítica em certos produtos. Quantidades insuficientes de sal podem resultar em sobrevivência e multiplicação de patógenos. Uma quantidade excessiva na formulação de embutidos fermentados pode reduzir ou impedir a multiplicação de bactérias láticas e favorecer a multiplicação de *S. aureus*.

8.5.2.2 Durante o processamento

Para presuntos curados secos, a análise microbiológica de rotina nas várias etapas do processamento não é realizada. Tais amostras, contudo, podem ser úteis caso ocorra um problema e sejam necessários dados microbiológicos para esclarecê-lo. Para carnes fermentadas secas, o tempo de monitoramento, a temperatura e a taxa de produção de ácido (redução do pH) são muito importantes. Não se recomenda a amostragem de rotina para patógenos, uma vez que o risco associado a eles é controlável por meio de BPH e do sistema HACCP. Para controle de patógenos, devem ser empregadas condições de processamento validadas.

8.5.2.3 Ambiente de processamento

A amostragem do ambiente de processamento geralmente não é recomendada para esses produtos tradicionais. Muitas das instalações têm uma microbiota natural que evoluiu ao longo do tempo e pode ser benéfica para o processo.

8.5.2.4 Vida de prateleira

Esses produtos tradicionais normalmente têm prazos de validade longos que refletem sua estabilidade à temperatura ambiente. Testes de vida de prateleira não são recomendados.

8.5.2.5 Produto final

Não se recomenda a amostragem microbiológica rotineira desses produtos, quer para a avaliação de qualidade como para a segurança. Deve ser dada ênfase à aplicação de BPH, de processamentos validados e ao monitoramento de PCCs no plano HACCP.

8.6 PRODUTOS CÁRNEOS SECOS

8.6.1 Microrganismos de importância

8.6.1.1 Perigos e controles

Há três grupos genéricos de carnes secas. O primeiro inclui as carnes desidratadas cozidas, usadas como ingredientes em sopas desidratadas e outros alimentos. O cozimento e a prevenção da recontaminação são fatores importantes de controle para essa classe de produto.

O segundo grupo inclui tiras de carne ou embutidos finos (de baixo calibre) que são cozidos antes da desidratação. Esses produtos são comercializados como petiscos ou ingredientes básicos de certos pratos. Eles podem ser produzidos em quantidades grandes em sistemas contínuos ou em quantidades menores em equipamentos para processamento de lotes. Esses produtos são também fabricados em todo o mundo em pequenas plantas de processamento, principalmente para uso pessoal ou comercialização local, mas essa prática pode resultar em uma ampla exposição do consumidor.

O terceiro grupo inclui uma variedade de produtos tradicionais típicos de certas regiões e que não são cozidos (por exemplo, *biltong* e charque).

Os perigos microbianos a serem considerados em produtos cárneos desidratados são *Salmonella*, EHEC e *S. aureus*. *L. monocytogenes* não é um perigo preocupante em virtude da baixa a_w que previne sua multiplicação nesses produtos. Uma avaliação de risco e uma classificação de risco consideraram esses produtos como de baixo risco para listeriose (FDA; FSIS, 2003; FAO; WHO, 2004). O cozimento é um PCC para a maioria desses produtos. Condições não controladas de salga e secagem podem permitir a multiplicação e a produção de enterotoxina por *S. aureus*. O controle adicional consiste na aplicação de BPH para prevenir a contaminação com patógenos entéricos. O longo armazenamento à temperatura ambiente com alta concentração de sal (ou seja, baixa a_w) pode reduzir os níveis de patógenos entéricos.

8.6.1.2 Deterioração e controles

Produtos cárneos desidratados são microbiologicamente estáveis, embora a exposição a condições de alta umidade possam levar à deterioração por bolores.

8.6.2 Dados microbiológicos

Na Tabela 8.4 encontram-se resumidas as análises úteis para produtos cárneos desidratados. Consulte o texto para detalhes importantes relacionados a recomendações específicas.

8.6.2.1 Ingredientes críticos

Os processos de produção para produtos cárneos desidratados devem ser validados para controlar patógenos que ocorrem em carnes. Não há ingredientes não cárneos que sejam considerados críticos.

8.6.2.2 Durante o processamento

Amostras de rotina durante o processamento não são necessárias, mas podem ser úteis em caso de ocorrência de algum problema em que seja preciso determinar a(s) fonte(s) da contaminação microbiana.

Produtos Cárneos

139

Tabela 8.4 Análise de produtos cárneos secos para avaliação da segurança e da qualidade microbiológicas

Importância relativa		Análises úteis
Ingredientes críticos	Baixa	Esses produtos não contêm ingredientes não cárneos importantes para a segurança e a qualidade microbiológicas.
Durante o processamento	Baixa	Não são recomendadas amostras de rotina durante o processamento.
Ambiente de processamento	Média	Amostrar superfícies de equipamentos antes do início das operações para verificar a eficiência da limpeza e da desinfecção. (Consultar o texto para verificar os níveis de microrganismos encontrados normalmente.)
Vida de prateleira	Baixa	Esses produtos são estáveis quando desidratados adequadamente e protegidos da alta umidade. A a_w mais alta em petiscos pode requerer que a estabilidade seja verificada.
Produto final	Baixa	Não se recomenda a amostragem de rotina. Se BPH e HACCP estão em questão, a amostragem para um indicador (como *E. coli*) ou *Salmonella* deve ser considerada.

		Produto	Microrganismo	Método analítico[a]	Caso	Plano de amostragem e limites/g[b]			
						n	c	m	M
	Baixa	Carne seca	*E. coli*	ISO 16649-2	5	5	2	10	10^2

		Produto	Microrganismo	Método analítico[a]	Caso	Plano de amostragem e limites/25 g[b]			
						n	c	m	M
	Baixa	Carne seca	*Salmonella*	ISO 6579	11	10[c]	0	0	-

[a] Métodos alternativos podem ser usados, desde que validados pelos métodos ISO.

[b] Consulte o Apêndice A para desempenho desses planos de amostragem.

[c] Unidades analíticas individuais de 25 g (ver a Seção 7.5.2 para amostra composta).

8.6.2.3 *Ambiente de processamento*

Amostras ambientais de rotina para salmonelas não são necessárias em uma operação que tenha BPH implementadas, com separação adequada da área de processamento onde se trabalha com carnes cruas e da área na qual os produtos cárneos cozidos são expostos. A amostragem do ambiente, no entanto, pode ser útil quando há algum problema e é necessário determinar a(s) fonte(s) da contaminação.

Amostras com *swabs* ou com esponjas devem ser coletadas para verificar a eficiência da limpeza e da desinfecção de equipamentos antes do início das operações. A análise de contagem de aeróbios mesófilos é comum, mas outros testes (por exemplo, bioluminescência por ATP) também podem fornecer informações úteis.

As populações de aeróbios mesófilos, geralmente, encontradas em superfícies de aço inoxidável limpas e desinfetadas são < 500 UFC/cm^2. Populações mais elevadas podem ser encontradas em outras superfícies (por exemplo, esteiras transportadoras não metálicas).

8.6.2.4 *Vida de prateleira*

O conteúdo final de umidade (ou seja, $< 10\%$) e os baixos níveis de a_w tornam esses produtos microbiologicamente estáveis. As tiras e os produtos embutidos finos podem ter umidade mais alta para melhor palatabilidade como petiscos. Se os níveis de a_w forem suficientemente altos (por exemplo, > 70%), esses produtos devem ser embalados em atmosfera com baixo teor de oxigênio para impedir o crescimento de bolores durante o armazenamento prolongado ou ser formulados com um inibidor de bolores. Defeitos na selagem das embalagens podem contribuir para a deterioração desses produtos por bolores durante o armazenamento, a comercialização e a exposição no varejo.

8.6.2.5 Produto final

Esses produtos são de baixo risco para a saúde pública e não se recomenda a amostragem de rotina. Se houver alguma razão para questionar se BPH e o HACCP estão sendo aplicados de maneira a controlar patógenos entéricos, recomenda-se, então, a amostragem para um indicador (por exemplo, *E. coli*) ou salmonela. As análises recomendadas para esses produtos encontram-se na Tabela 8.4.

8.7 PRODUTOS CÁRNEOS COZIDOS

8.7.1 Microrganismos de importância

8.7.1.1 Perigos e controles

Esses produtos são perecíveis e devem ser refrigerados ou congelados para armazenamento ou comercialização. Esta seção inclui os produtos curados e não curados. Os perigos microbiológicos a serem considerados em carnes cozidas perecíveis incluem *Salmonella*, EHEC, *L. monocyotgenes* e *C. perfringens*. O controle de *Salmonella*, EHEC e *L. monocyotgenes* necessita da validação dos processos de cozimento e a prevenção da recontaminação, sendo o cozimento gerenciado por meio do plano HACCP e a recontaminação gerenciada por meio da aplicação efetiva de BPH com verificação por meio de monitoramento ambiental (CODEX ALIMENTARIUS, 2009a). Alguns produtos recebem um tratamento listericida final já na embalagem. Aditivos também podem ser usados em alguns países para inativar ou restringir a multiplicação de *L. monocytogenes*. *Salmonella* e EHEC podem sobreviver em produtos cárneos cozidos refrigerados, mas não se multiplicam se os produtos forem mantidos a < 7 °C.

O controle de *C. perfringens* requer o resfriamento dos produtos cárneos cozidos de forma a impedir a germinação dos esporos sobreviventes e a multiplicação das células vegetativas, com armazenamento a < 12 °C. Historicamente, a grande maioria de surtos por *C. perfringens* ocorreu em virtude de resfriamento ou de manutenção em serviços de alimentação inadequados (BRETT, 1998; BATES; BODNARUK, 2003; GOLDEN; CROUCH; LATIMER, 2009). Produtos cárneos curados contêm nitrito de sódio e geralmente têm uma concentração de sal mais elevada do que produtos não curados, como o rosbife. Como resultado, produtos cárneos curados ou produtos de aves raramente têm sido implicados na causa de enfermidade por *C. perfringens*.

Os perigos microbiológicos em produtos cárneos cozidos não curados congelados são similares aos de produtos refrigerados, exceto pelo fato de que as células vegeta-

Produtos Cárneos **141**

tivas de *C. perfringens* são mais sensíveis ao congelamento e sua população diminui durante o armazenamento sob congelamento. Além disso, não há multiplicação de *L. monocytogenes* enquanto o produto estiver congelado.

O Codex Alimentarius (2005) fornece diretrizes para o gerenciamento de riscos microbiológicos associados a produtos cárneos cozidos.

8.7.1.2 Deterioração e controles

O grau de deterioração é influenciado por muitos fatores, como temperatura de armazenamento, número inicial e tipo de microrganismos, tipo de embalagem e composição química. A deterioração por clostrídios psicrotróficos e bactérias láticas tem acontecido em produtos comerciais com longa vida de prateleira sob refrigeração (por exemplo, ≥ 35 dias). O controle consiste na determinação da origem das bactérias deteriorantes, como as carnes cruas ou os locais que albergam esses microrganismos no ambiente de processamento da matéria-prima, e na implementação de controles apropriados.

8.7.2 Dados microbiológicos

Na Tabela 8.5 encontram-se resumidas as análises úteis para produtos cárneos cozidos. Consulte o texto para detalhes importantes relacionados a recomendações específicas.

8.7.2.1 Ingredientes críticos

Os ingredientes não cárneos nos produtos cárneos cozidos são raramente uma fonte de patógenos ou deteriorantes de importância. Alguns ingredientes (por exemplo, sal, nitrito de sódio, lactato de sódio, diacetato de sódio) podem reduzir a velocidade de deterioração e multiplicação de *L. monocytogenes* e clostrídios.

8.7.2.2 Durante o processamento

O valor relativo da análise de amostras obtidas durante o processamento em comparação à análise de amostras obtidas do ambiente de processamento para avaliação rotineira do controle de *Listeria* spp. é discutível. A decisão de confiar mais nas amostras obtidas durante o processamento do que nas amostras obtidas do ambiente de processamento pode ser influenciada pelas políticas dos órgãos regulatórios e pela complexidade dos equipamentos e das etapas no processo após o cozimento. A amostragem de rotina durante o processamento não é realizada por alguns produtores, enquanto outros confiam nas amostras coletadas durante o processamento para avaliar o controle. Amostras obtidas durante o processamento podem auxiliar na investigação de um problema e são recomendadas. A amostragem de rotina para salmonelas, *S. aureus* e *C. perfringens* não é recomendada, uma vez que o risco associado a esses patógenos é controlável por meio de BPH e HACCP.

Tabela 8.5 Análise de produtos cárneos cozidos para avaliação da segurança e da qualidade microbiológicas

Importância relativa		Análises úteis
Ingredientes críticos	Baixa	Esses produtos não contêm ingredientes não cárneos de importância para a segurança e a qualidade microbiológicas.
Durante o processamento	Alta	O monitoramento de parâmetros de cozimento é essencial.
	Média	Para produtos que permitem a multiplicação de *L. monocytogenes*, amostras pós–cozimento podem ser avaliadas para controle de *Listeria* spp. Populações normalmente encontradas no pós-cozimento: • *Listeria* spp. – ausente.
Ambiente de processamento	Alta	Para produtos que permitem a multiplicação de *L. monocytogenes*, durante a produção, coletar amostras de superfícies que entram em contato com o produto onde produtos cozidos são expostos à contaminação potencial antes de serem embalados. Amostras de *swabs* ou esponja de pisos, ralos e outras superfícies que não entram em contato com o produto podem fornecer uma indicação precoce do nível do controle e um risco potencial de contaminação para os equipamentos e produto. População normalmente encontrada: • *Listeria* spp. – ausente.
	Média	Amostrar superfícies de equipamento antes do início da produção para verificar a eficácia da limpeza e desinfecção. (ver o texto para os valores geralmente encontrados.)
Vida de prateleira	Média	Testes de vida de prateleira podem ser úteis para produtos refrigerados com prazos de validade ampliados (ver o texto). Testes de vida de prateleira para produtos congelados não são necessários.
Produto final	Média	Análise de indicadores para controle durante o processamento e análise de tendências de (ver o texto).

Produto	Microrganismo	Método analítico[a]	Caso	Plano de amostragem e limites/g[b]			
				n	c	m	M
Carne cozida	Contagem de aeróbios	ISO 4833	2	5	2	10^4	10^5
	E. coli	ISO 16649-2	5	5	2	10	10^2
	S. aureus	ISO 6888-1	8	5	1	10^2	10^3
Carne não curada cozida (por exemplo, rosbife)	*C. perfringens*	ISO 7937	8	5	1	10^2	10^3

Média   Amostragens de rotina para patógenos não são recomendadas. Se a aplicação de BPH ou HACCP estiver em questão, os seguintes planos de amostragem são recomendados (ver texto).

Produto	Microrganismo	Método analítico[a]	Caso	Plano de amostragem e limites/25 g[b]			
				n	c	m	M
Carne cozida	*Salmonella*	ISO 6579	11	10[c]	0	0	-
Carne cozida: sem multiplicação	*L. monocytogenes*	ISO 11290-2	NA[d]	5	0	10^2	-
Carne cozida: permite a multiplicação	*L. monocytogenes*	ISO 11290-1	NA	5[c]	0	0	-

[a] Métodos alternativos podem ser usados, desde que validados pelos métodos ISO.

[b] Consulte o Apêndice A para desempenho desses planos de amostragem.

[c] Unidades analíticas individuais de 25 g (ver a Seção 7.5.2 para amostra composta).

[d] NA= não aplicável; utilizado o critério Codex.

Produtos Cárneos

8.7.2.3 Ambiente de processamento

A importância relativa de se verificar o controle do ambiente de processamento depende do risco para os consumidores se o produto for contaminado entre o cozimento e a embalagem final. Os produtos de maior preocupação são aqueles que propiciam a multiplicação de *L. monocytogenes* durante o armazenamento e a comercialização normais e que não apresentam um tratamento listericida após a etapa de embalagem final, principalmente se for um produto destinado à população altamente suscetível à listeriose. A frequência e a extensão da amostragem também devem refletir o risco para o consumidor.

Programas de monitoramento com amostragem de superfícies de equipamentos e outras superfícies que entram em contato com o produto cozido antes da etapa de embalagem final são recomendados. Durante o processamento, áreas extensas de equipamentos devem ser amostradas com esponja. Também podem ser coletadas amostras de superfícies que não entram em contato com o produto como uma medida adicional de controle (CODEX ALIMENTARIUS, 2009a). Não se recomenda a amostragem do ambiente para produtos que recebem tratamento listericida validado após a etapa final de embalagem. O monitoramento do ambiente de produtos que não permitem a multiplicação depende dos produtos produzidos na fábrica (por exemplo, alguns produtos favorecem a multiplicação e outros não), de tendências históricas e de requerimentos regulatórios.

Os princípios para controlar e monitorar *Listeria* também podem ser aplicados aos microrganismos deteriorantes, como as bactérias láticas. Amostras com *swabs* ou esponjas podem ser coletadas antes do início da operação para verificar a eficiência da limpeza e da desinfecção. A análise para contagem de mesófilos aeróbios é comum, mas outros testes (por exemplo, bioluminescência por ATP) podem fornecer informações úteis. As populações de mesófilos aeróbios comumente encontradas em superfícies de aço inoxidável completamente limpas e desinfetadas são < 500 UFC/cm^2. Populações superiores podem ser encontradas em outras superfícies (por exemplo, esteiras transportadoras não metálicas).

8.7.2.4 Vida de prateleira

As práticas para determinação do prazo de validade podem ser validadas por meio da manutenção do produto sob temperatura controlada e da realização de análise sensorial e análise microbiológica em intervalos determinados, inclusive de pacotes antes, durante e após o vencimento do prazo. A verificação subsequente pode ser realizada com uma frequência tal que reflita a confiança em que o produto atingirá consistentemente a data final estabelecida na embalagem. A análise de vida de prateleira para produtos cárneos cozidos e congelados não é necessária.

A validação de que a multiplicação de *L. monocytogenes* não ocorrerá dentro do prazo de validade indicado na embalagem também pode ser útil (EU, 2005; Capítulo 1, Seções 1.1, 1.2 e 1.3). Esse regulamento define os critérios de segurança do alimento para a validação de produtos prontos para o consumo (inclusive os produtos cárneos) em relação à presença ou ao número de *L. monocytogenes* no produto final. Para atender às normas da autoridade competente, o produtor deve ser capaz de demonstrar que o produto não excederá o limite de 10^2 UFC/g de *L. monocytogenes* durante a vida de prateleira. Portanto, o operador pode estabelecer limites intermediários durante o processamento de produção, que devem ser baixos o suficiente para garantir que o limite de 10^2 UFC/g não será excedido ao fim da vida de prateleira e, no caso de produtos prontos para o consumo capazes de permitir a multiplicação de *L. monocytogenes*, que a ausência do patógeno em 25 g de amostra ao final do processo de produção estará assegurada. As diretrizes para validação estão disponíveis (SCOTT et al., 2005; Capítulo 2).

8.7.2.5 *Produto final*

As análises recomendadas para o produto final estão resumidas na Tabela 8.5. As análises de indicadores como contagem de aeróbios e *E. coli* são úteis para avaliar o controle do processo em andamento e para análise de tendência. As contagens geralmente encontradas de microrganismos aeróbios são < 10^4 UFC/g e de *E. coli*, < 10 UFC/g. As análises de indicadores durante a comercialização e a exposição no varejo não podem ser usadas para avaliar as condições durante o período de produção. Caso sejam encontrados altos níveis de *E. coli* no varejo, são necessárias amostras investigacionais para determinar as causas, tais como condições inadequadas de higiene durante a produção e/ou o armazenamento sob temperaturas elevadas (por exemplo, > 7–8 °C) que permitem a multiplicação.

O plano de amostragem para *Salmonella* na Tabela 8.5 considera que sua multiplicação não ocorrerá nas condições normais de comercialização e armazenamento e que o produto não será submetido a uma etapa de cozimento posterior (isto é, Caso 11). Quando o produto for submetido a uma etapa posterior de cozimento (por exemplo, carne cozida usada em uma entrada congelada que será cozida antes do consumo) ou quando há potencial considerável para abuso do produto antes do consumo, aplicam-se os Casos 10 e 12, respectivamente. Os planos de amostragem para *L. monocytogenes* são aqueles especificados para produtos prontos para o consumo, produzidos segundo os princípios gerais de higiene dos alimentos para controle de *L. monocytogenes* e com um programa adequado de monitoramento ambiental (CODEX ALIMENTARIUS, 2009b).

Se houver dúvida quanto à aplicação confiável de BPH e HACCP, pode ser apropriado fazer amostragem para *Salmonella* e/ou *L. monocytogenes*. Quando houver evidências de uma contaminação potencial por *L. monocytogenes* (por exemplo, superfícies de contato com o alimento com resultados positivos ou a eficiência de ações corretivas pendentes de verificação), a amostragem do alimento deverá ser considerada. O rigor da amostragem deve refletir o risco para o consumidor (por exemplo, se a multiplicação no alimento é possível, consumidor-alvo). Orientações sobre o aumento do rigor da amostragem por meio da divisão em sublotes são discutidas no Capítulo 5.

Se o grau de resfriamento após o cozimento exceder o limite crítico estipulado no plano HACCP, a análise para *C. perfringens* pode fornecer informações úteis quanto ao destino do lote. As unidades amostrais devem ser tomadas do centro do produto ou de outra região (ponto frio) que demore mais para resfriar. As amostras devem ser enviadas

Produtos Cárneos

145

ao laboratório refrigeradas e não congeladas. A decisão de análise para *C. perfringens* deve ser baseada nas informações disponíveis (por exemplo, pH, a_w, inibidores adicionados como nitrito, lactato ou diacetato), no tamanho do desvio e nas opções disponíveis para o destino do produto. Há também um plano de amostragem para produtos nos quais se suspeita que houve abuso de temperatura e *S. aureus* é uma preocupação.

Se os critérios para *L.monocytogenes* ou *Salmonella* na Tabela 8.5 não forem atendidos, as ações a serem tomadas incluem (1) impedir que o lote afetado seja liberado para consumo humano, (2) recolher (*recall*) o produto, caso já tenha sido liberado para consumo humano, e (3) determinar e corrigir a causa da falha.

8.8 CARNES NÃO CURADAS ESTÁVEIS À TEMPERATURA AMBIENTE

8.8.1 Microrganismos de importância

Os perigos e controles são os mesmos aplicados a outros alimentos envasados de baixa acidez (ver o Capítulo 24). A deterioração de produtos cárneos não curados envasados é controlável e deve ocorrer raramente. A deterioração incipiente pode ocorrer se o produto não for submetido a um tratamento térmico correto, que pode acontecer quando o equipamento para de funcionar e o alimento fica à espera por longo tempo, antes do tratamento térmico.

8.8.2 Dados microbiológicos

Não existem ingredientes cárneos ou não cárneos considerados críticos para esses produtos. Análises de rotina durante o processamento e análises do ambiente de processamento e do produto final não são recomendadas, quer sejam para verificar a qualidade quer sejam para verificar a segurança do produto. Os procedimentos atuais recomendados para o processamento comercial, baseados em BPH e HACCP, geram produtos comercialmente estéreis e estáveis nas condições esperadas de armazenamento e comercialização.

8.9 CARNES CURADAS COZIDAS ESTÁVEIS À TEMPERATURA AMBIENTE

8.9.1 Microrganismos de importância

8.9.1.1 Perigos e controles

Os perigos de maior importância em ingredientes cárneos crus empregados nesses produtos são salmonelas, *C. botulinum* e, no caso de produtos contendo carne bovina, *E. coli* O157:H7 e outras linhagens de EHEC. O processamento térmico usado para carnes curadas cozidas estáveis à temperatura ambiente destrói células vegetativas de microrganismos e alguns esporos e causa dano subletal a outros esporos. A segurança e a estabilidade dependem do efeito combinado da destruição térmica ou injúria de um número baixo de esporos presentes no produto e da inibição dos sobreviventes por meio da adição de uma quantidade adequada de sal e nitrito de sódio.

Para embutidos de fígado, de sangue e do tipo *bologna* estáveis à temperatura ambiente, os fatores importantes para controlar são a carga inicial de esporos, o tratamento térmico, o pH, a a_w e o nitrito. Para produtos tipo mortadela italiana e *bruhdauerwurst* alemão, a estabilidade é atingida pelo aquecimento a > 75 °C para inativar as células vegetativas, pela redução da a_w para valores < 0,95 e pelo aquecimento em um recipiente selado para prevenir a recontaminação.

Brawns tornam-se estáveis à temperatura ambiente por meio do ajuste do pH para 5,0 com ácido acético e proteção do produto da recontaminação após o aquecimento. O embutido defumado *gelder* (produto holandês tradicional) torna-se estável à temperatura ambiente por meio do ajuste do pH para 5,4–5,6 com GDL, redução da a_w para 0,97, embalagem a vácuo e aquecimento por 1 h com temperatura no ponto frio de 80 °C.

8.9.1.2 Deterioração e controles

Esses produtos são estáveis à temperatura ambiente e geralmente não sofrem deterioração microbiana durante o armazenamento e a comercialização. A deterioração pode ocorrer por contaminação pós-processamento por meio de vazamentos no recipiente (por exemplo, nas costuras das latas ou através do fecho tipo clipe das embalagens plásticas) ou da multiplicação de *Bacillus* spp. logo abaixo da embalagem. A extensão da multiplicação é determinada principalmente pela composição do produto e da permeabilidade da embalagem ou do recipiente ao oxigênio.

8.9.2 Dados microbiológicos

Os ingredientes adicionados a esses produtos raramente são fonte de patógenos ou microrganismos deteriorantes de importância. Contudo, a quantidade de alguns ingredientes, como sal, nitrito de sódio e acidulantes, é crítica para a segurança e o controle da deterioração. Quantidades insuficientes desses ingredientes podem permitir a germinação e a multiplicação de esporos sobreviventes, inclusive de *C. botulinum*, quando presente.

Amostragem rotineira durante o processamento e do ambiente não é recomendada. Produtos fabricados de acordo com as diretrizes recomendadas e os programas baseados em BPH e HACCP não devem sofrer deterioração microbiana. A amostragem de rotina desses produtos para avaliação da qualidade ou da segurança não é recomendada.

8.10 ESCARGOTS

8.10.1 Microrganismos de importância

Os perigos a serem considerados incluem salmonelas, shigelas, EHEC e parasitas. As condições de cultivo e colheita influenciam a presença potencial de patógenos entéri-

Produtos Cárneos

cos. Os *escargots* devem ser cozidos para inativar os patógenos entéricos e parasitas. O congelamento é outro método para inativar os parasitas. A recontaminação de *escargots* cozidos deve ser evitada por meio de BPH. Os *escargots* também são comercializados como um alimento envasado estável (ver o Capítulo 24). O congelamento ou o envasamento previne a deterioração microbiana. O tempo e a temperatura de armazenamento de *escargots* frescos e de *escargots* congelados após o descongelamento influenciam a velocidade de deterioração.

8.10.2 Dados microbiológicos

Não há ingredientes críticos. Normalmente, não são coletadas amostras de rotina durante o processamento, nem do ambiente. As práticas para determinação do prazo de validade de *escargots* frescos devem ser validadas da mesma maneira que a descrita para a maioria dos outros alimentos. Deve-se considerar que patógenos entéricos podem estar presentes e que o cozimento ou o envasamento eliminarão esses patógenos antes de serem consumidos. A amostragem de rotina de *escargots* frescos e congelados para análise de patógenos não é recomendada.

8.11 PERNAS DE RÃS

8.11.1 Microrganismos de importância

Pernas de rãs são geralmente comercializadas como um produto cru congelado, que pode ser descongelado durante a exposição no varejo. O perigo de importância é *Salmonella*. *Shigella* pode ser uma preocupação se as rãs forem criadas em lagoas com condições insalubres que podem conter dejetos humanos. O tempo entre a captura e o abate deve ser o menor possível. Cuidados devem ser tomados na remoção das pernas para evitar cortes do trato intestinal. A água de processamento deve ser clorada e os equipamentos, bem como as superfícies de contato, devem ser limpos e desinfetados. Orientação para o processamento higiênico de pernas de rãs encontra-se disponível pelo Codex Alimentarius (1983). O congelamento previne a deterioração microbiana. O binômio tempo e temperatura de armazenamento após o descongelamento influenciará o grau de deterioração.

8.11.2 Dados microbiológicos

Não há ingredientes críticos. Normalmente não são coletadas amostras de rotina durante o processamento e amostras ambientais. Ver a Seção 8.3.2.3 para orientação sobre a avaliação dos procedimentos de limpeza e desinfecção. A deterioração microbiana de pernas de rãs congeladas não deve ocorrer. As especificações para o produto final constantes das orientações da Codex Alimentarius Commission são muito gerais: "Pernas de rãs devem ser livres de microrganismos em número considerado perigoso para o homem, livre de parasitas que causam danos ao homem e não devem conter

148 Microrganismos em Alimentos 8

nenhuma substância originária de microrganismos em quantidades que possam representar um perigo à saúde" (CODEX ALIMENTARIUS, 1983). Deve-se assumir que *Salmonella* pode estar presente em pernas de rãs. Não se recomenda a amostragem de rotina de pernas de rãs congeladas para salmonelas e outros patógenos.

REFERÊNCIAS

BATES, J. R.; BODNARUK, P. W. Clostridium perfringens. In: HOCKING, A. D. (Ed.). **Foodborne microorganisms of public health significance**. 6. ed. New South Wales: Australian Institute of Food Science and Technology Ltd. (NSW Branch) Food Microbiology Group, 2003.

BRETT, M. M. 1566 outbreaks of *Clostridium perfringens* food poisoning, 1970–1996. Proc. 4th World Congr., Berlin. **Foodborne Infect Intox**, v. 1, p. 243-244, 1998.

BUTLER, F. et al. **Case study**: *Escherichia coli* O157:H7 in fresh raw ground beef. Kiel: FAO: WHO, 2006. Disponível em: <http://www.fao.org/fileadmin/templates/agns/pdf/jemra/Ecoli.pdf >. Acesso em: 31 dez. 2009.

CDC - CENTERS FOR DISEASE CONTROL AND PREVENTION. Preliminary FoodNet data on the incidence of infection with pathogens transmitted commonly through food – 10 states, 2008. **Morbid Mortal Weekly Report**, Atlanta, v. 58, n. 13, p. 333-337, 2009.

CODEX ALIMENTARIUS. **Recommended international code of hygienic practice for the processing of frog legs (CAC/RCP 30-1983)**. Rome: FAO, 1983. FAO/WHO Food Standards Program.

_____. **Code of hygienic practice for meat (CAC/RCP 58-2005)**. Rome: FAO, 2005. FAO/ WHO Food Standards Program.

_____. **Guidelines on the application of general principles of food hygiene to the control of** *Listeria monocytogenes* **in foods**: Annex I: recommendations for an environmental monitoring program for *Listeria monocytogenes* in processing areas (CAC/GL 61–2007). Rome: FAO, 2009a. FAO/WHO Food Standards Program.

_____. **Guidelines on the application of general principles of food hygiene to the control of** *Listeria monocytogenes* **in foods**: Annex II: microbiological criteria for *listeria monocytogenes* in ready-to-eat foods (CAC/GL 61-2007). Rome: FAO, 2009b. FAO/WHO Food Standards Program.

COLE, M. B.; TOMPKIN, R. B. Microbiological performance objectives and criteria. In: SOFOS, J. N. (Ed.). **Improving the safety of fresh meat**. Cambridge: Woodhead, 2005.

EU - EUROPEAN UNION. Regulation (EC) N° 2160/2003 of the European parliament and of the council of 17 November 2003 on the control of *Salmonella* and other specified food-borne zoonotic agents. **Official Journal**, L325, p. 1-15, 2003.

_____. Commission regulation (EC) N° 2073/2005 of 15 November 2005 on microbiological criteria for food-stuffs. **Official Journal**, L338, p. 1-26, 2005.

Produtos Cárneos

FAO - FOOD AND AGRICULTURE ORGANIZATION; WHO - WORLD HEALTH ORGANIZATION. **Risk assessment of** *Listeria monocytogenes* **in ready-to-eat foods:** technical report. Rome; Geneva, 2004. Microbiological risk assessment series, n. 5.

FDA - FOOD AND DRUG ADMINISTRATION; FSIS - FOOD SAFETY AND INSPECTION SERVICE. **Quantitative assessment of the relative risk to public health from foodborne Listeria monocytogenes among selected categories of ready-to-eat foods.** College Park: FDA, Center for Science and Applied Nutrition, 2003.

GOLDEN, N. J.; CROUCH, E. A.; LATIMER, H. Risk assessment for *Clostridium perfringens* in ready-to-eat and partially cooked meat and poultry products. **Journal of Food Protection,** Ames, v. 72, n. 7, p. 1376-1384, 2009.

ICMSF - INTERNATIONAL COMMISSION ON MICROBIOLOGICAL SPECIFICATIONS FOR FOODS. **Microorganisms in foods 7:** microbiological testing in food safety management. New York: Kluwer Academic: Plenum Publishers, 2002.

_____. **Microorganisms in foods 6:** microbial ecology of food commodities. 2. ed. New York: Kluwer Academic: Plenum Publishers, 2005.

SCOTT, V. N. et al. Guidelines for *conducting Listeria monocytogenes* challenge testing of foods. **Food Protection Trends,** Des Moines, v. 25, p. 818-825, 2005.

USDA - UNITED STATES DEPARTMENT OF AGRICULTURE. Pathogen reduction: Hazard Analysis and Critical Control Point (HACCP) systems: final rule. **Federal Register,** Washington, DC, v. 61, p. 38805-3989, 1996.

_____. **Progress report on** *Salmonella* **and** *Campylobacter* **testing of raw meat and poultry products, 1998-2006.** Washington, DC, 2008. Disponível em: <http://www.fsis.usda.gov/wps/wcm/connect/8d792eef-f44d-4ccb-8e25-ef5bdb4c1dc8/Progress-Report-Salmonella-Campylobacter-CY2012.pdf?MOD=AJPERES>. Acesso em: 31 dez. 2009.

_____. **FSIS Directive 10,010.1:** Revision 3.: verification activities for *Escherichia coli* O157:H7 in raw beef products. Washington, DC, 2010. Disponível em: <http://www.fsis.usda.gov/OPPDE/rdad/FSISDirectives/10010.1Rev3.pdf>. Acesso em: 15 out. 2010.

9
CAPÍTULO

Produtos Avícolas

9.1 INTRODUÇÃO

Produtos avícolas *in natura*, frescos e congelados são considerados importantes fontes de enfermidades para os humanos em virtude da presença de salmonelas e de *Campylobacter* spp. termofílico. Geralmente, há dois cenários envolvidos: cozimento inadequado ou contaminação cruzada de alimentos prontos para o consumo com carnes de aves *in natura*. A carne de aves *in natura* é altamente perecível e se deteriora mesmo nas melhores condições de armazenamento, a menos que esteja congelada. À medida que a temperatura de armazenamento aumenta, a ave *in natura* tem a velocidade de deterioração aumentada em virtude do aumento da multiplicação e do metabolismo bacteriano.

Produtos avícolas cozidos e perecíveis também têm sido associados a enfermidades transmitidas por alimentos (ETA), com a multiplicação de *L. monocytogenes* durante a comercialização e o armazenamento. Produtos avícolas desidratados raramente estão envolvidos em ETA, embora a sobrevivência de salmonelas por causa de cozimento inadequado ou contaminação durante a desidratação e a embalagem ocorra em operações com controle inadequado de BPH.

Muitas indústrias e instituições compram aves *in natura* frescas ou congeladas como ingrediente e a qualidade sensorial de aves *in natura* para posterior processamento deve ser controlada. Os meios preferidos de controle implicam em que fornecedores e compradores concordem com as especificações em relação ao número máximo de dias após o abate e às condições de resfriamento, armazenamento e comercialização (por exemplo, $\leq 4°C$). Ao controlar o tempo e a temperatura, a qualidade sensorial pode ser monitorada para o objetivo pretendido. Uma alternativa é comprar a carne de aves *in natura* congelada de fornecedores que têm procedimentos para controlar a velocidade de congelamento dessa carne. O método de embalagem, paletização e congelamento podem influenciar se a multiplicação microbiana e a deterioração ocorre antes que a carne esteja congelada no centro. Alguns fabricantes de produtos cozidos preferem misturar carne de aves fresca com congelada, para atingir as temperaturas e condições desejadas durante o processamento. Embora possam ser realizadas análises microbiológicas na carne, o controle dos fatores tempo e temperatura é uma abordagem mais adequada para o controle de suas características sensoriais.

Informações adicionais sobre a microbiologia de produtos avícolas estão disponíveis na publicação da ICMSF (2005). O Codex Alimentarius (2005) fornece diretrizes para o gerenciamento dos riscos microbiológicos associados a produtos avícolas. Os documentos sobre a avaliação de risco também estão disponíveis para *Salmonella* (FAO; WHO, 2002) e *Campylobacter* spp. (FAO; WHO, 2009a) em frangos de corte e em carnes de frango (FAO; WHO, 2009b).

9.2 PRODUÇÃO PRIMÁRIA

As condições para a criação de aves diferem significativamente ao redor do mundo e variam de pequenas granjas familiares com poucos frangos ou outra ave doméstica a grandes indústrias avícolas especializadas. À medida que o tamanho da granja aumenta e se torna mais especializada, o investimento financeiro e a preocupação com as doenças avícolas aumentam. Os complexos avícolas modernos implementam controles mais rigorosos para conseguir velocidade de crescimento mais rápida a um custo menor. Com menos granjas, mas de maior tamanho, há uma oportunidade crescente para o estabelecimento de programas nacionais de controle no campo para redução de patógenos de interesse à saúde humana e à das aves. Os países escandinavos, por exemplo, implementaram programas locais de longo prazo para minimizar a prevalência de *Salmonella* nas granjas e na carne de aves *in natura*. Esses e outros programas similares em outros países têm conseguido reduções significativas na prevalência de salmonelas em carne de aves. Na Dinamarca, por exemplo, a prevalência de salmonelas entre os lotes abatidos diminuiu de 62% em 1993 para cerca de 3% em 2000 (DVFA, 2004).

Entre outubro de 2006 e setembro de 2007, foi conduzida uma pesquisa de referência de prevalência de *Salmonella* em perus na Europa (EFSA, 2008). A prevalência de *Salmonella* em lotes de reprodução e de engorda foi de 13,6% e 30,7%, respectivamente. A prevalência nos países onde os resultados estavam disponíveis variou, estando entre zero e aproximadamente 80%. Os dados podem ser usados para o estabelecimento de metas para futuras reduções de certos sorovares de significado para a saúde pública (EFSA, 2008). Outro estudo de referência avaliou a presença de *Campylobacter* e *Salmonella* em frangos de corte em países europeus, fornecendo informações sobre a eficácia das estratégias de controle no campo aplicadas em alguns países (EFSA, 2010).

Esforços similares para o estabelecimento de referências e instituição de controles podem reduzir a prevalência de *Campylobacter*. A informação coletada em muitos anos

Produtos Avícolas

de pesquisas e avaliações de risco do campo até o consumidor está sendo usada para o desenvolvimento de um documento de orientação, reconhecido internacionalmente, para o controle de *Campylobacter* e *Salmonella* spp. em carne de frango (CCFH, 2010).

9.3 PRODUTOS AVÍCOLAS *IN NATURA*

9.3.1 Microrganismos de importância

9.3.1.1 Perigos e controles

Os perigos importantes são salmonelas e *Campylobacter*. Os surtos de salmonelose geralmente acontecem em função de cozimento inadequado, recontaminação da carne de ave cozida ou contaminação cruzada dos produtos prontos para o consumo. A avaliação de risco sugere que uma redução de 50% na prevalência da contaminação de frango resultaria em uma redução de 50% no risco esperado por porção servida e uma redução de 40% na concentração de células de *Salmonella* em carcaças de frango saindo do resfriador resultaria em uma redução de 65% no risco por porção (FAO; WHO, 2002).

Salmonella e *Campylobacter* estão presentes em aves vivas no campo e na chegada ao abatedouro. O grau de controle sobre os fatores que contribuem para a transmissão horizontal ou vertical de patógenos, durante a produção e a eclosão de ovos, influencia fortemente a prevalência desses patógenos humanos em carcaças e partes de aves *in natura*, porque nenhuma medida de controle é capaz de eliminar os patógenos durante os processos de abate e resfriamento. Os tipos de *Salmonella* e *Campylobacter* em carcaças *in natura* e em partes refletem aqueles presentes nas aves vivas antes do abate. Isso sugere que esses patógenos não são adquiridos dentro do ambiente de abate. Durante o abate, as salmonelas podem ser transferidas de uma partida para a partida seguinte. Então, quando possível, as partidas positivas devem ser processadas depois das negativas. Rosenquist et al. (2003) relataram que esse não é, necessariamente, o caso de *Campylobacter*.

Considerando a natureza perecível da carne de frango *in natura*, é importante exercer o controle durante o abate e o resfriamento para minimizar a contaminação com bactérias psicrotróficas deteriorantes. Normalmente, esses esforços também reduzem o potencial de contaminação por patógenos.

Os perigos de importância em produtos avícolas *in natura* congelados são similares a aqueles em produtos refrigerados, com a possível exceção de alguns *Campylobacter* que podem ser inativados pelo congelamento. Embora possa ocorrer algum declínio na população de *Campylobacter* (SANDBERG; HOFSHAGEN; ØSTENSVIK, 2005; GEORGSSON et al., 2006) e de células vegetativas de *Clostridium perfringens* durante o armazenamento congelado, não se pode depender do congelamento para garantir a segurança microbiológica. Salmonelas, por exemplo, podem sobreviver por um ou mais anos.

O Codex Alimentarius (2005) fornece diretrizes para o gerenciamento dos riscos microbiológicos associados a aves *in natura*.

154 Microrganismos em Alimentos 8

9.3.1.2 Deterioração e controles

Quatro fatores influenciam a velocidade de multiplicação e o tipo de deterioração de carne de aves *in natura* em temperaturas de refrigeração – (1) quantidade e tipos de bactérias psicrotróficas, (2) pH do tecido da ave, (3) temperatura de armazenamento e (4) tipo de embalagem, como atmosfera modificada ou a vácuo. A implementação efetiva de BPH é o fator mais importante a afetar a quantidade e o tipo de bactérias psicrotróficas na carne *in natura* de aves. Em especial, é necessário projetar equipamentos que sejam de fácil manutenção e limpeza. Os equipamentos e o ambiente de processamento devem ser limpos e desinfetados em intervalos que mantenham baixas as populações de bactérias deteriorantes.

O pH dos tecidos das aves não pode ser alterado, mas deve ser entendido como um fator importante que influencia a vida de prateleira dos produtos avícolas *in natura*. O pH mais alto da carne escura (por exemplo, coxas e pernas) resulta em deterioração mais rápida do que em produtos de carne branca (por exemplo, peito). A temperatura de armazenamento, entretanto, é controlável. Temperaturas abaixo de 4 °C podem ter um grande impacto benéfico na manutenção da qualidade. Conforme as temperaturas se aproximam do ponto de congelamento da carne de aves, a vida de prateleira pode ser maximizada.

O tipo de embalagem também pode influenciar a velocidade de multiplicação e a microbiota que, em última análise, causa a deterioração. Por exemplo, a carne de aves *in natura* tem vida de prateleira mais longa quando embalada a vácuo ou em atmosfera contendo dióxido de carbono, se comparada à embalada em filme permeável ao oxigênio.

De modo geral, a carne de ave congelada não sofre deterioração microbiana.

9.3.2 Dados microbiológicos

Na Tabela 9.1 encontram-se resumidas as análises úteis para produtos avícolas *in natura*. Consulte o texto para detalhes importantes relacionados a recomendações específicas.

9.3.2.1 Ingredientes críticos

Carnes de aves *in natura* disponíveis no comércio internacional normalmente não contêm ingredientes adicionados. Alguns produtos de varejo são produzidos com adição de condimentos ou aromatizantes para marinar o produto durante a comercialização, o armazenamento e a exposição sob refrigeração. Esses ingredientes, provavelmente, não influenciam a vida de prateleira do produto, a menos que introduzam bactérias psicrotróficas capazes de se multiplicarem no produto e sob as condições de embalagem. Certos ingredientes (por exemplo, vinagre e sal) podem reduzir a velocidade de deterioração, quando presentes em concentração suficientemente alta.

9.3.2.2 Durante o processamento

O ponto mais comum de amostragem para o controle do processo é após o resfriamento. A amostragem imediatamente após a depenagem também pode ser usada para determinar a extensão da redução microbiana ocorrida pelas intervenções usadas durante o processamento após esta etapa. Amostras pós-resfriamento refletem todos os esforços anteriores de minimização da contaminação.

Produtos Avícolas

Tabela 9.1 Análise de produtos avícolas *in natura* para avaliação da segurança e da qualidade microbiológicas

Importância relativa		Análises úteis
Ingredientes críticos	Baixa	O tempo e a temperatura devem ser controlados no caso de ingredientes de carnes de aves *in natura*. Testes de rotina para ingredientes não cárneos, quando existentes, não são recomendados.
Durante o processamento	Média	Analisar amostras de enxágue da carcaça toda ou de tecidos (por exemplo, pele do pescoço) para o estabelecimento de valores de referência nos vários estágios do processamento e para avaliar os pontos durante o processamento em que ocorrem alterações nas populações microbianas. Populações de psicrotróficos, *E. coli* e *Salmonella*, normalmente encontradas dependem do local de amostragem, método de amostragem e condições de processamento em cada planta.
Ambiente de processamento	Média	Amostrar superfícies de equipamentos antes do início das operações para verificar a eficiência da limpeza e da desinfecção. Consulte o texto para verificar os valores encontrados normalmente.
Vida de prateleira	Baixa	A análise de rotina de vida de prateleira geralmente não é realizada em produtos refrigerados e não é recomendada em produtos congelados. A análise da vida de prateleira pode ser útil para validar os prazos de validade de produtos novos no mercado ou quando novos sistemas de embalagem são implementados.
Produto final	Média	Analisar microrganismos indicadores para controle do processo em andamento e análise de tendência de produtos recém-embalados, usando diretrizes desenvolvidas internamente. Os valores desenvolvidos para o processo não se aplicam durante a distribuição ou no comércio (consulte o texto). Valores geralmente encontradas no processamento: • Aeróbios mesófilos – < 10^5 UFC/g • *E. coli* – < 10^2 UFC/g A amostragem rotineira para aceitação do lote para salmonelas ou *Campylobacter* não é recomendada em produtos avícolas *in natura*. Investigações de surtos ou a certificação de novos fornecedores podem se beneficiar da determinação da prevalência de salmonelas ou *Campylobacter* em algumas situações (consulte o texto). Em países ou regiões onde existam *performance criteria*, o plano de amostragem e análises necessários devem ser aplicados.

A amostragem durante o processamento não é recomendada, a menos que os resultados do pós-resfriamento indiquem que uma amostragem investigativa em etapas anteriores no processo ajudará na identificação dos locais que contribuem para a contaminação. A amostragem durante o processamento deve ser a mesma que aquela realizada pós-resfriamento. A contagem total de aeróbios, *E. coli* e/ou pesquisa de *Salmonella* podem ser usadas para finalidades de investigação. A seleção depende da natureza do problema (por exemplo, deterioração prematura e níveis inaceitáveis de *Salmonella*). Os dois procedimentos comuns de amostragem são a remoção de uma porção da pele do pescoço e o enxágue de ave inteira (COX et al., 2010). A análise de psicrotróficos pode fornecer dados úteis na investigação de problemas de deterioração prematura. A análise de *E. coli* ou *Salmonella* pode fornecer dados para compreensão melhor da ocorrência de populações inaceitáveis de *Salmonella*. Populações normais de psicrotróficos, *E. coli* e *Salmonella* encontradas dependem do método de amostragem, do local de amostragem, das condições de processamento e de outros fatores. É conveniente o desenvolvimento de padrões internos baseados em análises de tendências e em métodos.

9.3.2.3 Ambiente de processamento

Amostras de *swabs* ou esponjas coletadas antes do início da operação podem auxiliar na verificação da eficiência da limpeza e da desinfecção dos equipamentos usados para abate, resfriamento e outras etapas durante a conversão de carcaças em carne de aves *in natura* embaladas. Geralmente, realiza-se a contagem total de aeróbios, mas outros testes (por exemplo bioluminescência por ATP, coliformes, *Enterobacteriaceae*) podem fornecer informação útil em algumas situações. A população de mesófilos normalmente encontrada em superfícies de aço inoxidável totalmente limpas e desinfetadas é de < 500 UFC/cm^2. Populações maiores podem ser encontradas em outras superfícies (por exemplo, esteiras transportadoras não metálicas).

9.3.2.4 Vida de prateleira

Podem ser realizadas análises de vida de prateleira de produtos avícolas *in natura*, caso a indústria os considere úteis, mas para produtos *in natura* congelados essas análises não são recomendadas. A análise de vida de prateleira pode ser útil para validar os prazos de validade de novos produtos de varejo ou quando novos sistemas de embalagem são usados. A verificação pode basear-se simplesmente na avaliação sensorial. Análises microbiológicas para microrganismos deteriorantes específicos podem ser úteis para certos produtos. Pesquisas periódicas no comércio para verificar a aceitabilidade sensorial relativa aos prazos de validade também podem ser consideradas.

Não é necessário realizar análises de vida de prateleira para carne de aves *in natura* a ser usada como ingrediente na fabricação de produtos processados.

9.3.2.5 Produto final

Muitas indústrias e governos estabeleceram critérios para indicadores de qualidade ou higiene do processo (por exemplo, contagem total de aeróbios mesófilos, *Enterobacteriaceae*, *E. coli*). Os dados são muito úteis quando incorporados a um programa de controle de processo e usados para a análise de tendência. Geralmente as contagens de aeróbios mesófilos encontradas são < 10^5 UFC/g e de *E. coli*, < 10^2 UFC/g. Contudo, contagens acima destas não necessariamente indicam perda do controle na planta de abate. Vários fatores, que incluem a saúde dos animais, causam uma grande variação na quantidade e no tipo de bactérias presentes na pele do frango quando as aves chegam para o abate.

Devem ser considerados os critérios estabelecidos pelas autoridades responsáveis pelo controle na produção ou pelo país importador. Os critérios podem ser baseados em amostras coletadas em etapas específicas da cadeia do alimento, desde o abate até a exposição no varejo ou no porto de entrada. Os resultados das análises refletem as

Produtos Avícolas

157

condições da produção primária, do abate, do resfriamento, bem como de tempo e temperatura de armazenamento. Esses valores não são bons indicadores da prevalência ou da concentração de patógenos entéricos na carne fresca de aves.

Amostras coletadas durante o armazenamento, a comercialização e o varejo não fornecem uma estimativa confiável das condições de higiene durante o processamento e a embalagem, porque o número de microrganismos psicrotróficos pode aumentar. Amostras com resultados inaceitáveis nessas etapas deverão conduzir a amostragem investigativa para determinar o motivo de ocorrência, de modo que ações corretivas adequadas possam ser implementadas. As causas potenciais de populações altas podem incluir condições precárias de higiene durante a produção ou o armazenamento em temperaturas elevadas (por exemplo, > 7–8 °C), que permitem a multiplicação durante a comercialização, o armazenamento e a exposição no varejo. As análises de indicadores em produtos congelados refletem a população microbiana no momento do congelamento e qualquer redução que possa ter ocorrido durante a comercialização e a exposição no varejo.

As taxas de prevalência de salmonela em carne fresca de ave variam consideravelmente em diferentes regiões e países. Embora a amostragem rotineira para aceitação de lotes não seja recomendada para salmonela em produtos avícolas frescos, podem ocorrer situações especiais (por exemplo, investigações de surtos e certificação de novo fornecedor) nas quais a informação sobre a prevalência de salmonela pode ser útil.

A aplicação de critérios (por exemplo, Performance Objectives) para patógenos transmitidos por alimentos (por exemplo, salmonelas e *Campylobacter*) em etapas específicas na cadeia do alimento é de grande interesse para melhorar a segurança microbiológica dos alimentos. Isso levou a Codex Alimentarius Commission a fornecer diretrizes aos governos para a verificação do controle do processo de higiene da carne usando análises microbiológicas (CODEX ALIMENTARIUS, 2005). Embora critérios microbiológicos específicos não tenham sido fornecidos, as diretrizes dispõem que "o estabelecimento de exigências para a análise microbiológica, incluindo os performance objectives e os performance criteria, deve ser de responsabilidade das autoridades competentes, em consulta com as partes interessadas de importância, e pode consistir em diretrizes ou padrões regulatórios". Além disso, "a autoridade competente deve verificar a conformidade com os requisitos para análises microbiológica quando especificados em regulamentos, por exemplo, requisitos para controle estatístico de processo microbiológico e padrões para *Salmonella* spp."

A análise de tendência é um importante componente porque os dados podem ser empregados para medir a alteração nas taxas de prevalência à medida que a indústria implementa procedimentos para atender às exigências estabelecidas. Alguns países ou regiões (por exemplo, Estados Unidos e União Europeia) iniciaram programas contínuos de melhorias em longo prazo para reduzir a prevalência de salmonelas ou *Campylobacter* em aves *in natura* (USDA, 1996, 2008; EU, 2003, 2005; NZFSA, 2008). O ideal é que tais programas estejam associados a diretrizes que forneçam as melhores práticas científicas desde o campo até o abate e o resfriamento e se relacionem a uma meta de saúde pública. Não é certo se as abordagens (controle no campo, controle na planta de abate ou a combinação dos dois) aplicadas por diferentes países levarão a diferentes graus de controle do patógeno e proteção ao consumidor. Por exemplo, a adoção de Performance Objectives na planta para carnes e aves *in natura* ainda precisa causar a redução das salmoneloses humanas nos Estados Unidos, que era esperada quando o regulamento de redução de patógenos (USDA, 1996) foi finalizado (COLE; TOMPKIN, 2005; CDC, 2009). Os índices de salmonelose humana originalmente atribuídos a aves podem ser mais baixos do que previamente pensado ou podem ser necessárias intervenções em outras etapas da cadeia do campo à mesa.

O valor da análise microbiológica de produtos intermediários, do ambiente de processamento ou dos produtos finais depende do tipo de produto refrigerado ou congelado que esteja sendo produzido, seu uso final e o benefício esperado dos resultados. Na Tabela 9.1 encontram-se resumidas as análises úteis para a segurança microbiológica e a qualidade de produtos avícolas *in natura*.

9.4 PRODUTOS AVÍCOLAS COZIDOS

Essa seção aborda produtos avícolas totalmente cozidos. Alguns produtos parcialmente cozidos (por exemplo, parcialmente fritos) e prontos para aquecer podem ser considerados produtos *in natura*.

9.4.1 Microrganismos de importância

9.4.1.1 Perigos e controles

Esses produtos são perecíveis e devem ser refrigerados ou congelados. Os perigos microbiológicos a serem considerados nos produtos avícolas perecíveis cozidos incluem *Salmonella*, *L. monocytogenes* e *C. perfringens*. O controle de *Salmonella* e de *L. monocytogenes* envolve o uso de procedimentos de cozimento validados e a prevenção da recontaminação. O cozimento é gerenciado por meio do plano HACCP; a recontaminação é gerenciada por meio da aplicação efetiva de BPH delineadas para o controle de *Listeria* e a verificação por meio do monitoramento do ambiente (CODEX ALIMENTARIUS, 2009). Alguns produtos recebem um tratamento listericida quando já embalados. Em alguns países, é permitido o uso de aditivos para inativar ou restringir a multiplicação de *L. monocytogenes*.

A *Salmonella,* quando introduzida por meio de recontaminação pós-cozimento, pode sobreviver nos produtos avícolas cozidos e refrigerados, mas não se multiplica se os produtos forem mantidos abaixo de 7 °C.

O controle de *C. perfringens* requer o resfriamento dos produtos avícolas cozidos a uma velocidade capaz de prevenir a multiplicação dos esporos sobreviventes e armazenamento a < 12 °C. Historicamente, mais de 90% dos surtos de *C. perfringens* ocorreram em virtude do resfriamento inadequado ou da manutenção inadequada em serviços de alimentação (BRETT, 1998; MURRELL, 1989). Também foi sugerido que a refrigeração imprópria no varejo e pelo consumidor é responsável pela maioria das enfermidades por *C. perfringens* nos Estados Unidos (GOLDEN; CROUCH; LATIMER, 2009). Os produtos avícolas curados contêm nitrito de sódio e geralmente têm um conteúdo de sal mais alto do que os produtos não curados, tais como peito de peru ou de frango. Os produtos avícolas curados raramente têm sido implicados como fonte de enfermidade por *C. perfringens*.

Produtos Avícolas

Os perigos microbiológicos em produtos avícolas não curados, cozidos e congelados são similares aos produtos refrigerados, exceto quanto às células vegetativas de *C. perfringens*, que são muito sensíveis ao congelamento e têm seu número diminuído durante o armazenamento do produto congelado. Também, a *L. monocytogenes* não pode multiplicar-se enquanto o produto permanecer congelado.

O Codex Alimentarius (2005) fornece diretrizes para o gerenciamento dos riscos microbiológicos associados a produtos avícolas cozidos.

9.4.1.2 Deterioração e controles

A velocidade de deterioração é influenciada por muitos fatores (por exemplo, temperatura, quantidade inicial e tipo de microrganismos, tipo de embalagem, composição química). Clostrídios psicrotróficos e bactérias do ácido lático causaram deterioração de produtos comerciais com longa vida de prateleira refrigerada (por exemplo, ≥ 35 dias). Para o controle, é necessário determinar a origem dos clostrídios (por exemplo, a carne *in natura* ou locais que albergam o microrganismo no ambiente de processamento do produto *in natura*) e implantar controles adequados.

9.4.2 Dados microbiológicos

Na Tabela 9.2 encontram-se resumidas as análises úteis para produtos avícolas cozidos. Consulte o texto para detalhes importantes relacionados a recomendações específicas.

9.4.2.1 Ingredientes críticos

Os ingredientes não avícolas em produtos avícolas cozidos raramente são fonte de patógenos importantes ou microbiota deteriorante. Alguns ingredientes (por exemplo, sal, nitrito de sódio, lactato de sódio, diacetato de sódio) podem reduzir a velocidade de deterioração e multiplicação de *L. monocytogenes* e clostrídios.

9.4.2.2 Durante o processamento

O valor relativo da análise de amostras obtidas durante o processamento em comparação à análise de amostras obtidas do ambiente de processamento para avaliação rotineira do controle de *Listeria* spp. é discutível. A decisão de confiar mais nas amostras obtidas durante o processamento do que nas amostras obtidas do ambiente de processamento pode ser influenciada pelas políticas dos órgãos regulatórios e pela complexidade dos equipamentos e das etapas no processo após o cozimento. A amostragem de rotina durante o processamento não é realizada por alguns produtores, enquanto outros confiam nas amostras coletadas durante o processamento para avaliar o controle. Amostras obtidas durante o processamento podem auxiliar na investigação de um problema e são recomendadas. A amostragem de rotina para salmonelas, *S. aureus* e *C. perfringens* não é recomendada, uma vez que o risco associado a esses patógenos é controlável por meio de BPH e HACCP.

160
Microrganismos em Alimentos 8

Tabela 9.2 Análise de produtos avícolas cozidos para avaliação da segurança e da qualidade microbiológicas

Importância relativa		Análises úteis
Ingredientes críticos	Baixa	Esses produtos não possuem ingredientes não avícolas de importância para a segurança e a qualidade microbiológicas.
Durante o processamento	Alta	O monitoramento de parâmetros de cozimento é essencial.
	Média	Para produtos que permitem a multiplicação de *L. monocytogenes*, amostras pós-cozimento podem ser avaliadas para controle de *Listeria* spp. População normalmente encontrada no pós-cozimento: • *Listeria* spp. – ausente.
Ambiente de	Alta	Para produtos que permitem a multiplicação de *L. monocytogenes*, durante a produção, coletar amostras de superfícies que entram em contato com o produto onde produtos cozidos são expostos à contaminação potencial antes de serem embalados. Amostras de *swabs* ou esponja de pisos, ralos e outras superfícies que não entram em contato com o produto podem fornecer uma indicação precoce do nível do controle e do risco potencial de contaminação dos equipamentos e produto. População normalmente encontrada: • *Listeria* spp. – ausente.
	Média	Coletar amostras de superfícies de equipamento antes do início da produção para verificar a eficácia da limpeza e da desinfecção. Consulte o texto para as populações normalmente encontradas.
Vida de prateleira	Média	Testes de vida de prateleira podem ser úteis para produtos refrigerados com longos prazos de validade. Testes de vida de prateleira para produtos avícolas cozidos congelados não são necessários.
Produto final	Média	Analisar indicadores de controle durante o processamento e análise de tendências na produção. Populações normalmente encontradas: • Aeróbios mesófilos – < 10^4 UFC/g (superfície do produto). • *E. coli* – ausente. Amostragem de rotina para patógenos não é recomendada. Siga os planos de amostragem abaixo quando ocorrem as condições descritas na Seção 9.3.2.5.

Produto	Microrganismo	Método analítico[a]	Caso	Plano de amostragem e limites/g[b]			
				n	c	m	M
Produto avícola cozido	*S. aureus*	ISO 6888-1	8	5	1	10^2	10^3
Produto avícola cozido: sem multiplicação	*L. monocytogenes*	ISO 11290-2	N^{Ac}	5	0	10^2	-
Produto avícola cozido não curado	*C. perfringens*	ISO 7937	8	5	1	10^2	10^3

Produto	Microrganismo	Método analítico[a]	Caso	Plano de amostragem e limites/25 g[b]			
				n	c	m	M
Produto avícola cozido	*Salmonella*	ISO 6579	11	10[c]	0	0	-
Produto avícola cozido: permite a multiplicação	*L. monocytogenes*	ISO 11290-1	NA^c	5[d]	0	0	-

[a] Métodos alternativos podem ser usados, desde que validados pelos métodos ISO.

[b] Consulte o Apêndice A para desempenho desses planos de amostragem.

[c] NA = não aplicável em virtude do uso dos critérios do Codex.

[d] Unidades analíticas individuais de 25 g (ver a Seção 7.5.2 para amostra composta).

9.4.2.3 Ambiente de processamento

A importância relativa de se verificar o controle do ambiente de processamento depende do risco para os consumidores se o produto for contaminado entre o cozimento e a embalagem final. Essa seção está focada no controle de *L. monocytogenes*, porque ela é uma preocupação significativa em produtos que permitem sua multiplicação e têm uma longa vida de prateleira sob refrigeração. Em um ambiente em que o controle de *L. monocytogenes* a um nível gerenciável é possível, *Salmonella* provavelmente também poderá ser controlada.

Mais preocupantes são os produtos que não têm inibidores de multiplicação validados (por exemplo, lactato e diacetato), que permitem a multiplicação em condições de tempo e temperatura normais de armazenamento e comercialização, que não recebem tratamento listericida após a embalagem final e que são destinados a consumidores altamente suscetíveis à listeriose. A frequência e o tamanho da amostragem devem também refletir o risco ao consumidor.

Programas de monitoramento que incluem a amostragem dos equipamentos e outras superfícies de contato com produtos cozidos antes da embalagem final podem ser muito úteis e são recomendados. Amostras de grandes áreas de equipamentos devem ser coletadas com esponjas durante a produção. Amostras de superfícies que não entram em contato com os produtos também podem ser coletadas como medida adicional de controle (CODEX ALIMENTARIUS, 2009). O benefício da amostragem do ambiente para produtos que receberam tratamento listericida validado após embalagem é questionável.

Os princípios para controlar e monitorar *Listeria* também podem ser aplicados aos microrganismos deteriorantes (por exemplo, bactérias láticas) em produtos avícolas cozidos. Amostras com *swabs* ou esponjas podem ser coletadas antes do início da operação para verificar a eficiência da limpeza e da desinfecção. A análise para contagem de mesófilos aeróbios é comum, mas outros testes (por exemplo, bioluminescência por ATP) podem fornecer informações úteis. As populações de mesófilos aeróbios comumente encontradas em superfícies de aço inoxidável completamente limpas e desinfetadas são < 500 UFC/cm^2. Populações superiores podem ser encontradas em outras superfícies (por exemplo, esteiras transportadoras não metálicas).

9.4.2.4 Vida de prateleira

As práticas utilizadas na determinação do prazo de validade podem ser validadas por meio da manutenção do produto sob uma temperatura controlada e da realização de avaliação sensorial, análises microbiológicas ou ambas, em intervalos determinados, incluindo embalagens antes, durante e após a data final do prazo de validade. A verificação subsequente pode ser realizada em uma frequência que reflita a confiança em saber se o produto vai sempre atender o prazo de validade indicado na embalagem. Não é necessário realizar análises de vida de prateleira para produtos avícolas congelados.

A validação de que a multiplicação de *L. monocytogenes* não ocorrerá dentro do prazo de validade indicado na embalagem pode ser de interesse em algumas regiões. Considerações para a validação estão disponíveis (SCOTT et al., 2005).

9.4.2.5 Produto final

Analisar indicadores (por exemplo, contagem de mesófilos e *E. coli*) de controle durante o processamento e análise de tendências. As contagens típicas de mesófilos nas superfícies de produto são < 10^4 UFC/g e *E. coli* geralmente não é detectada no produto cozido.

Aplicar processos validados, gerenciados por meio de planos HACCP, para destruir salmonelas e *L. monocytogenes* e aplicar BPH efetivas a fim de impedir a recontaminação proveniente do ambiente de processamento. Se a aplicação confiável de BPH e HACCP é questionável (por exemplo, resultados dos indicadores são mais altos do que esperado), pode ser adequado fazer a amostragem para *Salmonella* e *L. monocytogenes*. Quando as evidências indicam potencial para contaminação com *L. monocytogenes* (por exemplo, resultados positivos para superfície de contato com alimento ou necessidade de verificar a efetividade de ações corretivas), a amostragem do alimento deve ser considerada. Alguns produtos cozidos servem como ingredientes para outros produtos processados que podem passar posteriormente por uma etapa letal, enquanto, para outros, o uso final pode ser difícil de determinar. O rigor da amostragem deve refletir o risco ao consumidor (por exemplo, se a multiplicação pode ocorrer no alimento, consumidor ao qual o alimento destina-se etc.), bem como incertezas sobre o uso final do produto. Orientações sobre aumento do rigor da amostragem pela divisão em sublotes são apresentadas no Capítulo 5.

O plano de amostragem para *Salmonella* na Tabela 9.2 é para alimentos nos quais esse microrganismo não se multiplica nas condições normais de comercialização e armazenamento (ou seja, Caso 11). Os planos de amostragem para *L. monocytogenes* são destinados a produtos prontos para o consumo, produzidos de acordo com os princípios gerais de higiene de alimentos para controle de *L. monocytogenes* e com um programa adequado de monitoramento do ambiente (CODEX ALIMENTARIUS, 2009). Como um exemplo do desempenho desse plano de amostragem, admitindo uma distribuição log normal, o plano de amostragem para produtos que não permitem a multiplicação de *L. monocytogenes* fornecerá 95% de confiança em que um lote de alimento contendo uma concentração média geométrica de 93 UFC/g e um desvio padrão analítico de 0,25 log UFC/g será detectado e rejeitado com base em qualquer uma das cinco amostras que excede 10^2 UFC/g. Tal lote pode ter 55% de amostras abaixo de 10^2 UFC/g e até 45% de amostras acima de 10^2 UFC/g, enquanto somente 0,002% de todas as amostras desse lote pode estar acima de 10^3 UFC/g.

As ações normais a serem tomadas quando os critérios não são atendidos são (1) impedir que o lote afetado seja liberado para o consumo humano, (2) *recall* do produto, caso tenha sido liberado para consumo humano, e (3) determinar e corrigir a origem da falha.

No caso de ocorrer um desvio no resfriamento após o cozimento (por exemplo, a velocidade de resfriamento excede o limite crítico no plano HACCP), o produto pode ser testado para *C. perfringens* para informação adicional quanto ao destino do lote. As unidades amostrais devem ser tomadas do centro do produto ou outra região onde o resfriamento seja mais lento. As amostras devem ser enviadas ao laboratório refrigeradas (ou seja, não congeladas). A decisão de analisar *C. perfringens* depende da informação disponível (por

Produtos Avícolas

exemplo, pH, a_w, inibidores adicionados, como nitrito de sódio, lactato ou diacetato), do tamanho do desvio e de opções e dos modelos preditivos disponíveis para estimar a multiplicação em relação ao destino do produto. Há também um plano de amostragem de produtos quando há suspeita de abuso de temperatura e *S. aureus* é uma preocupação.

9.5 PRODUTOS AVÍCOLAS COMERCIALMENTE ESTÉREIS

Os perigos e controles de produtos avícolas comercialmente estéreis são os mesmos que em outros alimentos envasados de baixa acidez (ver o Capítulo 24). A deterioração de alimentos envasados de baixa acidez, incluindo os produtos avícolas envasados, é controlável e raramente deveria ocorrer. Existe potencial para deterioração incipiente caso o produto não tenha sido autoclavado de maneira adequada. Isso pode ocorrer por diversas razões, como falhas nos equipamentos e espera prolongada do alimento até a autoclavação.

Os procedimentos atualmente recomendados para o processamento comercial são fundamentados em BPH e HACCP e resultam em produtos que são comercialmente estéreis e estáveis para as condições de armazenamento e comercialização esperadas. A amostragem de rotina desses produtos para avaliação da qualidade ou da segurança não é recomendada. Ver o Capítulo 24 para informações adicionais.

9.6 PRODUTOS AVÍCOLAS DESIDRATADOS

9.6.1 Microrganismos de importância

9.6.1.1 Perigos e controles

Produtos avícolas desidratados são cozidos e processados para serem estáveis à temperatura ambiente. Esses produtos estão disponíveis em dois grupos básicos. Um consiste em produtos em cubos, pó, caldo e pasta, que são usados em misturas de sopas e aromatizantes. O outro consiste em carnes de aves formuladas com sal, aromatizantes e condimentos e, em seguida, moldados em tiras achatadas ou embutidos finos que são cozidos e desidratados. O perigo microbiológico de importância é *Salmonella. L. monocytogenes* não é um perigo significativo porque a a_w impede sua multiplicação nesses produtos. Uma avaliação de risco e uma classificação de risco colocaram esses produtos na categoria de baixo risco como fontes de listeriose de origem alimentar (FDA; FSIS, 2003; FAO; WHO, 2004). O cozimento é um ponto crítico de controle na produção desses produtos.

9.6.1.2 Deterioração e controles

Produtos avícolas desidratados são microbiologicamente estáveis até que sejam reidratados ou expostos a condições de alta umidade.

9.6.2 Dados microbiológicos

Na Tabela 9.3 encontram-se resumidas as análises úteis para produtos avícolas desidratados. Consulte o texto para recomendações específicas.

Tabela 9.3 Análise de produtos avícolas desidratados para avaliação da segurança e da qualidade microbiológicas

Importância relativa		Análises úteis
Ingredientes críticos	Baixa	Esses produtos não possuem ingredientes que não sejam de carne de aves de importância para a segurança e a qualidade microbiológicas.
Durante o processamento	Alta	Monitorar os parâmetros de cozimento e formulação, como pH, a_w e conservantes. Os processos de produção devem ser validados para o controle de salmonelas que estejam presentes nas carnes de aves.
	Baixa	Não se recomenda a coleta de amostras durante o processamento para análises microbiológicas de rotina.
Ambiente de processamento	Média	Amostrar superfícies de equipamentos antes do início das operações para verificar a eficiência dos procedimentos de limpeza e desinfecção. Consulte o texto para os valores geralmente encontrados.
Vida de prateleira	Baixa	Esses produtos são estáveis quando desidratados adequadamente e protegidos da umidade elevada. A a_w mais alta em petiscos pode requerer que a estabilidade seja verificada (ver o texto).
Produto final	Baixa	Não se recomenda amostragem de rotina. Se a aplicação de BPH e HACCP está em questão, a amostragem para *Salmonella* pode ser considerada.

Produto	Microrganismo	Método analítico[a]	Caso	Plano de amostragem e limites/25 g[b]			
				n	c	m	M
Produto avícola desidratado	*Salmonella*	ISO 6579	11	10[c]	0	0	-

[a] Métodos alternativos podem ser usados, desde que validados pelos métodos ISO.

[b] Consulte o Apêndice A para desempenho desses planos de amostragem.

[c] Unidades analíticas individuais de 25 g (ver a Seção 7.5.2 para amostra composta).

9.6.2.1 Ingredientes críticos

Não há ingredientes críticos que não sejam de carne de aves.

9.6.2.2 Durante o processamento

Amostras de rotina durante o processamento não são necessárias, mas podem ser úteis no caso de um problema e quando a(s) fonte(s) da contaminação microbiana precisam ser determinadas.

9.6.2.3 Ambiente de processamento

As amostras rotineiras do ambiente para salmonela não devem ser necessárias em uma operação controlada pelas BPH com separação adequada entre as áreas de processamento de aves *in natura* e aquelas onde os produtos cozidos são expostos. A amostragem do ambiente, contudo, pode ser útil se ocorrer um problema e a(s) fonte(s) de contaminação tiverem de ser determinadas.

Amostras com *swab* ou esponja devem ser coletadas para verificar a eficiência da limpeza e da desinfecção antes do início da operação. A análise para contagem de mesó-

Produtos Avícolas

165

filos é uma análise comum, mas outros testes (por exemplo, bioluminescência por ATP) podem fornecer informações úteis. Populações de mesófilos em superfícies de aço inoxidável totalmente limpo e desinfetado são < 500 UFC/cm². Números maiores podem ser encontrados em outras superfícies (por exemplo, esteiras transportadoras não metálicas).

9.6.2.4 Vida de prateleira

O conteúdo final de umidade (ou seja, < 10%) e a baixa a_w tornam esses produtos microbiologicamente estáveis. Os produtos em forma de tiras achatadas e salsichas finas e prensadas, podem ter umidade maior para uma melhor palatabilidade como petiscos. Se a a_w for suficientemente alta (por exemplo, > 0,70), esses produtos podem ser embalados em atmosfera com baixo teor de oxigênio para prevenir o crescimento de bolores durante o armazenamento prolongado ou serem formulados com um inibidor de bolores. Lacres de embalagem defeituosos podem contribuir para a deterioração desses produtos por bolores durante o armazenamento, a comercialização e a exposição no varejo.

9.6.2.5 Produto final

Esses produtos são de baixo risco para a saúde pública e a amostragem de rotina não é recomendada. Se houver razão para questionar se as BPH e o HACCP estão sendo aplicados de maneira a controlar os patógenos entéricos, então a amostragem para um indicador (por exemplo, *E. coli*) ou salmonelas é recomendada.

REFERÊNCIAS

BRETT, M. M. 1566 outbreaks of *Clostridium perfringens* food poisoning, 1970–1996. Proc. 4th World Congr., Berlin. **Foodborne Infect Intox**, v. 1, p. 243-244, 1998.

CODEX ALIMENTARIUS. **Code of hygienic practice for meat (CAC/RCP 58–2005)**. Rome: FAO, 2005. FAO/WHO Food Standards Program.

_____. **Guidelines on the application of general principles of food hygiene to the control of** *Listeria monocytogenes* **in foods**: Annex I: recommendations for an environmental monitoring program for *Listeria monocytogenes* in processing areas (CAC/GL 61–2007). Rome: 2009. FAO/WHO Food Standards Program.

CCFH - CODEX COMMITTEE ON FOOD HYGIENE. **Proposed draft guidelines for control of Campylobacter and Salmonella spp in chicken meat at step 3**. Rome: FAO, 2010. Disponível em: <ftp://ftp.fao.org/codex/Meetings/CCFH/ccfh42/fh42_04e.pdf>. Acesso em: 4 nov. 2010.

CDC - CENTERS FOR DISEASE CONTROL AND PREVENTION. Preliminary FoodNet data on the incidence of infection with pathogens transmitted commonly through food – 10 states, 2008. **Morbid Mortal Weekly Report**, Atlanta, v. 58, n. 13, p. 333-337, 2009.

COLE, M. B.; TOMPKIN, R. B. Microbiological performance objectives and criteria. In: SOFOS, J. N. (Ed.). **Improving the safety of fresh meat**. Cambridge: Woodhead, 2005.

COX, N. A. et al. Comparison of neck skin excision and whole carcass rinse sampling methods for microbiological evaluation of broiler carcasses before and after immersion chilling. **Journal of Food Protection**, Des Moines, v. 73, n. 5, p. 976-980, 2010.

DVFA - DANISH VETERINARY AND FOOD ADMINISTRATION. The national *Salmonella* control programme for the production of table eggs and broilers 1996–2002. **Fødevare Rapport**, Fredericia, v. 6, 2004.

EFSA - EUROPEAN FOOD SAFETY AUTHORITY. Report of the task force on zoonoses data collection on the analysis of the baseline survey on the prevalence of *Salmonella* in turkey flocks in the EU, 2006–2007. **The EFSA Journal,** Parma, v. 134, p. 1-91, 2008.

_____. Analysis of the baseline survey on the prevalence of Campylobacter in broiler batches and of *Campylobacter* and *Salmonella* on broiler carcasses in the EU, 2008. Part A: *Campylobacter* and *Salmonella* prevalence estimates. **The EFSA Journal**, Parma, v. 8, v. 3, p. 1503, 2010.

EU - EUROPEAN UNION. Regulation (EC) N° 2160/2003 of the European parliament and of the council of 17 November 2003 on the control of *Salmonella* and other specified food-borne zoonotic agents. **Official Journal**, L325, p. 1-15, 2003.

_____. Commission regulation (EC) N° 2073/2005 of 15 November 2005 on microbiological criteria for food-stuffs. **Official Journal**, L338, p. 1-26, 2005.

FAO - FOOD AND AGRICULTURE ORGANIZATION; WHO - WORLD HEALTH ORGANIZATION. **Risk assessments of *Salmonella* in eggs and broiler chickens.** Rome, Geneva, 2002. Microbiological Risk Assessment Series, n. 2.

_____. **Risk assessment of *Listeria monocytogenes* in ready-to-eat foods:** technical report. Rome, Geneva, 2004. Microbiological risk assessment series, n. 5.

_____. **Risk assessment of *Campylobacter* spp. in broiler chickens:** technical report. Rome, Geneva, 2009a. Microbiological Risk Assessment Series, n. 12.

_____. ***Salmonella* and *Campylobacter* in chicken meat:** meeting report. Rome, Geneva, 2009b. Microbiological Risk Assessment Series, n. 19.

FDA - FOOD AND DRUG ADMINISTRATION; FSIS - FOOD SAFETY AND INSPECTION SERVICE. **Quantitative assessment of the relative risk to public health from foodborne Listeria monocytogenes among selected categories of ready-to-eat foods.** College Park: FDA, Center for Science and Applied Nutrition, 2003.

GEORGSSON, F. et al. The influence of freezing and duration of storage on *Campylobacter* and indicator bacteria in broiler carcasses. **Food Microbiology,** London, v. 23, n. 7, p. 677-683, 2006.

GOLDEN, N. J.; CROUCH, E. A.; LATIMER, H. Risk assessment for *Clostridium perfringens* in ready-to-eat and partially cooked meat and poultry products. **Journal of Food Protection,** Ames, v. 72, n. 7, p. 1376-1384, 2009.

ICMSF - INTERNATIONAL COMMISSION ON MICROBIOLOGICAL SPECIFICATIONS FOR FOODS. **Microorganisms in foods 6:** microbial ecology of food commodities. 2. ed. New York: Kluwer Academic: Plenum Publishers, 2005.

MURRELL, W. G. Clostridium perfringens. In: BUCKLE, K. A. (Ed.) **Foodborne microorganisms of public health signifi-cance.** 4. ed. New South Wales: Australian Institute of Food Science and Technology Ltd. (NSW Branch) Food Microbiology Group, 1989.

NZFSA - NEW ZEALAND FOOD SAFETY AUTHORITY. *Campylobacter* **risk management strategy, 2008-2011.** Wellington, 2008. Disponível em: <http:// www.nzfsa.govt.nz/foodborne-illness/campylobacter/strategy/Campylobacter_risk_management_strategy_ 2008-2011.pdf>. Acesso em: 4 nov. 2010.

Produtos Avícolas

ROSENQUIST, H. et al. Quantitative risk assessment of human campylobacteriosis associated with thermophilic *Campylobacter* species in chickens. **International Journal of Food Microbiology**, Amsterdam, v. 83, n. 1, p. 87-103, 2003.

SANDBERG, M.; HOFSHAGEN, M.; ØSTENSVIK, Ø. Survival of *Campylobacter* on frozen broiler carcasses as a function of time. **Journal of Food Protection**, Ames, v. 68, n. 8, p. 1600-1605, 2005.

SCOTT, V. N. et al. Guidelines for *conducting Listeria monocytogenes* challenge testing of foods. **Food Protection Trends**, Des Moines, v. 25, p. 818-825, 2005.

USDA - UNITED STATES DEPARTMENT OF AGRICULTURE. Pathogen reduction: Hazard Analysis and Critical Control Point (HACCP) systems: final rule. **Federal Register**, Washington, DC, v. 61, p. 38805-3989, 1996.

_____. **Progress report on** *Salmonella* **and** *Campylobacter* **testing of raw meat and poultry products, 1998-2006.** Washington, DC, 2008. Disponível em: <http://www.fsis.usda.gov/wps/wcm/connect/8d792eef-f44d-4ccb-8e25-ef5bdb4c1dc8/Progress-Report-Salmonella-Campylobacter-CY2012.pdf?MOD=AJPERES>. Acesso em: 4 nov. 2010.

10

CAPÍTULO

Pescados e Derivados

10.1 INTRODUÇÃO

Peixes e mariscos são uma importante fonte de proteína animal na maior parte do mundo. Em 2006, a produção mundial total foi de aproximadamente 144 milhões de toneladas métricas, das quais mais de 52 milhões de toneladas métricas foram produzidas pela China. As capturas de peixes selvagens contribuíram com aproximadamente 92 milhões de toneladas métricas. A produção aquícola vem aumentando constantemente desde 1990 e produziu 52 milhões de toneladas métricas em 2006 (FAO, 2009). Em 2005, quase 40% dos peixes e mariscos usados para consumo humano foram criados pela aquicultura. A maioria da produção (110 milhões de toneladas métricas) é usada para consumo humano e a maior parte é usada para farinha de peixe e óleo de peixe. Produtos de pescado são comercializados ao redor do mundo e o Sudeste Asiático e a China são os maiores exportadores de crustáceos cultivados (FAO, 2009).

Os pescados e derivados podem ser veículos de enfermidades transmitidas por alimentos causadas por parasitas, toxinas, vírus ou bactérias patogênicas e também podem veicular metais pesados, pesticidas ou resíduos de antibióticos. Os pescados e derivados foram responsáveis por aproximadamente 20% dos surtos de enfermidades transmitidas por alimentos com causas conhecidas nos Estados Unidos de 1997 a 2006, mas deve-se notar que relativamente poucos casos estão associados a cada surto. As causas principais são o envenenamento por histamina e toxina ciguatera (CSPI, 2007). A histamina é termoestável e, se produzida na matéria-prima, não será eliminada no envasamento ou na defumação a quente.

Peixes e mariscos são animais de sangue frio capturados ou colhidos de uma grande variedade de ambientes, desde lagos de água doce de regiões tropicais até águas marinhas da região fria do ártico. A microbiota dos peixes reflete o ambiente aquático do qual foram capturados (ICMSF, 2005). Os ambientes de água doce ou marinha contém vários perigos potenciais naturais e o controle desses perigos deve ser considerado durante a manipulação e processamento. Exemplos incluem parasitas, toxinas aquáticas como ciguatera e de moluscos, e espécies de *Vibrio* como *V. parahaemolyticus* e *V. vulnificus*. Os víbrios são importantes agentes etiológicos de enfermidades transmitidas pelos pescados marinhos e há várias avaliações de risco disponíveis (FAO; WHO, 2005a, 2005b, 2011; FDA, 2005). Somente algumas cepas de *V. parahaemolyticus* são capazes de causar gastrenterite e essas são frequentemente, mas nem sempre, positivas para uma hemolisina direta termoestável (TDH), ou uma hemolisina relacionada-TDH. A maioria das cepas ambientais é TDH negativa. A porcentagem de população de *V. parahaemolyticus* TDH positiva em áreas costeiras varia de 0,1% a 4% (FAO; WHO, 2011). Além disso, a porcentagem de *V. parahaemolyticus* patogênico em mariscos é geralmente baixa, mas ocasionalmente a porcentagem pode ser mais alta (por exemplo, 1%–4% em ostras), dependendo da área geográfica (FAO; WHO, 2011). Métodos para quantificar *V. parahaemolyiucus* patogênico estão em desenvolvimento e futuramente os critérios microbiológicos deverão ser baseados nas populações de cepas patogênicas. No momento, não há experiência com amostragem para *V. parahaemolytiucs* no ambiente de processamento e sugere-se investigar se *Vibrio* spp. pode ser um indicador de utilidade nas fábricas processadoras de pescado a ser consumido cru.

Essa categoria inclui uma variedade de peixes ósseos (por exemplo, tilápia, bacalhau, atum), crustáceos (por exemplo, camarão, lagosta), e moluscos (por exemplo, lula, polvo e bivalves como mexilhões, ameijoas ou ostras). A variedade de produtos é muito grande e inclui alimentos preparados por diversos métodos tecnológicos tradicionais e modernos como congelamento, resfriamento, salga, desidratação, defumação e acidificação, e produtos embalados em diferentes atmosferas. Apesar da heterogeneidade de matérias-primas e técnicas de processamento, os pescados podem ser agrupados por *commodities* com ecologia microbiana semelhante (ICMSF, 2005).

A maioria dos pescados e produtos derivados, quando não congelados, é perecível e pode deteriorar-se rapidamente em decorrência da multiplicação bacteriana. Um dos parâmetros de controle mais importantes é a temperatura, e o pescado fresco deve, preferencialmente, ser armazenado em gelo para retardar a deterioração. Embalagem, salga e acidificação ou tratamento térmico são processos comuns para aumentar a vida de prateleira de pescados.

O leitor deve a consultar *Microorganisms in food 6: Microbial ecology of food commodities* (ICMSF, 2005), para mais informações sobre ecologia microbiana, controle, qualidade e segurança microbiológica de pescados e derivados. A Codex Alimentarius Commission também publicou um *Código de Práticas para Peixes e Produtos de Pesca* (Code of Practices for Fish and Fish Products) (CODEX ALIMENTARIUS, 2008), e há uma variedade de códigos e padrões para várias *sub-commodities* de pescado.

Pescados e Derivados

10.2 PEIXES CRUS MARINHOS E DE ÁGUA DOCE

Essa categoria de produto inclui peixes ósseos inteiros, com cabeça e filetados. Os peixes podem ser de água marinha ou doce. Esses produtos devem ser armazenados preferencialmente entre 0 e 2 °C, e distribuídos e vendidos em gelo, mas podem também ser embalados a vácuo ou em atmosfera modificada e distribuídos em temperaturas pouco acima do congelamento. A baixa temperatura e talvez a atmosfera são os únicos parâmetros de conservação. A atividade de água é alta e o pH geralmente está entre 6,0 e 6,8. A maioria dos peixes ósseos é processada antes do consumo por cocção, mas peixes muito frescos podem ser consumidos crus (por exemplo, sushi ou sashimi).

10.2.1 Microrganismos de importância
10.2.1.1 Perigos e controles

A enfermidades transmitidas por alimentos associadas a peixes ósseos são causadas geralmente por biotoxinas aquáticas (ciguatera) ou histamina. Histamina é a amina biogênica predominante e sua produção está associada ao abuso de temperatura. Muitos casos de envenenamento por histamina (também denominada de envenenamento por escombrídeos) envolve níveis > 500–1.000 ppm (LEHANE; OLLEY, 2000). Quando o peixe é consumido cru, parasitas, algumas espécies de *Vibrio* e patógenos entéricos provenientes de águas contaminadas com fezes podem ser preocupantes. Perigos associados a peixes marinhos e de água doce e mariscos têm aumentado em razão das mudanças climáticas e de temperatura e da pesca excessiva. Nessas condições, certas cianobactérias oceânicas (também conhecidas com algas azuis) podem formar toxinas. *Clostridium botulinum* tipo E é um microrganismo encontrado normalmente no ambiente aquático, portanto precisa ser considerado no caso de produtos embalados a vácuo ou em atmosfera modificada porque é capaz de multiplicar-se a 3–4 °C em condições anaeróbias (ICMSF, 1996). Peixes ou crustáceos que são produzidos em "fazendas integradas" podem alimentar-se de estrume de frangos, suínos ou outros animais e, portanto, microrganismos como *Salmonella* podem estar presentes em peixes provenientes dessas fazendas. Finalmente, deve haver procedimentos para o controle de resíduos de antibióticos quando se tratar de espécies cultivadas.

As toxinas de algas são controladas pela pesquisa de proliferação de algas (*algal bloom*) nas águas de criação de peixes. Ciguatera é um problema em águas quentes de recifes tropicais e a maneira mais eficiente de prevenir enfermidades transmitidas por alimentos é evitar a pesca em tais áreas durante períodos de proliferação de algas perigosas. Alguns parasitas são controlados pela remoção durante a inspeção visual dos peixes ósseos, e todos os parasitas são destruídos por congelamento adequado ou cozimento. A presença de números baixos de *C. botulinum* não é um risco, mas a multiplicação potencial e formação de toxina em condições de anaerobiose devem ser controladas por meio da manutenção do pescado abaixo de 3 °C, durante todo o período. Espécies de *Vibrio* são preocupantes em águas mais quentes somente se o peixe é consumido cru. A contaminação com patógenos entéricos é controlada evitando-se águas contaminadas e adotando-se boas práticas higiênicas durante o processamento. O pescado cultivado tratado com antibióticos deve ser mantido por um determinado período, dependendo da temperatura, para eliminação dos resíduos antes da captura.

O Codex Alimentarius Commisssion Code of Practice for Fish and Fishery Products (CODEX ALIMENTARIUS, 2008) fornece informações sobre práticas tecnológicas adequadas e sistemas HACCP para o gerenciamento de riscos em peixes e derivados.

10.2.1.2 Deterioração e controles

Os peixes frescos são muito perecíveis e deterioram em decorrência da multiplicação bacteriana. À temperatura ambiente, bactérias Gram-negativas mesófilas são a causa principal da deterioração, que ocorre entre meio dia e dois dias. À temperatura de refrigeração, a deterioração é causada principalmente por bactérias Gram-negativas psicrotróficas. A embalagem a vácuo pode retardar a deterioração em algumas espécies de peixe de água temperada, mas não é tão eficiente na conservação como é para produtos cárneos. O controle da multiplicação de bactérias deteriorantes baseia-se na baixa temperatura, algumas vezes combinada com embalagem em atmosfera controlada (vácuo ou CO_2). Em produtos resfriados e embalados em CO_2, os principais microrganismos deteriorantes são fotobactérias ou bactérias Gram-positivas. A análise mais comum e mais razoável para a deterioração é a avaliação sensorial do produto. Se os microrganismos deteriorantes específicos do produto são conhecidos (por exemplo espécies de *Shewanella* em espécies de bacalhau mantidas em gelo), a contagem desses deteriorantes pode ser usada para estimar a vida de prateleira que resta ao produto; contudo, a população não descreverá a qualidade sensorial.

10.2.2 Dados microbiológicos

Na Tabela 10.1 encontram-se resumidas as análises úteis para peixes frescos crus. Consulte o texto para detalhes importantes relacionados a recomendações específicas.

10.2.2.1 Ambiente aquático

A água da qual o pescado (peixes, moluscos, crustáceos etc.) é capturado ou cultivado tem impacto na segurança. Toxinas de cianobactérias em água de aquicultura são uma preocupação crescente. Toxinas de algas são produzidas geralmente por dinoflagelados e a proliferação de algas é a responsável pela toxina de ciguatera e outras toxinas. Pesquisar algas em águas de captura ou evitar peixes de áreas de recifes tropicais durante o período de proliferação das algas pode controlar esse perigo. A análise do produtos final não é uma maneira eficiente de controlar o risco, embora a análise por cromatografia líquida de alto desempenho (HPLC) esteja disponível para algumas toxinas. Quando não há conhecimento prévio sobre o produto, a amostragem e a análise das toxinas por HPLC podem fornecer informações a respeito.

Pescados e Derivados

Tabela 10.1 Análises de peixes frescos para avaliação da segurança e da qualidade microbiológicas

Importância relativa		Análises úteis
Peixes vivos	Média	Investigar água para proliferação de algas (*algal blooms*) em área de risco e suspender captura durante o período de proliferação de algas.
Ingredientes críticos	Baixa	Peixes crus não têm ingredientes adicionados.
Durante o processamento	Média	Peixes silvestres podem apresentar parasitas, e alguns (nematoides) podem ser removidos durante a inspeção visual.
	Alta	Para eliminar parasitas, alguns países requerem congelamento (24 h a –20 °C) de peixes a serem consumidos crus, assim monitorar tempo e temperatura.
Ambiente de processamento	Média	Amostras de superfícies de equipamentos antes do início das operações podem ser usadas para verificar a eficiência da limpeza e desinfecção. O monitoramento de amostras de *swabs* ao longo do tempo pode ser usado para análise de tendência.
		Monitoramento para indicadores de patógenos entéricos por exemplo, *Salmonella* ou níveis de *Vibrio* spp. pode ser feito quando o produto for destinado ao consumo cru e dados epidemiológicos indiquem razões para preocupação.
Vida de prateleira	Baixa	A análise da vida de prateleira usando a avaliação sensorial pode ser útil para validar os prazos de validade de produtos novos no mercado ou de novos sistemas de embalagem.
		Análises para bactérias deteriorantes específicas (se conhecidas) podem fornecer uma indicação da vida de prateleira sob condições de armazenamento conhecidas. Populações de bactérias deteriorantes específicas acima de 10^7 UFC/g indicam início da deterioração.
Produto final	Média	A análise de rotina para patógenos não é recomendada. Analisar para indicadores para verificação do controle. A inspeção visual para parasitas é recomendada quando o produto for destinado ao consumo cru.

10.2.2.2 Matérias-primas

Vários perigos citados para peixe fresco são originários do ambiente aquático, portanto deve-se presumir que estejam presentes na matéria-prima, mesmo em níveis baixos. A presença de nematoides é comum em muitos peixes capturados na natureza e a inspeção visual é frequentemente realizada, como por exemplo, em filés de bacalhau após a filetagem. Esse perigo é controlado pelo processamento posterior (por exemplo, cozimento, acidificação ou congelamento). Trematódeos são comuns, principalmente em peixes cultivados nos países asiáticos, e devem ser controlados pelo processamento e melhora no saneamento (por exemplo, quebra da via de contaminação fecal–oral). Várias bactérias patogênicas (*C. botulinum*, bactérias produtoras de histamina e espécies de *Vibrio*) são comuns no ambiente aquático. A análise para quaisquer desses organismos em peixe fresco não garante a segurança, portanto o controle deve ser garantido por meio de parâmetros nas etapas de pesca, processamento e armazenamento. Ingredientes como alimentos para peixes usados em rações na aquicultura são geralmente analisados quanto à presença de salmonelas, mas uma associação entre sua presença na ração e a doença humana não foi observada. A contagem de aeróbios em peixes frescos, recém-capturados, varia entre 10^4 e 10^7 UFC/cm^2, enquanto em filés em que a pele foi adequadamente retirada podem apresentar populações bem menores. Para peixes das famílias *Clupeidae*, *Scombridae*, *Scombresocidae*, *Pomatomidae* e *Coryphaenedae*, utilizados como ingredientes crus na

174   Microrganismos em Alimentos 8

produção de outros produtos pesqueiros, os padrões recomendados da Codex Alimentarius Commission referentes à qualidade indicam que os níveis de histamina não devem exceder 10 mg por 100 g peixe (100 ppm) (CODEX ALIMENTARIUS, 2004).

10.2.2.3 Ambiente de processamento

O peixe cru é submetido a poucas etapas de processamento, com exceção da sangria, evisceração e filetagem. O ambiente de processamento pode ser uma fonte de bactérias deteriorantes e patógenos humanos, que podem ser controlados pelos processos de limpeza e sanitização de rotina. O monitoramento da contagem de aeróbios mesófilos nas superfícies pode ser usado para avaliar a limpeza do ambiente do processamento. Em casos especiais, como quando o peixe é submetido à defumação a frio, o monitoramento do ambiente para *Listeria monocytogenes* pode ser exigido (ver a Seção 10.9), uma vez que o peixe cru que entra no ambiente de defumação pode ser uma fonte desse microrganismo.

10.2.2.4 Vida de prateleira

Os peixes são animais de sangue frio e a microbiota natural é, frequentemente, adaptada a temperaturas baixas. Os peixes não acumulam glicogênio, portanto o pH não diminui durante o *post mortem* como ocorre com os animais de sangue quente. Para retardar a deterioração, recomenda-se armazená-los em gelo (0 °C). A vida de prateleira do peixe fresco armazenado sob condições controladas (geralmente em gelo) varia de 7 a > 30 dias, dependendo da espécie. Bactérias deteriorantes causam odores e sabores desagradáveis. As bactérias específicas nas espécies de peixes diferem, por exemplo, entre bactérias Gram-negativas psicrotróficas (shewanelas) em muitos peixes de água marinha mais fria, mantidos no gelo, e pseudomonas em muitas espécies de peixes de água doce. A deterioração é geralmente detectada quando as populações das bactérias deteriorantes estão > 10^7 UFC/g.

Quando as bactérias deteriorantes específicas forem identificadas para uma espécie de peixe, seus níveis podem ser usados para prever a vida de prateleira restante. Contagens de bactérias deteriorantes ou de aeróbios mesófilos não são indicativas da qualidade sensorial. Contagens feitas a 25 e 35 °C podem ser uma indicação útil da qualidade da vida de prateleira. As contagens das bactérias deteriorantes podem também ser úteis para determinar a vida de prateleira restante em condições definidas. Contudo, a avaliação sensorial é necessária para determinar a vida de prateleira dos produtos, como, por exemplo, quando há mudança na atmosfera de embalagem.

10.2.2.5 Produto final

A análise microbiológica de rotina desses produtos para verificar a qualidade ou a segurança microbiológica não é recomendada. Contudo, a inspeção para parasitas e a pesquisa de histamina em espécies de escombrídeos são importantes para garantir a segurança. Alguns países exigem que todo o peixe destinado para consumo na forma crua seja congelado por, pelo menos, 24 h a –20 °C para destruição dos parasitas.

Para histamina, vários padrões da Codex Alimentarius Commission em produtos finais de pescado estipulam limites de < 20 mg/100 g de peixe (200 ppm) (CODEX ALIMENTARIUS, 2004). Isso se aplica somente para as espécies das famílias *Clupeidae*, *Scombridae*, *Scombresocidae*, *Pomatomidae* e *Coryphaenedae*. As abordagens para a análise para histamina variam de acordo com a região geográfica. Nos Estados Unidos, recomenda-se a análise sensorial (detecção de odores de decomposição em 18-24 subamostras de produtos processados) e, caso amostras positivas sejam encontradas, ao menos seis subamostras devem ser analisadas, incluindo-se aquelas que apresentam odores de decomposição. O plano de amostragem aplicado estabelece $n = 6$, $c = 1$, $m = 50$ ppm e $M = 500$ ppm. Na Europa (EC, 2005), recomenda-se um plano de amostragem no qual $m = 100$ ppm, $M = 200$ ppm, $n = 9$, $c = 2$, para produtos de espécies de peixes associados a quantidades altas de histidina. Na Austrália e na Nova Zelândia, o código estabelece que o nível de histamina em peixes ou produtos derivados não deve exceder 200 mg/kg (200 ppm) (FSANZ, 2000). Malle, Valle e Bouquelet (1996) e Duflos, Dervin e Malle (1999) descrevem o método analítico para a quantificação de histamina.

Se o produto é destinado para o consumo na forma crua, várias bactérias e vírus patogênicos originários do reservatório animal-humano podem representar um risco. Esses podem estar presentes no pescado em virtude da contaminação cruzada, mas a adoção das boas práticas de higiene controlam esses perigos. Se não houver disponibilidade de dados sobre o produto, a análise para *Salmonella* e *V. parahaemolyticus* pode ser relevante de forma limitada, caso o produto seja destinado ao consumo na forma crua. Deve também ser observado que geralmente o peixe cru é consumido muito fresco e que os resultados da análise bacteriológica podem não estar disponíveis antes do consumo do produto. Portanto, para garantir a segurança do pescado cru é importante compreender que a origem e as condições de manipulação são mais importantes do que a análise microbiológica.

10.3 PESCADOS CRUS CONGELADOS

Essa categoria de produto é derivada de peixe (inteiro ou filetado) descrito na Seção 10.2, de crustáceos descritos abaixo ou de moluscos (por exemplo, lula ou polvo). Os produtos são geralmente armazenados entre –18 e –20 °C, não ocorrendo multiplicação microbiana nessas condições. Os peixes congelados ou crustáceos podem ser posteriormente processados, cozidos e consumidos, ou consumidos crus, como sushi ou sashimi, após o descongelamento.

10.3.1 Microrganismos de importância

10.3.1.1 Perigos e controles

O congelamento de pescado fresco não muda o perfil de risco, mas elimina os parasitas que apresentam risco em produtos crus ou minimamente tratados. O cozimento elimina os patógenos de importância. A presença de toxinas aquáticas e histamina (em espécies de escombrídeos) é similar ao descrito para pescado cru, e o cozimento não destruirá esses perigos. Evitar pescado de recifes tropicais ou áreas com proliferação de algas controla o risco de toxinas aquáticas. A formação de histamina pode ser controlada pela manutenção em temperatura baixa durante todas as etapas de armazenamento, manipulação e processamento. O congelamento detém o processo de formação de histamina.

10.3.1.2 Deterioração e controles

A deterioração microbiológica não é um problema importante em pescado congelado. Qualquer deterioração de pescado cru antes do congelamento pode ser determinada pela avaliação sensorial. A qualidade sensorial se altera durante o armazenamento congelado, com alterações mais rápidas em temperaturas mais altas ou flutuantes. A contagem total de aeróbios pode indicar o nível de higiene durante o processamento ou o tempo de armazenamento antes do congelamento.

10.3.2 Dados microbiológicos

Na Tabela 10.2 encontram-se resumidas as análises úteis para peixes crus congelados. Consulte o texto para detalhes importantes relacionados a recomendações específicas.

10.3.2.1 Ingredientes críticos

Os crustáceos podem ser recobertos com fina camada de gelo (*glazed*) durante o congelamento para evitar a evaporação da água durante o armazenamento congelado. A água usada para esse processo deve ter qualidade de água potável.

10.3.2.2 Durante o processamento

O produto é submetido a um número limitado de etapas durante o processamento e a amostragem durante essas etapas não tem utilidade.

Tabela 10.2 Análise de pescado fresco congelado para avaliação da segurança e da qualidade microbiológicas

Importância relativa		Análises úteis
Pescado cru	Média	Parâmetros como os indicados na Tabela 10.1 devem estar sob controle; por exemplo, toxinas de algas. O congelamento elimina parasitas.
Ingredientes críticos	Alta	Se o produto for recoberto por uma fina camada de gelo (*glazed*), garantir a potabilidade da água.
Durante o processamento	Baixa	Amostras de rotina de pescado cru durante o processamento de congelamento não são coletadas.
Ambiente de processamento	Baixa	Amostras de superfícies de equipamentos antes do início das operações podem ser usadas para verificar a eficiência dos procedimentos de limpeza e desinfecção.
Vida de prateleira	Baixa	Qualidade sensorial de pescado congelado é prejudicada em virtude das alterações autolíticas bioquímicas.
Produto final	Média	A análise microbiológica de rotina não é recomendada. A análise de histamina em espécies conhecidas por acumular essa amina biogênica pode ser importante.

Pescados e Derivados

10.3.2.3 Ambiente de processamento

Swabs para contagens de aeróbios mesófilos podem ser usados para determinar se os procedimentos de limpeza e desinfecção estão funcionando.

10.3.2.4 Vida de prateleira

A vida de prateleira de pescados e derivados congelados não é limitada por problemas microbiológicos, mas por alterações oxidativas durante o armazenamento congelado. As temperaturas altas ou flutuantes podem acelerar a deterioração. O monitoramento do tempo e temperatura durante o processamento evitará a deterioração da qualidade sensorial.

10.3.2.5 Produto final

Não se recomenda a análise microbiológica de rotina do produto final. Caso os produtos descongelados sejam consumidos crus, devem ser considerados os pontos na Tabela 10.1, caso contrário, recomenda-se o uso da Tabela 10.2. Para histamina, ver a Seção 10.2.2.5 para recomendações atuais de análise.

10.4 CRUSTÁCEOS CRUS

Crustáceos são animais que têm esqueleto externo e incluem caranguejos e camarões. Os camarões são muito importantes no comércio internacional e constituem importantes produtos de exportação dos países do Sudeste Asiático. Os crustáceos podem ser distribuídos e vendidos crus (congelados) ou cozidos (ver a seção específica adiante).

10.4.1 Microrganismos de importância
10.4.1.1 Perigos e controles

Os crustáceos são geralmente processados pelo cozimento (ver a Seção 10.5), mas podem ser consumidos crus. A presença de patógenos humanos nas águas pode causar doença. Patógenos entéricos, inclusive vírus, podem ser controlados evitando-se a captura em águas com contaminação fecal, mas *Vibrio* spp. é indígeno do ambiente aquático.

10.4.1.2 Deterioração e controles

Os crustáceos frescos são produtos perecíveis e várias reações de deterioração causam a deterioração sensorial. Enzimas proteolíticas na glândula digestória dos crustáceos se tornam ativas na coleta, e a autólise começa muito rapidamente, resultando em uma rápida perda da qualidade sensorial. As reações autolíticas produzem amônia, e a oxidação pode causar o desenvolvimento de pontos escuros (melanose). A multiplicação bacteriana pode produzir odores e aromas desagradáveis. O armazenamento em baixa temperatura (gelo) é o modo mais eficiente de retardar a deterioração. A avaliação sensorial é usada para determinar a qualidade do produto.

10.4.2 Dados microbiológicos

Na Tabela 10.3 encontram-se resumidas as análises úteis para crustáceos crus. Consulte o texto para detalhes importantes relacionados a recomendações específicas.

Tabela 10.3 Análise de crustáceos frescos para avaliação da segurança e da qualidade microbiológicas

Importância relativa		Análises úteis
Ingredientes críticos	Baixa	Se imersos em metabissulfito para prevenir melanose, pode ser exigida a medida do sulfito residual. Caso sejam usados sanitizantes nas águas de enxágue, o monitoramento dos resíduos pode ser necessário.
Durante o processamento	Baixa	Não são coletadas amostras de rotina durante o processamento de crustáceos crus.
Ambiente de processamento	Média	Podem ser usadas amostras de *swab* de superfícies de equipamento antes do início das operações para verificar a eficiência dos procedimentos de limpeza e desinfecção. O monitoramento para indicadores de patógenos entéricos por exemplo, *Salmonella* ou níveis de *Vibrio* spp. pode ser feito quando o produto for destinado ao consumo cru e dados epidemiológicos indiquem razões para preocupação.
Vida de prateleira	Baixa	A vida de prateleira de crustáceos crus não congelados é curta. O pH aumenta durante o armazenamento em gelo e pode, dependendo da espécie, ser monitorado para indicar a deterioração.
Produto final	Média	A análise microbiológica de rotina não é recomendada. Analisar patógenos específicos somente quando a informação indicar potencial de contaminação ou quando as condições de produção e história não forem conhecidas.

10.4.2.1 Ingredientes críticos

Geralmente, os crustáceos crus não têm ingredientes adicionados. Para evitar a formação de pontos negros, os crustáceos podem ser imersos em metabissulfito, o que pode ser prejudicial para indivíduos sensíveis, o que pode exigir o monitoramento dos resíduos de dióxido de enxofre. Em alguns países, é permitido adicionar cloro e outros sanitizantes à agua de lavagem e, nesses casos, pode ser necessário monitorar os resíduos.

10.4.2.2 Durante o processamento

Monitorar o tempo e temperatura durante o processamento para controlar as reações de deterioração.

10.4.2.3 Ambiente de processamento

Crustáceos crus são submetidos a pouco processamento. Coletas com *swabs* para contagens de aeróbios mesófilos podem ser usadas para verificar se os procedimentos de limpeza e desinfecção estão adequados.

10.4.2.4 Vida de prateleira

Crustáceos são produtos altamente perecíveis e devem ser armazenados em gelo ou congelados. A determinação da qualidade para consumo é feita por meio da avaliação sensorial.

Pescados e Derivados

10.4.2.5 Produto final

A análise microbiológica de rotina dos crustáceos crus não é recomendada, se o produto será cozido. Contudo, se for consumido cru, a amostragem e a análise para patógenos específicos (salmonelas e *V. parahaemolyticus*) podem ser úteis, caso não haja conhecimento prévio do produto. Assim como para peixe cru, os crustáceos destinados ao consumo cru são consumidos rapidamente e é pouco provável que a análise do produto final seja realizada antes do consumo.

10.5 CRUSTÁCEOS COZIDOS

10.5.1 Microrganismos de importância

10.5.1.1 Perigos e controles

Os processos de cozimento utilizados para crustáceos inativam quase todos os microrganismos presentes. Qualquer manipulação (mecânica ou manual) após o cozimento (por exemplo, descascamento) pode resultar em contaminação proveniente do produto cru ou de origem humana, inclusive de bactérias patogênicas entéricas, vírus e *Staphylococcus aureus*. Como a maioria dos microrganismos competidores foi eliminada, *S. aureus* pode multiplicar-se e produzir enterotoxina, caso haja abuso de temperatura. A carne de caranguejo cozida pode ser produzida como um produto perecível refrigerado e *C. botulinum* psicrotrófico pode ser um problema de segurança. Nos Estados Unidos, a carne de caranguejo pasteurizada recebe um cozimento botulínico do tipo E (por exemplo, pelo menos 10 min a 90 °C). A carne de caranguejo cozida também é estável à temperatura ambiente (ver a Seção 10.14). Se o produto é refrigerado, *L. monocytogenes* pode tornar-se um problema.

10.5.1.2 Deterioração e controles

Crustáceos cozidos deterioram em virtude da multiplicação bacteriana. Porém, não foram identificados microrganismos específicos causadores da deterioração. A avaliação sensorial é recomendada para determinar o grau de deterioração possível. Quando armazenados congelados, a deterioração não é um problema.

10.5.2 Dados microbiológicos

Na Tabela 10.4 encontram-se resumidas as análises úteis para crustáceos cozidos. Consulte o texto para detalhes importantes relacionados a recomendações específicas.

10.5.2.1 Ingredientes críticos

Os crustáceos são mantidos em salmoura, em alguma etapa do processamento, e podem ser cobertos com uma fina camada de gelo antes do congelamento. A qualidade microbiológica da salmoura e da água para fabricação do gelo deve ser avaliada.

180

Microrganismos em Alimentos 8

Tabela 10.4 Análises de crustáceos cozidos para avaliação da segurança e da qualidade microbiológicas

Importância relativa		Análises úteis
Animal cru	Baixa	Uma vez quo o produto é cozido durante o processamento, a análise microbiológica da matéria-prima não é útil, a menos que a confiança no fornecedor seja baixa.
Ingredientes críticos	Baixa	Esses produtos podem ser colocados em salmoura durante o processamento e a água usada deve ter qualidade de água potável.
Durante o processamento	Baixa	Não se recomenda a análise do produto durante o processamento.
Ambiente de processamento	Média	As áreas de processamento após o cozimento devem ser tratadas como zonas de alto risco. Os procedimento de limpeza e desinfecção devem ser checados.
	Alta	A análise para *Salmonella* (ou indicadores de patógenos entéricos) nas áreas pós-cozimento durante operação normal para verificar o controle do processo. Se o produto for refrigerado e não pasteurizado no recipiente, analise as áreas pós cozimento durante a operação normal para *L. monocytogenes*. Níveis recomendados: *Salmonella* – ausente. *Listeria* spp. – ausente.
Vida de prateleira	Baixa	A análise microbiológica para vida de prateleira não é importante para crustáceos cozidos e congelados. Para carne de caranguejo pasteurizada e congelada, a análise para vida de prateleira pode ser considerada quando são feitas alterações no processo.
Produto final		A amostragem de rotina para patógenos não é necessária. Realize a análise para patógenos específicos somente quando a informação indicar potencial de contaminação ou quando as condições de produção e história não são conhecidas (ver texto).

	Produto	Microrganismo	Método analítico[a]	Caso	Plano de amostragem e limites/g[b]			
					n	c	m	M
Baixa	Crustáceos cozidos sem casca	*S. aureus*	ISO 6888-1	8	5	1	10^2	10^3

	Produto	Microrganismo	Método analítico[a]	Caso	Plano de amostragem e limites/25 g[b]		
Baixa		*Salmonella*	ISO 6579	11	10	0	0	-
Baixa		*L. monocytogenes*	ISO 11290-1	NA[d]	5[c]	0	0	-

[a] Métodos alternativos podem ser usados, desde que validados pelos métodos ISO.

[b] Consulte o Apêndice A para desempenho desses planos de amostragem.

[c] Unidades analíticas individuais de 25 g (ver a Seção 7.5.2 para amostra composta).

[d] NA = não aplicável: foi utilizado o critério Codex para alimentos prontos para consumo (RTE) que permitem a multiplicação de *L. monocytogenes*.

10.5.2.2 *Durante o processamento*

As medidas de tempo e temperatura durante o cozimento são procedimentos importantes para controlar o processo de cozimento. A amostragem do produto durante o processamento geralmente não é útil.

Pescados e Derivados

10.5.2.3 Ambiente de processamento

A contaminação cruzada proveniente do ambiente de processamento pode ocorrer e a população bacteriana no produto final reflete os níveis presentes na matéria-prima (HØEGH, 1989). Existem evidências de que os crustáceos, como os camarões criados em cativeiro, podem estar contaminados com salmonela. Além disso, a manipulação pode causar contaminação com microrganismos patogênicos. As áreas nas quais os crustáceos cozidos são manuseados devem ser consideradas de alto risco. As máquinas para retirada da carapaça podem ser difíceis de limpar e desinfetar, e merecem atenção especial. Coletas de superfícies com *swabs* podem ser usadas para determinar a eficiência dos procedimentos de limpeza e desinfecção. Se o produto for distribuído refrigerado, deve-se considerar a pesquisa de *L. monocytogenes* no ambiente pós-cozimento. E também prudente realizar o monitoramento de *Salmonella* do ambiente pós-cozimento.

10.5.2.4 Vida de prateleira

A deterioração de crustáceos cozidos ocorre muito rapidamente; contudo não há dados consolidados sobre as taxas de multiplicação bacteriana e sobre microrganismos deteriorantes. Contagens acima de 10^6 UFC/g indicam multiplicação bacteriana após o cozimento, mas esses níveis não necessariamente significam deterioração.

10.5.2.5 Produto final

A amostragem rotineira para patógenos não é necessária. A análise de patógenos específicos é necessária somente quando houver indicação de contaminação potencial ou quando as condições de produção forem desconhecidas. Isso é especialmente verdade para produtos descascados que poderão ser manipulados. Se o produto é armazenado e distribuído em refrigeração, a amostragem e a análise para *L. monocytogenes* pode ser relevante. Os planos de amostragem para produtos prontos para o consumo que permitem a multiplicação de *L. monocytogenes* encontram-se na Tabela 10.4.

10.6 MOLUSCOS CRUS

Esta categoria de produto inclui animais aquáticos que se alimentam por filtração, como ostras, mexilhões, amêijoas, berbigão e vieiras. Gastrópodes, equinodermas e tunicados também pertencem a esse grupo. Esta sessão trata principalmente de ostras, que são frequentemente distribuídas vivas e consumidas cruas. A ostra pode também ser removida de sua concha e distribuída. Enquanto a defesa imune da ostra viva a protege da deterioração, a ostra sem sua concha deteriora-se rapidamente. Alguns produtos como o mexilhão verde da Nova Zelândia também são congelados crus (em meia concha) e distribuídos.

10.6.1 Microrganismos de importância
10.6.1.1 Perigos e controles

Moluscos bivalves vivos são frequentes causas de enfermidades transmitidas por alimentos. Os agentes causadores das enfermidades são toxinas, vírus, patógenos bacterianos entéricos e espécies de *Vibrio*. *V. vulnificus* pode ser um problema crítico em algumas áreas. A análise dos animais vivos não é um modo eficiente de controlar esses agentes de enfermidades. As águas das quais os moluscos são colhidos podem ser monitoradas quanto à proliferação de algas. A União Europeia classifica a água de cultivo de moluscos de acordo com o conteúdo de patógenos entéricos do animal vivo (EC, 2004a, 2004b), e tem limites para níveis permitidos de biotoxinas marinas (EC, 2004a). A depuração é o processo no qual os animais vivos são colocados em água limpa e, vagarosamente, os patógenos são retirados. Contudo, alguns patógenos, como vírus, podem permanecer nos animais mesmo após a depuração. O cozimento destrói *Vibrio* spp. Patogênico, mas não destrói vírus da hepatite A ou norovírus. O aquecimento a 90 °C por 1,5 min parece ser eficaz (D'SOUZA; MOE; JAYKUS, 2007). *Vibrio parahaemolyticus* está cada vez mais associado a enfermidades transmitidas por bivalves e foram realizadas duas importantes avaliações de risco (FDA, 2005; FAO; WHO, 2011). *V. parahaemolyticus* e *V. vulnificus* podem multiplicar-se no animal vivo e a temperaturas > 26 °C. Essas bactérias podem alcançar 10^5–10^6 UFC/g, portanto o resfriamento é uma importante medida de controle.

A associação entre moluscos vivos e enfermidades transmitidas por alimentos é conhecida há muito tempo e, em 1925, uma conferência nos Estados Unidos estabeleceu os princípios básicos do National Shellfish Sanitation Program. Esse programa fornece diretrizes gerais e menciona a importância das águas limpas, e dá diretrizes sobre a população de *E. coli* aceitável em águas de cultivo de bivalves (CLEM, 1994). Atualmente, os Estados Unidos classificam as águas de cultivo de bivalves de acordo com o conteúdo de coliformes, porém, admite-se que contagens elevadas de indicadores fecais tradicionais não necessariamente estão correlacionadas com a presença de víbrios patogênicos ou vírus entéricos nos moluscos crus.

Em virtude da relação epidemiológica entre a enfermidade e o consumo de moluscos crus, diversas agências têm critérios microbiológicos para esses produtos. Ainda nos Estados Unidos, restaurantes devem colocar um aviso informando que o consumo de moluscos crus pode ser perigoso. Essa nota é devida ao risco relacionado a *V. vulnificus*, que parece ser comum em certas regiões dos Estados Unidos.

A prevalência de norovírus como um patógeno emergente foi relatada em muitos países, associado a ostras cruas e carne de ostra retirada da concha. Quando há suspeita da presença de norovírus, a análise específica deve ser realizada.

10.6.1.2 Deterioração e controles

Moluscos bivalves a serem consumidos crus são geralmente armazenados vivos. Portanto, não há deterioração, pois o sistema imunológico do animal previne a degradação. Moluscos fora das conchas devem ser armazenados em baixas temperaturas, em gelo, uma vez que deterioração ocorre rapidamente.

10.6.2 Dados microbiológicos

Na Tabela 10.5 encontram-se resumidas análises úteis para bivalves crus. Consulte o texto para detalhes importantes relacionados a recomendações específicas.

Pescados e Derivados

10.6.2.1 Águas de cultivo

Os Estados Unidos classificam as águas de cultivo de moluscos de acordo com as populações de coliformes (NSSP, 2007). A União Europeia classifica essas águas em três categorias (A, B ou C) com base no nível de coliformes, *E. coli* e *Salmonella* nos animais vivos. Nenhum desses microrganismos é um bom indicador da quantidade de vírus entérico presente nos animais. O acúmulo de toxinas dos moluscos é uma causa de enfermidade e vários países implementaram programas de vigilância de águas de cultivo, geralmente baseados em observações ambientais assim como amostragem e análise de toxinas (por exemplo intoxicação por toxinas paralisantes de molusco), ou toxicidade dos animais.

10.6.2.2 Durante o processamento

Os moluscos bivalves vivos são submetidos a pouco processamento. Quando vivos, eles podem ser depurados e, posteriormente, processados para retirada da concha. A qualidade da água deve ser controlada e alguma mensuração da eficiência do processo de depuração pode ser obtida pelo monitoramento de indicadores fecais.

Tabela 10.5 Análises de bivalves vivos (crus) para avaliação da segurança e da qualidade microbiológicas

Importância relativa		Análises úteis
Ambiente aquático	Alta	Monitore as águas de cultivo dos bivalves usando indicadores adequados de qualidade de água (ver o texto).
Ingredientes críticos	Baixa	A água e o gelo usados para processar ou manter (depurar) bivalves crus devem vir de uma fonte não contaminada. Analise quando a qualidade da água estiver em questão.
Durante o processamento	Baixa	Bivalves vivos são submetidos somente a pequeno processamento.
Ambiente de processamento	Baixa	Bivalves vivos são submetidos somente a pequeno processamento. A condição de higiene pode ser monitorada por *swabs* para contagem total.
Vida de prateleira	Baixa	Os animais vivos previnem a deterioração por si mesmos. Os bivalves sem concha se deterioram rapidamente.
Produto final	Baixa a alta	Se o produto é de águas reconhecidamente aprovadas, a análise do produto final não é útil. Quando a condição das águas de cultivo não forem conhecidas, ou quando houver suspeita de contaminação, a análise pode ser útil (ver também o texto).

Produto	Microrganismo	Método analítico[a]	Caso	Plano de amostragem e limites/g[b]			
				n	c	m	M
Moluscos bivalves vivos	*E. coli*	ISO 7251	6	5	1	2,3	7
	V. parahaemolyticus[c]	ISO/TS 21872-1	9	10	1	10^2	10^4
				Plano de amostragem e limites/25g[b]			
	Salmonella	ISO 6579	11	10[d]	0	0	-

[a] Métodos alternativos podem ser usados, desde que validados pelos métodos ISO.

[b] Consulte o Apêndice A para desempenho desses planos de amostragem.

[c] Somente para águas suspeitas de conter *Vibrio* spp. Em algumas áreas, níveis mais baixos de M (por exemplo, 10^3) podem ser mais importantes para garantir a segurança.

[d] Unidades analíticas individuais de 25 g (ver a Seção 7.5.2 para amostra composta).

10.6.2.3 Ambiente de processamento

É pouco provável que o ambiente de processamento contribua com algum risco de segurança desse produto.

10.6.2.4 Vida de prateleira

Moluscos vivos não se deterioram facilmente. No entanto, animais mortos deterioram-se rapidamente, sendo a deterioração facilmente detectada por avaliação sensorial.

10.6.2.5 Produto final

Embora a análise do produto final não controle enfermidade causada por esse produto, permite detectar lotes mais contaminados. O padrão da União Europeia para bivalves vivos sugere a análise de cinco amostras para *Salmonella* e para *E. coli n* = 1, *c* = 0, M = 230 MPN/100 g de carne e líquido intravalvar, com uma amostra composta por, no mínimo, de dez animais (EC, 2005). Nos seus planos de amostragem, a ICMSF sugere os casos 10 ou 11, com um número maior de amostras. O estabelecimento de um limite para esses organismos pode ser útil para áreas onde as populações das espécies de *Vibrio* são altas nas águas de cultivo e captura desses animais.

O Codex Alimentarius (2008) os padrões microbiológicas para *Vibrio* em moluscos vivos e crus. Uma avaliação de risco para *V. parahaemolyticus* em ostras publicada pela FAO e WHO (2011) indica que o estabelecimento de um limite pode ser uma forma eficiente de reduzir o risco para a saúde humana, desde que haja conformidade com esse limite. Entretanto, a redução do risco à saúde tem um custo em termos de quantidade de produto a ser rejeitado. A avaliação de risco considerou o equilíbrio entre esses dois fatores, estimando que uma população máxima de 10^3 UFC/g causaria uma redução de mais de 2/3 na enfermidade, mas causaria também uma rejeição de até 20% dos produtos. Uma população máxima de 10^4 UFC/g reduziria o risco de enfermidade entre 20 e 90% e causaria uma rejeição entre 1–2% dos produtos no mercado.

A análise para vírus entéricos, ou vírus indicadores desse grupo, pode ser possível no futuro, podendo ser um parâmetro de análise mais relevante.

10.7 MOLUSCOS SEM CONCHA E COZIDOS

A carne dos bivalves pode ser removida da concha usando a força física (por exemplo, separando as partes das conchas com uma faca) ou submetendo os animais a um leve aquecimento para relaxar o músculo adutor, antes da remoção da concha. A carne crua pode ser comercializada como produto cru, sendo aplicáveis, nesse caso, os perigos e critérios usados para bivalves vivos crus. Ao contrário do animal vivo, a carne crua se deteriora rapidamente. A carne retirada da concha é frequentemente submetida a um tratamento térmico, podendo ser pasteurização ou esterilização comercial.

Pescados e Derivados

10.7.1 Microrganismos de importância

10.7.1.1 Perigos e controles

Moluscos bivalves vivos são causas relativamente frequentes de enfermidades transmitidas por alimentos. Os agentes causadores de enfermidades são toxinas de moluscos, vírus, patógenos entéricos bacterianos e espécies de *Vibrio*. Os problemas considerados na seção anterior também se aplicam à carne crua. A carne submetida ao tratamento térmico (pasteurizada), é similar aos crustáceos cozidos, em termos de perigos a serem controlados. Os critérios microbiológicos da União Europeia para carne cozida de bivalves, retirada da concha, são os mesmos que para crustáceos cozidos (EC, 2005).

10.7.1.2 Deterioração e controles

A carne dos moluscos bivalves se deteriora muito rapidamente. Em virtude do alto conteúdo de glicogênio, a deterioração que normalmente ocorre é do tipo fermentativo. A deterioração pode ser monitorada por meio da avaliação sensorial e medidas de pH. Os produtos são comercializados principalmente como produtos congelados e a deterioração é prevenida pela baixa temperatura.

10.7.2 Dados microbiológicos

Na Tabela 10.6 encontram-se resumidas as análises úteis para moluscos sem concha e cozidos. Consulte o texto para detalhes importantes relacionados a recomendações específicas.

10.7.2.1 Águas de cultivo

As considerações feitas na seção anterior se aplicam aqui.

10.7.2.2 Durante o processamento

O cozimento de bivalvos sem concha é um ponto crítico de controle porque é uma etapa em que as células vegetativas de bactérias patogênicas são destruídas. A pasteurização pode ser realizada no produto embalado (*pouched*) e, nesse caso, a contaminação pós-pasteurização não é um problema.

10.7.2.3 Ambiente de processamento

Bivalves sem concha, cozidos, podem ser aquecidos na embalagem (*pouch*) e, nesse caso, o ambiente de processamento tem pouca importância. Contudo, se ocorrer alguma manipulação após o aquecimento, o ambiente passa a ser considerado de alto risco, devendo ocorrer uma amostragem ambiental equivalente à de outros produtos pasteurizados, podendo incluir a pesquisa de patógenos específicos ou de indicadores. Os procedimentos de limpeza e desinfecção podem ser monitorados pela amostragem do ambiente. O ambiente de processamento deve ser monitorado quanto às condições de higiene, como descrito para crustáceos cozidos.

Tabela 10.6 Análises de bivalves sem concha e cozidos para avaliação da segurança e da qualidade microbiológicas

Importância relativa		Análises úteis
Ambiente aquático	Alta	Monitorar as águas de cultivo dos bivalves usando indicadores adequados de qualidade de água (ver o texto).
Ingredientes críticos	Baixa	Bivalves sem concha cozidos normalmente não contêm nenhum ingrediente.
Durante o processamento	Alta	Qualidade da água e etapas do tratamento térmico devem ser controladas.
Ambiente de processamento	Baixa a alta	Quando aquecidos em embalagens (*pouch*), o ambiente de processamento tem pouca importância Quando manuseados após o tratamento térmico, deve-se proceder a amostragem equivalente a outros produtos pasteurizados (ver o texto). Procedimentos de limpeza e desinfecção podem ser monitorados.
Vida de prateleira	Baixa	Se não for submetido a algum procedimento de conservação posterior (congelamento, pasteurização na embalagem), o produto se deteriora rapidamente.
Produto final	Média	A amostragem de rotina para patógenos não é recomendada. Se a aplicação de BPH e HACCP estiverem em dúvida, recomenda-se o seguinte plano de amostragem (ver o texto).

Produto	Microrganismo	Método analítico[a]	Caso	Plano de amostragem e limites/25 g[b]			
				n	c	m	M
Bivalves sem concha cozidos, não processados em embalagem	*Salmonella*	ISO 6579	11	10[c]	0	0	-

[a] Métodos alternativos podem ser usados, desde que validados pelos métodos ISO.

[b] Consulte o Apêndice A para desempenho desses planos de amostragem.

[c] Unidades analíticas individuais de 25 g (ver a Seção 7.5.2 para amostra composta).

10.7.2.4 Vida de prateleira

Moluscos sem concha, cozidos, deterioram-se facilmente e devem ser mantidos em refrigeração.

10.7.2.5 Produto final

O tratamento térmico elimina patógenos Gam-negativos adquiridos das águas de cultivo, embora a inativação de patógenos virais necessita de mais estudos. O produto é propenso à contaminação pelo ambiente de processamento, se não for processado embalado. Lotes onde se suspeita de contaminação podem ser testados para *Salmonella* e *S. aureus*, seguindo os mesmos critérios dos crustáceos cozidos.

10.8   SURIMI E PRODUTOS À BASE DE PESCADO MOÍDO

Surimi e outros produtos à base de pescado são constituídos de proteínas de pescado, geralmente espécies de peixe de carne branca. Frequentemente esses produtos são

Pescados e Derivados

intermediários e destinados à manufatura de outros produtos, como palitos de caranguejo (*crab sticks*) ou *kamaboko*.

10.8.1 Microrganismos de importância

10.8.1.1 Perigos e controles

Não há perigos relacionados a esses produtos e muitos são aquecidos antes do consumo. Produtos à base pescado moído são geralmente comercializados como congelados e cozidos e podem ser consumidos sem nenhum processamento posterior. Esses produtos são equivalentes aos descritos na Seção 10.13. Microrganismos patogênicos provenientes do reservatório animal–homem que podem ser transferidos durante a contaminação cruzada podem constituir um risco. A observação das boas práticas de higiene (BPH) durante o processamento controla esses microrganismos. Caso os produtos sejam vendidos embalados e refrigerados, as bactérias patogênicas de interesse são aquelas de outros produtos à base de pescado prontos para o consumo. *C. botulinum* pode se multiplicar e produzir toxina em surimi embalado a vácuo e somente o armazenamento em baixa temperatura e a vida de prateleira curta podem controlar esse risco de forma efetiva. Nos Estados Unidos, surimi deve receber um tratamento térmico para *C. botulinum* do tipo E (por exemplo, ao menos 10 min a 90 °C). *L. monocytogenes* foi detectada em produtos de surimi, sendo capaz de se multiplicar. O cozimento na embalagem controlará esse perigo. Nesse caso, aplicam-se os planos de amostragem e padrões desenvolvidos para produtos levemente conservados à base de pescado (Seção 10.9).

10.8.1.2 Deterioração e controles

Quando armazenados congelados, não há problemas de deterioração. Quando armazenados refrigerados, a deterioração é de origem bacteriana (por exemplo, *Bacillus*) e é facilmente detectada pela avaliação sensorial. O controle de deterioração mais eficiente é o armazenamento sob baixa temperatura.

10.8.2 Dados microbiológicos

Na Tabela 10.7 encontram-se resumidas as análises úteis para surimi e produtos à base de pescado moído. Consulte o texto para detalhes importantes relacionados a recomendações específicas.

10.8.2.1 Ingredientes críticos

Não há ingredientes críticos nesses produtos. Crioprotetores, sal, proteína de soja e amido podem ser adicionados, mas não influenciam a segurança microbiológica ou deterioração.

10.8.2.2 Durante o processamento

Não há necessidade de analisar amostras durante o processamento.

Tabela 10.7 Análises de surimi e produtos cozidos à base de pescado moído para avaliação da segurança e da qualidade microbiológicas

Importância relativa		Análises úteis
Ingredientes críticos	Baixa	Surimi não contém ingredientes críticos.
Durante o processamento	Baixa	Amostras de rotina não são coletadas durante o processamento de surimi.
Ambiente de processamento	Baixa	Amostras de superfícies de equipamentos coletadas antes do início do processo podem ser usadas para verificar a eficiência dos procedimentos de limpeza e desinfecção.
	Alta	Se o produto for comercializado refrigerado e não pasteurizado na embalagem (*in-bag*), é necessário o monitoramento do ambiente para *L. monocytogenes*.
Vida de prateleira	Baixa	Não existem procedimentos padrão.
Produto final	Baixa	A análise microbiológica não é recomendada para produtos congelados. Quando os produtos são comercializados e armazenados refrigerados, a amostragem e a análise para *L. monocytogenes* pode ser importante, a menos que o produto seja pasteurizado na embalagem (*in-bag*).

Produto	Microrganismo	Método analítico[a]	Caso[b]	Plano de amostragem e limites/g[c]			
				n	c	m	M
Surimi e produto à base de pescado moído. Sem multiplicação	*L. monocytogenes*	ISO 11290-2	NA[b]	5	0	10	-

Produto	Microrganismo	Método analítico	Caso	Plano de amostragem e limites/25 g[d]			
				n	c	m	M
Permite a multiplicação	*L. monocytogenes*	ISO 11290-1	NA[b]	5[d]	0	0	-

[a] Métodos alternativos podem ser usados, desde que validados pelos métodos ISO.
[b] NA = não aplicável em virtude do uso dos critérios Codex.
[c] Consulte o Apêndice A para desempenho desses planos de amostragem.
[d] Unidades analíticas individuais de 25 g (ver a Seção 7.5.2 para amostra composta).

10.8.2.3 Ambiente de processamento

Podem ser usados *swabs* para contagem de aeróbios mesófilos para determinar se os procedimentos normais de limpeza e desinfecção estão funcionando. Quando o produto for distribuído refrigerado e houver risco identificado para *L. monocytogenes*, o ambiente de processamento deverá ser amostrado para esse microrganismo.

10.8.2.4 Vida de prateleira

A deterioração microbiológica não deve ser um problema para produtos fabricados empregando-se programas normais de BPH e HACCP.

Pescados e Derivados

10.8.2.5 Produto final

A amostragem e as análises de produtos congelados para avaliação da segurança microbiológica ou deterioração não são recomendados. Caso os produtos sejam comercializados e armazenados embalados e refrigerados e não sejam cozidos na embalagem final, a amostragem e a análise para *L. monocytogenes* podem ser relevantes.

10.9 PRODUTOS LEVEMENTE CONSERVADOS À BASE DE PESCADO

Produtos levemente conservados à base de pescado são, geralmente, produtos prontos para o consumo, conservados pela adição de baixas quantidades de NaCl (3 – 6% na fase aquosa), ácidos ou conservantes. Alguns têm como base peixes crus (peixes defumados a frio ou em salmoura) e outros têm como base produtos cozidos (crustáceos em salmoura). Geralmente esses produtos são embalados a vácuo e comercializados refrigerados, embora alguns sejam comercializados congelados. A vida de prateleira em refrigeração é de 3–4 semanas para peixes defumados a frio embalados a vácuo e pode ser maior para crustáceos em salmoura.

10.9.1 Microrganismos de importância

10.9.1.1 Perigos e controles

Os produtos processados à base de pescado cru apresentam alguns dos mesmos perigos que o peixe cru, como a presença de toxinas aquáticas, parasitas e histamina. Os parâmetros de conservação nem sempre são suficientes para controlar a multiplicação de dois patógenos humanos importantes, *C. botulinum* piscrotrófico e *L. monocytogenes*. A combinação de NaCl, baixa temperatura e vida de prateleira limitada é usada para controlar esses perigos. Alguns produtos são manuseados durante o processamento e, como são alimentos prontos para o consumo, patógenos humanos entéricos podem ser transferidos para o produto caso não sejam empregadas as medidas adequadas de boas práticas higiênicas.

10.9.1.2 Deterioração e controles

Alguns produtos levemente conservados deterioram em decorrência de multiplicação e metabolismo microbianos. Contudo, vários grupos de bactérias podem contribuir para a deterioração, e a análise microbiológica não pode ser usada para determinar o grau de deterioração ou a vida de prateleira esperada. A avaliação sensorial é usada para determinar a qualidade do produto para o consumo.

10.9.2 Dados microbiológicos

Na Tabela 10.8 encontram-se resumidas as análises úteis para pescados levemente conservados. Consulte o texto para detalhes importantes relacionados a recomendações específicas.

Tabela 10.8 Análises de pescados levemente conservados para avaliação da segurança e da qualidade microbiológicas

Importância relativa		Análises úteis
Ingredientes críticos	Média	Se a confiança no fornecedor for baixa, considerar parasitas e histamina, conforme descrição na Tabela 10.1 (ver o texto).
	Baixa	Se for utilizada a injeção de salmoura, a salmoura deve ser recém-preparada para cada lote ou checada quanto à presença de *L. monocytogenes*, que deve estar ausente.
Durante o processamento	Baixa	Amostras de rotina não são coletadas normalmente.
Ambiente de processamento	Alta	A contagem de aeróbios mesófilos e *L. monocytogenes* podem ser realizadas usando *swabs* de superfícies de contato e superfícies fechadas. Geralmente, as populações encontradas após limpeza e desinfecção são: • Contagem de aeróbios mesófilos – < 10–10^2 UFC/cm^2. • *L. monocytogenes* – ausente.
Vida de prateleira	Média	Análises para vida de prateleira por meio da avaliação sensorial podem ser úteis para produtos com vida de prateleira longa. O potencial para a multiplicação de *L. monocytogenes* durante a vida de prateleira deve ser determinado.
Produto final	Média	A amostragem de rotina para patógenos não é necessária. Se a aplicação de BPH e HACCP estiver em questão, a amostragem para *L. monocytogenes* pode ser considerada na aceitação do lote.

Produto	Microrganismo	Método analítico[a]	Caso	Plano de amostragem e limites/g[b]			
				n	c	m	M
Produto à base de pescado levemente conservado. Sem multiplicação.	*L. monocytogenes*	ISO 11290-2	NA[c]	5	0	10^2	-

Produto	Microrganismo	Método analítico[a]	Caso	Plano de amostragem e limites/25 g[b]			
				n	c	m	M
Permite a multiplicação.	*L. monocytogenes*	ISO 11290-1	NA[c]	5[d]	0	0	-

[a] Métodos alternativos podem ser usados, desde que validados pelos métodos ISO.

[b] Consulte o Apêndice A para desempenho desses planos de amostragem.

[c] NA = não aplicável em virtude do uso dos critérios Codex.

[d] Unidades analíticas individuais de 25 g (ver a Seção 7.5.2 para amostra composta).

10.9.2.1 Ingredientes críticos

Os perigos descritos para pescado cru estão presentes nesse produto a menos que seja usada matéria-prima cozida (ver Tabela 10.1). Quando não existe um programa de controle de fornecedores, a análise de histamina pode ser útil em espécies de escombrídeos. Peixes de águas com proliferação de algas não devem ser utilizados. Peixes selvagens podem conter parasitas e alguns países exigem que sejam congelados por 24 h a –20 °C para destruição desses parasitas.

O pescado destinado à defumação a frio é colocado em salmoura antes da defumação. Pode-se usar salga seca, ou imersão em salmoura ou injeção de salmoura. A

Pescados e Derivados

salmoura pode ser um reservatório de *L. monocytogenes* e não deve ser reutilizada, devendo ser analisada quanto à presença desse microrganismo, caso ele seja detectado no produto final. Se a salmoura não for recém-preparada para cada lote durante o processamento, a presença de *L. monocytogenes* deve ser monitorada. O NaCl não é uma fonte de contaminação, mas os níveis de NaCl no produto final devem ser determinados, uma vez que esse é um parâmetro essencial no controle de *C. botulinum*.

10.9.2.2 Durante o processamento

A análise microbiológica do produto durante um processamento normal não é recomendada. Em caso de amostragem investigativa, pescados podem ser amostrados ao longo das etapas de processamento para determinar o local de contaminação. Embora realizado em temperaturas de 22 °C a 26 °C, o processo de defumação causa redução da população bacteriana. Isso pode ser verificado por meio da análise de *swabs* do pescado antes e após o processamento. A redução esperada é de, aproximadamente, 1 log.

10.9.2.3 Ambiente de processamento

O ambiente de processamento é a fonte imediata mais comum de contaminação com *L. monocytogenes* e a amostragem de superfícies e do ambiente de processamento podem auxiliar no controle desse microrganismo. A frequência e o tamanho da amostragem dependerão do potencial de multiplicação relativo à data de validade. Em produtos em que multiplicação de *Listeria* é prevenida, a amostragem necessária é menos frequente. Em algumas plantas processadoras, a frequência de ocorrência de *Listeria* spp. pode estar correlacionada com a detecção de *L. monocytogenes*. Contudo, isso não é universal e algumas plantas podem ser totalmente dominadas por listerias não *monocytogenes*. O estado geral da limpeza e desinfecção pode ser monitorado por amostragem com *swabs* e contagem de mesófilos aeróbios. Em geral, superfícies de contato com o produto devem conter menos de 10 UFC/cm^2 após a limpeza e sanitização, com base na amostragem com *swabs*, podendo ocorrer amostras ocasionais chegando a 100 UFC/cm^2. Caso seja utilizada a amostragem com placas de contato, o número é mais baixo. O Codex Alimentarius (2009) fornece diretrizes gerais para o controle de *L. monocytogenes* em ambientes de processamento.

10.9.2.4 Vida de prateleira

A vida de prateleira desses produtos pode ser determinada por razões de segurança, como a garantia de que células vegetativas de *C. botulinum* ou *L. monocytogenes* não multiplicarão atingindo populações consideradas perigosas. Os procedimentos para validar que esses microrganismos estão sob controle podem envolver uma combinação da mensuração da multiplicação em produtos naturalmente contaminados, ou em produtos inoculados, bem como o uso de modelos preditivos. Em termos de qualidade para consumo, a vida de prateleira desses produtos pode variar muito entre os processadores. A avaliação sensorial é usada para essa finalidade e pode ser empregada na validação dos prazos de validade.

10.9.2.5 Produto final

A aplicação de BPH e HACCP deve garantir a prevenção da contaminação cruzada. Se as condições de produção são desconhecidas ou se há dúvidas quanto à aplicação adequada de BPH e HACCP, a amostragem para *L. monocytogenes* pode ser feita. Dependendo do potencial para multiplicação durante o armazenamento, o microrganismo deve estar ausente em 25 g ou sua presença pode ser tolerada em baixos níveis.

A amostragem para *C. botulinum* não é recomendada, uma vez que o controle desse microrganismo é garantido pelos elevados níveis de sal e pela baixa temperatura. Espécies de escombrídeos (por exemplo atum, *mahi-mahi*) podem conter histamina e os produtos podem ser analisados se não se houver conhecimento prévio. Ver a Seção 10.2.2.5 para as recomendações atuais.

10.10 PRODUTOS SEMICONSERVADOS À BASE DE PESCADO

Estes produtos são geralmente à base de pescado cru ou ovas cruas, conservados com sal, ácido ou conservantes de alimentos. A quantidade de conservantes é mais alta (mais sal, mais ácido) que os produtos à base de pescado levemente conservados, mencionados anteriormente. São exemplos o arenque marinado, *roll-mops*, anchovas e caviar. Quando comparados aos produtos à base de pescado levemente conservados, estes produtos têm um maior grau de conservação e uma vida de prateleira mais longa, que frequentemente pode ser de vários meses.

10.10.1 Microrganismos de importância
10.10.1.1 Perigos e controles

Os produtos semiconservados têm poucos patogênicos de relevância, mas parasitas devem ser considerados em virtude do emprego de pescado cru. Geralmente, esses produtos são embalados em condições limitadas de oxigênio e a multiplicação de *C. botulinum* pode ser um risco caso não seja controlado pela combinação de teor elevado de sal, ácido e baixa temperatura. Estes produtos não permitem a multiplicação de *L. monocytogenes*. A presença de histamina pré-formada deve ser considerada.

10.10.1.2 Deterioração e controles

Poucos microrganismos deteriorantes podem multiplicar-se em produtos semiconservados, mas leveduras podem causar deterioração especialmente em produtos com baixa acidificação (pH > 4,5).

10.10.2 Dados microbiológicos
10.10.2.1 Ingredientes críticos

Esses produtos não contêm ingredientes que possam afetar a segurança microbiológica e a deterioração.

Pescados e Derivados

10.10.2.2 Durante o processamento

Para esses produtos, a amostragem durante o processamento não é útil.

10.10.2.3 Ambiente de processamento

Geralmente, a amostragem do ambiente de processamento de produtos à base de pescado semiconservados não é recomendada. Entretanto, pode ser necessária para uma amostragem investigacional, quando por exemplo são encontrados problemas de deterioração. Além disso, a limpeza geral do ambiente de processamento pode ser avaliada por meio de amostragem com *swab* e contagem de bactérias aeróbias totais.

10.10.2.4 Vida de prateleira

Esses produtos têm vida de prateleira relativamente longa. A validação do prazo de validade pode ser feita por meio de testes de armazenamento, empregando-se análise sensorial para quantificação.

10.10.2.5 Produto final

A amostragem e a análise microbiológica do produto final não é útil para garantir segurança e qualidade, assim, a análise de rotina não é recomendada. Caso surjam problemas de deterioração, deve-se considerar a análise para bactérias láticas (BAL) e leveduras. Contagens de leveduras acima de 10^4 UFC/g ou de BAL acima de 10^7 UFC/g podem indicar que a deterioração é de origem microbiana. Deve-se observar que os níveis de histamina podem ser mais altos que o recomendado para produtos frescos, pois ela é formada naturalmente durante a maturação de sardinhas. Para análise de histamina ver a Seção 10.2.2.5, para as recomendações atuais (Tabela 10.9).

Tabela 10.9 Análise de pescados semiconservados para avaliação da segurança e da qualidade microbiológicas

Importância relativa		Análises úteis
Ingredientes críticos	Média	Se a confiança no fornecedor for baixa, considerar parasitas e histamina conforme descrição na Tabela 10.1.
Durante o processamento	Baixa	Amostras de rotina durante o processamento não são necessárias.
Ambiente de processamento	Baixa	A amostragem de rotina de equipamento e do ambiente não é recomendada. A amostragem pode ser realizada durante amostragem investigativa.
Vida de prateleira	Baixa	Esses produtos têm vida de prateleira relativamente longa. A vida de prateleira pode ser validada usando-se experimentos de armazenamento e avaliação sensorial.
Produto final	Baixa	A amostragem de rotina não é recomendada. Se BPH e HACCP estão sob questionamento, a amostragem para histamina pode ser considerada para aceitação do lote de espécies de escombrídeos.

10.11 PRODUTOS FERMENTADOS À BASE DE PESCADO

Esta seção é relativa a produtos típicos do Sudeste Asiático, que são verdadeiramente fermentados, ou seja, houve multiplicação microbiana e produção de ácido. São produtos derivados da adição de pouco sal (2%–6%) ao pescado cru e da fermentação em temperatura ambiente. Os molhos e pastas de pescados que passaram por autólise são discutidos no Capítulo 14.

10.11.1 Microrganismos de importância

10.11.1.1 Perigos e controles

O emprego de peixe cru torna os parasitas um perigo importante. Em virtude da anaerobiose durante a fermentação, a possível multiplicação de *C. botulinum* deve ser considerada. A remoção cuidadosa do intestino e a lavagem da cavidade intestinal são críticas para o controle de *C. botulinum*. O processamento não elimina *Vibrio* spp. naturalmente presentes no pescado marinho, mas eles não se multiplicam durante a fermentação. Os patógenos associados com o ambiente de processamento ou com o manuseio humano podem estar presentes, em consequência de contaminação cruzada. Pescados cultivados em lagoas são frequentemente empregados nesses produtos e a utilização de fertilizantes humanos ou animais nas lagoas pode ser uma fonte de patógenos entéricos como *Salmonella* ou vírus entéricos humanos. A adição de pequenas quantidades de sal inibe a multiplicação de patógenos até que as BAL, que são os microrganismos fermentadores mais importantes, tornam-se dominantes.

10.11.1.2 Deterioração e controles

Apesar do processo de fermentação e das latas populações de BAL no produto final, esses produtos não têm vida de prateleira longa. Pouco se sabe a respeito do processo de deterioração, mas ela pode ser causada pelas BAL.

10.11.2 Dados microbiológicos

Na Tabela 10.10 encontram-se resumidas as análises úteis para produtos fermentados à base de pescado. Consulte o texto para detalhes importantes relacionados a recomendações específicas.

10.11.2.1 Ingredientes críticos

Arroz ou outros ingredientes amiláceos podem ser adicionados, mas nenhum é crítico para a segurança ou a qualidade.

10.11.2.2 Durante o processamento

Os produtos devem ser amostrados durante a fermentação para validar queda de pH, que deve baixar para menos que 4,5 em 1–2 dias.

Pescados e Derivados

Tabela 10.10 Análises de pescados fermentados para avaliação da segurança e da qualidade microbiológicas

Importância relativa		Análises úteis
Ingredientes críticos	Média	Parasitas devem ser considerados em pescado cru como descrito na Tabela 10.1.
Durante o processamento	Média	A medida do pH durante o processamento assegura que a fermentação ocorra como esperado.
Ambiente de processamento	Baixa	Não se recomenda análise de rotina.
Vida de prateleira	Baixa	A vida de prateleira desses produtos é relativamente curta. A análise microbiológica não é útil na determinação dos limites da vida de prateleira.
Produto final	Baixa	A amostragem de rotina do produto final não é necessária (ver texto). Se o produto for consumido cru, a análise para patógenos específicos ou microrganismos indicadores pode ser útil. Se a aplicação de BPH e HACCP estiver em questão, a amostragem para *Salmonella* pode ser considerada na aceitação do lote.

| | | | | Plano de amostragem e limites/25 g[b] | | | |
Produto	Microrganismo	Método analítico[a]	Caso	n	c	m	M
Produtos de pescado fermentado	*Salmonella*	ISO 6579	11	10[c]	0	0	-

[a] Métodos alternativos podem ser usados, desde que validados pelos métodos ISO.

[b] Consulte o Apêndice A para desempenho desses planos de amostragem.

[c] Unidades analíticas individuais de 25 g (ver a Seção 7.5.2 para amostra composta).

10.11.2.3 Ambiente de processamento

A amostragem rotineira do ambiente de processamento não é recomendada. Em várias industrias pequenas, emprega-se o *back-slopping*, e a presença de microrganismos fermentadores no ambiente de processamento é comum.

10.11.2.4 Vida de prateleira

Quando fermentados de forma adequada, não há necessidade de limitar a vida de prateleira por razões de segurança. A determinação da vida de prateleira é feita por meio de análise sensorial.

10.11.2.5 Produto final

A amostragem rotineira do produto final para avaliação da segurança ou qualidade não é recomendada. A ênfase deve estar na garantia que a fermentação ocorra rapidamente por meio da medida de pH e NaCl na fase aquosa. Caso o produto seja consumido cru, a análise de patógenos específicos ou microrganismos indicadores pode ser útil. No caso de amostragem investigacional em relação ao botulismo, pode ser feita amostragem e análise para *C. botulinum*. Caso sejam empregados peixes de fazendas integradas, patógenos entéricos, como *Salmonella*, podem ser preocupantes.

10.12 PRODUTOS TOTALMENTE DESIDRATADOS OU SALGADOS

Produtos totalmente desidratados ou salgados são completamente estáveis porque contém níveis muito baixos de água. O único problema de segurança é o crescimento potencial de fungos micotoxigênicos. A desidratação rápida e o armazenamento em condições secas podem controlar esse risco. Os produtos são estáveis se mantidos desidratados, mas podem deteriorar-se em decorrência da presença de fungos.

10.13 PESCADOS PASTEURIZADOS

Esses produtos recebem um tratamento térmico similar à pasteurização. Os produtos característicos são peixes defumados a quente (60 °C por 30 min) ou produtos cozidos *sous-vide*. A carne de caranguejo pode ser embalada e pasteurizada após o cozimento. Em alguns países, produtos à base de surimi são cozidos em sua embalagem e comercializados como produtos refrigerados. Os moluscos pasteurizados foram discutidos na Seção 10.7.

10.13.1 Microrganismos de importância

10.13.1.1 Perigos e controles

Alguns perigos presentes no pescado cru, como toxinas aquáticas e histamina, estão presentes também no produto pasteurizado. Os parasitas são eliminados pela pasteurização. Caso os produtos sejam manipulados após o tratamento térmico, a contaminação cruzada com *L. monocytogenes* e patógenos entéricos é um risco em potencial. Quando embalados a vácuo, a multiplicação potencial e a produção de toxina por *C. botulinum* devem ser controladas por uma combinação entre NaCl e baixa temperatura. Em produtos *sous-vide*, a temperatura de cozimento de 90 °C por 10 min elimina os esporos de *C. botulinum* psicrotrófico. Patógenos virais podem também ser importantes em certos produtos, à medida que informações sobre a resistência térmica avançam.

10.13.1.2 Deterioração e controles

A multiplicação microbiana pode causar a deterioração desses produtos. Assim, em pescado defumado a quente, quando embalado em aerobiose, pode ocorrer crescimento de bolores. Algumas embalagens de produtos *sous-vide* pode se deteriorar em decorrência da germinação e da multiplicação de formadores de esporos.

10.13.2 Dados microbiológicos

Na Tabela 10.11 encontram-se resumidas as análises úteis para pescados pasteurizados. Consulte o texto para detalhes importantes relacionados a recomendações específicas.

Pescados e Derivados

Tabela 10.11 Análises de pescados pasteurizados para avaliação da segurança e da qualidade microbiológicas

Importância relativa		Análises úteis
Pescado cru	Média	Os parasitas são destruídos pelo processo de cozimento. Se o programa de fornecedor não está implementado, a análise para histamina em espécies escombrídeas pode ser útil. Pescado de águas com proliferação de algas não deve ser usado.
Ingredientes críticos	Baixa	Se for utilizada injeção de salmoura para produtos salgados, a salmoura deve ser recém-preparada para cada lote. Se esse não é o caso, a salmoura deve ser checada quanto à presença de *L. monocytogenes*, mesmo que se acredite que tratamentos térmicos subsequentes destroem a bactéria.
Durante o processamento	Baixa	Amostras de rotina durante o processamento não são normalmente coletadas, mas devem ser consideradas para amostragem investigativa.
Ambiente de processamento	Alta	Coletar amostras com *swabs* de superfícies de contato e superfícies fechadas, e análise para contagem de aeróbios mesófilos e *L. monocytogenes*. Geralmente, as populações encontradas após limpeza e desinfecção são: *L. monocytogenes* – ausente.
Vida de prateleira	Média/ alta	A avaliação sensorial pode ser útil para produtos com vida de prateleira mais longa. O potencial para a multiplicação de *L. monocytogenes* durante a vida de prateleira deve ser determinado. Produtos *sous-vide* devem ter um limite de vida de prateleira que controle *C. botulinum*.
Produto final	Média	A amostragem de rotina para patógenos não é necessária. Se a aplicação de BPH e HACCP estiver em questão, a amostragem para *L. monocytogenes* pode ser considerada na aceitação do lote.

Produto	Microrganismo	Método analítico[a]	Caso	Plano de amostragem e limites/g[b]			
				n	c	m	M
Pescado pasteurizado, RTE Sem multiplicação	*L. monocytogenes*	ISO 11290-2	NA[c]	5	0	10^2	-

Produto	Microrganismo	Método analítico[a]	Caso	Plano de amostragem e limites/25g[b]			
				n	c	m	M
Permite a multiplicação	*L. monocytogenes*	ISO 11290-1	NA[c]	5[d]	0	0	-

[a] Métodos alternativos podem ser usados, desde que validados pelos métodos ISO.

[b] Consulte o Apêndice A para desempenho desses planos de amostragem.

[c] NA = não aplicável em virtude do uso dos critérios Codex.

[d] Unidades analíticas individuais de 25 g (ver a Seção 7.5.2 para amostra composta).

10.13.2.1 Ingredientes críticos

Estes produtos são adicionados de sal. Em alguns produtos, por exemplo, pescado defumado a quente, o sal é um ingrediente crítico com respeito à prevenção da multiplicação de *C. botulinum* tipo E. O nível de sal no produto final deve ser superior a 3%.

10.13.2.2 Durante o processamento

A análise microbiológica do produto durante um processamento normal não é recomendada. No caso de amostragem investigacional, o pescado deve ser amostrado durante o processamento para determinação do local da contaminação. A pasteurização é um processo bactericida e a medida da temperatura durante o tratamento térmico deve fazer parte do programa de HACCP. O efeito bactericida pode ser verificado por meio da análise de *swabs* do pescado antes e após essa etapa do processamento.

10.13.2.3 Ambiente de processamento

O ambiente pós-processamento tem pouca importância para a qualidade e a segurança, caso o produto seja embalado antes da pasteurização. Entretanto, se o produto for manuseado após o tratamento térmico, o ambiente de processamento se torna crucial. É a fonte mais comum de contaminação com *L. monocytogenes* e um programa de monitoramento do ambiente pode ajudar no controle desse microrganismo. A frequência e o tamanho da amostragem dependem do potencial de multiplicação em relação à vida de prateleira. Em produtos estáveis (isto é, nos quais *Listeria* não se multiplica) é necessária uma amostragem com frequência menor. A limpeza geral do ambiente de processamento pode ser determinada por meio de amostras por *swab* e contagem de aeróbios mesófilos.

10.13.2.4 Vida de prateleira

A vida de prateleira desses produtos é variável. O pescado defumado a quente pode ser armazenado por 2–3 meses se for embalado a vácuo; a carne pasteurizada de caranguejo pode ter uma vida de prateleira de até 18 meses, enquanto produtos *sous-vide* têm uma vida de prateleira em refrigeração bem mais curta. As considerações de segurança devem garantir que *C. botulinum* e *L. monocytogenes* não se multiplicam até níveis perigosos, o que pode envolver a combinação de mensurações de multiplicação em produtos naturalmente contaminados ou em produtos inoculados, e também o uso de modelos preditivos. Em termos de qualidade para consumo, a vida de prateleira destes tipos de produto pode variar muito, mesmo entre processadores. Para essa finalidade, realiza-se a avaliação sensorial, que pode ser empregada para determinação dos prazos de validade.

10.13.2.5 Produto final

A aplicação de BPH e HACCP deve assegurar a prevenção da contaminação cruzada. Quando as condições de produção são desconhecidas ou quando a aplicação confiável de BPH e HACCP é questionada, a amostragem para *L. monocytogenes* pode ser adequada em produtos que não são aquecidos pelo consumidor antes do consumo. Dependendo do potencial de multiplicação durante o armazenamento, os microrganismos devem estar ausentes em 25 g ou sua presença em pequena quantidade é tolerável.

A amostragem para *C. botulinum* não é recomendada pois o controle desse microrganismos deve estar assegurada pelos níveis de NaCl, baixa temperatura, armazenamento por pouco tempo e/ou tratamento térmico do produto antes do consumo. Para peixes escombrídeos, a análise de histamina deve ser considerada e o leitor deve consultar a Seção 10.2.2.5 para as recomendações atuais de análise.

Pescados e Derivados

10.14 PRODUTOS ENVASADOS À BASE DE PESCADO

10.14.1 Microrganismos de importância

10.14.1.1 Perigos e controles

Os perigos significativos de origem microbiana em produtos envasados à base de pescado são *C. botulinum* (somente quando há subprocessamento), algumas toxinas aquáticas e histamina. A histamina é termoestável e quando formada antes do processamento, estará presente no produto final envasado. O controle do tempo e da temperatura da matéria-prima crua enquanto resfriada é importante para a redução do risco decorrente da histamina. Ver o Capítulo 24 para os controles de produtos envasados.

10.14.1.2 Deterioração e controles

A deterioração de produtos envasados à base de pescado ocorre raramente e é controlada pelo tratamento térmico adequado e pela integridade do recipiente.

10.14.2 Dados microbiológicos

10.14.2.1 Ingredientes críticos

Os parasitas são destruídos pelos processos de cozimento. Quando não há um programa de fornecedores, a análise de histamina em espécies de escombrídeos pode ser útil. Não devem ser utilizados peixes e pescado obtidos de água com multiplicação de algas (*algal bloom*).

10.14.2.2 Durante o processamento

A análise microbiológica do produto durante o processamento não é recomendada, entretanto o controle de parâmetros críticos do processo térmico é essencial para a segurança e a estabilidade do produto final (ver o Capítulo 24).

10.14.2.3 Ambiente de processamento

A amostragem do ambiente de processamento não é necessária.

10.14.2.4 Vida de prateleira

Produtos fabricados com o emprego de programas de esterilização comercial baseados em BPH e HACCP não devem sofrer deterioração microbiana.

10.14.2.5 Produto final

Caso peixes escombrídeos tenham sido utilizados como matéria-prima, a análise de histamina pode ser recomendada para aceitação de lotes quando não há conhecimento dos programas do fornecedor. Os critérios para análise de histamina a serem seguidos são aqueles recomendados para peixes escombrídeos descritos na Tabela 10.11.

REFERÊNCIAS

CLEM, J. D. Historical overview. In: HACKNEY, C. R.; PIERSON, M. D. (Ed.). **Environmental indicators and shellfish safety.** New York: Chapman & Hall, 1994.

CODEX ALIMENTARIUS. **Standard for salted Atlantic herring and salted sprat. Codex Stan 244–2004.** Rome: FAO, 2004. Disponível em: <ftp://ftp.fao.org/codex/Translations/Chinese/STAN_Zh_Translation/CXS_244e.pdf>. Acesso em: 15 out. 2010.

_____. **Code of practice for fish and fishery products (CAC/RCP 52–2003).** Rome: FAO, 2008. FAO/WHO Food Standards Program.

_____. **Guidelines on the application of general principles of food hygiene to the control of** *Listeria monocytogenes* **in ready-to-eat foods (CAC/GL 61–2007).** Rome: FAO, 2009. FAO/WHO Food Standards Program.

CSPI - CENTER FOR SCIENCE IN THE PUBLIC INTEREST. **Outbreak alert 2007.** Washington, DC, 2007.

D'SOUZA, D. H.; MOE, C. L.; JAYKUS, L. A. Foodborne viral pathogens. In: DOYLE, M. P.; BEUCHAT, L. R. (Ed.). **Food microbiology:** fundamentals and frontiers. 3. ed. Washington, DC: ASM Press, 2007.

DUFLOS, G.; DERVIN, C.; MALLE, P. Relevance of matrix effect in determination of biogenic amines in plaice (*Pleuronectes platessa*) and whiting (*Merlangus merlangus*). **Journal of AOAC International,** Rockville, v. 82, n. 5, p. 1097-1101, 1999.

EC - EUROPEAN COMMISSION. Regulation (EC) N° 853/2004 of the European Parliament and of the Council of 29 April 2004 laying down specific hygiene rules for food of animal origin. **Official Journal,** L139, p. 22–82, 2004a.

_____. Regulation (EC) N° 854/2004 of the European Parliament and of the Council of 29 April 2004 laying down specific rules for the organization of official controls on products of animal origin intended for human consumption. **Official Journal,** L139, p. 83-127, 2004b.

_____. Commission regulation (EC) N° 2073/2005 of 15 November 2005 on microbiological criteria for food-stuffs. **Official Journal,** L338, p. 1-26, 2005.

FAO - FOOD AND AGRICULTURE ORGANIZATION. **Yearbook of fishery statistics:** summary fishery statistics. Rome, 2009. Disponível em: <http://www.fao.org/fishery/statistics/en>. Acesso em: 9 out. 2010.

FAO - FOOD AND AGRICULTURE ORGANIZATION; WHO - WORLD HEALTH ORGANIZATION. **Risk assessment of** *Vibrio vulnificus* **in raw oysters.** Rome, Geneva, 2005a. Microbiological Risk Assessment Series, n. 8. Disponível em: <http://www.who.int/foodsafety/publications/ micro/mra8.pdf>. Acesso em: 9 out. 2010.

_____. **Risk assessment of choleragenic** *Vibrio cholerae* **O1 and O139 in warm water shrimp in international trade:** interpretative summary and technical report. Rome, Geneva, 2005b. Microbiological Risk Assessment Series, n. 9. Disponível em: <http:// www.who.int/foodsafety/publications/micro/mra9.pdf>. Acesso em: 9 out. 2010.

_____. **Risk Assessment of** *Vibrio parahaemolyticus* **in seafood. Interpretative summary and technical report.** Rome, Geneva, 2011. Microbiological Risk Assessment Series, n. 16.

FDA - FOOD AND DRUG ADMINISTRATION. **Quantitative risk assessment on the public health impact of pathogenic Vibrio** *parahaemolyticus* **in raw oysters.** College Park, 2005.

FSANZ – FOOD STANDARS AUSTRALIA NEW ZEALAND. **Standard 2.2.3 Fish and fish products**. Canberra, 2000. Disponível em: <http://www.foodstandards.gov.au/foodstandards/foodstandardscode/ standard223fishandfi4255.cfm>. Acesso em: 15 out. 2010.

HØEGH, L. **Shrimp quality index**. 1989. Tese (Industrial PhD) – Danish Institute for Fisheries Research, Kongens Lyngby, 1989.

ICMSF - INTERNATIONAL COMMISSION ON MICROBIOLOGICAL SPECIFICATIONS FOR FOODS. **Microorganisms in foods 5**: microbiological specifications of food pathogens. London: Blackie Academic & Professional, 1996.

_____. **Microorganisms in foods 6**: microbial ecology of food commodities. 2. ed. New York: Kluwer Academic: Plenum Publishers, 2005.

LEHANE, L. J.; OLLEY, J. Histamine fish poisoning revisited. **International Journal of Food Microbiology**, Amsterdam, v. 58, n. 1-2, p. 1-37, 2000.

MALLE, P.; VALLE, M.; BOUQUELET, S. Assay of biogenic amines involved in fish decomposition. **Journal AOAC International**, Rockville, v. 79, n. 1, p. 43–49, 1996.

NSSP - NATIONAL SHELLFISH SANITATION PROGRAM. **Guide for the control of molluscan shellfish**. Washington, DC, 2007.

CAPÍTULO 11

Rações e *Pet Food*

11.1 INTRODUÇÃO

A ração é um elemento importante na cadeia de alimentos, pois pode contribuir para a introdução de patógenos como *Listeria monocytogenes* ou *Salmonella* nos alimentos de uso humano (CRUMP; GRIFFIN; ANGULO, 2002; SAPKOTA et al., 2007). A ração também tem sido apontada como um vetor que contribui para a presença de *Escherichia coli* O157:H7 na pecuária, ainda que a sua presença em ração seja relatada apenas em baixos níveis de prevalência (DAVIS et al., 2003; DODD et al., 2003; HUTCHINSON; THOMAS; AVERY, 2006; SANDERSON et al., 2006). Neste livro, a microbiologia de rações e *pet foods* é discutida apenas à luz de sua importância para a saúde humana e não em relação à saúde dos animais.

A origem de muitos surtos de enfermidades humanas tem sido ligada à contaminação de rações animais com patógenos, sendo *Salmonella* o exemplo mais amplamente conhecido. Em 1990, componentes de rações foram identificados como fonte de encefalopatia espongiforme bovina (EEB), havendo ligação epidemiológica estabelecida entre a BSE no gado e a variante da doença de Creutzfeld–Jacobs em humanos.

Recomendações ou regulamentos para a aplicação das Boas Práticas de Higiene para ração animal foram publicadas pelo Codex Alimentarius (2004), pela Comissão Europeia (EC, 2005) e pela FDA-Estados Unidos (FDA, 2010).

Os *pet foods* também podem ser uma fonte de enfermidades em humanos, sendo bem estabelecida a contaminação de diferentes tipos de *pet foods*, processados ou não, com *Salmonella* (FINLEY; REID-SMITH; WEESE, 2006; FINLEY et al., 2007; CDC, 2008a,

204   Microrganismos em Alimentos 8

2008b). Tal contaminação leva à exposição, direta ou indireta, das pessoas em contato com animais de estimação, principalmente bebês[1] e crianças. A transmissão direta de patógenos humanos por animais de estimação (gatos, cães, tartarugas e outros répteis) está bem estabelecida e sua excreção nos ambientes com animais de estimação contribui para a exposição. Para mais informações sobre ecologia microbiana e medidas de controle adequadas a rações e *pet foods* consulte a publicação da ICMSF (2005).

11.2 INGREDIENTES PROCESSADOS PARA RAÇÃO

Os ingredientes das rações são manufaturados de subprodutos animais ou vegetais, que representam uma fonte barata de proteínas e de outros elementos, como fibras. Esses ingredientes incluem farelos de carne e osso, farelos de peixe, peletes de polpas cítricas, farelos de sementes oleaginosas, glúten de milho, fibra de milho, farelos e flocos de soja etc. (BAMPIDIS; ROBINSON, 2006; LEFFERTS et al., 2006; SAPKOTA et al., 2007; THOMPSON, 2008; BERGER; SINGH, 2010).

Tais subprodutos são geralmente submetidos a tratamento térmico e desidratados, antes de serem usados como ração completa ou incluídos em rações compostas.

11.2.1 Microrganismos de importância

11.2.1.1 Perigos e controles

Salmonella é um patógeno importante em subprodutos animais ou vegetais. Para salmonelas, o tratamento térmico e a prevenção da contaminação pós-processamento são as medidas de controle mais importantes.

A presença de *Salmonella* nos subprodutos tratados termicamente decorre da recontaminação, como mostraram vários autores (JONES; RICHARDSON, 2003; NESSE et al., 2003; EFSA, 2008; VESTBY et al., 2009; DAVIES; WALES, 2010), o que pode ser prevenido por meio da aplicação de BPH, principalmente com a separação rigorosa das áreas de processamento de matéria-prima das de produtos acabados, para evitar a presença do patógeno no ambiente de processamento.

A BSE foi reconhecida em 1990 como um dos maiores perigos em rações e logo se tornou evidente que o tratamento térmico aplicado para destruir os microrganismos vegetativos como *Salmonella* era insuficiente para seu controle. A fim de prevenir ou reduzir a transmissão de BSE, várias autoridades adotaram medidas regulatórias proibindo ou restringindo o uso de subprodutos animais, como farelo de carne, farelo de ossos e tecidos cérebro–espinhais (DENTON et al., 2005). Quando implementadas adequadamente, essas medidas levam a uma drástica redução nos casos de BSE. Para informações mais detalhadas, consulte a publicação da ICMSF (2005).

A contaminação por micotoxinas (aflatoxinas, desoxinivanelol, fumonisinas, zearalenona, toxina T-2, ocratoxina e certos alcaloides de ergot) nas matérias-primas agrícolas usadas para fabricar ingredientes de rações é bem conhecida e discutida (BINDER et al.,

---

[1] Definição do Codex Alimentarius: *infants*: crianças de até 12 meses de idade (bebês) (N.T.).

Rações e *Pet Food*

2007; RICHARD, 2007). A ocorrência dessas micotoxinas não representa apenas uma ameaça direta aos animais, mas também à cadeia de produção de alimentos, por meio da contaminação de produtos de origem animal como leite, carne e ovos. O risco de contaminação e as opções de gerenciamento têm sido discutidos (KABAK; DOBSON; VAR, 2006; BINDER et al., 2007; KAN; MEIJER, 2007; COFFEY; CUMMINS, 2008; MAGNOLI et al., 2010).

As opções de métodos de controle para ingredientes, especialmente grãos, são a observação visual e a seleção. A análise da matéria-prima no recebimento pode ser útil como forma de verificação ou monitoramento, especialmente quando se usam métodos de triagem simples e baratos. A análise de amostras para aceitação tem restrições, por causa da frequente heterogeneidade da contaminação e da limitação associada à amostragem. Outras discussões deste tópico podem ser encontrados no Capítulo 15.

Matérias-primas e ingredientes de ração estocados em silos devem permanecer em condições adequadas, para evitar o crescimento de bolores e a subsequente formação de micotoxinas. Considerações específicas para controle de temperatura e umidade incluem material de construção e ventilação e insolação apropriada, onde necessário. As condições para prevenir a formação de micotoxinas incluem:

- Regulagem do fluxo para prevenir adesão a paredes e depósito de ração.
- Remoção completa da ração.
- Limpeza completa após o esvaziamento.
- Desinfecção em intervalos regulares.
- Monitoramento da temperatura e umidade.
- Verificação periódica da presença de bolores visíveis.

As análises de rotina de bolores e micotoxinas não são recomendadas para produtos armazenados. O monitoramento dos parâmetros de armazenamento, tais como temperatura e umidade relativa, é muito mais eficaz no controle, especialmente quando feito de forma contínua.

11.2.1.2 Deterioração e controles

O crescimento de fungos também pode levar à deterioração de matérias-primas armazenadas e de produtos finais. O controle da deterioração é atingido por meio da preparação apropriada e das condições de armazenamento discutidas aqui.

11.2.2 Dados microbiológicos

Na Tabela 11.1 encontram-se resumidas as análises úteis para ingredientes de ração processada. Consulte o texto para detalhes importantes relacionados a recomendações específicas.

11.2.2.1 Ingredientes críticos

Todos os miúdos e subprodutos de animais, bem como carcaças de animais doentes ou mortos, podem estar potencialmente contaminados com *Salmonella*. Isto também é

Tabela 11.1 Análises de ingredientes processados para ração para avaliação da segurança e da qualidade microbiológicas

Importância relativa		Análises úteis
Ingredientes críticos	Baixa	Não há recomendação de análise rotineira de *Salmonella* nos ingredientes que passarão por tratamento térmico. Recomendações para a análise de micotoxinas podem ser encontradas no Capítulo 15.
Durante o processamento	Alta	A análise de *Salmonella* e *Enterobacteriaceae* em resíduos dos produtos nas superfícies de contato, após a etapa letal, é essencial para verificar o controle do processo. Os níveis normalmente encontrados são: • *Salmonella* – ausente. • *Enterobacteriaceae* – 10^2–10^3 UFC/g. • Contagem de mesófilos aeróbios – limites internos.
Ambiente de processamento	Alta	A análise de resíduos e pós é essencial durante a operação normal para verificar o controle do processo. Realize a análise de *Salmonella* e *Enterobacteriaceae* nas áreas relevantes. Os níveis normalmente encontrados são: • *Salmonella* – ausente. • *Enterobacteriaceae* – 10^2–10^3 UFC/g ou amostra.
Vida de prateleira	Baixa	Nos produtos que permitem o crescimento de bolores, quando ocorrer absorção de umidade, o monitoramento da umidade relativa ou da atividade de água é mais relevante do que a análise de bolores.
Produto final	Alta	A análise de indicadores nos produtos processados é essencial para verificar o controle de processo.

Produto	Microrganismo	Método analítico[a]	Caso	Plano de amostragem e limites/g[b]			
				n	c	m	M
Ingredientes processados para ração	*Enterobacteriaceae*	ISO 21528-1	2	5	2	10^2	10^3

Baixa/alta — A análise rotineira de *Salmonella* não é recomendada durante as operações normais quando BPH e HACCP são efetivos e confirmados pelas análises acima. A análise de patógenos é recomendada apenas quando outros dados indicarem potencial de contaminação.

Produto	Microrganismo	Método analítico[a]	Caso	Plano de amostragem e limites/25 g[b]			
				n	c	m	M
Ingredientes processados para ração	*Salmonella*	ISO 6579	10	5[c]	0	0	-

[a] Métodos alternativos podem ser usados, desde que validados pelos métodos ISO.

[b] Consulte o Apêndice A para desempenho desses planos de amostragem.

[c] Unidades analíticas individuais de 25 g (ver a Seção. 7.5.2 para amostra composta).

verdade para subprodutos de vegetais. Entretanto, análise de tais matérias-primas para *Salmonella* não é recomendada, uma vez que os tratamentos térmicos são delineados para destruir esses microrganismos vegetativos.

Com respeito aos príons, a eficácia da proibição de rações é mensurada estimando-se a taxa de prevalência de BSE por alguns anos. Isto é obtido por meio da vigilância de BSE, para detectar animais infectados, com alto grau de confiabilidade, e assim eliminá-los da cadeia do alimento (EFSA, 2004; USDA, 2006). A implementação das análises

Rações e *Pet Food*

de vigilância de BSE no gado de corte saudável depende dos resultados da avaliação de risco, que considera os fatores de risco do país e as ações de gerenciamento do risco.

Os estudos sobre a inativação dos agentes causadores da BSE nos processos de transformação têm mostrado que uns são mais eficazes que outros na inativação de príons (TAYLOR, 1998; ACHESON et al., 2000; TAYLOR, 2000; GROBBEN et al., 2005; GILES et al., 2008).

11.2.2.2 Durante o processamento

A análise dos resíduos de produtos críticos nas superfícies de contato após a etapa letal, na qual a presença ou a multiplicação da *Salmonella* pode ocorrer, é útil para detectar contaminação originada do ambiente de processamento. Para os agentes da BSE, cuja presença poderia estar relacionada ao inadequado processamento térmico da matéria-prima, a análise de amostras durante o processamento não é relevante.

11.2.2.3 Ambiente de processamento

A análise de *Salmonella* em amostras como pó ou resíduos do ambiente de processamento é importante para obter-se informação sobre a eficiência das medidas preventivas, como separação das diferentes áreas de processamento. A análise de indicadores como *Enterobacteriaceae* é um complemento útil para verificar a adesão às BPH nas áreas secas. Geralmente, espera-se ausência de *Salmonella* e contagem de *Enterobacteriaceae* em torno de 10^2–10^3 UFC/g nessas amostras.

11.2.2.4 Vida de prateleira

Não há problemas se os produtos permanecem secos.

11.2.2.5 Produto final

A análise de *Salmonella* em subprodutos animais finais pode ser usada para verificar a eficácia das medidas preventivas combinadas. Esta análise tem sido usada há anos como medida de controle na importação ou como requerimento obrigatório na comercialização de tais produtos. Consulte a Tabela 11.1 para recomendações de planos de amostragem.

11.3 RAÇÕES NÃO PROCESSADAS

Esta seção discute as rações baseadas em material de origem vegetal, minimamente processados ou não, como forragem, silagem, quirera de milho etc.

11.3.1 Microrganismos de importância

11.3.1.1 Perigos e controles

Forragens são materiais vegetais altamente variáveis na composição física e qualidade nutricional. Variam desde fontes muito boas de nutrientes, como gramíneas novas e viçosas, leguminosas e silagem de alta qualidade, a fontes muito pobres como palha, alguns tipos de cascas e alguns tipos de pastagens (KUNDU et al., 2005). São usadas para alimentar animais de pastoreio, como ruminantes e cavalos.

A secagem das gramíneas não inativa a maioria dos microrganismos, inclusive as formas vegetativas. Desta forma, patógenos como *E. coli* enteropatogênica ou esporogênicos como *Clostridium botulinum* podem estar presentes.

Grandes quantidades de ervas são convertidas em silagem por meio da fermentação anaeróbica. Quando a produção de silagem não é controlada adequadamente, pode ocorrer multiplicação de *Listeria monocytogenes*, o que pode causar infecção direta dos animais, particularmente o gado bovino, ou contaminação indireta de produtos agrícolas como o leite cru, por meio de material fecal. Posteriormente essa contaminação pode causar infecção humana, por meio do consumo de leite cru ou seus derivados (CZUPRYNSKI, 2007; ANTOGNOLI et al., 2009). A adequação das condições de fermentação para forragens usadas na produção de silagem é importante para o controle de *L. monocytogenes*, como já mostrado extensivamente (ICMSF, 2005). Estas condições podem ser resumidas como segue:

- Não usar gramíneas ou outra matéria-prima originária de locais onde foram mantidos animais com listeriose.
- Assegurar fermentação adequada, limitar a exposição ao ar e adicionar carboidratos fermentáveis, ácidos e/ou culturas-mãe.
- Para silagem, o pH deve ser de 4,2 e o teor de matéria seca deve ser de 25%.

A melhor forma de verificar a eficácia das medidas de controle é a inspeção visual e do odor da silagem, bem como medida do pH. A análise microbiológica de *L. monocytogenes* pode ser feita se houver dúvida sobre a adequação da fermentação, mas não é recomendada como análise de rotina.

A ocorrência de micotoxinas em silagem foi revisada por Storm et al. (2008) e discussões sobre outros patógenos que podem ocorrer no leite cru, originados da ração, podem ser encontradas no Capítulo 23 e na publicação da ICMSF (2005).

11.3.1.2 Deterioração e controles

A deterioração de forragens, como o feno, é causada principalmente por bolores. O controle é feito por meio da secagem e armazenamento adequados para atingir e manter a atividade de água baixa (< 0,6). Condições anormais de fermentação, associadas à queda lenta ou insuficiente do pH, permitirão a multiplicação de microrganismos deteriorantes, como leveduras e clostrídios. As espécies de *Clostridium* geralmente associadas com silagem são as espécies sacarolíticas, como *Clostridium tyrobutyricum*, que podem então contaminar o leite e causar deterioração do queijo (ver o Capítulo 23).

11.3.2 Dados microbiológicos

Na Tabela 11.2 encontram-se resumidas as análises úteis para forragens e silagem. Consulte o texto para detalhes importantes relacionados a recomendações específicas.

Rações e *Pet Food*

11.3.2.1 Ingredientes críticos

As matérias-primas usadas para preparar forragens e silagem devem ser selecionadas para impedir a introdução de altos níveis de patógenos originários de animais infectados, de animais reservatórios ou do uso de esterco contaminado. A prevenção é assegurada pela adequada aplicação das Boas Práticas Agrícolas, mas nenhuma análise é recomendada.

Para discussões sobre as medidas preventivas relacionadas ao esterco e água de irrigação consulte o Capítulo 12.

11.3.2.2 Durante o processamento

A análise de amostras durante a preparação da silagem não é recomendada. Entretanto, a fermentação adequada da silagem pode ser verificada por meios indiretos, como inspeção de danos no material de vedação que podem permitir a entrada de ar, do odor da silagem e verificação do pH, para verificar se a diminuição ocorreu corretamente.

Tabela 11.2 Análises de forragens e silagem para avaliação da segurança e da qualidade microbiológicas

Importância relativa		Análises úteis
Ingredientes críticos	Baixa	Aplicar Boas Práticas Agrícolas para matérias-primas usadas no preparo de forragens ou silagem. Evitar o uso de matérias-primas que estejam altamente contaminadas por patógenos relevantes.
Durante o processamento	Baixa	A análise microbiológica não é recomendada. Parâmetros como inspeção visual e o monitoramento da redução do pH podem ser utilizados para verificar se a fermentação foi bem realizada.
Ambiente de processamento	Baixa	Não relevante.
Vida de prateleira	Baixa	Para produtos secos como feno, que permitem o crescimento de bolores quando ocorre absorção de umidade, o monitoramento da umidade relativa é relevante.
Produto final	Baixa	A inspeção visual e do odor, bem como o monitoramento da redução do pH, podem ser utilizados para verificar se a fermentação foi bem realizada. Nenhuma análise rotineira de microrganismos indicadores ou patogênicos é recomendada.

11.3.2.3 Ambiente de processamento

Não é relevante para forragens e silagem.

11.3.2.4 Vida de prateleira

Uma vida de prateleira prolongada de forragens desidratadas é garantida pela manutenção de condições adequadas, incluindo temperatura e umidade relativa. Para silagem, se forem usadas culturas-mãe para melhorar a fermentação, podem ser realizados outros testes de relevância (por exemplo, MUCK, 2010).

11.3.2.5 Produto final

Para indivíduos familiarizados com a produção de silagem a observação visual e do odor ajuda a verificar se o processo foi adequado. A determinação do pH é menos confiável pois depende de outros fatores, como o conteúdo da matéria seca. A análise microbiológica não é recomendada como rotina, mas pode ser útil em investigações.

11.4 RAÇÕES COMPOSTAS

As rações compostas são produzidas tanto de rações processadas como de não processadas, descritas nas Seções 11.2 e 11.3, com adição de micronutrientes como vitaminas ou minerais, de forma a prover uma dieta adequada aos animais. São produzidas empregando-se componentes em pó, peletizados ou em grumos.

11.4.1 Microrganismos de importância

11.4.1.1 Perigos e controles

Salmonella é o principal perigo em rações compostas. Processos amplamente utilizados, como a peletização (FURUTA; OKU; MORIMOTO, 1980; COX et al., 1986; HIMATHONGKHAM; PEREIRA; RIEMANN, 1996), têm-se mostrado letais às salmonelas. As condições adequadas devem ser validadas e gerenciadas como um Ponto Crítico de Controle (PCC). Técnicas alternativas de conservação, como a descontaminação química, já foram discutidas em ICMSF (2005). Entretanto, a principal causa da entrada de *Salmonella* em ração composta é a recontaminação pós-processamento, que necessita ser controlada. O controle é feito primordialmente evitando-se o uso de ingredientes contaminados e a contaminação pós-processamento na planta de fabricação. A qualidade microbiológica dos ingredientes adicionados após as etapas letais tem um impacto importante nos produtos acabados, que deve estar refletida nos requerimentos acordados entre compradores e fornecedores. Os fornecedores precisam adotar medidas preventivas (BPH e HACCP) ao fabricar os ingredientes. Consulte os capítulos relevantes na publicação da ICMSF (2005) e neste livro para os testes apropriados aos ingredientes.

As principais fontes de micotoxinas encontradas em rações compostas são os ingredientes, conforme discutido nas seções anteriores. Entretanto, a formação de micotoxinas também pode ocorrer durante um armazenamento inadequado, que permite o crescimento de fungos. As medidas de controle apropriadas são idênticas às descritas na Seção 11.2.1.1.

11.4.1.2 Deterioração e controles

O crescimento de bolores pode também levar à deterioração de rações compostas. O controle é atingido por meio da utilização de condições de armazenagem apropriadas discutidas acima.

Rações e *Pet Food*

11.4.2 Dados microbiológicos

11.4.2.1 Ingredientes críticos

Como tratado nas seções anteriores, rações processadas e não processadas, usadas como matéria-prima para rações compostas, podem estar contaminadas com *Salmonella* e outros patógenos, como *E. coli* enteropatogênica. Portanto, é importante avaliar o risco associado a cada ingrediente individualmente.

Analisar patógenos em matérias-primas não é uma medida de controle eficiente, devendo ser enfatizados os programas de seleção de fornecedores, como já citado aqui. O monitoramento de amostras pode ser adaptado ao grau de confiança que se tem em um dado fornecedor.

Matérias-primas emboloradas não devem ser utilizadas porque as micotoxinas geralmente não são inativadas durante o processamento posterior, exceto quando são aplicadas estratégias recentes, como a detoxificação enzimática ou microbiana de algumas micotoxinas (após validação adequada) (KABAK; DOBSON; VAR, 2006; BINDER et al. 2007). Quando as rações são misturas secas, a seleção dos ingredientes é crítica e pode ser necessária a realização de análises, mesmo que sua segurança não possa ser assegurada dessa forma.

11.4.2.2 Outras etapas de produção

As considerações para os dados microbiológicos relacionados ao processamento, ao ambiente do processamento, à vida de prateleira e ao produto final são similares aos apresentados para rações processadas ou *pet food*. Consulte as Seções 11.2 ou 11.5.2 e as Tabelas 11.1 ou 11.3 para orientação.

11.5 *PET FOODS*, MASTIGÁVEIS E PETISCOS

As rações secas extrusadas ou peletizadas (chamadas de *pet foods*, *pellets* ou *kibbles* em inglês), principalmente para cães e gatos, são fabricadas por extrusão ou cozimento e, posteriormente, recobertos com vitaminas, gorduras, óleos e outros ingredientes não termotolerantes, por pulverização.

Os petiscos normalmente são produtos moldados, pequenos e duros, recebendo cores para indicar o sabor. A produção é similar à da ração peletizada. Os sabores tradicionais incluem carne, frango, carneiro, peru, fígado, queijo e bacon, bem como os sabores menos comuns, como passas, espinafre ou manteiga de amendoim.

Os mastigáveis para animais de estimação são produzidos de diferentes partes do corpo de animais, como couro, ossos da perna, intestino, focinho, penis ou orelhas. São comercializados de várias formas (torcidos, enrolados) ou moldados em diferentes formatos. Após a formação e moldagem, são secos de forma a se obter um produto estável de baixa umidade. A secagem, entretanto, não pode ser considerada uma etapa de controle.

Os *pet foods* em conserva não são diferentes dos alimentos em conserva para consumo humano e discussões detalhadas sobre essa categoria podem ser encontradas no Capítulo 24.

212 Microrganismos em Alimentos 8

Tabela 11.3 Análises de rações compostas (de ingredientes processados para ração), *pet food*, mastigáveis e petiscos para avaliação da segurança e da qualidade microbiológicas

Importância relativa		Análises úteis
Ingredientes críticos	Alta	A necessidade de análise de *Salmonella* e indicadores nos ingredientes adicionados sem etapa letal prévia depende da confiança no fornecedor. A análise é essencial para os fornecedores de baixa confiança, para verificar se os ingredientes estão em conformidade com as especificações.
Durante o processamento	Alta	A análise de *Salmonella* e *Enterobacteriaceae* em resíduos dos produtos nas superfícies de contato, após a etapa letal, é essencial para verificar o controle do processo. Os níveis normalmente encontrados são: • *Salmonella* – ausente. • *Enterobacteriaceae* – 10^2–10^3 UFC/g. • Contagem de aeróbios mesófilos – limites internos.
Ambiente de processamento	Alta	É essencial a realização de análises durante a operação normal, para verificar o controle do processo. Analisar *Salmonella* e *Enterobacteriaceae* nas áreas relevantes. Os níveis normalmente encontrados são: • *Salmonella* – ausente. • *Enterobacteriaceae* – 10^2–10^3 UFC/g ou amostra.
Vida de prateleira	Baixa	Para produtos que permitem o crescimento de bolores quando ocorrer absorção de umidade, o monitoramento da umidade relativa ou da atividade de água é mais relevante do que a análise de bolores.
Produto final	Alta	A análise de indicadores nos produtos processados é essencial para verificar o controle de processo.

Produto	Microrganismo	Método analítico[a]	Caso	Plano de amostragem e limites/g[b]			
				n	c	m	M
Rações compostas, *pet foods* secos, mastigáveis e petiscos	*Enterobacteriaceae*	ISO 21528-1	2	5	2	10^2	10^3

Baixa a alta: A análise rotineira de *Salmonella* não é recomendada durante as operações normais quando BPH e HACCP são eficazes e confirmados pelas análises acima. A análise de patógenos é recomendada apenas quando outros dados indicarem potencial de contaminação.

Produto	Microrganismo	Método analítico[a]	Caso	Plano de amostragem e limites/25 g[b]			
				n	c	m	M
Rações compostas, *pet foods* secos, mastigáveis e petiscos	Salmonella	ISO 6579	10	5[c]	0	0	-

[a] Métodos alternativos podem ser usados, desde que validados pelos métodos ISO.

[b] Consulte o Apêndice A para desempenho desses planos de amostragem.

[c] Unidades analíticas individuais de 25 g (ver a Seção 7.5.2 para amostra composta).

11.5.1 Microrganismos de importância

11.5.1.1 Perigos e controles

Para *pet foods*, petiscos e mastigáveis secos o patógeno relevante é *Salmonella*, como demonstrado por várias publicações sobre surtos e levantamentos (CLARK et al.,

Rações e *Pet Food*

2001; WONG et al., 2007; BEHRAVESH et al., 2010) bem como *recalls* de produtos. Embora a transmissão direta ou indireta de *Salmonella* para humanos (principalmente crianças) por meio de *pet foods* desidratados seja reconhecida (CDC, 2008a, 2008b), não existe uma avaliação de risco específica, que seja do nosso conhecimento, que permita avaliar o impacto mais detalhadamente.

As micotoxinas também representam um perigo significativo em *pet foods* desidratados e as medidas de controle são as mesmas descritas para rações compostas. A prevalência de micotoxinas em *pet foods* e o seu impacto toxicológico sobre os animais foram discutidos por Leung, Días-Llamo e Smith (2006) e Boermans e Leung (2007).

11.5.1.2 Deterioração e controles

A deterioração por bolores é o principal problema de *pet foods* desidratados. Geralmente é decorrente da desidratação insuficiente dos peletes, ao enchimento de recipientes com o produtos quente e subsequente condensação no produto embalado. O controle da deterioração requer a aplicação de BPH adequadas. A contagem de bolores não é recomendada porque a contaminação pode ser bastante heterogênea. Alternativas, como o monitoramento da atividade de água do produto, podem ser úteis na prevenção de tais problemas.

11.5.2 Dados microbiológicos

Na Tabela 11.3 encontram-se resumidas as análises úteis para *pet foods*, mastigáveis e petiscos. Consultar o texto para detalhes importantes relacionados a recomendações específicas.

11.5.2.1 Ingredientes críticos

Os diferentes ingredientes usados para a manufatura de *pet foods* desidratados, petiscos e mastigáveis secos apresentam risco de presença de *Salmonella*. A extrusão ou o cozimento aplicados na fabricação dos *pet foods* e dos petiscos, entretanto, são delineados para destruir esses microrganismos vegetativos, de forma que a análise de *Salmonella* nessas matérias-primas não é recomendada.

Se uma etapa letal não for aplicada durante o processamento, como no caso de mastigáveis, por exemplo, então a aplicação de medidas preventivas adequadas na etapa de seleção dos fornecedores é a forma mais eficaz de controle (consulte as seções prévias). A análise da matéria-prima na chegada pode ser considerada como um monitoramento se a confiança no fornecedor for baixa.

11.5.2.2 Durante o processamento

A análise de resíduos de produtos críticos nas superfícies de contato situadas após a extrusão ou o cozimento (ou qualquer outra etapa biocida), onde a presença ou mesmo a multiplicação de *Salmonella* pode ocorrer, é útil para detectar a contaminação originária do ambiente de processamento.

11.5.2.3 Ambiente de processamento

Consulte as seções anteriores.

11.5.2.4 Vida de prateleira

A contagem de bolores não é recomendada porque a contaminação pode ser heterogênea. Alternativas, como a determinação da atividade de água do produto, podem ser ferramentas úteis de monitoramento para prevenção de tais problemas.

11.5.2.5 Produto final

A amostragem de *pet food* e petiscos secos segue a mesma lógica discutida na Seção 11.2.2.5. Os limites propostos para *Salmonella* refletem apenas a adesão às BPH, uma vez que os produtos representam uma ameaça indireta à saúde humana. No caso de *Enterobacteriaceae*, os limites da Tabela 11.3 são similares aos da União Europeia (EC, 1990) e refletem o que pode ser alcançado quando as BPH e o HACCP são aplicados durante o processamento.

REFERÊNCIAS

ACHESON, D. et al. **The BSE inquiry:** the report. v. 13: Industry procedures and controls. London: House of Commons: Crown Copyright, 2000. Disponível em: <http://web.archive. org/web/20001203195200/www. bseinquiry.gov.uk/report/volume13/toc.htm>. Acesso em: 5 nov. 2010.

ANTOGNOLI, M. C. et al. Risk factors associated with the presence of viable *Listeria monocytogenes* in bulk tank milk from US dairies. **Zoonoses Public Health**, Berlin, v. 56, n. 2, p. 77-83, 2009.

BAMPIDIS, V. A.; ROBINSON, P. H. Citrus by-products as ruminant feeds: a review. **Animal Feed Science and Technology**, New York, v. 128, p. 175-217, 2006.

BEHRAVESH, C. B. et al. Human *Salmonella* infections linked to contaminated dry dog and cat food, 2006-2008. **Pediatrics**, Evanston, v. 126, n. 3, p. 477-483, 2010.

BERGER, L.; SINGH, V. Changes and evolution of corn coproduct for beef cattle. **Journal of Animal Science**, Savoy, v. 88, p. 143-50, 2010. Supplement 13.

BINDER, E. M. Managing the risk of mycotoxins in modern feed production. **Animal Feed Science and Technology**, New York, v. 133, n. 1-2, p. 149-166, 2007.

BINDER, E. M. et al. Worldwide occurrence of mycotoxins in commodities, feeds and feed ingredients. **Animal Feed Science and Technology**, New York, v. 137, n. 3-4, p. 265-282, 2007.

BOERMANS, H. J.; LEUNG, M. C. K. Mycotoxins and the pet food industry: toxicological evidence and risk assessment. **International Journal of Food Microbiology**, Amsterdam, v. 119, n. 1-2, p. 95–102, 2007.

CDC - CENTERS FOR DISEASE CONTROL AND PREVENTION. Multistate outbreak of human *Salmonella* infections caused by contaminated dry dog food, United States, 2006-2007. **Morbid Mortal Weekly Report**, Atlanta, v. 57, n. 19, p. 521-524, 2008a.

Rações e *Pet Food*

_____. Update: recall of dry dog and cat food products associated with human *Salmonella* Schwarzengrund infections, United States, 2008. **Morbid Mortal Weekly Report**, Atlanta, v. 57, n. 44, p. 1200-1202, 2008b.

CLARK, C. et al. Characterization of *Salmonella* associated with pig ear dog treats in Canada. **Journal of Clinical Microbiology**, Washington, DC, v. 39, n. 11, p. 3962-3968, 2001.

CODEX ALIMENTARIUS. **Code of practice on good animal feeding (CAC/RCP-54/2004)**. Rome: FAO, 2004. FAO/WHO Food Standards Program.

COFFEY R.; CUMMINS E. Feed to food risk assessment, with particular reference to mycotoxins in bovine feed. **International Journal of Risk Assessment and Management**, Geneva, v. 8, n. 3, p. 266-286, 2008.

COX, N. A. et al. Effect of the steam conditioning and pelleting process on the microbiology and quality of commercial-type poultry feeds. **Poultry Science**, Oxford, v. 65, n. 4, p. 704-709, 1986.

CRUMP, J. A.; GRIFFIN, P. M.; ANGULO, F. J. Bacterial contamination of animal feed and its relationship to human foodborne illness. **Clinical Infectious Diseases**, Oxford, v. 35, n. 7, p. 859–865, 2002.

CZUPRYNSKI, C. J. *Listeria monocytogenes*: silage, sandwiches and science. **Animal Health Research Reviews**, Wallingford, v. 6, n. 2, p. 211-217, 2007.

DAVIS, M. A. et al. Feedstuffs as a vehicle of cattle exposure to Escherichia coli O157:H7 and Salmonella enterica. **Veterinary Microbiology**, Amsterdam, v. 95, n. 3, p. 199-210, 2003.

DAVIES, R. H.; WALES, A. D. Investigations into *Salmonella* contamination in poultry feedmills in the United Kingdom. **Journal of Applied Microbiology**, Oxford, v. 109, n. 4, p. 1430-1440, 2010.

DENTON, J. H. et al. Historical and scientific perspectives of same species feeding of animal by-products. **The Journal of Applied Poultry Research**, Oxford, v. 14, n. 2, p. 352-361, 2005.

DODD, C. C. et al. Prevalence of *Escherichia coli* O157 in cattle feeds in Midwestern feedlots. **Applied and environmental microbiology**, Washington, DC, v. 69, n. 9, p. 5243-5247, 2003.

EC - EUROPEAN COMMUNITY. Council Directive 90/667/EEC of 27 November 1990 laying down the veterinary rules for the disposal and processing of animal waste, for its placing on the market and for the prevention of pathogens in feedstuffs of animal or fish origin and amending Directive 90/425/EEC. **Official Journal**, L363, p. 51-60, 1990.

_____. Regulation (EC) N° 183/2005 of the European parliament and of the council of 12 January 2005 laying down requirements for feed hygiene. **Official Journal**, L35/22, 2005.

EFSA – EUROPEAN FOOD SAFETY AUTHORITY. **Scientific report on the BSE surveillance model (BSurvE) established by the Community Reference Laboratory for TSE**. Parma, 2004. EFSA Scientific report, n. 17, p. 1-6.

_____. Scientific opinion of the Panel on Biological Hazards on a request from the Health and Consumer Protection, Directory General, European Commission on Microbiological Risk Assessment in feeding stuffs for food producing animals. **The EFSA Journal**, Parma, v. 720, p. 1-84, 2008.

FDA - FOOD AND DRUG ADMINISTRATION. **Fourth draft**: framework of the FDA Animal Feed Safety System. College Park, 2010. Disponível em: <http://www.fda.gov/AnimalVeterinary/SafetyHealth/AnimalFeedSafetySystemAFSS/ucm196795.htm>. Acesso em: 5 nov. 2010.

FINLEY, R.; REID-SMITH, R.; WEESE, J. S. Human health implications of Salmonella: contaminated natural pet treats and raw et food. **Clinical Infectious Diseases**, Oxford, v. 42, n. 5, p. 686-691, 2006.

FINLEY, R.; REID-SMITH, R.; WEESE, J. S. Human health implications of Salmonella contaminated natural pet treats and raw et food. **Clinical Infectious Diseases**, Chicago, v. 42, n. 5, p. 686-691, 2006.

FINLEY, R. et al. The risk of salmonellae shedding by dogs fed *Salmonella*-contaminated commercial raw food diets. **The Canadian Veterinary Journal**, Ottawa, v. 48, n. 1, p. 69-75, 2007.

FURUTA, K.; OKU, I.; MORIMOTO, S. Effect of steam temperature in the pelleting process of chicken food on the viability of contaminating bacteria. **Laboratory Animals**, London, v. 14, n. 4, p. 293-296, 1980.

GILES, K. et al. Resistance of bovine spongiform encephalopathy (BSE) prions to inactivation. **PLoS Pathogens**, Cambridge, v. 4, p. 1-9, nov. 2008.

GROBBEN, A. H. et al. Inactivation of the BSE agent by the heat and pressure process for manufacturing gelatin. **The Veterinary Record**, London, v. 157, n. 10, p. 277-281, 2005.

HIMANTHONKHAM, S.; PEREIRA, M. G.; RIEMANN, H. Heat destruction of *Salmonella* in poultry feeds: effect of time, temperature, and moisture. **Avian Diseases**, Ithaca, v. 40, n. 1, p. 72-77, 1996.

HUTCHINSON, M. L.; THOMAS, D. J. I.; AVERY, S. M. Thermal death of *Escherichia coli* O157:H7 in cattle feeds. **Letters in Applied Microbiology**, Oxford, v. 44, n. 4, p. 357-363, 2006.

ICMSF - INTERNATIONAL COMMISSION ON MICROBIOLOGICAL SPECIFICATIONS FOR FOODS. Feeds and pet foods. In: _____. **Microorganisms in foods 6**: microbial ecology of food commodities. 2. ed. New York: Kluwer Academic: Plenum Publishers, 2005.

JONES, F. T.; RICHARDSON, K. E. *Salmonella* in commercially manufactured feeds. **Poultry Science**, Oxford, v. 83, n. 3, p. 384-391, 2003.

KABAK, B.; DOBSON A. D. W.; VAR, I. Strategies to prevent mycotoxin of food and animal feed: a review. **Critical Reviews in Food Science and Nutrition**, Boca Raton, v. 46, n. 8, p. 593-619, 2006.

KAN, C. A.; MEIJER, G. A. L. The risk of contamination of food with toxic substance present in animal feed. **Animal Feed Science and Technology**, New York, v. 133, n. 1-2, p. 84-108, 2007.

KUNDU, S. S. et al. **Roughage processing technology**. New Delhi: Satish Serial Publishing House, 2005.

LEFFERTS, L. et al. **Feed for food producing animals**: a resource on ingredients, the industry, and regulation. Baltimore: The Johns Hopkins Center for a Livable Future, Bloomberg School of Public Health, 2006.

LEUNG, M. C.; DÍAZ-LLANO, G.; SMITH, T. K. Mycotoxins in pet food: a review on worldwide prevalence and preventative strategies. **Journal of Agricultural and Food Chemistry**, Washington, DC, v. 54, n. 26, p. 9623-9635, 2006.

MAGNOLI, C. E. et al. Mycotoxigenic fungi and mycotoxins in animal feed in South American countries. In: RAI, M.; VARMA, A. **Mycotoxins in food, feed and bioweapons**. Berlin: Springer-Verlag, 2010.

Ração e *Pet Food*

MUCK, R. E. Silage microbiology and its control through additives. **Revista Brasileira de Zootecnia**, Viçosa, v. 39, p. 183-191, 2010. Suplemento especial.

NESSE, L. L. et al. Molecular analyses of *Salmonella enterica* isolates form fish feed factories and fish feed ingredients. **Applied and Environmental Microbiology**, Washington, DC, v. 69, n. 2, p. 1075-1081, 2003.

RICHARD, J. L. Some major mycotoxins and their mycotoxicoses: an overview. **International Journal of Food Microbiology**, Amsterdam, v. 119, n. 1-2, p. 3-10, 2007.

SAPKOTA, A. R. et al. What do we feed to food-production animals?: a review of animal feed ingredients and their potential impacts on human health. **Environmental Health Perspective**, Research Triangle Park, v. 115, n. 5, p. 663-670, 2007.

SANDERSON, M. W. et al. Longitudinal emergence and distribution of *Escherichia coli* O157 genotypes in a beef feedlot. **Applied and Environmental Microbiology**, Washignton, DC, v. 72, n. 12, p. 7614-7619, 2006.

STORM, I. D. L. M. et al. Mycotoxins in silage. **Stewart Postharvet Review**, Montreal, v. 4, p. 1-12, 2008.

TAYLOR, D. M. Inactivation of the BSE agent. **Journal of Food Safety**, Malden, v. 18, n. 2, p. 265-274, 1998.

_____. Inactivation of transmissible degenerative encephalopathy agent: a review. **Veterinary Journal**, London, v. 159, n. 1, p. 10-17, 2000.

THOMPSON, A. Ingredients: where pet food starts. **Top in Companion Animal Medicine**, New York, v. 23, n. 3, p. 127-132, 2008.

USDA - UNITED STATES DEPARTMENT OF AGRICULTURE. **Bovine spongiform encephalopathy (BSE) ongoing surveillance plan**. Washington, DC, 2006. Disponível em: <http://www.aphis.usda.gov/animal_health/animal_diseases/bse/downloads/BSE_ongoing_surv_plan_final_71406.pdf>. Acesso em: 5 nov. 2010.

VESTBY, L. K. et al. Biofilm forming abilities of *Salmonella* are correlated with persistence in fish meal- and feed factories. **BMC Veterinary Residence**, London, v. 5, n. 20, p. 1-6, 2009.

WONG, T. L. et al. *Salmonella* serotypes isolated form pet chews in New Zealand. **Journal of Applied Microbiology**, Oxford, v. 103, n. 4, p. 803-810, 2007.

CAPÍTULO 12

Hortaliças e Derivados

12.1 INTRODUÇÃO

As hortaliças incluem produtos derivados de raízes, folhas, tubérculos, bulbos, flores, frutos e caules de muitas espécies de plantas. Alguns alimentos botanicamente classificados como frutas são frequentemente tratados como hortaliças (por exemplo, tomates, azeitonas, vagens). Os tomates fazem parte do Capítulo 13. Os processos usados na fabricação de derivados de hortaliças e seus impactos na população microbiana do produto final foram descritos anteriormente (ICMSF, 2005). As variedades de plantas, os métodos de cultivo e as técnicas de colheita, embalagem, processamento, comercialização e preparação final variam substancialmente. Diferenças regionais e sazonais também ocorrem.

Este capítulo cobre as análises microbiológicas para a produção primária de hortaliças frescas e minimamente processadas, cozidas, congeladas, enlatadas, secas, fermentadas e acidificadas, sementes germinadas e cogumelos.

12.2 PRODUÇÃO PRIMÁRIA

A produção primária de hortaliças engloba o período desde a plantação até a colheita. O cultivo de hortaliças é realizado em uma variedade de condições diferentes, empregando métodos específicos para cada produto. O cultivo tradicional é realizado em campos abertos, que podem variar em tamanho, desde pequenas áreas de cultivo até produção em grande escala. Além disso, muitas hortaliças são cultivadas em estufas, que permitem um alto grau de controle ambiental. A produção primária de algumas hortaliças é realizada usando-se técnicas hidropônicas.

12.2.1 Microrganismos de importância

A microbiota das hortaliças durante o seu cultivo reflete a do ambiente, da origem das sementes, do melhoramento do solo e da água de irrigação. Uma grande variedade de bactérias, bolores, leveduras e vírus são importantes, incluindo aqueles relacionados às "lesões de manipulação no mercado", que participam da deterioração. Embora sejam primordialmente uma questão de qualidade, lesões de manipulação, danos causados por insetos, abrasões e outros defeitos de qualidade podem aumentar o potencial para a presença de patógenos humanos.

12.2.1.1 Perigos e controles

Os patógenos humanos geralmente não fazem parte da microbiota normal das hortaliças e indicam fontes de contaminação humana ou animal no ambiente de produção primária. Uma vez introduzidos no ambiente agrícola, os patógenos humanos podem persistir por períodos prolongados. Por exemplo, *Escherichia coli* O157:H7 enterohemorrágica pode persistir por meses nos solos adubados com esterco, dependendo da temperatura e da umidade do solo. Há patógenos humanos que não são transitórios no ambiente de produção primária, embora essa situação seja uma exceção. Por exemplo, *Listeria monocytogenes* é comumente associada a raízes, como rabanetes. Curiosamente, não há casos documentados de listeriose associados a essa hortaliça. Além disso, microrganismos zoonóticos como *E. coli* e *Salmonella* podem se estabelecer nos solos e bacias hidrográficas, particularmente em climas mais quentes. Em algumas regiões, foi observada associação entre um vegetal específico e um determinado patógeno humano, conforme descrito a seguir:

- *E. coli* enterohemorrágica (EHEC) O157:H7 com alface e espinafre.
- *Salmonella* com melões cantaloupe, tomates e hortaliças folhosas.
- *Yersinia pseudotuberculosis* com cenoura ralada.
- *Cyclospora cayatenensis* com manjericão.
- Vírus da hepatite A com cebolinhas.

Há ocasiões em que a forma de contaminação das culturas não é clara. A contaminação pode se originar diretamente ou indiretamente do ambiente (água, vento, solo, animais ou equipamentos) ou de humanos durante o cultivo ou a colheita. Acredita-se que a contaminação ocorra principalmente na superfície da hortaliça. Entretanto, sob algumas condições de estudo, os patógenos podem ser internalizados nas hortaliças durante o cultivo, a colheita ou o processamento. A extensão da internalização afeta a eficácia das medidas de controle normais no pós colheita, que são baseadas no tratamento da superfície da hortaliça.

Os patógenos do grupo das *Enterobacteriaceae* são os contaminantes mais comuns e mais frequentemente envolvidos em enfermidade transmitida por alimentos, incluindo

Hortaliças e Derivados **221**

Salmonella spp., *Shigella* spp. e *E. coli* enterohemorrágica (EHEC). Os vírus de maior importância são os da hepatite A e os norovírus. Os parasitas protozoários mais comuns são *C. cayatenensis* e *Cryptosporidium parvuum*. Outros parasitas protozoários (por exemplo, *Entamoeba histolytica*, *Giardia* spp., *Toxoplasma gondii*) e não protozoários (por exemplo, *Ascaris lumbricoides*, *Enterobius vermicularis*, *Taenia* spp., *Toxocara* spp.) podem ser transmitidos por meio de produtos frescos nas regiões onde são endêmicos.

É necessário compreender o modo de transmissão e o nicho normal desses patógenos para realizar uma análise do perigo que tenha sentido, e selecionar as medidas de controle apropriadas. Por exemplo, os humanos são a fonte mais importante de *Shigella flexneri*, portanto o controle deve ser focado nos trabalhadores da fazenda e no esgoto. Da mesma forma, EHEC e *C. parvuum* são associados principalmente com os herbívoros, assim o controle deve ser focado na invasão da área por animais, melhoramentos de solo, forma de utilização das áreas adjacentes e água de irrigação.

A principal forma de controlar a contaminação durante a produção primária é por meio da implementação das Boas Práticas Agrícolas (BPA). Alguns governos, organizações comerciais e organizações privadas para estabelecimento de padrões (por exemplo a Global GAP) desenvolveram orientações gerais (FDA, 1998, 2008) e guias específicos (WESTERN GROWERS ASSOCIATION, 2010, para hortaliças folhosas; e UF; NATTWG, 2008, para tomates), cujo foco é limitar a introdução de microrganismos patogênicos no ambiente de produção primária. Um fator chave é a localização da área de cultivo em relação às fontes potenciais de contaminação (por exemplo, proximidade a uma instalação de criação animal, grandes populações de animais silvestres, mananciais de água de irrigação e de outras águas para agricultura, riscos de contaminação externa trazida pelo vento, escoamento ou enchentes). A água de irrigação e o método de aplicação são outra fonte potencial de contaminação. As águas superficiais podem estar contaminadas se forem usadas como fonte de água para animais domésticos ou selvagens, ou como local de parada de aves aquáticas. A água de irrigação originária de poços profundos é menos suscetível à contaminação por microrganismos patogênicos, mas coberturas e revestimentos danificados ou a falta de verificação podem levar à infiltração de microrganismos do solo na água dos poços. Mananciais de água contaminados podem requerer o tratamento da água ou a filtração antes do uso, principalmente quando a água de irrigação entra em contato com as partes comestíveis do vegetal (por exemplo, irrigação por pulverização). O emprego de água de reúso para propósitos agrícolas é encorajado, pelos benefícios ambientais, mas sua aplicação na irrigação de culturas vegetais pode exigir, pelo menos, um tratamento secundário da água.

O uso de esterco como um melhoramento do solo converte poluentes potenciais em um recurso para a agricultura sustentável. Entretanto, é necessário um controle para evitar que o esterco se torne uma fonte de microrganismos patogênicos. Por exemplo, se forem compostados de forma inadequada, o esterco de gado bovino pode ser uma fonte de EHEC e o de frangos, uma fonte de *Salmonella*. Este fato é particularmente preocupante no caso de hortaliças consumidas cruas. A forma principal de controle de patógenos humanos no solo melhorado é por meio da compostagem adequada ou da pasteurização. O potencial de recontaminação e subsequente multiplicação de patógenos deve ser considerado.

Durante a colheita, o contato com equipamentos e pessoas e os estresses associados à colheita tornam muitas hortaliças particularmente vulneráveis à contaminação. Os equipamentos de colheita devem ser limpos e sanitizados como qualquer equipamento de processamento de alimentos. A prática de higiene das pessoas na colheita deve ser equivalente à dos manipuladores de alimentos. Em algumas hortaliças (alface, espinafre, cebolinha verde, por exemplos), às vezes, o único tipo de "processamento" que o vegetal recebe ocorre durante a colheita no campo, portanto, a contaminação que ocorrer no campo pode ser transmitida ao consumidor.

12.2.1.2 Deterioração e controles

Tanto a qualidade como a deterioração das hortaliças são influenciadas pelos eventos que ocorrem durante o cultivo. A maioria das hortaliças contém muitos microrganismos fitopatogênicos que podem afetar a planta e a qualidade do produto (ICMSF, 2005). Os principais controles dos microrganismos fitopatogênicos incluem a seleção de variedades resistentes, rotação de culturas, desinfecção do solo, minimização dos danos causados por insetos e controle da temperatura e da taxa de respiração após a colheita.

Os acontecimentos que ocorrem durante o cultivo e colheita também podem afetar a vida de prateleira dos produtos vegetais. A injúria física (por exemplo, perfurações, abrasões, lesões) durante a colheita e transporte pode alterar o metabolismo da hortaliça e se tornar uma via de contaminação. O controle da temperatura e da taxa de respiração pós colheita pode retardar a deterioração microbiana. A seleção para remoção das hortaliças deterioradas também é importante para prevenir o alastramento da contaminação e assim prolongar a vida de prateleira das hortaliças.

12.2.2 Dados microbiológicos

Na produção primária, a análise microbiológica pode ser útil para água de irrigação, solo adubado, avaliação pré-plantio (especialmente para fitopatógenos) e durante a investigação da origem de um determinado contaminante.

12.2.2.1 Água de irrigação e outras águas usadas na agricultura

A Organização Mundial de Saúde (OMS) e os governos nacionais têm diretrizes para água de reúso empregada para irrigação de hortaliças. As diretrizes da WHO (1989) são baseadas na intenção de uso da água de irrigação (Tabela 12.1). Os critérios equilibram a necessidade de água para fins agrícolas, o risco de irrigar culturas com água contaminada por baixos níveis de material fecal e a viabilidade técnica e econômica de tratar a água antes do uso. Esse equilíbrio de necessidades é particularmente preocupante em países em desenvolvimento, onde o tratamento secundário ou terciário das águas pode não estar disponível. Em alguns países desenvolvidos, os critérios para água de irrigação também consideram água de reúso, mas com aplicação de uma combinação de

Hortaliças e Derivados

Tabela 12.1 Diretrizes da Organização Mundial de Saúde (WHO, 1989) para uso de águas de reúso (tratada) na agricultura

Categoria	Condições de reúso	Nematoides intestinais	Coliformes fecais
A	Irrigação de culturas que provavelmente serão consumidas cruas ("hortaliças de saladas"), parques esportivos, parques públicos.	≤ 1 ovo/L	3,0 log UFC/100 mL
B	Irrigação de culturas de cereais, culturas industriais, forrageiras, pastagens, árvores.	≤ 1 ovo/L	Nenhum padrão recomendado
C	Irrigação localizada de culturas na categoria B: sem ocorrência de exposição de trabalhadores ou o público.	Não aplicável	Não aplicável

critérios microbiológicos e tratamentos necessários. Por exemplo, as diretrizes da *U.S. Environmental Protection Agency*, EPA, para o uso irrestrito da água de reúso na irrigação de vegetais a serem consumidos crus (categoria A) especificam ausência de coliformes fecais/100 mL, ausência de microrganismos patogênicos e ≤ 200 coliformes fecais/100 mL para vegetais processados comercialmente e culturas forrageiras (categoria B) (EPA, 2004). Os critérios podem variar substancialmente entre países de uma mesma região geográfica. Por exemplo, o México, que fornece hortaliças frescas para os Estados Unidos, estabelece ≤ 5 ovos de nematoides/L, e médias diárias e mensais de coliformes fecais de ≤ 3,3 log UFC/100/mL e ≤ 3,0 log UFC/100mL, respectivamente (BLUMENTHAL et al., 2000). Em 2009, a indústria de hortaliças folhosas na Califórnia implementou um critério *moving window* para água de irrigação, fixando a média geométrica de ≤ 126 NMP de *E. coli*/100 mL para as cinco amostras de água mais recentes (WESTERN GROWERS ASSOCIATION, 2010).

A diferença entre as diretrizes da OMS de 1989 e as dos países desenvolvidos tem sido fonte de controvérsias. Segundo os países em desenvolvimento, há poucas evidências epidemiológicas de que a exigência mais rigorosa reduz a incidência de doenças gastrointestinais em seus países. Além disso, há uma discussão em andamento sobre a adequação desses padrões em relação às enfermidades virais como a hepatite A. Entretanto, a indústria de hortaliças frescas atribui às suas práticas de monitoramento da qualidade de água a redução dos surtos associados aos seus produtos. Há várias avaliações de risco e perfis de risco relacionados ao impacto dos padrões de água de reúso na transmissão de enfermidades humanas por meio de hortaliças frescas (GALE, 2001; HAMILTON et al., 2006; STEELE; ODUMERU, 2004; STEELE; MAHDI; ODUMERU, 2005; STINE et al., 2005). Blumenthal et al. (2000) examinaram os estudos e avaliações de risco disponíveis e recomendaram modificações nas diretrizes da OMS de 1989, para diferenciar as condições de uso da água e as populações expostas (Tabela 12.2).

As diretrizes da OMS de 1989 para água de reúso tratada na agricultura foram substituídas em 2006, considerando a avaliação baseada no risco associado às condições de uso (WHO, 2006). Entretanto, essas novas abordagens trazem orientações pouca claras sobre como usar essas análises para desenvolver critérios microbiológicos para água de irrigação, internacionalmente harmonizados, que sejam de fácil interpretação e implementação, e que possam ser úteis na verificação da aplicação das BPA no cultivo de hortaliças destinadas ao comércio internacional.

Tabela 12.2 Revisões propostas das diretrizes da OMS (WHO, 1989) para uso de águas de reúso (tratada) na agricultura, recomendadas à OMS (BLUMENTHAL et al., 2000)

Categoria	Condições de uso	Grupo de exposição	Método de irrigação	Nematóides intestinais (ovos/L)	Coliformes fecais (log UFC/100mL)
A	Irrigação irrestrita (para uso em hortaliças e saladas, culturas para consumo sem cozimento, campos esportivos, parques públicos).	Trabalhadores, consumidores, público	Qualquer	≤ 0,1	≤ 3,0
B	Restrito.	Trabalhadores (mas não crianças ≤15 anos, comunidades vizinhas)	Spray ou aspersão	≤ 1	≤ 5,0
			Sulco	≤ 1	≤ 3,0
			Qualquer	≤ 0,1	≤ 3,0
C	Irrigação localizada de culturas na categoria B, sem ocorrência de exposição de trabalhadores ou o público.	Nenhum	Gotejamento ou borbulhamento	Não aplicável.	Não aplicável.

O propósito da análise microbiológica da água de irrigação é verificar periodicamente se a fonte de água não foi contaminada por um perigo microbiológico. A frequência da análise deve ser baseada no risco de que a água esteja contaminada. Assim, água de irrigação originada de fontes superficiais provavelmente vai exigir análises mais frequentes do que água obtida de poços profundos. Em geral, a probabilidade de que uma fonte de água esteja contaminada obedece à seguinte ordem: água de efluentes brutos ou inadequadamente tratado > água superficial > água subterrânea de poços rasos > água subterrânea de poços profundos > água potável ou de chuva. A frequência das análises deve ser ajustada de acordo com o histórico de contaminação da fonte, isto é, deve aumentar se os resultados anteriores indicarem um nível inaceitável de contaminação.

Os microrganismos a serem avaliados dependem em parte da avaliação do risco da fonte de água e seus arredores. Considerando um exemplo hipotético, em águas superficiais de áreas com alta população de castores (animais de certas regiões da América do Norte que frequentemente albergam *Giardia* spp.), a análise de *Giardia* deve ser incluída. Entretanto, *Giardia* não deve ser alvo universal de análise em água de irrigação. A análise de água de irrigação objetiva determinar se a fonte de água foi contaminada com material fecal (Tabela 12.3). Para a maioria dados problemas zoonóticos, analisar um ou mais indicadores microbianos é provavelmente mais eficaz do que analisar patógenos específicos na água, embora isso dependa da avaliação de risco inicial. Os microrganismos indicadores tradicionais, como *E. coli*, são mais pertinentes. Outros indicadores, como coliformes fecais, são menos eficazes, uma vez que muitos membros desse grupo não sejam especificamente associados com material fecal e possam fazer parte do am-

Hortaliças e Derivados

Tabela 12.3 Análises de água de irrigação e outras águas usadas na agricultura para avaliação da segurança e da qualidade microbiológicas de hortaliças

Intenção de uso	Importância relativa	Microrganismo	Método analítico[a]	Caso	Plano de amostragem e limites/100 mL[b]			
					n	c	m	M
Água de irrigação (superficial, poço raso, poço profundo, de reúso): • Para hortaliças que provavelmente serão consumidas cruas	Alta[c]	*E. coli*[d, e]	ISO 9308-1	NA	3^f	1	10	10^2
• Para hortaliças que serão consumidas somente após o cozimento	Moderada	*E. coli*[d, e]	ISO 9308-1	NA	3^f	1	10^2	10^3
Água para diluição de pesticidas, limpeza de equipamentos de colheita etc.	Alta	*E. coli*[d, e]	ISO 9308-1	NA	5^f	0	0	-

[a] Métodos alternativos podem ser usados, desde que validados pelos métodos ISO.

[b] Consulte o Apêndice A para desempenho desses planos de amostragem.

[c] A importância relativa das análises depende do método de irrigação, sendo mais alta na aplicação foliar. Uma frequência mais alta de amostragem deve ser considerada se forem observadas evidências de níveis inaceitáveis de contaminação, se a fonte tiver histórico de contaminação periódica ou se houver probabilidade de ocorrências que elevem o risco de contaminação (por exemplo, enchentes).

[d] Para águas de reúso de tratamento de esgoto humano ou fontes de água provavelmente contaminadas por fontes humanas, considerar a inclusão de um indicador viral ou de contaminação fecal (ver texto).

[e] Para água de reúso ou outras águas tratadas com probabilidade de contaminação por parasitas nematóides ou protozoários, considerar a inclusão de análises dos oocistos relevantes (ver texto).

[f] Unidades analíticas individuais de 100 mL.

biente agrícola normal, incluindo as águas superficiais (por exemplo, *Klebsiella* spp. e *Enterobacter* spp. são frequentemente associados com plantas). No caso de emprego de água de reúso para a irrigação, particularmente no caso de hortaliças que serão consumidas cruas, a aceitação da água deve ser limitada às que receberam, pelo menos, um tratamento terciário. Nesses casos, deve ser considerado o uso de um indicador viral (por exemplo, colifago macho-específico) ou de um vírus patogênico (por exemplo, hepatite A), além das bactérias indicadoras de contaminação fecal, porque os vírus têm maior probabilidade de sobreviver ao tratamento do água do que as bactérias. Os parasitas protozoários (por exemplo, *C. cayatenensis* e *C. parvuum*) são altamente resistentes ao tratamento da água e talvez tenham de ser considerados. Entretanto, os parasitas protozoários e não protozoários podem ser eliminados usando-se sistemas de filtração ou tanques de sedimentação para remover cistos e ovos antes do uso para a irrigação.

Além da análise de patógenos humanos, pode haver casos em que a água de irrigação também seja avaliada quanto à carga total microbiana ou quanto à presença de patógenos específicos. Isto é mais pertinente quando o produtor está preocupado com um fitopatógeno específico que possa ser de origem fluvial.

A água na agricultura também é usada para várias outras finalidades, como diluição de pesticidas, limpeza de equipamentos de plantio e colheita, preparação de soluções sanitizantes para o uso durante a colheita e lavagem das mãos dos trabalhadores do campo. Para essas aplicações e outras similares, geralmente considera-se necessário o uso de águas que atendam os critérios microbiológicos de água potável (ver o Capítulo 21).

Uma vez que o objetivo da análise das águas usadas na agricultura é estabelecer um controle contínuo dessa fonte potencial de contaminação, pode ser útil fazer a adequação dessas análises aos critérios microbiológicos usados para "controle de processo" (consultar o Capítulo 3). Essa abordagem de amostragem foi recomendada para água de irrigação usada para alface e outras hortaliças folhosas (WESTERN GROWERS ASSOCIATION, 2010), com o critério microbiológico baseado na análise de amostras de água pelo menos uma vez por mês. A água de irrigação para aplicação foliar é considerada inaceitável se qualquer amostra apresentar contagem de *E. coli* genérica de 235 NMP/100 mL ou se a "média geométrica" das cinco amostras mais recentes for ≥ 126 NMP/100 mL.

12.2.2.2 Melhoradores de solo

Melhoradores de solo derivados de dejetos animais (esterco), dejetos humanos (lodo de esgoto) ou dejetos vegetais (esterco verde) são recursos importantes para a produção de vegetais em países desenvolvidos e em desenvolvimento. Entretanto, a utilização inadequada pode afetar a qualidade e a segurança das hortaliças e derivados. Isto é controlado por meio da compostagem ou pasteurização (tratamento térmico) do melhorador de solo. A compostagem de dejetos animais ou vegetais geralmente é eficaz devido ao calor gerado durante a fermentação, mas frequentemente a compostagem não é um processo controlado. Em alguns casos, as análises microbiológicas podem ser úteis para verificar a eficácia do processo (por exemplo, estercos compostados) com base em avaliação lote a lote, e em outros casos (por exemplo, estercos tratados termicamente), com base em verificação de processo. Frequentemente, essas análises são exigidas pelos produtores primários e compradores de hortaliças como parte dos programas de certificação das BPA, sendo particularmente importantes para hortaliças que podem ser consumidas sem cozimento pelo consumidor ou que não são submetidas a um tratamento bactericida pelo processador.

Os microrganismos que sobrevivem nos melhoradores de solo compostados ou pasteurizados podem também influenciar a qualidade das hortaliças quando o melhorador de solo é fonte de fitopatógenos específicos. Os microrganismos preocupantes são provavelmente específicos para cada vegetal e cada região, e utilidade da análise microbiológica depende da avaliação do perigo realizada pelo produtor primário.

As diretrizes da indústria americana (WESTERN GROWERS ASSOCIATION, 2010), governo dos Estados Unidos (FDA, 1998) e da organização intergovernamental (CODEX ALIMENTARIUS, 2003) recomendam que esterco não tratado ou tratado adequadamente (compostados ou pasteurizados), biosólidos e dejetos verdes não sejam utilizados para produção de hortaliças frescas, a menos que haja um longo período entre a aplicação e a semeadura dos vegetais. No caso de hortaliças folhosas, as diretrizes da indústria (WESTERN GROWERS ASSOCIATION, 2010) recomendam o registro da temperatura durante a compostagem dos melhoradores de solo orgânicos, e subsequente verificação por meio

Hortaliças e Derivados

de análise microbiológica. As análises incluem coliformes fecais como indicadores, além de *Salmonella* e *E. coli* O157:H7. O uso de coliformes fecais como indicador pode ter limitações se o esterco contiver uma porcentagem elevada de material vegetal ou se utilizar material vegetal como cobertura. Por esta razão, a ICMSF recomenda *E. coli* genérica como um indicador mais direto da sobrevivência de bactérias enteropatogênicas (Tabela 12.4).

Admitindo um desvio padrão de 0,8, o plano de amostragem recomendado para *E. coli* genérica dá 95% de confiança em detectar 48 UFC/g de esterco compostado utilizado para hortaliças provavelmente consumidas cruas, 1 UFC/8g de esterco pasteurizado, no caso de hortaliças provavelmente consumidas cruas e 478 UFC/g de esterco compostado, no caso de hortaliças provavelmente consumidas após cozimento. O plano de amostragem para EHEC e *Salmonella* dá 95% de confiança em detectar 1 UFC/22 g de esterco, também admitindo um desvio padrão de 0,8. Consultar o Apêndice A para verificar o desempenho desses planos de amostragem para outros valores de desvio padrão.

Tabela 12.4 Análise de adubos orgânicos compostados ou pasteurizados para avaliação da segurança e da qualidade microbiológicas de hortaliças

Intenção do uso	Importância relativa	Microrganismo	Método analítico[a]	Plano de amostragem e limite/g[b]			
				n	*c*	*m*	*M*
Esterco compostado para hortaliças que provavelmente serão consumidas cruas	Alta	*E. coli*	ISO 16649-2	5	2	10^2	10^4
				Plano de amostragem e limite/10 g[b]			
		EHEC[c]	ISO 16654	5[d]	0	0	-
		Salmonella	ISO 6579	5[d]	0	0	-
Esterco pasteurizado para hortaliças que provavelmente serão consumidas cruas	Moderada	*E. coli*	ISO 16649-2	5[d]	1	0	-
		EHEC[c]	ISO 16654	5[d]	0	0	-
		Salmonella	ISO 6579	5[d]	0	0	-
		EHEC[c]	ISO 16654	5[d]	0	0	-
Esterco compostado para hortaliças que provavelmente não serão consumidas cruas	Baixa	*Salmonella*	ISO 6579	5[d]	0	0	-
				Plano de amostragem e limite/g[b]			
		E. coli	ISO 16649-2	5	2	10^3	10^5
Esterco pasteurizado: para hortaliças que provavelmente não serão consumidas cruas		Não há recomendação de análise microbiológica de rotina. Análises periódicas para verificar a eficácia do processo podem ser úteis.					

[a] Métodos alternativos podem ser usados, desde que validados pelos métodos ISO.

[b] Consulte o Apêndice A para desempenho desses planos de amostragem.

[c] A análise de EHEC é apropriada para esterco de ruminantes e pode não ser relevante para esterco de aves.

[d] Unidades analíticas individuais de 10 g (ver a Seção 7.5.2 para amostra composta).

12.3 HORTALIÇAS FRESCAS E MINIMAMENTE PROCESSADAS

Em algumas culturas (por exemplo, na cozinha asiática) o consumo de hortaliças sem cozimento não é uma prática tradicional, enquanto que em outras (por exemplo,

América do Norte e Europa) isto é comum. A preocupação com a segurança microbiológica das hortaliças frescas e minimamente processadas se intensificou a partir de 1980, depois que vários surtos foram associados ao consumo de frutas e hortaliças frescas em vários países (NACMCF, 1998; FAO; WHO, 2008). A crescente associação de hortaliças minimamente processadas com enfermidades transmitidas por alimentos envolve vários fatores, incluindo o aumento na disponibilidade e consumo desses produtos, a globalização da indústria de alimentos, os avanços nos processos de conservação e transporte que permitiram aumentar a variedade de produtos comercializados como minimamente processados, e a centralização da produção primária. Isto também reflete os avanços na capacidade de relacionar casos isolados com surtos de mesma origem (por exemplo, PulseNet, SalmNet).

O aprimoramento da produção, embalagem, processamento, distribuição e práticas de comercialização levou a uma elevação no consumo de hortaliças frescas e minimamente processadas. As hortaliças frescas geralmente restringem-se às que retêm a forma e a aparência original da hortaliça quando colhida. Os produtos minimamente processados são hortaliças que foram processadas para aumentar a comodidade de uso, mas sem alterar substancialmente seu frescor da hortaliça. O processamento mínimo compreende descascamento, descaroçamento, corte, fatiamento, fragmentação, corte em cubos e embalagem. Diferentes hortaliças podem ser combinadas em produtos, como saladas preparadas. Embora alguns tratamentos possam prolongar sua vida de prateleira, as hortaliças minimamente processadas são produtos altamente perecíveis.

12.3.1 Microrganismos de importância

Os microrganismos associados às hortaliças frescas e minimamente processadas são os mesmos associados à produção primária (ver a Seção 12.2), além de outros adquiridos durante a colheita, embalagem e processamento. Nesse grupo estão os microrganismos associados aos trabalhadores do campo, à colheita, aos equipamentos de transporte e aos ambientes de produção e colheita. Muitas hortaliças permitem a multiplicação de bactérias, incluindo os patógenos humanos, particularmente nas superfícies de corte. O controle da multiplicação bacteriana é crítico para a qualidade e a segurança. Há muitas oportunidades para a contaminação cruzada, principalmente quando são usadas balsas de lavagem[1] durante o processamento, que podem causar a propagação extensiva do foco inicial de contaminação. A carga microbiana nas hortaliças pode ser parcialmente reduzida (por exemplo, 1 a 2 logs) pela lavagem e desinfecção. Essa redução, entretanto, geralmente é restrita aos microrganismos da superfície e a internalização da contaminação diminui a eficácia dos tratamentos antimicrobianos de superfície. Assim, deve-se tomar cuidado para que o processo não promova a entrada dos microrganismos nos tecidos vegetais. Nenhum tratamento químico pode garantir a completa destruição da microbiota contaminante na superfície das hortaliças. O objetivo principal dos antimicrobianos adicionados à água de lavagem ou às balsas de lavagem é prevenir a contaminação cruzada.

---

[1] Balsas de lavagem são calhas cheias de água que geralmente têm uma esteira transportadora interna para lavar vegetais (N.T.).

Hortaliças e Derivados

12.3.1.1 *Perigos e controles*

Hortaliças frescas e minimamente processadas têm sido associadas a surtos e casos esporádicos causados por vários microrganismos (consulte a Seção 12.2.1.1), tanto de origem animal como humana. Esse risco pode aumentar, de acordo com a capacidade das hortaliças permitirem a multiplicação bacteriana. Os perigos e as medidas de controle específicos dependem do tipo e da fonte da hortaliça, do local de processamento inicial, da extensão do processamento e dos programas de higiene. Por exemplo, um pé de alface é frequentemente embalado no campo, sendo a remoção inicial de folhas, a nova embalagem e a colocação nas caixas feitas poucos minutos após a colheita, seguido de transporte para uma unidade de resfriamento. Alternativamente, certas hortaliças, como pimentas verdes, são transportadas a um local de acondicionamento, onde são selecionadas, limpas, embaladas e resfriadas. O mesmo pode acontecer com os produtos minimamente processados, que passam por certo tratamento inicial ainda no campo. Por exemplo, os pés de alface destinados ao mercado de hortaliças minimamente processadas geralmente têm suas folhas externas removidas no campo, antes de serem enviados ao local de processamento para posterior resfriamento, lavagem, corte e embalagem.

O controle dos perigos microbiológicos geralmente envolve quatro atividades: prevenção da contaminação durante a colheita e o manuseio e processamento pós-colheita (por exemplo, adoção de práticas higiênicas pelos manipuladores e higiene dos equipamentos e superfície de contato), prevenção da contaminação cruzada (por exemplo, o uso de antimicrobianos nas balsas de lavagem), tratamentos para reduzir os níveis de contaminação (por exemplo, lavagem das hortaliças com água contendo um antimicrobiano) e inibição da multiplicação bacteriana (por exemplo, manutenção da cadeia fria até o consumo). Em geral, as medidas de controle são delineadas para controlar bactérias entéricas (por exemplo, *Salmonella*, EHEC) mas, em alguns casos, o controle pode ser focado em outros microrganismos (por exemplo, *L. monocytogenes* em repolho picado e vírus da hepatite A em cebolinhas).

12.3.1.2 *Deterioração e controles*

A deterioração das hortaliças frescas e minimamente processadas é predominantemente associada à podridão mole bacteriana, decorrente da atividade pectinolítica de várias espécies de bactérias. As bactérias predominantes são *Erwinia carotovora* e as pseudomonas fluorescentes pectinolíticas (por exemplo, *Pseudomonas fluorescens*) (LIAO, 2006; BARTH et al., 2009). *E. caratovora* multiplica-se mal abaixo de 10 °C e pode ser controlada pela refrigeração adequada. As pseudomonas são psicrotróficas e a principal causa da podridão mole em hortaliças refrigeradas. A multiplicação é retardada pela refrigeração a 1–4 °C e pelo uso de embalagens com atmosfera modificada. Além disso, a prevenção da contaminação cruzada e a remoção de partes danificadas ou deterioradas são importantes para prevenir o espalhamento desses microrganismos. Evitar danos, cortes e a entrada das bactérias nos tecidos internos também é importante para o controle da deterioração (LIAO, 2006; BARTZ, 2006).

12.3.2 Dados microbiológicos

A natureza perecível das hortaliças frescas e minimamente processadas e a baixa frequência de contaminação por patógenos humanos torna impraticável o uso das análises microbiológicas de rotina como forma de separar produtos seguros dos inseguros. Ainda assim, análises microbiológicas e similares ocasionais podem ser úteis para verificar o controle de processo, ou seja, a eficácia das etapas para reduzir a contaminação presente e prevenir a entrada de novos contaminantes e a contaminação cruzada (ICMSF, 2002). Além disso, as análises microbiológicas do ambiente de processamento e das superfícies de contato podem ser uma forma eficiente de verificação da eficácia dos programas de sanitização e das práticas de higiene.

12.3.2.1 Ingredientes críticos

Na categoria de hortaliças frescas, a hortaliça é o único ingrediente e, nos minimamente processados, o ingrediente pode ser uma única hortaliça, ou várias hortaliças combinadas, ou uma combinação de hortaliças com outros componentes (por exemplo, *croutons*, queijo ralado). As hortaliças frescas são os ingredientes críticos em todos esses tipos de produtos, cuja qualidade e segurança são altamente dependentes das condições de cultivo, sendo as BPA essenciais (ver a Seção 12.2).

12.3.2.2 Durante o processamento

As hortaliças podem ser submetidas a processos capazes de reduzir a contaminação (por exemplo, enxágue antimicrobiano), mas esses tratamentos não garantem a eliminação de microrganismos patogênicos. Além disso, a eficiência dos tratamentos depende muito da manutenção da concentração dos agentes antimicrobianos e, em muitos casos, do pH das soluções antimicrobianas, quantidade de matéria orgânica e, possivelmente, outros fatores (por exemplo, turbidez). Ainda assim, uma vez validado o tratamento, o monitoramento dessa etapa é baseado em análises químicas ou físicas da condição de uso.

A falta de atenção às condições do processamento pode aumentar o risco à segurança do alimento e levar à perda de qualidade do produto. Uma preocupação importante são as bactérias patogênicas, que podem se multiplicar nas hortaliças frescas ou minimamente processadas. O controle primário (ou seja, controle adequado da temperatura de armazenamento) é fundamental e sua manutenção desde a colheita até o consumo é, provavelmente, o único fator crítico após a colheita para a maioria das hortaliças frescas e minimamente processadas. A temperatura adequada para manter as hortaliças em boas condições é específica para cada *commodity*. Para algumas hortaliças, o armazenamento em temperaturas muito baixas causa danos. As hortaliças minimamente processadas devem ser mantidas em temperaturas de refrigeração o tempo todo. Danos físicos também podem diminuir a segurança das hortaliças frescas e minimamente processadas, porque disponibilizam nutrientes e pontos de entrada de microrganismos, resultando em sua internalização.

Hortaliças e Derivados

12.3.2.3 Ambiente de processamento

O ambiente de processamento das hortaliças frescas é um desafio significativo, uma vez que muitas recebem seu tratamento inicial ou, às vezes, seu único tratamento no campo, na hora da colheita. Além disso, a maioria das operações de acondicionamento ocorre em ambiente aberto ou sob um controle ambiental rudimentar. Estes desafios são exacerbados pela natureza tipicamente sazonal da mão de obra e, consequentemente, do limitado treinamento em higiene que os trabalhadores recebem. A análise microbiológica periódica das superfícies de contato e do ambiente das instalações de embalagem pode ser uma ferramenta importante na verificação da eficácia das operações de limpeza e das práticas de higiene. As análises geralmente se limitam aos microrganismos indicadores (por exemplo, contagem total de aeróbios, *E. coli)* ou outros (ATP, por exemplo). Em certos casos, entretanto, a análise de patógenos específicos pode ser justificável, para avaliar potenciais fontes de contaminação (por exemplo, análise de *Salmonella* em amostras do ambiente para monitorar instalações que tenham histórico de problemas com aves ou vermes ou análise de *Listeria* spp. nas instalações de produtos minimamente processados).

As hortaliças minimamente processadas estão sujeitas aos mesmos desafios ambientais citados acima para as hortaliças frescas, porque são produtos de transição entre a *commodity* agrícola *in natura* e o alimento pronto para consumo. Por exemplo, a maior parte do processamento inicial das hortaliças em folha destinadas ao mercado de minimamente processados é feita no campo e, no caso de muitas outras hortaliças, nas mesmas instalações de acondicionamento usadas para as hortaliças frescas. Uma vez dentro das plantas de processamento das hortaliças minimamente processadas, o controle do ambiente geralmente é mais fácil, mas um controle eficaz da segurança e da qualidade depende de programas de sanitização adequados e da adesão às boas práticas de higiene. A verificação microbiológica dos processos de higienização pode ser uma forma eficaz de assegurar a eficiência dos programas de higiene. Também nesse caso as análises geralmente se limitam aos microrganismos indicadores. Esses programas de amostragem são mais eficazes quando projetados para obter medidas quantitativas, permitindo que o processo seja monitorado por meio da análise de tendências, com tomada de ações corretivas antes da ocorrência de falhas (ICMSF, 2002). Além da amostragem das superfícies de contato e do ambiente em geral para verificação da higiene, há etapas específicas nas quais é importante monitorar a concentração de antimicrobianos nas soluções, para controlar a contaminação cruzada. Dentre essas etapas estão as que utilizam o transporte em balsas de lavagem com esteiras transportadoras e hidrorresfriadores. Esse monitoramento geralmente é feito por meio de análises físicas ou químicas, sendo as análises microbiológicas limitadas a amostragens esporádicas, para verificar se os tratamentos continuam eficazes ou avaliar desvios de processo.

12.3.2.4 Vida de prateleira

A duração da vida de prateleira de hortaliças frescas e minimamente processadas pode ser determinada por meio de vários ensaios, incluindo as análises microbiológicas, que devem levar em consideração as prováveis condições de distribuição, comercialização e consumo. A embalagem pode influenciar o potencial de multiplicação de diferentes bactérias, permitindo, em alguns casos, a multiplicação de microrganismos que normalmente seriam inibidos. Gimenez et al. (2003), por exemplo, relataram que certos filmes de embalagem prolongam a vida de prateleira de alcachofras, mas permitem a multiplicação de bactérias anaeróbias, sem comprometimento das propriedades sensoriais. Testes de desafio com bactérias patogênicas para humanos podem ajudar quando os sistemas para extensão da vida de prateleira permitem a multiplicação de patógenos a níveis elevados antes que o produto deteriore. Nesses casos, pode ser necessária a utilização de uma barreira secundária para controlar a multiplicação dos patógenos. Há modelos preditivos desenvolvidos para estimar a vida de prateleira das hortaliças minimamente processadas (CORBO; DEL NOBILE; SINIGAGLIA, 2006).

Uma vez estabelecido o prazo de validade, não se justifica a realização rotineira de análises microbiológicas para acompanhar a vida de prateleira do produto. Quando a vida de prateleira do produto é limitada pela atividade microbiana, estudos microbiológicos ocasionais podem ajudar a verificar se as expectativas da vida de prateleira continuam válidas. Também se justifica a realização de análises com propósitos investigativos, nas situações em que há comprometimento da vida de prateleira sem que tenham ocorrido falhas no manuseio (por exemplo, perda do controle de temperatura).

12.3.2.5 Produto final

Enterobacteriaceae, coliformes totais e coliformes fecais fazem parte da microbiota normal de hortaliças frescas produzidas empregando-se BPA, de forma que esses grupos não refletem o estado sanitário desses produtos. Além disso, algumas espécies destes grupos se multiplicam sob refrigeração, o que geralmente os torna inadequados como indicadores da higiene ou das práticas de armazenamento/manuseio das hortaliças frescas e minimamente processadas. Como as pseudomonas fluorescentes psicrotróficas são os principais deteriorantes de hortaliças minimamente processadas (LIAO, 2006; BARTH et al., 2009), a análise periódica desses microrganismos pode ajudar a garantir a vida de prateleira do produto após sua entrada na cadeia de distribuição/comercialização. A população normal esperada é de < 100 UFC/g usando-se o método padrão de cultura, ou seja, Fluorescent Pseudomonas Agar (McFEETERS; HANKIN; LACEY, 2001).

As hortaliças frescas e minimamente processadas cujo consumo não envolve um tratamento microbiocida (por exemplo, cozimento) devem ser livres de microrganismos patogênicos na medida necessária para garantir baixo risco de enfermidade de origem alimentar. O grau de controle necessário depende da hortaliça, das condições de uso e dos perigos microbiológicos associados à hortaliça. De maneira geral, esses produtos são classificados como alimentos de alto risco. Dependendo das consequências para a saúde pública de um patógeno específico, as hortaliças frescas e minimamente processadas seguem a subsequente classificação da ICMSF: Casos 8, 11 e 14 para os microrganismos que não se multiplicam no produto e Casos 9, 12 e 15 para os microrganismos capazes de se multiplicar.

A análise das hortaliças frescas e minimamente processadas pode ser necessária nos casos em que não exista informação disponível sobre o lote em questão. Entretanto, na maioria dos casos, a taxa de defeituosos (ou seja, a porcentagem de hortaliças individuais contaminadas dentro do lote) é tão baixa que a análise do produto final é imprati-

Hortaliças e Derivados

cável. Além disso, no caso de produtos de vida de prateleira curta, o tempo necessário para a obtenção dos resultados pode tornar as análises impraticáveis.

Nos casos em que há informações sobre o produto e a forma de seu processamento e manuseio, a análise microbiológica para verificação de processo empregando um microrganismo indicador apropriado (por exemplo, *E. coli* para contaminação fecal) pode ser mais eficaz do que a análise direta dos patógenos. Esta seria uma forma de obter dados para a tomada de ações corretivas antes de atingir o ponto em que o processo fracasse. Um controle de processo similar (*cross-lot*), no qual se faz a contagem total de aeróbios mesófilos e de aeróbios psicrotróficos, também pode ser útil para avaliar se os principais microrganismos deteriorantes estão sob controle.

A diversidade de hortaliças frescas e minimamente processadas torna impraticável o estabelecimento de uma recomendação para contagem de aeróbios mesófilos totais, porque as populações de microrganismos indicadores variam consideravelmente entre os produtos. Nos tubérculos (cebolas, rabanetes etc.), por exemplo, espera-se uma carga bacteriana mais alta do que nas camadas interiores das hortaliças com folhas bem fechadas (repolho, alface americana etc.). As condições climáticas na hora da colheita (por exemplo, chuva, seca) também podem influenciar a carga microbiana. É necessário obter dados de referência dos processos específicos para determinar se esses critérios são relevantes em situações específicas. A análise rotineira de patógenos nos produtos finais não é recomendada, exceto quando outros dados apontarem potencial contaminação. Nesses casos, aplicam-se os planos de amostragem apresentados na Tabela 12.5. Como atualmente há métodos disponíveis para outras cepas de EHEC, o plano de amostragem para *E. coli* O157:H7 se aplica também a esses casos.

12.4 HORTALIÇAS COZIDAS

Muitas hortaliças como ervilha, batata, brócolis, abóbora, milho verde etc. são tradicionalmente consumidas após cozimento (ICMSF, 2005). Há vários métodos de cozimento, como ferver, cozinhar com vapor, assar e fritar. As hortaliças podem ser pré-preparadas e comercializadas como produtos pré-cozidos refrigerados ou preparadas em serviços de alimentação ou domicílios, e armazenadas em refrigeração. Como as conservas de hortaliças são cozidas, elas são consideradas separadamente (ver a Seção 12.6). As hortaliças cozidas comercializadas como produtos congelados são tratadas na Seção 12.5.

O cozimento inativa as células vegetativas da maioria dos microrganismos presentes em hortaliças cruas, mas não inativa a maioria dos esporos. O cozimento provoca alterações bioquímicas e estruturais nas hortaliças, afetando a sua capacidade de permitir a multiplicação bacteriana. A recontaminação de hortaliças cozidas ou a germinação dos esporos bacterianos sobreviventes podem levar à multiplicação microbiana em virtude do aumento na disponibilidade de nutrientes e de pontos de entrada e também à eliminação dos microrganismos competidores. Geralmente o cozimento diminui o teor de oxigênio e o potencial redox das hortaliças, aumentando a probabilidade de multiplicação de espécies anaeróbicas ou microaerófilas. Há relatos de que a fervura é suficiente para inativar norovírus e o vírus da hepatite A (KOOPMANS; DUIZER, 2004), mas o cozimento brando pode não ser suficiente para inativá-los.

234 Microrganismos em Alimentos 8

Tabela 12.5 Análises de hortaliças frescas e minimamente processadas (para consumo sem cozimento) para avaliação da segurança e da qualidade microbiológicas

Importância relativa		Análises úteis
Ingredientes críticos	Baixa	A contaminação inicial é altamente dependente da implementação de Boas Práticas Agrícolas (ver a Seção 12.2).
Durante o processamento	Alta	O monitoramento da concentração de antimicrobianos é recomendado, para prevenir contaminação cruzada via água de lavagem, balsas de água etc.
	Baixa	A análise microbiológica periódica de amostras de produtos pareados (ou seja, antes e após) pode ser útil para verificar a eficácia dos controles.
Ambiente de processamento	Média	A análise periódica de superfícies de contato e ambiente de processamento é recomendada, para verificar a adequação da limpeza e dos protocolos de sanitização, incluindo *E. coli* e contagem total de aeróbios mesófilos. Considerar a análise de *Salmonella* nos ambientes com histórico de problemas com aves ou vermes. Considerar a análise de *Listeria* spp. ou *L. monocytogenes* no ambiente, no caso de hortaliças minimamente processadas refrigeradas que apresentarem potencial de multiplicação durante a vida de prateleira.
Vida de prateleira	Baixa	Nas hortaliças minimamente processadas cuja validade seja limitada pela atividade microbiana, deve-se validar a vida de prateleira sempre que houver mudança significativas no processo tecnológico. A análise periódica de espécies deteriorantes pode ser útil para esses produtos.
Produto final	Média	Não há recomendação de análises microbiológicas de rotina, mas a análise periódica de indicadores específicos pode ser útil para verificar o controle de processo e a avaliar tendências, usando padrões internos ou os apresentados abaixo.

Produto	Microrganismo	Método analítico[a]	Caso	Plano de amostragem e limites/g[b]			
				n	c	m	M
Hortaliças minimamente processadas	*E. coli*	ISO 7251	6	5	1	10^1	10^2

Não há recomendação de análises rotineira de microrganismos patogênicos, apenas análises específicas quando outros dados indicarem contaminação potencial.

	Produto	Microrganismo	Método analítico[a]	Caso	Plano de amostragem e limites/g[b]			
					n	c	m	M
Baixa	Hortaliças minimamente processadas	*Salmonella*	ISO 6579	12	20^c	0	0	-
Baixa		*E. coli* O157:H7	ISO 16654	15	60^c	0	0	-
Baixa		*L. monocytogenes*	ISO 11290-1	NA^d	5^c	0	0	-

[a] Métodos alternativos podem ser usados, desde que validados pelos métodos ISO.

[b] Consulte o Apêndice A para desempenho desses planos de amostragem.

[c] Unidades analíticas individuais de 25 g (ver a Seção 7.5.2 para amostra composta).

[d] NA = não aplicável; empregados os critérios Codex para alimentos prontos para consumo (RTE) que permitem multiplicação de *L. monocytogenes*.

12.4.1 Microrganismos de importância

A microbiota das hortaliças cozidas é composta dos microrganismos que sobrevivem à etapa do cozimento (basicamente formadores de esporos) e dos recontaminantes prove-

Hortaliças e Derivados

nientes do ambiente pós-cozimento, refletindo as práticas higiênicas dos manipuladores e a ecologia microbiana dos outros ingredientes adicionados ao produto final. Diversos microrganismos potencialmente patogênicos e deterioradores podem ser introduzidos.

12.4.1.1 Perigos e controles

Os principais perigos nas hortaliças cozidas são bactérias entéricas (por exemplo, *Salmonella*, *Shigella*) e alguns vírus comumente associadas às operações de serviços de alimentação (por exemplo, norovírus, vírus da hepatite A). O desenvolvimento de esporos de *Clostridium botulinum* já foi associado a alguns poucos surtos envolvendo salada de batatas, cebolas *sautéed* e raiz de lótus (ICMSF, 2005; CDC, 1984). A possibilidade de multiplicação de cepas não proteolíticas de *C. botulinum* em produtos processados *sous-vide* tem sido motivo de preocupação, mas há pouca evidência de casos envolvendo esses produtos. *L. monocytogenes* também é motivo de preocupação em virtude de sua capacidade de multiplicação em alimentos refrigerados prontos para consumo, havendo pelo menos um surto de gastroenterite por *Listeria* associado à sua multiplicação em hortaliça cozida (conserva de milho verde) (AURELI et al., 2000). Esse surto demonstra a necessidade de cuidado durante a preparação das hortaliças cozidas, porque a contaminação deve ter ocorrido durante a preparação, uma vez que a *Listeria* não sobrevive ao tratamento térmico.

A principal forma de controle é a manutenção da integridade de cadeia de frio. Mesmo no caso de *L. monocytogenes* psicrotrófica e *C. botulinum* não proteolítico, o principal medida de controle é a manutenção do produto a 1–4 °C. Havendo probabilidade significativa de abuso de temperatura durante o armazenamento, distribuição, comércio ou uso, a aplicação de barreiras adicionais, como acidificação ou adição de antimicrobianos, deve ser considerada.

12.4.1.2 Deterioração e controles

A deterioração de hortaliças cozidas depende da microbiota introduzida após o cozimento e dos formadores de esporos que sobrevivem ao cozimento. A refrigeração prolongada favorece a deterioração por microrganismos psicrotróficos (ou seja, bactérias, leveduras, bolores), sendo que os gêneros a predominar dependem dos sistemas de embalagem usados, que podem selecionar aeróbios, anaeróbios facultativos, microaerófilos, ou anaeróbios (por exemplo, *sous-vide*). A refrigeração em combinação com embalagem em atmosfera controlada retarda a multiplicação de pseudomonas fluorescentes psicrotróficas, principal causa de deterioração de hortaliças frescas. Vários *Bacillus* spp. podem deteriorar pastas *(purees)* pasteurizadas de hortaliças, dependendo da temperatura de armazenamento (GUINEBRETIERE et al., 2001). A deterioração é controlada principalmente pela manutenção da temperatura entre 1 °C e 4 °C.

12.4.2 Dados microbiológicos

Na Tabela 12.6 encontram-se resumidas as análises úteis para hortaliças cozidas. Consulte o texto para detalhes importantes relacionados a recomendações específicas.

236

Microrganismos em Alimentos 8

Tabela 12.6 Análises de hortaliças cozidas para avaliação da segurança e da qualidade microbiológicas

Importância relativa		Análises úteis
Ingredientes críticos	Baixa	As análises microbiológicas de rotina são de utilidade limitada.
Durante o processamento	Baixa	Indicadas análises periódicas para verificar os programas de sanitização e as práticas higiênicas. Os indicadores possíveis incluem contagem total de aeróbios mesófilos, *E. coli* ou *Enterobacteriaceae*, com padrões desenvolvidos internamente.
Ambiente de processamento	Baixa a alta	Indicadas análises periódicas para verificar os programas de sanitização e as práticas higiênicas de controle de abrigos de *L. monocytogenes*, nos casos em que haja potencial de recontaminação do produto. *Listeria* spp. pode ser usada como indicador.
Vida de prateleira	Baixa	Validar por meio de análise microbiológica antes de lançar uma nova linha de produto e revalidar após qualquer mudança maior nos processos tecnológicos. Realizar análises de verificação quando houver reclamação de falhas na vida de prateleira.
Produto final	Baixa	Não há recomendação de análise rotineira de microrganismos patogênicos. Análises específicas quando outros dados indicarem contaminação potencial.

	Produto	Microrganismo	Método analítico[a]	Caso	Plano de amostragem e limites/g[b]			
					n	c	m	M
Baixa	Hortaliças cozidas	Contagem de colônia aeróbica[c]	ISO 4833	3	5	1	10^4	10^5
Baixa		*Enterobacteriaceae*[d]	ISO 21528-1	6	5	1	10	10^2

	Produto	Microrganismo	Método analítico[a]	Caso	Plano de amostragem e limites/25 g[b]			
					n	c	m	M
Baixa	Hortaliças cozidas prontas para consumo que permitem multiplicação	*Listeria* spp.	ISO 11290-1	NA[e]	5[d]	0	0	-

| Baixa | Não há recomendação de análise rotineira de microrganismos patogênicos, apenas análises específicas quando outros dados indicarem contaminação potencial. |

	Produto	Microrganismo	Método analítico[a]	Caso	Plano de amostragem e limites/g[b]			
					n	c	m	M
	Hortaliças cozidas prontas para consumo que permitem multiplicação	*L. monocytogenes*	ISO 11290-1	NA[e]	5[d]	0	0	-

[a] Métodos alternativos podem ser usados, desde que validados pelos métodos ISO.

[b] Consulte o Apêndice A para desempenho desses planos de amostragem.

[c] Incubar a 20°–28 °C para permitir multiplicação de microrganismos psicrotróficos.

[d] Unidades analíticas individuais de 25 g (ver Seção 7.5.2 para amostra composta).

[e] NA = não aplicável em virtude do uso dos critérios Codex.

12.4.2.1 *Ingredientes críticos*

De maneira geral, a qualidade microbiológica e a segurança de hortaliças cozidas independem das hortaliças cruas e demais ingredientes, exceto quando adicionados após a etapa de cozimento. Uma possível exceção são as hortaliças contendo elevadas populações de bactérias formadoras de esporos. A análise microbiológica não é muito útil, exceto para investigar casos inaceitáveis de deterioração.

Hortaliças e Derivados

12.4.2.2 Durante o processamento

Os benefícios da análise microbiológica durante o processamento são limitados. Estudos microbiológicos podem ser úteis para validar o processo de cocção de novos produtos ou de produtos que passaram por alterações significativas na formulação ou na tecnologia de processamento.

12.4.2.3 Ambiente de processamento

Uma vez que a recontaminação é a fonte mais importante de microrganismos nas hortaliças cozidas, o controle do ambiente de processamento e das práticas higiênicas é extremamente importante. A análise microbiológica pode ser uma maneira eficaz de verificar a sanitização do ambiente e os programas de higiene. Os ensaios devem concentrar-se nos microrganismos indicadores, como contagem total de aeróbios mesófilos, *Enterobacteriaceae* ou *E. coli*. A análise de patógenos geralmente limita-se a *L. monocytogenes* ou seu indicador, *Listeria* spp., que pode ser igualmente eficaz.

12.4.2.4 Vida de prateleira

A vida de prateleira de hortaliças cozidas pode ser determinada por uma série de análises microbiológicas, que devem levar em conta as condições esperadas na distribuição, comercialização e consumo. Normalmente as análises se concentram na contagem de microrganismos psicrotróficos. Em alguns casos, os sistemas de embalagem podem ser avaliados por meio de testes de desafio com patógenos psicrotróficos (como *L. monocytogenes* ou *C. botulinum* não proteolítico), para garantir que a população do patógeno não atinja níveis elevados antes da deterioração do produto. A seleção dos microrganismos para esses estudos depende do sistema de embalagem (por exemplo, atmosfera aeróbica, atmosfera modificada, vácuo etc.), do processo de enchimento (por exemplo, enchimento a quente, enchimento à temperatura ambiente etc.) e de outras condições (por exemplo, pH, atividade de água, conservantes etc.).

12.4.2.5 Produto final

A natureza perecível e a baixa taxa de defeitos associados às hortaliças cozidas limitam a utilidade da amostragem de rotina para análise microbiológica do produto final. A análise do produto final deve ser limitada a uma taxa de amostragem suficiente para avaliar se os controles estabelecidos para a cadeia de produção e comercialização estão sendo mantidos. Em geral, a análise de microrganismos indicadores, como aeróbios mesófilos totais, *E. coli* ou *Enterobacteriaceae*, pode ser útil. Deve ser considerada a influência do local da amostragem (após a produção, após o resfriamento, na comercialização, no final da vida de prateleira etc.) na magnitude dos critérios de decisão. Por exemplo, espera-se que a população dos microrganismos psicrotróficos no varejo seja mais elevada que a encontrada imediatamente após o acondicionamento final. Essa diferença deve se refletir nos valores de m e M selecionados. Nos casos de hortaliças cozidas refrigeradas que tenham histórico de associação com *L. monocytogenes*, a análise periódica desse patógeno no produto final pode ser útil para verificar a eficácia das medidas de controle, a menos que os procedimentos de enchimento (por exemplo, enchimento a quente) sejam monitorados para eliminar esta preocupação.

12.5 HORTALIÇAS CONGELADAS

O congelamento é uma forma eficaz de armazenamento prolongado de muitas hortaliças, que retém muitas das características do produto fresco e previne a multiplicação dos microrganismos. Além disso, a etapa de branqueamento (usualmente aplicada para inativar enzimas) também inativa as células vegetativas bacterianas, causando redução de 1 a 5 ciclos log (ICMSF, 2005). O congelamento não é considerado um tratamento microbiocida, mas provoca injúrias em vários microrganismos, principalmente as bactérias Gram-negativas.

Especialmente em regiões temperadas, as hortaliças destinadas ao congelamento têm cultivo sazonal, com regime intenso de trabalho na colheita e no processamento. Para obtenção dos produtos com melhor qualidade, a colheita deve ser feita dia e noite, sete dias por semana, e as linhas de processamento devem operar ininterruptamente por longos períodos de tempo. O ambiente quente e úmido e os nutrientes prontamente disponíveis no material vegetal favorecem a multiplicação microbiana.

12.5.1 Microrganismos de importância

A microbiota das hortaliças congeladas é função principalmente dos microrganismos que podem sobreviver à etapa de branqueamento e daqueles adquiridos do ambiente, após o branqueamento. A população microbiana é diversa, e normalmente inclui bactérias Gram-positivas, como bactérias lácticas e enterococos, e bactérias formadoras de esporos. Os microrganismos relevantes nas hortaliças congeladas que sofreram descongelamento são os mesmos encontrados nas hortaliças cozidas (ver a Seção 12.4).

12.5.1.1 Perigos e controles

As hortaliças congeladas geralmente apresentam risco mínimo em relação aos patógenos de origem alimentar, embora isso dependa das práticas higiênicas adotadas no intervalo entre o branqueamento e congelamento. Patógenos Gram-positivos como *L. monocytogenes* provavelmente sobrevivem por longos períodos de armazenamento congelado, enquanto as espécies Gram-negativas, como *Salmonella*, são mais suscetíveis ao choque frio. Parasitas protozoários e não protozoários são inativados pelo armazenamento congelado prolongado. O controle é obtido por meio da seleção de hortaliças de qualidade cultivadas empregando-se BPA, da manutenção das práticas de higiene no ambiente de processamento, do congelamento imediato e da manutenção de temperaturas de congelamento durante o armazenamento.

Hortaliças e Derivados

12.5.1.2 Deterioração e controles

A deterioração microbiológica de hortaliças congeladas é rara, mas ocorre facilmente após o descongelamento. O armazenamento prolongado deve ser feito a ≤ -16 °C. A multiplicação de microrganismos psicrotróficos começa a ocorrer quando a temperatura se aproxima de 0 °C. O controle é obtido por meio dos mesmos fatores apontados no item anterior.

12.5.2 Dados microbiológicos

A análise de microrganismos indicadores é comum na indústria das hortaliças congeladas, para verificar o controle do processo e as condições higiênicas durante a produção. Essas análises são particularmente úteis quando os turnos de produção são longos. Os dados para demonstrar o controle de *L. monocytogenes* podem ser importantes no caso de produtos que provavelmente serão descongelados, mantidos em refrigeração por longo tempo e consumidos sem tratamento térmico. A Tabela 12.7 resume as análises usadas para avaliar a segurança e a qualidade microbiológica de hortaliças congeladas.

12.5.2.1 Ingredientes críticos

Não há recomendação de análises de rotina, mas os ingredientes devem ser produzidos empregando-se BPA.

12.5.2.2 Durante o processamento

Deve-se garantir a verificação periódica da temperatura e do tempo de branqueamento, para evitar defeitos de qualidade e assegurar certo grau de controle sobre as células vegetativas de bactérias. A análise de amostras obtidas em vários pontos da linha de processamento (por exemplo, pós-branqueamento, etapas de remoção de água, entrada e saída do congelamento etc.) para indicadores como contagem total de aeróbios mesófilos, *Enterobacteriaceae* ou *E. coli* são úteis para análise de tendências e verificação do controle do processo. As populações encontradas podem variar, dependendo do vegetal e das condições do processo, portanto pode ser necessário estabelecer padrões internos. Normalmente, a contagem total de aeróbios mesófilos é $< 10^4 – 10^5$ UFC/g, a de *Enterobacteriaceae* é $< 10^2$ UFC/g e *E. coli* geralmente está ausente.

12.5.2.3 Ambiente de processamento

Devem ser analisadas amostras suficientes do ambiente, para verificar a eficácia dos programas de sanitização e das práticas de higiene. A análise de *Enterobacteriaceae* pode ser útil após o branqueamento, mas é de utilidade limitada nas etapas anteriores a esse aquecimento. Um indicador potencial de contaminação fecal é *E. coli*. Análise de *Listeria* spp. pode ser usada para verificar, periodicamente, se os locais de abrigo de *L. monocytogenes* estão sendo removidos.

Microrganismos em Alimentos 8

Tabela 12.7 Análises de hortaliças congeladas para avaliação da segurança e da qualidade microbiológicas

Importância relativa		Análises úteis
Ingredientes críticos	Baixa	Não há recomendação de análises de rotina. As hortaliças devem ser cultivados usando BPA.
Durante o processamento	Alta	Análise de amostras durante o processamento, para verificar programas de sanitização e práticas higiênicas após o branqueamento (ver o texto). Os níveis normalmente encontrados são: • Contagem de colônias aeróbicas – < 10^4 UFC/g. • *Enterobacteriaceae* – < 10^2 UFC/g. • *E. coli* – ausente.
Ambiente de processamento	Alta	Análises periódicas para verificar os programas de sanitização e as práticas higiênicas de controle de abrigos de *L. monocytogenes*. *Listeria* spp. pode ser usada como indicador.
Vida de prateleira	-	Não relevante para hortaliças congeladas.
Produto final	-	Análise de indicadores para verificação dos controles e análise de tendências. Se os padrões para indicadores forem ultrapassados, analisar patógenos para determinar o destino do lote.

	Produto	Microrganismo	Método analítico[a]	Caso	Plano de amostragem e limites/g[b]			
					n	c	m	M
Alta	Hortaliças congeladas	Contagem de colônias aeróbicas	ISO 4833	2	5	2	10^4	10^5
Alta		*Enterobacteriaceae*	ISO 21528-1	5	5	2	10	10^2
Alta		*E. coli*[c]	ISO 16649-2	5	5	2	<10	-

A importância relativa da análise rotineira de patógenos é baixa, mas passa a ser alta quando a análise de indicadores ou durante o processamento exceder os níveis esperados.

	Produto	Microrganismo	Método	Caso	Plano de amostragem e limites/g[b]			
Baixa–alta	Hortaliças congeladas	*L. monocytogenes*	ISO 11290-2	NA[d]	5	0	< 10^2	-

					Plano de amostragem e limites/25 g[b]			
Baixa–alta		*Salmonella*	ISO 6579	11	10^e	0	0	-

[a] Métodos alternativos podem ser usados, desde que validados pelos métodos ISO.

[b] Consulte o Apêndice A para desempenho desses planos de amostragem.

[c] Contagem de *E. coli* acima de *m* deve acionar a análise de patógenos, porque *E. coli* normalmente não é encontrada em processos sob BPH. Nenhum valor é especificado para *M* porque a contagem de *E. coli* raramente excede 10/g em hortaliças congeladas.

[d] NA = não aplicável devido ao uso dos critérios Codex.

[e] Unidades analíticas individuais de 25 g (ver a Seção 7.5.2 para amostra composta).

12.5.2.4 *Vida de prateleira*

A análise da vida de prateleira não é relevante para hortaliças congeladas.

12.5.2.5 *Produto final*

Como o tempo de processamento de muitas hortaliças congeladas é prolongado, a análise de indicadores no produto final é útil para verificar se o processo está funcio-

Hortaliças e Derivados

nando conforme o esperado. Quando a análise de amostras coletadas durante o processamento ou do ambiente apontar problemas relacionados à contaminação fecal ou presença de *Listeria* spp., recomenda-se que, por certo período de tempo, seja feita a análise de patógenos entéricos (por exemplo, *Salmonella* e EHEC) ou *L. monocytogenes* no produto final.

12.6 HORTALIÇAS ENVASADAS

O envasamento é uma tecnologia conhecida há muito tempo para conservar a estabilidade das hortaliças por períodos prolongados. O processo requer o tratamento térmico necessário para atingir a esterilidade comercial. Consulte o Capítulo 24 para informações adicionais sobre alimentos envasados.

12.7 HORTALIÇAS DESIDRATADAS

A desidratação é um método tradicional de conservação, usado para hortaliças como ervilha, cebola, alho, batata, cenoura etc. A redução da atividade de água a níveis que não permitem a multiplicação microbiana resulta em produtos intrinsecamente estáveis. Uma vez desidratada, a estabilidade microbiológica da hortaliça vai depender da embalagem ou, no caso do armazenamento a granel, de condições apropriadas para manter a baixa umidade do produto.

12.7.1 Microrganismos de importância

A microbiota das hortaliças desidratadas reflete os microrganismos presentes na matéria-prima *in natura* e os microrganismos introduzidos durante o processamento e o manuseio antes e depois da desidratação. No caso das hortaliças que passam por branqueamento antes da desidratação, as populações de células vegetativas de microrganismos provavelmente são reduzidas em várias ordens de magnitude. A desidratação geralmente tem pouco efeito sobre a população microbiana, mas o armazenamento em condições de baixa umidade favorece a sobrevivência de microrganismos que toleram a exposição prolongada a esses ambientes. Os produtos desidratados geralmente são higroscópicos e, quando armazenados em condições de alta umidade ou com flutuações de temperatura que favorecem a formação de pontos úmidos (*wet spots*), podem incorporar umidade nesses pontos. Quando a umidade ultrapassar a a_w mínima, a maioria dos microrganismos capazes de crescer na hortaliça em questão voltarão a se multiplicar.

12.7.1.1 Perigos e controles

A microbiota das hortaliças desidratadas é variada e o armazenamento prolongado desses produtos favorece a sobrevivência de bactérias formadoras de esporos, incluindo espécies patogênicas como *Bacillus cereus*, *C. botulinum* e *C. perfringens*. O branqueamento elimina a maioria das células vegetativas, mas pode ocorrer recontaminação se não forem seguidas práticas higiênicas adequadas. Assim, as hortaliças desidratadas eventualmente podem conter baixas populações de patógenos como *Staphylococcus aureus*, *L. monocytogenes* e *Salmonella*, mas sua presença parece ser incomum quando os processos são bem controlados. As principais medidas de controle incluem a seleção de ingredientes *in natura* de qualidade, o branqueamento adequado, quando realizado, a secagem correta para atingir os valores de a_w requeridos e a embalagem e o armazenamento adequados para manutenção das condições de desidratação.

12.7.1.2 Deterioração e controles

Vários microrganismos potencialmente deterioradores podem estar presentes nas hortaliças desidratadas, sendo comuns as bactérias lácticas. A microbiota típica de cada produto depende das características individuais das hortaliças e das condições de cultivo e armazenamento. O branqueamento reduz a população de células vegetativas, mas não os esporos. A deterioração bacteriana das hortaliças desidratadas é incomum, embora possa ocorrer se houver elevação da umidade. A deterioração por bolores é a mais provável. Nos produtos desidratados usados como ingredientes em alimentos de alta umidade ou reidratados pelo consumidor ou manipulador, os microrganismos voltarão a se multiplicar. O controle dos microrganismos deterioradores é o mesmo indicado anteriormente para os patógenos.

12.7.2 Dados microbiológicos

Os dados microbiológicos relativos às hortaliças desidratadas objetivam garantir a confiabilidade no processo, nos ingredientes e nos programas de higiene, sendo focados na verificação e não em análises de rotina para liberação de lotes. A Tabela 12.8 resume as análises úteis para produtos de hortaliças desidratadas. Consulte o texto para detalhes importantes relacionados a recomendações específicas.

12.7.2.1 Ingredientes críticos

A qualidade e a segurança das hortaliças desidratadas é primordialmente uma função da matéria-prima *in natura* utilizada e das práticas de higiene observadas durante a manufatura, particularmente no caso dos produtos que não passam por branqueamento.

As análises microbiológicas de verificação servem para estabelecer confiança em fornecedores, podendo a determinação periódica de microrganismos indicadores ser apropriada. Entretanto, em função da natureza perecível dos ingredientes *in natura* e da natureza não perecível do produto final, pode ser mais eficiente focar a verificação no produto final. O número de análises pode aumentar quando há dúvidas quanto à capacidade de um fornecedor fornecer ingredientes seguros de forma consistente.

12.7.2.2 Durante o processamento

Análises microbiológicas durante o processamento geralmente têm valor limitado, não sendo recomendadas na rotina. Para validar as linhas de branqueamento, desidratação e embalagem podem ser necessários testes com inoculação de microrganismos.

Hortaliças e Derivados

Tabela 12.8 Análises de hortaliças secas para avaliação da segurança e da qualidade microbiológicas

Importância relativa		Análises úteis
Ingredientes críticos	Baixa	Não há recomendação de análise microbiológica de rotina.
Durante o processamento	Baixa	Não há recomendação de análise microbiológica de rotina.
Ambiente de processamento	Média	Análises periódicas para verificar a eficácia das práticas higiênicas usando padrões desenvolvidos internamente. Microrganismos potenciais incluem leveduras e bolores, *Enterobacteriaceae* ou *Salmonella*.
Vida de prateleira	-	Não há recomendação de análise microbiológica de rotina.
Produto final	Baixa	Não há recomendação de análise microbiológica de rotina, mas a análise periódica de indicadores específicos pode ser útil para verificar o controle de processo e conduzir análise de tendências. O indicador específico e o nível aceitável dependem do produto.
	Baixa	Não há recomendação de análise rotineira de microrganismos patogênicos, apenas análises específicas quando outros dados indicarem contaminação potencial.

			Plano de amostragem e limites/25 g[b]			
Microrganismo	Método analítico[a]	Caso	n	c	m	M
Salmonella	ISO 6579	11	10[c]	0	0	-

[a] Métodos alternativos podem ser usados, desde que validados pelos métodos ISO.

[b] Consulte o Apêndice A para desempenho desses planos de amostragem.

[c] Unidades analíticas individuais de 25 g (ver a Seção 7.5.2 para amostra composta).

12.7.2.3 Ambiente de processamento

Como a contaminação das hortaliças desidratadas depende das práticas de higiene antes e depois da desidratação, a amostragem periódica do ambiente de processamento pode ser útil na verificação da eficácia dos programas de sanitização e das práticas de higiene.

12.7.2.4 Vida de prateleira

Análises microbiológicas não são relevantes para hortaliças desidratadas.

12.7.2.5 Produto final

A natureza não perecível das hortaliças desidratadas faz com que a análise do produto final sirva apenas para gerar resultados antes da sua liberação. No entanto, a baixa população contaminante faz com que a análise de rotina seja desnecessária. Quando usadas como matéria-prima para produtos especiais ou para populações especiais, pode ser necessária a análise de patógenos específicos. A análise periódica do produto acabado também pode servir como ferramenta de avaliação da eficácia dos controles integrados de processo. Os indicadores mais eficazes para esse fim variam em função de cada produto, mas pode incluir bactérias lácticas, leveduras, bolores e bactérias formadoras de esporos.

12.8 HORTALIÇAS FERMENTADAS E ACIDIFICADAS

A conservação de hortaliças pela acidificação é usada para produtos tradicionais em muitas regiões do mundo, sendo também utilizada para prolongar a vida de prateleira de hortaliças minimamente processadas. Chucrute, *kimchi* e picles são os exemplos mais conhecidos de produtos de hortaliças conservados pela fermentação, mas vários outros também são conservados dessa maneira, como beterraba, tomate verde, pimenta etc. Além disso, algumas hortaliças como os picles *fresh pack* são acidificadas por adição direta de vinagre e condimentos.

A fermentação varia de uma hortaliça para outra, mas o processo geral envolve a adição de sal e a redução da quantidade de oxigênio disponível (ICMSF, 2005). Isto resulta na multiplicação sequencial de uma série de bactérias lácticas (por exemplo, *Leuconostoc mesenteroides*, *Lactobacillus brevis*, *Pediococcus acidilactici*, *L. plantarum*, *P. pentosaceus*), que fermentam os carboidratos disponíveis e baixam o pH.

12.8.1 Microrganismos de importância

O sucesso da fermentação das hortaliças depende da correta sequência de fermentações lácticas, que é primordialmente controlada pelas condições de fermentação.

12.8.1.1 Perigos e controles

Se a fermentação ou a acidificação forem conduzidas corretamente, a acidez das hortaliças fermentadas deverá garantir a eliminação dos microrganismos patogênicos.

12.8.1.2 Deterioração e controles

Os tipos de microrganismos associados à deterioração de hortaliças fermentadas corretamente dependem de fatores como o conteúdo de sal, o tipo e concentração de ácido e o conteúdo de oxigênio. Picles com elevado teor de sal, conservados no sal, tendem a ser deteriorados por leveduras, halófilos obrigatórios e coliformes, se a acidez for insuficiente. O amolecimento dos picles é associado a várias leveduras e à *Bacillus* spp.

A deterioração é evitada por meio de um controle adequado do processo de fermentação e da adequada refrigeração ou pasteurização do produto final (ICMSF, 2005). As culturas-mãe estão sendo cada vez mais usadas para auxiliar na garantia de um processo de fermentação adequado. É importante prevenir a contaminação cruzada entre lotes de hortaliças fermentadas ou acidificadas.

12.8.2 Dados microbiológicos

Em geral, a análise microbiológica de hortaliças fermentadas se limita à investigação de defeitos do produto. A análise de rotina geralmente se restringe à determinação dos atributos químicos (por exemplo, pH, acidez titulável, nível de carboidratos, concentração de sal) que permitem verificar ou mensurar a adequação dos processos de fermentação ou acidificação. A Tabela 12.9 resume as análises úteis para hortaliças

Hortaliças e Derivados

fermentadas e acidificadas. Consulte o texto para detalhes importantes relacionados a recomendações específicas.

12.8.2.1 Ingredientes críticos

Não há recomendação de análises microbiológicas de rotina em hortaliças cruas. Outros ingredientes podem ser periodicamente analisados, para garantir que não constituem uma fonte de contaminação. Como exemplo, pode ser citada a salmoura reciclada, que deve ser tratada adequadamente para não se tornar uma fonte de contaminação que favoreça a deterioração, particularmente se houver histórico de defeitos de qualidade.

Tabela 12.9 Análises de hortaliças fermentadas e acidificadas para avaliação da segurança e da qualidade microbiológicas

Importância relativa		Análises úteis
Ingredientes críticos	Baixa	Não há recomendação de análises microbiológica de rotina.
Durante o processamento	Baixa	Não há recomendação de análises microbiológicas de rotina. O monitoramento das fermentações por meio de atributos químicos específicos (por exemplo, pH, % acidez) é importante para o processo em curso e para a análise de tendência.
Ambiente de processamento	Baixa	Análises periódicas suficientes para validar a eficácia dos programas de sanitização e as práticas higiênicas.
Vida de prateleira	Baixa	Não há recomendação de análises microbiológica de rotina.
Produto final	Baixa	Não há recomendação de análises microbiológica de rotina.

12.8.2.2 Durante o processamento

Não há recomendação de análises microbiológicas de rotina durante as etapas do processo. A adequação da fermentação é mais bem monitorada por meio de análises químicas. A confirmação da identidade e eficiência das culturas-mãe deve ser feita com frequência suficiente para garantir a manutenção da capacidade fermentativa.

12.8.2.3 Ambiente de processamento

Não há recomendação de análises microbiológicas de rotina no ambiente de processamento, mas análises periódicas podem ser eficazes na verificação da eficiência dos programas de sanitização e das práticas higiênicas.

12.8.2.4 Vida de prateleira

Não há recomendação de análises microbiológicas de rotina para acompanhar a vida de prateleira, embora a análise de produtos retidos possa ser útil quando ocorre uma taxa inaceitável de problemas de deterioração.

12.8.2.5 Produto final

Não há recomendação de análises microbiológicas de rotina no produto final, exceto quando há histórico de problemas de deterioração.

246   Microrganismos em Alimentos 8

12.9   SEMENTES GERMINADAS (*SPROUTED SEEDS*)

Originalmente parte tradicional da culinária de muitos países asiáticos, as sementes germinadas se tornaram um item comum de saladas no mundo inteiro. Essa categoria inclui as sementes de uma grande variedade de plantas como alfafa, grão de bico, soja, lentilha, rabanete, brócolis, feijão verde, feno-grego, agrião, trevo e girassol. Enquanto o consumo de alguns se dá primordialmente após cocção (por exemplo, broto de feijão verde), muitos são consumidos sem cozimento. Durante a década dos anos 1990, vários surtos nacionais e internacionais associados às sementes germinadas chamou a atenção para essas hortaliças como fontes de enfermidades transmitidas por alimentos (NACMCF, 1999).

Os métodos específicos de produção dependem da espécie produzida (ICMSF, 2005). Em geral, o processo envolve a imersão inicial das sementes em água, a incubação por 3–8 dias a 20–30 °C com umedecimento periódico, lavagem para remoção das cascas, remoção da água, acondicionamento e comercialização refrigerada. As condições ótimas para a germinação favorecem a multiplicação bacteriana e, em geral, não são aplicados tratamentos microbiocidas após a produção.

12.9.1   Microrganismos de importância

As sementes em germinação permitem a multiplicação de uma grande variedade de bactérias, incluindo as patogênicas para humanos e vegetais, constituindo-se em um ambiente ideal em termos de umidade, temperatura e nutrientes disponíveis. A microbiota de sementes germinadas inclui contagem total de aeróbios mesófilos de 10^8–10^9 UFC/g, contagem de psicrotróficos de 10^7 UFC/g e contagem de coliformes de 10^6–10^7 UFC/g (ICMSF, 2005; PALMAI; BUCHANAN, 2002a, 2002b). *Klebsiella pneumoniae* e *Enterobacter aerogenes* são os coliformes predominantemente isolados de feijão verde (SPLITTSTOESSER; QUEALE; ANDALORO, 1983).

12.9.1.1   Perigos e controles

Do ponto de vista epidemiológico, as sementes germinadas têm causado surtos de infecções por *Salmonella* e EHEC, incluindo o maior surto de EHEC já registrado (MHWJ, 1997). Foi demonstrado experimentalmente que a germinação de diferentes sementes permite que bactérias patogênicas, como *Salmonella*, *L. monocytogenes*, *B. cereus* e *Vibrio cholerae*, multipliquem-se atingindo populações elevadas. A origem de patógenos pode variar, mas as investigações epidemiológicas de vários surtos internacionais sugerem que sementes com baixos níveis de contaminação podem ser a fonte principal de *Salmonella* e EHEC. O cultivo de sementes usando BPAs e a triagem dos lotes contaminados podem ajudar na prevenção da contaminação.

Ao contrário da maioria das hortaliças, as sementes germinadas são cultivadas sob condições ambientais controladas, o que permite um maior controle na produção primária. O principal controle da contaminação é a combinação de boas práticas de higiene, tratamento das sementes e análise microbiológica. A imersão prévia em água com alta concentração de cloro é a maneira de reduzir a população de patóge-

Hortaliças e Derivados

nos entéricos nas sementes. A redução na população de *Salmonella* e *E. coli* normalmente fica em torno de 10^2–10^4 UFC/g. Acredita-se que a eficiência desse tratamento depende, em parte, do grau de internalização das bactérias patogênicas na semente, tornando-as inatingíveis pelo antimicrobiano. Outros antimicrobianos também foram avaliados, mas, de maneira geral, se mostraram menos eficazes (FETT, 2006). Tratamentos mais agressivos (por exemplo, irradiação) já foram explorados, mas os níveis necessários para inativação dos patógenos tendem a diminuir a viabilidade das sementes. A análise microbiológica das sementes no recebimento pode identificar os lotes mais contaminados, mas em razão do baixo nível de contaminação, o número de resultados falso-negativos pode ser alto. Os resultados podem ser melhores se as análises forem realizadas nas sementes germinadas ou na água de irrigação usada. Se essas análises forem realizadas no início do processo de germinação, os resultados podem ser usados para prevenir a liberação de lotes contaminados no comércio. O tratamento e a análise das sementes durante a germinação ou da água de irrigação utilizada parecem ser os fatores que mais contribuíram para reduzir os surtos associados às sementes durante os últimos anos da década de 1990.

A lavagem após a germinação das sementes pode ajudar a reduzir os níveis de patógenos, mas geralmente não mais do que 1–2 log, mesmo com a presença de algum antimicrobiano na água de lavagem. Outras medidas de controle foram exploradas com sucesso limitado, incluindo a introdução de microrganismos competitivos para impedir a multiplicação de *Salmonella* (FETT, 2006) e *L. monocytogenes* (PALMAI; BUCHANAN, 2002a, 2002b). Tratamentos com colicinas (NANDIWADA et al., 2004) e bacteriófagos (PAO et al., 2004) também foram investigados. A resistência térmica dos patógenos entéricos sugere que um breve branqueamento em água quente (≥90°C) poderia ser usado pelos consumidores para reduzir a probabilidade da presença desses patógenos em sementes germinadas (FETT, 2006).

12.9.1.2 Deterioração e controles

A alta taxa de respiração das sementes germinadas requer armazenamento refrigerado após a colheita, para prevenir a deterioração enzimática e microbiológica. Há relativamente poucos dados sobre a deterioração de sementes germinadas, mas é provável que sejam suscetíveis às pseudomonas fluorescentes psicrotróficas e aos bolores. O controle da deterioração é feito por meio da aplicação de rigorosos programas de higiene e sanitização, da adequada remoção de água do produto e da manutenção da cadeia do frio.

12.9.2 Dados microbiológicos

A ausência de um tratamento microbiocida eficaz após a germinação exige controles higiênicos gerais altamente confiáveis e, em alguns casos, um levantamento de dados microbiológicos focados em microrganismos-alvo. A Tabela 12.10 resume as análises úteis para brotos de sementes. Consulte o texto para detalhes importantes relacionados a recomendações específicas.

Tabela 12.10 Análises de sementes germinadas para avaliação da segurança e da qualidade microbiológicas

Importância relativa		Análises úteis							
Ingredientes críticos	Alta	Análise de *Salmonella* e *E. coli* O157:H7 em lotes de sementes, principalmente se a confiança no fornecedor for baixa.							

	Produto	Microrganismo	Método analítico[a]	Caso	Plano de amostragem e limites/25 g[b]			
					n	c	m	M
	Sementes	*Salmonella*	ISO 6579	12	20[c]	0	0	-
		E. coli O157:H7	ISO 16654	15	60[c]	0	0	-

Durante o processamento	Alta	Análise da água de irrigação e das sementes germinadas durante o processamento.

	Produto	Microrganismo	Método analítico	Caso	Plano de amostragem e limites /100 mL[b]			
					n	c	m	M
	Água de irrigação usada	*Salmonella*	ISO 6579	12	5[d]	0	0	-
		E. coli O157:H7	ISO 16654	15	15[d]	0	0	-

	Produto	Microrganismo	Método analítico	Caso	Plano de amostragem e limites/25 g[b]			
					n	c	m	M
	Sementes germinadas	*Salmonella*	ISO 6579	12	20[c]	0	0	-
		E. coli O157:H7	ISO 16654	15	60[c]	0	0	-

Ambiente de processamento	Média	Não há recomendação de análises microbiológica de rotina no ambiente. Análises periódicas de *E. coli* ou *Listeria* spp. podem ser apropriadas para monitorar as condições higiênicas e potenciais focos de contaminação. Análises extensivas do ambiente devem ser feitas sempre que houver produção de sementes germinadas contaminadas, para assegurar o retorno do controle.
Vida de prateleira	Baixa	Não há recomendação de análises microbiológica de rotina.
Produto final	Baixa	Não há recomendação de análises microbiológicas de rotina no produto final, mas análises periódicas de indicadores (*E. coli* ou *Listeria* spp.) podem ser úteis para verificar o controle de processo e conduzir análise de tendências. A análise de patógenos é indicada apenas quando outros dados indicarem potencial de contaminação ou quando o histórico não for conhecido.

[a] Métodos alternativos podem ser usados, desde que validados pelos métodos ISO.

[b] Consulte o Apêndice A para desempenho desses planos de amostragem.

[c] Unidades analíticas individuais de 25 g (ver a Seção 7.5.2 para amostra composta).

[d] Unidade analítica individual de 100 mL reduz o número de amostras necessárias para atingir o mesmo volume total analisado nos Casos 12 e 15.

12.9.2.1 Ingredientes críticos

O uso de sementes de alta qualidade, livres de *Salmonella* e EHEC, é uma medida de controle importante para a segurança microbiológica das sementes germinadas. Particularmente nas regiões de cultivo em que há um histórico de contaminação, a análise de *Salmonella* e EHEC pode ser útil no redirecionamento de lotes contaminados para outros usos. A pesquisa de *E. coli* genérica pode servir como alternativa à análise de patógenos específicos, mas essa decisão deve levar em conta a ausência de uma associação

Hortaliças e Derivados

clara entre *E. coli* genérica e os dois patógenos quando as populações são baixas. A análise de patógenos é mais eficaz se for feita pelos distribuidores de sementes, mas pode exigir a germinação das sementes, se houver dúvidas sobre a adequação dos métodos disponíveis para detectar baixas populações. A disponibilidade de sementes certificadas livres de patógenos seria altamente benéfica para a indústria de sementes germinadas.

12.9.2.2 Durante o processamento

A amostragem durante o processamento tanto das sementes germinadas como da água de irrigação pode ser uma ferramenta útil para triagem dos lotes contaminados por patógenos, principalmente *Salmonella* e EHEC. Isto é particularmente útil quando não se conhece o histórico do fornecedor da semente ou quando há dúvida quanto à eficácia dos tratamentos de sanitização usados. Em virtude da diversidade e da abundância da microbiota da maioria das sementes germinadas, a análise de microrganismos deterioradores durante o processamento não é recomendada.

Testes de desafio podem ser necessários para validar e verificar periodicamente a eficácia dos tratamentos empregados para a sanitização das sementes.

12.9.2.3 Ambiente de processamento

O controle da contaminação microbiológica é importante para assegurar a segurança das sementes germinadas que serão consumidas sem cocção. A análise periódica de microrganismos indicadores (por exemplo, *E. coli*) em amostras do ambiente pode ser usada para verificar a eficácia dos programas de sanitização e das práticas de higiene. A análise de *Enterobacteriaceae* é provavelmente de menor utilidade, uma vez que estão comumente presentes em sementes germinadas. A análise *Listeria* spp. no ambiente se justifica se houver preocupação com locais de abrigo de *L. monocytogenes*.

12.9.2.4 Vida de prateleira

Não são recomendadas análises microbiológicas de rotina para determinar a vida de prateleira. A retenção de amostras para conduzir estudos de armazenamento, entretanto, pode ser justificável, para confirmar periodicamente a adequação do prazo de validade estabelecido.

12.9.2.5 Produto final

A natureza altamente perecível de sementes germinadas geralmente faz com que a análise microbiológica de rotina seja ineficaz, sendo a certificação dos lotes de sementes e a análise durante o processamento mais eficazes. Entretanto, a análise periódica de *E. coli* ou *Listeria* spp. no produto final pode ser útil para avaliar a eficácia global das práticas de higiene e dos tratamentos após o brotamento (por exemplo, enxágue final).

12.10 COGUMELOS

Embora botanicamente não sejam plantas, os cogumelos são tradicionalmente agrupados com os vegetais, em razão da similaridade nas características, tecnologias de processamento e usos pelo consumidor. Os cogumelos são corpos de frutificação aéreos (órgãos reprodutivos sexuais) de micélios fúngicos. A maioria dos cogumelos cultiváveis pertence ao sub-reino Basidiomycota, como *Agarius bisporus* (cogumelos botão), *Lentinula edodes* (cogumelos *shiitake*), *Pleurotus ostreatus* (cogumelos ostras). Algumas poucas espécies do sub-reino Ascomycota são comercializadas (por exemplo, trufas, morelas). Os cogumelos são cultivados em material orgânico decomposto, normalmente uma mistura de esterco (de cavalo ou de frango), feno, sabugo de milho, casca da semente de cacau, grãos para cerveja, semente de algodão e água (CHIKTHIMMAH; BEELMAN, 2006). Os cogumelos são comercializados de muitas formas, incluindo frescos, secos, marinados e em conserva. Nas três últimas formas os perigos e controles são similares aos dos outras hortaliças descritas previamente (consulte a Seção 12.6, 12.7, e 12.8). Esta seção discute os cogumelos frescos e minimamente processados.

12.10.1 Microrganismos de importância

Os detalhes do cultivo de cogumelos variam de espécie para espécie, mas o cultivo comercial geralmente envolve a compostagem inicial do substrato de cultivo, a inoculação da cultura-mãe micelial, a incubação sob condições específicas, a colheita e o manuseio e processamento pós-colheita. O sucesso da produção, tanto em termos de segurança como de qualidade, depende do controle da contaminação durante o cultivo.

12.10.1.1 Perigos e controles

Os cogumelos frescos, minimamente processados e produtos de cogumelos têm sido associados a poucos perigos microbiológicos documentados, que incluem *C. botulinum*, *S. aureus*, *Campylobacter jejuni*, *L. monocytogenes* e *Salmonella*. Como os cogumelos permitem a multiplicação de várias espécies de bactérias patogênicas e exigem um extensivo manuseio, há uma preocupação geral com respeito à contaminação por bactérias entéricas patogênicas.

Assim como as sementes germinadas, os cogumelos são cultivados sob condições ambientais controladas, o que permite um maior controle na produção primária. Como permitem a multiplicação de bactérias, levedura e bolores não passam por qualquer tratamento pós-colheita que garanta a eliminação dos microrganismos patogênicos e são frequentemente consumidos crus, o controle do cultivo, com manuseio cuidadoso para evitar lesões, a adesão rigorosa às boas práticas de higiene e a manutenção da cadeia do frio são críticos para garantir a segurança destes produtos. A preparação dos substrato de cultivo é particularmente importante. É um processo de duas etapas, fases, envolvendo uma compostagem aeróbica inicial do material por 15–25 dias, na qual a temperatura pode atingir até 80 °C em decorrência da atividade microbiana (CHIKTHIMMAH; BEELMAN, 2006). O substrato é então transferido para um ambiente de atmosfera

Hortaliças e Derivados

controlada, onde ocorre a atividade microbiana e a conversão dos nutrientes. Esta segunda fase é concluída com uma etapa de pasteurização a 60–63 °C por pelo menos 2 h para inativar microrganismos deteriorantes, patógenos humanos, ervas daninhas e insetos (ICMSF, 2005; CHIKTHIMMAH; BEELMAN, 2006).

A taxa de respiração rápida dos cogumelos frescos, combinada com o uso de filmes plásticos de embalagem, causam preocupação devido ao potencial de germinação e multiplicação dos esporos de C. *botulinum* nos produtos frescos mantidos sem refrigeração por períodos prolongados. Para prevenir a germinação dos esporos tem sido usadas embalagens com aberturas suficientes para manter um ambiente aeróbico, mas a barreira primária é o rigoroso controle da temperatura de refrigeração. Casos de intoxicações por enterotoxina estafilocócica associados a cogumelos em conserva geraram importantes investigações sobre as condições em que a produção e inativação dessas toxinas podem ocorrer em cogumelos e produtos de cogumelos. Um estudo mostrou que a manutenção dos cogumelos em salmoura em refrigeração antes do processamento permite que S. *aureus* cresça e produza toxinas (Bennett, comunicação pessoal). A salmoura também favorece a multiplicação de L. *monocytogenes* e casos esporádicos de listeriose já foram atribuídos a cogumelos em salmoura (JUNTTILA; BRANDER, 1989). Vários tratamentos para controlar os microrganismos deterioradores e os patogênicos já foram avaliados, mas nenhum deles é utilizado para cogumelos frescos ou minimamente processados. A maioria das outras aplicações (por exemplo, congelamento e envase) requer que os cogumelos sejam branqueados e tratados para prevenir o escurecimento enzimático. Estes tratamentos reduzem as populações de células vegetativas de microrganismos.

12.10.1.2 *Deterioração e controles*

Cogumelos frescos recém-colhidos apresentam uma microbiota diversificada, incluindo bactérias, leveduras e bolores. A contagem total de aeróbios mesófilos pode variar de 10^6 a > 10^7 UFC/g (DOORES; KRAMER; BEELMAN, 1986) e as contagens observadas de leveduras e bolores são 10^6 e 10^3 UFC/g, respectivamente (CHIKTHIMMAH; BEELMAN, 2006). As espécies bacterianas predominantes são as pseudomonas fluorescentes, mas flavobactérias, criseobactérias, corineformes e bactérias láticas também estão presentes. A principal forma de deterioração dos cogumelos é o escurecimento enzimático, como resultado da tirosinase do próprio cogumelo. *Pseudomonas* spp. e *Flavobacterium* spp. podem alcançar populações de 7,3–8,4 log UFC/g e leveduras podem atingir populações de 6,9–8,0 log UFC/g (CHIKTHIMMAH; BEELMAN, 2006). *Pseudomonas tolaasii*, P. *putida* e P. *fluorescens* parecem ser particularmente importantes na deterioração dos cogumelos A. *bisporus*.

A fonte dos microrganismos deterioradores parece ser o ambiente de cultivo e o pessoal de produção. O emprego de substrato de crescimento adequadamente compostado é a forma inicial de controle da qualidade do produto (consulte acima). A rega excessiva durante o cultivo aumenta a taxa de deterioração. Os métodos comumente usados para controlar os microrganismos deteriorantes durante o cultivo são a adição de sais de cálcio ou antimicrobianos (por exemplo, dióxido de cloro, água eletrolizada oxidante, peróxido de hidrogênio) à água de irrigação. A refrigeração adequada é crítica para retardar a deterioração e a duração do produto pode ser prolongada usando-se embalagens com atmosfera modificada (2,5–5,0% CO_2 e 5–10% O_2) (LOPEZ-BRIONES et al., 1992). Tratamentos de pós-colheita potencialmente eficazes para retardar a deterioração incluem a lavagem com antimicrobianos, irradiação e luz ultravioleta pulsante (CHIKTHIMMAH; LABORDE; BEELMAN, 2005; CHIKTHIMMAH; BEELMAN, 2006).

12.10.2 Dados microbiológicos

Como os principais controles para garantir qualidade e a segurança microbiológica dos cogumelos são aplicados durante a produção primária, as análises mais úteis são aquelas que objetivam garantir a eficácia do processo de compostagem, dos programas de sanitização e das práticas higiênicas.

A Tabela 12.11 resume as análises úteis para cogumelos. Consulte o texto para detalhes importantes relacionados a recomendações específicas.

12.10.2.1 Ingredientes críticos

O melhor monitoramento do controle do substrato de cultivo é feito por meio da medição rotineira do tempo e temperatura alcançada na compostagem inicial e na etapa de pasteurização que antecede a inoculação dos esporos do cogumelo. A análise periódica de *Enterobacteriaceae* ou outros indicadores pode ser útil para verificar a eficiência ininterrupta dos controles e prevenção da recontaminação. Análises periódicas para verificar das populações de bactérias formadoras de esporos podem ser úteis quando há preocupação que a quantidade de esporos que sobreviveram ao processo de pasteurização é excessiva.

Tabela 12.11 Análises de cogumelos para avaliação da segurança e qualidade da microbiológicas

Importância relativa		Análises úteis
Ingredientes críticos	Média	Não há recomendação de análises microbiológica de rotina. A análise periódica de *Enterobacteriaceae* e bactérias esporogênicas pode ser útil para verificar a eficácia da pasteurização do substrato de multiplicação e o controle da recontaminação.
Durante o processamento	Baixa	Não há recomendação de análises microbiológica de rotina.
Ambiente de processamento	Média	Análise periódica de *E. coli* e *Listeria* spp. para verificar a eficácia dos programas de sanitização e as práticas higiênicas.
Vida de prateleira	Baixa	Não há recomendação de análises microbiológicas de rotina.
	Baixa	Não há recomendação de análises microbiológicas de rotina. Análise periódica de indicadores como *E. coli*, pseudomonas fluorescentes psicrotróficas, *Listeria* spp., leveduras e bolores podem ser consideradas para controle do processo em curso e análise de tendências.
Produto final	Baixa	Não há recomendação de análise rotineira de microrganismos patogênicos, apenas análises específicas quando outros dados indicarem contaminação potencial ou quando as condições e o histórico de produção forem desconhecidos.

Hortaliças e Derivados

12.10.2.2 Durante o processamento

As análises microbiológicas de rotina durante o processamento são de pouca utilidade quando há um controle adequado do ambiente e do substrato de cultivo. Análises investigativas de microrganismos específicos podem ser necessárias quando forem observados defeitos na qualidade ou presença de patógenos.

12.10.2.3 Ambiente de processamento

A segurança e qualidade do produto dependem da manutenção de boas práticas de higiene e boas condições sanitárias no ambiente de produção e processamento, por isso analises microbiológicas periódicas para avaliar esses programas podem ser úteis. Como o ambiente de produção não é estéril, a utilização de indicadores gerais como contagem total de aeróbios mesófilos ou *Enterobacteriaceae* não se justifica. *E. coli* pode ser mais eficiente como um indicador de contaminação fecal. A análise do ambiente para *Listeria* spp. pode ser útil, uma vez que os cogumelos frescos e minimamente processados são alimentos refrigerados prontos para consumo. Outras investigações microbiológicas de microrganismos específicos podem ser necessárias para localizar defeitos na qualidade e identificar focos de contaminação.

12.10.2.4 Vida de prateleira

Análises microbiológicas de rotina para acompanhar a vida de prateleira geralmente não são úteis. Estudos microbiológicos para estabelecer a duração da vida de prateleira e identificar os microrganismos potencialmente deterioradores são úteis quando houver mudanças significativas na tecnologia de produção ou nas instalações.

12.10.2.5 Produto final

A natureza altamente perecível dos cogumelos frescos ou minimamente processados torna a análise microbiológica rotineira de lotes de cogumelos difícil e geralmente não pertinente. Essas análises só seriam úteis nas situações em que não houvesse informação sobre a segurança do lote ou se o histórico do fabricante levantasse preocupação. Entretanto, a análise periódica do produto final para indicadores microbianos específicos pode ser útil para avaliar o desempenho geral dos sistemas de segurança e qualidade. Os indicadores potenciais poderiam incluir contagens de pseudomonas fluorescentes psicrotróficas, *Listeria* spp., *E. coli* e bolores e leveduras.

REFERÊNCIAS

AURELI, P. et al. An outbreak of febrile gastroenteritis associated with corn contaminated by *Listeria monocytogenes*. **The New England Journal of Medicine**, Boston, v. 342, n. 17, p. 1236-1241, 2000.

BARTH, M. et al. Microbiological spoilage of fruits and vegetables. In: SPERBER, W. H.; DOYLE, M. (Ed.). **Compendium of the microbiological spoilage of foods and beverages**. New York: Springer Science: Business Media, 2009.

BARTZ, J. A. Internalization and infiltration. In: SAPERS G. M.; GORNY J. R.; YOUSEF A. E. (Ed.). **Microbiology of fruits and vegetables**. Boca Raton: CRC Press Taylor and Francis Group, 2006.

BLUMENTHAL, U. J. et al. Guidelines for microbiological quality of treated water used in agriculture: recommendations for revising WHO guidelines. **Bull World Health Organ**, Geneva, v. 78, n. 9, p. 1104-1116, 2000.

CDC - CENTERS FOR DISEASE CONTROL AND PREVENTION. Foodborne botulism, Illinois. **Morbid and Mortality Weekly Report**, Atlanta, v. 33, n. 2, p. 22-23, 1984.

CHIKTHIMMAH, N.; BEELMAN, R. B. Microbial spoilage of fresh mushrooms. In: SAPERS G. M.; GORNY J. R.; YOUSEF A. E. (Ed.). *Microbiology* of fruits and vegetables. Boca Raton: CRC Press Taylor and Francis Group, 2006.

CHIKTHIMMAH, N.; LABORDE, L. F.; BEELMAN, R. B. Hydrogen peroxide and calcium chloride added to irrigation water as a strategy to reduce bacterial populations and improve quality of fresh mushrooms. **Journal of Food Science**, Champaign, v. 70, n. 6, p. m273-m278, 2005.

CODEX ALIMENTARIUS. **Code of hygienic practice for fresh fruits and vegetables (CAC/ RCP 53-2003)**. Rome: FAO, 2003. FAO/ WHO Food Standards Program.

CORBO, M. R.; DEL NOBILE, M. A.; SINIGAGLIA, M. A novel approach for calculating shelf life of minimally processed vegetables. **International Journal of Food Microbiology**, Amsterdam, v. 106, n. 1, p. 69-73, 2006.

DOORES, S.; KRAMER, M.; BEELMAN, R. Evaluation and bacterial populations associated with fresh mushrooms (*Agarius bisporus*). In: WUEST, P. J.; ROYSE, D. J.; BEELMAN, R. B. (Ed.). **Proceedings of the international symposium on technical aspects of cultivating edible fungi**. State College: Pennsylvania State University, 1986.

EPA - ENVIRONMENTAL PROTECTION AGENCY. **Guidelines for water reuse**. Washington, DC, 2004. Disponível em: <http://nepis.epa.gov/Adobe/PDF/30006MKD.pdf >. Acesso em: 20 out. 2010.

FETT, W. F. Interventions to ensure the microbial safety of sprouts In: SAPERS G. M.; GORNY J. R.; YOUSEF A. E. (Ed.). **Microbiology of fruits and vegetables**. Boca Raton: CRC Press Taylor and Francis Group, 2006.

FAO - FOOD AND AGRICULTURE ORGANIZATION; WHO - WORLD HEALTH ORGANIZATION. **Microbial hazards in fresh fruits and vegetables**. Rome, Geneva, 2008. Pre-publication version. Disponível em: <http://www.who.int/foodsafety/publications/micro/MRA_FruitVeges.pdf>. Acesso em: 19 out. 2010.

FDA - FOOD AND DRUG ADMINISTRATION. **Guidance for industry**: guide to minimize microbial food safety hazards for fresh fruits and vegetables. College Park, 1998. Disponível em: <http://www.fda.gov/food/guidanceregulation/guidancedocumentsregulatoryinformation/ucm064574.htm>. Acesso em: 19 out. 2010.

_____. **Guidance for industry**: guide to minimize microbial food safety hazards of fresh-cut fruits and vegetables. College Park, 2008. Disponível em: <http://www.fda.gov/food/guidanceregulation/guidancedocumentsregulatoryinformation/ucm064574.htm>. Acesso em: 19 out. 2010.

GALE, P. A review: development in microbiological risk assessment for drinking water. **Journal of Applied Microbiology**, Oxford, v. 91, n. 2, p. 191-205, 2001.

Hortaliças e Derivados

GIMENEZ, M. et al. Relation between spoilage and microbiological quality in minimally processed artichoke packaged with different films. **Food Microbiology**, London, v. 20, n. 2, p. 231-242, 2003.

GUINEBRETIERE, M.-H. et al. Identification of bacteria in pasteurized zucchini purees stored at different temperatures and comparison with those found in other pasteurized vegetables purees. **Applied Environmental Microbiology**, Washington, DC, v. 67, n. 10, p. 4520-4530, 2001.

HAMILTON, A. J. et al. Quantitative microbial risk assessment models for consumption of raw vegetables irrigated with reclaimed water. **Applied and Environmental Microbiology**, Washington, DC, v. 72, n. 5, p. 3284-3290, 2006.

ICMSF - INTERNATIONAL COMMISSION ON MICROBIOLOGICAL SPECIFICATIONS FOR FOODS. **Microorganisms in foods 7**: microbiological testing in food safety management. New York: Kluwer Academic: Plenum Publishers, 2002.

_____. Vegetables and vegetable products. In: _____. **Microorganisms in foods 6**: microbial ecology of food commodities. 2. ed. New York: Kluwer Academic: Plenum Publishers, 2005.

JUNTTILA, J.; BRANDER, M. *Listeria monocytogenes* septicaemia associated with consumption of salted mushrooms. **Scandinavian Journal of Infectious Diseases**, Stockholm, v. 21, n. 3, p. 339-342, 1989.

KOOPMANS, M.; DUIZER, E. Foodborne viruses: an emerging problem. **International Journal of Food Microbiology**, Amsterdam, v. 90, n. 1, p. 23-41, 2004.

LIAO, C.-H. Bacterial soft rot. In: SAPERS G. M.; GORNY J. R.; YOUSEF A. E. (Ed.). **Microbiology of fruits and vegetables**. Boca Raton: CRC Press Taylor and Francis Group, 2006.

LOPEZ-BRIONES, G. et al. Storage of common mushrooms under controlled atmosphere. **International Journal of Food Science & Technology**, Oxford, v. 27, n. 5, p. 493-505, 1992.

McFEETERS, R. F.; HANKIN, L.; LACEY, G. H. Pectinolytic and pectolytic microorganisms. In: POUCH, F. P.; ITO, K. (Ed.). **Compendium of methods for the microbiological examination of foods**. 4. ed. Washington, DC: American Public Health Association, 2001.

MHWJ - MINISTRY OF HEALTH AND WELFARE OF JAPAN. Verocytotoxin producing *Escherichia coli* (enterohemorrhagic *E. coli*) infection, Japan, 1996–June 1997. **Infectious Agents Surveillance Report**, Tokyo, v. 18, p. 1539-1549, 1997.

NANDIWADA, L. S. et al. Characterization of an E2-type colicin and its application to treat alfalfa seeds to reduce Escherichia coli O157:H7. **International Journal of Food Microbiology**, Amsterdam, v. 93, n. 3, p. 267-279, 2004.

NACMCF - NATIONAL ADVISORY COMMITTEE ON MICROBIOLOGICAL CRITERIA FOR FOODS. Microbial safety evaluations and recommendations on fresh produce. **Food Control**, Oxford, v. 10, n. 6, p. 321-347, 1998.

_____. Microbial safety evaluations and recommendations on sprouted seeds: National Advisory Committee on Microbiological Criteria for Foods. **International Journal of Food Microbiology**, Amsterdam, v. 52, n. 2, p. 123-153, 1999.

PALMAI, M.; BUCHANAN, R. L. The effect of *Lactococcus lactis* on the growth characteristics of *Listeria monocytogenes* in alfalfa sprout broth. **Acta Alimentaria**, Budapeste, v. 31, n. 4, p. 379-392, 2002a.

PALMAI, M.; BUCHANAN, R. L. Growth of *Listeria monocytogenes* during germination of alfalfa sprouts. **Food Microbiology**, London, v. 19, n. 2-3, p. 195-200, 2002b.

PAO, S. et al. Use of bacteriophages to control *Salmonella* in experimentally contaminated sprout seeds. **Journal of Food Science**, Champaign, v. 69, n. 5, p. m127-m130, 2004.

SPLITTSTOESSER, D. F.; QUEALE, D. T.; ANDALORO, B. W. The microbiology of vegetable sprouts during commercial production. **Journal of Food Safety**, Malden, v. 5, n. 2, p. 79-86, 1983.

STEELE, M.; ODUMERU, J. Irrigation water as a source of foodborne pathogens on fruits and vegetables. **Journal of Food Protection**, Ames, v. 67, n. 12, p. 2839-2849, 2004.

STEELE, M.; MAHDI, A.; ODUMERU, J. Microbial assessment of irrigation water used for production of fruit and vegetables in Ontario, Canada. **Journal of Food Protection**, Ames, v. 68, n. 7, p. 1388-1392, 2005.

STINE, S. W. et al. Application of microbial risk assessment to the development of standards for enteric pathogens in water used to irrigate fresh produce. **Journal of Food Protection**, Ames, v. 68, n. 5, p. 913-918, 2005.

UF - UNITED FRESH PRODUCE ASSOCIATION; NATTWG - NORTH AMERICAN TOMATO TRADE WORK GROUP. **Safety guidelines for the tomato supply chain**. 2. ed. Washington, DC, 2008. Disponível em: <http://www.unitedfresh.org/assets/tomato_metrics/Tomato_Guidelines_July08_Final.pdf>. Acesso em: 2 maio 2010.

WESTERN GROWERS ASSOCIATION. **Commodity specific guidelines for the production of lettuce and leafy greens**. Sacramento, 2010. Disponível em: <http://www.caleafygreens.ca.gov/food-safety-practices>. Acesso em: 19 out. 2010.

WHO - WORLD HEALTH ORGANIZATION. **Health guidelines for the use of wastewater in agriculture and aquaculture**: report of a WHO scientific group. Geneva, 1989. Technical Report Series 778.

_____. **WHO guidelines for the safe use of wastewater, excreta, and greywater**: use of excreta and greywater in agriculture. Geneva, 2006. [V. 4]. Disponível em: <http://www.fao.org/nr/water/docs/volume4_eng.pdf>. Acesso em: 20 out. 2010.

CAPÍTULO 13

Frutas e Derivados

13.1 INTRODUÇÃO

Em termos gerais, as frutas são definidas como "as porções das plantas que abrigam as sementes". Esta definição inclui árvores frutíferas como citros, frutas falsas, como maçãs e peras, e frutas compostas, como frutas vermelhas. A definição também inclui tomate, pimentas, pimentão, berinjela, quiabo, ervilha, feijão, abóbora e curcubitáceas, como pepinos e melões, embora para fins culinários várias dessas frutas sejam classificadas como vegetais. Para o propósito deste capítulo, tomate e melão são considerados frutas, enquanto que pepino, berinjela, quiabo, ervilha, feijão, abóbora, pimentas e pimentão são considerados tanto hortaliças quanto especiarias.

A maioria das frutas é rica em ácidos orgânicos e, portanto, tem pH baixo (ICMSF, 2005). Os melões e algumas frutas tropicais como *durian* (*Durio* spp.), entretanto, tem pH perto da neutralidade. O principal ácido presente nas frutas cítricas e frutas vermelhas é o ácido cítrico; nas pomáceas e frutas com caroço é o ácido málico e nas uvas e carambolas são os ácidos tartárico e málico. Por causa da variação do pH no produto, é preciso ter cuidado na interpretação dos valores de pH citados para a maioria das frutas. O pH das frutas é normalmente determinado por meio da homogeneização da fruta intacta, medindo-se o pH nos sucos ou polpas resultantes, que não constituem o microambiente que os microrganismos encontram ao invadir uma fruta intacta. Por exemplo, numa laranja intacta, o suco ácido fica dentro dos alvéolos, enquanto o tecido circundante tem valores de pH perto da neutralidade. A interpretação tradicional da acidez de muitas frutas está sendo modificada, uma vez que pesquisas com maçãs, tomates, e laranjas mostraram multiplicação de bactérias entéricas patogênicas no interior da fruta intacta ou danificada (ASPLUND; NURMI, 1991; WEI et al., 1995; JANISIEWICZ et al., 1999; DINGMAN, 2000; LIAO; SAPERS, 2000; SHI et al., 2007).

A maioria das frutas é mais suscetível aos danos causados por bolores e leveduras do que ao causado por bactérias, em função do baixo pH. Esse pH baixo implica na necessidade de uma simples pasteurização para que a maioria dos produtos de frutas sejam microbiologicamente estáveis. As exceções incluem pepinos, melões e algumas variedades de tomates.

As frutas podem ser processadas por corte, enlatamento, congelamento e secagem ao sol ou desidratação, que reduzem sua atividade de água por meio da concentração ou remoção da água ou da adição de sal ou açúcar. O pH dos tomates pode ser reduzido a valores abaixo de 4,5 por meio da adição de ácidos durante o processamento, enquanto as pimentas e *durian* geralmente são conservados em salmoura ou vinagre ou fermentadas com bactérias láticas para produzir produtos microbiologicamente estáveis, que não necessitam de um processo térmico de baixa acidez para retardar a deterioração.

Para mais informações sobre a ecologia microbiana e controle de frutas e produtos de frutas relacionadas aos princípios de gerenciamento de segurança do alimento, o leitor deve consultar *Microorganisms in foods 6: Microbial ecology of food commodities* (ICMSF, 2005) e outros textos (JAMES, 2006; FAN et al., 2009).

13.2 PRODUÇÃO PRIMÁRIA

A microbiota das frutas durante o cultivo é diversificada e reflete o ambiente de cultivo, a fonte das sementes, o melhoramento do solo, as fontes da água de irrigação, os microrganismos patogênicos adaptados às frutas e os microrganismos comensais. Uma grande variedade de bactérias, parasitas, bolores, leveduras e vírus são importantes. Para mais detalhes consulte a Seção 12.2 do Capítulo 12.

Os patógenos humanos geralmente não fazem parte da microbiota das frutas, indicando a ocorrência de contaminação em algum ponto da cadeia produtiva, incluindo o ambiente de produção primária. O ambiente de produção primária envolve fontes de água de irrigação, pulverizações aplicadas a frutas, solo e melhoramentos de solo realizados (por exemplo, esterco e compostagem), animais (por exemplo, mamíferos, pássaros, répteis, insetos), utensílios e equipamentos de produção e colheita, manuseio e áreas próximas, que podem conter perigos que podem ser transferidos para os campos e pomares pelo vento, escoamento de água ou inundações.

Uma vez introduzidos no ambiente agrícola, os patógenos humanos podem persistir por períodos prolongados. Como exemplo, pode-se citar os grandes surtos de *Cyclospora cayatenensis* que ocorreram durante vários anos na América do Norte em virtude de framboesas importadas da Guatemala. Embora a fonte original da contaminação nunca tenha sido verificada, houve uma forte suspeita de que a água usada na pulverização de pesticidas estivesse contaminada (HERWALDT; BEACH, 1999).

Frutas e Derivados

13.2.1 Microrganismos de importância

13.2.1.1 Perigos e controles

Uma grande variedade de microrganismos patogênicos pode ser introduzida no ambiente da produção primária e, ao final, ser transmitida às frutas e aos vegetais colhidos. Uma descrição detalhada pode ser vista na Seção 12.2.1.1 do Capítulo 12. A principal forma de controlar a contaminação durante a produção primária é pela implementação de programas de Boas Práticas Agrícolas (BPA), descritas em mais detalhes no capítulo sobre hortaliças (Capítulo 12, Seção 12.2.1.1).

13.2.1.2 Deterioração e controles

Tanto a qualidade quanto a deterioração das frutas podem ser influenciadas pelos eventos que ocorrem durante o cultivo. A maioria das frutas pode conter uma grande variedade microrganismos fitopatogênicos que infectam o produto e causam alterações visuais e sensoriais (ICMSF, 2005). Danos causados por insetos aos frutos colhidos podem aumentar a possibilidade de deterioração. O controle primário dos patógenos de frutas são a seleção de variedades resistentes, a rotação de culturas e desinfecção eficaz do solo, o controle de danos causados por insetos e o controle eficaz da temperatura e da taxa de respiração após a colheita. Em se tratando de um tecido vivo, as frutas passam por escurecimento enzimático, alteração da textura, contaminação microbiana, e produção de compostos voláteis indesejáveis, o que provoca grande redução da vida de prateleira, particularmente se estiverem danificadas. Coberturas comestíveis podem ser usadas para ajudar na conservação das frutas inteiras ou minimamente processadas (OLIVAS; BARBOSA-CÁNOVAS, 2005).

O pH mais baixo e o conteúdo natural de ácidos das frutas geralmente inibe a multiplicação bacteriana. Como resultado, os fungos geralmente são os microrganismos dominantes na maioria das frutas. Há, entretanto, várias doenças de mercado importantes causadas por bactérias, especialmente a podridão mole bacteriana causada por *Erwinia carotovora*. Os bolores predominantes nas frutas incluem tanto fungos deterioradores como fungos inócuos. Uma lista completa pode ser encontrada na Tabela 6.2 em *Microorganisms in foods 6: Microbial ecology of food commodities* (ICMSF, 2005). As leveduras que ocorrem nas frutas incluem espécies ascósporos e não ascósporos.

13.2.2 Dados microbiológicos

Os primeiros dados microbiológicos necessários para auxiliar no controle da contaminação microbiana durante a produção primária das frutas são aqueles que possam garantir uma redução no potencial de introdução de patógenos humanos. As análises microbiológicas de patógenos humanos provavelmente são mais importantes em duas áreas: na verificação da qualidade microbiológica da água de irrigação e na avaliação dos melhoramentos de solo. Outras análises podem ser empregadas se o produtor primário estiver investigando a fonte de uma determinada contaminação. Consulte o Ca-

Microrganismos em Alimentos 8

pítulo 12, para uma discussão detalhada sobre águas de irrigação e melhoramentos de solo, bem como planos de amostragem microbiológica sugeridos.

13.3 FRUTAS INTEIRAS *IN NATURA*

As frutas inteiras *in natura* são geralmente comercializadas após processamento mínimo e embalagem, podendo ser resfriadas ou refrigeradas. As etapas comuns de processamento das frutas *in natura* podem incluir lavagem, imersão, recobrimento com cera e envolvimento em papel impregnado com conservantes antifúngicos (ICMSF, 2005).

13.3.1 Microrganismos de importância

Os microrganismos associados às frutas *in natura* são aqueles introduzidos na produção primária (consulte a Seção 13.2), além dos introduzidos na colheita, acondicionamento, processamento, e transporte. Essa microbiota pode incluir uma grande variedade de microrganismos associados aos trabalhadores no campo e à colheita, aos equipamentos de processamento e transporte e aos manipuladores. Várias frutas, dentre elas tomates, mangas, laranjas e, particularmente, melões, podem permitir a multiplicação de bactérias, incluindo os patógenos humanos. O controle da multiplicação bacteriana e do crescimento fúngico é crítico para a qualidade e para a inocuidade desses produtos. Há muitas oportunidades para a contaminação cruzada, principalmente quando são usadas balsas de lavagem com esteiras transportadoras durante o processamento. A carga microbiana das frutas pode ser parcialmente reduzida (ou seja, normalmente 1–2 logs) por certos tratamentos como a lavagem com água quente ou fria, a pasteurização da superfície (ANNOUS; BURKE; SITES, 2004), os gases de dióxido de cloro (SY et al., 2005; POPA et al., 2007) e a desinfecção (BASTOS et al., 2005). Essa redução, entretanto, geralmente é restrita aos microrganismos da superfície da fruta e a internalização da contaminação reduz a eficácia dos tratamentos antimicrobianos de superfície. Assim, deve-se tomar cuidado para que o processo não promova a entrada dos microrganismos nos tecidos da fruta ou espalhe os focos de contaminação por todo o lote.

13.3.1.1 Perigos e controles

As frutas inteiras *in natura* têm sido associadas a surtos e casos esporádicos causados por vários microrganismos, tanto de origem animal como humana. *Salmonella* spp. em especial já foi associada a um grande número de surtos relacionados a melões e tomates. Vírus, como norovírus e vírus da hepatite A, já foram associados a morangos e framboesas, e *Cyclospora* já foi associada a framboesas (ICMSF, 2005). O risco de transmissão de doenças pode aumentar no caso das bactérias patogênicas, em razão da possibilidade de algumas frutas inteiras (por exemplo, laranjas, mangas, tomates e melões) permitirem a multiplicação bacteriana (WADE; BEUCHAT, 2003; EBLEN et al., 2004; RICHARDS; BEUCHAT, 2005). Os perigos específicos e as medidas de controle dependem do tipo e da origem da fruta, do local do processamento inicial, da duração do

Frutas e Derivados

processamento e dos programas de higiene. Na maioria dos casos, não existe uma etapa de inativação dos microrganismos durante o processamento das frutas inteiras. Tem-se observado, entretanto, resultados promissores nas pesquisas de inativação de salmonelas na superfície de melões, como o uso de peróxido de hidrogênio (UKUKU, 2004), diferentes combinações de nisina/EDTA/lactato de sódio/sorbato de potássio (UKUKU; FETT, 2004), ácido láctico (ALVARADO-CASILLAS et al., 2007) e pasteurização da superfície (ANNOUS; BURKE; SITES, 2004). As práticas consideradas responsáveis por aumentar o risco de surtos associados a melões incluem a contaminação do solo e da água de irrigação (MATERON; MARTINEZ-GARCIA; McDONALD, 2007), a permanência dos melões à temperatura ambiente depois de retirados do pé, o corte dos melões sem uma lavagem prévia da casca e a aplicação inadequada dos inseticidas (SIVAPALASINGAM et al., 2004).

13.3.2 Dados microbiológicos

O uso das análises microbiológicas para separar produtos seguros de produtos não seguros é impraticável no caso das frutas *in natura*, em função de sua natureza perecível e da baixa frequência de contaminação com patógenos humanos. As análises microbiológicas e outras relacionadas podem, entretanto, se constituir em uma forma útil de verificar o controle de processo, ou seja, a eficácia das etapas usadas para reduzir a contaminação e prevenir a entrada de novos contaminantes e a contaminação cruzada (ICMSF, 2002). Além disso, as análises microbiológicas do ambiente e de superfícies de contato podem proporcionar uma medida objetiva das práticas de higiene. Na Tabela 13.1 encontram-se resumidas as análises úteis para frutas *in natura*. Consulte o texto para detalhes importantes relacionados a recomendações específicas.

13.3.2.1 Ingredientes críticos

Não há ingredientes críticos nesta categoria de produtos, pois a fruta inteira é o único ingrediente. A qualidade e a segurança dos produtos é altamente dependente dos eventos que ocorrem durante o cultivo.

13.3.2.2 Durante o processamento

As frutas podem ser submetidas a processos que reduzam o risco de contaminação (por exemplo, enxágue com antimicrobianos), mas esses tratamentos não garantem a eliminação de microrganismos patogênicos. Além disso, a eficácia desses tratamentos é altamente dependente da manutenção das soluções a uma temperatura adequada, da concentração do agente antimicrobiano e, em muitos casos, do pH das soluções antimicrobianas e da quantidade de matéria orgânica. Uma vez validados, o monitoramento destas etapas é baseado em análises químicas ou físicas das condições de uso.

Além da amostragem das superfícies de contato e do ambiente em geral para verificação da higiene, há etapas específicas nas quais é importante monitorar a concentração de antimicrobianos nas soluções, para controlar a contaminação cruzada. Dentre essas etapas estão as que utilizam tanques de água ou despejo, balsas de lavagem com esteiras

Tabela 13.1 Análises de frutas *in natura* para avaliação da segurança e da qualidade microbiológicas

Importância relativa		Análises úteis
Ingredientes críticos	Baixa	É recomendado monitorar se BPA foram seguidas durante a produção, para minimizar o risco de contaminação antes do processamento. Consulte o Capítulo 12 para orientação sobre as condições de cultivo.
Durante o processamento	Média	Podem ser necessárias análises periódicas dos níveis de antimicrobianos na balsa de lavagem, água de lavagem etc., geralmente feitas por métodos químicos ou físicos.
Ambiente de processamento	Média	Análises periódicas das superfícies de contato e do ambiente de processamento podem ser apropriadas para certos tipos de frutas, para verificar a eficiência da limpeza e dos protocolos de sanitização. São recomendadas inspeções visuais de higiene.
Vida de prateleira	Baixa	Análises não são relevantes.
Produto final	Baixa	Não há recomendação de análises microbiológicas de rotina para patógenos específicos. A realização de análise se justifica quando houver informação indicando contaminação potencial ou quando as condições e histórico de produção forem desconhecidas.

Produto	Microrganismo	Método analítico[a]	Caso	Plano de amostragem e limites/25 g[b]			
				n	c	m	M
Frutas *in natura*	*Salmonella*	ISO 6579	11	10[c]	0	0	-
	E. coli O157:H7	ISO 16654	14	30[b]	0	0	-

[a] Métodos alternativos podem ser usados, desde que validados pelos métodos ISO.
[b] Consulte o Apêndice A para desempenho desses planos de amostragem.
[c] Unidades analíticas individuais de 25 g (ver a Seção 7.5.2 para amostra composta).

transportadoras e hidrorresfriadores. Esse monitoramento geralmente é feito por meio de análises físicas ou químicas. A falta de atenção às condições do processamento pode aumentar o risco à segurança do alimento e levar à perda de qualidade do produto. As bactérias patogênicas capazes de crescer nas frutas *in natura* que estão sendo processadas são a principal preocupação. Danos físicos nas frutas *in natura* podem aumentar a disponibilidade de nutrientes e proporcionar pontos de entrada, levando à internalização.

13.3.2.3 *Ambiente de processamento*

O ambiente de processamento de frutas *in natura* é um grande desafio, uma vez que muitas frutas recebem o tratamento inicial ainda no campo, na hora da colheita, e, às vezes, esse é o único tratamento. Além disso, a maioria das operações de acondicionamento ocorre em ambiente aberto ou sob um controle ambiental rudimentar. Esses desafios são ainda maiores quando se considera a natureza sazonal da força de trabalho e, consequentemente, o treinamento em higiene limitado dos trabalhadores. A análise microbiológica das superfícies de contato com o alimento e do ambiente das instalações de embalagem pode ser uma ferramenta importante na verificação da eficácia das operações de limpeza e das práticas de higiene. As análises geralmente se limitam a microrganismos indicadores (por exemplo, contagem de aeróbios, *Enterobacteriaceae*). Em certos casos, entretanto, a análise de patógenos específicos pode ser justificável, para avaliar potenciais fontes de

Frutas e Derivados

contaminação (por exemplo, análise de *Salmonella* em amostras do ambiente para monitorar instalações que tenham histórico de problemas com aves ou vermes).

O monitoramento microbiológico das operações de limpeza por meio da análise de microrganismos indicadores pode ser uma forma eficaz de assegurar a eficiência dos programas de higiene. Esses programas de amostragem são mais eficazes quando projetados para fornecer uma medida quantitativa da extensão do controle, de forma que o controle do processo (ICMSF, 2002) possa ser monitorado por meio da análise de tendências e ações corretivas tomadas antes da ocorrência de uma falha do processo.

13.3.2.4 Vida de prateleira

O estabelecimento do tempo de vida de prateleira de frutas inteiras *in natura* depende do tipo da fruta, sendo normalmente determinado pelas condições da produção e colheita, bem como pelo manuseio posterior esperado na distribuição, comercialização e consumo.

13.3.2.5 Produto final

As frutas *in natura* são alimentos prontos para consumo (RTE), geralmente consumidas sem nenhum tratamento microbiocida. Assim, devem ser livres de microrganismos patogênicos na medida necessária para garantir baixo risco de transmissão de enfermidade. O nível de controle requerido depende da fruta, das condições de uso e dos perigos microbiológicos associados à fruta.

A análise direta das frutas *in natura* pode ser necessária nos casos em que não exista informação disponível sobre o lote de alimento em questão. Na maioria dos casos, entretanto, a taxa de defeitos observada (ou seja, a porcentagem de frutos individuais contaminados dentro do lote) é tão baixa que a análise do produto final é impraticável.

Escherichia coli pode ser um indicador de contaminação fecal em pontos da linha de produção, mas não é um bom indicador de contaminação da fruta por matéria fecal ou microrganismos patogênicos. Dados da população microbiana de produtos *in natura* não são úteis para o estabelecimento de gráficos de controle de processo. A contagem de aeróbios em produtos *in natura*, independentemente da *commodity* ou de como foi cultivada, pode variar até 5 log de lote para lote ou mesmo entre unidades individuais, sem que isso tenha impacto na sua qualidade ou segurança. A variação normal da população de coliformes ou *E. coli* é menor (por exemplo, 3 log), mas ainda assim muito grande para ser usada em gráficos de controle de processo. Se as análises microbiológicas forem usadas para controlar o processo, os resultados só serão úteis se obtidos em um mesmo lote, ou seja, contagens no início do processo versus contagens no final do processo.

Nos casos em que se disponha das informações sobre o produto e como foi processado e manuseado, a análise para verificação do processo empregando um indicador apropriado (por exemplo, *E. coli* para contaminação fecal) pode ser mais eficaz e dar subsídios para gráficos de controle de processo, permitindo a tomada de ações corretivas quando necessárias. Um controle de processo similar (*cross-lot*) analisando a contagem de aeróbios mesófilos e de aeróbios psicrotróficos também pode ser útil, permitindo avaliar se os principais microrganismos deterioradores estão sob controle.

264

13.4 FRUTAS MINIMAMENTE PROCESSADAS

As frutas minimamente processadas incluem as prontas para consumo (PPC), pré-cortadas. As frutas minimamente processadas refrigeradas atendem à demanda do consumidor por produtos convenientes e semelhantes às frutas *in natura*, com a mesma segurança e qualidade nutricional e sensorial. Processos geralmente utilizados para diferentes frutas minimamente processadas incluem o corte, o fatiamento, a trituração, o descascamento, o corte em cubos, a retirada do caroço e o acondicionamento. Também inclui a combinação de diferentes frutas minimamente processadas, para obter misturas de frutas pré-preparadas. Todos esses produtos são comercializados refrigerados nos supermercados, lojas de varejo de alimentos e restaurantes, ou, em muitos países, vendidos nas ruas em bancas de frutas, resfriados em gelo.

13.4.1 Microrganismos de importância

13.4.1.1 Perigos e controles

Os patógenos que causam maior preocupação são *Salmonella* spp., *E. coli* O157:H7 e *Listeria monocytogenes*, porque têm sido envolvidos em surtos associados a frutas minimamente processadas. Detalhes sobre a ecologia e a epidemiologia desses microrganismos foram publicados anteriormente (HERWALDT et al., 1994; OOI et al., 1997; SEWELL; FARBER, 2001; CDC, 2002; JOHANNESSEN; LONCAREVIC; KRUSE, 2002; SIVAPALASINGAM et al., 2004; ICMSF, 2005; BOWEN et al., 2006; VARMA et al., 2007).

Para a produção de frutas minimamente processadas seguras é crítico iniciar o processo com frutas de alto padrão de qualidade. Um programa de aprovação de fornecedores deve ser estabelecido, para garantir que as Boas Práticas Agrícolas (BPA) e o manuseio adequado são seguidos, de forma a atender os requerimentos de segurança de alimentos. No recebimento, as frutas devem ser cuidadosamente lavadas e então inspecionadas para garantir que o nível de frutos defeituosos é baixo. Frutas caídas das árvores e recolhidas do chão no campo não devem ser usadas na fabricação de produtos minimamente processados.

A lavagem cuidadosa da superfície das frutas antes do corte é muito importante, assim como a manutenção de boas condições sanitárias durante todo o processamento e acondicionamento. Normalmente as frutas são submetidas a uma lavagem com água clorada ou outros antimicrobianos, antes e depois do corte, para prevenir a contaminação cruzada das frutas não contaminadas pelas contaminadas. Embora a eficácia de vários desinfetantes tenha sido avaliada contra diversas bactérias entéricas, incluindo hipoclorito, clorito de sódio acidificado, ácido peroxiacético e misturas de perácidos, peróxido de hidrogênio, dióxido de cloro, ácido lático e água quente (PAO; BROWN, 1998; SAPERS; MILLER; MATTRAZZO, 1999; LIAO; SAPERS, 2000; PAO; DAVIS; KELSEY, 2000; WISNIEWSKY et al., 2000; FLEISCHMAN et al., 2001; DU; HAN; LINTON, 2002; UKUKU; FETT, 2002; BASTOS et al., 2005; ALVARADO-CASILLAS et al., 2007), esses tratamentos mostraram uma redução microbiana limitada, geralmente em torno de 1–3 ciclos log. É importante validar os tratamentos usados, entendendo a importância da temperatura, da quantidade de matéria orgânica etc. na eficácia antimicrobiana.

Frutas e Derivados

O modelo geral para controlar patógenos nas operações de processamento de frutas minimamente processadas envolve a separação da matéria-prima do produto processado, gerenciamento da sanitização do ambiente de produção, lavagem das frutas com agentes antimicrobianos para reduzir a contaminação superficial e prevenção da contaminação cruzada. A prática usual de manter temperaturas baixas nas operações de processamento de minimamente processados (< 12 °C na Europa, < 4 °C nos Estados Unidos) também reduz o risco de desenvolvimento de abrigos de mesófilos patogênicos como *Salmonella* spp. e *E. coli* O157:H7 no ambiente de processamento.

13.4.1.2 Deterioração e controles

O tipo e a importância da deterioração nas frutas minimamente processadas refletem a maneira como o produto é usado e a adequação da cadeia de frio. No caso dos produtos comercializados por vendedores de rua, geralmente não refrigerados e não acondicionados para estocagem prolongada, a vida de prateleira é de poucas horas e a deterioração não é um problema. À medida que a vida de prateleira do produto aumenta, a duração das frutas minimamente processadas se torna mais dependente da refrigeração adequada. Para as frutas minimamente processadas com vida de prateleira de 7–14 dias, os microrganismos preocupantes são os psicrotróficos, que crescem a 2–4 °C e têm a temperatura ótima normalmente na faixa de 20 a 30 °C (BRACKETT, 1994). Outras alternativas podem ser usadas para retardar a deterioração microbiana e a senescência das frutas, como as embalagens com atmosferas modificadas (MAP) combinadas com a refrigeração e a aplicação de etileno para controlar o amadurecimento das maçãs. A multiplicação microbiana pode ser afetada pela quantidade de oxigênio e dióxido de carbono presentes na embalagem (DAY; SKURA; POWRIE, 1990). É necessário cuidado na seleção da MAP porque as frutas minimamente processadas têm um sistema de respiração ativo cujo metabolismo é afetado adversamente por algumas combinações de gases, com efeito sobre a vida de prateleira. Para maiores detalhes sobre deterioração e controles os leitores devem consultar a publicação da ICMSF (2005).

13.4.2 Dados microbiológicos

A natureza perecível das frutas minimamente processadas e a baixa frequência de contaminação por patógenos humanos torna impraticável o uso das análises microbiológicas como forma de separar os produtos seguros dos inseguros. Ainda assim, análises microbiológicas e similares podem ser úteis para verificar o controle de processo, ou seja, a eficácia das etapas para reduzir a contaminação presente e prevenir a entrada de novos contaminantes e a contaminação cruzada (ICMSF, 2002). Além disso, as análises microbiológicas do ambiente e das superfícies de contato podem proporcionar um método objetivo de verificar a eficácia das práticas higiênicas. Na Tabela 13.2 encontram-se resumidas as análises úteis para as frutas minimamente processadas. Consulte o texto para detalhes importantes relacionados a recomendações específicas.

13.4.2.1 Ingredientes críticos

As frutas minimamente processadas não contêm outros ingredientes além das próprias frutas. Embora não sejam ingredientes, a água e o gelo que entram em contato com as frutas durante a produção e armazenamento devem atender, no mínimo, as exigências locais de potabilidade da água.

13.4.2.2 Durante o processamento

As análises não são aplicáveis.

13.4.2.3 Ambiente de processamento

A análise microbiológica do ambiente de processamento é apropriada no caso de patógenos capazes de se instalar e formar focos de contaminação. Por exemplo, a análise de *Salmonella* spp. pode ser justificável nas operações de processamento realizadas em temperaturas acima da mínima de multiplicação dos microrganismos. O monitoramento do ambiente de processamento onde os produtos minimamente processados são expostos a *L. monocytogenes*, que pode crescer em temperaturas de refrigeração, é apropriado. A frequência de amostragem deve ser estabelecida em função do risco, sendo específica para cada linha e planta de processamento. A amostragem do ambiente deve ser focada nas áreas onde ficam os produtos acabados e nas proximidades das linhas de processamento. A tipagem molecular de cepas pode auxiliar no rastreamento das fontes responsáveis por nichos de contaminação dentro da planta. A contagem de aeróbios mesófilos também pode ser útil na determinação do impacto geral do processamento e manuseio sobre os produtos. Métodos rápidos, como a medida de ATP, podem ser ferramentas úteis na avaliação da higiene dos equipamentos. Detalhes para o estabelecimento de programas de amostragem dos equipamentos podem ser encontrados na publicação da ICMSF (2002) e no Capítulo 4.

13.4.2.4 Vida de prateleira

A vida de prateleira normal de frutas minimamente processadas refrigeradas é muito curta, embora os fabricantes estejam procurando obter produtos com vida de prateleira mais longa. O aumento da vida de prateleira, entretanto, pode permitir que a população de patógenos atinja níveis altos antes que o produto esteja deteriorado. Isto pode ocorrer principalmente no caso de mangas minimamente processadas (GONZÁLEZ-AGUILAR; WANG; BUTA, 2000), tomates (DAS; GURAKAN; BAYINDIRILI, 2006) e melões (RAYBAUDI-MASSILIA; MOSQUEDA-MELAR; MARTIN-BELLOSO, 2008). Testes de desafio realizados com bactérias patogênicas para humanos podem ser benéficos nesses casos de vida de prateleira prolongada, em que há risco da população do patógeno aumentar muito antes da deterioração do produto. Nessas circunstâncias uma barreira secundária pode ser necessária para controlar a multiplicação do patógeno.

Do ponto de vista de deterioração, os microrganismos relevantes nas frutas minimamente processadas são os psicrotróficos e os bolores, capazes de crescer a 2–4 °C. Não há métodos microbiológicos de rotina para avaliar a vida de prateleira de frutas minimamente processadas. Também não há, até o momento, um verdadeiro indicador microbiano de deterioração, exceto a presença visível de bolor no produto. Assim, indicadores sensoriais de deterioração (por exemplo, sabor, firmeza, textura) são usados para avaliar a vida de prateleira. Os responsáveis pelo processamento de frutas minimamente processadas podem optar pela condução de testes para avaliar se as práticas de codificar as datas de validade refletem a vida de prateleira do produto. Esses testes podem incluir o armazenamento de pacotes representativos do lote a uma ou mais temperaturas, pelo tempo estimado de duração do produto, e conduzir uma avaliação sensorial na data de validade. As indústrias também podem conduzir uma pesquisa de seus produtos nos pontos de venda. A avaliação sensorial pode ser complementada com análises microbiológicas para indicadores gerais de qualidade (por exemplo, contagem total ou bolores e leveduras).

13.4.2.5 Produto final

A presença de patógenos entéricos é a maior preocupação quanto à segurança do alimento, mas a análise de todos os patógenos incluídos nesse grupo não é recomendada. Pode ser apropriado usar *E. coli* como indicador das condições higiênicas de cultivo, colheita, transporte e processamento. *Enterobacteriaceae*, coliformes ou "coliformes fecais" não são indicadores eficazes porque podem ocorrer naturalmente no campo e no ambiente de processamento, além de não necessariamente apresentar relação direta com os atributos controlados para garantir a qualidade e a segurança microbiológica (ICMSF, 2005).

Alguns países desenvolveram critérios microbiológicos para frutas minimamente processadas. A União Europeia publicou os critérios microbiológicos para frutas e hortaliças minimamente processadas (EC, 2005): Para *L. monocytogenes* nos produtos prontos para consumo (PPC) que não permitem a multiplicação, $n = 5$, $c = 0$ e $m = 10^2$ UFC/g, na etapa da comercialização. Para os RTE que permitem a multiplicação de *L. monocytogenes*, o critério é ausência em 5 × 25 g na etapa de produção. Existe também um critério para *Salmonella*, que é ausência em 5 × 25 g. Além dos critérios para *Salmonella* e *Listeria*, há também um critério para *E. coli* em frutas pré cortadas de $n = 5$, $c = 2$, $m = 10^2$ UFC/g e $M = 10^3$ UFC/g. As diretrizes da Codex Alimentarius Commission para *L. monocytogenes* diferem um pouco dos regulamentos da UE (CODEX ALIMENTARIUS, 2009). Os regulamentos canadenses estipulam limite (*action level*) de 10^2 UFC/g para *L. monocytogenes* se o produto tiver uma vida de prateleira menor ou igual a 10 dias.

O critério da UE (EC, 2005) para *E. coli* parece razoável como indicador das condições higiênicas de cultivo, colheita, transporte e processamento. Devem haver abordagens diferentes para as situações de análise de rotina/monitoramento e as situações em que se objetive uma amostragem investigativa. Os limites recomendados pela ICMSF para frutas minimamente processadas estão apresentados na Tabela 13.2.

268

Microrganismos em Alimentos 8

Tabela 13.2 Análises de frutas minimamente processadas para avaliação da segurança e da qualidade microbiológicas

Importância relativa		Análises úteis
Ingredientes críticos	Baixa	É recomendado monitorar se BPA foram seguidas durante a produção, para minimizar o risco de contaminação antes do processamento. Consulte o Capítulo 12 para orientação sobre as condições de cultivo. Devem ser usadas frutas de boa qualidade para produzir frutas minimamente processadas.
Durante o processamento	Média	Podem ser necessárias análises periódicas ou contínuas do pH da água ou dos níveis de antimicrobianos nas balsas de lavagem, água de lavagem etc.
Ambiente de processamento	Média	Além das análises químicas (por exemplo, ATP), são recomendadas análises periódicas das superfícies de contato e ambiente de processamento para verificar a eficiência da limpeza e dos protocolos de sanitização. As análises recomendadas incluem contagem total de aeróbios mesófilos e psicrotróficos, leveduras e bolores. Considerar a análise de *Salmonella*, *Listeria* spp. ou *L. monocytogenes* nos ambientes de processamento com temperatura acima da mínima de multiplicação desses microrganismos.
Vida de prateleira	Média	Validar por meio da análise microbiológica ou sensorial antes de lançar um produto novo e revalidar sempre que houver mudanças significativas no processo tecnológico. A análise periódica de espécies deterioradoras pode ser útil, quando a vida de prateleira for limitada pela atividade microbiológica.
Produto final	Baixa	Não há recomendação de análises microbiológicas de rotina para patógenos específicos. Quando houver informação indicando contaminação potencial, justifica-se a realização da análise.

Produto	Microrganismo	Método analítico[a]	Caso	Plano de amostragem e limites/25 g[b]			
				n	c	m	M
Frutas minimamente processadas, prontas para consumo	*Salmonella*	ISO 6579	12[c]	20[c]	0	0	-
Frutas minimamente processadas, prontas para consumo, que permitem multiplicação	*L. monocytogenes*	ISO 11290-1	-	5[c]	0	0	-

Produto	Microrganismo	Método analítico[a]	Caso	Plano de amostragem e limites/g[b]			
				n	c	m	M
Frutas minimamente processadas, prontas para consumo, que não permitem multiplicação	*L. monocytogenes*	ISO 11290-2	-	5	0	10^2	-

[a] Métodos alternativos podem ser usados, desde que validados pelos métodos ISO.

[b] Consulte o Apêndice A para desempenho desses planos de amostragem.

[c] Para frutas minimamente processadas que não permitem multiplicação, por exemplo, abacaxi minimamente processado, aplica-se o Caso 11.

[d] Unidades analíticas individuais de 25 g (ver a Seção 7.5.2 para amostra composta).

Frutas e Derivados **269**

13.5 FRUTAS CONGELADAS

O congelamento prolonga significativamente a vida de prateleira e tem sido empregado com sucesso para a conservação prolongada de muitas frutas. Ocasionalmente as frutas são pré-tratadas antes do congelamento, por meio do branqueamento, para inativar enzimas. Este processo é eficaz na destruição da microbiota vegetativa superficial.

13.5.1 Microrganismos de importância

13.5.1.1 Perigos e controles

Os perigos associados a surtos em frutas congeladas incluem salmonelas, norovírus e hepatite A. A contaminação de damascos congelados por *Salmonella* Typhi levou a dois surtos de febre tifoide nos Estados Unidos (KATZ et al., 2002; CDC, 2010). Morangos congelados já foram implicados em surtos de hepatite A nos Estados Unidos (RAMSAY; UPTON, 1989; CDC, 1997), e framboesas congeladas já foram implicadas em surtos de norovírus na Finlândia (PÖNKÄ et al., 1999); França (COTTERELLE et al., 2005), Dinamarca (FALKENHORST et al., 2005) e Suécia (HJERTQVIST et al., 2006). O controle é obtido por meio da seleção de frutas de qualidade, manutenção das práticas de higiene no ambiente de processamento, congelamento imediato e manutenção de temperaturas de congelamento no armazenamento.

13.5.1.2 Deterioração e controles

A microbiota normal de frutas congeladas consiste principalmente de fungos, particularmente leveduras. O crescimento e a deterioração são influenciados pela temperatura de armazenamento. O descongelamento parcial ou total geralmente leva à deterioração por leveduras, com produção de gás, mas se as temperaturas de congelamento são mantidas de forma adequada, a deterioração normalmente se dá por causas não microbianas. O controle da população microbiana nas frutas destinadas ao congelamento é feito por meio da lavagem adequada, remoção de frutas doentes, manuseio cuidadoso para prevenir danos, limpeza e sanitização frequente dos utensílios e dos equipamentos de transporte e congelamento imediato das frutas preparadas.

O controle do tempo e da temperatura é necessário antes, durante e depois do processamento, bem como durante o transporte, o armazenamento e a comercialização. Os fungos, especialmente as leveduras, podem proliferar nos equipamentos de processamento. Alguns são mortos ou injuriados pelo congelamento e a população declina lentamente durante o armazenamento. Essa contaminação não terá consequências se o produto for manuseado corretamente após o descongelamento.

13.5.2 Dados microbiológicos

Para frutas congeladas, as análises microbiológicas não oferecem garantia como medida de controle. Análises periódicas, entretanto, são convenientes para verificar as características microbiológicas dos ingredientes *in natura* e a eficácia dos programas de

270 Microrganismos em Alimentos 8

higiene e sanitização, assegurando uma contínua atenção a fatores que, se não controlados, podem afetar a segurança e a qualidade do produto. O controle de *L. monocytogenes* no processo pode ser considerado, no caso de produtos que permitem sua multiplicação e que, depois de descongelados, provavelmente serão mantidos sob refrigeração prolongada antes do consumo. Na Tabela 13.3 encontram-se resumidas as análises úteis para frutas congeladas. Consulte o texto para detalhes importantes relacionados a recomendações específicas.

13.5.2.1 Ingredientes críticos

O açúcar é um ingrediente que pode ser adicionado às frutas congeladas. No caso de utilização de água ou gelo, as exigências locais de potabilidade da água devem ser atendidas.

Tabela 13.3 Análises de frutas congeladas para avaliação da segurança e da qualidade microbiológicas

Importância relativa		Análises úteis
Ingredientes críticos	Baixa	BPA devem ser seguidas na produção das frutas. Consulte o Capítulo 12 para orientação sobre as condições de cultivo. Devem ser usadas frutas de boa qualidade para produzir frutas congeladas.
Durante o processamento	Baixa	Não há recomendação de análises específicas. As possíveis análises são: • Contagem de aeróbios mesófilos podem ser usadas para monitorar o controle de processo, abuso potencial da temperatura e a eficácia da higiene dos equipamentos. • Outras análises periódicas apropriadas podem ser consideradas, podendo variar em função do produto e das condições de processamento.
Ambiente de processamento	Baixa	Não há recomendação de análises específicas. As análises possíveis são: • Contagem total de aeróbios mesófilos, para monitorar a higiene do processo e das superfícies de contato do produto.
Vida de prateleira	-	Não aplicável.
Produto final	Baixa	Análise de indicadores do processo em andamento e análise de tendências.

	Produto	Microrganismo	Método analítico[a]	Caso	Plano de amostragem e limites/g[b]			
					n	c	m	M
	Fruta congelada	*E. coli*	ISO 16649-2	5	5	2	10	10^2

Baixa: Não há recomendação de análises microbiológicas de rotina para patógenos específicos. Justifica-se a realização de análise quando houver informação indicando contaminação potencial ou quando as condições e histórico de produção forem desconhecidas.

	Produto	Microrganismo	Método analítico[a]	Caso	Plano de amostragem e limites/25 g[b]			
					n	c	m	M
	Fruta congelada	*Salmonella*	ISO 6579	11	20[c]	0	0	-

[a] Métodos alternativos podem ser usados, desde que validados pelos métodos ISO.

[b] Consulte o Apêndice A para desempenho desses planos de amostragem.

[c] Unidades analíticas individuais de 25 g (ver a Seção 7.5.2 para amostra composta).

Frutas e Derivados

13.5.2.2 Durante o processamento

Não há recomendação de análises específicas para plantas de processamento de frutas congeladas.

13.5.2.3 Ambiente de processamento

Não há recomendação de análises específicas para o ambiente de processamento de frutas congeladas, embora a análise de *L. monocytogenes* ou de indicadores no ambiente possa monitorar o potencial de contaminação, no caso de produtos que serão descongelados e mantidos sob refrigeração prolongada antes do consumo e permitirem a multiplicação de *L. monocytogenes*.

A contagem de aeróbios mesófilos pode ser útil para determinar o impacto geral do processamento e do manuseio. Métodos rápidos como a medida de ATP podem ser uma ferramenta útil na avaliação da higiene dos equipamentos.

13.5.2.4 Vida de prateleira

As frutas congeladas podem ter vida de prateleira de vários meses. O armazenamento abaixo de –10 °C previne a multiplicação microbiana, ainda que os microrganismos não sejam necessariamente destruídos. A deterioração microbiana em frutas congeladas não é um problema. Indicadores sensoriais de deterioração (por exemplo, sabor, dureza, textura) são, até o momento, a única forma de avaliar a vida de prateleira. Os fabricantes de produtos congelados podem optar por conduzir essas análises, para avaliar se a data de validade reflete a qualidade sensorial do produto.

13.5.2.5 Produto final

Não há recomendação de análises microbiológicas de rotina para frutas congeladas. Alguns países têm recomendado critérios gerais de higiene, como ausência de coliformes, bolores, leveduras e *Staphylococcus aureus* em 10 ou 100 g do produto. Um país recomenda ausência de *E. coli* genérica em 10 g do produto. Em termos de critérios microbiológicos para patógenos, alguns países determinam ausência de salmonelas em 20 ou 25 g do produto, e um país determina ausência de *Shigella* spp. em 25 g. De maneira geral, não faz muito sentido estabelecer critérios microbiológicos para produtos de baixo risco, como as frutas congeladas, que normalmente têm uma incidência de contaminação muito baixa.

13.6 FRUTAS ENVASADAS

Para informações sobre frutas envasadas, consulte o Capítulo 24.

13.7 FRUTAS SECAS

A desidratação é um método importante de conservação de frutas e inclui a produção de uma grande variedade de produtos. A desidratação modifica a forma física e as características bioquímicas da fruta, provocando encolhimento e mudança na cor, textura e sabor. O produto pode ter uma vida de prateleira de mais de um ano se a atividade de água for reduzida aos níveis apropriados e o acondicionamento for feito de forma adequada (RATTI; MUJUMDAR, 2005). Algumas frutas como damascos, pêssegos, peras e bananas são desidratadas após a adição de SO_2, com a eliminação da maioria dos microrganismos. A desidratação de ameixas, figos e da maioria das uvas, entretanto, não é feita com SO_2, logo, são suscetíveis à deterioração por fungos xerofílicos (PITT; HOCKING, 2009). Frutas secas geralmente são adicionadas a produtos prontos para consumo (por exemplo, cereais matinais, chocolate, misturas de frutas e castanhas) sem aplicação de uma etapa letal.

13.7.1 Microrganismos de importância

13.7.1.1 Perigos e controles

A sobrevivência de bactérias patogênicas em frutas secas é rara e limitada a algumas semanas. O armazenamento por períodos relativamente longos antes da venda, comum para tais produtos, minimiza o risco. Entretanto, *E. coli* O157:não H7 já foi isolada de uma amostra de uva passa cultivada convencionalmente e de uma amostra de damasco cultivado organicamente (JOHANNESSEN; KRUSE; TORP, 1999). Além disso, detectou-se *Salmonella* em ameixa seca de alta umidade na África do Sul (WITTHUHN et al., 2005). Atualmente, a maioria dos países permite a adição de conservantes ácidos fracos, como sorbato ou benzoato, a ameixas, figos e outros produtos similares de alta umidade.

As espécies toxigênicas de *Aspergillus* podem ocorrer em figos e causam deterioração com produção de micotoxinas. Lotes de figos secos que entram na planta de processamento devem ser amostrados e analisados quanto à umidade (conteúdo de umidade de $\leq 24\%$ e $a_w \leq 0,65$) e quanto à fluorescência verde amarelada brilhante (BGYF). Os figos secos contaminados com aflatoxinas fluorescem sob a luz ultravioleta de onda longa (360 nm) (STEINER; RIEKER; BATTAGLIA, 1988). Estes figos devem ser descartados para reduzir o conteúdo de aflatoxina no lote. Existe um Code of Practice para a prevenção e a redução de aflatoxinas em figos secos (CODEX ALIMENTARIUS, 2008). Nas uvas desidratadas, é comum a infecção por *Aspergillus carbonarius*, *Aspergillus niger* e espécies relacionadas, podendo também ocorrer a presença de ocratoxina A (PITT; HOCKING, 2009).

É importante reduzir os danos nos frutos pela redução da infestação por insetos, controle de doenças, manuseio cuidadoso. As medidas de controle gerais incluem a limpeza frequente e completa dos equipamentos, a imediata secagem ao sol ou por desidratação para chegar à a_w baixa, o carregamento adequado do produto dentro da secadora para obtenção de secagem uniforme, o manuseio higiênico do produto desidratado e o armazenamento a seco evitando a entrada de umidade. O controle da umidade é um fator importante para minimizar o risco da recontaminação das frutas secas. Deve se também minimizar o tempo de armazenamento da fruta limpa e cortada antes da secagem. O branqueamento, quando aplicável, reduz a carga microbiana. O existente *Recommended Internacional Code of Hugiene Practice of Dried Fruits* (CODEX ALIMENTARIUS, 1969) que deve ser seguido para todos os produtos. A Grocery Manufacturers Association

Frutas e Derivados

273

publicou informações práticas sobre o controle de salmonelas em todos os alimentos de baixa umidade (GMA, 2009).

13.7.1.2 Deterioração e controles

As frutas não tratadas com conservantes como SO_2 são suscetíveis à deterioração por fungos xerofílicos, mas esse problema é mínimo, se a desidratação e o armazenamento forem feitos adequadamente. A falta de higiene na fábrica pode resultar na contaminação das frutas secas durante o acondicionamento. O fungo xerofílico extremo *Xeromyces bisporus*, que é capaz de crescer relativamente rápido em a_w de 0,70–0,75, pode se acumular nas cintas transportadoras e outros equipamentos e, dessa forma, atingir as frutas e causar a deterioração de produtos que estão protegidos de todos os outros fungos (PITT; HOCKING, 1982, 2009). Figos maduros sempre são contaminados por leveduras na cavidade das sementes (MILLER; PHAFF, 1962). Se houver espécies xerofílicas dentre essas leveduras, pode ocorrer deterioração dos figos secos. Abacaxis parcialmente glaceados podem deteriorar em virtude do crescimento da levedura *Schizosaccharomyces pombe*. A limpeza frequente e cuidadosa dos equipamentos e das áreas de processamento e de enchimento é essencial para prevenir o acúmulo de fungos, principalmente *X. bisporus* e espécies xerofílicas de *Chrysosporium* (PITT; HOCKING, 2009). Os insetos também podem provocar danos durante o armazenamento de produtos de frutas secas.

13.7.2 Dados microbiológicos

Dados microbiológicos sobre frutas secas são necessários para prover confiabilidade no processo, ingredientes e programas de higiene, sendo focados na verificação e não em análises de rotina para liberação de lotes. Na Tabela 13.4 encontram-se resumidas as análises úteis para produtos de frutas secas. Consulte o texto para detalhes importantes relacionados a recomendações específicas.

13.7.2.1 Ingredientes críticos

Não há ingredientes críticos na produção de frutas secas. A qualidade e a segurança desses produtos dependem primordialmente do estado da fruta antes da desidratação. Devem ser usadas frutas sadias e de boa qualidade e frutas emboloradas devem ser descartadas.

13.7.2.2 Durante o processamento

As análises não são aplicáveis.

13.7.2.3 Ambiente de processamento

Não há recomendação de análise de microrganismos patogênicos no ambiente de processamento. O controle do ambiente é necessário para prevenir o ingresso de organismos deteriorantes, particularmente esporos de fungos termorresistentes. Nas instalações onde houver esse problema, deve-se considerar o monitoramento do ambiente.

Tabela 13.4   Análises de frutas secas para avaliação da segurança e da qualidade microbiológicas

Importância relativa		Análises úteis
Ingredientes críticos	Baixa	BPA devem ser seguidas na produção da fruta. Consulte o Capítulo 12 para orientação sobre as condições de cultivo. Devem ser usadas frutas de boa qualidade para produzir frutas secas.
Durante o processamento	-	Não aplicável.
Ambiente de processamento	Média	• Monitoramento de bolores no ambiente em plantas com problemas periódicos de bolores. • Amostragem periódica do ambiente de processamento para verificar a eficácia das práticas de higiene. Para isso normalmente é necessário estabelecer a contaminação normal da linha de processamento (linha de base). As análises indicadas incluem leveduras e bolores, *Enterobacteriaceae*, ou *Salmonella*.
Vida de prateleira	-	Não aplicável.
Produto final	Baixa	Não há recomendação de análises microbiológicas de rotina para patógenos específicos ou micotoxinas. Justifica-se a realização de análise quando houver informação indicando contaminação potencial ou quando as condições e histórico de produção forem desconhecidos. Análise de indicadores do processo em andamento e análise de tendência.

Produto	Microrganismo	Método analítico[a]	Caso	\multicolumn{4}{c}{Plano de amostragem e limites/g[b]}
				n	c	m	M
Frutas secas	Contagem de aeróbios	ISO 4833	2	5	2	10^3	10^4
	E. coli	ISO 16649-1 ou 2	5	5	2	10^2	10^3

[a] Métodos alternativos podem ser usados, desde que validados pelos métodos ISO.

[b] Consulte o Apêndice A para desempenho desses planos de amostragem.

13.7.2.4 Vida de prateleira

As frutas secas deterioram em virtude do crescimento de fungos filamentosos. A análise microbiológica de vida de prateleira não é relevante para esses produtos.

13.7.2.5 Produto final

A contagem de aeróbios mesófilos é útil para verificar o controle da higiene e do processamento, mas o resultado varia em função da fruta e das condições cultivo e processamento. A presença de coliformes não é um indicador útil de contaminação fecal, embora a presença de *E. coli* possa ser um motivo de preocupação. O padrão atual da Comissão do Codex Alimentarius para frutas secas foi escrito em 1969 e não fornece nenhuma orientação sobre critérios microbiológicos.

13.8   TOMATES E PRODUTOS DE TOMATES

Com exceção do produto fresco, muitos produtos de tomates são constituídos dos frutos envasados inteiros, descascados ou picados, com ou sem adição de suco ou purê de tomates. Além desses, há os concentrados de tomates, incluindo sucos de tomates e pastas de tomates, tomate em pó e produtos formulados como molho, *ketchup*, sopa e

Frutas e Derivados

275

molho apimentado (ICMSF, 2005). Esta seção aborda os tomates *in natura* e minimamente processados. Para produtos de tomates envasados, consulte o Capítulo 24.

13.8.1 Microrganismos de importância

13.8.1.1 Perigos e controles

Salmonella é o patógeno mais preocupante em tomates, com vários surtos relatados nos Estados Unidos. Em um período de 14 anos, entre 1990 e 2004, ocorreram nove surtos, afetando um número estimado de 60.000 pessoas nos Estados Unidos (CDC, 2005). Durante 2005–2006, também nos Estados Unidos, ocorreram quatro grandes surtos multiestaduais de infecções por *Salmonella* associados a tomates crus consumidos em restaurantes (GREENE et al., 2008). Tomates picados e inteiros podem permitir a multiplicação de *Salmonella* spp. a 20 °C ou acima (ZHUANG; BEUCHAT; ANGULO, 1995). Como resultado, os Estados Unidos consideram os tomates cortados um alimento potencialmente perigoso que requer o controle do tempo e temperatura (FDA, 2009). Além de *Salmonella*, em 2001 também ocorreu nos Estados Unidos um grande surto de *Shigella flexneri* sorotipo 2a, associado a tomates consumidos em vários restaurantes (RELLER et al., 2006).

O principal ponto crítico de controle é a manutenção da qualidade e troca regular da água nos locais de acondicionamento dos tomates e nas instalações de processamento. A temperatura da água deve ser mantida em torno de 6,6 °C acima da temperatura dos tomates, para prevenir a internalização de patógenos na fruta. As salmonelas, por exemplo, podem entrar nos tomates através da cicatriz peduncular, de pequenas rachaduras na pele ou mesmo a partir da planta, durante o desenvolvimento do fruto (GUO et al., 2001). A porosidade da cicatriz peduncular aumenta com a temperatura da polpa, assim o potencial para a infiltração é maior nos meses de verão. Já foi demonstrado que o microrganismo cresce no tecido da polpa e na cicatriz peduncular de tomates mantidos entre 12 e 21 °C (BEUCHAT; MANN, 2008). A infiltração nos tecidos internos também pode ocorrer em função da pressão, quando os tomates são mergulhados muito profundamente nos tanques de lavagem. O tratamento com água clorada (200 mg/L, 120 s) ou ozonizada (1 e 2 mg/L, 30 s), por imersão ou pulverização, pode causar redução de 2 a 3 log na contagem de *Salmonella* inoculada a superfície de tomates (CHAIDEZ et al., 2007). O uso de tratamentos antimicrobianos na água de lavagem e nas balsas de lavagem varia em cada país e deve ser seguida as regulamentações locais.

13.8.1.2 Deterioração e controles

Em virtude do pH interno de 4,0–4,5, os tomates podem ser afetados por doenças causadas por fungos e bactérias. A principal bactéria deterioradora é *Erwinia carotovora* subsp. *carotovora*, que causa podridão mole bacteriana. *Alternaria* também é importante na deterioração, além de outros fungos como *Cladosporium herbarum*, *Botrytis cinerea*, *Rhizopus* spp. e *Geotrichum candidum*.

13.8.2 Dados microbiológicos

A natureza perecível dos tomates e produtos de tomates em combinação com a baixa frequência de contaminação por patógenos humanos torna impraticável o uso das análises microbiológicas de rotina como uma forma de separar os produtos seguros dos não seguros. Ainda assim, análises microbiológicas e similares ocasionais podem ser úteis para verificar o controle de processo, ou seja, a eficácia das etapas para reduzir a contaminação presente e prevenir a entrada de novos contaminantes e a contaminação cruzada (ICMSF, 2002). Além disso, as análises microbiológicas do ambiente de processamento e das superfícies de contato podem ser um meio objetivo de verificar a eficácia dos programas de sanitização e das práticas de higiene.

13.8.2.1 Ingredientes críticos

Não há ingredientes críticos.

13.8.2.2 Durante o processamento

Não há recomendação de análises microbiológicas. Entretanto, recomenda-se o monitoramento do pH, da temperatura e dos níveis de antimicrobianos na água dos tanques e nas balsas de lavagem.

13.8.2.3 Ambiente de processamento

Não há recomendação de análise de patógenos. Para mais informações, consultar as seções que abordam frutas frescas e minimamente processadas, conforme necessário.

13.8.2.4 Vida de prateleira

Análises microbiológicas de vida de prateleira não são relevantes nestes produtos.

13.8.2.5 Produto final

Não são recomendadas análises microbiológicas de rotina para esses produtos, exceto quando os dados indiquem potencial de contaminação por *Salmonella* spp.

13.9 FRUTAS EM COMPOTA

A seção frutas em compota refere-se às frutas tratadas termicamente, acidificadas, envasadas ou colocadas em frascos para armazenamento de longo prazo. A fabricação pode envolver a adição de pectina. Há vários tipos de frutas em compota por todo o mundo, que podem ser feitas com ingredientes doces ou não doces.

13.9.1 Microrganismos de importância
13.9.1.1 Perigos e controles

As bactérias patogênicas não são normalmente associadas a frutas em compotas.

Frutas e Derivados

13.9.1.2 Deterioração e controles

As frutas em compota são produtos termoprocessados, portanto, os principais agentes de deterioração são os fungos termorresistentes. Ascosporos de *Byssochlamys fulva*, *Byssochlamys nivea*, species de *Talaromyces* e *Neosartorya* ocorrem naturalmente no solo, assim, frutas que tem contato com o solo ou com respingos de chuva como morango, abacaxi e maracujá, são mais suscetíveis à contaminação. Em função disso, é muito importante descartar as frutas de baixa qualidade e lavar bem as frutas selecionadas, antes de usá-las na preparação das compotas. A falta de higiene no ambiente de processamento também pode aumentar o número de ascósporos termorresistentes.

13.9.2 Dados microbiológicos

13.9.2.1 Ingredientes críticos

Não há ingredientes críticos e não há recomendação de análises microbiológicas de rotina para frutas *in natura*.

13.9.2.2 Durante o processamento

Para frutas em compota, não há recomendação de análises microbiológicas específicas durante o processamento.

13.9.2.3 Ambiente de processamento

Não há recomendação de análises microbiológicas específicas, embora a análise de microrganismos indicadores possa monitorar o potencial de contaminação. A contagem de aeróbios mesófilos também pode ser útil para determinar o impacto geral do processamento. Métodos rápidos como as medidas de ATP podem ser ferramentas úteis para avaliar a higiene dos equipamentos.

13.9.2.4 Vida de prateleira

Frutas em compota podem ter vários meses de vida de prateleira. A deterioração microbiana durante o armazenamento pode ser verificada pelo exame visual do produto. Não há recomendação de análises microbiológicas de rotina.

13.9.2.5 Produto final

Não há recomendação de análises microbiológicas de rotina, porque os alimentos termoprocessados são destinados ao armazenamento de longo prazo, sendo produtos de baixo risco e com baixa incidência de contaminação por patógenos.

REFERÊNCIAS

ALVARADO-CASILLAS, S. et al. Comparison of rising and sanitizing procedures for reducing bacterial pathogens on fresh cantaloupes and bell peppers. **Journal of Food Protection**, Des Moines, v. 70, n. 3, p. 655-660, 2007.

ANNOUS, B. A.; BURKE, A.; SITES, J. E. Surface pasteurization of whole fresh cantaloupes inoculated with *Salmonella Poona* or *Escherichia coli*. **Journal of Food Protection**, Des Moines, v. 67, n. 9, p. 1876-1885, 2004.

ASPLUND, K.; NURMI, E. The growth of salmonellae in tomatoes. **International Journal of Food Microbiology**, Amsterdam, v. 13, n. 2, p. 177-181, 1991.

BASTOS, M. S. R. et al. The effect of the association of sanitizers and surfactant in the microbiota of the Cantaloupe (*Cucumis melo* L.) melon surface. **Food Control**, Oxford, v. 16, n. 4, p. 369-373, 2005.

BEUCHAT, L. R.; MANN, D. A. Survival and growth of acid-adapted and unadapted *Salmonella* in and on raw tomatoes as affected by variety, stage of ripeness, and storage temperature. **Journal of Food Protection**, Des Moines, v. 71, n. 8, p. 1572-1579, 2008.

BOWEN. A. et al. Infections associated with cantaloupe consumption: a public health concern. **Epidemiology and Infection**, Cambridge, v. 134, n. 4, p. 675-685, 2006.

BRACKETT, R. E. Microbiological spoilage and pathogens in minimally processed refrigerated fruits and vegetables. In: WILEY, R. (Ed.). **Minimally processed refrigerated fruits and vegetables.** New York: Chapman & Hall, 1994.

CDC - CENTERS FOR DISEASE CONTROL AND PREVENTION. Hepatitis A associated with consumption of frozen strawberries, Michigan 1997. **Morbidity and Mortality Weekly Report**, Atlanta, v. 46, n. 13, p. 288-295, 1997.

_____. Multistate outbreaks of *Salmonella* serotype Poona infections associated with eating cantaloupe from Mexico, United States and Canada, 2000-2002. **Morbidity and Mortality Weekly Report**, Atlanta, v. 51, n. 46, p. 1044-1047, 2002.

_____. *Outbreaks* of *Salmonella* infections associated with eating roma tomatoes – United States and Canada, 2004. **Morbidity and Mortality Weekly Report**, Atlanta, v. 54, n. 13, p. 325-328, 2005.

_____. **Investigation update:** multistate outbreak of human typhoid fever infections associated with frozen mamey fruit pulp. Atlanta, 2010. Disponível em: <http://www.cdc.gov/salmonella/typhoidfever>. Acesso em: 14 out. 2010.

CHAIDEZ, C. et al. Efficacy of chlorinated and ozonated water in reducing *Salmonella typhimurium* attached to tomato surfaces. **International Journal of Environmental Health Research**, London, v. 17, n. 4, p. 311-318, 2007.

CODEX ALIMENTARIUS. **Recommended international code of hygienic practice for dried fruits (CAC/RCP 3-1969)**. Rome: FAO, 1969. FAO/WHO Food Standards Program.

_____. **Proposed draft code of practice for the prevention and reduction of aflatoxin contamination in dried figs (N10-2007) at Step 5/8 (ALINORM 08/31/41 para. 163 and Appendix XI)**. Rome: FAO, 2008. FAO/WHO Food Standards Program.

_____. **Annex II of the guidelines on the application of general principles of food hygiene to the control of Listeria monocytogenes in ready-to-eat foods (CAC/GL 61-2007)**. Rome: FAO, 2009. Disponível em: <ftp://ftp.fao.org/codex/Alinorm09/ al32_13e.pdf>. Acesso em: 5 nov. 2010.

COTTERELLE, B. et al. Outbreak of norovirus infection associated with the consumption of frozen raspberries, France, March 2005. **Euro Surveillance**, Stockholm, v. 10, n. 4, p. E050428, 2005.

Frutas e Derivados

DAS, E.; GURAKAN, G. C.; BAYINDIRILI, A. Effect of controlled atmosphere storage, modified atmosphere packaging and gaseous ozone treatment on the survival of *Salmonella* Enteritidis on cherry tomatoes. **Food Microbiology**, London, v. 23, n. 5, p. 430-438, 2006.

DAY, N. B.; SKURA, B. J.; POWRIE, W. D. Modified atmosphere packaging of blueberries: microbiological changes. **Canadian Institute of Food Science and Technology Journal**, Toronto, v. 23, n. 1, p. 59-65, 1990.

DINGMAN, D. W. Growth of *Escherichia coli* O157:H7 in bruised apple (*Malus domestica*) tissue as influenced by cultivar, date of harvest, and source. **Applied and Environmental Microbiology**, Washington, DC, v. 66, n. 3, p. 1077-1083, 2000.

DU, J.; HAN, Y.; LINTON, R. H. Inactivation by chlorine dioxide gas on *Listeria monocytogenes* spotted onto different apple surfaces. **Food Microbiology**, London, v. 19, n. 5, p. 481-490, 2002.

EC - EUROPEAN COMMISSION. Commission regulation (EC) no. 2073/2005 of 15 November 2005 on microbiological criteria for foodstuffs. **Official Journal**, L338, p. 1-26, 2005.

EBLEN, B. S. et al. Potential for internalization, growth, and survival of *Salmonella* and *Escherichia coli* O157:H7 in oranges. **Journal of Food Protection**, Des Moines, v. 67, n. 8, p. 1578-1584, 2004.

FAN, X. et al. **Microbial safety of fresh produce**. Ames: IFT Press: Wiley-Blackwell, 2009.

FALKENHORST, G. et al. Imported frozen raspberries cause a series of norovirus outbreaks in Denmark, 2005. **Euro Surveillance**, Stockholm, v. 10, n. 9, p. 050922, 2005.

FDA - FOOD AND DRUG ADMINISTRATION. **Food code, 2009**. College Park, 2009.

FLEISCHMAN, G. J. et al. Hot water immersion to eliminate *Escherichia coli* O157:H7 on the surface of whole apples: thermal effects and efficacy. **Journal of Food Protection**, Des Moines, v. 64, n. 4, p. 451-455, 2001.

GONZÁLEZ-AGUILAR, G. A.; WANG, C. Y.; BUTA, J. G. Maintaining quality of fresh-cut mangoes using antibrowning agents and modified atmosphere packaging. **Journal of Agricultural and Food Chemistry**, Washington, DC, v. 48, n. 9, p. 4204-4208, 2000.

GREENE, S. K. et al. Recurrent multistate outbreak of *Salmonella* Newport associated with tomatoes from contaminated fields, 2005. **Epidemiology and Infection**, Cambridge, v. 136, n. 2, p. 157-165, 2008.

GMA - GROCERY MANUFACTURERS ASSOCIATION. **Control of *Salmonella* in low-moisture foods**. Washington, DC, 2009. Disponível em: <http://www.gmaonline.org/downloads/technical-guidance-and-tools/SalmonellaControlGuidance.pdf>. Acesso em: 5 nov. 2010.

GUO, X. et al. Survival of salmonellae on and in tomato plants from the time of inoculation at flowering and early stages of fruit development through fruit ripening. **Applied and Environmental Microbiology**, Washington, DC, v. 67, n. 10, p. 4760-4764, 2001.

HERWALDT, B. L. et al. Characterization of a variant strain of Norwalk virus from a food-borne outbreak of gastroenteritis on a cruise ship from Hawaii. **Journal of Clinical Microbiology**, Washington, DC, v. 32, n. 4, p. 861-866, 1994.

HERWALDT, B. L.; BEACH, M. J. The return of Cyclospora in 1997: another outbreak of cyclosporiasis in North America associated with imported raspberries. Cyclospora Working Group. **Annals of Internal Medicine**, Philadelphia, v. 130, n. 3, p. 210-220, 1999.

HJERTQVIST, M. et al. Four outbreaks of norovirus gastroenteritis after consuming raspberries, Sweden, June-Aug. 2006. **Euro Surveillance**, Stockholm, v. 11, n. 9, p. 060907, 2006.

ICMSF - INTERNATIONAL COMMISSION ON MICROBIOLOGICAL SPECIFICATIONS FOR FOODS. **Microorganisms in foods 7**: microbiological testing in food safety management. New York: Kluwer Academic: Plenum Publishers, 2002.

_____. **Microorganisms in foods 6**: microbial ecology of food commodities. 2. ed. New York: Kluwer Academic: Plenum Publishers, 2005.

JAMES, J. **Microbial hazard identification in fresh fruits and vegetables**. Hoboken: Wiley, 2006.

JANISIEWICZ, W. J. et al. Fate of *Escherichia coli* O157:H7 on fresh-cult apple tissue and its potential for transmission by fruit flies. **Applied and Environmental Microbiology**, Washington, DC, v. 65, n. 1, p. 1-5, 1999.

JOHANNESSEN, G. S.; KRUSE, H.; TORP, M. Occurrence of bacteria of hygienic interest in organically grown fruits and vegetables. In: TUIJTELAARS, A. C. J. et al. (Ed.). **Food microbiology and food safety into the next millennium**: proceedings of the 17th international conference of the international committee on food microbiology and hygiene, 13–17 Sept. 1999. Veldhoven, 1999.

JOHANNESSEN, G. S.; LONCAREVIC, S.; KRUSE, H. Bacteriological analysis of fresh produce in Norway. **International Journal of Food Microbiology**, Amsterdam, v. 77, n. 3, p. 199-204, 2002.

KATZ, D. J. et al. An outbreak of typhoid fever in Florida associated with an imported frozen fruit. **The Journal of Infectious Diseases**, Chicago, v. 186, n. 2, p. 234–239, 2002.

LIAO, C. H.; SAPERS, G. M. Attachment and growth of *Salmonella* Chester on apple fruits and in vivo response of attached bacteria to sanitizer treatments. **Journal of Food Protection**, Des Moines, v. 63, n. 7, p. 876-883, 2000.

MATERON, L. A.; MARTINEZ-GARCIA, M.; McDONALD, V. Identification of sources of microbial pathogens on cantaloupe rinds from pre-harvest operations. **World Journal of Microbiology and Biotechnology**, Oxford, v. 23, n. 9, p. 1281-1287, 2007.

MILLER, M. W.; PHAFF, H. J. Successive microbial populations in Calimyrna figs. **Applied and Environmental Microbiology**, Washington, DC, v. 10, n. 5, p. 394-400, 1962.

OOI, P. L. et al. A shipyard outbreak of salmonellosis traced to contaminated fruits and vegetables. **Annals of the Academy of Medicine**, Singapore, v. 26, n. 5, p. 539-543, 1997.

OLIVAS, G. I.; BARBOSA-CÁNOVAS, G. V. Edible coatings for fresh-cut fruits. **Critical Reviews in Food Science and Nutrition**, London, v. 45, n. 7-8, p. 657-670, 2005.

PAO, S.; BROWN, G. E. Reduction in microorganisms on citrus surfaces during packinghouse processing. **Journal of Food Protection**, Des Moines, v. 61, n. 7, p. 903-906, 1998.

PAO, S.; DAVIS, C. L.; KELSEY, D. F. Efficacy of alkaline washing for the decontamination of orange fruit surfaces inoculated with *Escherichia coli*. **Journal of Food Protection**, Des Moines, v. 63, n. 7, p. 961-964, 2000.

PITT, J. I.; HOCKING, A. D. Food spoilage fungi. I. *Xeromyces bisporus* Fraser. **CSIRO Food Res.**, Melbourne, Q 42, p. 1-6, 1982.

PITT, J. I.; HOCKING, A. D. **Fungi and food spoilage**. 3. ed., New York: Springer, 2009.

Frutas e Derivados **281**

PÖNKÄ, A. et al. An outbreak of calicivirus associated with consumption of frozen raspberries. **Epidemiology and Infection**, Cambridge, v. 123, n. 3, p. 469-474, 1999.

POPA, I. et al. Efficacy of chlorine dioxide gas sachets for enhancing the microbial quality and safety of blueberries. **Journal of Food Protection**, Des Moines, v. 70, n. 9, p. 2084-2088, 2007.

RATTI, C.; MUJUMDAR, A. S. Drying of fruits. In: BARRETT, D. M.; SOMOGYI, L.; RAMASWAMY, H. (Ed.). **Processing fruits**: science and technology. 2. ed. Boca Raton: CRC Press, 2005.

RAMSAY, C. N.; UPTON, P. A. Hepatitis A and frozen raspberries. **The Lancet**, London, v. 1, n. 8628, p. 43-44, 1989.

RAYBAUDI-MASSILIA, R. M.; MOSQUEDA-MELGAR, J.; MARTIN-BELLOSO, O. Edible alginate-based coating as carrier of antimicrobials to improve shelf life and safety of fresh-cut melon. **International Journal of Food Microbiology**, Amsterdam, v. 121, p. 313-327, 2008.

RELLER, M. E. et al. A large, multiple-restaurant outbreak of infection with *Shigella flexneri* serotype 2a traced to tomatoes. **Clinical Infectious Diseases**, Chicago, v. 42, n. 2, p. 163-169, 2006.

RICHARDS, G. M.; BEUCHAT, L. R. Infection of cantaloupe rind with *Cladosporium cladosporioides* and *Penicillium expansum*, and associated migration of *Salmonella poona* into edible tissues. **International Journal of Food Microbiology**, Amsterdam, v. 103, n. 1, p. 1-10, 2005.

SAPERS, G. M.; MILLER, R. L.; MATTRAZZO, A. M. Effectiveness of sanitizing agents in inactivating Escherichia coli in golden delicious apples. **Journal of Food Science**, Champaign, v. 64, n. 4, p. 734-736, 1999.

SEWELL, A. M.; FARBER, J. M. Foodborne outbreaks in Canada linked to produce. **Journal of Food Protection**, Des Moines, v. 64, n. 11, p. 1863-1877, 2001.

SHI, X. et al. Persistence and growth of different Salmonella serovars pre- and postharvest tomatoes. **Journal of Food Protection**, Des Moines, v. 70, n. 12, p. 2725-2731, 2007.

SIVAPALASINGAM, S. et al. Fresh produce: a growing cause of outbreaks of foodborne illness in the United States, 1973 through 1997. **Journal of Food Protection**, Des Moines, v. 67, n. 10, p. 2342-2353, 2004.

STEINER, W. E.; RIEKER, R. H.; BATTAGLIA, R. Aflatoxin contamination in dried figs: distribution and association with fluorescence. **Journal of Agricultural and Food Chemistry**, Washington, DC, v. 36, n. 1, p. 88-91, 1988.

SY, K. V. et al. Evaluation of gaseous chlorine dioxide as a sanitizer for killing *Salmonella*, *Escherichia coli* O157: H7, *Listeria monocytogenes*, and yeasts and molds on fresh and fresh-cut produce. **Journal of Food Protection**, Des Moines, v. 68, n. 6, p. 1176-1187, 2005.

UKUKU, D. O. Effect of hydrogen peroxide treatment on microbial quality and appearance of whole and fresh-cut melons contaminated with *Salmonella* spp. **International Journal of Food Microbiology**, Amsterdam, v. 95, n. 2, p. 37-46, 2004.

UKUKU, D. O.; FETT, W. Behavior of *Listeria monocytogenes* inoculated on cantaloupe surfaces and efficacy of washing treatments to reduce transfer from rind to fresh-cut pieces. **Journal of Food Protection**, Des Moines, v. 65, n. 6, p. 924-930, 2002.

UKUKU, D. O.; FETT, W. Effect of nisin in combination with EDTA, sodium lactate, and potassium sorbate for reducing *Salmonella* on whole and fresh-cut cantaloupe. **Journal of Food Protection**, Des Moines, v. 67, n. 10, p. 2143-2150, 2004.

VARMA, J. K. et al. *Listeria monocytogenes* infection from foods prepared in a commercial establishment: a case-control study of potential sources of sporadic illness in the United States. **Clinical Infectious Diseases**, Chicago, v. 44, n. 4, p. 521-528, 2007.

WADE, W. N.; BEUCHAT, L. R. Metabiosis of proteolytic moulds and *Salmonella* in raw, ripe tomatoes. **Journal of Applied Microbiology**, Oxford, v. 95, n. 3, p. 437-450, 2003.

WEI, C. I. et al. Growth and survival of *Salmonella* Montevideo on tomatoes and disinfection with chlorinated water. **Journal of Food Protection**, Des Moines, v. 58, n. 8, p. 829-836, 1995.

WISNIEWSKY, M. A. et al. Reduction of *Escherichia coli* O157:H7 counts on whole fresh apples by treatment with sanitizers. **Journal of Food Protection**, Des Moines, v. 63, n. 6, p. 703-708, 2000.

WITTHUHN, R. C. et al. Microbial content of commercial South African high-moisture dried fruits. **Journal of Applied Microbiology**, Oxford, v. 98, n. 3, p. 722-726, 2005.

ZHUANG, R. Y.; BEUCHAT, L. R.; ANGULO, F. J. Fate of *Salmonella montevideo* on and in raw tomatoes as affected by temperature and treatment with chlorine. **Applied and Environmental Microbiology**, Washington, DC, v. 61, n. 6, p. 2127-2131, 1995.

CAPÍTULO 14

Especiarias, Sopas Desidratadas e Condimentos Asiáticos

14.1 INTRODUÇÃO

Especiarias, sopas desidratadas e condimentos asiáticos compreendem diversos produtos que variam quanto a matérias-primas e tipos de processamento. Esta categoria consiste de (1) especiarias e ervas desidratadas, (2) misturas de especiarias desidratadas e temperos, (3) sopas desidratadas e misturas de molhos, (4) molho de soja e (5) molho e pasta de peixe ou camarão. Especiarias e ervas desidratadas podem ser produzidas pela secagem, com ou sem uma etapa letal tipo irradiação, fumigação etc. As misturas de especiarias e temperos, produzidas com ou sem etapas letais, são misturas de especiarias com ou sem um veículo (sal, dextrose, maltodextrina ou goma arábica) ou mistura das oleorresinas ou dos óleos essenciais das especiarias com veículos. As sopas desidratadas e os molhos são misturas de temperos com carnes secas, aves secas, frutos do mar secos, hortaliças desidratadas, farinhas, amidos ou espessantes, ovos, açúcares etc. O molho de soja é um tempero composto de soja e sal fermentados por bolores. O molho e a pasta de peixe são obtidos pela hidrólise de peixe por enzimas e microrganismos em altas concentrações de sal. Esses produtos são normalmente utilizados como temperos e condimentos em pratos asiáticos.

Detalhes das diferentes etapas de processamento desses produtos e seu impacto na microbiota final foram descritos anteriormente (ICMSF, 2005). A população de bactérias formadoras de esporos nas especiarias é particularmente importante quando esses produtos são usados como ingredientes de alimentos termoprocessados. As ervas frescas e congeladas têm ecologia microbiana e processamento similares às hortaliças e são consideradas no Capítulo 12.

14.2 ESPECIARIAS E ERVAS DESIDRATADAS

Este grupo consiste de uma variedade de produtos desidratados que podem ser usados como ingredientes por outros fabricantes ou usados diretamente pelos consumidores. Dos muitos tipos disponíveis, a pimenta desidratada é a mais comercializada no mundo, correspondendo a 20% do mercado de especiarias (UNIDO; FAO, 2005). As especiarias desidratadas incluem rizomas (por exemplo, gengibre), cascas (por exemplo, canela e cássia), folhas (por exemplo, manjericão) e sementes (por exemplo, noz moscada). O processamento de produtos desidratados geralmente envolve a limpeza, a classificação, às vezes, a imersão, o corte ou pulverização, a secagem e a moagem. A desidratação pode ser realizada em secadores de bandejas ou sob o sol por vários dias. Quando as especiarias são secas ao sol por pequenos produtores é importante que sejam estabelecidas práticas de higiene e segurança para minimizar a contaminação. Após a moagem, algumas especiarias desidratadas também são tratadas para inativar microrganismos não esporogênicos, por meio da aplicação de gás (óxido de etileno), irradiação ou fumigação. Em virtude da crescente preocupação com o risco do óxido de etileno para a saúde, os dois últimos tipos de processamento têm se tornado a escolha tecnológica para reduzir os microrganismos nas especiarias.

14.2.1 Microrganismos de importância

14.2.1.1 Perigos e controles

Nas especiarias ou ervas desidratadas podem ser encontradas bactérias formadoras de esporos patogênicas como *Bacillus cereus, Clostridium perfringens*, e *Clostridium botulinum*, além de células vegetativas não formadoras de esporos de *Escherichia coli* e *Enterobacteriaceae* (ICMSF, 2005). *C. botulinum* já foi implicado em surtos associados a especiarias, como conserva de alho em óleo e mostarda (ICMSF, 2005). Entretanto, não há relato de surtos por *B. cereus* ou *C. perfringens* associados com especiarias. Estes patógenos podem sobreviver à desidratação, mas, em virtude da baixa atividade de água e das características inibitórias das especiarias, a germinação de esporos não deve ser comum nesses produtos.

A presença de bactérias termófilas formadoras de esporos pode ser um problema quando as especiarias são adicionadas a alimentos envasados. A média reportada dessas bactérias em pimenta do reino é de $9,2 \times 10^3$ UFC/g (RICHMOND; FIELDS, 1966) e vários *Bacillus* termófilos deterioradores também foram isolados de outras especiarias como curcuma, cebola em pó, alho em pó e mostarda. A implicação dessas bactérias na deterioração tipo *flat sour* de sopas enlatadas foi relatada, mas sua presença não é problema em produtos que não permitem sua multiplicação.

Especiarias, Sopas Desidratadas e Condimentos Asiáticos

Salmonella já foi encontrada em várias especiarias (GUARINO, 1972; SATCHELL et al., 1989) e foi implicada em surtos associados à páprica pulverizada em batata *chip* (LECHMAKER; BOCKEMUHL; ALEKSIC, 1995), coentro fresco (CAMPBELL et al. 2001), etc. Um surto multiestadual provocado por *Salmonella* Montevideo em linguiça tipo italiana foi associado ao uso de pimentas vermelha e preta contaminadas (CDC, 2010). No período de 1970 a 2003 a páprica foi a especiaria mais frequentemente recolhida do mercado pelo FDA dos Estados Unidos, em razão da contaminação por *Salmonella* (VIJ et al., 2006). A secagem pode reduzir a população, mas não elimina completamente as células vegetativas de patógenos. Dezoito cepas de *Salmonella* sobreviveram à secagem em um modelo de disco com pH de 4,0–9,0, sendo que algumas cepas sobreviveram por 22–24 meses nesse modelo (HIRAMATSU et al., 2005). Os tratamentos a gás, irradiação e calor podem ser usados como medida de controle para alguns produtos, mas não todos, dependendo dos atributos de qualidade e exigências legais (ICMSF, 2005). Além disso, se houver a recontaminação, *Salmonella* sobrevive em muitos desses produtos.

O crescimento de bolores antes e depois da secagem pode resultar na produção de micotoxinas. Há relatos de várias especiarias contendo baixas concentrações de aflatoxina, sendo a noz moscada e a pimenta vermelha as mais vulneráveis (ICMSF, 2005). Romagnoli et al. (2007) reportaram que 7% de 28 amostras de especiarias coletadas dos mercados italianos continham entre 5–27 mg/kg aflatoxina B1, ao contrário de 28 ervas e 48 infusões de ervas que não continham aflatoxina. A secagem e o armazenamento apropriados para levar a atividade de água para abaixo de 0,6 são medidas adequadas para prevenir a produção de micotoxinas (MUGGERIDGE; CLAY, 2001).

14.2.1.2 Deterioração e controles

Há pouca evidência de deterioração de especiarias desidratadas, ervas ou temperos, em decorrência da baixa atividade desses produtos. O manuseio inadequado das matérias-primas, entretanto, pode favorecer o crescimento de vários bolores deterioradores antes da secagem. Banerjee e Sarkar (2002) relataram que 97% de 27 tipos de especiarias comercializadas na Índia continham bolores. A secagem pode contribuir para a redução da carga inicial de bolores, mas bactérias formadoras de esporos capazes de causar deterioração podem permanecer. O armazenamento correto da matéria-prima e dos produtos finais é crítico para manter a baixa a_w.

14.2.2 Dados microbiológicos

A Tabela 14.1 resume as análises úteis para especiarias desidratadas. Consulte o texto para detalhes importantes relacionados a recomendações específicas.

14.2.2.1 Ingredientes críticos

Especiarias e ervas desidratadas são vendidas individualmente, misturadas entre si ou misturadas com sal. As especiarias podem ser ingredientes críticos em outros produtos, especialmente quando o processamento não inclui uma etapa letal. A Comissão do

286   Microrganismos em Alimentos 8

Codex Alimentarius (1995) delineou as Boas Práticas Agrícolas para a produção dessas matérias-primas.

Tabela 14.1   Análises de especiarias desidratadas para avaliação da segurança e da qualidade microbiológicas

Importância relativa		Análises úteis
Ingredientes críticos	Alta	Ervas e especiarias devem ser cultivadas usando Boas Práticas Agrícolas.
Durante o processamento	Baixa–média	Monitorar o tempo–temperatura da secagem. Monitoramento de *Enterobacteriaceae* e *Salmonella* para verificar o controle de processo pode ser útil nos processos que têm uma etapa letal. Os níveis normalmente encontrados quando há uma etapa letal são: • *Enterobacteriaceae* – 10–10^2 UFC/g. • *Salmonella* – ausente.
Ambiente de processamento	Baixa	Nos processos sem etapa letal não há recomendação de análises de rotina no ambiente, mas a manutenção da higiene é essencial.
	Média	Nos processos que usam etapa letal para reduzir o potencial de recontaminação, a análise periódica no ambiente de processamento pode ser útil para verificar a eficiência da limpeza e sanitização. Os níveis normalmente encontrados são: • *Salmonella* – ausente.
Vida de prateleira	-	Não aplicável.
Produto final	Média	Não há recomendação de análises de rotina para patógenos. Quando houver dúvida sobre as condições do fabricante, a fonte dos ingredientes, ou mesmo problemas de saúde pública, são recomendadas as seguintes análises:

Produto	Microrganismo	Método analítico[a]	Caso	Plano de amostragem e limites/25 g[b]			
				n	c	m	M
Especiarias desidratadas para consumo direto	*Salmonella*	ISO 6579	11	10[c]	0	0	-

[a] Métodos alternativos podem ser usados, desde que validados pelos métodos ISO.

[b] Consulte o Apêndice A para desempenho desses planos de amostragem.

[c] Unidades analíticas individuais de 25 g (ver a Seção 7.5.2 para amostra composta).

14.2.2.2 Durante o processamento

Pode ser feito o monitoramento do tempo e da temperatura de secagem usados para reduzir o conteúdo de umidade das especiarias desidratadas. Para pimenta seca, por exemplo, o teor de umidade desejável é 8–10%.

14.2.2.3 Ambiente de processamento

As especiarias e ervas desidratadas geralmente são processadas em ambiente seco. Nos processos que empregam etapas letais, é conveniente monitorar a higiene do ambiente a fim de prevenir recontaminação. A amostragem do ambiente para *Salmonella*,

Especiarias, Sopas Desidratadas e Condimentos Asiáticos

por exemplo, pode ser útil como um cuidado quanto à possibilidade de recontaminação. Avaliar a presença de condensação nos moedores é importante porque pode favorecer a multiplicação de bactérias deterioradoras ou potencialmente patogênicas. *Salmonella* deve ser ausente em todas as amostras analisadas. Os detalhes no estabelecimento de programas de amostragens do ambiente são fornecidas na publicação da ICMSF (2005) e no Capítulo 4.

14.2.2.4 *Vida de prateleira*

As análises microbiológicas de vida de prateleira não são aplicáveis para esses produtos.

14.2.2.5 *Produto final*

A ICMSF (1986) considera as especiarias como matéria-prima. Portanto, os planos de amostragens e os critérios microbiológicos apropriados dependem da intenção de uso do produto. Quando as ervas e as especiarias desidratadas são consumidas sem uma etapa letal, a ausência de *Salmonella* por 25 g de amostra é essencial (CODEX ALIMENTARIUS, 1995). Algumas especiarias necessitam de uma forma diferenciada de preparação das amostras para a análise, porque contêm substâncias inibitórias naturais. Andrews e Hammack (2009) dividiram as especiarias em três grupos, em função da forma recomendada de preparação das amostras: (1) pimenta, canela, cravo, e orégano; (2) flocos de cebola, cebola em pó, e flocos de alho; e (3) pimenta do reino, pimenta branca, flocos ou sementes de aipo, pimenta vermelha em pó, cominho, páprica, flocos de salsa, alecrim, semente de gergelim, tomilho e flocos de vegetais.

Quando as especiarias são usadas como ingredientes em alimentos termoprocessados, o número de bactérias esporogênicas termófilas deve ser verificado. Os critérios microbiológicos da National Canners Association (NCA, 1968) para amidos e açúcares podem ser adequados para esse propósito, sendo recomendado que a concentração de esporos de bactérias esporogênicas termófilas seja inferior a 10^2 UFC/g. A Tabela 14.1 indica a importância relativa das análises desses produtos.

14.3 MISTURAS DE ESPECIARIAS DESIDRATADAS E TEMPEROS À BASE DE VEGETAIS

As misturas de especiarias desidratadas e temperos à base de vegetais podem ser feitas pelas misturas de várias especiarias, com ou sem um veículo (gomas, amido etc.) ou misturando a seco um veículo com a oleoresina ou o óleo essencial da especiaria. Pode ser aplicada uma etapa letal após a mistura. Os exemplos desses produtos incluem os temperos de carne, temperos italianos etc.

14.3.1 Microrganismos de importância

14.3.1.1 *Perigos e controles*

Salmonella é o perigo mais preocupante, embora patógenos esporogênicos como *B. cereus*, *C. perfringens* e *C. botulinum* possam ser encontrados. Os perigos encontrados nos produtos são originados essencialmente das matérias-primas; ou seja, as especiarias

288   Microrganismos em Alimentos 8

desidratadas descritas aqui e os veículos descritos no Capítulo 15. Para o controle da *Salmonella* os leitores devem consultar as orientações do GMA (2009), que trata do controle de *Salmonella* em alimentos de baixa umidade.

14.3.1.2 Deterioração e controles

A deterioração microbiológica de misturas de especiarias desidratadas e de temperos não é um problema, em virtude da baixa atividade de água desses produtos. No entanto, o manuseio inadequado das matérias-primas pode favorecer o crescimento de bolores deteriorantes. O armazenamento adequado das matérias-primas e do produto final é crítico para manter a baixa a_w.

14.3.2 Dados microbiológicos

A Tabela 14.2 resume as análises úteis para temperos e misturas de especiarias desidratadas à base de vegetais. Consulte o texto para detalhes importantes relacionados a recomendações específicas.

Tabela 14.2   Análises para segurança e qualidade de misturas de especiarias desidratadas e temperos à base de vegetais para avaliação da segurança e da qualidade microbiológicas

Importância relativa		Análises úteis
Ingredientes críticos	Baixa–média	Quando o histórico da matéria-prima não é conhecido e não for aplicada uma etapa letal após a mistura, a análise para *Salmonella* pode ser útil, dependendo da intenção do uso.
Durante o processamento	Alta	Além da análise do material em processo, outras análises podem ser úteis quando a condensação é provável de ocorrer. A relevância depende da intenção do uso e da receita. Os níveis normalmente encontrados são: • *Enterobacteriaceae* – 10^2–10^3 UFC/g. • *Salmonella* – ausente.
Ambiente de processamento	Baixa–média	A análise de *Salmonella* e de indicadores de higiene nos produtos para consumo direto pode ser útil. Os níveis normalmente encontrados são: • *Enterobacteriaceae* – 10^2–10^3 UFC/g ou amostra. • *Salmonella* – ausente.
Vida de prateleira	-	Não relevante.
Produto final	Média	Quando o histórico do produto ou do fornecedor é desconhecido, as seguintes análises são recomendadas:

Produto	Microrganismo	Método analítico[a]	Caso	Plano de amostragem e limites/25 g[b]			
				n	c	m	M
Mistura de especiarias desidratadas e tempero à base de vegetais, para consumo direto	*Salmonella*	ISO 6579	11	10[c]	0	0	-

[a] Métodos alternativos podem ser usados, desde que validados pelos métodos ISO.

[b] Consulte o Apêndice A para desempenho desses planos de amostragem.

[c] Unidades analíticas individuais de 25 g (ver a Seção 7.5.2 para amostra composta).

Especiarias, Sopas Desidratadas e Condimentos Asiáticos

14.3.2.1 Ingredientes críticos

Os temperos e as misturas de especiarias desidratadas são feitos de especiarias secas cuja qualidade e inocuidade dependem da aplicação ou não de uma etapa letal antes da mistura. A análise de um perigo pode ser relevante quando o histórico da matéria-prima for desconhecido ou em função da intenção de uso do produto, mas, de maneira geral, isso é feito em função das especificações e demandas do cliente. Para os produtos que serão consumidos diretamente, não ocorrendo aplicação de uma etapa letal após a mistura, a análise de *Salmonella* nos ingredientes é desejável.

14.3.2.2 Durante o processamento

A análise nas amostras durante o processamento pode fornecer informações adicionais às obtidas por meio da análises da matéria-prima. Dependendo da intenção de uso, a análise de *Salmonella* pode ser útil.

14.3.2.3 Ambiente de processamento

O monitoramento da higiene no ambiente de processamento é útil para prevenir a recontaminação, especialmente se os produtos forem destinados ao consumo direto.

14.3.2.4 Vida de prateleira

As análises microbiológicas de vida de prateleira não são aplicáveis para esses produtos.

14.3.2.5 Produto final

No caso de produtos destinados ao consumo direto, a análise de *Salmonella* é recomendada, especialmente quando o histórico do produto for desconhecido (Tabela 14.2).

14.4 SOPAS E MOLHOS DESIDRATADOS

Sopas e molhos desidratados, incluindo caldos de carne e *consommé* são produzidos por meio da mistura de temperos desidratados com gorduras, carnes secas, aves, frutos do mar, hortaliças, farinhas, amidos ou outros espessantes, ovos, açúcares etc. Os temperos desidratados são obtidos como descrito anteriormente, enquanto outros ingredientes são também submetidos a outros processos antes da mistura, como secagem (forno, estufa a vácuo, secagem por atomização, liofilização), aglomeração, moagem, ou cobertura de gordura. Os produtos em pó ou em pasta com baixa a_w (0,1–0,35) podem necessitar ou não de cozimento antes do consumo.

14.4.1 Microrganismos de importância

14.4.1.1 Perigos e controles

Além dos perigos presentes nas especiarias, discutidos aqui, os patógenos potencialmente presentes nos molhos e sopas desidratadas dependem dos demais ingredientes utilizados. Os perigos associados a cada ingrediente são discutidos nos Capítulos 8, 9, 10, 15, 18, 19 e 22. Os ingredientes corretamente desidratados têm a_w baixa, não favorável à multiplicação de patógenos. Entretanto, a sobrevivência dos patógenos é possível e, nesses casos, *Salmonella* é a maior preocupação.

Como não há etapas letais na fabricação de sopas e molhos desidratados, as matérias-primas são críticas para a qualidade e a segurança do produto final. Também é importante prevenir a contaminação pós-processamento por meio de BPH. Para controle de *Salmonella*, os leitores devem consultar as orientações do GMA (2009), que trata do controle de *Salmonella* em alimentos de baixa umidade.

14.4.1.2 Deterioração e controles

A deterioração de sopas e molhos desidratados é incomum, em virtude da baixa a_w. Em ambientes com umidade elevada, o produto pode umedecer, havendo risco de contaminação por bolores. Nesse caso, embalagens impermeáveis e armazenamento adequado são importantes.

14.4.2 Dados microbiológicos

A Tabela 14.3 resume as análises úteis para sopas e molhos desidratados. Consulte o texto para detalhes importantes relacionados a recomendações específicas.

Tabela 14.3 Análises para segurança e qualidade microbiológicas de sopas e molhos desidratados

Importância relativa		Análises úteis					
Ingredientes críticos	Baixa– alta	A análise de *Salmonella* é aplicável para ingredientes *in natura* que não passaram por uma etapa letal.					
Durante o processamento	Baixa	O processo de simples mistura não justifica análise durante o processamento.					
Ambiente de processamento	Baixa	Análise de *Salmonella* e *Enterobacteriaceae*. Os níveis normalmente encontrados são: • *Enterobacteriaceae* – 10^2–10^3 UFC/g ou amostra. • *Salmonella* – ausente.					
Vida de prateleira	-	Não aplicável.					
Produto final	Baixa	Análise de indicadores para controle do processo em curso e avaliação de tendências:					

					Plano de amostragem e limites/25 g[b]		
Produto	Microrganismo	Método analítico[a]	Caso	n	c	m	M
Sopas e molhos desidratados	*Salmonella*	ISO 6579	10[c]	5[d]	0	0	-
			11	10[d]	0	0	-

[a] Métodos alternativos podem ser usados, desde que validados pelos métodos ISO.

[b] Consulte o Apêndice A para desempenho desses planos de amostragem.

[c] Para produtos destinados ao consumo após fervura.

[d] Unidades analíticas individuais de 25 g (ver a Seção 7.5.2 para amostra composta).

Especiarias, Sopas Desidratadas e Condimentos Asiáticos

14.4.2.1 Ingredientes críticos

Ingredientes como as carnes secas, aves, frutos do mar, ovos ou farinhas adicionadas a sopas ou molhos podem ser críticos, especialmente quando o processo de desidratação dessas matérias-primas não é controlado corretamente. Um programa de garantia de qualidade de fornecedores é necessário para assegurar a ausência de patógenos, tais como *Salmonella* e micotoxinas. Isso é de particular importância no caso de sopas ou molhos desidratados que não são cozidos antes do consumo.

14.4.2.2 Durante o processamento

A produção de sopas e molhos desidratados é um processo direto, com mistura dos ingredientes e posterior embalagem, por isso a avaliação de produtos intermediários não é relevante.

14.4.2.3 Ambiente de processamento

O ambiente de processamento é muito importante para assegurar que a mistura e o acondicionamento sejam conduzidos de forma a minimizar a recontaminação. A amostragem do ambiente deve ser feita para avaliar a presença de *Enterobacteriaceae* e *Salmonella*. É razoável objetivar que a população de *Enterobacteriaceae* esteja na faixa de 10^2–10^3 UFC/g ou por amostra e que *Salmonella* esteja ausente.

14.4.2.4 Vida de prateleira

A avaliação microbiológica para vida de prateleira não é aplicável.

14.4.2.5 Produto final

Sopas e molhos desidratados têm um baixo conteúdo de umidade (< 7%) e baixa a_w (0.1–0,35), o que torna esses produtos estáveis à temperatura ambiente. O consumo pode ser feito com ou sem cozimento. A Tabela 14.3 sugere a importância relativa das análises a serem realizadas nestes produtos.

14.5 MOLHO DE SOJA

O molho de soja é um tempero fermentado de soja, geralmente produzido nos países do sudeste asiático e da Ásia oriental, embora possa ser encontrado no mundo inteiro. A ICMSF (2005) resumiu os tipos e os passos envolvidos na produção do molho de soja. A produção industrial, de molho de soja, como praticado no Japão (*shoyu*) compreende a mistura de grãos de soja cozidos com trigo torrado, a fermentação com *Aspergillus oryzae* ou *Aspergillus sojae* para gerar o *koji*, a fermentação do *koji* em salmoura (*moromi*) com adição de bactérias láticas (principalmente *Pediococcus halophilus*) e leveduras (*Zygosaccharomyces rouxii*), a prensagem do *moromi* para produzir o molho de soja cru, a pasteurização e o envase. A produção tradicional usa as culturas de bolores dos lotes anteriores sem a adição de *Pediococcus* ou leveduras. As combinações de molho de soja podem ser obtidas misturando-se molho de soja com proteínas vegetais hidrolisadas ou soja hidrolisada quimicamente. O molho de soja tem baixo pH (4,0–6,1, dependendo do tipo) e alto conteúdo de sal, que varia de 16% a 18% no shoyu japonês ou de 10% a 23% na maioria dos demais. Uma exceção é o molho de soja da Indonésia, que tem apenas 6% a 7% de sal, mas contém também 40% de açúcar (NATIONAL STANDARD AGENCY OF INDONESIA, 1999).

14.5.1 Microrganismos de importância

14.5.1.1 Perigos e controles

Não há relatos de enfermidades transmitidas por alimentos causadas pelo consumo do molho de soja. Na produção de molho de soja, o tratamento térmico das matérias-primas antes da fermentação do *koji* e a pasteurização do molho de soja cru eliminam a maioria das bactérias patogênicas não formadoras de esporos. *C. botulinum* tipos A e B inoculados artificialmente sobreviveram, mas não se multiplicaram em *shoyu* mantido a 30 °C por três meses (STEINKRAUS et al., 1983).

O uso de *Aspergillus sojae* e *Aspergillus oryzae* na produção de produtos de soja tem um histórico seguro. A alta concentração de sal e o baixo pH do produto auxiliam na inibição da multiplicação de patógenos. Entretanto, é necessário cuidado no caso dos molhos de soja com baixo teor de sal (< 10%), A manutenção de boas condições higiênicas é importante para prevenir a contaminação do ambiente e das matérias-primas, que vão influenciar no processo de fermentação.

14.5.1.2 Deterioração e controles

A deterioração deve ser controlada durante o processamento do molho de soja. A água de imersão deve ser trocada a cada 2–3 h, para impedir uma população excessiva de *Bacillus* esporogênicos (BEUCHAT, 1984). A presença de contaminantes pode resultar em falhas no processo de fermentação, levando a um produto de qualidade inaceitável. Para a soja cozida no vapor o controle do tempo e da temperatura de cozimento, bem como a manutenção da umidade em, no máximo, 62% são cruciais para prevenir a deterioração. Pode ocorrer recontaminação após a pasteurização, especialmente por bolores e leveduras. Para reduzir a deterioração por bolores geralmente aplica-se para-hidroxi benzoato ou sorbato até 1.000 mg/kg (CODEX ALIMENTARIUS, 2010). No molho de soja doce da Indonésia, a adição de açúcar de palma no molho cru, antes do aquecimento, diminui a necessidade desse conservante.

14.5.2 Dados microbiológicos

A Tabela 14.4 resume as análises úteis para molho de soja. Consulte o texto para detalhes importantes relacionados a recomendações específicas.

Especiarias, Sopas Desidratadas e Condimentos Asiáticos

Tabela 14.4 Análises de molho de soja para avaliação da segurança e da qualidade microbiológicas

Importância relativa		Análises úteis
Ingredientes críticos	Baixa	Não aplicável.
Durante o processamento	Média	Análise de leveduras totais e leveduras osmofílicas em amostras coletadas durante o processamento e após a pasteurização.
Ambiente de processamento	-	Não aplicável.
Vida de prateleira	-	Não aplicável.
Produto final	-	Não aplicável.

14.5.2.1 Ingredientes críticos

Os ingredientes da produção do molho de soja são grãos de soja, farinha de trigo ou trigo esmagado, água, sal e inóculo do bolor. Os grãos de soja e a farinha de trigo geralmente contêm fungos, que serão rapidamente inativados durante o cozimento. A concentração de sal é crítica para a multiplicação de microrganismos indesejáveis, tais como os bacilos.

14.5.2.2 Durante o processamento

Durante o processamento, recomenda-se a análise de leveduras osmofílicas após a pasteurização, para controlar a deterioração.

14.5.2.3 Ambiente de processamento

As análises não são relevantes se as condições higiênicas forem mantidas por meio das BPH.

14.5.2.4 Vida de prateleira

O crescimento de leveduras osmofílicas pode ter um impacto indesejável na qualidade sensorial do molho de soja, com formação de filmes ou películas. Entretanto, a análise de leveduras não é comumente realizada para teste de vida de prateleira.

14.5.2.5 Produto final

O molho de soja é usado como tempero antes do cozimento ou adicionado aos alimentos prontos para consumo. Em virtude do alto teor de sal (> 10%) e ou alto conteúdo de açúcar (> 10% no caso de molho de soja doce), não são recomendadas análises microbiológicas de rotina (Tabela 14.4).

14.6 MOLHO E PASTA DE PEIXE E DE CAMARÃO

Os molhos e pastas de peixe e camarão são temperos ou condimentos comumente usados nos países do sudeste asiático. Existem vários produtos nas diferentes regiões, mas geralmente são produtos obtidos da autólise das proteínas do peixe/camarão por proteases e bactérias láticas naturais nesses produtos, na presença de altas concentrações de sal. Tradicionalmente, o molho de peixe é feito misturando-se sal grosso com peixe cru em diferentes proporções, seguido da manutenção da mistura em um tubo por, pelo menos, seis meses. O líquido é coletado e filtrado para fermentação posterior ou para adição de açúcar, podendo ou não ser pasteurizado antes do envase. A pasta de peixe ou camarão é feita misturando-se sal e peixe ou camarão crus, seguido da secagem ao sol por 5–8 h. O peixe parcialmente desidratado é então moído e colocado em um tubo sob condições anaeróbicas por sete dias. A pasta é moída, seca ao sol e novamente colocada em tubo por um mês, para outra fermentação anaeróbica por um mês. Esses processos são repetidos até que a textura e o sabor desejados sejam obtidos (ICMSF, 2005). O conteúdo final de sal do molho ou pasta de peixe é de 13%–15% na Malásia (*budu, belacan*), 20%–25% nas Filipinas (*patis, bagoong*) e 19%–25% na Indonésia (*bakassang, terasi*) (IJONG; OHTA, 1995).

14.6.1 Microrganismos de importância

14.6.1.1 Perigos e controles

O peixe cru carrega vários perigos, incluindo bactérias patogênicas, vírus, parasitas, toxinas aquáticas e aminas biogênicas (ICMSF, 2005). A adição de sal é o passo mais crítico para garantir a multiplicação de bactérias láticas como *Leuconostoc mesenteroides* subsp. *mesenteroides* ou *Lactobacillus plantarum*. A concentração do sal também é importante quando não há uma etapa letal, de forma que reduções no teor de sal devem ser feitas com cautela. Amano (1962) relatou envenenamento por toxina de *C. botulinum* tipo E associado a produto de peixe fermentado com teor reduzido de sal. A introdução de contaminantes por meio de moscas, durante a secagem ao sol, também é um problema, devendo ser estabelecido um controle de pragas para minimizar a contaminação.

14.6.1.2 Deterioração e controles

O alto conteúdo de sal e, portanto, a baixa a_w geralmente são desfavoráveis à multiplicação microbiana. Entretanto, *Bacillus* e *Staphylococcus* moderadamente halofílicos (MABESA; LAGTAPON; VILLARALVO, 1986) e cepas extremamente halofílicas de *Halobacterium salinarum* têm sido implicadas na deterioração desses produtos. Formulação correta e conteúdo de sal e processo fermentativo adequados podem controlá-los.

14.6.2 Dados microbiológicos

A Tabela 14.5 resume as análises úteis para molhos e pastas de peixe e camarão. Consulte o texto para detalhes importantes relacionados a recomendações específicas.

14.6.2.1 Ingredientes críticos

A qualidade do peixe como ingrediente principal é importante para a obtenção de produtos de qualidade. Peixes deteriorados, especialmente das famílias Clupeidae,

Especiarias, Sopas Desidratadas e Condimentos Asiáticos **295**

Scombridae, Scombresocidae, Pomatomidae e Coryphaenedae não devem ser usados, em razão do potencial de geração de alto teor de histamina no produto final (consulte a Seção 14.6.2.5). A qualidade e a concentração do sal são críticas para que a fermentação lática ocorra. Embora a concentração de sal possa variar entre os diferentes fabricantes, a quantidade deve ser ajustada de tal forma que possa inibir os microrganismos patogênicos e deterioradores indesejáveis.

Tabela 14.5 Análises de molho e pasta de peixe para avaliação da segurança e da qualidade microbiológicas

Importância relativa		Análises úteis
Ingredientes críticos	Média	Recomenda-se o exame visual da qualidade do peixe e a análise de histamina.
Durante o processamento	-	Não aplicável.
Ambiente de processamento	-	Não relevante.
Produto final	Média	A análise de histamina pode ser relevante (consulte o texto).

14.6.2.2 Durante o processamento

Amostras durante o processamento não são relevantes, porque não estão relacionadas à qualidade e à segurança dos produtos.

14.6.2.3 Ambiente de processamento

Análises periódicas de indicadores de higiene do ambiente, como *Enterobacteriaceae*, coliformes e bolores/leveduras podem ser úteis para avaliar a conformidade com BPH. A contaminação durante o processamento pode levar à presença de microrganismos indesejáveis que comprometem a fermentação.

14.6.2.4 Vida de prateleira

As análises microbiológicas de vida de prateleira não são aplicáveis para esses produtos estáveis à temperatura ambiente.

14.6.2.5 Produto final

O molho e a pasta de peixe são produtos estáveis à temperatura ambiente, com risco de contaminação por bolores, quando não embalados adequadamente. A análise de rotina dos microrganismos no produto final não é recomendada. Se há dúvidas sobre a aplicação das BPH e do HACCP, a amostragem para análise de histamina pode ser considerada um critério de aceitação dos lotes produzidos com espécies de escombrídeos. Em coerência com as recomendações do Capítulo 10, os produtos não devem conter mais de 20 mg de histamina por 100 mL, usando os métodos de Malle, Valle e Bouquelet (1996) e Duflos et al. (1999).

REFERÊNCIAS

AMANO, K. The influence of fermentation on the nutritive value of fish with special reference to fermented fish products of South-East Asia. In: HEEN, H.; KREUZER, R. (Ed.). **Fish in nutrition**. London: Fishing News Ltd., 1962.

ANDREWS, W. H.; HAMMACK, T. S. **Bacteriological analytical manual**: chapter 5: salmonella. College Park: FDA, 2009. Disponível em: <http://www.fda.gov/food/foodscienceresearch/laboratorymethods/ucm070149.htm>. Acesso em: 1 jan. 2010.

BANERJEE, M.; SARKAR, P. K. Microbiological quality of some retail spices in India. **Food Research International**, Ottawa, v. 36, n. 5, p. 469-474, 2002.

BEUCHAT, L. R. Fermented soybean foods. **Food Technology**, Chicago, v. 64, n. 6, p. 66-70, 1984.

CAMPBELL, J. V. et al. An outbreak of *Salmonella* serotype Thompson associated with fresh cilantro. **The Journal of Infectious Diseases**, Chicago, v. 183, n. 6, p. 984-987, 2001.

CDC - CENTERS FOR DISEASE CONTROL AND PREVENTION. **Multistate outbreak of human Salmonella Montevideo infections**. Atlanta, 2010. Disponível em: <http://www.cdc.gov/salmonella/montevideo>. Acesso em: 19 out. 2010.

CODEX ALIMENTARIUS. **Code of hygienic practices for spices and dried aromatic plants (CAC/RCP 42-1995)**. Rome: FAO, 1995. FAO/WHO Food Standards Program.

_____. **General standard for food additives (Codex Stan 192-1995)**. Rome: FAO, 2010. FAO/WHO Food Standards Program.

DUFLOS, G. et al. Relevance of matrix effect in determination of biogenic amines in plaice (Pleuronectes platessa) and whiting (Merlangus merlangus). **Journal of AOAC International**, Arlington, v. 82, n. 5, p. 1097-1101, 1999.

GMA - GROCERY MANUFACTURERS ASSOCIATION. **Control of Salmonella in low-moisture foods**. Washington, DC, 2009. Disponível em: <http://www.gmaonline.org/downloads/technical-guidance-and-tools/SalmonellaControlGuidance.pdf>. Acesso em: 19 out. 2010.

GUARINO, P. A. Microbiology of spices, herbs and related materials. In: ANNUAL SYMPOSIUM ON FUNGI IN FOODS. **Proceedings...** Rochester: SIFT, 1972.

HIRAMATSU, R. et al. Ability of shiga toxin-producing *Escherichia coli* and *Salmonella* spp to survive in a desiccation model system and in dry foods. **Applied and Environmental Microbiology**, Washington, DC, v. 71, n. 11, p. 6657-6663, 2005.

ICMSF - INTERNATIONAL COMMISSION ON MICROBIOLOGICAL SPECIFICATIONS FOR FOODS. **Microorganisms in foods 2**: sampling for microbiological analysis: principles and specific applications. 2. ed. Toronto: University of Toronto Press, 1986.

_____. Spices, dry soups and oriental flavorings. In: _____. **Microorganisms in foods 6**: microbial ecology of food commodities. 2. ed. New York: Kluwer Academic: Plenum Publishers, 2005.

IJONG, F. G.; OHTA, Y. Microflora and chemical assessment of an Indonesian traditional fermented fish sauce "bakassang". **Journal of the Faculty of Applied Biological Science**, Hiroshima, v. 34, n. 2, p. 95-100, 1995.

LECHMAKER, A.; BOCKEMUHL, J.; ALEKSIC, S. Nationwide outbreak of human salmonellosis in Germany due to contaminated paprika and paprika-powdered potato chips. **Epidemiology and Infection**, Cambridge, v. 115, n. 3, p. 501–511, 1995.

MABESA, R. C.; LAGTAPON, S. C.; VILLARALVO, M. J. A. Characterization and identification of some halophilic bacteria in spoiled fish sauce. **Philippine Journal of Science**, Quezon, v. 115, n. 4, p. 329-334, 1986.

MALLE, P.; VALLE, M.; BOUQUELET, S. Assay of biogenic amines involved in fish decomposition. **Journal of AOAC International**, Arlington, v. 79, n. 1, p. 43-49, 1996.

MUGGERIDGE, M.; CLAY, M. Quality specifications for herbs and spices. In: PETER, K. V. (Ed.). **Handbook of herbs and spices**. Cambridge: Woodhead Publishing Ltd., 2001. [V. 1].

NATIONAL STANDARD AGENCY OF INDONESIA. Standard for soy sauce. SNI, v. 1, p. 3543-1999, 1999.

NCA - NATIONAL CANNERS ASSOCIATION. **Laboratory manual for food canners and processors**. Westport: AVI Pub. Co., 1968.

RICHMOND, B.; FIELDS, M. L. Distribution of thermophilic aerobic sporeforming bacteria in food ingredients. **Applied Microbiology**, Washington, DC, v. 14, n. 4, p. 623-626, 1966.

ROMAGNOLI, B. et al. Aflatoxins in spices, aromatic herbs, herb teas and medicinal plants marketed in Italy. **Food Control**, Oxford, v. 18, n. 6, p. 697-701, 2007.

SATCHELL, F. B. et al. Microbiological survey of selected imported spices and associated fecal pellet specimens. **Journal of AOAC International**, Arlington, v. 72, n. 4, p. 632-637, 1989.

STEINKRAUS, K. H. et al. **Handbook of indigenous fermented foods**. New York: Marcel Dekker, Inc., 1983.

UNIDO - UNITED NATIONS INDUSTRIAL DEVELOPMENT ORGANIZATION; FAO - FOOD AND AGRICULTURAL ORGANIZATION. **Herbs, spices and essential oils**: postharvest operations in developing countries. Vienna, 2005. Disponível em: <http://www.unido.org/fileadmin/user_media/Publications/Pub_free/Herbs_spices_and_essential_oils.pdf>. Acesso em: 19 out. 2010.

VIJ, V. et al. Recalls of spices due to bacterial contamination monitored by the US Food and Drug Administration: the predominance of salmonellae. **Journal of Food Protection**, Des Moines, v. 69, n. 1, p. 233-237, 2006.

15 CAPÍTULO

Cereais e Derivados

15.1 INTRODUÇÃO

Cereais e derivados de cereais, como grãos, farinhas, *grits* e fubá são fontes básicas da nutrição humana. Como são o principal componente da dieta de uma grande parcela da população mundial, sua segurança e qualidade são uma grande preocupação para os produtores e para as agências regulatórias.

Este capítulo aborda os principais grãos, farinhas e produtos alimentícios derivados. Os principais grãos de cereais abordados são trigo, arroz, milho, cevada, aveia, centeio, mileto e sorgo. São também abordados os produtos de farinha de milho e de batata, que incluem vários tipos de pães, rolinhos e tacos, além dos produtos de farinha de mandioca, que incluem o pão de queijo. Produtos incomuns não são abordados neste capítulo.

Os produtos derivados de cereais tratados neste capítulo foram divididos em sete grupos, de acordo com as características de processamento, ingredientes e formas de armazenamento. Uma descrição detalhada e exemplos de alimentos são fornecidos em cada subcapítulo dos seguintes grupos:

- Grãos secos *in natura* (arroz, trigo, milho, aveia etc.) e as farinhas e misturas à base de farinhas derivadas desses grãos, que são armazenados, transportados, comercializados e destinados ao consumo após cozimento.
- Massas frescas, que podem ser congeladas ou refrigeradas.
- Produtos derivados de cereais desidratados, incluindo cereais matinais, petiscos e barrinhas de arroz, que têm uma vida de prateleira longa.
- Pães feitos de farinha de vários grãos e tubérculos, aquecidos a altas temperaturas após a fermentação da massa, em muitos casos, com adição de leveduras.

- Macarrão e macarrão chinês, que podem conter ovos e outros ingredientes.
- Grãos cozidos, como arroz, trigo e aveia, que são consumidos *in natura* e úmidos.

Os produtos de confeitaria e produtos com coberturas ou recheios, incluindo os produtos de panificação com vários tipos de ingredientes, são abordados no Capítulo 26. A ecologia microbiana e as medidas de controle para cereais e produtos de cereais foram previamente descritos em detalhe (ICMSF, 2005).

15.2 GRÃOS SECOS, *IN NATURA* E SUAS FARINHAS E MISTURAS À BASE DE FARINHAS

Há muitos cereais cultivados e consumidos no mundo, como arroz, trigo, milho, aveia, cevada, centeio, mileto, sorgo e outros. A temperatura e a precipitação pluvial influenciam o cultivo dos grãos e, consequentemente, a dieta cultural da região. Após a colheita e a secagem dos cereais, alguns são armazenados, distribuídos e comercializados internacionalmente como grãos *in natura*. Outros são moídos em farinha e, pela adição de outros ingredientes secos como açúcar, sal, bicarbonato de sódio e gorduras, são transformados em misturas secas à base de farinhas.

15.2.1 Microrganismos de importância

15.2.1.1 Perigos e controles

Os grãos apresentam pouco risco microbiológico quando são colhidos em boas condições, secados rapidamente em um nível de umidade que previne a multiplicação microbiana e armazenados sob condições que evitam a entrada excessiva de água. Entretanto, em condições inadequadas, pode ocorrer contaminação por fungos toxigênicos e bactérias patogênicas. A ecologia microbiana, a distribuição de fungos toxigênicos e micotoxinas (aflatoxinas, fumonisinas, nivelanol, desoxinivalenol (DON) e outros tricotecenos) e a ocorrência de salmonelas foram previamente descritas (ICMSF, 2005). As farinhas e misturas à base de farinhas produzidas com grãos contaminados conterão os mesmos contaminantes.

Em certas condições, os fungos toxigênicos podem invadir os grãos, antes ou após a colheita, produzindo toxinas. O tipo de bolor encontrado é influenciado pelas condições climáticas. Uma vez produzidas, as micotoxinas não são completamente reduzidas pelo processamento ou cozimento dos cereais, apresentando, portanto, potencial para se tornar um dos maiores problemas para a saúde pública no mundo, se não forem controladas.

As medidas de controle recomendadas para evitar o crescimento de fungos nos grãos são: colher os grãos de áreas com o menor estresse para as culturas, verificar visualmente se há crescimento de fungos e infestação por insetos e secar a cultura rapidamente até atingir um conteúdo de umidade seguro. Também é necessário manter baixa umidade relativa durante o armazenamento e o transporte para impedir mudanças drásticas de temperatura que possam causar condensação. São necessárias práticas de controle de pragas para prevenir a contaminação e reduzir o potencial de produção de

Cereais e Derivados

micotoxinas nos grãos e nas farinhas. Medidas adicionais de controle, como fumigação, armazenamento selado e controle da atmosfera, podem também ser usadas. A análise de micotoxinas nos grãos é recomendável, principalmente em culturas sujeitas às condições de estresse durante o cultivo e colheita.

A Comissão do Codex Alimentarius (2003) adotou um código de práticas para prevenção e redução de micotoxinas em cereais, incluindo ocratoxina A, zearalenona, fumonisinas e tricotecenos. Os programas de controle integrado incorporam os princípios de HACCP para gerenciar os riscos associados às micotoxinas em alimentos (FAO, 1999). A implementação dos princípios de HACCP minimiza a contaminação por micotoxinas por meio da aplicação de controles preventivos na produção, manuseio, armazenamento e processamento de cada cultura de cereal.

Salmonella pode ocasionalmente contaminar os grãos e farinhas (SPERBER; NAMA, 2007). Se a distribuição irregular da umidade resultar em partes úmidas, as salmonelas podem se multiplicar. O armazenamento de grãos e farinhas em condições que previnem o crescimento de bolores também pode controlar o crescimento de *Salmonella*, porque os bolores crescem em atividade de água muito menor do que as salmonelas. As salmonelas são capazes de sobreviver em farinhas secas por muitos meses (DACK, 1961). O armazenamento de grãos e farinhas em temperaturas elevadas e baixa umidade mostrou reduzir a população microbiana em diferentes intensidades, dependendo do cereal, da temperatura e da umidade (VAN CAUWENBERGE; BOTHAST; KWOLEK, 1981). O armazenamento em alta temperatura tem sido usado comercialmente para destruir *Salmonella* em produtos secos a granel. Programas de controle de pragas são apropriados para prevenir a contaminação por *Salmonella* no armazenamento de grãos e farinhas.

A remoção dos detritos e cascas durante o processo de moagem dos grãos pode reduzir a carga de microrganismos, embora essa redução não seja muito grande. Lavagem e branqueamento antes da moagem, se não controlados, podem contribuir para a contaminação microbiana.

É importante usar métodos de limpeza a seco nos equipamentos de moagem e nos ambientes de processamento de farinhas e misturas secas, para prevenir o estabelecimento de locais de abrigo. A limpeza úmida não é recomendada porque a água acumulada em fendas e rachaduras, de difícil limpeza, pode permitir o crescimento de patógenos entéricos. A análise de *Salmonella* no ambiente de processamento de grãos e farinhas é importante para detectar potenciais locais de abrigo (ICMSF, 2005).

15.2.1.2 Deterioração e controles

Alguns fungos e bactérias são patogênicos para plantas, causando doenças e levando à deterioração dos grãos colhidos. O crescimento de fungos pode causar não somente danos diretos nos grãos, mas também danos físicos (pelo aquecimento espontâneo) ou químicos (pela produção de enzimas ou ácidos graxos). A farinha pode sofrer deterioração em função de condições inadequadas de colheita, processamento e armazenagem, abuso de temperatura e falhas no controle da umidade. As medidas usadas para controlar fungos e bactérias também são recomendadas para controlar a deterioração (ICMSF, 2005).

15.2.2 Dados microbiológicos

Na Tabela 15.1 encontram-se resumidas análises úteis para grãos secos *in natura*, farinhas e misturas à base de farinhas. Consulte o texto para detalhes importantes relacionados a recomendações específicas.

Tabela 15.1 Análises de grãos secos *in natura*, farinhas e misturas à base de farinhas para avaliação da segurança e da qualidade microbiológicas

Importância relativa		Análises úteis
Ingredientes críticos	Alta	Observação visual de crescimento de fungos, infestação de insetos e pontos úmidos. Análise de micotoxinas relevantes nos grãos antes da moagem: • Aflatoxinas e fumonisinas no milho. • Desoxinivalenol e nivalenol no trigo. • Ocratoxina A na cevada e centeio.
Durante o processamento	Média	A umidade dos grãos não deve estar acima de: 13% para arroz, 11% para trigo, milho e cevada e 10% para aveia (ICMSF, 2005). Análise de *Salmonella* em resíduos das superfícies de contato durante a operação normal, para verificar o controle do processo. Os níveis normalmente encontrados são: • *Salmonella* – ausente.
Ambiente de processamento	Alta	Análise de *Salmonella* nas áreas relevantes do ambiente durante a operação normal, para verificar o controle do processo. Os níveis normalmente encontrados são: • *Salmonella* – ausente.
Vida de prateleira	-	Não relevante.
Produto final	Média	Análise das micotoxinas relevantes no produto final, dependendo do grão e condições climáticas.
	Baixa	Não há recomendação de análise patógenos durante operação normal, quando BPH e HACCP são eficazes e confirmados pelas análises acima. Quando as análises acima ou desvios de processo indicarem um possível problema de segurança, é recomendada análise de *Salmonella*.

Produto	Microrganismo	Método analítico[a]	Caso	Plano de amostragem e limites/25 g[b]			
				n	c	m	M
Farinhas e misturas desidratadas	*Salmonella*	ISO 6579	10	5[c]	0	0	-

[a] Métodos alternativos podem ser usados, desde que validados pelos métodos ISO.

[b] Consulte o Apêndice A para desempenho desses planos de amostragem.

[c] Unidades analíticas individuais de 25 g (ver a Seção 7.5.2 para amostra composta).

15.2.2.1 Ingredientes críticos

O grão *in natura* é um ingrediente crítico na produção de farinha e misturas secas. Antes da utilização para a produção de farinhas, os grãos *in natura* devem ser examinados quanto à presença de micotoxinas, tais como aflatoxinas e fumonisinas no milho, DON e nivalenol no trigo e ocratoxina A na cevada e no centeio. A presença de DON pode ser controlada pelo monitoramento da cultura no campo e pela obrigatoriedade do teste de pesagem dos grãos nos elevadores. Este é um exemplo de como as Boas

Práticas Agrícolas são mais eficientes que as análises microbióticas no controle das micotoxinas. Outras micotoxinas, como zearalenona, Toxina T-2 e alternariol, devem ser monitoradas nos grãos de certas regiões, como previamente descrito (ICMSF, 2005). A Comissão do Codex Alimentarius adotou um limite máximo de 5 µg/kg para ocratoxina A no trigo, cevada e centeio *in natura* (CODEX ALIMENTARIUS, 2008). Não há recomendações da Comissão do Codex Alimentarius para outras micotoxinas nos cereais, mas vários países têm adotado os seus próprios limites.

Os ingredientes usados nas misturas secas, como açúcar, sal, bicarbonato de sódio e gordura, não são um risco sério para a saúde humana, em comparação aos grãos e à farinha. A análise de *Salmonella* em ovos desidratados e leite em pó pode ser útil, especialmente quando não houver conhecimento do controle realizado pelos fornecedores, uma vez que esses ingredientes oferecem risco de *Salmonella*. Consulte os capítulos apropriados para orientações adicionais.

15.2.2.2 Durante o processamento

Não há recomendação de análise de micotoxinas nos grãos, farinhas e misturas secas durante o processamento, porque não há tendência das populações dos perigos microbianos modificarem-se substancialmente. Entretanto, a análise periódica de *Salmonella* durante o processamento é útil, porque deve estar ausente (GMA, 2009). Como já mencionado anteriormente, a exposição à agua pode criar um microambiente favorável à multiplicação de salmonelas. A umidade na farinha frequentemente forma grumos que são retidos nas telas das peneiras, sendo este um local útil para amostragem. Amostras de resíduos das linhas de processamento também são úteis, porque representam o produto produzido por um longo período de tempo.

15.2.2.3 Ambiente de processamento

O controle da umidade durante o armazenamento e transporte dos grãos e farinhas é muito importante, porque pode ocorrer crescimento de fungos e produção de micotoxinas se a umidade subir para acima de 12% (ICMSF, 2005). As flutuações de temperatura podem causar condensação, levando a pontos úmidos que favorecem o crescimento dos fungos presentes nos grãos.

As salmonelas são uma preocupação, porque sobrevivem em condições secas (RICHTER et al., 1993) e sua presença nos equipamentos e no ambiente de processamento pode contribuir para a contaminação do produto final. A análise de *Salmonella* em amostras do ambiente é útil para identificar os locais de abrigo (GMA, 2009).

15.2.2.4 Vida de prateleira

A análise microbiológica de vida de prateleira não é relevante para cereais em grãos, farinhas e misturas secas, porque a baixa a_w inibe a multiplicação.

15.2.2.5 Produto final

Micotoxinas são a principal preocupação em grãos *in natura*, sendo recomendada a realização de análises de rotina para as micotoxinas relevantes em cada tipo de grão. Análises rápidas de triagem, como os ensaios imunoenzimáticos (ELISA) e fluorométricos para aflatoxinas e ocratoxina A podem fornecer uma boa indicação do nível de contaminação. As amostras positivas, entretanto, devem ser posteriormente analisadas usando as metodologias apropriadas (SCOTT, 1995; BARUG et al., 2006).

Se os resultados das amostras do ambiente e durante o processamento confirmarem a ausência de *Salmonella*, a análise do produto final pode ser periódica, apenas para verificação. Entretanto, a presença do patógeno nas amostras ambientais indica a necessidade de realizar uma amostragem investigativa para identificar a causa. Essa investigação pode ser complementada com amostragem do produto final. Como esses produtos necessitam de cozimento antes do consumo, aplica-se o Caso 10. Na Tabela 15.1 também encontram-se resumidas as análises recomendadas para outras etapas desta categoria de produto.

15.3 MASSAS FRESCAS, CONGELADAS E REFRIGERADAS

A massa fresca é um produto intermediário para pães, biscoitos, macarrão e produtos de cereais, que envolve a mistura de farinhas, agentes de fermentação e outros ingredientes, incluindo produtos lácteos, ovos, adoçantes, nozes, chocolate etc., dependendo do produto final. As massas podem ser preparadas e comercializadas antes de assadas, na forma refrigerada ou congelada. Esses produtos devem ser cozidos ou assados antes do consumo, nos estabelecimentos comerciais, restaurantes e domicílios. Algumas massas são usadas como ingredientes em outros alimentos, como sorvete.

15.3.1 Microrganismos de importância

15.3.1.1 Perigos e controles

Os tratamentos térmicos usados para preparar as massas (assar ou cozinhar a vapor) alcançam temperaturas suficientes para destruir bactérias vegetativas. Os produtos disponíveis no mercado são caracteristicamente destinados ao consumo após cozimento. Entretanto, produtos prontos para consumo, como, por exemplo, massa de biscoitos para sorvete, requerem atenção especial, porque *Salmonella* pode estar presente nos grãos e farinhas. As massas incorporadas aos produtos pronto para consumo devem ser preparadas usando ingredientes (incluindo as farinhas) que foram tratados para destruir patógenos. O armazenamento em temperaturas altas tem sido usado comercialmente para destruir as salmonelas em produtos secos, a granel. Entretanto, o tratamento térmico utilizado pode ser prejudicial às propriedades funcionais da farinha, necessárias para a fabricação de produtos de panificação tradicionais, tornando esse tipo de tratamento inadequado para esses produtos.

Cereais e Derivados

305

15.3.1.2 Deterioração e controles

As massa frescas congeladas não estão sujeitas à deterioração microbiana, mas massas refrigeradas e outros produtos de confeitaria crus podem azedar, em razão do crescimento de bactérias láticas presentes nos cereais. Esses microrganismos ocorrem nas farinhas e podem multiplicar-se até atingir contagens altas nos equipamentos de preparação das massas. Entretanto, o potencial de azedar o produto depende da formulação e das condições de armazenamento. A população de bactérias láticas que pode ser tolerada em certos produtos só pode ser determinada por meio de análises. Os problemas são evitados por meio de atenção estrita ao planejamento sanitário e à higiene do processo.

15.3.2 Dados microbiológicos

Na Tabela 15.2 encontram-se resumidas as análises úteis para produtos de massas frescas congeladas e refrigeradas. Consulte o texto para detalhes importantes relacionados a recomendações específicas.

Tabela 15.2 Análises de massas congeladas e refrigeradas para avaliação da segurança e da qualidade microbiológicas

Importância relativa		Análises úteis
Ingredientes críticos	Média	Analisar micotoxinas se a confiança nas farinhas ou grãos *in natura* for baixa. Analisar *Salmonella* nos ingredientes críticos se a confiança no fornecedor for baixa.
Durante o processamento	Baixa–média	A necessidade de análises durante o processamento depende do produto. Consulte o texto.
Ambiente de processamento	Alta	Analisar *Salmonella* em amostras do ambiente de processamento. Os níveis normalmente encontrados são: • *Salmonella* – ausente.
Vida de prateleira	-	Não é relevante para produtos congelados. Pode ser relevante para produtos refrigerados, dependendo da formulação. Consulte o texto.
Produto final	Baixa	Não há recomendação de análise de patógenos durante operação normal, quando BPH e HACCP são eficazes e confirmados pelas análises acima. Quando as análises acima ou desvios do processo indicarem um possível problema de segurança, é recomendada análise de *Salmonella*.

Produto	Microrganismo	Método analítico[a]	Caso	Plano de amostragem e limites/25 g[b]			
				n	c	m	M
Massas frescas prontas para serem cozidas	*Salmonella*	ISO 6579	10	5[c]	0	0	-
Massas frescas prontas para consumo	*Salmonella*	ISO 6579	11	10[c]	0	0	-

[a] Métodos alternativos podem ser usados, desde que validados pelos métodos ISO.

[b] Consulte o Apêndice A para desempenho desses planos de amostragem.

[c] Unidades analíticas individuais de 25 g (ver a Seção 7.5.2 para amostra composta).

15.3.2.1 Ingredientes críticos

A análise da farinha utilizada como ingrediente de produtos prontos para consumo não é uma forma de controle confiável. Os ingredientes usados em massas frescas, como açúcar, sal, bicarbonato de sódio e gordura, não constituem um motivo de preocupação para a saúde humana, quando comparados aos grãos *in natura* e às farinhas. Ovos desidratados e leite em pó podem apresentar risco de *Salmonella*, portanto, a análise desse patógeno pode ser útil, principalmente quando não houver conhecimento dos controles usados pelos fornecedores. Consulte os capítulos apropriados para orientações adicionais.

As micotoxinas devem ser controladas nos ingredientes (ver a Seção 15.2.1.1).

15.3.2.2 Durante o processamento

Para massas congeladas, as análises durante o processamento são de valor limitado. Para produtos de massas frescas, a análise de resíduos das linhas é útil para verificar o controle da higiene. Métodos microbiológicos para bactérias láticas em massas refrigeradas têm sido propostos (HESSELTINE et al., 1969), mas a análise de relevância depende da fórmula do produto e do potencial de deterioração. A amostragem periódica de resíduos das linhas para *Salmonella* é útil para verificar que as massas frescas não serão contaminadas pelo ambiente.

15.3.2.3 Ambiente de processamento

O ambiente de processamento pode ter locais de abrigo de *Salmonella*, que pode contaminar os produtos em processamento. É recomendado o monitoramento de *Salmonella* no ambiente de processamento.

15.3.2.4 Vida de prateleira

A análise da vida de prateleira não é relevante para massas congeladas, mas pode ser considerada para massas refrigeradas, que são sujeitas à deterioração microbiana. Muitas dessas massas são embaladas em atmosfera modificada contendo dióxido de carbono, e bolores não são um problema. No entanto, as bactérias láticas, podem levar à produção excessiva de gás e à deterioração. As análises relevantes e as condições de comercialização adequadas devem ser determinadas antecipadamente para cada produto.

15.3.2.5 Produto final

Se os resultados das amostras do ambiente e durante o processamento confirmarem a ausência de *Salmonella*, a análise do produto final pode ser periódica, apenas para verificação. Entretanto, a presença do patógeno nas amostras ambientais indica a necessidade de realizar uma amostragem investigativa para identificar a causa. Essa investigação pode ser complementada com amostragem do produto final. Como esses produtos necessitam de cozimento antes do consumo, aplica-se o Caso 10. Na Tabela 15.2 também encontram-se resumidas as análises recomendadas para outras etapas dessa categoria de produto.

Cereais e Derivados

15.4 PRODUTOS DE CEREAIS DESIDRATADOS

Produtos de cereais desidratados incluem cereais matinais, aveia, petiscos, tortas de arroz e cereais infantis. Os cereais infantis são tratados no Capítulo 25. Os produtos desidratados são fabricados de grãos aquecidos durante a floculação e aeração ou de farinhas aquecidas durante a extrusão, após a adição de água. Os produtos de cereais desidratados normalmente são prontos para o consumo (RTE), não exigindo cozimento, embora também possam ser consumidos após aquecimento, com adição de leite ou água quente. Outros ingredientes como açúcar, sal, condimentos, vitaminas, flavorizantes, frutas secas e castanhas podem ser adicionados na obtenção do produto final.

15.4.1 Microrganismos de importância

15.4.1.1 Perigos e controles

Quando são usadas as boas práticas higiênicas no processamento, não há grandes perigos. Entretanto, alguns surtos por *Salmonella* foram associados a cereais desidratados, em decorrência de contaminação do ambiente ou do ingrediente. Há, por exemplo, dois surtos por *Salmonella* Agona, associados a cereais matinais produzidos em uma mesma fábrica, verificando-se que uma linha de processamento em uma planta de cereais foi o ponto de contaminação (CDC, 1998, 2008).

As micotoxinas devem ser controladas nos ingredientes (ver a Seção 15.2.1.1).

15.4.1.2 Deterioração e controles

Em virtude da baixa atividade de água, geralmente não há preocupação quanto à deterioração microbiana desses produtos.

15.4.2 Dados microbiológicos

Na Tabela 15.3 encontram-se resumidas as análises úteis para produtos de cereais desidratados. Consulte o texto para detalhes importantes relacionados a recomendações específicas.

15.4.2.1 Ingredientes críticos

As micotoxinas nos grãos *in natura* resistem ao processamento, portanto, a análise de micotoxinas é aplicável se não forem controladas pelos fornecedores. A análise de outros ingredientes importantes, como frutas secas e castanhas, pode ser apropriada. Considerando-se que a maioria dos produtos de cereais desidratados é pronta para consumo, ingredientes como castanhas, cacau e outros com histórico de contaminação por *Salmonella* devem ser analisados, se esse patógeno não for controlado pelo fornecedor.

308　Microrganismos em Alimentos 8

Tabela 15.3 Análises produtos de cereais desidratados para avaliação da segurança e da qualidade microbiológicas

Importância relativa		Análises úteis
Ingredientes críticos	Média	Análise de micotoxinas se a confiança nas farinhas ou grãos *in natura* for baixa. Análise de *Salmonella* nas castanhas, cacau e outros ingredientes críticos se não houver uma etapa letal e a confiança no fornecedor for baixa.
Durante o processamento	Alta	Análise de *Salmonella* em amostras apropriadas de resíduos e em linha. Os níveis normalmente encontrados são: • *Salmonella* – ausente.
Ambiente de processamento	Alta	Análise de *Salmonella* e *Enterobacteriaceae* no ambiente de processamento da planta. Os níveis normalmente encontrados são: • *Enterobacteriaceae* – 10^2–10^3 UFC/g. • *Salmonella* – ausente.
Vida de prateleira	-	Não relevante.
Produto final	Alta	É recomendada a análise de *Enterobacteriaceae*, para verificar o controle de processo.

Produto	Microrganismo	Método analítico[a]	Caso	Plano de amostragem e limites/g[b]			
				n	c	m	M
Cereais desidratados	*Enterobacteriaceae*	ISO 21528-2	2	5	2	10	10^2

Baixa — Não há recomendação de análise de patógenos durante operação normal, quando BPH e HACCP são eficazes e confirmados pelas análises acima. Quando as análises acima ou desvios do processo indicarem um possível problema de segurança, é recomendada análise de *Salmonella*.

Produto	Microrganismo	Método analítico[a]	Caso	Plano de amostragem e limites/25 g[b]			
				n	c	m	M
Cereais desidratados	*Salmonella*	ISO 6579	11	10[c]	0	0	-

[a] Métodos alternativos podem ser usados, desde que validados pelos métodos ISO.

[b] Consulte o Apêndice A para desempenho desses planos de amostragem.

[c] Unidades analíticas individuais de 25 g (ver a Seção 7.5.2 para amostra composta).

15.4.2.2　Durante o processamento

Surtos associados com produtos de cereais desidratados deixam claro que é importante a análise de *Salmonella* em amostras coletadas durante o processamento (por exemplo, resíduos nas linhas), em que o patógeno deve estar ausente.

15.4.2.3　Ambiente de processamento

A análise de amostras do ambiente de processamento pode apontar locais de abrigo de *Salmonella*, de onde o patógeno pode contaminar os alimentos durante o processamento. Assim, é recomendado o monitoramento de *Salmonella* no ambiente de processamento.

15.4.2.4　Vida de prateleira

A análise microbiológica de vida de prateleira não é relevante para produtos de cereais desidratados, em virtude da baixa a_w.

Cereais e Derivados

15.4.2.5 Produto final

As análises propostas para produtos de cereais desidratados estão descritos na Tabela 15.3. A análise de amostras coletadas do ambiente e durante o processamento podem ser mais úteis do que a análise do produto final, se adequadamente planejadas para identificar e corrigir problemas potenciais.

15.5 PRODUTOS DE PANIFICAÇÃO

Os pães são feitos de farinha de trigo, milho, cevada, aveia, centeio, soja mileto, ou sorgo, e são aquecidos (assados) em altas temperaturas. Normalmente, a massa é fermentada por leveduras antes de assar. Podem haver outros ingredientes, como água, açúcar, sal, leite e ovos. Esta categoria de produtos inclui também biscoitos do bolachas salgadas, pão de massa azeda, panetone, nan (pão da Índia), pita (pães do Oriente Médio), pão de queijo (brasileiro) e tortilhas. A composição e as características de processamento desses produtos, bem como a ecologia microbiana, estão descritas na publicação anterior (ICMSF, 2005). As temperaturas necessárias para garantir a estrutura e a textura aceitáveis dos produtos de panificação são suficientes para inativar as células vegetativas. Além disso, em muitas culturas, o processo de panificação desidrata a superfície dos produtos assados, prevenindo a multiplicação microbiana superficial. As culturas asiáticas, às vezes, usam o processo de cozimento a vapor, o que resulta em produtos com atividade de água capaz de permitir a multiplicação de alguns patógenos na superfície.

15.5.1 Microrganismos de importância

15.5.1.1 Perigos e controles

Como já mencionado nas seções anteriores, as micotoxinas podem ser uma preocupação nas farinhas produzidas com grãos não controlados. Uma exceção notável é o milho tratado com cal, usado para fazer tortilhas. Embora *Salmonella* e *Bacillus cereus* possam ser encontrados ocasionalmente na massa, não causam doenças, porque a massa é aquecida para desenvolver a estrutura adequada do pão.

15.5.1.2 Deterioração e controles

Os bolores podem crescer nos pães assados, se forem armazenados por tempo suficiente. O tempo requerido para crescimento visível de fungos depende do conteúdo de umidade da crosta, da população inicial na superfície do pão, dos conservadores presentes na massa e da temperatura de armazenamento. Os bolores da massa são destruídos quando o pão é assado, mas a recontaminação pode ocorrer se o ambiente de produção até o local de embalamento não for controlado. O resfriamento dos pães assados antes do acondicionamento é recomendado, para impedir a condensação. A manutenção de condições secas e limpas nos ambientes de resfriamento e embalagem é crítica para manter a qualidade dos pães.

As bactérias causadoras de *rope* (variante mucoide de *Bacillus subtilis* e *Bacillus licheniformis*) podem estar presentes nas farinhas e também são uma preocupação nos pães de maior umidade, porque podem sobreviver no produto assado. Embora exista um método para analisar essas bactérias, é mais adequado realizar um teste prático do processo de assar o produto, para verificar se uma farinha em especial pode permitir a formação de *rope* (ICMSF, 1986). As bactérias formadoras de *rope* também podem se estabelecer nos ambientes de panificação, como resultado de limpeza e sanitização inadequadas.

15.5.2 Dados microbiológicos

Na Tabela 15.4 encontram-se resumidas as análises úteis para produtos de panificação. Consulte o texto para detalhes importantes relacionados a recomendações específicas.

15.5.2.1 Ingredientes críticos

O processo de assar é capaz de inativar as células vegetativas de bactérias, leveduras e bolores nos ingredientes. Assim, os riscos à segurança (por exemplo, *Salmonella*) são mínimos, exceto quando há adição de ingredientes aos produtos já assados (por exemplo, glacês, ovos, cobertura de nozes ou castanhas). Como em outros produtos de cereais, as micotoxinas nos grãos usados para produzir as farinhas devem ser controladas pelo fornecedor. Se a característica do produto permitir a formação de *rope*, as farinhas devem ser controladas pelo fornecedor ou submetidas a uma triagem, para garantir baixos níveis de esporos de bactérias causadoras de *rope*.

15.5.2.2 Durante o processamento

Dependendo do produto e do planejamento das operações, o monitoramento dos produtos de panificação durante o processamento pode variar consideravelmente. Normalmente, a exposição dos produtos depois de assados é curta, então, a amostragem durante o processamento pode ser irrelevante.

15.5.2.3 Ambiente de processamento

O controle de bolores por meio de filtração do ar e medidas de higiene é essencial para prevenir a deterioração dos produtos de panificação com a_w suficiente para seu crescimento após a embalagem. O monitoramento do ar por meio do uso de placas de exposição ou um amostrador de ar é útil para estabelecer um histórico da população associada à deterioração. Isso é especialmente útil nas áreas de resfriamento e embalagem, porque os pães assados necessitam de resfriamento antes de serem embalados, de forma a prevenir condensação dentro da embalagem.

Recomenda-se a análise periódica de salmonelas no ambiente em que os pães permanecem depois de assados, porque a *Salmonella* poder sobreviver por longos períodos de tempo na farinha e em ambientes secos. As instalações de produção de produtos de panificação devem ser mantidas secas, usando-se métodos de limpeza a seco para

Cereais e Derivados

higienização. Uma atenção especial deve ser dada à amostragem do ambiente, quando houver áreas com condensação, com água parada ou qualquer outra condições de alta umidade, favorável ao estabelecimento e multiplicação de *Salmonella*. A condensação, por exemplo, pode se formar na entrada dos túneis de congelamento.

Caso a deterioração por *rope* seja uma preocupação, indicadores de higiene para avaliação da limpeza dos equipamentos podem ser apropriados.

15.5.2.4 Vida de prateleira

A grande variedade de produtos não permite recomendações gerais para toda esta categoria. A deterioração dos produtos de panificação assados é bem documentada, portanto, a análise de vida de prateleira deve ser feita quando a informação for benéfica para a qualidade e data de validade. Para os produtos propensos à formação de *rope*, é prudente a análise de vida de prateleira, usando-se diferentes lotes de farinhas.

15.5.2.5 Produto final

A segurança dos produtos de panificação assados está bem documentada, portanto, não há recomendação de análises de rotina para esses produtos (ICMSF, 2005). Para quando as análises indicadas nos itens apresentados aqui ou quando desvios de processo apontarem possíveis problemas de segurança, a Tabela 15.4 indica as análises recomendadas.

15.6 MACARRÃO SEM RECHEIO E MACARRÃO CHINÊS (*NOODLES*)

Macarrão e *noodles* são massas cruas, fabricadas com farinha de trigo, semolina, trigo sarraceno, arroz ou combinações destes. Outros ingredientes, como ovos, podem ser adicionados. A água é adicionada e misturada para extração do glúten, moldando-se então a massa no formato desejado. A massa pode ser extrusada, enrolada ou cortada em vários formatos de macarrão e *noodles*, e desidratada a temperaturas que dependem do produto. Os produtos totalmente secos tem uma longa vida de prateleira à temperatura ambiente. Macarrão e *noodles* frescos ou parcialmente secos, refrigerados e embalados com atmosfera modificada, também estão disponíveis no comércio. Massas com recheios como tortellini e ravioli são descritas no Capítulo 26.

15.6.1 Microrganismos de importância

15.6.1.1 Perigos e controles

As micotoxinas são uma preocupação apenas no caso de farinhas obtidas de fornecedores sem um programa de controle de micotoxinas.

Entre os perigos bacterianos, as salmonelas nos ovos são uma preocupação, porque podem sobreviver à secagem e permanecer viáveis por vários meses (RAYMAN et al., 1979). A sobrevivência de salmonelas pode ser um problema se o *noodles* não for cozido adequadamente.

312 Microrganismos em Alimentos 8

Tabela 15.4 Análises de produtos de panificação para avaliação da segurança e da qualidade microbiológicas

Importância relativa		Análises úteis
Ingredientes críticos	Média	Análise de micotoxinas se a confiança na farinha e nos grãos *in natura* é baixa. Análise de *Salmonella* nas castanhas, ovos, produtos lácteos desidratados e outros ingredientes críticos adicionados depois que o produto foi assado, se a confiança no fornecedor for baixa.
Durante o processamento	Média	Análises apropriadas dependem do tipo de produto e processo envolvido. Recorra ao texto.
Ambiente de processamento	Alta	Análise de bolores no ar das áreas de resfriamento e embalagem, no caso de produtos propensos à deterioração por bolores. Monitoramento da higiene e dos procedimentos de limpeza e sanitização dos equipamentos é relevante. Análise de *Salmonella* no ambiente de processamento da fábrica, quando pertinente (consulte o texto). Os níveis normalmente encontrados são: • *Salmonella* – ausente.
Vida de prateleira	Média	A necessidade de análises depende do produto, da formulação e do uso do produto. Consulte o texto para instruções gerais.
Produto final	Baixa	Não há recomendação de análise de patógenos durante operação normal, quando BPH e HACCP são efetivos e confirmados pelas análises acima. Quando as análises acima ou desvios do processo indicarem um possível problema de segurança, os seguintes planos de amostragem são recomendados.

				Plano de amostragem e limites/25 g[b]			
Produto	Microrganismo	Método analítico[a]	Caso	n	c	m	M
Produtos de panificação assados, prontos para consumo (RTE)	*Salmonella*	ISO 6579	11	10[c]	0	0	-

[a] Métodos alternativos podem ser usados, desde que validados pelos métodos ISO.

[b] Consulte o Apêndice A para desempenho desses planos de amostragem.

[c] Unidades analíticas individuais de 25 g (ver a Seção 7.5.2 para amostra composta).

A presença de ovos em macarrão aumenta o potencial de multiplicação de *Staphylococcus aureus* e a produção de enterotoxina estafilocócica. As enterotoxinas podem persistir no macarrão seco e não serem destruídas na água em ebulição. O controle de *S. aureus* pode ser feito por meio da remoção dos resíduos nos misturadores e extrusores e da redução do tempo de secagem. Os equipamentos de produção de macarrão têm estruturas com formatos complexos, como polos de misturadores e cabeças de extrusores, que são de difícil limpeza. A limpeza diária é necessária para prevenir a formação de resíduos e potenciais locais de abrigo. Devem ser usados métodos de limpeza a seco, para reduzir o potencial de multiplicação nas áreas inacessíveis do equipamento e do ambiente.

No processamento do macarrão, a farinha também é usada para evitar sua adesão entre si e nos equipamentos. O excesso de farinha e massa nas linhas de processamento pode formar focos de multiplicação de *S. aureus*, *Salmonella* e bactérias deteriorantes. A extensão da multiplicação depende da atividade de água na massa, da temperatura

Cereais e Derivados

de produção e de outros fatores de processo e de formulação. A higiene básica do equipamento é importante.

Clostridium botulinum pode ser um problema em macarrão fresco refrigerado, se não tiver sido formulado para prevenir o seu crescimento e tiver sido exposto a temperaturas abusivas.

15.6.1.2 Deterioração e controles

Macarrão e *noodles* secos não sofrem deterioração microbiana. Macarrão fresco pode deteriorar em virtude da multiplicação de leveduras, bolores e bactérias, se mantidos por muito tempo no refrigerador ou se a embalagem de atmosfera modificada for rompida.

15.6.2 Dados microbiológicos

Na Tabela 15.5 encontram-se resumidas as análises úteis para macarrão sem recheio e *noodles*. Consulte o texto para detalhes importantes relacionados a recomendações específicas.

15.6.2.1 Ingredientes críticos

As salmonelas podem estar presentes nas farinhas e nos ovos. O uso de ovo pasteurizado pode reduzir o potencial de contaminação por *Salmonella*.

15.6.2.2 Durante o processamento

A análise de *S. aureus* em amostras coletadas durante o processamento, especialmente nos resíduos acumulados ao redor dos polos dos *mixers* e em outros pontos de acúmulo de produto, é útil para determinar o tempo em que uma linha de processamento pode operar sem interrupção. O processo de secagem deve ser monitorado para prevenir uma elevação inaceitável na população de *S. aureus*. A contagem de aeróbios mesófilos pode ser útil para monitorar o controle de processo.

15.6.2.3 Ambiente de processamento

Além das boas práticas de higiene, o monitoramento da temperatura e da umidade é particularmente importante na área de secagem de macarrão e *noodles*. O monitoramento de salmonelas nas amostras do ambiente é útil para identificar e corrigir locais de abrigo.

15.6.2.4 Vida de prateleira

A análise de vida de prateleira não é relevante para macarrão seco, mas pode ser necessária para macarrão fresco refrigerado. Com relação à questão de *C. botulinum* e outros patógenos no macarrão fresco embalado em atmosferas modificadas, informações sobre o tempo e a temperatura a que os produtos serão expostos, bem como sobre o pH e a_w podem ser mais úteis para avaliar se permanecerão seguros durante toda a vida de prateleira (ICMSF, 2005).

314 Microrganismos em Alimentos 8

Tabela 15.5 Análises de macarrão sem recheio e *noodles* para avaliação da segurança
e da qualidade microbiológicas

Importância relativa		Análises úteis
Ingredientes críticos	Alta	Análise de micotoxinas se a confiança nos ingredientes da farinha for baixa. Análise de *Salmonella* nos ovos se a confiança no fornecedor for baixa (ver o Capítulo 22).
Durante o processamento	Média	Análise de *S. aureus* nos resíduos durante o processamento, especialmente em pontos de acúmulo do produto. Os níveis normalmente encontrados são: • Mesófilos aeróbios – < 10^6 UFC/g. • *S. aureus* – < 10^3 UFC/g.
Ambiente de processamento	Baixa	Análise de *Salmonella* no ambiente de processamento. Os níveis normalmente encontrados são: • *Salmonella* – ausente.
Vida de prateleira	-	Não aplicável para macarrão desidratado.
	Alta	A vida de prateleira de macarrão deve ser estabelecida através de análises apropriadas. Examine a_w, pH e atmosfera da embalagem no caso de macarrão fresco refrigerado, se esses parâmetros forem críticos para a segurança e a estabilidade do produto.
Produto final	-	Não há recomendação de análise de patógenos durante operação normal, quando BPH e HACCP são efetivos e confirmados pelas análises acima. Quando as análises acima ou desvios do processo indicarem um possível problema de segurança, os seguintes planos de amostragem são recomendados:

	Produto	Microrganismo	Método analítico[a]	Caso	Plano de amostragem e limites/g[b]			
					n	c	m	M
Baixa	Macarrão e macarrão chinês	*S. aureus*	ISO 6888-1	8	5	1	10^3	10^{4c}
					Plano de amostragem e limites /25 g[b]			
					n	c	m	M
Baixa		*Salmonella*	ISO 6579	10	5^d	0	0	-

[a] Métodos alternativos podem ser usados, desde que validados pelos métodos ISO.

[b] Consulte o Apêndice A para desempenho desses planos de amostragem.

[c] Em vez de contagem de *S. aureus*, ou quando a contagem exceder o limite, pode ser feita a análise de enterotoxina.

[d] Unidades analíticas individuais de 25 g (ver a Seção 7.5.2 para amostra composta).

15.6.2.5 Produto final

Como descrito aqui, macarrão e *noodles* secos podem conter *Salmonella* e *S. aureus*. A ICMSF (1986) propôs o Caso 10 para a análise de salmonelas e Caso 8 para *S. aureus*, porque estes produtos são cozidos antes do consumo. O limite $M = 10^4$/g foi proposto para *S. aureus* e, se ultrapassado, a análise de enterotoxinas pode ser considerada, uma vez que não são inativadas pela fervura. É importante destacar que *S. aureus* pode morrer durante o armazenamento do macarrão seco, assim a amostragem dever ser feita em data próxima à da produção. Métodos validados de análise de enterotoxina estão disponíveis em publicações anteriores (ICMSF, 1986) e podem ser aplicados aos produtos suspeitos.

Na Tabela 15.5 encontram-se descritas as análises recomendadas para segurança e qualidade microbiológica de produtos de macarrão e *noodles*.

Cereais e Derivados

15.7 CEREAIS COZIDOS

Este grupo de produtos inclui grãos cozidos vendidos no comércio. Alguns grãos são cozidos na sua forma original, com um mínimo de secagem e debulha. Na maioria dos países asiáticos, o arroz fervido ou cozido no vapor, com ou sem fritura, é a dieta principal. O trigo também é consumido após a fervura, mas geralmente é misturado a outros grãos, como o arroz. O milho cozido é incluído nesta categoria, mas o milho doce (milho verde) é descrito no Capítulo 12.

A reidratação dos grãos por meio da fervura ou do vapor aumenta a atividade de água, o que permite a multiplicação bacteriana. Esses produtos normalmente são consumidos logo após a preparação, mas há situações em que podem ser preparados para uso e consumo posterior. Por exemplo, o arroz pode ser cozido e congelado, com ou sem outros ingredientes. Os produtos de arroz reidratado, embalados a vácuo, com vida de prateleira estável, foram desenvolvidos recentemente.

15.7.1 Microrganismos de importância

15.7.1.1 Perigos e controles

O perigo potencial das micotoxinas foi discutido anteriormente. Esses produtos raramente são associados a bactérias patogênicas não esporogênicas, porque são destruídas no cozimento. A sobrevivência dos formadores de esporos, entretanto, é motivo de preocupação. Numerosos surtos de enfermidades transmitidas por *B. cereus* já foram associados ao arroz fervido ou refrito (SCHIEMANN, 1978; SHINAGAWA, 1990; GRANUM; BAIRD-PARKER, 2000; HAQUE; RUSSELL, 2005). Na Noruega foi reportada a produção de pumilacidina por *Bacillus pumilus* como causa de um envenenamento alimentar associado ao arroz (FROM; HORMAZABAL; GRANUM, 2007). Nesses incidentes, o arroz cozido foi mantido por várias horas, ou mesmo de um dia para outro, à temperatura ambiente, ou em grandes recipientes, nos refrigeradores, com refrigeração inadequada. Esses surtos poderiam ter sido evitados por meio da educação dos consumidores, do treinamento dos manipuladores e da rotulagem informativa nos produtos (por exemplo, "refrigere após o preparo se for armazenar para consumo posterior"), o que seria mais eficiente do que estabelecer critérios para os produtos cozidos.

O advento dos produtos de arroz hidratado, estáveis à temperatura ambiente e embalados a vácuo, levanta uma preocupação quanto a *B. cereus* e *C. botulinum*, a menos que esses produtos sejam processados de forma a destruir esses formadores de esporos ou formulados de forma a impedir sua multiplicação.

15.7.1.2 Deterioração e controles

Fungos e bactérias deterioradoras são destruídos pelo cozimento, mas cereais cozidos são meios de cultura ideais. As medidas indicadas para controle dos perigos microbiológicos são também úteis para prevenir a deterioração.

15.7.2 Dados microbiológicos

Na Tabela 15.6 encontram-se resumidas as análises úteis para arroz cozido. Consulte o texto para detalhes importantes relacionados a recomendações específicas.

Tabela 15.6 Análises de arroz cozido para avaliação da segurança e da qualidade microbiológicas

Importância relativa		Análises úteis
Ingredientes críticos	Média	Análise de micotoxinas se a confiança nos grãos *in natura* for baixa.
Durante o processamento	Alta	No caso do processo de cozimento contínuo de arroz, realizar a análise de *B. cereus* nos resíduos, durante a operação, para verificar o controle de processo. Os níveis normalmente encontrados são: • *B. cereus* – < 10^2 UFC/g. • Contagem total de aeróbios mesófilos ou *Enterobacteriaceae* podem ser indicadores úteis de controle de processo. Os níveis normais dependem do produto e do processo.
Ambiente de processamento	Média	Realizar a análise de *Salmonella* nas áreas relevantes durante a operação normal, para verificar o controle do processo. Os níveis normalmente encontrados são: • *Salmonella* – ausente.
Vida de prateleira	Baixa–alta	Não relevante para produtos consumidos imediatamente após o cozimento. Para produtos de longa vida de prateleira, armazenados à temperatura ambiente, são essenciais dados para verificar a segurança e estabilidade, incluindo atividade de água, pH, atmosfera da embalagem e parâmetros de processamento.
Produto final	Alta	No caso dos produtos estáveis à temperatura ambiente que não recebem processamento para prevenir *C. botulinum*, é essencial analisar os fatores do produto que inibem a multiplicação (consulte o texto).
	Baixa	Não há recomendação de análise de patógenos durante operação normal, quando BPH e HACCP são eficazes e confirmados pelas análises acima. Quando as análises acima ou desvios do processo indicarem um possível problema de segurança, ou quando a procedência do arroz for desconhecida, é recomendada a análise de *B. cereus*.

Produto	Microrganismo	Método analítico[a]	Caso	Plano de amostragem e limites/g[b]			
				n	c	m	M
Arroz	*B. cereus*	ISO 7932	8	5	1	10^3	10^4

[a] Métodos alternativos podem ser usados, desde que validados pelos métodos ISO.

[b] Consulte o Apêndice A para desempenho desses planos de amostragem.

15.7.2.1 Ingredientes críticos

As micotoxinas derivadas dos grãos *in natura* resistem aos processos aplicados a esses produtos. Devem ser usados grãos provenientes de fornecedores que realizem análises para as micotoxinas relevantes (por exemplo, aflatoxinas, fumonisinas, ocratoxina A, DON e zearalenona) nas regiões onde essas toxinas ocorrem com frequência.

15.7.2.2 Durante o processamento

Durante o cozimento do arroz, as células vegetativas dos microrganismos são inativadas e as populações de *B. cereus* são reduzidas, mas não são totalmente eliminadas

Cereais e Derivados

(JOHNSON; NELSON; BUSTA, 1983). Portanto, nos processos contínuos de cozimento de arroz, pode ser útil a realização de análises periódicas de *B. cereus* nos resíduos das linhas, para assegurar que não sejam estabelecidos locais de abrigo. A toxina emética produzida por *B. cereus* é termorresistente. A análise de *Enterobacteriaceae* ou a contagem de microrganismos viáveis pode ser um indicador útil de controle de processo. As populações típicas variam de acordo com o ambiente, processo e produto.

15.7.2.3 Ambiente de processamento

O ambiente de processamento pode ter locais de abrigo de bactérias produtoras de esporos e *Salmonella*, capazes de contaminar os alimentos antes que sejam embalados. O monitoramento do ambiente de processamento pode ser útil em algumas situações.

15.7.2.4 Vida de prateleira

Os produtos de cereais normalmente são consumidos logo após o preparo, o que torna a análise de vida de prateleira irrelevante. Entretanto, produtos embalados a vácuo com longa vida de prateleira em temperatura ambiente devem ter a atividade de água, pH e atmosfera da embalagem cuidadosamente revisados, para avaliar o potencial de multiplicação de *C. botulinum* nesses produtos, a menos que sejam processados para sua destruição.

15.7.2.5 Produto final

A ICMSF (1986) recomendou critérios para *B. cereus* para pratos contendo arroz cozido ou farinha de milho como ingrediente principal. Desde que essa recomendação foi publicada não têm ocorrido surtos de *B. cereus* associados a produtos de farinha de milho, mas os surtos associados ao arroz cozido continuam. Quando o produto não for consumido imediatamente após o preparo, é indicado o monitoramento do tempo e temperatura durante o resfriamento e o armazenamento. O monitoramento durante o processamento e do ambiente conforme descrito aqui pode ser útil em situações de processamento contínuo, com análise do produto final somente quando os resultados sugerem perda do controle do tempo e da temperatura ou são atípicos, ou quando há desconhecimento sobre a fonte do produto ou sobre o controle microbiano aplicado. No caso de produtos estáveis à temperatura ambiente, formulados para prevenir a multiplicação de patógenos, devem ser conduzidas análises que verifiquem se estão sendo mantidas as condições restritivas à multiplicação (por exemplo, pH, a_w etc., quando apropriado).

15.8 PRODUTOS DE PANIFICAÇÃO COM COBERTURA OU RECHEIO

Uma grande variedade de produtos de cereais assados ou cozidos, com cobertura e recheados, tais como bolos, tortas, rosquinhas, pães doces, pizza, lasanha, ravioli, bolinhos, rolos de ovos, *bao zi*, empanadas, enchiladas e outros foram discutidos em publicação anterior (ICMSF, 2005). Alguns desses alimentos são populares em todas as

318

Microrganismos em Alimentos 8

partes do mundo e outros são locais. Os recheios e coberturas podem conter diversos ingredientes crus de carne, peixe, queijo, creme, gorduras, castanhas, vegetais, frutas e suas pastas e geleias, que podem ser pré-cozidos, ou adicionados à massa sem cozimento, sendo cozidos com a massa. Ver o Capítulo 26 para discussão sobre esses produtos.

REFERÊNCIAS

BARUG, D. et al. **The mycotoxin factbook**: food and feed topics. Wageningen: Wageningen Academic Publishers, 2006.

CDC - CENTERS FOR DISEASE CONTROL AND PREVENTION. Multistate outbreak of *Salmonella* serotype Agona infections linked to toasted oats cereal, United States, April-May 1998. **Morbidity and Mortality Weekly Report,** Atlanta, v. 47, n. 22, p. 462-464, 1998.

_____. **Investigation of outbreak of infections caused by** *Salmonella* **Agona**. Atlanta, 2008. Disponível em: <http://www.cdc.gov/salmonella/agona/#ivestigation>. Acesso em: 2 jan. 2010.

CODEX ALIMENTARIUS. **Code of practice for prevention and reduction of mycotoxin contamination in cereals, including annexes on ochratoxin A, zearalenone, fumonisins and trichothecenes (CAC/RCP 51-2003)**. Rome: FAO, 2003. FAO/ WHO Food Standards Program.

_____. **Draft maximum levels for ochratoxin A in raw wheat, barley and rye**: appendix VII, para112: thirty-first session, Geneva, Switzerland. 30 June-4 July 2008. ALINORM 08/31/41. Rome: FAO, 2008. FAO/WHO Food Standards Program.

DACK, G. M. Public health significance of flour bacteriology. **Cereal Science Today,** St. Paul, v. 6, n. 2, p. 9-10. 1961.

FAO - FOOD AGRICULTURE ORGANIZATION. Preventing mycotoxin contamination. **Food, Nutrition and Agriculture,** Rome, n. 23, 1999.

FROM, C.; HORMAZABAL, V.; GRANUM, P. E. Food poisoning associated with pumilacidin-producing *Bacillus pumilus* in rice. **International Journal of Food Microbiology,** Amsterdam, v. 115, n. 3, p. 319-324, 2007.

GMA - GROCERY MANUFACTURERS ASSOCIATION. **Control of** *Salmonella* **in low moisture foods**. Washington, DC, 2009. Disponível em: <http://www.gmaonline.org/downloads/technical-guidance-and-tools/SalmonellaControlGuidance.pdf>. Acesso em: 10 jul. 2010.

GRANUM, P. E.; BAIRD-PARKER, T. C. *Bacillus* species. In: LUND, B. M.; BAIRD-PARKER, T. C.; GOULD, G. W. (Ed.). **The microbiological safety and quality of food**. Gaithersburg: Aspen Publishers, 2000. [V. 2].

HAQUE, A.; RUSSELL, N. J. Phenotypic and genotypic characterisation of *Bacillus cereus* isolates from Bangladeshi rice. **International Journal of Food Microbiology,** Amsterdam, v. 98, n. 1, p. 23-34, 2005.

HESSELTINE, C. W. et al. Aerobic and facultative microflora of fresh and spoiled refrigerated dough products. **Applied Microbiology,** Washington, DC, v. 18, n. 5, p. 848-853, 1969.

ICMSF - INTERNATIONAL COMMISSION ON MICROBIOLOGICAL SPECIFICATIONS FOR FOOD. **Microorganisms in foods 2**: sampling for microbiological analysis: principles and specific applications. 2. ed. Toronto: University of Toronto Press, 1986.

_____. **Microorganisms in foods 6**: microbial ecology of food commodities. 2. ed. New York: Kluwer Academic: Plenum Publishers, 2005.

Cereais e Derivados

JOHNSON, K. M.; NELSON, C. L.; BUSTA, F. F. Influence of temperature on germination and growth of spores of emetic and diarrheal strains of *Bacillus cereus* in a broth medium and in rice. **Journal of Food Science**, Champaign, v. 48, n. 1, p. 287-289, 1983.

RAYMAN, M. K. et al. Survival of microorganisms in stored pasta. **Journal of Food Protection**, Des Moines, v. 44, p. 330-334, 1979.

RICHTER, K. S. et al. Microbiological quality of flour. **Cereal Foods World**, St. Paul, v. 38, p. 367-369, 1993.

SCHIEMANN, D. A. Occurrence of *Bacillus cereus* and the bacteriological quality of Chinese "take-out" foods. **Journal of Food Protection**, Des Moines, v. 41, n. 6, p. 450-454, 1978.

SCOTT, P. M. Mycotoxin methodology. **Food Additives and Contaminants**, London, v. 12, n. 3, p. 395-403, 1995.

SHINAGAWA, K. Analytical methods for *Bacillus cereus* and other *Bacillus* species. **International Journal of Food Microbiology**, Amsterdam, v. 10, n. 2, p. 125-141, 1990.

SPERBER, W. H.; NAMA - NORTH AMERICAN MILLERS' ASSOCIATION MICROBIOLOGY WORKING GROUP. Role of microbiological guidelines in the production and commercial use of milled cereal grains: a practical approach for the 21st century. **Journal of Food Protection**, Des Moines, v. 70, n. 4, p. 1041-1053, 2007.

VAN CAUWENBERGE, J. E.; BOTHAST, R. J.; KWOLEK, W. F. Thermal inactivation of eight serotypes of *Salmonella* on dry corn flour. **Applied and Environmental Microbiology**, Washington, DC, v. 42, n. 4, p. 688-691, 1981.

16 CAPÍTULO

Nozes, Sementes Oleaginosas, Leguminosas Desidratadas e Café

16.1 INTRODUÇÃO

Este capítulo categoriza quatro grupos de grãos[1]: (1) nozes, incluindo amendoim e nozes de árvores; (2) sementes oleaginosas, como as nozes de palma, de canola, gergelim, girassol, cártamo (*safflower*), algodão e semente de cacau; (3) leguminosas desidratadas, incluindo feijões e produtos à base de feijões como a farinha de soja, leite de soja, *tofu* e *sufu*; e (4) grãos de café e bebidas de café. Este capítulo discute medidas de controle para inocuidade desses produtos que possam ser aplicadas da matéria-prima ao produto final, quando aplicável, incluindo análises microbiológicas e de micotoxinas.

Estes produtos são minimamente processados do seu estado cru, principalmente pela secagem (no campo ou em secadores), embora alguns sejam também torrados, tratados com vapor, branqueados, ou tratados com gases desinfetantes como o óxido de propileno.

A ecologia microbiana, as etapas de processamento aplicadas na manufatura desses produtos, o preparo antes do consumo, o impacto na microbiota do produto final

---

[1] A tradução dos nomes das nozes, sementes e leguminosas foi feita segundo GAZOLA, R.; SIMON, M. F. Proposta de classificação de frutas para dados de comércio internacional no Brasil. **Proceedings of the Interamerican Society for Tropical Horticulture**, San José, n. 26, v. 47, p. 80-83, 2003. [N.T.]

322 Microrganismos em Alimentos 8

e as medidas de controle para esses grupos foram previamente descritos em detalhe (ICMSF, 2005).

16.2 NOZES

As nozes são frutas de semente única, secas, que não estouram para liberar as sementes na maturidade. Elas estão geralmente envoltas por um revestimento externo rígido, ou casca. Esta seção cobre as nozes mais importantes como amendoim, e nozes de árvores (amêndoas, avelãs, pistaches e castanha do Brasil). Apesar de o amendoim não ser uma noz verdadeira e sim um legume, ele também será abordado nesta seção.

16.2.1 Microrganismos de importância

16.2.1.1 Perigos e controles

O problema microbiológico principal em nozes é a multiplicação de fungos toxigênicos, que podem infectar e proliferar em amendoins e nozes de árvores no campo e durante procedimentos de colheita e armazenagem inadequados, resultando na produção de micotoxinas. As aflatoxinas são os perigos mais relevantes associados com nozes. Os efeitos agudos e crônicos da exposição humana a essas toxinas foram documentados (CDC, 2004a; ICMSF, 2005; GROOPMAN; KENSLER, 2005).

A aflatoxina é produzida por *Aspergillus flavus, Aspergillus parasiticus, Aspergillus nomius* e espécies relacionadas. A invasão de amendoins ocorre geralmente antes da colheita, e depende principalmente de estresse da planta, induzido pela estiagem ou temperaturas elevadas (SANDERS et al., 1981; PITT, 2006; PITT; HOCKING, 2009). O estresse por estiagem antes da colheita é o principal fator causador da produção de aflatoxina. O problema pode ser superado de maneira mais eficaz pela irrigação, mas essa não é uma solução prática em muitas regiões produtoras de amendoim. A aplicação de linhagens não toxigênicas de *A. flavus* ou *A. parasiticus* no solo para competir com linhagens aflatoxigênicas (DORNER; COLE, 2002; COTTY, 2006; PITT, 2006), ou o desenvolvimento de amendoim com genótipos resistentes à colonização por *A. flavus* (ASIS et al., 2005; XUE et al., 2005; ROBENS, 2006) foram sugeridas como medidas preventivas antes da colheita. *A. flavus e A. parasiticus* são capazes de crescer em a_w de aproximadamente 0,80 (PITT; MISCAMBLE, 1995); entretanto a produção de toxina em a_w abaixo de 0,85 é pequena. O Codex Alimentarius (2004) adotou um código de práticas para a prevenção e redução da contaminação de amendoins por aflatoxina por meio da aplicação de controles preventivos na produção, manipulação, armazenamento e processamento de cada safra de amendoim.

Para nozes de árvores, a infecção por fungos ocorre nas nozes que racharam ou foram danificadas por insetos. As medidas para reduzir a formação de aflatoxinas em nozes incluem procedimentos que minimizem os danos por insetos, descasque e secagem das nozes a um conteúdo de umidade correspondente a a_w inferior a 0,65 o mais rapidamente possível após a colheita, e o controle de umidade e temperatura durante o transporte e armazenamento das nozes (ICMSF, 2005).

Nozes, Sementes Oleaginosas, Leguminosas Desidratadas e Café

Para amêndoas, a produção de aflatoxina tem sido atribuída a danos à semente causados pela larva da laranja-de-umbigo (*navel orange worm*) (SCHATZKI; ONG, 2001), e o conteúdo de aflatoxina nas amêndoas pode ser relacionado à extensão do dano causado pelo inseto.

As castanhas do Brasil são o único produto colhido em florestas, assim as BPA não são aplicáveis. As condições climáticas no ambiente amazônico e a atividade de colheita não podem ser controladas, exercendo efeitos diretos ou indiretos nos fungos toxigênicos e na produção de aflatoxina.

O Codex Alimetarius (1994, 2005) adotou um código de práticas higiênicas para nozes de árvores, apresentando os requerimentos higiênicos básicos para pomares, processamento na fazenda (descascamento e retirada de película), descascamento comercial ou comercialização com casca, além de produtos branqueados, cortados, moídos e similares. Outras micotoxinas, além de aflatoxina, são raramente relatadas em amendoins e nozes de árvores, e seu controle não é recomendado.

Salmonella é um perigo adicional em nozes (DANYLUK et al., 2007). Embora incomuns, surtos de salmonelose associados com amêndoas (CDC, 2004b; ISAACS et al., 2005) e amendoins (KIRK et al., 2004) já foram relatados. Em um estudo de acompanhamento, 0,87% das 9.274 amostras de 100g de amêndoas foram positivas para *Salmonella*; as amêndoas positivas apresentavam ≤ 10 *Salmonella* / 100 g (DANYLUK et al., 2007). Esse estudo demonstrou não haver correlação entre a presença de *Salmonella* e a contagem de microrganismos aeróbios, coliformes e níveis de *E. coli*, embora Feldsine et al. (2005) tenham sugerido que o monitoramento de indicadores possa ser útil. Um estudo mostrou que *Salmonella* pode persistir em pomares por anos (UESUGI et al., 2007).

A presença de microrganismos vegetativos em nozes pode ser resultante da contaminação ocorrida em diversos pontos na pré-colheita, colheita e pós-colheita, com a sobrevivência de patógenos até o ponto de consumo. As células vegetativas podem ser controladas por várias intervenções pós-colheita, incluindo óxido de propileno, vapor e irradiação (DANYLUK; UESUGI; HARRIS, 2005; SANCHEZ-BEL et al., 2005; DU; DANYLUK; HARRIS, 2007; BRANDL et al., 2008). Esses métodos podem resultar em características sensoriais desagradáveis e podem ser insuficientes para garantir a eliminação de patógenos, mas podem levar a alguma redução. As principais medidas de controle são baseadas na seleção de fornecedores confiáveis, na validação da efetividade das medidas de inativação e implantação de BPH adequadas planejadas para prevenir a contaminação pós-processamento proveniente da linha de processamento e do ambiente.

A salmonelose humana devida à contaminação de nozes e de manteiga de amendoim tem sido relatada (SCHEIL et al., 1998; CDC, 2007, 2009). O processo de torração dos amendoins é geralmente gerenciado como um PCC, mas para a manteiga de amendoim o produto final não é um PCC. A tolerância térmica de *Salmonella* em manteiga de amendoim faz com que a efetividade do processo de pasteurização para manteigas e pastas seja muito incerta (BURNETT et al., 2000; SHACHAR; YARON, 2006). O controle de umidade nos equipamentos e no ambiente é necessário para reduzir o risco de multiplicação de *Salmonella* e outros patógenos bacterianos no sistema de processamento.

As condições aplicadas pela indústria para a torração de nozes foram planejadas para atender a parâmetros de qualidade adequados, que podem variar de consumidor para consumidor. Surtos e *recalls* de alimentos associados a nozes ocorridos no início dos anos 2000 indicaram a necessidade de validação dos processos de torração para assegurar que o produtor esteja atento para que suas condições de operação sejam eficientes na eliminação de patógenos entéricos como *Salmonella*. Quando *Salmonella* foi encontrada em nozes torradas ou manteiga de amendoim, frequentemente a fonte foi devida à contaminação pós-torração. Portanto as BPH também são essenciais para prevenir a recontaminação das nozes após a torração.

As micotoxinas são perigos adicionais em manteiga de amendoim e testar para aflatoxina fornece garantia da eficácia da classificação por cor e da remoção das nozes emboloradas antes do processamento (ICMSF, 2005).

16.2.1.2 Deterioração e controles

As nozes são consumidas torradas ou não. A secagem inadequada ou as condições de armazenamento precárias podem levar à deterioração fúngica. Fungos xerofílicos capazes de crescer em baixa atividade de água podem crescer se o conteúdo de umidade e a temperatura forem favoráveis durante a secagem, o transporte e o armazenamento. Não existem dados quantitativos precisos sobre o efeito letal de um processo de torração de nozes em fungos e bactérias de importância. As medidas de controle delineadas para prevenir o crescimento de bolores e formação de micotoxina também auxiliam no controle de crescimento de fungos deteriorantes xerofílicos e da maioria das bactérias.

16.2.2 Dados microbiológicos

Na Tabela 16.1 encontram-se resumidas as análises úteis para nozes. Consulte o texto para detalhes importantes relacionados a recomendações específicas.

16.2.2.1 Ingredientes críticos

As matérias-primas devem ser obtidas de produtores que apliquem BPH, mesmo quando as BPA não são aplicáveis, como, por exemplo, castanhas do Brasil, que são colhidas na floresta. As nozes usadas para o preparo de manteigas ou misturas finais, que não receberão processamento posterior, devem ser provenientes de produtores que empreguem BPH. Para produtos que serão torrados empregando um processo validado não se recomenda a avaliação da matéria-prima para presença de bactérias. Todas as matérias-primas devem ser segregadas do produto final de maneira adequada para prevenir contaminação cruzada potencial.

16.2.2.2 Controle do processo

Após os amendoins serem retirados das favas, empregam-se classificadores de cor para remover grãos descoloridos, que têm maior probabilidade de conter aflatoxina, pois a descoloração é devida principalmente ao crescimento de bolores (PITT;

Nozes, Sementes Oleaginosas, Leguminosas Desidratadas e Café

HOCKING, 2006). Os lotes podem ser avaliados para a presença de aflatoxina por métodos químicos e imunogênicos (KRSKA; WELEIG, 2006).

Os processos como torração, branqueamento úmido ou seco, e tratamentos a gás ou a vapor devem ser validados para causar letalidade adequada de *Salmonella* e outros patógenos entéricos. Quando esses processos são usados, é importante monitorar parâmetros críticos como tempo, temperatura etc.

Tabela 16.1 Importância relativa da análise de nozes para avaliação da segurança e da qualidade microbiológicas

Importância relativa		Análises úteis
Ingredientes críticos	Baixa	Boas Práticas Agrícolas devem ser usadas para a produção de nozes.
	Média	Analisar para micotoxinas relevantes se a confiança no fornecedor for baixa.
	Alta	Se a confiança no fornecedor for baixa, submeter as nozes que não receberão tratamento letal posterior para análise de *Salmonella* e de indicadores.
Durante o processamento	Baixa	Análises microbiológicas de rotina não são recomendadas para amendoins e nozes de árvores cruas.
	Alta	O monitoramento da eficácia da seleção, bem como da temperatura e teor de umidade são importantes para o controle de micotoxinas em nozes cruas.
	Alta	Analisar para aflatoxinas totais em amendoins e nozes de árvores (amêndoas, avelãs, pistaches e castanha do Brasil) para processamento posterior: 15 µg/kg.
Ambiente de Processamento	Alta	Monitoramento de BPH é essencial durante as operações regulares para verificar o controle do processo. Padrões internos podem ser úteis para indicadores, como *Enterobacteriaceae*. Analisar o ambiente para *Salmonella* em áreas relevantes durante a operação regular para verificar controle do processo. Nível típico para orientação: • *Salmonella* – ausente.
Vida de prateleira	-	Não aplicável.
Produto final	Alta	Analisar para aflatoxinas totais: • 10 µg/kg para amêndoas, avelãs, pistaches e castanha do Brasil prontas para o consumo. • 15 µg/kg para amendoins prontos para o consumo.
	Média	A análise de indicadores pode ser vantajosa, seguindo padrões internos. A diversidade de produtos nessa categoria impede recomendações para critérios universalmente aplicáveis.
	Baixa	Análises para patógenos não são recomendadas durante as operações regulares quando BPH e HACCP são eficazes como confirmado pelas análises acima. Quando as análises acima ou desvios de processo indicam um possível problema de segurança, é recomendado analisar para *Salmonella*.

Produto	Microrganismo	Método analítico[a]	Caso	Plano de amostragem e limites/25 g[b]			
				n	c	m	M
Nozes de árvores, amendoins e manteiga de nozes	*Salmonella*	ISO 6579	11	10[c]	0	0	-

[a] Métodos alternativos podem ser usados, desde que validados pelos métodos ISO.

[b] Consulte o Apêndice A para desempenho desses planos de amostragem.

[c] Unidades analíticas individuais de 25 g (ver a Seção 7.5.2 para amostra composta).

326   Microrganismos em Alimentos 8

16.2.2.3 Ambiente de processamento

O monitoramento de BPH planejadas para prevenir contaminação pós-processamento pelos equipamentos e pelo ambiente pode ser útil; *Enterobacteriaceae* ou *E. coli* podem ser indicadores adequados. Sugere-se a amostragem do ambiente para *Salmonella* em operações a seco (ver o Capítulo 4).

16.2.2.4 Vida de prateleira

Análises microbiológicas de vida de prateleira de nozes não são importantes. Se for adicionada água para preparar produtos derivados de nozes que tenham atividade de água que permita a multiplicação microbiana, pode ser necessário validar a vida de prateleira desses produtos.

16.2.2.5 Produto final

Muitas variedades de nozes de árvores são comercializadas internacionalmente e geralmente sua qualidade bacteriológica é aceitável (EGLEZOS; HUANG; STUTTARD, 2008). A diversidade de produtos nessa categoria impede o desenvolvimento de recomendações de critérios indicadores universalmente aplicáveis; entretanto, estes podem ser úteis quando desenvolvidos empregando dados específicos internos ou da indústria. Desde que os resultados das amostragens do ambiente e durante o processamento confirmem a ausência de *Salmonella*, as análises de produtos finais podem ser empregadas somente para verificações periódicas. Entretanto, a presença do patógeno em amostras do ambiente deve desencadear amostragens investigativas para identificar as causas. Essa investigação pode ser complementada com amostragem de produto final. A Tabela 16.1 resume as análises recomendadas para outros estágios dessa categoria de produtos. O Caso 11 é apropriado para nozes, porque a *Salmonella* sobrevive, mas não se multiplica. Quando não se conhece a história do fornecedor, a análise é recomendada.

A análise de produto final para micotoxinas é bastante realizada pelos produtores e governos (ICMSF, 2005). O Codex Alimentarius (2009b, 2010) adotou um nível máximo de 15 µg/kg de aflatoxina total em amendoins e nozes de árvores (amêndoas, avelãs, pistaches e castanha do Brasil) destinados ao processamento posterior. Para nozes de árvores prontas para o consumo, foi adotado o nível de 10 µg/kg (CODEX ALIMENTARIUS, 2009b, 2010). Para amendoins prontos para o consumo, não há um limite estabelecido pelo Codex. Padrões nacionais e internacionais para micotoxinas em nozes também foram estabelecidos (FAO, 2004).

16.3 SEMENTES OLEAGINOSAS

As sementes são produzidas principalmente para a produção de óleos. As sementes oleaginosas incluem nozes de palmas (*Elaeis guineenses, Elaeis olifera* e híbridos), colza ou canola (*Brassica rapa, Brassica campestres*), gergelim (*Sesamum indicum*), girassol (*Helianthus annuus*), cártamo (*safflower – Carthamus tinctorius*), semente de algodão *(Gossipium* spp), sementes de cacau (*Theobroma cacao*) e soja (*Glycine max*) (ver a Seção 16.4).

Nozes, Sementes Oleaginosas, Leguminosas Desidratadas e Café

Dois produtos podem ser obtidos pela prensa de sementes oleaginosas: óleo e torta. As tortas são geralmente utilizadas como ingredientes de ração animal, e são discutidas em detalhes no Capítulo 11. Para o cacau, a semente é a amêndoa do cacau e a torta prensada é utilizada para preparar cacau em pó e chocolate (ver o Capítulo 17). Em virtude da baixa a_w, os óleos de sementes oleaginosas não são relevantes quanto aos aspectos microbiológicos e não serão discutidos nesse capítulo.

16.3.1 Microrganismos de importância

16.3.1.1 Perigos e controles

O principal problema microbiológico em sementes oleaginosas é o crescimento de *A. flavus* e a consequente produção de aflatoxina. Níveis elevados de aflatoxina têm sido encontrados em várias tipos de sementes oleaginosas (ICMSF, 2005). *A. flavus* infecta sementes de algodão como resultado de danos causados por insetos, ou por meio de glândulas do algodoeiro que estão próximas das flores e que atraem insetos para polinização (KLICH; THOMAS; MELLON, 1984). A torta de algodão é um alimento comum para vacas leiteiras e as aflatoxinas, quando presentes, podem ser transferidas para o leite. Isso está discutido no Capítulo 23. As tortas de girassol, colza e outras sementes oleaginosas são também bastante empregadas em rações animais.

A detoxificação da aflatoxina em sementes oleaginosas pelo tratamento com amônia também foi relatada; entretanto, nem o tratamento com amônia nem outros procedimentos têm sido muito usados de forma comercial (ICMSF, 2005).

16.3.1.2 Deterioração e controles

Os fungos xerofílicos capazes de crescer em baixa atividade de água podem contaminar sementes oleaginosas após a colheita, se houver condições favoráveis para essas espécies crescerem. O controle do crescimento fúngico em sementes oleaginosas pode ser obtido pelo controle do teor de umidade.

16.3.2 Dados microbiológicos

Há pouca informação disponível sobre análises para sementes oleaginosas. Consulte os Capítulos 11 e 18 para informações relevantes.

16.3.2.1 Ingredientes críticos

É prudente avaliar a presença de aflatoxinas quando a confiança no fornecedor for questionável, ou quando as condições climáticas indicarem um problema potencial. A análise de perigos é útil para determinar a necessidade de análises.

16.3.2.2 Durante o processamento

Não existe informação disponível para recomendar análises apropriadas.

328   Microrganismos em Alimentos 8

16.3.2.3 Ambiente de processamento

Não existe informação disponível para recomendar análises apropriadas.

16.3.2.4 Vida de prateleira

Análises microbiológicas de vida de prateleira não são relevantes para sementes oleaginosas; entretanto tempo, temperatura e umidade relativa adequados são importantes para minimizar o potencial de crescimento de fungos e subsequente produção de micotoxina.

16.3.2.5 Produto final

Durante a prensagem, a aflatoxina em sementes oleaginosas se distribui tanto para o óleo quanto para a torta, mas é eficazmente removida do óleo durante o refino e o tratamento com álcalis. Avaliações microbiológicas de sementes oleaginosas não são relevantes.

16.4 LEGUMINOSAS DESIDRATADAS

Leguminosas desidratadas são as sementes das plantas leguminosas (Família Leguminosae). As leguminosas desidratadas abordadas neste capítulo incluem soja e outros tipos de feijões. Produtos à base de soja, como farinha de soja, leite de soja, *tofu* e *sufu* também estão incluídos. Outras plantas leguminosas são tratadas como hortaliças no Capítulo 12, e amendoins são tratados na Seção 16.2.

A maioria das leguminosas desidratadas é rica em carboidratos e pobre em óleos, e tem semelhanças microbiológicas com cereais. Entretanto, grãos de soja têm elevados teores de óleo e de proteína (aproximadamente 20% e 40% respectivamente) e apresentam semelhanças microbiológicas com as sementes oleaginosas (ICMSF, 2005). A maioria das proteínas é termoestável, o que permite o processamento em temperaturas elevadas na manufatura de produtos à base de soja, como o leite de soja, *tofu*, proteína vegetal texturizada, farinha de soja e isolados proteicos de soja.

16.4.1 Microrganismos de importância
16.4.1.1 Perigos e controles

Condições de armazenamento em umidade relativa inferior a 65% são adequadas para o controle de problemas microbianos associados a leguminosas desidratadas. A recontaminação e a multiplicação de patógenos bacterianos como *Salmonella* podem ocorrer durante as etapas posteriores de processamento úmido. A atividade de água reduzida de leguminosas secas e derivados previne a multiplicação da maioria das bactérias, mas não as inativas. A desidratação geralmente inclui aquecimento, mas a temperatura interna do produto durante a secagem raramente excede 35– 49 °C, em virtude da evaporação da água, e a multiplicação microbiana pode ocorrer nos tecidos internos que tiverem umidade suficiente. No produto final desidratado, a atividade de água está geralmente abaixo de 0,65, e somente alguns fungos xerofílicos e leveduras podem se

Nozes, Sementes Oleaginosas, Leguminosas Desidratadas e Café

multiplicar. Bactérias são de pouca importância em leguminosas desidratadas quando essas *commodities* são consumidas após fervura ou outro processamento térmico. Entretanto, leguminosas desidratadas empregadas em sopas e *dips* (por exemplo, homus) podem permitir a multiplicação de patógenos. Os pontos de controle e monitoramento adequados, após a mistura e a reidratação, dependem do processo.

Os grãos de soja são contaminados com microbiota vegetativa mesofílica, que inclui *Enterobacteriaceae*, geralmente em baixos números, e esporos de *Bacillus* e *Clostridium* spp., também em baixos números (ICMSF, 2005). Embora o processamento posterior possa envolver água que pode criar condições adequadas para a multiplicação microbiana, os processos geralmente também incluem calor, que inativa bactérias vegetativas, como *Salmonella*. A extração de óleo dos grãos de soja emprega solventes (por exemplo, hexano) que eliminam a maioria dos microrganismos.

A deterioração fúngica de grãos de soja não é comum e a produção de micotoxina é rara. Se grãos de soja não processados contiverem pequena quantidade de aflatoxina, a extração durante o processo de fabricação de proteína de soja vai eliminá-la.

Os produtos à base de soja discutidos aqui são farinha de soja, leite de soja, *tofu* e *sufu*. O molho de soja é discutido no Capítulo 14. Lecitina de soja é um ingrediente importante, mas não é tratado aqui, uma vez que os problemas microbiológicos são raros.

A farinha de soja é geralmente desengordurada e para o preparo de proteína texturizada de soja o solvente é removido sem tratamento com vapor. O leite de soja é obtido a partir da imersão dos grãos em água, filtração e homogeneização; o pH é ao redor de 7. As características microbiológicas do leite de soja são influenciadas pela qualidade dos grãos, água, ambiente de processamento e processo térmico. Durante a etapa de imersão, as bactérias vegetativas podem multiplicar-se (ICMSF, 2005).

Tofu é um produto de soja não fermentado, produzido pelo aquecimento do leite de soja até a fervura, precipitação das proteínas com sal e prensagem em blocos. O *tofu* apresenta teor de umidade elevado e é suscetível à multiplicação microbiana. A fervura do leite de soja deve eliminar a microbiota vegetativa, mas processamentos posteriores e ingredientes podem introduzir novos contaminantes. *Tofu* pode ser comercializado e servido na forma fresca, com ervas, na forma de pasta, como *tofu* frito, hambúrgueres de *tofu*, *sufu* e outras formulações. A segurança microbiológica e qualidade de cada um desses produtos é influenciada pelo contato com mãos, equipamentos e superfícies, e pelos ingredientes adicionados e etapas de processamento. *Salmonella*, *Bacillus cereus* e *Staphylococcus aureus* são perigos identificados em *tofu* (ICMSF, 2005).

Sufu (*furu*) é uma massa fermentada de soja com aparência de queijo cremoso macio. O *sufu* é tratado com culturas-mãe de bolores (*Actinomucor, Mucor* e *Rhizopus*) ou bactérias (*Micrococcus e Bacillus* spp.), salgado e maturado em uma mistura de componentes (*dressing mixture*). A maioria dos *sufu* contém entre 5%–15% de NaCl e 0,5%–7% de etanol, o que inibe a maioria dos patógenos vegetativos e fungos, mas o armazenamento a temperatura ambiente no varejo pode permitir a multiplicação da microbiota sobrevivente ou proveniente de recontaminação (HAN et al., 2001). O pH do produto final varia entre 5 e 7,5 e não se altera durante o armazenamento. Endosporos bacterianos podem ser encontrados no produto final em números superiores a

330　Microrganismos em Alimentos 8

5 log UFC/g; populações de *Bacillus cereus* ≥5 log UFC/g e de *Clostridium perfringens* até 5 log/UFC/g já foram relatadas (HAN et al., 2001).

16.4.1.2 Deterioração e controles

Caminhões contaminados, esteiras, sacos, poeiras e armazéns podem causar a contaminação pós-colheita das leguminosas desidratadas por fungos capazes de crescer em atividade de água baixa. As espécies xerofílicas mais comuns são *Eurotium* spp., *Aspergillus penicillioides* que causa a perda da capacidade de germinação das sementes, e *Aspergillus restrictus* (PITT; HOCKING, 2009). A presença de água e temperatura e atmosfera adequadas estimulam o crescimento de fungos. Enquanto etapas posteriores do processo possam incluir água, que poderia criar condições adequadas para a multiplicação microbiana, o processo geralmente inclui aquecimento que destrói células vegetativas de bactérias. A deterioração é raramente relatada.

16.4.2 Dados microbiológicos

A Tabela 16.2 resume as análises úteis para avaliação de leguminosas desidratadas e de produtos à base de grãos. Consulte o texto para detalhes importantes relacionados a recomendações específicas.

16.4.2.1 Ingredientes críticos

As matérias-primas devem ser obtidas de produtores que empreguem BPA. Leguminosas desidratadas usadas em misturas finais, sem processamento adicional, devem ser provenientes de produtores que empreguem BPH.

A água é um ingrediente importante na produção de leite de soja e tofu e deve ser de qualidade adequada e não deve contribuir para a carga microbiana do produto.

16.4.2.2 Durante o processamento

A primeira etapa no processamento de soja é a extração de óleo. O processamento posterior da proteína de soja envolve a adição de água, havendo assim possibilidade de contaminação e multiplicação microbiana. A etapa seguinte geralmente envolve aquecimento, que é letal para as bactérias não esporuladas. O emprego de indicadores para verificar o desempenho do tratamento térmico pode ser útil; entretanto as informações existentes são insuficientes para especificar as populações geralmente encontradas.

16.4.2.3 Ambiente de processamento

Para instalações que manuseiam somente grãos secos, o monitoramento do ambiente tem valor limitado. Entretanto, o monitoramento de BPH planejado para prevenir contaminação pós-processamento pelo equipamento e pelo ambiente será de grande valor para instalações onde são manufaturados produtos derivados de soja, especialmente

Nozes, Sementes Oleaginosas, Leguminosas Desidratadas e Café

aqueles que serão usados em aplicações prontas para o consumo. *Enterobacteriaceae* e a contagem de bactérias aeróbias podem ser indicadores apropriados, quando são utilizados padrões desenvolvidos internamente. Sugere-se a amostragem ambiental para *Salmonella* em operações de produção de proteína de soja (ver o Capítulo 4).

Tabela 16.2 Importância relativa da análise de leguminosas secas e de derivados para avaliação da segurança e da qualidade microbiológicas

Importância relativa		Análises úteis
Ingredientes críticos	Baixa	BPA devem ser empregadas na produção e água potável na manufatura.
Durante o processamento	Baixa	Análises microbiológicas de rotina não são recomendadas para leguminosas secas.
	Alta	Para produtos à base de feijões, analisar para indicadores para verificar a adequabilidade do processo de controle e BPH usando padrões internos.
Ambiente de processamento	Baixa	Para leguminosas secas, o monitoramento do ambiente não é recomendado.
	Alta	Para produtos à base de feijões, testar o ambiente da planta de processamento para *Salmonella*. Nível típico para orientação: • Indicadores – compatíveis com padrão interno. • *Salmonella* – ausente.
Vida de prateleira	Baixa	Não aplicável para produtos desidratados.
	Alta	Para produtos à base de feijões, com elevada umidade, a vida de prateleira deve ser validada.
Produto final	Média	Analisar para indicadores para controle de processos em andamento e análise de tendência.

Análises para patógenos não são recomendadas durante as operações regulares quando BPH e HACCP são eficazes como confirmado pelas análises acima. Quando as análises acima ou desvios de processo indicam um possível problema de segurança, é recomendado analisar para *Salmonella*.

		Produto	Microrganismo	Método analítico[a]	Caso	Plano de amostragem e limites/25 g[b]			
						n	c	m	M
	Baixa	Farinhas de leguminosas, concentrados e isolados	*Salmonella*	ISO 6579	10	5[c]	0	0	-
	Baixa	Derivados de umidade elevada dessa categoria	*Salmonella*	ISO 6579	12	20[c]	0	0	-

[a] Métodos alternativos podem ser usados, desde que validados pelos métodos ISO.

[b] Consulte o Apêndice A para desempenho desses planos de amostragem.

[c] Unidades analíticas individuais de 25 g (ver a Seção 7.5.2 para amostra composta).

16.4.2.4 *Vida de prateleira*

Análises microbiológicas para avaliar a vida de prateleira não são pertinentes para produtos que são desidratados. Uma vez reidratados, recomenda-se a validação de sua vida de prateleira.

16.4.2.5 Produto final

Para leguminosas desidratadas, a microbiota depende, em grande parte, das condições de plantio e colheita. Para monitoramento das BPF, sugerem-se análises para *Enterobacteriaceae*. Para produtos à base de grãos que vão receber tratamento térmico posterior, com redução da população de *Salmonella, é* recomendado um plano de amostragem de duas classes (Caso 10) (ICMSF, 1986). Para derivados de leguminosas com elevado teor de umidade nos quais a multiplicação de *Salmonella* pode ocorrer, é recomendado o Caso 12 (ICMSF, 1986). O Caso 12 também pode ser pertinente para proteína de soja usada em misturas secas prontas para o consumo, como as bebidas instantâneas, dependendo do potencial de multiplicação sob condições de uso.

16.5 CAFÉ

Esta seção separa o café em dois grupos distintos: grãos de café e bebidas de café. O café é consumido como uma bebida feita pela infusão de grãos torrados, ou como café instantâneo, produzido por liofilização do café extraído.

16.5.1 Microrganismos de importância

16.5.1.1 Perigos e controles

O perigo mais significativo em grãos de café é ocratoxina A (OTA). Os fungos que produzem ocratoxina A são *Aspergillus ochraceus* e espécies relacionadas (*Aspergillus westerdijkiae* e *Aspergillus steynii*), *Aspergillus carbonarius* e alguns isolados de *Aspergillus niger* (TANIWAKI et al., 2003; FRISVAD et al., 2004). O tempo para a invasão dos grãos de café pelos fungos toxigênicos é de grande importância para o desenvolvimento de OTA nesse produto.

O café cereja contém umidade suficiente para o crescimento de bolores e a formação de OTA nas partes externas da cereja durante os primeiros 3–5 dias de secagem. A secagem do café cereja ao sol, pode ocasionar a formação de OTA, se não for realizada de maneira correta. A secagem é o período mais favorável para o desenvolvimento de espécies ocratoxigênicas, sendo a principal limitação o tempo que os frutos levam para secar e atingir valores de atividade de água abaixo do valor crítico de aproximadamente 0,80. Nenhum fruto deve levar mais de quatro dias para diminuir a atividade de água (a_w) de 0,97 para 0,80. *A. ochraceus* produziu pequena quantidade de OTA (0,15 µg/kg) em a_w de 0,80 e temperatura de 25 °C, mas a 0,86 e 0,90 a produção foi 2.500 e > 7.000 µg/kg, respectivamente (PALACIOS-CABRERA et al., 2004).

As estratégias gerais para reduzir ou prevenir a formação de OTA em café incluem a implementação de BPA durante os períodos de pré-colheita e colheita, e controle da umidade e temperatura durante o período de pós-colheita e armazenamento. O Code of Practice for the prevention and Reduction of OTA in Coffee, da Codex Alimentarius Commission, fornece diretrizes para diminuir esse perigo em grãos de café.

A torração do café remove uma porcentagem significativa de OTA. Dependendo do processo de torração, a destruição varia de 62% a 98% (STUDER-RHOR et al.,

Nozes, Sementes Oleaginosas, Leguminosas Desidratadas e Café

1995; FERRAZ et al., 2010). Pesquisas de OTA em cafés torrados e solúveis do varejo ao redor do mundo indicam que o café não é uma fonte importante de OTA na dieta, estando o consumo estimado dentro dos limites de segurança. O nível baixo de contaminação por OTA encontrado em cafés torrados e solúveis, relatados na literatura, apoiam essa conclusão (TANIWAKI, 2006).

Não há evidências sólidas de problemas com patógenos bacterianos em produtos de café.

16.5.1.2 Deterioração e controles

Após a colheita, o café passa por três estágios de secagem: inicial, transicional e final. O inicial, ou fase de umidade elevada, inicia com a colheita. O produto se encontra em um estado instável, e a deterioração pode ser controlada por microrganismos competidores, restrição de oxigênio e redução do tempo de secagem, que é crítica nesse estágio. A fase transicional é a menos estável e de mais difícil predição, sendo que a deterioração só pode ser controlada pela limitação de tempo. Microrganismos deteriorantes mesofílicos e xerofílicos encontram água suficiente para sua multiplicação, o que não ocorre com seus competidores hidrofílicos. Revolver ou misturar os grãos de café é essencial para promover a secagem uniforme. Quando a colheita coincide com a estação chuvosa ou de elevada umidade, deve-se adotar medidas para otimizar a secagem. A fase final ou de baixa umidade começa ao final da secagem e continua até a torração. O produto está em condição estável e o controle é necessário para impedir a reintrodução ou redistribuição de água no produto a granel. Em algum ponto durante a secagem, não há mais multiplicação pois o produto atinge a fase de umidade baixa (CODEX ALIMENTARIUS, 2009a). Pinkas, Battista e Morille-Hinds (2010) apresentam mais detalhes sobre deterioração durante a secagem.

16.5.2 Dados microbiológicos

A Tabela 16.3 resume as análises úteis para produtos de café. Consulte o texto para detalhes importantes relacionados a recomendações específicas.

16.5.2.1 Ingredientes críticos

As matérias-primas devem ser obtidas de produtores que empreguem BPA. Grãos de café que serão usados como café torrado, café instantâneo ou outros produtos acabados devem ser provenientes de produtores que empreguem BPH.

16.5.2.2 Durante o processamento

A torração é o processo de aquecimento no qual o café cru é submetido a uma temperatura entre 180 – 250 °C por 5–15 min. As condições de torração são selecionadas de forma a produzir o paladar, cor e outras características desejadas no produto final. Análises microbiológicas não são recomendadas.

Tabela 16.3 Importância relativa da análise de café para avaliação da segurança e da qualidade microbiológicas

Importânica relativa		Análises úteis
Ingredientes críticos	Baixa	Não há ingredientes críticos para café.
Durante o processamento	-	Análises microbiológicas de rotina não são recomendadas.
Ambiente de processamento	-	Análises microbiológicas de rotina não são recomendadas.
Vida de prateleira	-	Não aplicável.
Produto final	Baixa	Considere analisar para OTA, seguindo padrões internacionais (ver o texto), se a confiança no processo for baixa e programas para grãos de café não estiverem sendo realizados.

16.5.2.3 Ambiente de processamento

Análises microbiológicas não são recomendadas.

16.5.2.4 Vida de prateleira

Análises microbiológicas durante a vida de prateleira não são pertinentes para produtos secos. Recorra a discussões anteriores sobre armazenamento de grãos de café antes do processamento.

16.5.2.5 Produto final

Há padrões nacionais e internacionais para OTA em café (FAO, 2004). Análises microbiológicas de café não são recomendadas.

REFERÊNCIAS

ASIS, R. et al. Aflatoxin production in six peanut (*Arachis hypogaea* L.) genotypes infected with *Aspergillus flavus* and *Aspergillus parasiticus*, isolated from peanut production areas of Cordoba, Argentina. **Journal of Agricultural and Food Chemistry**, Washington, DC, v. 53, n. 23, p. 9274-9280, 2005.

BURNETT, S. L. et al. Survival of *Salmonella* in peanut butter and peanut butter spread. **Journal of Applied Microbiology**, Oxford, v. 89, n. 3, p. 472-477, 2000.

BRANDL, M. T et al. Reduction of *Salmonella* Enteritidis population sizes on almond kernels with infrared heat. **Journal of Food Protection**, Des Moines, v. 71, n. 3, p. 897-902, 2008.

CODEX ALIMENTARIUS. **Recommended international code of hygienic practice for tree nuts (CAC/RCP 6-1972)**. Rome: FAO, 1994. FAO/WHO Food Standards Program.

_____. **Code of practice for the prevention and reduction of aflatoxin contamination in peanuts (CAC/RCP 55-2004)**. Rome: FAO, 2004. FAO/WHO Food Standards Program.

_____. **Code of practice for the prevention and reduction of aflatoxin contamination in tree nuts (CAC/RCP 59-2005)**. Rome: FAO, 2005. FAO/WHO Food Standards Program.

Nozes, Sementes Oleaginosas, Leguminosas Desidratadas e Café

_____. **Code of practice for the prevention and reduction of ochratoxin A contamination in coffee (CAC/RCP 69-2009)**. Rome: FAO, 2009a. FAO/WHO Food Standards Program.

_____. **Codex general standard for contaminants and toxins in food and feed (CODEX STAN 193-1995)**. Rome: FAO, 2009b. FAO/WHO Food Standards Program.

_____. **Proposed draft maximum level for total aflatoxin in brazil nuts (ALINORM 10/33/41)**. Rome: FAO, 2010. FAO/WHO Food Standards Program.

CDC - CENTERS FOR DISEASE CONTROL AND PREVENTION. Outbreak of aflatoxin poisonings: eastern and central provinces, Kenya, January-July 2004. **Morbidity and Mortality Weekly Report**, Atlanta, v. 53, n. 34, p. 790-793, 2004a.

_____. Outbreak of *Salmonella* serotype Enteritidis infections associated with raw almonds, United States and Canada. **Morbidity and Mortality Weekly Report**, Atlanta, v. 53, n. 22, p. 484-487, 2004b.

_____. Multistate outbreak of *Salmonella* serotype Tennessee infections associated with peanut butter, United States, 2006-2007. **Morbidity and Mortality Weekly Report**, Atlanta, v. 56, n. 21, p. 521-524, 2007.

_____. Multistate Outbreak of *Salmonella* Infections Associated with Peanut Butter and Peanut Butter-Containing Products, United States, 2008-2009. **Morbidity and Mortality Weekly Report**, Atlanta, v. 58, p. 85-90, 2009. Early release.

COTTY, P. J. Biocompetitive exclusion of toxigenic fungi. In: BARUG, D. et al. (Ed.). **The mycotoxin factbook food and feed topics**. Wageningen: Wageningen Academic Publishers, 2006.

DANYLUK, M. D.; UESUGI, A. R.; HARRIS, L. J. Survival of *Salmonella Enteritidis* PT30 on inoculated almonds after commercial fumigation with propylene oxide. **Journal of Food Protection**, Des Moines, v. 68, n. 8, p. 1613-1622, 2005.

DANYLUK, M. D. et al. Prevalence and amounts of *Salmonella* found in raw California almonds. **Journal of Food Protection**, Des Moines, v. 70, n. 4, p. 820-827, 2007.

DORNER, J. W.; COLE, R. J. Effect of application of nontoxigenic strains of *Aspergillus flavus* and *A. parasiticus* on subsequent aflatoxin contamination of peanuts in storage. **Journal of Stored Products Research**, Oxford, v. 38, n. 4, p. 329-339, 2002.

DU, W-X.; DANYLUK, M. D.; HARRIS, L. J. Evaluation of cleaning treatments for almond--contact surfaces in hulling and shelling facilities. **Food Protection Trends**, Des Moines, v. 27, n. 9, p. 678-683, 2007.

EGLEZOS, S.; HUANG, B.; STUTTARD, E. D. Bacteriological quality of preroasted peanut, almond, cashew, hazelnut, and Brazil nut kernels received into three Australian nut-processing facilities over a period of 3 years. **Journal of Food Protection**, Des Moines, v. 71, n. 2, p. 402-404, 2008.

FAO - FOOD AGRICULTURE ORGANIZATION. **Worldwide regulations for mycotoxins in foods and feeds in 2003**. Rome: FAO, 2004. FAO Food and Nutrition Paper n. 81.

FELDSINE, P. T. et al. Enumeration of total coliforms and *E. coli* in foods by the SimPlate coliform and *E. coli* color indicator method and conventional culture methods: collaborative study. **Journal of AOAC International**, Arlington, v. 88, n. 5, p. 1318-1333, 2005.

FERRAZ, M. M. et al. Kinetics of ochratoxin destruction during coffee roasting. **Food Control**, Oxford, v. 21, n. 6, p. 872-877, 2010.

FRISVAD, J. C. et al. New ochratoxin A producing species of *Aspergillus* section Circumdati. **Studies in Mycology**, Amsterdam, v. 50, p. 23-43, 2004.

GROOPMAN, J. D.; KENSLER, T. W. Role of metabolism and viruses in aflatoxin-induced liver cancer. **Toxicology and Applied Pharmacology**, New York, v. 206, n. 2, p. 131-137, 2005.

HAN, B-Z. et al. A Chinese fermented soybean food. **International Journal of Food Microbiology**, Amsterdam, v. 65, n. 1-2, p. 1-9, 2001.

ICMSF - INTERNATIONAL COMMISSION ON MICROBIOLOGICAL SPECIFICATIONS FOR FOOD. **Microorganisms in foods 2**: sampling for microbiological analysis: principles and specific applications. 2. ed. Toronto: University of Toronto Press, 1986.

_____. **Microorganisms in foods 6**: microbial ecology of food commodities. 2. ed. New York: Kluwer Academic: Plenum Publishers, 2005.

ISAACS, S. et al. An international outbreak of salmonellosis associated with raw almonds contaminated with a rare phage type of *Salmonella* Enteritidis. **Journal of Food Protection**, Des Moines, v. 68, n. 1, p. 191-198, 2005.

KLICH, M. A.; THOMAS, S. H.; MELLON, J. E. Field studies on the mode of entry of *Aspergillus flavus* into cotton seeds. **Mycologia**, New York, v. 76, n. 4, p. 665-669, 1984.

KIRK, M. D. et al. An outbreak due to peanuts in their shell caused by *Salmonella enterica* serotypes Stanley and Newport: sharing molecular information to solve international outbreaks. **Epidemiology and Infection**, Cambridge, v. 132, n. 4, p. 571-577, 2004.

KRSKA, R.; WELEIG, E. Mycotoxin analysis: an overview of classical, rapid and emerging techniques. In: BARUG, D. et al. (Ed.). **The mycotoxin factbook food and feed topics**. Wageningen: Wageningen Academic Publishers, 2006.

PALACIOS-CABRERA, H. et al. The production of ochratoxin A by *Aspergillus ochraceus* in raw coffee at different equilibrium relative humidity and under alternating temperatures. **Food Control**, Oxford, v. 15, n. 7, p. 531-535, 2004.

PINKAS, J. M.; BATTISTA, K.; MORILLE-HINDS, T. Microbiological spoilage of spices, nuts, cocoa, and coffee. In: SPERBER, W. H.; DOYLE, M. P. (Ed.). **Compendium of the microbiological spoilage of foods and beverages**. New York: Springer, 2010.

PITT, J. I. Fungal ecology and the occurrence of mycotoxins. In: NJAPAU, H. et al. (Ed.). **Mycotoxins and phycotoxins**: advances in determination, toxicology and exposure management. Wageningen: Wageningen Academic Publishers, 2006.

PITT, J. I.; HOCKING, A. D. Mycotoxins in Australia: biocontrol of aflatoxin in peanuts. **Mycopathologia**, The Hague, v. 162, n. 3, p. 233-243, 2006.

PITT, J. I.; HOCKING, A. D. **Fungi and food spoilage**. 3. ed. New York: Springer-Verlag, 2009.

PITT, J. I.; MISCAMBLE, B. F. Water relations of *Aspergillus flavus* and closely related species. **Journal of Food Protection**, Des Moines, v. 58, n. 1, p. 86-90, 1995.

ROBENS, J. Research and regulatory priorities in the USA. In: BARUG, D. et al. (Ed.). **The mycotoxin factbook food and feed topics**. Wageningen: Wageningen Academic Publishers, 2006.

SANDERS, T. H. et al. Effect of droughts on occurrence of *Aspergillus flavus* in maturing peanuts. **Journal of the American Oil Chemistry Society**, Champaign, v. 58, p. 966-970, 1981.

SANCHEZ-BEL, P. et al. Oil quality and sensory evaluation of almond (*Prunus amygdalus*) stored after electron beam processing. **Journal of Agricultural and Food Chemistry**, Washington, DC, v. 53, n. 7, p. 2567-2573, 2005.

SCHATZKI, T. F.; ONG, M. S. Dependence of aflatoxin in almonds on the type and amount of insect damage. **Journal of Agricultural and Food Chemistry**, Washington, DC, v. 49, n. 9, p. 4513-4519, 2001.

SCHEIL, W. et al. A south Australian *Salmonella* Mbandaka outbreak investigation using a database to select controls. **Australian and New Zealand Journal of Public Health**, Canberra, v. 22, n. 5, p. 536-539, 1998.

SHACHAR, D.; YARON, S. Heat tolerance of *Salmonella enterica* serovars Agona, Enteritidis, and Typhimurium in peanut butter. **Journal of Food Protection**, Des Moines, v. 69, n. 11, p. 2687-2691, 2006.

STUDER-RHOR, I. et al. The occurrence of ochratoxin A in coffee. **Food and Chemical Toxicology**, Oxford, v. 33, n. 5, p. 341-355, 1995.

TANIWAKI, M. H. An update on ochratoxigenic fungi and ochratoxin A in coffee. In: HOCKING, A. D. et al. (Ed.). **Advances in food mycology**. Springer, New York, 2006.

TANIWAKI, M. H. et al. The source of ochratoxin A in Brazilian coffee and its formation in relation to processing methods. **International Journal of Food Microbiology**, Amsterdam, v. 82, n. 2, p. 173-179, 2003.

UESUGI, A. R. et al. Isolation of *Salmonella* Enteritidis phage type 30 from a single almond orchard over a 5-year period. **Journal of Food Protection**, Des Moines, v. 70, n. 8, p. 1784-1789, 2007.

XUE, H. Q. et al. Aflatoxin production in peanut lines selected to represent a range of linoleic acid concentrations. **Journal of Food Protection**, Des Moines, v. 68, n. 1, p. 126-132, 2005.

CAPÍTULO 17

Cacau, Chocolate e Confeitos

17.1 INTRODUÇÃO

As amêndoas cruas de cacau usadas para o preparo de produtos discutidos nesse capítulo são obtidas após complexos processos de fermentação (SCHWAN; WHEALS, 2004; CAMU et al., 2008). Elas são torradas pelo emprego de um de vários processos, tanto como amêndoas íntegras, *nibs* ou *liquor* (ICMSF, 2005). Para obter cacau em pó, os *nibs* de cacau torrados ou *liquor* são aquecidos em presença de água e álcali e prensados para extrair a manteiga de cacau. A torta prensada é então quebrada e triturada para obtenção do pó. O chocolate é um produto homogêneo obtido pela mistura de *liquor* de cacau, massa de cacau, torta prensada de cacau e/ou cacau em pó com ingrediente tais como manteiga de cacau, leite em pó e outros ingredientes para obter uma variedade de produtos. Confeitos compreende um número muito grande de produtos manufaturados, usando tecnologias muito distintas, como os confeitos de chocolates (por exemplo, barras, blocos e bombons) e confeitos de açúcar (por exemplo balas, caramelos, *fudge, fondants*, gomas e pastilhas).

Os detalhes das diferentes etapas de processamento aplicadas à produção desses produtos, assim como seu impacto na microbiota do produto final já foram descritas (ICMSF, 2005). A definição da composição desses produtos está incluída em diferentes padrões da Codex Alimentarius Commission: 105–1981 para cacau em pó (CODEX ALIMENTARIUS, 2001a), 86–1981 para manteiga de cacau (CODEX ALIMENTARIUS,

340 — Microrganismos em Alimentos 8

2001b), 87–1981 para chocolate (CODEX ALIMENTARIUS, 2003) e 142–1983 ou 147–1985 para diversos confeitos (CODEX ALIMENTARIUS, 1983, 1985).

17.2 CACAU EM PÓ, CHOCOLATE E CONFEITOS

Uma vez que os produtos têm perigos microbiológicos similares, os três grupos de produtos serão discutidos simultaneamente, com as diferenças destacadas quando necessário.

17.2.1 Microrganismos de importância

17.2.1.1 Perigos e controles

Salmonella é o único patógeno de importância para a saúde pública relevante para esses produtos, como mostrado pelos surtos que ocorreram nos últimos 30–35 anos (ICMSF, 2005). Os produtos envolvidos nos surtos estavam contaminados com populações variando entre 0,005 UFC/g e 23 UFC/g (D'AOUST; PIVNICK, 1976; GREENWOOD; HOOPER, 1983; HOCKIN et al., 1989; WERBER et al., 2005). Até 2011, não havia sido elaborada uma avaliação de risco específica para esses produtos.

A única etapa letal para salmonelas e outros membros de *Enterobacteriaceae* é a torração. Essa etapa do processamento tem sido aplicada para o desenvolvimento de qualidades sensoriais desejáveis, e dessa forma somente um número muito limitado de dados quantitativos relativos ao efeito letal foram publicados, como o de Stobinska et al. (2006). Historicamente, está comprovado que as práticas comerciais de torração são eficientes na geração de produtos microbiologicamente seguros. Além disso, as tecnologias modernas frequentemente combinam torração com tratamento a vapor capaz de destruir microrganismos formadores de esporos. Por essa razão, é esperada a redução de bactérias vegetativas em mais de seis unidades log.

A produção de cacau em pó envolve uma etapa de alcalinização, que consiste na adição de água, álcali e tratamento térmico a 85–115 °C. Isso é frequentemente considerado um Ponto Crítico de Controle (CCP) e resulta na destruição de > 6 log de microrganismos vegetativos como *Salmonella*. Esporos de *Bacillus* são a microbiota predominante em cacau em pó. Alguns dos microrganismos formadores de esporos também podem ser destruídos, dependendo das condições de processamento.

Na manufatura de chocolate, aplica-se o *conching* em temperaturas que variam entre 50 °C e 80 °C para o desenvolvimento das características sensoriais desejadas. Apesar de certa redução de *Salmonella* ter sido relatada (KRAPF; GANTENBEIN-DEMARCHI, 2010), essa etapa não é considerada como uma etapa bactericida controlada e por isso não é gerenciada como um PCC. No caso de confeitos, a torração (para produtos à base de chocolate), e a cocção ou fervura (para produtos à base de açúcar) são etapas bactericidas que reduzem microrganismos vegetativos em mais de seis unidades log.

A presença de microrganismos vegetativos em cacau em pó, chocolate e confeitos é resultante de contaminação pós-processamento derivada de ingredientes adicionados ou de equipamentos ou ambiente de processamento. Por essa razão, as medidas de con-

Cacau, Chocolate e Confeitos

trole são baseadas na seleção de fornecedores de ingredientes confiáveis e implantação de BPH adequadas, planejadas para prevenir essas contaminações pós-processamento.

A presença de ocratoxina em amêndoas de cacau foi relatada (BONVEHI, 2004; AMEZQUETA et al., 2005), e a ecologia dos bolores produtores de ocratoxina A e sua produção durante o processamento de cacau foi investigada (AMEZQUÉTA et al., 2008; MOUNJOUENPOU et al., 2008; COPETTI et al., 2010). Entretanto, a ocratoxina não foi considerada um perigo significativo, em virtude de sua remoção durante o processo de descascamento (AMEZQUÉTA et al., 2005). A necessidade de limites foi discutida e dados novos sugerem que padrões com limites adequados são importantes.

17.2.1.2 Deterioração e controles

A deterioração de cacau e chocolate ocorre em ocasiões muito raras quando a absorção de umidade permite o crescimento de bolores xerofílicos. No caso de confeitos, e em particular de bombons e balas contendo recheios com atividade de água intermediária (0,6 ou acima) como marzipã, *fudges* ou xaropes, pode ocorrer a deterioração por fungos xerofílicos (THOMPSON, 2010). Entretanto, não há outras medidas de controle específicas além de aplicação de BPH, como descrito aqui, e controle de a_w.

17.2.2 Dados microbiológicos

A Tabela 17.1 resume as análises úteis para cacau em pó, chocolate e confeitos. Consulte o texto para detalhes importantes relacionados a recomendações específicas.

17.2.2.1 Ingredientes críticos

Os ingredientes são adicionados ao chocolate e aos confeitos em operações de mistura a seco sem tratamento térmico subsequente. Avelãs, amêndoas, amendoins e outras nozes são geralmente torradas antes de serem adicionadas, sendo a torração considerada um PCC. Nozes e outros ingredientes, como soro ou leite em pó, coco, cacau em pó, derivados de ovos, farinha, especiarias e gelatina, são considerados de risco elevado para a presença de salmonelas (ICMSF, 2005). Em virtude da ausência de uma etapa letal no processamento subsequente, a qualidade microbiológica desses ingredientes tem um impacto importante nos produtos finais. Isso deve ser refletido nas especificações de compra. Ao produzir esses ingredientes, os fornecedores devem adotar medidas preventivas apropriadas (BPH e HACCP). Consulte capítulos relevantes em ICMSF (2005) e neste livro para análises adequadas a esses ingredientes.

17.2.2.2 Durante o processamento

Análises de cacau em pó durante o processamento podem ser de pouca valia em razão das linhas de processo serem relativamente simples e da baixa exposição de produtos intermediários. Entretanto, em certos casos a torta prensada ou pó podem ser armazenados por períodos prolongados por questões sensoriais, sendo útil a sua análise para verificar se não ocorreu recontaminação.

Microrganismos em Alimentos 8

Tabela 17.1 Análises de cacau em pó, chocolate e confeitos para avaliação da segurança e da qualidade microbiológicas

Importância relativa		Análises úteis
Ingredientes críticos	Alta	Se a confiança no fornecedor for baixa, analisar nozes, leite em pó, coco, cacau, ovos, farinhas, especiarias, gelatina e outros ingredientes sensíveis para *Salmonella*.
Durante o processamento	Média	Analisar produtos intermediários de cacau em pó para *Salmonella*, *Enterobacteriaceae* e contagem de aeróbios para demonstrar controle higiênico. Para produtos com a_w > 0,6 analisar leveduras osmofílicas e bolores xerofílicos. Valores típicos encontrados: • *Salmonella* – ausente. • *Enterobacteriaceae* – ≤ 10 UFC/g. • Contagem de aeróbios – limites internos. • Leveduras osmofílicas e bolores xerofílicos – ≤ $10–10^2$ UFC/g.
	Alta	Analisar resíduos de superfícies de contato com o produto para *Salmonella* e *Enterobacteriaceae* durante as operações para verificar controle do processo. Valores típicos encontrados: • *Salmonella* – ausente. • *Enterobacteriaceae* – ≤ 10 UFC/g. • Contagem de aeróbios – limites internos.
Ambiente de processamento	Alta	Analisar para *Salmonella* e *Enterobacteriaceae* em áreas relevantes durante operação normal para verificar controle do processo. Valores típicos encontrados: • *Salmonella* – ausente. • *Enterobacteriaceae* – ≤ $10^2–10^3$ UFC/g ou amostra. • Analisar água dos circuitos de equipamentos encamisados para biocidas residuais ou contagem de aeróbios.
Vida de prateleira	Média	Aplica-se a produtos que possibilitam o crescimento de leveduras osmofílicas ou bolores xerofílicos.
Produto final	Alta	Analisar para indicadores é essencial para verificar o controle do processo.

Produto	Microrganismo	Método analítico[a]	Caso	Plano de amostragem e limites/g[b]			
				n	c	m	M
Cacau em pó	Contagem de aeróbios	ISO 4833	2	5	2	10^3	10^4
Cacau em pó; chocolate, confeitos	*Enterobacteriaceae*	ISO 21528-1	2	5	2	10	10^2
Confeitos	Leveduras osmofílicas e bolores xerofílicos	ISO 21527-2	2	5	2	10	10^2

	Baixa/ alta	A análise para de *Salmonella* não é recomendada quando BPH e HACCP efetivas são confirmadas por análises durante o processamento e análises do ambiente. Analisar para *Salmonella* quando não se conhece o histórico ou desvios de processo indicam um possível problema de segurança.

Produto	Microrganismo	Método analítico[a]	Caso	Plano de amostragem e limites/25 g[b]			
				n	c	m	M
Cacau em pó; chocolate, confeitos	*Salmonella*	ISO 6579	11	10^b	0	0	-

[a] Métodos alternativos podem ser usados, desde que validados pelos métodos ISO.

[b] Consulte o Apêndice A para desempenho desses planos de amostragem.

[c] Unidades analíticas individuais de 25 g (ver a Seção 7.5.2 para amostra composta).

Cacau, Chocolate e Confeitos

As linhas de processamento de chocolates e confeitos são mais complexas, envolvendo várias operações diferentes como moagem, conchagem, armazenamento intermediário, temperagem, moldagem, resfriamento e solidificação. Um elemento comum à maioria dessas etapas é o emprego de equipamentos encamisados (*double walled*) contendo água, que podem ser fonte de contaminação decorrente de microvazamentos. A amostragem e análise de massas de chocolate em etapas intermediárias como, por exemplo, tanques de armazenamento, devem ser realizadas antes que elas continuem sendo processadas. A contagem de aeróbios ou *Enterobacteriaceae*, assim como análise de *Salmonella*, pode ajudar na detecção de problemas, como os microvazamentos, entrada de água ou mesmo multiplicação nas interfaces. Os resultados analíticos ajudam na prevenção da disseminação da contaminação para as etapas seguintes da linha de processamento, que geralmente são muito difíceis de ser limpas e sanitizadas, uma vez que o uso de água deve ser evitado.

A análise de resíduos de superfícies críticas de contato com produto, onde pode ocorrer a presença ou mesmo multiplicação de *Salmonella* ou *Enterobacteriaceae*, é bastante útil para detectar a contaminação originária do ambiente de processamento. Etapas como a moagem para cacau em pó, conchas ou túneis de resfriamento (potencial para condensação e dessa forma multiplicação) e armazenamento intermediário de pós (potencial de contaminação durante o transporte pneumático) geram informações úteis. O material de raspagem de resíduos é geralmente o tipo mais representativo de amostra enquanto, considerando a natureza dos produtos, *swabs* e esponjas são de menor utilidade. Os resultados dessas amostras, nas quais a contaminação direta do produto é possível, devem estar dentro dos limites aplicados a produtos acabados.

Para produtos de chocolate e confeitos que contêm recheio com atividade de água > 0,6, a análise para leveduras e bolores osmofílicos pode ser apropriada, uma vez que podem crescer nesses produtos. Pontos de amostragem semelhantes a aqueles descritos aqui ou específicos para uma linha de processamento de determinados confeitos em especial podem ser usados.

17.2.2.3 Ambiente de processamento

Após a torração, é importante implementar medidas de controle higiênico efetivas para evitar contaminação com *Enterobacteriaceae* e *Salmonella* do ambiente de processamento. A efetividade dessas medidas é mais bem demonstrada por meio de amostragem e análises de amostras do ambiente. Resíduos acumulados sob ou sobre os equipamentos, em especial aqueles próximos a produtos expostos, são as amostras mais úteis e são mais facilmente coletadas com raspadeira. *Enterobacteriaceae* são empregadas como indicadores de higiene, permitindo a detecção em tempo oportuno de problemas potenciais como a presença de água ou o ingresso de poeira de uma zona com nível de higiene menor. Entretanto, também é importante analisar diretamente *Salmonella* nessas amostras, particularmente em plantas que processam amêndoas cruas de cacau, uma fonte importante do patógeno.

Em um ambiente de processamento fechado, devem ser buscadas populações baixas de *Enterobacteriaceae* e *Salmonella* deve estar ausente em todas as amostras analisadas.

344   Microrganismos em Alimentos 8

Populações de *Enterobacteriaceae* inferiores a 10^2–10^3 UFC/g são geralmente atingíveis nesse tipo de ambiente seco; entretanto, limites devem ser estabelecidos em cada planta, baseados nos dados históricos. Detalhes para o estabelecimento de programas de amostragem ambiental são fornecidos pela ICMSF (2005) e como esboçados no Capítulo 4.

Considerando seu impacto nas massas de chocolate, também é importante monitorar a qualidade microbiológica da água nos sistemas encamisados, por análises microbiológicas ou pela determinação indireta de biocidas residuais se a água é tratada (ver o Capítulo 21).

17.2.2.4 Vida de prateleira

Com exceção de alguns produtos que são sensíveis à deterioração por bolores ou leveduras em decorrência de a_w mais alta (> 0,6), as análises microbiológicas para avaliar a vida de prateleira não são relevantes para esses produtos.

17.2.2.5 Produto final

As recomendações propostas em 1986 continuam apropriadas. A ICMSF (1986) propôs um plano de duas classes ($n = 10$, $c = 0$, $m = 0$) para *Salmonella* em cacau, chocolate e confeitos como único critério para esses produtos no porto de entrada. Outros parâmetros como a contagem de aeróbios ou coliformes não foram considerados relevantes para a segurança ou estabilidade.

O desempenho do plano de amostragem recomendado para *Salmonella* é de uma célula por 180 g (média log) ou de uma célula por 33 g (média aritmética) considerando um desvio padrão de 0,8. Isso poderia permitir a detecção de lotes contaminados com populações que causaram surtos no passado. Critérios equivalentes são incluídos nos requisitos regulatórios de vários países, por exemplo, Canadá e Nova Zelândia.

Desde que os resultados das amostragens ambientais e durante o processamento confirmem a ausência de *Salmonella*, análises de produto final podem ser consideradas como verificação adicional. Entretanto, a presença de *Salmonella* em qualquer amostra ambiental ou de produto durante o processamento deve desencadear amostragens investigativas para identificar a causa. Essa investigação pode ser complementada com uma amostragem maior de produto final. Análises para *Enterobacteriaceae* ou coliformes em amostras ambientais, produtos intermediários ou acabados são ferramentas importantes para detectar deficiências em medidas preventivas que levam à contaminação pós processamento.

Além disso, a contagem de microrganismos aeróbios pode ser um bom indicador para cacau em pó. Populações $\leq 10^3$ UFC/g são consideradas normais (COLLINS-THOMPSON et al., 1978; PAYNE et al., 1983) e populações mais elevadas podem ser indicativas de falhas nas BPH regulares. Entretanto, no caso de chocolates e confeitos deve-se ter cautela quando se emprega a contagem de aeróbios, pois a população vai depender da origem das amêndoas de cacau, condições de torração e composição do produto. O chocolate branco, por exemplo, apresenta populações mais baixas enquanto em chocolate escuro elas são mais elevadas. Os parâmetros estabelecidos pelo pro-

Cacau, Chocolate e Confeitos

345

dutor para produtos individuais são referências úteis e o monitoramento de amostras adequadas ao longo da linha de processamento geram informações úteis indicando um possível problema, como a entrada de água. Para confeitos com $a_w > 0,6$ que contêm ingredientes como marzipã ou xarope, o monitoramento de leveduras osmofílicas e bolores xerofílicos deve ser considerado.

A Tabela 17.1 apresenta as diretrizes propostas para indicadores e *Salmonella*. Os limites *m* e *M* para indicadores podem ser mais estritos e variar dependendo do histórico interno de dados do produtor (por exemplo, tipos de produtos diferentes com ingredientes diferentes) e o tipo de processo. O emprego de limites mais flexíveis, em especial para *Enterobacteriaceae*, pode apontar para uma redução significativa na efetividade das medidas de controle.

REFERÊNCIAS

AMEZQUÉTA, S. et al. Occurrence of ochratoxin A in cocoa beans: effect of shelling. **Food Additives and Contaminants**, London, v. 22, n. 6, p. 590-596, 2005.

AMEZQUÉTA, S. et al. OTA-producing fungi isolated from stored cocoa beans. **Letters in Applied Microbiology**, Oxford, v. 47, n. 3, p. 197-201, 2008.

BONVEHI, J. S. Occurrence of ochratoxin A in cocoa products and chocolate. **Journal of Agricultural and Food Chemistry**, Washington, DC, v. 52, n. 20, p. 6347-6352, 2004.

CAMU, N. et al. Fermentation of cocoa beans: influence of microbial activities on the flavour of chocolate. **Journal of the Science of Food and Agriculture**, London, v. 88, n. 13, p. 2288-2297, 2008.

CODEX ALIMENTARIUS. **Codex standard for composite and filled chocolate**: Codex STAN 142-1983. Rome: FAO, 1983. FAO/WHO Food Standards Program.

_____. **Codex standard for cocoa butter confectionery**: Codex STAN 147-1985. Rome: FAO, 1985. FAO/WHO Food Standards Program.

_____. **Codex standard for cocoa powders (cocoas) and dry mixtures of cocoa and sugars**: Codex STAN 105-1981, Rev. 1-2001. Rome: FAO, 2001a. FAO/WHO Food Standards Program.

_____. **Codex standard for cocoa butter**: Codex STAN 86-1981, Rev. 1-2001. Rome: FAO, 2001b. FAO/WHO Food Standards Program.

_____. **Codex standard for chocolate and chocolate products**: Codex STAN 87-1981, Rev. 1-2003. Rome: FAO, 2003. FAO/WHO Food Standards Program.

COLLINS-THOMPSON, D. L. et al. Sampling plan and guidelines for domestic and imported cocoa from a Canadian national microbiological survey. **Canadian Institute of Food Science and Technology Journal**, Toronto, v. 11, n. 4, p. 177-179, 1978.

COPETTI, M. V. et al. Ochratoxigenic fungi and ochratoxin A in cocoa during farm processing. **International Journal of Food Microbiology**, Amsterdam, v. 143, n. 1-2, p. 67-70, 2010.

D'AOUST, J. Y.; PIVNICK, H. Small infection doses of *Salmonella*. **The Lancet**, London, v. 307, n. 7964, p. 866, 1976.

GREENWOOD, M. H.; HOOPER, W. L. Chocolate bars contaminated with *Salmonella napoli*: an infectivity study. **The British Medical Journal**, London, v. 286, p. 139-144, May 1983.

HOCKIN, J. C. et al. An international outbreak of *Salmonella nima* from imported chocolate. **Journal of Food Protection**, Ames, v. 52, n. 1, p. 51-54, 1989.

ICMSF - INTERNATIONAL COMMISSION ON MICROBIOLOGICAL SPECIFICATIONS FOR FOODS. **Microorganisms in Foods 2**: sampling for microbiological analysis: principles and specific applications. 2. ed. Toronto: University of Toronto Press, 1986.

_____. Cocoa powder, chocolate and confectionery. In: _____. **Microorganisms in Foods 6**: microbial ecology of food commodities. 2. ed. New York: Kluwer Academic: Plenum Publishers, 2005.

KRAPF, T.; GANTENBEIN-DEMARCHI, C. Thermal inactivation of Salmonella spp during conching. **LWT - Food Science and Technology**, Amsterdam, v. 43, n. 4, p. 720-723, 2010.

MOUNJOUENPOU, P. et al. Filamentous fungi producing ochratoxin a during cocoa processing in Cameroon. **International Journal of Food Microbiology**, Amsterdam, v. 121, n. 2, p. 234-241, 2008.

PAYNE, W. L. et al. Microbiological quality of cocoa powder, dry instant chocolate drink mix, dry nondairy coffee creamer and frozen nondairy topping obtained of retail markets. **Journal of Food Protection**, Ames, v. 46, n. 8, p. 733-736, 1983.

SCHWAN, R. F.; WHEALS, A. E. The microbiology of cocoa fermentation and its role in chocolate quality. **Critical Reviews in Food Science and Nutrition**, London, v. 44, n. 4, p. 205–221, 2004.

STOBINSKA, H. et al. Effects of convective roasting conditions on critical safety of coco beans. **Acta Agrophysica**, Lublin, v. 7, n. 1, p. 239–248, 2006.

THOMPSON, S. Microbiological spoilage of high-sugar products. In: SPERBER, W. H.; DOYLE, M. P. (Ed.). **Compendium of the microbiological spoilage of foods and beverages**. New York: Springer, 2010.

WERBER, D. et al. International outbreak of *Salmonella* Oranienburg due to German chocolate. **The BMC Infectious Diseases**, London, v. 5, n. 7, p. 7-16, 2005.

18 CAPÍTULO

Alimentos à Base de Óleos e Gorduras

18.1 INTRODUÇÃO

A ecologia microbiana de seis categorias de produtos à base de óleos e gorduras foi discutida previamente pela ICMSF (2005): maionese e molhos para saladas, saladas à base de maionese, margarina, pastas (*spreads*) com teor de gordura reduzida, manteiga e pastas *(spreads)* com fase aquosa contínua. A maioria dos alimentos à base de óleos e gorduras contém algum grau de umidade e de nutrientes não gordurosos. Os produtos finais podem existir tanto como sistemas de fase gordurosa contínua em emulsão água em óleo (por exemplo, manteiga e margarina), ou como sistemas de fase aquosa contínua de emulsão óleo em água (por exemplo, maionese e molhos para salada). Em virtude de sua estrutura, produtos em que a fase gordurosa é contínua são em geral muito mais estáveis que os produtos em que a fase aquosa é contínua. Para estes últimos, a segurança está diretamente relacionada com o pH e com o tipo e nível de acidulantes. A segurança dos produtos com fase gordurosa contínua depende principalmente do tratamento térmico adequado dos ingredientes e da estabilidade e estrutura da emulsão. Um pequeno grupo de produtos à base de óleos e gorduras se caracteriza pelo conteúdo extremamente baixo de água (por exemplo, gordura de manteiga, *ghee*, *vanaspati*[1], substitutos da manteiga de cacau e óleos de cozinha), o que contribui para a estabilidade microbiológica.

---

[1] *Ghee*: produto gorduroso obtido do leite, de vaca ou búfala, fermentado (semelhante à manteiga de garrafa); *vanaspati*: alternativa ao *ghee*, produzida com gordura vegetal hidrogenada. (N.T.)

348 Microrganismos em Alimentos 8

Produtos à base de óleos e gorduras produzidos industrialmente apresentam registros de segurança muito bons e não há indicações de que contribuam significativamente para as doenças de origem alimentar. Enquanto o emprego de critérios microbiológicos para avaliar a segurança de produtos finais, como, por exemplo, em portos de entrada, seja de utilidade limitada, as análises microbiológicas podem ser úteis para verificar o controle do processo em etapas específicas da produção. Para garantir a segurança do produto final, o emprego de matérias-primas de qualidade, higiene, controle do processo e a aplicação de HACCP na operação de produção são os pontos mais importantes a serem considerados.

18.2 MAIONESE E MOLHOS PARA SALADAS

18.2.1 Microrganismos de importância

18.2.1.1 Perigos e controles

Embora as evidências epidemiológicas não tenham relacionado produtos fabricados industrialmente, maionese e molhos para saladas feitos em casa ou em restaurantes já foram relacionados a incidentes de doenças. Para esses produtos de fase aquosa contínua, os perigos significativos a serem controlados são *Salmonella* spp. e *Listeria monocytogenes*. Algumas linhagens desses patógenos podem apresentar alguma tolerância a certos acidulantes. As estratégias para controlar a presença e a multiplicação dos patógenos significativos incluem:

- Controle das especificações para patógenos no produto final por meio da seleção cuidadosa dos ingredientes.
- Quando o controle de ingredientes é difícil, inativação de patógenos por meio de parâmetros adequados de formulação do produto final, tais como combinação de um pH máximo (por exemplo, 4,5) com quantidades adequadas de acidulante (por exemplo, ácido acético não dissociado 0,2%) e o mínimo de tempo e temperatura de manutenção do produto.
- Emprego de processamento térmico no qual se faz controle dos ingredientes quanto a microrganismos deteriorantes e patogênicos, do processamento higiênico e do envase, no caso de um produto que é total ou parcialmente termoprocessado.

Assim como para todas as *commodities*, a adequação do delineamento de um processo ou produto específico deve ser validada e a implementação operacional adequada precisa ser verificada para o fornecimento de produtos seguros de forma contínua. A temperatura do produto também deve ser considerada como parte da validação, especialmente para produtos resfriados, uma vez que os efeitos do ácido acético ou de outros ácidos orgânicos tendem a aumentar com a temperatura.

18.2.1.2 Deterioração e controles

A deterioração microbiana é causada principalmente por leveduras acidotolerantes e lactobacilos. A deterioração por bolores é rara, pois a maioria tem tolerância limitada ao ácido acético, que é o acidulante mais frequentemente utilizado. A deterioração

Alimentos à Base de Óleos e Gorduras

pode ser controlada pela seleção de formulações estáveis adequadas, pela prevenção de contaminação por meio da matéria-prima e do ambiente de processamento, pela embalagem higiênica e pelo armazenamento e pela comercialização adequados (resfriados se necessárias).

18.2.2 Dados microbiológicos

18.2.2.1 Ingredientes críticos

Matérias-primas como ovos, produtos lácteos, ervas e condimentos podem estar contaminados com perigos importantes. Esses ingredientes devem ser descontaminados, preferencialmente pasteurizados, ou obtidos de fornecedores capazes de fornecer produtos com as especificações corretas. Para orientações, ver os capítulos relevantes, por exemplo, Capítulo 22 para ovos e Capítulo 14 para condimentos.

18.2.2.2 Controle do processo

Em virtude da importância do controle de patógenos, os ingredientes isolados ou combinados, que constituem produtos intermediários, devem ser tratados termicamente como parte do processo de produção. Isso pode significar a repetição da pasteurização de uma preparação à base de ovos, cocção da fase amilácea ou da fase aquosa contendo ácido acético. A verificação de que as condições de processamento foram atingidas vai depender do monitoramento dos parâmetros operacionais (por exemplo, tempo e temperatura), e não de análises microbiológicas.

Para alguns produtos ou subcomponentes desta categoria, o tratamento térmico não é possível. Para esses produtos, a confiança na qualidade dos ingredientes, nos parâmetros de formulação que inativam os patógenos de importância (por exemplo, acidificação) e nos controles do processo quando adequadamente validados, pode ser uma maneira efetiva de controlar patógenos.

Materiais de embalagem estão geralmente livres de patógenos e de microrganismos deteriorantes acidorresistentes, e isso pode ser tratado explicitamente nas especificações existentes entre o fornecedor da embalagem e o produtor do alimento. A descontaminação e as análises microbiológicas são realizadas com pouca frequência ou não são necessárias na produção.

18.2.2.3 Ambiente de processamento

Dependendo da estratégia aplicada (ver a Seção 18.2.1.1), o ambiente da linha de processamento poderá ser considerado uma fonte potencial de perigos significativos ou de microrganismos deteriorantes. A configuração da linha de processamento e de seu ambiente deve permitir limpeza fácil e deve prevenir a contaminação cruzada entre matérias-primas e produtos intermediários ou finais não contaminados. Equipamentos de produção limpos de maneira inadequada ou insuficiente são fonte comum de microrganismos deteriorantes resistentes ao ácido acético. Portanto, equipamentos com desenho higiênico e adequados para limpeza pelo sistema CIP são mais utilizados na produção. A limpeza manual pode ser necessária em equipamentos nos quais a limpeza por CIP seja difícil. A adequação da limpeza da linha de processamento e do ambiente é mais bem avaliada por observações visuais e por meios químicos e físicos, mas também por análises microbiológicas, com amostragem por *swabs* e análise para indicadores de higiene do processo, por exemplo, contagem de colônias aeróbias (CCA). É importante estabelecer, por meio da calibração frente a um indicador de higiene adequado, como CCA, a maneira como os meios físico ou químico refletem de forma robusta a condição higiênica. O uso de CCA como uma medida de apoio pode ajudar a demonstrar o controle, ou a perda de controle, durante o andamento do processo. Os valores para ambas as situações devem ser estabelecidos no início da operação da linha de processamento, uma vez que depende das características do equipamento da linha, do produto a ser fabricado e do ambiente de produção. A qualidade do ar também pode ser monitorada para bolores e leveduras.

Além do monitoramento da eficiência da sanitização, o monitoramento do ambiente da planta para a presença de patógenos preocupantes e/ou indicadores da presença desses patógenos pode ser relevante para alguns produtos. Em virtude da grande variedade de produtos nessa categoria, não é possível fazer recomendações específicas, mas orientações para o estabelecimento desse tipo de programa, se necessário, estão apresentadas no Capítulo 4.

18.2.2.4 *Vida de prateleira*

Em muitos casos, maioneses e molhos para saladas são produtos multiuso, sendo que a contaminação por microrganismos deteriorantes ou patogênicos pode ocorrer após abertura da embalagem. O período antes da abertura é chamado de "vida de prateleira fechada" (*closed shelf life*) e o período após abertura de "vida de prateleira aberta" (*open shelf life*). Para a maioria dos produtos estáveis em temperatura ambiente, a qualidade sensorial determina a vida de prateleira. Quando necessário, é possível estabelecer o limite microbiológico da vida de prateleira do produto durante o seu desenvolvimento, empregando-se testes desafio com prováveis microrganismos deteriorantes e/ou patógenos selecionados conforme apropriado. Esses testes não precisam ser realizados rotineiramente; entretanto deve-se considerar sua repetição sempre que ocorrerem alterações significativas na produção ou na concentração de ácido acético, pH, sal, conteúdo de água, níveis de conservantes.

Quando a estabilidade do produto depender de refrigeração durante a vida de prateleira fechada, a deterioração microbiológica pode ser reduzida pela medição da temperatura e correção de desvios durante armazenamento e comercialização. Frequentemente, a refrigeração é uma maneira de controlar alterações sensoriais no produto, mais que o controle da multiplicação microbiana, já que lactobacilos, leveduras e bolores podem se multiplicar lentamente sob refrigeração em alguns produtos.

Instruções de rotulagem para consumidores devem limitar a manutenção em temperatura ambiente após abertura ou aconselhar o emprego de refrigeração durante a vida de prateleira aberta.

Alimentos à Base de Óleos e Gorduras

18.2.2.5 Produto final

Análises microbiológicas de rotina não são recomendadas, uma vez que maioneses e molhos para saladas são inerentemente seguros e estáveis, desde que a formulação do produto e o processamento estejam sob controle. Análises microbiológicas podem ser usadas para validar a adequabilidade do produto e o delineamento do processo, visando produzir um produto alimentício seguro e estável.

O controle das propriedades químicas do produto, tais como pH, níveis de acidulantes ou sal, é a melhor maneira de verificar se a formulação está de acordo com as especificações. Para produtos nos quais a composição ou a formulação não reduzem ou eliminam o risco apresentado por agentes infecciosos como *Salmonella* spp., devem ser consideradas análises microbiológicas para enumeração de aeróbios ou *Enterobacteriaceae* para verificar o controle do processo e a higiene. Quando não há risco desses agentes infecciosos sobreviverem, análises para lactobacilos, leveduras e bolores são suficientes (ver a Tabela 18.1). Por exemplo, durante a produção de certos tipos de maioneses, esses critérios podem ser usados para verificar se um tratamento térmico foi efetivo e se a recontaminação durante etapas posteriores de processamento, manuseio e envase estão sob controle. A frequência de análises de verificação pode ser reduzida conforme o crescimento na confiança no controle do processo se estabelece ao longo do tempo. Os legisladores podem aplicar os mesmos critérios para determinar se um lote, sem um histórico relativo à higiene e à segurança, foi produzido de forma higiênica.

18.3 SALADAS À BASE DE MAIONESE

Saladas à base de maionese ou saladas com molhos são misturas a frio, não tratadas pelo calor, de maionese ou molhos para salada com vários alimentos (por exemplo, frango, carne, ovos, frutos do mar, batata, hortaliças, ervas ou frutas) e que podem conter inúmeros componentes (por exemplo, amido, açúcar, especiarias, ácidos orgânicos, aromas e colorantes). As considerações para "Alimentos Combinados" (ver o Capítulo 26) aplicam-se a essa categoria de produto. Em razão da diversidade de produtos que podem ser incluídos nessa categoria, não é possível fazer recomendações específicas de critérios, uma vez que eles dependem dos ingredientes utilizados. Entretanto, considerações sobre análises de saladas à base de maionese são apresentadas a seguir.

18.3.1 Microrganismos de importância

18.3.1.1 Perigos e controles

Uma grande variedade de microrganismos pode ser introduzida no produto final pelos ingredientes e processos usados para produzir saladas à base de maionese, além do ambiente. É importante que a seleção dos ingredientes, a formulação do produto final (por exemplo, pH, acidulantes, sal e conservantes) e as medidas higiênicas aplicadas durante a produção minimizem o número de perigos a serem considerados, e que sejam adequadas para o controle desses perigos. Saladas à base de maionese e saladas com molhos são, de maneira geral, mais vulneráveis à deterioração e sobrevivência de patógenos do que maioneses e molhos para saladas formulados e processados de maneira adequada, em virtude do pH de equilíbrio ser mais elevado nas primeiras. Portanto, o desenvolvimento de produtos e processos requer adesão cuidadosa a boas práticas e a comercialização e armazenamento a frio do produto final.

Não existem evidências epidemiológicas concretas de que saladas à base de maionese, produzidas industrialmente, tenham siso responsabilizadas por importantes doenças de origem alimentar. Produtos preparados em serviços de alimentação causaram incidentes com *Salmonella* spp., *L. monocytogenes* e *E. coli* O157:H7, que são microrganismos que podem sobreviver em baixas temperaturas e são relativamente acidotolerantes. *Staphylococcus aureus* também pode ser considerado um perigo significativo, tendo causado incidentes em formulações com elevado pH ou baixa acidez.

18.3.1.2 Deterioração e controles

A deterioração microbiológica pode ser causada por lactobacilos e leveduras acidotolerantes. É possível utilizar a refrigeração para evitar a deterioração de produtos formulados sensíveis. É importante garantir que a adição de ingredientes contendo água, ou a presença de pedaços grandes de alimentos, não causem alterações nos critérios para o produto (por exemplo, pH, níveis de acidulante, sal e conservantes). Uma mistura de produto não homogênea pode aumentar a vulnerabilidade do produto final.

18.3.2 Dados microbiológicos

A Tabela 18.2 resume as análises úteis para saladas à base de maionese. Consulte o texto para detalhes importantes relacionados a recomendações específicas.

18.3.2.1 Ingredientes críticos

A seleção dos ingredientes deve garantir que a introdução de microrganismos deteriorantes (por exemplo, leveduras acidotolerantes e lactobacilos) seja mínima e que patógenos estejam ausentes nos ingredientes que não recebem tratamento descontaminante posterior. Ingredientes de risco elevado, como carne bovina e frango, devem ser cozidos (ver os Capítulos 8 e 9, respectivamente), e ingredientes como ervas e hortaliças devem ser bem limpos e/ou descontaminados para garantir a segurança do consumidor (ver o Capítulo 12). Os ingredientes devem ser selecionados de forma a estar de acordo com as especificações. A água (ver o Capítulo 21) deve ser potável e livre de patógenos e microrganismos acidotolerantes.

18.3.2.2 Durante o processamento

As condições de armazenamento dos ingredientes e produtos intermediários devem minimizar a multiplicação microbiana. O tempo e a temperatura devem ser monitorados para verificação de boas práticas de armazenamento. Quando apropriado, os critérios-chave para produtos intermediários devem ser avaliados por meios físicos e químicos.

Alimentos à Base de Óleos e Gorduras

353

Tabela 18.1 Importância relativa das análises de maionese e molhos para salada para avaliação da segurança e da qualidade microbiológicas

Importância relativa		Análises úteis
Ingredientes críticos	Média	Matérias-primas como ovos crus, produtos lácteos, ervas e condimentos podem estar contaminadas com perigos significativos. Esses ingredientes devem ser descontaminados, preferencialmente pasteurizados, ou devem ser originários de fornecedores capazes de prover materiais nas especificações apropriadas para o produto a ser produzido (ver o texto).
Durante o processamento	Média	Quando aplicável, os parâmetros de operação como, por exemplo, pasteurização, podem necessitar de monitoramento; análises microbiológicas de rotina não são recomendadas.
Ambiente de processamento	Média	Verificar a eficiência de limpeza das linhas e do ambiente de processamento empregando meios químicos e físicos com frequência adequada (ver o texto)
Vida de prateleira	Baixa	Análises não são aplicáveis; instruções de rotulagem para os consumidores devem limitar a vida de prateleira aberta em temperatura ambiente ou aconselhar refrigeração durante a vida de prateleira aberta.
Produto final	Média	Análises de indicadores de higiene para verificar controle do processo durante andamento e análises de tendências. Considerar contagem de aeróbios e *Enterobacteriaceae* em produtos nos quais o risco para sobrevivência de patógenos não pode ser excluído. Considerar bactérias láticas, leveduras e bolores somente quando este risco pode ser excluído.

Produto	Microrganismo	Método analítico[a]	Caso	Plano de amostragem e limites UFC/g[b]			
				n	c	m	M
Maionese e molhos de salada onde patógenos podem sobreviver	Contagem de aeróbios	ISO 4833	3	5	1	10^2	10^3
	Enterobacteriaceae	ISO 21528-2	5	5	2	10	10^2
Maionese e molhos de salada onde patógenos não podem sobreviver	Bactérias láticas	ISO 15214	5	5	2	10	10^2
	Bolores e leveduras	ISO 21527-2	5	5	2	10	10^2

Baixa a alta	Análises rotineiras para patógenos não são recomendadas. Para produtos contendo ovos nos quais a rápida mortalidade das células vegetativas de patógenos **não pode** ser garantida, analisar *Salmonella* quando os indicadores de higiene e utilidade sinalizarem perda de controle.

Produto	Microrganismo	Método analítico[a]	Caso	Plano de amostragem e limites UFC/25 g[b]			
				n	c	m	M
Maionese e molhos de salada	*Salmonella*	ISO 6579	11	10^c	0	0	-

[a] Métodos alternativos podem ser usados, desde que validados pelos métodos ISO.

[b] Consulte o Apêndice A para desempenho desses planos de amostragem.

[c] Unidades analíticas individuais de 25 g (ver a Seção 7.5.2 para amostras compostas).

Tabela 18.2 Análises para saladas à base de maionese para avaliação da segurança e da qualidade microbiológicas

Importância relativa		Análises úteis
Ingredientes críticos	Média a alta	Consultar capítulos relevantes para recomendações de análises microbiológicas para ingredientes específicos.
Durante o processamento	Baixa	Análises microbiológicas rotineiras não são recomendadas.
Ambiente de processamento	Média	Amostrar os equipamentos de processamento antes do início das operações para verificar, por meios químicos ou físicos ou por análises de contagem de aeróbios, a eficiência da limpeza. A limpeza do ambiente da linha de processamento deve também ser verificada com frequência apropriada (ver o texto).
Vida de prateleira	Média	Análises rotineiras de vida de prateleira não são recomendadas. Análises podem ser úteis para validar a vida de prateleira de produtos novos a serem colocados no comércio ou quando sistemas novos de embalagem são instalados. Instruções de rotulagem para consumidores devem aconselhar a respeito da refrigeração adequada durante a vida de prateleira aberta.
Produto final	Média	Considerar análises para microrganismos indicadores de higiene para verificar o controle dos processos em andamento e análise de tendências dependendo dos ingredientes (ver o texto). Análises rotineiras de patógenos não são recomendadas. Quando indicadores indicarem um problema, considerar a realização de análises para patógenos relevantes para o produto e ingredientes (ver o texto).

Os materiais de embalagem estão, geralmente, livres de microrganismos patogênicos e deteriorantes, entretanto, podem ocorrer bolores. A descontaminação pode ser necessária para produtos sensíveis, ou podem haver especificações estabelecidas entre o produtor de alimentos e o fornecedor de embalagens, o que precisa ser feito durante o desenvolvimento do produto. Geralmente, a realização de análises microbiológicas durante a produção não é necessária.

18.3.2.3 *Ambiente de processamento*

Os equipamentos limpos de maneira inadequada podem ser fonte de microrganismos deteriorantes e de patógenos, portanto equipamentos com desenho higiênico são importantes. Quando isso não é possível, deve-se considerar a desmontagem, completa e frequente, do equipamento para limpeza. A eficiência do processo de limpeza é mais bem avaliada por meios físicos e químicos, com possibilidade de apoio de análises microbiológicas.

O ambiente da linha de processamento pode ser fonte de patógenos e de microrganismos deteriorantes. O *layout* da linha de processamento deve permitir limpeza fácil e minimizar o potencial de contaminação cruzada. A eficiência da limpeza é mais bem avaliada por meios físicos e químicos, com apoio de análise microbiológica.

18.3.2.4 *Vida de prateleira*

A vida de prateleira sob refrigeração de uma salada à base de maionese pode variar de alguns dias até oito semanas, dependendo da população de microrganismos deteriorantes, pH, conservantes e ingredientes empregados. A temperatura deve ser monitorada na cadeia de frio para garantir que a temperatura de refrigeração necessária seja mantida durante todo o tempo.

Alimentos à Base de Óleos e Gorduras

Análises microbiológicas de rotina não são necessárias e não são úteis. Entretanto, certas análises microbiológicas podem ser aplicadas durante o desenvolvimento do produto, para validar que o delineamento do produto e do processo resultará em um produto alimentício seguro e estável durante sua vida de prateleira pretendida. Os testes de validação incluem testes de vida de prateleira e testes desafio com patógenos, que não precisam ser conduzidos rotineiramente durante a operação, mas devem ser repetidos sempre que ocorram mudanças significativas na formulação, processo de produção ou escala de operação.

18.3.2.5 Produto final

Análise rotineira de produto final não é recomendada, pois a segurança do produto final é mais bem assegurada pelo monitoramento de parâmetros físicos e químicos do produto e do ambiente de produção, como detalhado anteriormente. Um pequeno número de análises microbiológicas pode ser empregado para verificar o controle do processo durante a produção, usando padrões desenvolvidos internamente. Os critérios específicos dependem dos ingredientes e processos usados no produto. É importante lembrar que alguns ingredientes empregados em saladas à base de maionese podem conter, naturalmente, populações muito elevadas de microrganismos indicadores. Por exemplo, a contagem de aeróbios em cebola recém-fatiada pode variar de 10^3 a 10^6 UFC/g ou mais (ICMSF, 2005).

A frequência das análises microbiológicas pode ser gradualmente reduzida à medida que o processo de produção comprove estar sob controle. Quando são introduzidas mudanças significativas, a quantidade de análises pode aumentar temporariamente. A Tabela 18.2 resume as análises para as saladas à base de maionese.

18.4 MARGARINA

18.4.1 Microrganismos de importância

18.4.1.1 Perigos e controles

Margarinas são emulsões água-em-óleo estáveis, contendo pelo menos 80% de gordura e até 20% de água. Outros ingredientes podem incluir emulsificantes, acidulantes, sal, leite e produtos lácteos, vitaminas, conservantes, ervas e condimentos. Margarinas são estabilizadas por um princípio físico muito especial. A fase aquosa, na qual os microrganismos podem estar, está dispersa como gotas muito pequenas de água em uma matriz gordurosa, de maneira que essas gotículas limitam a multiplicação microbiana pela falta de espaço e de acesso a nutrientes. O controle de microrganismos importantes depende, principalmente, da estabilidade da emulsão, mas também da qualidade microbiológica dos ingredientes, dos critérios para o produto e da higiene durante a produção e o envase.

Não há evidências epidemiológicas de doenças causadas por formulações estáveis de margarina. A eficácia do planejamento do produto e do processo para controlar patógenos como *Salmonella* deve ser validada. Em misturas de margarinas com manteiga,

356 Microrganismos em Alimentos 8

deve-se considerar o impacto da mistura na estabilidade do produto final e considerar o controle de microrganismos potencialmente perigosos que são importantes na manteiga.

18.4.1.2 Deterioração e controles

A deterioração microbiológica de margarinas decorre principalmente de bolores, que são capazes de crescer na matriz de gordura, não são afetados pelos conservantes e se aproveitam do condensado úmido presente na superfície do produto. Outros microrganismos importantes são as leveduras e as bactérias lipolíticas que podem desestabilizar a emulsão e causar a deterioração do produto.

18.4.2 Dados microbiológicos

18.4.2.1 Ingredientes críticos

A origem e seleção dos ingredientes devem garantir que a introdução de microrganismos deteriorantes seja mínima e que patógenos estejam ausentes nos ingredientes que não receberão algum tratamento descontaminante posterior. Ingredientes críticos (por exemplo, água, ervas, condimentos, produtos lácteos), especialmente aqueles adicionados à fase gordurosa, devem ser pasteurizados antes do uso. Ingredientes devem ser provenientes de fornecedores capazes de atingir as especificações apropriadas. As especificações usadas no comércio de ingredientes empregados em margarinas incluem: contagem de aeróbios $< 10^3$ UFC/g, *Enterobacteriaceae* < 10 UFC/g, leveduras $< 10^2$ UFC/g, bolores < 10UFC/g, *Salmonella* ausente em 25 g ($n = 5$), *L. monocytogenes* ausente em 1g ($n = 5$). As especificações normais para comercialização de ingredientes lácteos desidratados usados em margarinas podem variar com a região, mas devem ser contagem de aeróbios $< 10^4$ UFC/g, *Enterobacteriaceae* $< 10^2$ UFC/g, coliformes < 10 UFC/g, bolores e leveduras $< 10^2$ UFC/g e ausência de patógenos.

18.4.2.2 Durante o processamento

As condições de armazenamento de ingredientes e de soluções estoque, misturas de fase aquosa e fase gordurosa, bem como de outros produtos intermediários, devem minimizar a multiplicação de microrganismos deteriorantes e evitar a sua recontaminação pelo ambiente. A seleção de ingredientes de boa qualidade em combinação com o monitoramento de tempo e temperatura são geralmente suficientes para verificar o controle do processo. É recomendável verificar parâmetros-chave (pH, níveis de sal, acidulantes ou conservantes) de soluções estoque e produtos intermediários por meio de meios físicos e químicos. As soluções estoque de ingredientes ou as fases aquosas com os ingredientes hidrossolúveis são geralmente pasteurizadas antes de misturadas com a fase gordurosa, para formar a pré-emulsão. Os parâmetros do processo de pasteurização precisam ser monitorados e desvios devem ser corrigidos para garantir o controle do processo.

Para formulações mais sensíveis ou aquelas em que a higiene durante a produção torna a recontaminação provável, deve-se avaliar a condição microbiológica em de-

Alimentos à Base de Óleos e Gorduras

terminados passos da produção, como, por exemplo, o monitoramento periódico da população bacteriana da água usada no preparo da fase aquosa, especialmente quando não se emprega a pasteurização. A formação da pré-emulsão é um passo-chave para verificar o controle do processo, pois não há tratamento térmico subsequente para controlar os microrganismos, se ocorrer contaminação. Caso os produtos intermediários sejam mantidos a temperaturas elevadas (> 40 °C), a multiplicação de microrganismos termofílicos poderá ser monitorada.

Os materiais de embalagens devem estar livres de bactérias patogênicas e deteriorantes. Bolores podem ocorrer. Para formulações de produtos sensíveis, a descontaminação pode ser conveniente ou podem ser estabelecidas especificações entre o produtor do alimento e o fornecedor da embalagem. Onde necessário, a qualidade do ar na área de embalagem deve ser cuidadosamente controlada. A importância desses aspectos deve ser determinada na etapa de desenvolvimento do produto. Análises microbiológicas não devem ser necessárias durante a operação.

18.4.2.3 Ambiente de processamento

A produção de margarina necessita de equipamentos que possam ser facilmente limpos e sanitizados, preferencialmente por CIP. A eficácia da limpeza dos equipamentos de processamento é mais bem avaliada por meios físicos e químicos, com o apoio de análises microbiológicas. Enquanto os equipamentos de processamento são limpos e sanitizados com líquidos, o ambiente de trabalho deve ser mantido o mais seco possível durante a produção, uma vez que limitar a presença de água auxilia no controle de *Listeria*.

O ambiente da linha de processamento pode ser fonte de perigos significativos ou de microrganismos deteriorantes. O ambiente deve ser de limpeza fácil e prevenir a contaminação cruzada do produto intermediário descontaminado ou do produto final coma matéria-prima. Caixas de papelão reciclado podem ser fonte de esporos de bolores.

18.4.2.4 Vida de prateleira

Embora a maior parte das margarinas seja estável durante a vida de prateleira fechada e possa ser armazenada e distribuída sob temperatura ambiente, o armazenamento sob refrigeração durante a vida de prateleira aberta é benéfico. Para formulações sensíveis, a refrigeração pode ser necessária imediatamente após a produção, devendo a temperatura na cadeia de frio ser monitorada e os desvios corrigidos. Análises microbiológicas rotineiras não são necessárias. É essencial garantir que o armazenamento ocorra em ambiente seco e que seja evitada condensação.

Podem ser aplicadas análises microbiológicas selecionadas durante o desenvolvimento do produto para validar que o produto e o delineamento do processo escolhidos resultarão em um produto alimentício seguro e estável. As análises a serem consideradas com essa finalidade são análises de vida de prateleira e testes desafio para patógenos. Apesar desses testes não precisarem ser realizados rotineiramente durante a operação, sua repetição pode ser necessária quando ocorrerem alterações significativas na formulação, no processo de produção ou na escala de operação.

358   Microrganismos em Alimentos 8

18.4.2.5 Produto final

Considerando a escala inteira de produção, não é aconselhável utilizar critérios microbiológicos para avaliar a segurança e a estabilidade de produtos finais de forma rotineira. A segurança do produto final é mais bem assegurada pelo monitoramento de parâmetros físicos e químicos nos produtos intermediários e no ambiente de produção, na linha de processamento e em amostras do produto final. No início da produção, recomenda-se que sejam feitas medidas das características da emulsão, por exemplo, medição da média geométrica do diâmetro e do desvio geométrico padrão, com base no volume, da distribuição do tamanho das gotículas (ALDERLIESTEN, 1990, 1991) ou por microscopia.

As análises microbiológicas podem ser usadas para verificar o controle do processo, podendo a sua frequência diminuir gradualmente, à medida que se comprove que o processo de produção está bem controlado. Quando são introduzidas mudanças significativas, essas análises podem ser aumentadas temporariamente. Na Tabela 18.3 são apresentados exemplos de limites microbiológicos para produtos finais empregados no comércio. A adesão a boas práticas deve permitir que sejam obtidas populações muito mais baixas que as apresentadas. Os limites microbiológicos utilizados para verificação do controle do processo e de higiene de produtos no comércio são, por exemplo: contagem de aeróbios < 10^4 UFC/g, *Enterobacteriaceae* < 10^2 UFC/g, leveduras < 10^3 UFC/g, bolores < 10^2 UFC/g, esporulados < 10^4 UFC/g, *S. aureus* < 10^3 UFC/g, *Salmonella* spp. ausente 25 g, *L. monocytogenes* ausente.

18.5 PASTAS (*SPREADS*) COM BAIXO TEOR DE GORDURA

Enquanto margarinas contêm acima de 80% de gordura, pastas com baixo teor de gordura podem conter entre 20 e 80% de gordura. Há uma grande variedade de pastas com baixo teor de gordura em relação à quantidade de gordura, à presença de ingredientes lácteos etc.

18.5.1 Microrganismos de importância

18.5.1.1 Perigos e controles

Considerando que as pastas são emulsões verdadeiras de água em óleo, as bases para a segurança do produto e do processo são as mesmas que para margarinas, embora as pastas com baixo teor de gordura sejam geralmente mais vulneráveis a problemas microbiológicos. Quanto menor o teor de gordura e mais grosseira a dispersão das gotículas de água, mais vulneráveis são as pastas e maior é a possibilidade de multiplicação dos patógenos, quando presentes. A presença de ingredientes lácteos em pastas com teor de gordura reduzido aumenta a vulnerabilidade e precisa ser considerada no delineamento de processos e produtos seguros. Quando o teor de gordura está abaixo de 20%, as pastas são emulsões de óleo em água, e a multiplicação de patógenos pode ser possível (ver a Seção 18.6).

O controle de microrganismos de importância para pastas com baixo teor de gordura se baseia em uma combinação de fatores, como estabilidade da emulsão, qualidade

Alimentos à Base de Óleos e Gorduras

Tabela 18.3 Análises de margarina e pastas com baixo teor de gordura visando avaliação da segurança e da qualidade microbiológicas

Importância relativa		Análises úteis
Ingredientes críticos	Média	Ingredientes críticos (por exemplo, água, ervas/condimentos, produtos lácteos etc.) são melhores quando pasteurizados. Ingredientes devem ser selecionados de forma a adequar a especificações determinadas (ver o texto).
Durante o processamento	Baixa– margarina	Análises microbiológicas rotineiras não são recomendadas. Características da emulsão e critérios de processo (por exemplo, pH, concentração de conservantes e/ou ácidos orgânicos) devem ser monitorados para verificação do controle do processo. Para formulações sensíveis, a condição microbiológica da pré-emulsão e da água usada para a fase aquosa pode ser analisada.
	Média– pastas com baixo teor de gordura	Além das análises para margarina, os critérios de processo devem ser monitorados quando se aplica a pasteurização em linha à emulsão completa. Avaliação de embalagens para contaminação por bolores pode ser necessária para produtos especialmente sensíveis.
Ambiente de processamento	Média	Eficiência da limpeza pode ser verificada antes do início do processamento, empregando-se meios químicos e físicos ou pela análise de contagem de aeróbios. A limpeza do ambiente de processamento pode ser verificada com frequência apropriada, pela análise de contagem de aeróbios.
Vida de prateleira	Baixa	Análises não são aplicáveis; instruções de rotulagem devem informar aos consumidores que a vida de prateleira aberta é limitada quando armazenados em temperatura ambiente, ou aconselhar a refrigeração durante a vida de prateleira aberta.
Produto final	Média	Analisar para indicadores para controle do processo em andamento e análise de tendências, por exemplo, empregando os critérios microbiológicos para indicadores de higiene listados abaixo.

Produto	Microrganismo	Método analítico[a]	Caso	Plano de amostragem e limites UFC/g[b]			
				n	c	m	M
Margarina e pastas com baixo teor de gordura	Contagem de colônias aeróbias	ISO 4833	3	5	1	10^2	10^3
	Enterobacteriaceae	ISO 21528-2	5	5	2	10	10^2

[a] Métodos alternativos podem ser usados, desde que validados pelos métodos ISO.

[b] Consulte o Apêndice A para desempenho desses planos de amostragem.

microbiológica dos ingredientes, critérios de produto e higiene, durante produção e envase. Além disso, podem ser usados conservantes, como ácido sórbico e ácido benzoico. Embora o pH deva ser < 4,5, nesse pH pode ocorrer a precipitação de proteínas lácteas, quando presentes, devendo ser selecionados pH ligeiramente superiores. É aconselhável validar a adequação do delineamento do processo e do produto para controlar patógenos como _Salmonella_ spp. e _L. monocytogenes_.

18.5.1.2 Deterioração e controles

A deterioração microbiana é causada principalmente por bolores, como descrito na Seção 18.4.1.2. Outros microrganismos importantes são leveduras e bactérias não controladas pela formulação/emulsão do produto, que podem desestabilizar a emulsão.

18.5.2 Dados microbiológicos

18.5.2.1 Ingredientes críticos

A vulnerabilidade da formulação e da emulsão do produto determina que os ingredientes críticos sejam considerados. A origem e a seleção cuidadosas devem garantir que não contenham microrganismos deteriorantes e patógenos, especialmente quando os ingredientes são usados sem um tratamento descontaminante, como a pasteurização. Ingredientes críticos (por exemplo, água, espessantes, produtos lácteos) devem ser pasteurizados antes do uso. As especificações usadas no comércio de ingredientes como amidos e gomas são: contagem de aeróbios < 10^4 UFC/g, *Enterobacteriaceae* < 10^2 UFC/g, bolores e leveduras < 500 UFC/g e ausência de patógenos.

18.5.2.2 Durante o processamento

No preparo das pré-emulsões, as soluções estoque de ingredientes ou a fase aquosa contendo os ingredientes hidrossolúveis são geralmente pasteurizadas antes de misturadas com a fase lipídica, que contém os ingredientes lipossolúveis. Formulações vulneráveis podem necessitar que a emulsão completa seja submetida à pasteurização em linha, devendo os parâmetros de controle de processo (tempo e temperatura) ser monitorados para verificação do controle do processo. Os critérios de produto (por exemplo, pH, acidulantes, conservantes) das soluções estoque e de produtos intermediários necessitam ser monitorados por meios físicos e químicos.

Para formulações vulneráveis em particular, ou quando a higiene durante a produção torna a recontaminação provável, a situação microbiológica é mais bem verificada se avaliada em determinadas etapas da produção. Esse procedimento pode, por exemplo, ser relacionado com o monitoramento regular do conteúdo microbiano da água usada no preparo da fase aquosa.

Materiais de embalagem são geralmente livres de patógenos e de microrganismos deteriorantes, embora bolores possam ocorrer. Para formulações de produtos sensíveis, a descontaminação pode ser necessária ou o fornecedor das embalagens e o produtor do alimento podem entrar em acordo quanto às especificações adequadas. Quando necessário, a qualidade do ar no envase precisará ser cuidadosamente controlada. A relevância desses pontos deve ser determinada na etapa de desenvolvimento do produto. Análises microbiológicas não devem ser necessárias durante a operação.

18.5.2.3 Ambiente de processamento

As considerações e necessidades para o ambiente de processamento de pastas com baixo teor de gordura são as mesmas descritas para margarinas na Seção 18.4.2.3.

18.5.2.4 Vida de prateleira

Dependendo da formulação e características da emulsão, as pastas com baixo teor de gordura podem ser estáveis durante a vida de prateleira fechada e podem ser arma-

Alimentos à Base de Óleos e Gorduras **361**

zenadas e comercializadas em temperatura ambiente. Entretanto, a maioria das formulações/emulsões necessita de armazenamento refrigerado durante a "vida de prateleira aberta". Produtos vulneráveis necessitam de refrigeração e, nesse caso, a temperatura na cadeia de frio precisa ser monitorada e os desvios devem ser corrigidos. Análises microbiológicas de rotina não são necessárias. É necessário garantir que o armazenamento seja em ambiente seco e que a condensação seja evitada.

18.5.2.5 *Produto final*

Não se recomenda a utilização rotineira de critérios microbiológicos para o produto final. Análises microbiológicas selecionadas, com uso de critérios microbiológicos adequados, podem ser aplicadas durante o desenvolvimento do produto para validar o delineamento do produto e do processo em relação à segurança e à estabilidade. As análises a serem consideradas aqui são os testes de vida de prateleira e os testes desafio para patógenos. Apesar de não ser necessário realizar estas análises rotineiramente durante a operação, sua repetição pode ser necessária quando ocorrerem alterações significativas na formulação, processo de produção ou escala de produção.

A segurança do produto final durante toda a produção é mais bem verificada monitorando-se parâmetros físicos e químicos em produtos intermediários, equipamentos de processo e ambiente de processamento, assim como em amostras de produto final. As análises microbiológicas podem ser usadas para verificar o controle do processo em andamento, podendo a sua frequência diminuir gradualmente, à medida que se comprove que o processo de produção está bem controlado. Quando são introduzidas mudanças significativas, essas análises podem ser aumentadas temporariamente. Exemplos de limites microbiológicos para produtos finais empregados no comércio são apresentados na Tabela 18.3. A adesão a boas práticas deve permitir que sejam obtidas populações muito mais baixas que as apresentadas. As especificações variam de acordo com o país; por exemplo, os Estados Unidos estabelecem 10 UFC/g para coliformes e a Austrália permite um $M = 1,5 \times 10^5$ UFC/g para contagem de aeróbios.

18.6 MANTEIGA

18.6.1 Microrganismos de importância

18.6.1.1 *Perigos e controles*

Com base na epidemiologia de surtos envolvendo manteiga, os perigos significativos para esse produto são *L. monocytogenes* e *S. aureus*. Outros perigos podem ser *Salmonella* e *E. coli* O157:H7, apesar de haver menor evidência epidemiológica ligando-os a surtos de enfermidades transmitidas por alimentos associados à manteiga.

Os principais métodos para controlar patógenos em manteiga são qualidade dos ingredientes, pasteurização de algumas matérias-primas (por exemplo, leite ou creme), higiene durante a produção e envase, o tamanho e a distribuição das gotículas de água na matriz de gordura (como para margarinas) e presença de sal. O uso de conservantes

362 Microrganismos em Alimentos 8

não é, geralmente, permitido para manteiga. Refrigeração é necessária durante a vida de prateleira aberta.

18.6.1.2 Deterioração e controles

A deterioração microbiana de manteiga é causada, principalmente, por leveduras e bolores, e algumas vezes por bactérias, em consequência de práticas de higiene inadequadas antes ou durante o envase, ou durante o uso. Refrigeração durante a vida de prateleira fechada e aberta, assim como uso de material de embalagem adequado e prevenção da condensação na superfície do produto, são pontos importantes na prevenção da deterioração.

18.6.2 Dados microbiológicos

18.6.2.1 Ingredientes críticos

A seleção de ingredientes deve garantir que patógenos de importância estejam ausentes na matéria-prima e que a introdução de microrganismos deteriorantes seja minimizada. As etapas envolvidas na produção de manteiga não são planejadas para reduzir ou eliminar a contaminação microbiológica. O creme é um ingrediente crítico e geralmente é pasteurizado para eliminar agentes infecciosos e outros microrganismos da microbiota vegetativa, mas pode conter esporos bacterianos e células vegetativas de alguns microrganismos deteriorantes termorresistentes. Em alguns processos de produção de manteiga, empregam-se culturas-mãe comerciais, que não devem ser fonte de contaminação. Por esta razão, o número de subcultivos deve ser limitado. Ingredientes como sal, corantes e neutralizadores geralmente não têm contaminação microbiana em virtude da forma como são produzidos; produtos químicos devem ser de grau alimentício. Quando se usa água na produção de manteiga após a pasteurização (por exemplo, para lavagem), essa água deve ser potável. Ingredientes procedentes de fornecedores devem atender a especificações apropriadas, incluindo para o creme: contagem de aeróbios $< 10^3$ UFC/g, *Enterobacteriaceae* $< 10^2$ UFC/g, e ausência de patógenos.

18.6.2.2 Durante o processamento

A verificação do controle do processo pode, de maneira geral, ser realizada pela seleção de ingredientes de boa qualidade e pelo monitoramento de tempo e temperatura de produtos intermediários. Parâmetros-chave de soluções estoque (por exemplo, níveis de sal ou conservantes, se eles forem permitidos pelos regulamentos e forem empregados) devem ser avaliados por métodos físicos e químicos. O teor de umidade, a distribuição do sal e o tamanho/distribuição das gotículas de água são importantes para a estabilidade microbiológica e o pH é um parâmetro importante para manteiga de creme azedo. O programa de verificação deve incorporar medidas desses fatores e incluir análise de tendência. Para limitar a contaminação por bolores, uma cabine de fluxo laminar (ou outra maneira de controlar a qualidade do ar) na etapa de envase pode ser necessária. A deterioração do produto (bolores) é limitada pelo armazenamento

Alimentos à Base de Óleos e Gorduras **363**

em temperatura de refrigeração. Análises microbiológicas não são necessárias durante operação. O uso de água durante a produção deve ser limitado a fim de controlar o risco de *L. monocytogenes* no ambiente.

18.6.2.3 Ambiente de processamento

O uso de equipamentos com desenho higiênico é importante para a limpeza e sanitização, caso contrário o equipamento precisa ser desmontado para limpeza. Devem ser analisadas amostras do início e do final do processo. A eficiência da limpeza e da sanitização é mais bem avaliada por meios físicos e químicos, com as análises microbiológicas, fornecendo suporte. O material de embalagem de papelão pode ser uma fonte importante de esporos de bolores, especialmente quando se usa papelão reciclado. A condensação na superfície do produto deve ser evitada.

18.6.2.4 Vida de prateleira

Durante a comercialização, a manteiga deve ser mantida em ambiente sem umidade. A vida de prateleira de manteiga, sob refrigeração, varia entre três e nove meses dependendo do teor de sal ou de outros conservantes presente, quando permitidos pelos regulamentos. A temperatura de armazenamento deve ser monitorada.

18.6.2.5 Produto final

Podem ser realizadas análises microbiológicas para validar que o delineamento do produto e do processo resulta em um produto estável e seguro. As análises que podem ser aplicadas com esses objetivos são testes de vida de prateleira e testes de desafio. Apesar de não ser necessário realizar essas análises rotineiramente durante a operação, sua repetição pode ser necessária quando ocorrerem alterações significativas na formulação, processo de produção ou escala de produção. Caso não haja disponibilidade de resultados de testes de desafio ou as informações disponíveis sugerem que a formulação/estrutura do produto não previne a multiplicação de microrganismos como *L. monocytogenes* ou *S. aureus*, então deve haver critérios microbiológicos para esses microrganismos no produto final. Nessa situação, para *S. aureus* aplica-se o caso 5, com $n = 5$, $c = 2$, $m = 10$ e $M = 10^2$, e para *L. monocytogenes* aplica-se um plano de duas classes em que $n = 5$, $c = 0$ e $m = 0$.

Para produtos finais, a análise microbiológica não é considerada a maneira principal de avaliação rotineira da segurança e da estabilidade do produto. A avaliação da segurança é mais bem realizada pelo monitoramento de parâmetros físicos e químicos nos produtos intermediários, no ambiente, na linha de processamento e em amostras do produto final. As análises microbiológicas podem ter papel de apoio na verificação do controle do processo, e podem ser reduzidas com base nos resultados que demonstrem que o processo está sob controle. Caso ocorram mudanças significativas ou falhas no controle do processo que resultem na produção de produtos com qualidade abaixo do padrão, as análises podem ser temporariamente intensificadas, para verificar que o processo volte a estar sob controle (Tabela 18.4).

Tabela 18.4 Análises de manteiga visando à avaliação da segurança e da qualidade microbiológicas

Importância relativa		Análises úteis
Ingredientes críticos	Média	Ingredientes críticos (por exemplo, creme e água) são melhores quando pasteurizados ou devem ser selecionados de forma a se adequar a especificações determinadas (ver o texto).
Durante o processamento	Média	Análises microbiológicas rotineiras não são recomendadas. As características da emulsão e os critérios de processo (por exemplo, pH e concentração de sal) devem ser monitorados para verificação do controle do processo. Para formulações sensíveis, a condição microbiológica da água usada para lavagem deve ser testada como uma medida adicional de verificação. Avaliação de embalagens para contaminação por bolores pode ser necessária para produtos especialmente sensíveis.
Ambiente de processamento	Média	Eficiência da limpeza pode ser verificada antes do início do processamento, empregando-se meios químicos e físicos ou pela análise de contagem de aeróbios; a limpeza do ambiente de processamento pode ser verificada com frequência apropriada, pela análise de contagem de aeróbios.
Vida de prateleira	Baixa	Análises não são aplicáveis; instruções de rotulagem devem informar os consumidores que a vida de prateleira aberta é limitada, quando armazenada em temperatura ambiente, ou aconselhar a refrigeração durante a vida de prateleira fechada e a aberta.
Produto final	Média	Analisar para indicadores para controle do processo em andamento e análise de tendências, empregando os critérios microbiológicos para indicadores de higiene listados abaixo.

Produto	Microrganismo	Método analítico[a]	Caso	Plando de amsotragem e limites UFC/g[b]			
				n	c	m	M
Manteiga	Contagem de aeróbios	ISO 4833	3	5	1	10^2	10^3
	Enterobacteriaceae	ISO 21528-2	5	5	2	10	10^2

[a] Métodos alternativos podem ser usados, desde que validados pelos métodos ISO.

[b] Consulte o Apêndice A para desempenho desses planos de amostragem.

18.7 PASTAS (*SPREADS*) DE FASE AQUOSA CONTÍNUA

Os princípios apresentados anteriormente para pastas com baixo teor de gordura também se aplicam para pastas de fase aquosa contínua. Esses produtos são mais vulneráveis à deterioração causada por bolores, leveduras e bactérias, e devem ser submetidos a testes de desafio com microrganismos relevantes para validar o delineamento do produto e do processo. Deve ser dada ênfase a medidas físicas e químicas e, se necessário, estas podem ser complementadas com análises microbiológicas, conforme recomendado para as pastas com baixo teor de gordura. Uma consideração importante para esses produtos é que a vida de prateleira aberta é mais curta e que devem ser armazenados e transportados sob refrigeração.

18.8 DIVERSOS

Nesse grupo, estão incluídos gordura de manteiga, *ghee, vanaspati*, substitutos da manteiga de cacau e óleos de cozinha (soja, oliva, canola, semente de algodão, girassol

Alimentos à Base de Óleos e Gorduras

e outros óleos). Em virtude do conteúdo de água extremamente baixo (< 0,5%) nesses produtos, a multiplicação microbiana não ocorre. Quando armazenados em condições úmidas, pode ocorrer deterioração por bolores na superfície do produto. Em princípio, a sobrevivência de patógenos também é possível. Entretanto, análises microbiológicas desses produtos não são necessárias.

REFERÊNCIAS

ALDERLIESTEN, M. Mean particle diameters: part I: evaluation of definition systems. **Particle & Particle Systems Characterization**, Weinheim, v. 7, n. 1-4, p. 233-241, 1990.

_____. Mean particle diameters: part II: standardization of nomenclature. **Particle & Particle Systems Characterization**, Weinheim, v. 8, n. 1-4, p. 237-241, 1991.

ICMSF - INTERNATIONAL COMMISSION ON MICROBIOLOGICAL SPECIFICATIONS FOR FOODS. **Microorganisms in foods 6**: microbial ecology of food commodities. 2 ed. New York: Kluwer Academic: Plenum Publishers, 2005.

CAPÍTULO 19

Açúcar, Xaropes e Mel

19.1 INTRODUÇÃO

A ICMSF (2005) apresentou anteriormente a ecologia microbiana de açúcar, xaropes e mel em *Microrganisms in foods 6: Microbial ecology of food commodities*. Esses produtos são raramente associados a problemas de segurança microbiológica em virtude de sua atividade de água naturalmente baixa. Quando empregados como ingredientes, a deterioração pode ser problema para alguns produtos, conforme apresentado em certos capítulos desse livro, assim como na publicação da ICMSF (2005).

19.2 AÇÚCAR DE CANA E DE BETERRABA

O açúcar é obtido da cana-de-açúcar (*Saccharum officinalis*) ou da beterraba (*Beta vulgaris*), podendo ser comercializado na forma de cristais ou líquida. Sacarose é o açúcar mais comum na natureza. Outros açúcares, tais como dextrose (glicose), frutose, lactose, manitol, sorbitol e xilitol, também têm um papel econômico importante. As especificações para açúcares são dadas em *Codex Alimentarius Commission Standard* 212-1999 (CODEX ALIMENTARIUS, 2001b).

19.2.1 Microrganismos de importância

19.2.1.1 Perigos e controles

O açúcar refinado seco é um produto seguro e não está associado a surtos de enfermidades de origem alimentar. O processamento destrói os microrganismos vegeta-

368 Microrganismos em Alimentos 8

tivos presentes na matéria-prima. *Clostridium botulinum* foi detectado em açúcar não processado (*raw sugar*) e melaço, mas não em açúcar refinado (NAKANO et al., 1992).

19.2.1.2 Deterioração e controles

A prevalência da microbiota deteriorante em açúcar de cana depende das condições climáticas, do conteúdo de carboidratos, do pH dos exsudatos e de danos à cana causados por insetos, geada e outras causas. Os bolores xerofílicos são os microrganismos mais preocupantes, pois o crescimento a populações elevadas ocasiona rendimento mais baixo de sacarose devido à formação de ácidos, dextranas e limo. As perdas no teor de sacarose podem ser substanciais, a não ser que o tempo entre a colheita e a prensa seja minimizado. A dextrana é um polissacarídeo que causa problemas no processamento, pois aumenta a viscosidade do líquido do processo, diminuindo a velocidade do processamento. A dextrana também pode danificar os equipamentos, que podem necessitar de limpeza mais frequente. O refino do açúcar não processado também tem impacto na qualidade microbiológica do produto final (ICMSF, 2005).

Diversas espécies microbianas envolvidas na deterioração são encontradas em beterraba e são originárias do solo aderido às beterrabas. O processamento das beterrabas a temperaturas acima de 70 °C, idealmente a 75 °C, previne a multiplicação de bactérias termofílicas esporuladas. Em melaço, leveduras osmofílicas são os microrganismos mais preocupantes, pois podem causar deterioração durante o armazenamento, mas sua multiplicação depende da atividade de água (a_w). A atividade de água do açúcar varia de 0,575 a 0,825, mas a deterioração não ocorre em valores de a_w abaixo de 0,65. Durante a multiplicação em melaço, a frutose dos açúcares invertidos é metabolizada, com produção de água e ácidos. A elevação da a_w e a diminuição do pH favorecem a multiplicação de leveduras osmofílicas e a hidrólise da sacarose em açúcar invertido. Algumas espécies de leveduras osmofílicas produzem invertases capazes de provocar a inversão do açúcar. Em condições favoráveis, a multiplicação de leveduras pode continuar durante o armazenamento e o transporte a granel, atingindo populações de 10^7–10^8 UFC/g, que afetam as características sensoriais do produto final. Entretanto, após atingir o máximo, o número de células viáveis pode diminuir significativamente. A sequência de operações durante o processamento do açúcar de cana afeta a microbiota.

O controle da a_w em < 0,65 garante que microrganismos deteriorantes não se multipliquem nesses produtos. Não há nenhuma medida de controle específica, além da aplicação de BPH. Análises microbiológicas não são recomendadas para o açúcar ou o melaço, a menos que sejam usados como um ingrediente em determinados produtos e processos.

19.2.2 Dados microbiológicos

19.2.2.1 Ingredientes críticos

Não existem ingredientes críticos na produção de açúcar.

Açúcar, Xaropes e Mel

19.2.2.2 Durante o processamento

Para verificação da adesão às BPH durante o processamento e manuseio, podem ser realizadas análises de indicadores de higiene.

19.2.2.3 Ambiente de processamento

Dados do ambiente de processamento incluem amostras ambientais. O objetivo dessas análises é verificar se o ambiente está limpo e sob controle.

19.2.2.4 Vida de prateleira

A multiplicação de microrganismos não é relevante pois o açúcar é um produto estável à temperatura ambiente.

19.2.2.5 Produto final

Para a maioria das aplicações, critérios microbiológicos para açúcar de cana e de beterraba não são recomendados (açúcar de mesa, açúcar aplicado como cobertura em produtos de confeitaria). Entretanto, esporos termofílicos são preocupantes para fabricantes de certos produtos envasados e refrigerantes (ICMSF, 2005). No Capítulo 24 há um histórico longo de aplicação de critérios especificados pela indústria.

Para açúcar a ser usado como ingrediente em alimentos que não passam por uma etapa posterior de redução microbiana (por exemplo, aquecimento), podem ser necessárias análises para verificar se o produto final (por exemplo, chocolate e fórmula infantil) atende aos critérios estabelecidos. Para essas aplicações, o rigor do plano de amostragem para açúcar deve refletir o risco relativo associado ao alimento. Por exemplo, o plano de amostragem para açúcar a ser adicionado a uma fórmula infantil em pó deve ser mais rigoroso que o plano para açúcar a ser adicionado a chocolate. Os planos de amostragem devem estar indicados nas especificações de compra acordadas entre comprador e fornecedor. Além disso, podem ser necessárias exigências mais rigorosas para verificação de BPH, no caso de o açúcar ser usado em alimentos mais sensíveis e que apresentem preocupações mais específicas.

19.3 XAROPES

O xarope de glicose é uma solução aquosa, purificada e concentrada de sacarídeos obtidos de amido ou inulina. O xarope de glicose tem um conteúdo de dextrose equivalente de, no mínimo, 20% m/m (expresso como D-glicose em base seca) e um conteúdo de sólidos totais de, no mínimo, 70% m/m. Um edulcorante de importância crescente é o xarope de milho com alto teor de frutose, decorrente da conversão enzimática de xarope de glicose em frutose. As especificações para xarope de glicose são dadas em *Codex Alimentarius Commission Standard* 212-1999 (CODEX ALIMENTARIUS, 2001b).

19.3.1 Microrganismos de importância
19.3.1.1 Perigos e controles

Xaropes e produtos de açúcar líquido nunca foram relacionados a surtos de enfermidade de origem alimentar. Embora tenham ocorrido alguns relatos de presença de *Clostridium botulinum* em xarope de milho (ICMSF, 2005), a multiplicação não é possível em razão da baixa a_w.

19.3.1.2 Deterioração e controles

Dependendo do teor de açúcar, os xaropes têm valores de a_w variando entre 0,70 e 0,85. Gradientes de a_w podem estar presentes, permitindo a multiplicação de leveduras osmofílicas nas partes com a_w mais alta, causando deterioração.

O controle da a_w em < 0,65 garante que microrganismos deteriorantes não se multipliquem no produto. Outros controles incluem a prevenção da recontaminação pela aplicação de BPH, a prevenção de condensação e de outras causas de elevação de a_w em tanques de armazenamento e o uso de filtros de ar e lâmpadas ultravioleta em tanques de armazenamento. Análises microbiológicas não são recomendadas para xaropes, a menos que sejam usados como ingredientes em alimentos que possam ser mais propensos à deterioração (por exemplo, bebidas estáveis à temperatura ambiente).

19.3.2 Dados microbiológicos

19.3.2.1 Ingredientes críticos

Não há ingredientes críticos na produção de xaropes.

19.3.2.2 Durante o processamento

O açúcar líquido é o açúcar refinado concentrado após a etapa de descoloração ou é resultado da dissolução de açúcar refinado em água. O teor de açúcar usual é de 66–76 ° Bx. Tanto para açúcar líquido quanto para xaropes, pode ocorrer recontaminação com leveduras osmofílicas durante armazenamento e transporte.

Para verificação da adesão às BPH durante o processamento e manuseio, podem ser realizadas análises para indicadores de higiene. Bactérias deteriorantes termofílicas, bolores xerofílicos e esporulados devem ser analisados em xaropes quando esses microrganismos forem importantes para alimentos enlatados ou envasados (ver o Capítulo 24).

19.3.2.3 Ambiente de processamento

Geralmente não se realiza a amostragem do ambiente de processamento em instalações que produzem xaropes.

19.3.2.4 Vida de prateleira

A multiplicação microbiana não é relevante para a vida de prateleira, pois o açúcar líquido e os xaropes são estáveis quando a_w < 0,65.

Açúcar, Xaropes e Mel

19.3.2.5 Produto final

Em geral, não se recomendam critérios microbiológicos para açúcar líquido e xaropes. Os esporos termofílicos em soluções de açúcar são preocupantes para fabricantes de certos produtos envasados e refrigerantes (ICMSF, 2005) (ver o Capítulo 24).

19.4 MEL

Mel é a substância natural produzida por abelhas melíferas, predominantemente à base de de néctar de plantas com flores, secreções de plantas ou excreções de insetos sugadores de plantas. O material coletado pelas abelhas é transformado na colmeia, onde é transformado em mel. O mel não deve conter aditivos, a não ser que sejam declarados no rótulo. Sua composição varia bastante dependo do tipo de planta do qual o néctar e outras substâncias são derivadas. O teor de açúcar (frutose e glicose) não deve ser inferior a 60 g/100 g e o conteúdo de sacarose não deve ser superior a 5g/100 g. As especificações para méis são dadas em *Codex Alimentarius Commission Standard* 212-1999 (CODEX ALIMENTARIUS, 2001b).

19.4.1 Microrganismos de importância

19.4.1.1 Perigos e controles

Quatro fatores contribuem para a segurança microbiológica e a estabilidade do mel: baixa a_w, baixo pH, peróxido de hidrogênio e outras substâncias antimicrobianas não bem definidas (TGA, 1998; TAORMINA; NIEMIRA; BEUCHAT, 2001).

Esporos de *C. botulinum* foram isolados de 7% a 16% das amostras de mel de diferentes origens (ICMSF, 2005). Não há procedimentos práticos capazes de prevenir a contaminação do mel nas colmeias por esporos de *C. botulinum*. Os esporos sobrevivem ao processamento e armazenamento por longos períodos. A incidência elevada parece estar ligada à multiplicação e esporulação em abelhas e pupas mortas nas colmeias (NAKANO; KIZAKI; SAKAGUCHI, 1994).

O mel é o único alimento reconhecido como fator de risco para botulismo infantil. O botulismo infantil causado por consumo de mel já foi relatado em diversos países (CDC, 1984; FENICIA et al., 1993; CENTORBI et al., 1999; JUNG; OTTOSON, 2001; THOMASSE et al., 2005; VAN DER VORST et al., 2006). O botulismo infantil ocorre em crianças com menos de 12 meses, sendo que 95% dos casos ocorrem nos primeiros seis meses de idade. A World Health Organization e o US Centers for Disease Control recomendam que o mel não seja administrado a bebês com menos de seis meses e 12 meses, respectivamente (WHO, 2002; CDC, 2008). O mel adicionado como ingrediente em fórmulas infantis comerciais para bebês com até um ano de idade deve ser processado termicamente para destruir esporos botulínicos.

Não há relatos de que o uso do mel como ingrediente em outros alimentos tenha resultado na implicação desses alimentos como causadores de botulismo. Não se recomenda analisar mel para *C. botulinum* como uma medida de controle.

19.4.1.2 Deterioração e controles

Os microrganismos de interesse no processamento são aqueles adaptados às características do mel (por exemplo, elevado teor de açúcar, baixa acidez e presença de antimicrobianos naturais). A carga microbiana é geralmente baixa, com populações $< 10^2$ UFC/g, excepcionalmente até 10^3 ou 10^4 UFC/g. A microbiota de importância comercial é formada pelas leveduras osmofílicas, que podem causar fermentação se a a_w estiver anormalmente elevada (SNOWDOWN; CLIVER 1996; ICMSF, 2005).

Não há outras medidas de controle específicas além da aplicação de BPH e da garantia de que a_w ou teor de umidade estejam dentro de limites aceitáveis (CODEX ALIMENTARIUS, 2001a).

19.4.2 Dados microbiológicos

19.4.2.1 Ingredientes críticos

Não há ingredientes críticos na produção de mel.

19.4.2.2 Durante o processamento

O mel extraído da colmeia tem um teor de água de aproximadamente 17%, correspondendo a uma a_w de aproximadamente 0,60. A a_w mínima para a multiplicação de leveduras osmofílicas é de 0,65. O aquecimento aplicado ao mel após extração para controlar a cristalização atua como uma etapa de redução microbiana, apesar da elevada resistência térmica causada pela a_w reduzida. Essa etapa de aquecimento não é esporicida. Não há outras medidas de controle específicas além da aplicação de BPH.

19.4.2.3 Ambiente de processamento

Não se realiza amostragem do ambiente de processamento de instalações usadas para extração e processamento de mel.

19.4.2.4 Vida de prateleira

A baixa a_w ($< 0,65$) previne a multiplicação de leveduras osmofílicas. Mel é estável à temperatura ambiente.

19.4.2.5 Produto final

Não se recomendam critérios microbiológicos para o mel.

REFERÊNCIAS

CODEX ALIMENTARIUS. **Codex standard for honey (Codex Stan 12-1981)**. Rome: FAO, 2001a. FAO/WHO Food Standards Program.

Açúcar, Xaropes e Mel

_____. **Codex standard for sugars (Codex Stan 212-1999)**. Rome: FAO, 2001b. FAO/WHO Food Standards Program.

CDC - CENTERS FOR DISEASE CONTROL AND PREVENTION. Infant botulism, Massachusetts. **Morbid Mortal Weekly Report**, Atlanta, v. 33, n. 12, p. 165-166, 1984. Disponível em: <http://www.cdc.gov/mmwr/preview/mmwrhtml/00000307.htm>. Acesso em: 5 maio 2011.

_____. **Botulism**. Atlanta, 2008. Disponível em: <http://www.cdc.gov/ncz/divisions/dfbmd/diseases/botulism/>. Acesso em: 5 maio 2011.

CENTORBI, H. J. et al. First case of infant botulism associated with honey feeding in Argentina. **Anaerobe**, Los Angeles, v. 5, n. 3, p. 181-183, 1999.

FENICIA, L. et al. A case of infant botulism associated with honey feeding in Italy. **European Journal of Epidemiology**, Dordrecht, v. 9, n. 6, p. 671-673, 1993.

ICMSF - INTERNATIONAL COMMISSION ON MICROBIOLOGICAL SPECIFICATIONS FOR FOODS. **Microorganisms in foods 6**: microbial ecology of food commodities. 2. ed. New York: Kluwer Academic: Plenum Publishers, 2005.

JUNG, A.; OTTOSSON, J. Infantile botulism caused by honey. **Ugeskrift for Laeger**, Copenhagen, v. 163, n. 2, p. 169, 2001.

NAKANO, H.; KIZAKI, H.; SAKAGUCHI, G. Multiplication of *Clostridium botulinum* in dead honey-bees and bee pupae, a likely source of heavy contamination of honey. **International Journal of Food Microbiology**, Amsterdam, v. 21, n. 3, p. 247-252, 1994.

NAKANO. H, et al. Detection of *Clostridium botulinum* in natural sweetening. **International Journal of Food Microbiology**, Amsterdam, v. 16, n. 2, p. 117-121, 1992.

SNOWDOWN, J. A.; CLIVER, D. O. Microorganism in honey. **International Journal of Food Microbiology**, Amsterdam, v. 31, n. 1-3, p. 1-26, 1996.

TGA - THERAPEUTIC GOODS ADMINISTRATION. **Honey**: scientific report. Canberra, 1998. Disponível em: <https://www.tga.gov.au/pdf/archive/report-honey-9812.pdf>. Acesso em: 8 nov. 2010.

TAORMINA, P. J.; NIEMIRA, B. A.; BEUCHAT, L. R. Inhibitory activity of honey against foodborne pathogens as influenced by the presence of hydrogen peroxide and level of antioxidant power. **International Journal of Food Microbiology**, Amsterdam, v. 69, n. 3, p. 217-225, 2001.

THOMASSE, Y. et al. Three infants with constipation and muscular weakness: infantile botulism. **Nederlands Tijdschrift voor Geneeskunde**, Amsterdam, v. 149, n. 15, p. 826-831, 2005.

WHO - WORLD HEALTH ORGANIZATION. **Botulism**. Geneva, 2002. Fact sheet n. 270. Disponível em: <http://whqlibdoc.who.int/fact_sheet/2002/FS_270.pdf>. Acesso em: 8 nov. 2010.

VAN DER VORST, M. M. et al. Infant botulism due to consumption of contaminated commercially prepared honey, first report from the Arabian Gulf States. **Medical Principles and Practice**, Basel, v. 15, n. 6, p. 456-458, 2006.

20 CAPÍTULO

Bebidas Não Alcoólicas

20.1 INTRODUÇÃO

As bebidas não alcoólicas abordadas nesse capítulo incluem refrigerantes, sucos de frutas, concentrados, sucos de hortaliças, leite de coco, água de coco e bebidas à base de chá. O leitor deve consultar *Microorganisms in foods 6: Microbial ecology of food commodities* (ICMSF, 2005) para mais informações sobre ecologia e controle microbiano em bebidas não alcoólicas. Nesse capítulo, são apresentadas as medidas de controle para segurança e deterioração desses produtos que podem ser aplicadas desde a matéria-prima até o produto final, quando adequado, o que pode incluir análises microbiológicas.

20.2 REFRIGERANTES

Os refrigerantes podem ser produtos carbonatados e não carbonatados. Além de ingredientes típicos, os refrigerantes podem também conter suco de frutas, polpa de frutas ou extratos de casca de frutas. Os refrigerantes carbonatados são responsáveis por aproximadamente 50% do mercado de refrigerantes e são bebidas não alcoólicas preparadas pela injeção de dióxido de carbono (carbonatação) e geralmente não são pasteurizadas. As bebidas não carbonatadas são predominantemente à base de frutas, não contêm dióxido de carbono, e geralmente são submetidas a tratamento térmico ou são conservadas quimicamente para controlar a microbiota deteriorante (FUJIKAWA, 1997; ASHURST, 2005; ICMSF, 2005). As bebidas para esportistas (*sports drinks*), também conhecidas como bebidas isotônicas (*electrolyte drinks*), também são abor-

376   Microrganismos em Alimentos 8

dadas nesta seção. Essas bebidas contêm carboidratos e os eletrólitos principais (sódio e potássio), embora muitas sejam enriquecidas com vitaminas e outros ingredientes (SHIRREFFS, 2003; FSANZ, 2010; SIPA, 2010).

20.2.1 Microrganismos de importância
20.2.1.1 Perigos e controles

Essa categoria de produtos não apresenta perigos microbiológicos de importância em virtude da natureza do produto e os métodos de processamento empregados em sua produção. Embora a microbiota inicial dos vários ingredientes empregados na sua fabricação possa conter um pequeno número de patógenos ou contaminantes acidentais, a formulação dos produtos e as Boas Práticas de Higiene (BPH) controlam os perigos importantes. Além disso, a maioria dos refrigerantes não carbonatados é submetida à pasteurização, o que elimina não somente enzimas, mas também destrói qualquer patógeno relevante. Refrigerantes carbonatados, que não são tratados termicamente, são geralmente produzidos com ingredientes sem perigos microbiológicos de importância e o produto final contém conservantes.

Não se recomenda analisar refrigerantes para presença de patógenos ou seus indicadores.

20.2.1.2 Deterioração e controles

A deterioração microbiana relacionada a refrigerantes pode ser um problema econômico bastante sério, mas raramente é um problema de saúde pública. Grande parte da deterioração está associada com matérias-primas de má qualidade, como, por exemplo, as frutas com as quais os refrigerantes são fabricados. As bactérias e leveduras podem ser controladas pela formulação, pasteurização ou uso de concentrações adequadas de conservantes permitidos (ICMSF, 2005). Bebidas carbonatadas à base de cola são resistentes e raramente apresentam deterioração (DIGIACOMO; GALLAGHER, 2001); entretanto, produtos não carbonatados podem ser suscetíveis à deterioração, principalmente por causa de fungos termorresistentes, leveduras resistentes a conservantes e bactérias esporuladas termoacidófilas que podem sobreviver a essas técnicas de conservação. As leveduras são responsáveis pela maior parte da deterioração nas indústrias de refrigerantes em virtude de sua elevada tolerância aos ácidos e sua capacidade de multiplicação em anaerobiose e da presença de açúcares fermentáveis nesses produtos. Os tipos de leveduras encontradas são *Zygossaccharomyces*, *Brettanomyces*, *Saccharomyces*, *Candida*, *Torulopsis*, *Pichia*, *Hansenula* e *Rhodotorula*. As leveduras deteriorantes mais significativas são *Zygosaccharomyces* que apresentam elevada resistência a conservantes sendo *Z. bailii* documentada como a levedura mais comum em refrigerantes (PITT; HOCKING, 2009). Essa espécie pode se multiplicar mesmo em presença dos níveis máximos de conservantes permitidos. A deterioração por essa levedura resulta em odores desagradáveis bastante pronunciados, sabores estranhos, sedimentos visíveis, aumento de pressão na embalagem e defeitos na embalagem devidos à produção de dióxido de carbono. *Brettanomyces* spp. são sensíveis aos ácidos benzoico

Bebidas Não Alcoólicas

e sórbico, mas muito resistentes à carbonatação. Essas leveduras têm sido relacionadas à deterioração de bebidas dietéticas com pouco ou nenhum conservante, água carbonatada saborizada, e produtos adoçados com açúcar. *B. naardenensis* é mais comumente associado com deterioração de refrigerantes.

A maioria das bactérias não se multiplica no ambiente de elevada acidez dessa categoria de produtos e células vegetativas são inativadas rapidamente. Entretanto, algumas são acidúricas e capazes de se multiplicar em pH baixo, especialmente *Gluconobacter* e *Acetobacter*. Ambos os gêneros são aeróbios estritos e são preocupantes em bebidas não carbonatadas. Esses microrganismos são controlados pelo emprego de embalagens impermeáveis a gases e espaço livre mínimo (STRATFORD; HOFFMAN; COLE, 2000; DIGIACOMO; GALLAGHER, 2001; WAREING; DAVENPORT, 2005).

Os esporos de bolores podem sobreviver em bebidas carbonatadas mas não podem se desenvolver em virtude da falta de oxigênio e do efeito conservante do dióxido de carbono. Entretanto, quando a carbonatação é perdida em decorrência da perda da integridade da embalagem, os bolores podem causar deterioração. Os fungos mais comuns no ambiente de refrigerantes são *Aspergillus, Penicillium, Rhizopus* e *Fusarium* (PITT; HOCKING, 2009). Em bebidas não carbonatadas pasteurizadas, os bolores termorresistentes também podem representar um problema semelhante ao encontrado em sucos de frutas, discutidos na Seção 20.3.1.2.

Os ingredientes sintéticos usados em refrigerantes, como aromas e corantes artificiais, e refrigerantes contendo edulcorantes naturais e óleos aromatizantes, geralmente não têm fontes de nitrogênio adequadas para permitir a multiplicação de leveduras, e raramente deterioram. Entretanto, refrigerantes que contém sucos de frutas, chá ou outras fontes de compostos nitrogenados são especialmente suscetíveis à deterioração microbiana (ICMSF, 2005).

A aplicação de BPH é essencial para o controle da deterioração em produtos sensíveis. De maneira particular, o uso de equipamentos com desenho higiênico, a limpeza e a sanitização adequadas de equipamentos e a atenção rigorosa à higiene da fábrica são essenciais. A estabilização adequada desses produtos, como descrito pela ICMSF (2005) também é recomendada.

20.2.2 Dados microbiológicos

A Tabela 20.1 resume as análises úteis para refrigerantes. Consulte ao texto para detalhes importantes relacionados a recomendações específicas.

20.2.2.1 Ingredientes críticos

A água é o principal ingrediente na fabricação de refrigerantes; deve estar em qualidade apropriada e não contribuir para o aumento da população microbiana do produto. Apesar de *Cryptosporidiun parvum* ser um perigo importante em água, há um número grande de tratamentos eficientes, por exemplo, troca iônica ou osmose reversa, filtração (por meio de areia ou carvão) ou descontaminação pela aplicação de quantidades adequadas de cloro, tratamento com UV ou ozônio (ICMSF, 2005). *E. coli*

Tabela 20.1 Análise de refrigerantes para avaliação da segurança e da qualidade microbiológicas

Importância relativa		Análises úteis
Ingredientes críticos	Média	Analisar açúcar e xaropes para microrganismos deteriorantes quando a confiança no fornecedor for baixa (ver o texto).
	Baixa	Analisar água para indicadores se a qualidade da água estiver em questão.
Durante processamento	-	Nenhuma.
Ambiente de processamento	Média	Para produtos microbiologicamente sensíveis, analisar água de enxágue da sanitização para leveduras e outros microrganismos aplicáveis a fim de verificar a efetividade da sanitização (ver o texto).
Vida de prateleira	-	Não aplicável.
Produto final	-	Não aplicável.

ou coliformes termotolerantes são úteis na verificação da qualidade microbiológica, e analisar para esses microrganismos pode ser apropriado quando a adequabilidade do suprimento de água está em questão (ver o Capítulo 21).

A qualidade microbiológica do açúcar (seco) e dos xaropes de açúcar incorporados aos refrigerantes é importante para produtos sensíveis e deve ser avaliada por meio de especificações de ingredientes ou análises. Nos Estados Unidos, os padrões de engarrafadores, usados há muitos anos pela indústria de bebidas, incluem o seguinte (SMITTLE; ERICKSON, 2001):

- Açúcar granulado seco – contagem de aeróbios, 200 UFC/10 g; leveduras < 10 UFC/10 g; bolores < 10 UFC/10 g
- Açúcar líquido ou xarope de açúcar equivalente em 10 g de açúcar seco equivalente (*dry sugar equivalent – DSE*) – contagem de aeróbios < 100 UFC; leveduras < 10 UFC; bolores < 10 UFC.

20.2.2.2 Durante o processamento

Uma vez que o controle das condições de processamento é essencial para a estabilização adequada desses produtos, as seguintes condições devem ser monitoradas, quando apropriado (ICMSF, 2005):

- Temperatura de pasteurização, se aplicável (ou método não térmico equivalente).
- Temperatura de armazenamento de matéria-prima sujeita à deterioração microbiana.
- Integridade do fechamento das garrafas, latas, jarras de vidro ou outros materiais de embalagem.
- Limpeza e descontaminação adequadas do material de embalagem, especialmente quando reciclado ou reusado, como as garrafas retornáveis.

20.2.2.3 Ambiente de processamento

A fonte mais significativa de leveduras e bactérias deteriorantes é o ambiente e o equipamento da área de engarrafamento. A maior parte da contaminação microbiana

Bebidas Não Alcoólicas

vem do misturador e dos demais equipamentos da linha até a enchedora. A sanitização é, portanto, um fator importante na produção bem-sucedida de refrigerantes que são sensíveis à deterioração microbiana, e a amostragem deve estar focada na verificação da eficiência do programa de sanitização. A coleta de amostras de água de enxague pós sanitização, especialmente nas enchedoras, é útil uma vez que elas representam o fluxo do produto durante a produção. Os valores geralmente encontrados para leveduras são < 15 UFC/100 mL para produtos sensíveis e < 100 UFC/ mL para colas (DIGIACOMO; GALLAGHER, 2001). Amostras de enxague da sanitização de outras áreas, como bombas de mistura, tanques, carbonatadores etc., também podem ser coletadas, particularmente quando há preocupação com qualidade ou há produtos novos. Amostras com *swab* podem ser coletadas caso a amostragem da água de enxague não seja viável. O método padrão usado pela indústria de refrigerantes para análises microbiológicas é o método de filtração em membrana, porque ele é útil para detectar baixas populações de leveduras, bactérias e bolores. Os métodos de detecção devem incluir meios adequados para contagem total de leveduras. Quando ocorrem problemas de deterioração, a enumeração de leveduras resistentes a conservantes, como *Zygosaccharomyces bailli* e *Brettanomyces* spp., pode ser apropriada (PITT; HOCKING, 2009).

Um exemplo de um plano de amostragem de três classes para leveduras em água de enxague de sanitização de uma enchedora com 120 bicos foi discutido por DiGiacomo e Gallagher (2001), ou seja, $n = 30$, $c = 3$, $m = 15$ UFC/100 mL e $M = 50$ UFC/100 mL para produtos microbiologicamente sensíveis. Esse plano foi baseado na amostragem aleatória de 25% das válvulas da enchedora. Programas semelhantes podem ser estabelecidos para aplicações específicas, dependendo da sensibilidade dos produtos à deterioração, do histórico de problemas de deterioração e de outros fatores. Em virtude de variações nos produtos e processos que podem ser usados, não são recomendados padrões universais.

20.2.2.4 *Vida de prateleira*

Considerando-se a natureza do produto e os métodos de processamento utilizados na produção de refrigerantes, análises microbiológicas para avaliar a vida de prateleira não são consideradas apropriadas para esses produtos.

20.2.2.5 *Produto final*

Não são recomendadas análises de rotina, uma vez que BPH, métodos de processamento e monitoramento da higiene do ambiente de processamento controlam perigos significativos à saúde e deteriorantes de interesse.

20.3 SUCOS DE FRUTAS E PRODUTOS RELACIONADOS

Os produtos característicos incluídos nessa seção são sucos de frutas, sucos concentrados de frutas, néctares de frutas e *cordial*s e purês de frutas. Os sucos de frutas são os líquidos não fermentados obtidos da parte comestível de frutas sadias e maduras, e sucos

380   Microrganismos em Alimentos 8

concentrados de frutas são sucos dos quais a água foi fisicamente removida. Néctares de frutas e *cordials* são bebidas não fermentadas à base de polpa, preparadas com uma ou mais frutas, às quais edulcorantes e outros ingredientes podem ser adicionados. Purês de frutas são produtos não fermentados, obtidos pelo processamento apropriado de partes comestíveis de frutas inteiras ou descascadas, sem a remoção do suco. Sucos de frutas e produtos relacionados podem, ou não, ser submetidos a tratamento térmico. Tratamentos não térmicos estabilizadores incluem pressão hidrostática, como descrito pela ICMSF (2005).

20.3.1 Microrganismos de importância
20.3.1.1 Perigos e controles

Qualquer microrganismo presente na superfície da fruta ou abaixo dela pode contaminar sucos e concentrados de frutas. A ICMSF (2005) apresenta uma lista dos surtos que ocorreram em virtude do consumo de sucos de frutas contaminados.

O crescimento de fungos filamentosos em frutas *in natura* e seus sucos pode levar à formação de micotoxinas, como patulina e ocratoxina A. A patulina é encontrada principalmente em suco de maçã e pera e é produzida por *Penicillium, Aspergillus* e *Byssochlamys*, sendo que *P. expansum* é a espécie mais comum (ICMSF, 2005). A ocratoxina A pode ser encontrada em suco de uva e é produzida por *Aspergillus carbonarius* ou *A. niger* e espécies relacionadas (VARGA; KOZAKIEWCZ, 2006).

O controle de micotoxinas em sucos de frutas é possível. A utilização de matéria-prima de qualidade minimiza a presença de micotoxinas no produto processado. Boas Práticas Agrícolas (BPA) antes e pós-colheita são necessárias para manter o nível de contaminação dos frutos o mais baixo possível. Na indústria, a remoção física de frutos deteriorados e visualmente danificados do fluxo de produto, uma etapa inicial de tratamento da água e o armazenamento das frutas em refrigeração a ≤ 8 °C são essenciais (ICMSF, 2005). A Codex Alimentarius Commission Code of Practice fornece diretrizes para evitar patulina em suco de maçã e produtos relacionados (CODEX ALIMENTARIUS, 2003a).

Sucos *in natura* se transformaram em importantes causadores de surtos de enfermidades de origem alimentar e fatalidades nos anos 1990. O suco de fruta não pasteurizado foi relacionado a surtos associados com *Salmonella* e outros patógenos tais como *E. coli* O157:H7 e *Cryptosporidium parvum* (ICMSF, 2005). O uso de frutas derrubadas pelo vento (*windfalls*) ou danificadas deve ser evitado, devendo ser seguidas as medidas de controle recomendadas para frutas *in natura* apresentadas no Capítulo 13. O FDA (2004) exige um padrão mínimo de redução acumulativa de 5 -log do perigo de interesse em suco de frutas. ICMSF (2005) descreve estratégias de processamento úteis para atingir essa redução. Para sucos de frutas não pasteurizados com baixa concentração de ácidos, como tomate, melão e laranja, é necessária a refrigeração, como uma barreira adicional para prevenir a multiplicação de inúmeras bactérias patogênicas.

A análise microbiológica para patógenos em sucos de frutas não é recomendada, embora a análise para microrganismos indicadores durante o processamento possa ser útil.

Bebidas Não Alcoólicas

20.3.1.2 *Deterioração e controles*

A deterioração microbiana é frequentemente associada com o uso de matéria-prima de baixa qualidade, tais como as frutas dos quais os sucos são feitos. Bactérias e fungos que ocorrem naturalmente nas frutas são, no geral, controlados pela pasteurização ou pelo uso de concentrações adequadas de conservantes. Entretanto, fungos termorresistentes, leveduras resistentes a conservantes e a bactéria termotolerante e acidodependente *Alicyclobacillus* podem sobreviver a essas técnicas de conservação (ICMSF, 2005). Em virtude da grande variedade de produtos e processos que podem ser usados nessa categoria de produtos, não é possível recomendar critérios para microrganismos específicos na matéria-prima. Entretanto, a qualidade e a integridade das frutas das quais os produtos serão feitos são importantes para controlar a deterioração. O uso de BPA e BPH para manter a contaminação de frutas *in natura* tão baixo quanto possível antes do processamento é essencial para minimizar o risco de deterioração por *Alicyclobacillus*, pois é improvável que as temperaturas convencionais de pasteurização reduzam substancialmente o número de esporos de *Alicyclobacillus* existentes. O emprego de tempos de processamento excessivamente longos também é inviável, pois pode causar danos às características sensoriais do produto. A refrigeração do suco de frutas após pasteurização pode ser igualmente útil para controlar a deterioração.

Para a maioria das frutas, a pasteurização em temperatura ao redor de 70 °C–75 °C é efetiva para inativar a maioria das enzimas, leveduras e conídios dos fungos contaminantes comuns. Entretanto, fungos produtores de ascósporos são capazes de sobreviver a esses processos, causando deterioração. *Byssochlamys fulva* e *B. nivea* foram relatadas como causa de deterioração em morangos em latas ou vidros, sucos mistos contendo maracujá, e alimentos infantis à base de gel de frutas. *Paecilomyces* também pode estar presente em tais produtos, como o anamorfo de *Byssochalamys* (isto é, esporos assexuais (conídios)), que também têm características mesofílicas, termotolerantes e termofílicas (HOUBRAKEN; SAMSON; FRISVAD, 2006). Por exemplo, *P. varioti* causou deterioração de sucos de fruta como o anamorfo de *B. spectabilis* (HOUBRAKEN et al., 2008). Outro fungo termorresistente isolado de sucos de diversas frutas são *Neosartorya fischeri, Talaromyces trachyspermus, T. macrosporus, T. bacillisporus* e *Eupenicillium* (HOCKING; PITT, 1984). As matérias-primas que devem ser examinadas rotineiramente para bolores termorresistentes são os sucos e polpas de uva, maracujá, abacaxi e manga, morangos e outras frutas vermelhas, e qualquer matéria-prima que tem contato com solo diretamente ou por meio de respingos de chuva (PITT; HOCKING, 2009).

20.3.2 Dados microbiológicos

A Tabela 20.2 resume as análises úteis para sucos de frutas e produtos relacionados. Consulte o texto para detalhes importantes relacionados a recomendações específicas.

20.3.2.1 Ingredientes críticos

A água é um ingrediente importante na produção de sucos de frutas, e precisa ser de qualidade apropriada (ver o Capítulo 21).

Microrganismos em Alimentos 8

Tabela 20.2 Análise de sucos de frutas e produtos relacionados para avaliação da segurança e da qualidade microbiológicas

Importância relativa		Análises úteis
Ingredientes críticos	Baixa	Analisar água para indicadores se a qualidade da água estiver em questão.
Durante processamento	Alta	Analisar amostras de suco de frutas não pasteurizado para *E. coli* genérica antes do enchimento.
Ambiente de processamento	Média	Os microrganismos mais importantes nesse produto são as leveduras resistentes a conservantes como *Zygosaccharomyces bailii* e *Brettanomyces* spp. Analisar água de enxágue da sanitização para leveduras e outros microrganismos aplicáveis a fim de verificar a efetividade da sanitização (ver o texto).
Vida de prateleira		Irrelevante (ver o texto).
Produto final		Irrelevante para produtos estáveis à temperatura ambiente. Para produtos refrigerados, não são recomendadas análises quando a amostragem no enchimento é realizada conforme acima.

20.3.2.2 Durante o processamento

As medidas de controle de processo discutidas para refrigerantes são também apropriadas para sucos de frutas e produtos relacionados (ver a Seção 20.2.2.2). Quando se aplica um tratamento térmico como a pasteurização para controlar *E. coli* O157:H7, o monitoramento do tempo e temperatura é essencial. Várias combinações foram propostas pela FDA (2004).

A análise microbiológica para *E. coli* genérica como indicadora de patógenos entéricos é recomendada para sucos de frutas não pasteurizados em virtude dos incidentes de enfermidades de origem alimentar associados a esses produtos.

20.3.2.3 Ambiente de processamento

A contaminação do ambiente com leveduras e bolores é um fator importante a ser controlado para sucos de frutas, como previamente discutido para refrigerantes. A higiene inadequada na fábrica também já foi relacionada a surtos causados por sucos de frutas (ICMSF, 2005). Dessa maneira, a atenção cuidadosa à limpeza das linhas, enchedoras e resfriadores (se usados) após o pasteurizador é essencial para evitar a recontaminação do produto. Isso deve incluir sanitização térmica e também química. Esses cuidados são essenciais em produtos sem conservantes, pois qualquer contaminação com leveduras fermentativas causa deterioração. O plano de amostragem para análises para leveduras e bolores descrito para refrigerantes na Seção 20.2.2.3 é aplicável.

20.3.2.4 Vida de prateleira

A vida de prateleira de sucos de frutas não pasteurizados é curta, em virtude da atividade enzimática e da presença de números elevados de microrganismos. Esses sucos são geralmente obtidos de frutas recém-prensadas, embalados e entregues ao varejo em 24 h. Devem ser mantidos refrigerados, pois têm duração muito curta, de apenas alguns dias (BRITISH SOFT DRINKS ASSOCIATION, 2010).

Bebidas Não Alcoólicas **383**

A vida de prateleira de sucos pasteurizados é mais longa que a dos sucos não pasteurizados em decorrência dos vários tratamentos que recebem. Geralmente, os sucos envasados a quente, de vida longa, podem ser mantidos por seis a nove meses, sem necessitar de refrigeração das embalagens fechadas, enquanto produtos pasteurizados de vida curta têm uma vida de prateleira de duas a seis semanas e requerem refrigeração (BRITISH SOFT DRINKS ASSOCIATION, 2010). Em ambos os casos, análises microbiológicas de rotina não são recomendadas, desde que se dê atenção cuidadosa à implementação e ao monitoramento regular das BPH e dos parâmetros de processamento, como discutido anteriormente.

20.3.2.5 *Produto final*

Em decorrência do tratamento térmico que recebem, a análise de sucos de frutas enlatados ou de enchimento a quente, purês e néctares não é recomendada. Uma exceção possível é amostrar para micotoxinas, quando aplicável. Patulina é o marcador empregado pela indústria para avaliar a qualidade de maçãs usadas no preparo de sucos. Valores acima de 50 µg/kg (em suco de concentração simples) podem indicar o uso de uma elevada porcentagem de maçãs não íntegras no preparo do produto (PITT; HOCKING, 2009).

A análise do produto final para produtos pasteurizados pode ser usada para verificação do processo. Diversas análises tradicionais, como contagem de aeróbios, de bolores e leveduras ou exame microbiológico direto podem ser usadas (ICMSF, 2005). No caso de *Alicyclobacillus,* o método que se mostrou mais eficaz foi o que emprega ágar K e choque térmico para garantir que os esporos germinem antes da semeadura (ORR; BEUCHAT, 2000; WALLS; CHUYATE, 2000). Para análise rotineira de sucos, a diluição das amostras geralmente não é necessária, mas é recomendada para sucos concentrados, purês e néctares.

A FDA (2004) permite que os processadores de sucos cítricos não pasteurizados empreguem métodos múltiplos para descontaminar as superfícies das frutas para atender parte da exigência de redução de 5 D de patógenos, caso utilizem frutas não danificadas colhidas das árvores para o preparo dos sucos. A redução 5 D deve começar após a seleção e limpeza das frutas e deve ocorrer em uma única instalação. A análise do produto final para *E. coli* genérica e *E. coli* biótipo I é uma exigência, e ambos os tipos de *E. coli* devem estar ausentes no suco (< 1 UFC/20 mL). Uma amostra de 20 mL deve ser analisada para cada 3.785 L (1.000 gal) de suco produzido. Quando se produz < 3.785 L/semana, deve-se analisar uma amostra por semana. O processo é considerado inadequado quando duas em sete amostras consecutivas são positivas para *E. coli.*

20.4 BEBIDAS À BASE DE CHÁ

Bebidas prontas para beber à base de chá variam desde produtos não formulados relativamente estáveis, produzidos por extração direta da folha, que podem ser levemente adoçados e aromatizados com limão ou outras frutas, até refrigerantes carbonatados feitos de sólidos instantâneos de chá e suco de limão, que podem ter um pH mais baixo e ser conservados com ácidos fracos. Em virtude de sua diversidade, esses produtos têm uma ampla gama de problemas microbiológicos. Essa seção se refere a bebidas líquidas à base de chá, preparadas comercialmente, e não ao chá preparado no momento de ser servido.

20.4.1 Microrganismos de importância
20.4.1.1 Perigos e controles

Bebidas à base de chá (incluindo chás de ervas) são muito diversificadas, não sendo possível resumir os perigos e controles importantes que sejam apropriados para todos esses produtos. Entretanto, as micotoxinas fumonisina B_1 e fumonisia B_2 já foram relatadas em certos chás de ervas e plantas medicinais consumidos regularmente na Turquia (OMURTAG; YAZICIOGLU, 2004).

As plantas de chá devem ser cultivadas com BPA e a produção de chá deve ser feita empregando BPH. Para bebidas simples à base de chá, a pasteurização e a prevenção da contaminação pós-processamento previnem, de maneira significativa, as preocupações com sua segurança. Consequentemente, as análises microbiológicas não são recomendadas. Entretanto, a adição de suco de frutas pode exigir o uso dos controles discutidos anteriormente para suco de frutas, e a adição de fontes de proteína, como leite e proteína de soja, exige validação do controle de *Clostridium botulinum*, como descrito no Capítulo 24.

20.4.1.2 Deterioração e controles

Contagens elevadas de aeróbios, como $1,9 \times 10^8$ UFC/g, já foram relatadas para certos chás de ervas (WILSON et al., 2004). As folhas de chá secas e processadas de *Camellia sinensis* podem contaminar-se com microrganismos durante a manipulação pós-processamento e armazenamento. O chá deve ser produzido com BPH para minimizar os problemas de deterioração. A radiação gama dos chás pode ser útil nos países onde esse procedimento é aprovado. A dose de irradiação relatada como eficaz é 5 kGy (MISHRA; GAUTAM; SHARMA, 2006).

20.4.2 Dados microbiológicos
20.4.2.1 Ingredientes críticos

Os ingredientes são chá, sucos de frutas, edulcorantes e fontes de proteínas que podem ser adicionadas aos chás, assim como a água a partir da qual os chás são preparados. Consulte os capítulos apropriados para esses ingredientes específicos.

20.4.2.2 Durante o processamento

Não se recomenda a realização de análises microbiológicas de amostras obtidas durante o processamento.

Bebidas Não Alcoólicas

20.4.2.3 Ambiente de processamento

As bebidas à base de chá são frequentemente processadas nas mesmas linhas usadas para produção de refrigerantes. Desta forma, são aplicáveis as recomendações de análises apresentadas na Seção 20.2.2.3. A contaminação aérea por leveduras e bolores é um fator importante a ser controlado. Poeiras e insetos são os principais vetores de microrganismos para o interior do ambiente fabril. A higiene da fábrica é, portanto, o principal fator no controle da estabilidade do produto.

20.4.2.4 Vida de prateleira

As bebidas à base de chá são geralmente estáveis à temperatura ambiente, não havendo recomendação de análise microbiológica durante a vida de prateleira.

20.4.2.5 Produto final

Não se recomenda a realização de análises microbiológicas de bebidas à base de chá, estáveis à temperatura ambiente.

20.5 LEITE DE COCO, CREME DE COCO E ÁGUA DE COCO

Leite de coco, creme de coco e água de coco são produtos derivados do endosperma separado do coqueiro (*Cocus nucifera*). O leite de coco é uma emulsão de endosperma ralado de coco em água. O Codex Alimentarius (2003b) para produtos aquosos de coco descreve padrões para diferentes tipos de produtos de coco (*light*, regular, creme e creme concentrado) e relata que esses produtos são geralmente tratados por processos de pasteurização por calor, esterilização comercial ou temperatura ultra alta (UHT) para gerar produtos estáveis a temperatura ambiente. A água de coco é o albúmen do coco, e é um líquido leitoso branco que se transforma em polpa à medida que a fruta amadurece. Esse produto deve ser pasteurizado ou processado termicamente.

20.5.1 Microrganismos de importância

20.5.1.1 Perigos e controles

Há pouca informação disponível sobre leite de coco, creme de coco ou água de coco como veículos de enfermidades transmitidas por alimentos; porém há um histórico de problemas com *Salmonella* em coco. Leite de coco *in natura* congelado foi implicado em um surto causado por *Vibrio cholerae* O1 (CDC, 1991). O processamento utilizado para torná-los estáveis a temperatura ambiente também controla esses perigos (ver o Capítulo 24).

20.5.1.2 Deterioração e controles

Há pouca informação disponível sobre deterioração de leite de coco, creme de coco ou água de coco e considerando que a maioria desses produtos é estável à temperatura ambiente em razão do tratamento térmico, é improvável que ocorra deterioração durante a vida de prateleira com expectativa razoável. A atividade de água elevada, pH neutro e proteína disponível nesses produtos os tornaria passíveis de deterioração se o processamento térmico não fosse empregado. A produção desses produtos sob condições de BPH é uma necessidade para minimizar a contaminação antes do tratamento térmico.

20.5.2 Dados microbiológicos

20.5.2.1 Ingredientes críticos

Não há ingredientes críticos além da matéria-prima.

20.5.2.2 Durante processamento

É essencial monitorar o tempo e a temperatura do processo. Não há recomendação de amostragem durante o processamento para análises microbiológicas.

20.5.2.3 Ambiente de processamento

Análises do ambiente de processamento não são relevantes para produtos estáveis à temperatura ambiente.

20.5.2.4 Vida de prateleira

A vida de prateleira esperada é longa em razão do processamento térmico usado para tornar esses produtos estáveis à temperatura ambiente. Não há recomendação de análises microbiológicas para a vida de prateleira.

20.5.2.5 Produto final

Análises microbiológicas não são relevantes para produtos estáveis à temperatura ambiente (ver o Capítulo 24).

20.6 SUCOS DE HORTALIÇAS

Os sucos de hortaliças podem ser produtos de baixa acidez, pasteurizados e resfriados, que receberam tratamento térmico brando e não contêm conservantes ou aditivos. Esses atributos podem torná-los suscetíveis à contaminação com certos patógenos, e, se sofrerem abuso de temperatura, pode ocorrer a multiplicação desses patógenos, alguns dos quais produzem toxinas. Sucos de hortaliças também podem ser produtos tratados termicamente, estáveis à temperatura ambiente. Esse capítulo considera somente os sucos de hortaliças refrigerados. Ver o Capítulo 24 para recomendações relativas a produtos estáveis à temperatura ambiente.

20.6.1 Microrganismos de importância

20.6.1.1 Perigos e controles

O Capítulo 12 fornece informações sobre os perigos significativos associados a hortaliças e produtos de hortaliças. A contaminação de hortaliças *in natura* pode afe-

Bebidas Não Alcoólicas

tar de maneira significativa a segurança dos sucos de hortaliças produzidos a seguir. Em 2006, quatro casos de botulismo ligados a suco de cenoura refrigerado ocorreram nos Estados Unidos e dois casos ocorreram no Canadá. Os produtos envolvidos eram pasteurizados, mas não aquecidos a temperaturas que eliminam os esporos de *C. botulinum* proteolítico (o tipo mais termorresistente). As análises subsequentes do produto revelaram a presença de toxina botulínica no suco. Como os esporos de *C. botulinum* proteolíticos são conhecidos por se multiplicarem e produzirem toxina somente em condições de abuso severo de temperatura, uma medida de controle importante é manter o produto refrigerado a < 4 °C (GUINEBRETIERE et al., 2001; FDA, 2007). A acidificação a um pH < 4,6 também pode ser considerada como medida de controle para prevenir multiplicação de *C. botulinum* em condições de abuso.

20.6.1.2 Deterioração e controles

Vários problemas microbiológicos surgem em razão da baixa qualidade de matérias-primas, tais como as hortaliças utilizadas para produção de suco. A aplicação de BPA pré e pós-colheita serve para minimizar a contaminação inicial das hortaliças. A manufatura desses produtos sob BPH é uma necessidade para prevenir contaminações adicionais do produto antes do tratamento térmico. Apesar de as bactérias e fungos normalmente presentes serem destruídos pela pasteurização, alguns formadores de esporos, como *Bacillus* e *Clostridium* spp., podem sobreviver no produto. A recontaminação pós-pasteurização deve ser evitada e a refrigeração abaixo de 4 °C após o processamento é essencial para evitar multiplicação (GUINEBRETIERE et al., 2001).

20.6.2 Dados microbiológicos

20.6.2.1 Ingredientes críticos

A água é um ingrediente importante na produção de sucos de hortaliças e deve ser de qualidade apropriada (ver o Capítulo 21).

20.6.2.2 Durante o processamento

O monitoramento do controle de processo discutido em bebidas carbonatadas, sucos de frutas e produtos relacionados também se aplica para sucos de hortaliças (ver a Seção 20.2.2.2). O tratamento térmico aplicado ao produto necessita de monitoramento de tempo, temperatura e outros controles. Medidas de controle validadas para todos os esporos de *C. botulinum* devem ser incorporadas nos planos HACCP para garantir que a multiplicação e produção de toxina por *C. botulinum* não ocorra, caso o suco seja mantido fora de refrigeração durante a comercialização ou pelo consumidor. Isso pode ser obtido por diversos métodos de tratamento validados, tais como acidificação do suco a pH ≤ 4,6, tratamento térmico do suco ou adição de conservantes (FDA, 2007). Não se recomenda a amostragem microbiológica durante o processamento; entretanto o monitoramento do pH como parte de um plano HACCP é fortemente recomendado, caso seja uma medida de controle.

20.6.2.3 *Ambiente de processamento*

Assim como para refrigerantes, sucos de frutas e chá, a sanitização dos equipamentos é importante, especialmente de equipamentos pós-processamento, tais como enchedoras. A coleta de água de enxague da sanitização para análises, como descrito anteriormente, é recomendada (ver a Seção 20.2.2.3). Como os sucos de hortaliças podem ter um pH neutro, análises para contagem de aeróbios ao invés de, ou juntamente com, contagem de bolores e leveduras podem ser úteis. As medidas de controle devem também incluir avaliação do desempenho de fechamentos de recipientes (tampas plásticas, lacres de alumínio) na minimização do risco de contaminação pós-processamento do suco por esporos de *C. botulinum*.

20.6.2.4 *Vida de prateleira*

Nenhum teste microbiológico é recomendado.

20.6.2.5 *Produto final*

Amostragem de produto final e inspeção de produtos pasteurizados não fornecem controle confiável, mas amostras incubadas a temperaturas elevadas e então analisadas microbiologicamente ou examinadas para produção de gás podem ser úteis para análises de tendências. A enumeração de microrganismos pode ser usada para fins de verificação, quando programas de HACCP estão implementados. Vários métodos tradicionais, por exemplo, contagem de aeróbios, contagem de bolores e leveduras ou exame microscópico direto, podem ser considerados (ICMSF, 2005). Os critérios dependem do produto e das condições de processamento, consequentemente, recomendações específicas não podem ser feitas.

REFERÊNCIAS

ASHURST, P. R. Introduction. In: _____. (Ed.). **Chemistry and technology of soft drinks and fruit juices.** 2. ed. Oxford: Blackwell Publishers Ltd., 2005.

BRITISH SOFT DRINKS ASSOCIATION. **Fruit juice.** London, 2010. Disponível em: <http://www.britishsoftdrinks.com/Default.aspx?page=394>. Acesso em: 8 nov. 2010.

CDC - CENTERS FOR DISEASE CONTROL AND PREVENTION. Cholera associated with imported coconut milk, Maryland, 1991. **Morbidity and Mortality Weekly Report**, Atlanta, v. 40, n. 49, p. 844-845, 1991.

CODEX ALIMENTARIUS. **Code of practice for the prevention and reduction of patulin contamination in apple juice and apple juice ingredients in other beverages (CAC/RCP 50–2003).** Rome: FAO, 2003a. FAO/WHO Food Standards Program.

_____. **Codex standard for aqueous coconut products – coconut milk and coconut cream (Codex Stan 240–2003).** Rome: FAO, 2003b. FAO/WHO Food Standards Program.

Bebidas Não Alcoólicas

DIGIACOMO, R.; GALLAGHER, P. Soft drinks. In: DOWNES, F. P.; ITO, K. (Ed.). **Compendium of methods for the microbiological examination of foods**. 4. ed. Washington, DC: American Public Health Association, 2001.

FDA - FOOD AND DRUG ADMINISTRATION. **Guidance for industry**: juice HACCP hazards and control guidance. College Park, 2004. Disponível em: <http://www.fda.gov/Food/GuidanceRegulation/GuidanceDocumentsRegulatoryInformation/Juice/ucm072557.htm >. Acesso em: 8 nov. 2010.

_____. **Guidance for industry**: refrigerated carrot juice and other refrigerated low-acid juices. College Park, 2007. Disponível em: <http://www.fda.gov/Food/GuidanceRegulation/GuidanceDocumentsRegulatoryInformation/Juice/ucm072481.htm >. Acesso em: 8 nov. 2010.

FSANZ - FOOD STANDARDS AUSTRALIA NEW ZEALAND. **Electrolyte Drinks (Sports Drinks)**. Canberra, 2010. Disponível em: <http://www.australianbeverages.org/scripts/cgiip.exe/WService=ASP0002/ccms.r?PageId=10080>. Acesso em: 8 nov. 2010.

FUJIKAWA, H. Mathematical Models for Thermal Death of Microorganisms. **Journal of Antibacterial and Antifungal Agents**, Osaka, v. 25, n. 9, p. 519-534, 1997.

GUINEBRETIERE, M. et al. Identification of bacteria in pasteurized zucchini purees stored at different temperatures and comparison with those found in other pasteurized vegetable purees. **Applied and Environmental Microbiology**, Washington, DC, v. 67, n. 10, p. 4520-4530, 2001.

HOCKING, A. D.; PITT, J. I. Food spoilage fungi, II: heat resistant fungi. **CSIRO Food Research Quarterly**, Sydney, v. 44, n. 4, p. 73-82, 1984.

HOUBRAKEN, J.; SAMSON, R. A.; FRISVAD, J. C. *Byssochlamys*: significance of heat resistance and mycotoxin production. **Advances in Experimental Medicine and Biology**, New York, v. 571, p. 211-224, 2006.

HOUBRAKEN, J. et al. Sexual reproduction as the cause of heat resistance in the food spoilage fungus *Byssochlamys spectabilis* (anamorph *Paecilomyces variotii*). **Applied and Environmental Microbiology**, Washington, DC, v. 74, n. 5, p. 1613-1619, 2008.

ICMSF - INTERNATIONAL COMMISSION ON MICROBIOLOGICAL SPECIFICATIONS FOR FOOD. Soft drinks, fruit juices, concentrates, and fruit preserves. In: _____. **Microorganisms in foods 6**: microbial ecology of food commodities. 2. ed. New York: Kluwer Academic: Plenum Publishers, 2005.

MISHRA, B. B.; GAUTAM, S.; SHARMA, A. Microbial decontamination of tea (*Camellia sinensis*) by gamma radiation. **Journal of Food Science**, Champaign, v. 71, n. 6, p. M151–M156, 2006.

OMURTAG, G. Z.; YAZICIOGLU, D. Determination of fumonisins B1 and B2 in herbal tea and medicinal plants in Turkey by high-performance liquid chromatography. **Journal of Food Protection**, Des Moines, v. 67, n. 8, p. 1782-1786, 2004.

ORR, R. V.; BEUCHAT, L. R. Efficacy of disinfectants in killing spores of *Alicyclobacillus acidoterrestris* and performance of media for supporting colony development by survivors. **Journal of Food Protection**, Des Moines, v. 63, n. 8, p. 1117-1122, 2000.

PITT, J. I.; HOCKING, A. D. **Fungi and food spoilage**. 3. ed. New York: Springer Science and Business Media, 2009.

SHIRREFFS, S. M. The Optimal Sports Drink. **Schweizerische Zeitschrift für Sportmedizin**, Geneva, v. 51, n. 1, p. 25-29, 2003.

SIPA - SOCIETÀ DI INDUSTRIALIZZAZIONE PROGETTAZIONE E AUTOMAZIONE. **Juice, tea, isotonics.** Vittorio Veneto, 2010. Disponível em: <http://www.sipa.it/en/products/bottle-manufacturing-containers/juices-tea-isotonics>. Acesso em: 9 nov. 2010.

SMITTLE, R. B.; ERICKSON, J. P. Sweeteners and starches. In: DOWNES, F. P.; ITO, K. (Ed.). **Compendium of methods for the microbiological examination of foods.** 4. ed. Washington, DC: American Public Health Association, 2001.

STRATFORD, M.; HOFFMAN, P. D.; COLE, M. B. Fruit juices, fruit drinks and soft drinks. In: LUND, B. M.; BAIRD-PARKER, A. C.; GOULD, G. W. (Ed.). **The microbiological safety and quality of food.** New York: Aspen Publishers, 2000. [V. 2].

VARGA, J.; KOZAKIEWICZ, Z. Ochratoxin A in grapes and grape-derived products. **Trends in Food Science & Technology,** Cambridge, v. 17, n. 2, p. 72-81, 2006.

WALLS, I.; CHUYATE, R. Isolation of *Alicyclobacillus acidoterrestris* from fruit juices. **Journal of AOAC International,** Arlington, v. 83, n. 5, p. 1115-1120, 2000.

WAREING, P.; DAVENPORT, R. R. Microbiology of soft drinks and fruit juices. In: ASHURST, P. R. (Ed.). **Chemistry and technology of soft drinks and fruit juices.** 2. ed. Oxford: Blackwell Publishers Ltd., 2005.

WILSON, C. et al. Pathogen growth in herbal teas in clinical settings: a possible source of nosocomial infection?. **American Journal of Infection Control,** St. Louis, v. 32, n. 2, p. 117-119, 2004.

21 CAPÍTULO

Água

21.1 INTRODUÇÃO

A água é um elemento essencial para a nutrição humana, tanto diretamente, como água potável, assim como indiretamente, como constituinte dos alimentos. A água não é essencial somente para a vida; ela é um dos mais importantes vetores de doenças.

Um dos objetivos principais dos tratamentos físico-químicos aplicados à água bruta é eliminar patógenos e obter água potável e de processamento seguras. A produção de água de qualidade apropriada está se tornando cada vez mais difícil, em virtude do crescimento de demanda e também do crescimento da poluição ambiental.

Água de irrigação é tratada no Capítulo 12.

21.2 ÁGUA POTÁVEL

A OMS estabeleceu, em 1979, Guidelines for Drinking Water Quality, definindo os parâmetros e os valores que regem sua qualidade. Desde então, os parâmetros e limites associados estão sujeitos a constantes atualizações, que são postadas no *website* da Organização Mundial da Saúde (WHO, 2009). A qualidade da água potável é também definida em numerosas diretrizes e regulamentos nacionais ou internacionais.

Desde a primeira publicação sobre o assunto (GALE, 1996), várias avaliações de risco relacionadas à segurança de água potável foram realizadas, tanto em termos gerais como focadas em patógenos microbianos específicos ou parasitas (GALE, 2003; HOORNSTRA; HARTOG, 2003; PERCIVAL et al., 2004; WHO, 2008; MENA; GERBA,

2009). Várias diretrizes para água estão mudando para a abordagem de gerenciamento de risco. Como consequência, haverá menos ênfase na avaliação da concentração de contaminantes ao final do tratamento. O principal foco será o desempenho do processo nos principais pontos de controle.

21.2.1 Microrganismos de importância

21.2.1.1 Perigos e controles

A população microbiana da água bruta usada para fazer água potável depende da sua origem, que pode ser água superficial de rios, lagos ou reservatórios, ou água subterrânea de fontes, poços ou poços artesianos. Para águas superficiais não tratadas, é provável a presença de bactérias potencialmente patogênicas (por exemplo, *Campylobacter jejuni, E. coli* enterohemorrágica, *Salmonella* spp., *Shigella* spp., *Vibrio cholerae, Yersinia enterocolitica*), vírus (por exemplo, hepatite A e norovírus), parasitas (por exemplo, *Entamoeba histolitica, Giardia intestinalis, Cyclospora cayatenensis, Cryptosporidium parvum*) ou helmintos. O tipo de patógeno, sua incidência e população dependem do tipo de água superficial, da região, assim como das condições climáticas e ambientais. Os detalhes são fornecidos em ICMSF (2005) e WHO (2009).

As águas subterrâneas geralmente apresentam qualidade microbiológica inicial muito superior e, algumas vezes, podem atender à definição de água potável sem tratamento adicional. Em outros casos, a fonte da água pode se tornar contaminada com os patógenos previamente mencionados, por condições ambientais ou durante a coleta.

A população microbiana pode ser reduzida pelo tratamento primário da água bruta, geralmente aplicado como fases combinadas. Pré-tratamentos vão depender da origem da água e incluem reservatórios, coagulação, floculação e clarificação, assim como diferentes tipos de filtração. Apesar de esses pré-tratamentos poderem reduzir a carga microbiana, é necessário realizar desinfecções subsequentes para inativar patógenos remanescentes. Normalmente são empregados desinfetantes tais como cloro e cloroamina, dióxido de cloro, bromina, ozônio ou luz UV .

A água potável pode recontaminar-se com patógenos durante a distribuição. Numerosos surtos relacionados com patógenos entéricos, vírus ou parasitas já foram relatados. Exemplos de surtos por recontaminação são citados em Rooney et al. (2004), Schuster et al. (2005), Karanis, Kourenti e Smith (2007), September et al. (2007), La Rosa et al. (2008) e Reynolds, Mena e Gerba (2008). A recontaminação pode ser controlada ou minimizada pela manutenção de níveis residuais de biocidas para evitar multiplicação posterior nos sistemas de distribuição ou pela garantia da integridade do sistema de distribuição para evitar a entrada de patógenos.

21.2.1.2 Deterioração e controles

A deterioração acontece em virtude, principalmente, das alterações sensoriais da água, geralmente causada pela multiplicação de microrganismos como *Streptomyces* spp., bolores, e bactérias Gram-negativas. Essa deterioração já foi previamente descrita (ZAITLIN; WATSON, 2006; BOLEDA et al., 2007; KRISHNANI; RAVICHANDRAN; AYYAPPAN, 2008) mas geralmente não é um problema.

Água

21.2.2 Dados microbiológicos

A Tabela 21.1 resume as análises para água potável. Consulte o texto para detalhes importantes relacionados a recomendações específicas.

Tabela 21.1 Análise de água potável para avaliação da segurança e da qualidade microbiológicas

Importância relativa		Análises úteis
Ingredientes críticos	-	Irrelevante para água potável.
Durante processamento	Alta	Analisar água para agentes biocidas residuais (quando apropriado e dependendo do biocida empregado). Valores variam entre 0,2 – 0,5 ppm ou de acordo com regulamentações locais.
	Média	Analisar água potável em sistema de distribuição para *E. coli* ou outros indicadores apropriados para verificação (frequentemente regulamentada). A análise para patógenos específicos é geralmente conduzida somente para investigação. Ver "Produto final" para valores de orientação. Pode ser feita amostragem investigativa para determinar a causa de sabores de estragado e odores de apodrecimento.
Ambiente de processamento	Baixa	Irrelevante para água potável.
Vida de prateleira	Baixa	Irrelevante para água potável.
Produto final	Alta	Análise de indicadores é essencial para verificar o controle do processo após o tratamento e durante a distribuição.

Produto	Microrganismo	Método analítico[a]	Caso	Plano de amostragem e limites/100 mL[b]			
				n	c	m	M
Água potável	*E. coli* (ou outros indicadores de higiene, se usados)	ISO 9308-1	NA	1	0	0	-

	Baixa	Análise para patógenos não é recomendada para verificar controle de processo e é somente aplicada em investigações no caso de resultados positivos para indicadores de higiene. Por essa razão, não se fornece nenhum plano de amostragem específico.

NA = não aplicável.

[a] Métodos alternativos podem ser usados, desde que validados pelos métodos ISO.

[b] Consulte o Apêndice A para desempenho desses planos de amostragem.

21.2.2.1 Ingredientes críticos

Sem relevância para água potável.

21.2.2.2 Durante processamento

A amostragem e a análise da água potável em pontos diferentes no sistema de distribuição, incluindo armazenamento intermediário, permite a detecção de recontaminação antes que o produto chegue ao consumidor. Monitorar a atividade biocida residual na água (dependendo do tipo de sanitizante usado) fornece informação rápida sobre os níveis residuais. Isso pode ser complementado por análises microbiológicas de indicadores de higiene ou de patógenos para verificação.

Considerando-se a natureza da água potável, a diferença entre amostras obtidas durante processamento e de produto final é mínima.

21.2.2.3 Ambiente de processamento

Sem relevância para água potável.

21.2.2.4 Vida de prateleira

Sem relevância para água potável.

21.2.2.5 Produto final

As autoridades responsáveis pela água ou fornecedores (no caso de nascentes privadas) devem garantir a segurança microbiológica da água potável fornecida. O monitoramento regular da água para *E. coli*, como indicador de recontaminação fecal, é realizado pelas autoridades ou empresas privadas. Outros indicadores, tais como enterococos, contagem de microrganismos viáveis totais ou coliformes totais ou fecais são também usados, dependendo de legislação local ou supranacional, realizando-se análises para patógenos como *Salmonella* ou parasitas quando são detectados problemas.

Em diversos padrões, as exigências microbiológicas são expressas como valores médios ou como os 90° percentis. Esses padrões são representativos de tendências de amostras individuais tomadas em um determinado período de tempo.

A análise de sanitizantes residuais, quando aplicável, é de maior utilidade que a análise de produto final para patógenos, sendo, então, recomendada.

21.3 ÁGUA DE PROCESSAMENTO OU DE PRODUTO

A água possui um papel importante na produção de alimentos e é usada tanto como ingrediente quanto no processamento. São três as situações que podem se apresentar durante o processamento:

1. Contato direto em operações como lavagem, transporte e branqueamento de hortaliças e frutas, escaldagem, limpeza e resfriamento de aves ou animais abatidos; armazenamento de peixes e carnes em gelo, lavagem para remover certos componentes durante a produção de queijos ou manteiga, e corte de produtos ou como lubrificante de esteiras transportadoras.
2. Contato indireto por com equipamentos inadequadamente drenados após a limpeza.
3. Contato acidental com água, normalmente não destinada a contato com alimentos, como, por exemplo, água de resfriamento de embalagens autoclavadas (*retorted*), água de circulação em sistemas fechados de trocadores de calor, aerossóis e condensação.

Água

395

A água de processamento ou de produto deve ser de qualidade potável, devendo ser adquirida, como tal, de autoridades ou de companhias privadas, ou processada diretamente pelos produtores de alimentos, conforme descrito na seção anterior. Entretanto, para certas aplicações, como, por exemplo, limpeza de hortaliças ou frutas que serão submetidas a tratamento térmico, pode ser utilizada água com contagens mais elevadas, pois não afeta a integridade do produto final. Nesses casos, pode ser empregada água reciclada, permitindo uma economia substancial de água potável. Por outro lado, no caso de água usada como ingrediente em certos produtos, é necessário atender a exigências físico-químicas específicas, podendo ser necessários tratamentos como eletrodiálise, troca iônica, filtração, ou osmose reversa, que podem ter impacto na qualidade microbiológica da água se não controlados de maneira correta.

21.3.1 Microrganismos de importância

21.3.1.1 Perigos e controles

Os perigos e controles para água de processamento e de produto são os mesmos que para água potável (ver a Seção 21.2.1.1).

21.3.1.2 Deterioração e controles

Os deteriorantes e controles para água de processamento e de produto são os mesmos que para água potável (ver a Seção 21.2.1.2).

21.3.2 Dados microbiológicos

A Tabela 21.2 resume as análises úteis para água de processamento e de produto. Consulte o texto para detalhes importantes relacionados a recomendações específicas.

21.3.2.1 Ingredientes críticos

A água é o único ingrediente para água de processo e de produto (ver a Seção 21.3.2.2).

21.3.2.2 Durante o processamento

É relevante monitorar a presença de biocidas residuais em água potável adquirida, tanto no ponto de entrada na fábrica como em diferentes pontos do sistema de distribuição, incluindo o mais distante, o que permite a detecção rápida de problemas e implementação de medidas corretivas, como tratamento biocida adicional, quando necessário. Geralmente, a análise microbiológica é realizada apenas periodicamente, como uma verificação. Para água de processo ou de produto, o indicador de higiene mais frequentemente usado é o grupo coliforme. Entretanto, *E. coli*, coliformes fecais ou enterococos podem ser usados dependendo da situação, do tipo de produto fabricado ou do sistema de distribuição.

Entretanto, na ausência de biocidas, recomenda-se uma frequência maior de análises no caso de água tratada de maneira especial ou água em circuitos fechados individuais.

Tabela 21.2 Análises de água de processamento e de produto visando avaliação da segurança e da qualidade microbiológicas

Importância relativa		Análises úteis
Ingredientes críticos	Baixa	Água comprada, ao ser recebida, pode ser considerada como uma amostra durante o processamento do sistema de distribuição.
Durante processamento	Alta	Analisar a água para agentes biocidas residuais, quando apropriado e dependendo do biocida empregado.
	Média	Analisar água potável, no sistema de distribuição, para coliformes ou outros indicadores apropriados para verificação, usando critérios de produto final.
		Para água usada para lavagem ou transporte de hortaliças, frutas etc. que serão posteriormente processadas (incluindo uma etapa letal), podem ser aceitas populações elevadas de microrganismos indicadores ou mesmo presença esporádica de patógenos.
		Análises de água utilizada em plantas de processamento para vários parâmetros microbiológicos, em um determinado número de amostras por ano, podem ser feitas por exigência dos reguladores, para a verificação.
		Em caso de sabores de estragado e odores de apodrecimento, é útil realizar amostragem investigativa para determinar a causa.
Ambiente de processamento	-	Irrelevante para água de processo ou de produto.
Vida de prateleira	-	Irrelevante para água de processo ou de produto.
Produto final	Média	A análise de indicadores é essencial para verificar o controle do processo após tratamento (quando usado) e durante a distribuição ou nos sistemas fechados.

Produto	Microrganismo	Método analítico[a]	Caso	Plano de amostragem e limites/100 mL[b]			
				n	c	m	M
Água de processo	Coliformes	ISO 9308-1	NA	1	0	0	-

	Baixa	A análise para patógenos não é recomendada para verificar processo de controle e é somente aplicada em investigações no caso de resultados positivos para indicadores de higiene. Por essa razão, não se fornece nenhum plano de amostragem específico.

NA = não aplicável.

[a] Métodos alternativos podem ser usados, desde que validados pelos métodos ISO.

[b] Consulte o Apêndice A para desempenho desses planos de amostragem.

21.3.2.3 *Ambiente de processamento*

A amostragem do ambiente de processamento não é relevante para água de processamento e de produto.

21.3.2.4 *Vida de prateleira*

Análise microbiológica para avaliar a vida de prateleira não é relevante para água de processamento e de produto.

21.3.2.5 *Produto final*

As considerações feitas para amostras durante o processamento são aplicáveis ao produto final para águas de processamento e de produto, mas as amostras são coletadas

Água **397**

no ponto de uso (por exemplo, quando a água é usada como ingrediente para reconstituição ou reidratação de ingredientes desidratados).

21.4 ÁGUAS ENVASADAS

São considerados dois tipos de águas envasadas: água de nascente ou mineral e outras águas envasadas. Água de nascente e água mineral (natural) é extraída de fontes subterrâneas, como poços artesianos ou nascentes, e deve atender a exigências de composição definidas pelos órgãos nacionais ou internacionais. Na Europa, a rotulagem "natural" é permitida somente para água submetida a certos tratamentos, como separação dos compostos de ferro, magnésio e enxofre, mas sem tratamento bactericida antes do engarrafamento (EC, 2009).

Águas envasadas podem ser originárias de nascentes e poços ou ser água potável do sistema de distribuição. Essa água pode ser submetida a diversos tratamentos antes do envase, como carbonatação, destilação, ionização etc. Tratamentos bactericidas, como filtração, tratamento com luz UV ou ozonização, também são permitidos.

Uma revisão detalhada sobre as diferentes categorias de água, incluindo as regulamentações, foi publicada por Dege (2005).

21.4.1 Microrganismos de importância
21.4.1.1 Perigos e controles

Patógenos como *Salmonella* spp., *Campylobacter* spp. ou vírus são encontrados ocasionalmente em pesquisas com águas envasadas. Embora casos esporádicos de enfermidades em humanos tenham sido relatados, como um atribuído à *Salmonella* (PALMER-SUÁREZ et al., 2007) ou *Pseudomonas aeruginosa* (ECKMANNS et al., 2008), esses produtos raramente são associados a surtos (ICMSF, 2005) e, em diversos casos, não houve uma vinculação conclusiva.

A ausência de patógenos é garantida pela aplicação de BPH desde a origem até o envase de águas naturais e tratamentos adequados e prevenção de recontaminação antes do envase. Embora o envolvimento de *Pseudomonas aeruginosa* como causa de enfermidades de origem hídrica permaneça indefinido, certas autoridades de Saúde Pública consideram-na um microrganismo indicador de relevância, enquanto outras a consideram um patógeno.

21.4.1.2 Deterioração e controles

As medidas de controle para patógenos são também eficazes na prevenção da deterioração, havendo somente casos raros de crescimento visível de bolores ou *Streptomyces* spp., causadores de alterações visuais ou sensoriais.

21.4.2 Dados microbiológicos
21.4.2.1 Ingredientes críticos

Para água mineral natural, a água bombeada da fonte é o único ingrediente, com exigências microbiológicas regulamentadas. Para água envasada, a água em si pode ser

398

considerada um ingrediente crítico; entretanto, tratamentos biocidas, como ozonização ou tratamento com luz UV, são também aplicados na produção de água envasada.

21.4.2.2 Durante o processamento

A amostragem e a análise para indicadores gerais de higiene, como contagens de heterotróficos ou indicadores específicos como *E. coli* ou coliformes, são realizadas regularmente. A escolha dos pontos de amostragem depende do desenho da linha de processamento e da presença de elementos como tanques intermediários de armazenamento, da distância entre envase e captação etc. É muito importante verificar a ausência de recontaminação decorrente de biofilmes formados na superfície de equipamentos como bombas, tubulações e tanques de armazenamento ou tanques de equilíbrio. Análises de *Salmonella* spp. ou *P. aeruginosa* também podem ser realizadas para vigilância, mas com frequência muito menor que de indicadores.

21.4.2.3 Ambiente de processamento

Amostrar o ambiente de processamento não é relevante para águas envasadas.

21.4.2.4 Vida de prateleira

Análises microbiológicas para avaliar a vida de prateleira não são relevantes para águas envasadas.

21.4.2.5 Produto final

De acordo com o *Code of Hygienic Practice for Natural Mineral Water* (CODEX ALIMENTARIUS, 1985), a análise pode ser feita em duas etapas: um primeiro exame de uma amostra de 250 mL, seguido por um segundo exame de quatro amostras, dependendo da extensão do desvio inicial. Em 2010, foi iniciada uma revisão do *Code of Hygienic Practice for Natural Mineral Water* visando alinhá-lo com os *General Principles of Food Hygiene* (CODEX ALIMENTARIUS, 1969) e eliminar discrepâncias com o *Codex Alimentarius Commission Standard for Natural Mineral Waters* (CODEX ALIMENTARIUS, 1981). Os critérios resumidos na Tabela 21.3 refletem os propostos pelo Codex Alimentarius (2010), que determinam ausência de diversos organismos indicadores, incluindo *P. aeruginosa*, para demonstrar controle rigoroso da recontaminação potencial com patógenos. Para água natural de nascente ou água mineral, a análise de contagem de heterotróficos é útil somente na origem, durante o processamento e no máximo até 12 h após envase, já que microbiota natural pode aumentar durante o armazenamento e distribuição subsequentes.

Em termos de requisitos microbiológicos, os *General Standards and Recommended Code of Hygienic Practice for Bottled/Packaged Drinking Water (Other than Natural Mineral Water)* (CODEX ALIMENTARIUS, 2001a, 2001b) referem-se à aplicação dos WHO Guidelines for Drinking Water. Os regulamentos nacionais ou supranacionais estão alinhados com as WHO Guidelines ou adotaram critérios mais rígidos ou parâmetros adicionais. Para mais detalhes consulte a Tabela 21.1.

Água

Tabela 21.3 Análises de água mineral natural visando à avaliação da segurança e da qualidade microbiológicas

Importância relativa		Análises úteis
Ingredientes críticos	Alta	A análise para contagem de heterotróficos em placas (22 °C e 37 °C) e indicadores de higiene fornece informação valiosa sobre o estado higiênico da captação. Populações de 100 UFC/mL (22 °C) e 20 UFC/mL (37 °C) são empregadas como limites.
Durante processamento	Alta	Dependendo do *layout* e da complexidade da linha, a análise para contagem de heterotróficos em placas é realizada para avaliar o estado higiênico das linhas e, em particular, para detectar a formação de biofilmes. Os limites são os mesmos acima.
Ambiente de processamento	-	Irrelevante.
Vida de prateleira	-	Irrelevante.
Produto final	Alta	A análise de indicadores é essencial para verificar o controle do processo desde a origem até o envase.

Produto	Microrganismo	Método analítico[a]	Caso	Plano de amostragem e limites/250 mL[b]			
				n	c	m	M
Água mineral natural	E. coli	ISO 9308-1	NA[c]	5[d]	0	0	-
	Coliformes	ISO 9308-1	NA	5[d]	0	0	-
	Enterococcos	ISO 7899-2	NA	5[d]	0	0	-
	P. aeruginosa	ISO 16266	NA	5[d]	0	0	-
	Anaeróbios esporulados redutores de sulfito	ISO 6461-2	NA	5[d]	0	0	-
				Plano de amostragem e limites/mL[b]			
	Contagem de heterotróficos em placas/contagem de colônias aeróbias[e]	ISO 4833	NA	5	0	10^2	-

[a] Métodos alternativos podem ser usados, desde que validados pelos métodos ISO.

[b] Consulte o Apêndice A para desempenho desses planos de amostragem.

[c] NA = não aplicável, em virtude do emprego dos critérios Codex propostos em 2010 (CODEX ALIMENTARIUS, 2010).

[d] Unidades analíticas individuais de 250 mL.

[e] Na origem, durante o processamento e no máximo até 12 h após envase.

REFERÊNCIAS

BOLEDA M. R. et al. A review of taste and odour events in Barcelona's drinking water area (1990–2004). **Water Science and Technology,** Oxford, v. 55, n. 5, p. 217-221, 2007.

CODEX ALIMENTARIUS. **General principles of food hygiene.** Rome: FAO, 1969.

_____. **Codex standard for natural mineral waters (Codex STAN 108-1991).** Rome: FAO, 1981. FAO/WHO Food Standards Program.

_____. **Recommended international code of hygienic practice for the collecting, processing and marketing of natural mineral waters (CAC/RCP 33-1985).** Rome: FAO, 1985. FAO/WHO Food Standards Program.

_____. **General standard for bottled/packaged drinking waters (other than natural mineral waters) (Codex STAN 227-2001).** Rome: FAO, 2001a. FAO/WHO Food Standards Program.

_____. Recommended code of hygienic practice for bottled/packaged drinking waters (other than natural mineral waters) (CAC/RCP 48-2001). Rome: FAO, 2001b. FAO/WHO Food Standards Program.

_____. Proposed draft revision of the recommended international Code of Hygienic Practices for collecting, processing and marketing of natural mineral waters (at step 3) CX/FH/10/42/6. Rome: FAO, 2010. FAO/WHO Food Standards Program.

DEGE, N. J. Categories of bottled water. In: SENIOR, D.; DEGE, N. (Ed.). **Technology of bottled water.** 2. ed. New York: Wiley-Blackwell, 2005. Chapter 3.

EC - EUROPEAN COMMUNITY. Directive 2009/54/EC of the European Parliament and of the council of 18 June 2009 on the exploitation and marketing of natural mineral waters. **Official Journal**, L164, p. 45-58, 2009.

ECKMANNS, T. et al. An outbreak of hospital-acquired *Pseudomonas aeruginosa* infection caused by contaminated bottled water in intensive care units. **Clinical Microbiology and Infection**, Paris, v. 14, n. 5, p. 454-458, 2008.

GALE, P. Developments in microbiological risk assessment models for drinking water: a short review. **Journal of Applied Microbiology**, Oxford, v. 81, n. 4, p. 403-410, 1996.

_____. Developing risk assessments of waterborne microbial contaminations. Chapter 16. In: MARA, D.; HORAN, N. (Ed.). **Handbook of water and wastewater microbiology.** London; San Diego: Academic Press, 2003.

HOORNSTRA, E.; HARTOG, B. A quantitative risk assessment on *Cryptosporidium* in food and water. In: DUFFY, G. (Ed.). **Report presented at *Cryptosporidium parvum* in Food and Water**. Dublin: Dublin National Food Centre, 2003.

ICMSF - INTERNATIONAL COMMISSION ON MICROBIOLOGICAL SPECIFICATIONS FOR FOOD. **Microorganisms in foods 6**: microbial ecology of food commodities. 2. ed. New York: Kluwer Academic: Plenum Publishers, 2005.

KARANIS, P.; KOURENTI, C.; SMITH, H. Waterborne transmission of protozoan parasites: a worldwide review of outbreaks and lessons learnt. **Journal of Water and Health**, London, v. 5, n. 1, p. 1-38, 2007.

KRISHNANI, K. K.; RAVICHANDRAN, P.; AYYAPPAN, S. Microbially derived off-flavor from geosmin and 2-methylisoborneol: sources and remediation. **Reviews of Environmental Contamination and Toxicology**, New York, v. 194, p. 1-27, 2008.

LA ROSA, G. et al. Recreational and drinking waters as a source of norovirus gastroenteritis outbreaks: a review and update. **Environmental Biotechnology**, Olsztyn, v. 4, p. 15-24, Jan. 2008.

MENA, K. D.; GERBA, C. P. Risk assessment of *Pseudomonas aeruginosa* in water. **Reviews of Environmental Contamination and Toxicology**, New York, v. 201, p. 71-115, 2009.

PALMER-SUÁREZ, R. et al. *Salmonella* Kottbus outbreak in infants in Gran Canaria (Spain) caused by bottled water, Aug.-Nov. 2006. **Euro Surveillance**, Stockholm, v. 12, n. 8, p. 292-293, 2007.

PERCIVAL, S. et al. Risk assessment and drinking water. In: _____. **Microbiology of waterborne diseases.** London: Elsevier Ltd., 2004.

REYNOLDS, K. A.; MENA, K. D.; GERBA, C. P. Risk of waterborne illness via drinking water in the United States. **Reviews of Environmental Contamination and Toxicology**, New York, v. 192, p. 117-158, 2008.

ROONEY, R. M. et al. A review of outbreaks of waterborne disease associated with ships: evidence for risk management. **Public Health Reports**, Washington, DC, v. 119, n. 4, p. 435-442, 2004.

SCHUSTER, C. J. et al. Infectious disease outbreaks related to drinking water in Canada, 1974-2001. **Canadian Journal of Public Health**, Ottawa, v. 96, n. 4, p. 254-258, 2005.

SEPTEMBER, S. M. et al. Prevalence of bacterial pathogens in biofilms of drinking water distribution systems. **Journal of Water and Health**, London, v. 5, n. 2, p. 219-227, 2007.

WHO - WORLD HEALTH ORGANIZATION. **Guidelines for drinking water quality**. 3. ed. Geneva: WHO, 2008. [V. 1].

_____. **Plan of work for the rolling revision of the WHO Guidelines for Drinking-water Quality**. Geneva, 2009. Disponível em: <http://www.who. int/water_sanitation_health/gdwqrevision/en/index.html>. Acesso em: 8 nov. 2010.

ZAITLIN, B.; WATSON, S. B. *Actinomycetes* in relation to taste and odour in drinking water: myths, tenets and truths. **Water Research**, Oxford, v. 40, n. 9, p. 1741-1753, 2006.

CAPÍTULO 22

Ovos e Derivados

22.1 INTRODUÇÃO

Ovos e produtos de ovos compreendem um grupo grande de *commodities* e são consumidos como ovos ou como ingredientes em muitos produtos processados. Este capítulo inclui análises adequadas relacionadas com a segurança e a qualidade de ovos ou produtos de ovos de aves, principalmente galinhas domésticas. Entretanto, a discussão é igualmente aplicável para ovos de outras espécies, como patas. Os ovos são comercializados principalmente como ovos em casca ou como produtos de ovos (líquido, congelado ou desidratado; integral, claras ou gemas) ou produtos cozidos de ovos (refrigerados ou congelados). Os ovos e os produtos de ovos de galinhas estão associados a surtos de enfermidades de origem alimentar, alguns com um número significativo de casos (AYRES et al., 2009; EFSA, 2007; LYNCH et al., 2006). Os ovos de pata também foram associados com surtos de enfermidades de origem alimentar (HPSC, 2010). *Salmonella* é o agente etiológico mais comumente envolvido em enfermidades de origem alimentar causadas por ovos nos Estados Unidos (AYRES et al., 2009) e na Europa (EFSA, 2007). Por outro lado, a *Campylobacter*, uma causa comum de enfermidades de origem alimentar relacionadas a frangos, é raramente vinculada a produtos de ovos (AYRES et al., 2009; EFSA, 2007; LYNCH et al., 2006). A FAO e WHO (2002) conduziram uma avaliação de risco para *Salmonella* em ovos.

Geralmente, os derivados de ovos são usados em alimentos que são cozidos ou manuseados de tal forma que *Salmonella* spp. são destruídas. Entretanto, ingredientes à base de ovos contaminados que entram na indústria apresentam o perigo potencial de conta-

404 Microrganismos em Alimentos 8

minar outros produtos alimentícios. Produtos de ovos são geralmente empregados como substitutos dos ovos em casca tradicionais, nos domicílios e em serviços de alimentação. Produtos como torta de merengue, musse, gemada, ou misturas desidratadas para dietas, quando não cozidos adequadamente, permanecem como perigos potenciais de salmonelas, que podem ter sobrevivido ou ter sido reintroduzidas após a pasteurização.

Recorra ao livro *Microorganisms in foods 6: Microbial ecology of food commodities* (ICMSF, 2005) para informações detalhadas sobre a ecologia microbiana e controle de ovos e produtos de ovos. Para atingir o grau apropriado de proteção para a saúde pública, devem ser usadas medidas de controle desde a produção primária até o ponto de consumo. Boas práticas agrícolas e de higiene na produção devem ser implementadas durante a produção primária, processamento de ovos em casca e de produtos de ovos. Padrões internacionais sobre práticas higiênicas para ovos e produtos de ovos dão orientação sobre princípios higiênicos e HACCP, e sobre transporte de produtos a granel e semiembalados (CODEX ALIMENTARIUS, 2007, 2003 e 2001, respectivamente).

22.2 PRODUÇÃO PRIMÁRIA

Os ovos se tornam contaminados por *Salmonella* de duas maneiras principais: por infecção transovariana ou penetração pela casa. A prevenção de *Salmonella* em plantéis de aves poedeiras exige a realização de análises e medidas de controle desde o incubatório que fornece os animais até os próprios animais. As medidas de controle importantes incluem providências na granja, como controles de criação do plantel, higiene da granja, eliminação dos plantéis contaminados, vacinação, técnicas de exclusão competitiva e desinfecção das instalações entre um plantel e outro (CODEX ALIMENTARIUS, 2007). Vários programas de controle incluíram análises microbiológicas do ambiente de postura (penugem, varredura) para detectar plantéis infectados, mas não há um consenso internacional sobre a eficácia dessa abordagem e sobre as ações a serem tomadas quando um plantel positivo é identificado. Existem programas nacionais e regionais implementados para detecção e eliminação de *Salmonella enteritidis* (SE), que é a preocupação principal para infecções transovariana dos ovos. Plantéis positivos podem ser eliminados ou então, em regiões onde as enfermidades associadas a SE em ovos são um problema, todos os ovos produzidos são submetidos a processamentos adicionais e pasteurização. A necessidade dessa prática para uso local e doméstico deve ser avaliada cuidadosamente, pois os ovos são uma fonte valiosa de proteína em algumas regiões.

22.3 OVOS COM CASCA

22.3.1 Microrganismos de importância

22.3.1.1 Perigos e controles

Salmonella é o principal patógeno de preocupação, especialmente SE, sendo necessário controlar tanto a contaminação transovariana quanto através da casca. O controle consiste de práticas na granja, resfriamento dos ovos após a coleta e durante o transporte, retirada dos ovos rachados do comércio de ovos com casca, evitar água

Ovos e Derivados

livre no ovo e condensação devida à mudanças de temperatura e lavagem dos ovos com um biocida, quando permitido. A lavagem é uma etapa importante para a remoção de sujidades que contenham microrganismos, permitindo a limpeza adequada dos ovos e a inspeção para ovos trincados. É importante que a temperatura da água de lavagem seja mais elevada que a temperatura interna do ovo para minimizar a possibilidade de entrada dos microrganismos nos poros, onde estariam protegidos da ação dos biocidas, facilitando sua chegada ao interior do ovo. O pH da água de lavagem é, normalmente, acima de 10, o que auxilia na etapa de limpeza dos ovos antes da sanitização. O resfriamento dos ovos a 7 °C ou abaixo é uma exigência em alguns países. Entretanto, em muitos países não há refrigeração prontamente disponível e os ovos são comercializados em temperatura ambiente. O resfriamento dos ovos a 7 °C ou abaixo evita a multiplicação de salmonelas, mas também prolonga sua sobrevivência. A quebra da cadeia de frio mais adiante aumenta o risco de condensação, o que facilita a penetração das salmonelas no ovo. Isso causou a recomendação de uma avaliação quantitativa dos benefícios e das consequências adversas do resfriamento dos ovos (EFSA, 2009). O armazenamento na granja antes da comercialização ou do processamento deve ocorrer sob umidade relativa adequada, isto é, 70%–85% UR.

A *Campylobacter jejuni* não penetra facilmente no ovo com casca e a transferência transovariana parece não ocorrer. Além disso, a *Campylobacter* não sobrevive bem na superfície dos ovos e a pesquisa desse patógeno tem pouco significado para avaliação da segurança de ovos.

Os ovos podem ser pasteurizados na casca para controlar *Salmonella* e aumentar a segurança. A menos que a temperatura de pasteurização seja bem controlada, essa prática pode alterar as propriedades funcionais de ovos utilizados para finalidades especiais, como preparação de claras batidas em neve para bolos e merengues.

A enterotoxina de *Staphylococcus aureus* já foi encontrada em ovos, associada principalmente a rejeitos de incubatório, isto é, ovos inférteis que foram mantidos em incubatório. Como são mantidos sob temperatura elevada, há risco de produção de enterotoxina estafilocócica dentro desses ovos. Rejeitos de incubatório não devem ser usados como ovos de mesa ou para produção de derivados. A FDA, o USDA e a União Europeia proíbem o uso comercial de qualquer ovo que tenha sido submetido à incubação. Como em muitos países não se exige a refrigeração dos ovos, a produção de enterotoxina por S. *aureus* pode ser um risco para ovos de qualidade inferior (trincados e marcados) ou para rejeitos de incubatório. Como a prevalência de enterotoxina de *Staphylococcus aureus* em ovos com casca é baixa, a análise não é obrigatória; entretanto, ovos trincados não devem ser comercializados como ovos em casca e sua utilização para processamento de derivados de ovos não é recomendada pois a enterotoxinaa de S. *aureus* é termoestável.

22.3.1.2 *Deterioração e controles*

A principal causa de deterioração de ovos com casca, durante e logo após sua remoção do armazenamento, são as pseudomonas fluorescentes. Além destas, um número pequeno de outras bactérias é capaz de atuar como invasores de ovos em casca. Exem-

406   Microrganismos em Alimentos 8

plos incluem cepas dos gêneros *Alcaligenes, Proteus, Flavobacterium* e *Citrobacter*. As medidas de controle da deterioração são baseadas no controle da penetração pela casca e da multiplicação.

A prática de aplicar óleo de grau alimentício nos ovos após a lavagem, em condições higiênicas, que remove a cutícula protetora, pode ser empregada para manter a qualidade e reduzir a penetração microbiana nos ovos. Em países onde a refrigeração não é comum e as variações sazonais na produção de ovos exigem que sejam armazenados por vários meses para que o mercado seja abastecido regularmente, a exigência da aplicação de óleo na casca deve ser considerada.

22.3.2 Dados microbiológicos

A Tabela 22.1 resume as análises úteis para ovos com casca. Consulte o texto para detalhes importantes relacionadas a recomendações específicas.

Tabela 22.1   Análises de ovos com casca para avaliação da segurança e da qualidade microbiológicas

Importância relativa		Análises úteis
Produção primária	Média	Monitoramento dos plantéis de poedeiras para SE e outras salmonelas usando procedimentos adotados por autoridades nacionais ou regionais.
Ingredientes críticos	Baixa	Não há ingredientes em ovos em casca, entretanto, deve-se considerar a fonte da ração (ver o texto).
Durante processamento	Média	Monitoramento contínuo ou periódico das concentrações de biocida e parâmetros físicos relevantes como temperatura e pH da água de lavagem dos ovos. Pode-se testar para organismos indicadores se a água de lavagem for reciclada. Monitorar a temperatura durante resfriamento e armazenamento de ovos frescos.
Ambiente de processamento	Baixa	Indicadores podem ser úteis para verificar a sanitização e condições higiênicas gerais (ver o texto).
Vida de prateleira	Baixa	Irrelevante.
Produto final	Baixa	Análises periódicas na planta ou em pesquisas nacionais para monitorar tendências e fornecer informações para verificar a adequação dos programas de controle ao longo do tempo.

22.3.2.1 Ingredientes críticos

Os ovos comercializados como ovos com casca devem ser provenientes de plantéis de aves negativas para SE (SHEENAN; VAN OORT, 2006). Analisar para SE na produção primária, conforme descrito, é essencial para o controle de SE. Para manter um plantel SE-negativo, a ração deve ser produzida de tal forma que controle *Salmonella*. Os métodos de controle de *Salmonella* podem incluir tratamentos térmicos, uso de biocidas ou outros métodos. As análises podem ser úteis para verificação, se o histórico sobre o fornecedor de ração for limitado. Consulte o Capítulo 11 para informações adicionais.

22.3.2.2 Durante o processamento

Nem todos os países permitem a lavagem dos ovos. Por exemplo, a lavagem de ovos de galinha é proibida na União Europeia. Entretanto, quando a lavagem é permitida, as

Ovos e Derivados

empresas devem monitorar a concentração do biocida usado na água de lavagem dos ovos para assegurar que o nível permanece eficaz. Os biocidas usados devem estar de acordo com as regulamentações locais e podem incluir cloro, hipoclorito de cálcio, compostos quaternários de amônio, iodo e outros (ICMSF, 2005). Os regulamentos geralmente exigem o registro e instruções de uso específicas dos materiais de lavagem de ovos, e devem indicar os limites de uso e os métodos adequados para testar a concentração do biocida. A temperatura da água de lavagem deve ser monitorada para garantir que fique 5,5 °C acima da temperatura do ovo (BOARD, 1980). As recomendações para temperatura da água de lavagem variam, podendo ser 11 °C acima da temperatura do ovo ou ainda mais elevada (EFSA, 2005). Água de lavagem com pH acima de 10 também pode ser considerada como uma parte importante no processo de limpeza do ovo em casca.

Enterobacteriaceae pode ser um indicador útil no controle de processo para água de lavagem de ovos, especialmente se a água for reciclada e se tratamentos antimicrobianos não forem permitidos. Com o aumento do foco no reúso de água, por razões de sustentabilidade, diversas outras práticas deverão ser desenvolvidas. As quantidades de microrganismos indicadores variam de acordo com o processo usado.

A ovoscopia, ou observação de rachaduras nos ovos com casca, é um procedimento de monitoramento importante. As rachaduras podem permitir a entrada de patógenos e deteriorantes no ovo. O ovos rachados devem ser removidos dos canais de comercialização de ovos com casca.

22.3.2.3 Ambiente de processamento

A contagem de colônias totais ou de *Enterobacteriaceae* pode ser útil para verificar as condições de sanitização ou higiene geral. As populações encontradas variam de acordo com local amostrado e devem ser comparadas a diretrizes desenvolvidas internamente.

22.3.2.4 Vida de prateleira

Geralmente não se realiza análise microbiológica para avaliar a vida de prateleira de ovos com casca.

22.3.2.5 Produto final

A análise microbiológica rotineira de ovos com casca para salmonelas não é recomendada em razão da baixa população e frequência de contaminação. Entretanto, as análises podem ser úteis em estudos nacionais para monitorar tendências e no fornecimento de informações para verificação da adequação dos programas de controle ao longo do tempo.

22.4 OVOS LÍQUIDOS E CONGELADOS

Os ovos podem ser separados de suas cascas para a fabricação de produtos à base de ovos líquidos. Os ovos são recebidos, lavados, enxaguados, sanitizados e, antes da

408 Microrganismos em Alimentos 8

quebra, submetidos à ovoscopia para identificação e remoção dos ovos com imperfeições. O ovo líquido pode ser homogeneizado como ovo integral (clara e gema juntas) ou separado em clara e gema. Ovos integrais ou separados são filtrados para remover partículas de casca e resfriados antes da pasteurização. Os tempos e temperaturas de pasteurização variam de acordo com o produto. Após a pasteurização, todos os produtos de ovos líquidos devem ser resfriados, envasados, e comercializados refrigerados ou congelados. Após o resfriamento, os ovos líquidos podem ser mantidos em refrigeração e empregados na produção de produtos cozidos. Os ovos líquidos destinados a processamento podem ser adicionados de sal, açúcar ou acidulantes.

22.4.1 Microrganismos de importância

22.4.1.1 Perigos e controles

Os ovos utilizados na produção de ovos líquidos podem incluir ovos de aves positivas para *Salmonella*; entretanto, a pasteurização deve inativar as salmonelas, incluindo SE, o patógeno mais importante em ovo líquido. Entretanto, o tratamento térmico de produtos líquidos de ovos é limitado em razão da coagulação das proteínas do ovo pelo calor, e, às vezes, *Salmonella* spp. são isoladas. Por exemplo, a detecção de *Salmonella* em amostras de 100 g de ovo líquido integral e de clara líquida foi de 0,3% e 0,6% entre 1995 e 2008 (USDA; FSIS, 2009). *Listeria monocytogenes* pode também apresentar sobrevivência semelhante e pode multiplicar em ovo líquido integral pasteurizado durante o armazenamento refrigerado. Um estudo de base do USDA, feito de 2001 a 2003, indicou que a incidência de *Listeria monocytogenes* em ovo integral e gema de ovo estava abaixo de 2%, com populações geralmente inferiores a 1 célula/g. *L. monocytogenes* não foi encontrada em claras líquidas de ovos. Os dados epidemiológicos atuais não sugerem que produtos líquidos de ovos sejam causa significativa de listeriose de origem alimentar.

O planejamento adequado das instalações, separando as áreas de matéria-prima das áreas de embalagem dos ovos líquidos pasteurizados, é muito importante para controlar a contaminação cruzada. A menos que os ovos já estejam limpos, eles devem ser lavados imediatamente antes da operação de quebra. Isso deve ser realizado em uma sala separada daquela da operação de quebra, para prevenir a contaminação cruzada. As temperaturas e os tempos de pasteurização de ovos líquidos exigidas por vários países variam substancialmente, com critérios de processo para redução de salmonelas variando de 4 D a > 6 D. Ingredientes adicionados ao ovo líquido antes da pasteurização também podem alterar os requisitos de tempo/temperatura. O processo deve ser validado para esses produtos.

Após a quebra e a pasteurização, os produtos de ovos líquidos devem ser rapidamente resfriados para abaixo de 7 °C. Alternativamente, podem ser congelados. Na sala de pasteurização, devem ser usados procedimentos rigorosos para prevenir a contaminação cruzada, incluindo procedimentos para as conexões das tubulações de transporte dos ovos líquidos pasteurizados e resfriados para os tanques de armazenamento, onde são mantidos até o envase.

Ovos e Derivados **409**

22.4.1.2 Deterioração e controles

Os microrganismos contaminantes no momento da quebra são principalmente os que estão na casca e ocasionalmente aqueles dentro de algum ovo. A pasteurização destrói microrganismos como *Pseudomonas, Acinetobarter* e *Enterobacter* spp., que se multiplicam na clara e no ovo integral não tratados termicamente. Os microrganismos deteriorantes que podem sobreviver ao processo incluem microrganismos mesófilos, como micrococos, estafilococos, *Bacillus* spp., enterococos e bastonetes catalase-negativos, capazes de multiplicar no produto, se houver abuso de temperatura. Algumas dessas bactérias (*Micrococcus*, bactérias láticas, e algumas espécies de *Bacillus*) podem, potencialmente, multiplicar-se sob refrigeração e deteriorar o produto. Boas práticas higiênicas pós-pasteurização e durante a embalagem são essenciais para controlar a deterioração de produtos de ovos líquidos refrigerados. O congelamento visando aumento da vida de prateleira reduz a preocupação com deterioração. Os sistemas de envase asséptico e outros baseados nesse conceito são a melhor maneira de controle, juntamente com boas práticas higiênicas.

22.4.2 Dados microbiológicos

A Tabela 22.2 resume as análises úteis para produtos líquidos ou congelados de ovos. Consulte o texto para detalhes importantes relacionados a recomendações específicas.

22.4.2.1 Ingredientes críticos

Muitos ingredientes diferentes podem ser adicionados aos produtos de ovo líquido antes da pasteurização. Esses ingredientes podem ser separados em seis categorias principais:

1) Agentes de textura, como as gomas e os amidos.
2) Agentes acidificantes, como ácido cítrico e fosfatos.
3) Aromas, como aroma de manteiga.
4) Agentes fortificantes nutricionais, como vitaminas e minerais.
5) Conservantes, como sal ou açúcar.
6) Estabilizantes de espuma para claras, como trietilcitrato.

Os riscos microbiológicos associados à sobrevivência de *Salmonella* durante a pasteurização devem ser determinados, uma vez que a adição de ingredientes tem o potencial de aumentar as populações de *Salmonella* ou afetar a eficiência da pasteurização.

22.4.2.2 Durante o processamento

O monitoramento de tempo e temperatura durante o processo de pasteurização é crítico. Pasteurizadores projetados com seções de regeneração (isto é, o líquido pasteurizado quente é usado para aquecer o ovo frio, ainda não tratado, no outro lado da placa de metal) devem ter pressão mais alta no lado do líquido pasteurizado do que no lado com líquido não pasteurizado. O controle da temperatura antes e após a pasteurização

410
Microrganismos em Alimentos 8

também é importante. Amostras obtidas durante o processamento podem servir para confirmar que as medidas de controle são eficazes. Essas amostras podem incluir amostras representativas de filtros em linha e de produto antes da operação de enchimento. Antes da pasteurização, os ovos quebrados apresentam geralmente contagens de colônias aeróbias entre 10^2 e 10^5 UFC/g, sendo contagens acima de 10^6 UFC/g indicadoras de problemas de higiene ou de qualidade dos ovos (STADELMAN; COTTTERILL, 1995). A frequência de amostragem precisa ser adaptada à situação na fábrica, devendo ser selecionadas amostras para verificar se o sistema está sob controle e se os critérios para o produto final serão atingidos. Recomenda-se o uso de controles de processo e de análise de tendências para que sejam atendidas as mesmas exigências microbiológicas para produtos finais em relação a *Salmonella* e indicadores, como *Enterobacteriaceae*. Analisar a atividade de α-amilase pode ser útil para verificar a pasteurização quando os ovos são pasteurizados em temperatura acima de 64 °C por 2,5 mim. Para tempos/temperaturas abaixo desses limites, a amilase não é destruída e, consequentemente, esta análise não tem sentido.

22.4.2.3 Ambiente de processamento

Os equipamentos de processamento incluem utensílios de quebra dos ovos, tubulações, bombas, trocadores de calor, filtros, baldes, misturadeiras e tanques de retenção. A verificação da higiene dos equipamentos deve ser aplicada. O monitoramento do ambiente para salmonelas é útil em áreas pós-pasteurização para identificar locais potenciais de abrigo, que podem levar à contaminação pós-processamento.

22.4.2.4 Vida de prateleira

A vida de prateleira deve ser estabelecida empregando-se análises dos microrganismos deteriorantes adequados, levando em consideração as condições de comercialização e armazenamento, bem como o potencial para abuso.

22.4.2.5 Produto final

A aplicação de BPH e HACCP efetivos é essencial para o controle de salmonelas e de microrganismos deteriorantes e para prevenir a recontaminação. Se as condições de produção não são conhecidas, ou se há dúvidas quanto à aplicação confiável de BPH e HACCP, análises para indicadores (por exemplo, *Enterobacteriaceae*) e salmonelas são adequadas. A Tabela 22.2 apresenta as recomendações de análise.

A ICMSF (1986) propôs critérios de contagem de aeróbios, coliformes e salmonelas em produtos de ovos líquidos e congelados. Na produção, a contagem de aeróbios pode fornecer informações sobre a adequação do processo de pasteurização, assim como da qualidade geral do produto. A contagem de aeróbios não é recomendada para clara de ovo destinada à desidratação, pois pode ocorrer multiplicação de estreptococos Grupo D durante a remoção de açúcar para posterior pasteurização. Essas bactérias são mais resistentes que os microrganismos preocupantes como *Salmonella* e multiplicam-se no pH da clara do ovo. Neste livro, *Enterobacteriaceae* é usada em substituição aos

Ovos e Derivados

411

Tabela 22.2 Análises de ovos líquidos pasteurizados, congelados, desidratados ou produtos cozidos de ovos para avaliação da segurança e da qualidade microbiológicas

Importância relativa		Análises úteis
Ingredientes críticos	Média	Pode ser relevante para ingredientes usados em produtos cozidos de ovos (ver o texto).
Durante processamento	Alta	É essencial o monitoramento de parâmetros de pasteurização.
	Média	A análise de amostras na linha de processamento pode ser usada para verificar a higiene e a eficácia do processo. Populações típicas encontradas após pasteurização: • Contagem de aeróbios $< 5 \times 10^2$ UFC/g. • *Enterobacteriaceae* <10 CFU/g.
Ambiente de processamento	Alta	O monitoramento ambiental para salmonelas é relevante onde os produtos processados ficam expostos antes da embalagem. Isso é especialmente apropriado para produtos desidratados. Valores de orientação típicos: • *Salmonella* – ausente.
	Alta	Coletar amostras com esponja de áreas grandes, durante a produção, em áreas onde produtos cozidos estão expostos antes da embalagem. Valores típicos encontrados: • Espécie de *Listeria* – ausente.
	Média	Análise para microrganismos indicadores é útil para produtos líquidos e cozidos para verificar condições de sanitização e de higiene. Ver o texto para valores típicos.
Vida de prateleira	Baixa	Análise de vida de prateleira não é relevante para produtos congelados ou desidratados de ovos.
	Alta	A vida de prateleira para ovos líquidos ou produtos cozidos de ovos deve ser avaliada usando-se condições previstas de armazenamento e comercialização (ver o texto).
Produto final	Média	Análises para indicadores para verificação de controle.

Produto	Microrganismo	Método analítico[a]	Caso	Plano de amostragem e limites/g[b]			
				n	c	m	M
Ovo líquido pasteurizado, congelado, desidratado ou cozido.	Contagem de aeróbios[c]	ISO 4833	2	5	2	10^3	10^4
	Enterobacteriaceae	ISO 21528-2	5	5	2	10	10^2

Análises para patógenos quando os dados indicam potencial para contaminação ou quando condições de produção e histórico são desconhecidos.

	Produto	Microrganismo	Método analítico[a]	Caso	Plano de amostragem e limites/25 g[b]			
					n	c	m	M
Alta	Ovo líquido pasteurizado, congelado, desidratado ou produto cozido	*Salmonella*	ISO 6579	10[f]	5[d]	0	0	-
				12[f]	20[d]	0	0	-
Alta	de ovos: Permite multiplicação	*L. monocytogenes*	ISO 11290-1	NA[e]	5[d]	0	0	-

	Produto	Microrganismo	Método analítico	Caso	Plano de amostragem e limites/g[b]			
					n	c	m	M
Média	Sem multiplicação	*L. monocytogenes*	ISO 11290-2	NA	5	0	10^2	-

[a] Métodos alternativos podem ser usados, desde que validados pelos métodos ISO.

[b] Consulte o Apêndice A para desempenho desses planos de amostragem.

[c] Contagem de aeróbios não recomendada para clara de ovo.

[d] Unidades analíticas individuais de 25 g (ver a Seção 7.5.2 para amostra composta).

[e] NA = não aplicável, em virtude do uso de critérios do Codex.

[f] Caso 10 para produtos a serem cozidos, Caso 12 para produtos prontos para consumo com potencial para abuso.

coliformes por representar um grupo mais amplo de microrganismos a serem inativados durante a pasteurização.

Como os produtos pasteurizados de ovos são usados em ambientes institucionais (por exemplo, hospitais, locais de cuidado de longo prazo), devem ser considerados planos de amostragem mais rigorosos para produtos direcionados para esse mercado.

Na Europa, produtos de ovos e alimentos prontos para o consumo (RTE) contendo ovos crus devem seguir o critério para *Salmonella* de $n = 5$, $c = 0$, $m =$ ausência em 25 g, e o critério para higiene de processamento para *Enterobacteriaceae* com $n = 5$, $c = 2$, $m = 10/g$ e $M = 10^2/g$ (EC, 2005). O número de unidades amostrais do plano de amostragem pode ser reduzido se o produtor do alimento puder demostrar, por meio de documentação histórica, que procedimentos efetivos baseados em HACCP estão em vigor. O método padrão para análise de produtos pasteurizados de ovos do USDA e FSIS (2009) é a pesquisa da presença de *Salmonella* em 100 g de produto ($n = 4$, $c = 0$, $m =$ ausência em 25 g).

22.5 OVOS DESIDRATADOS

Três métodos são amplamente utilizados para desidratar produtos líquidos de ovos: *spray-drying*, secagem em tambor (*pan* ou *drum drying*) (secagem em uma superfície aquecida) ou liofilização. A remoção da glicose antes da desidratação melhora a estabilidade dos ovos desidratados. Ovos líquidos pasteurizados ou não pasteurizados podem ser usados como material inicial; se não pasteurizados, emprega-se armazenamento a quente após a desidratação, a fim de destruir salmonelas. Entretanto essa medida de controle é possível somente para certos produtos desidratados de ovos, em razão da diminuição nos atributos de qualidade e funcionalidade.

22.5.1 Microrganismos de importância

22.5.1.1 Perigos e controles

Salmonelas podem estar, ocasionalmente, presentes no produto desidratado final embalado. Sempre que possível, as áreas de risco alto na planta de processamento devem estar separadas das de baixo risco. As medidas de controle incluem equipamentos adequados (materiais impermeáveis sem trincas, fendas e pontos mortos), sanitização dos equipamentos e processo higiênico adequado; evitar recontaminação durante o processamento e embalagem; manutenção do produto em ambiente seco. O armazenamento no calor (por exemplo, 55 °C por sete dias) pode reduzir a presença de salmonelas, com reduções influenciadas pela umidade, temperatura e tempo. Produtos desidratados de ovos podem ser usados em outros produtos que podem não ser submetidos a um processo letal para *Salmonella*, e, dessa forma, o controle de salmonelas é importante quando ovos desidratados são usados como ingredientes nesses produtos. A Grocery Manufacturer's Association forneceu orientações para o controle de salmonelas em ambientes secos (GMA, 2009).

Ovos e Derivados **413**

22.5.1.2 *Deterioração e controles*

As bactérias deteriorantes podem sobreviver em produtos desidratados, mas vão morrer lentamente ao longo do tempo. É essencial a manutenção de condições secas durante o processamento e o armazenamento.

22.5.2 Dados microbiológicos

A Tabela 22.2 resume as análises úteis para produtos desidratados de ovos. Consulte o texto para detalhes importantes relacionados a recomendações específicas.

22.5.2.1 *Ingredientes críticos*

Não há ingredientes críticos em ovos desidratados.

22.5.2.2 *Durante o processamento*

O monitoramento do tempo e da temperatura é essencial para produtos que são pasteurizados usando-se aquecimento pós-embalagem. Amostras durante o processamento têm papel importante para confirmar que as medidas de controle são eficazes, particularmente entre a secagem e o envase. As amostras a serem analisadas são o primeiro produto desidratado fabricado e aquelas coletadas, nas quais há resíduos ou grumos. A frequência de amostragem precisa ser adaptada às condições da fábrica. As amostras devem ser selecionadas para verificar se o sistema está sob controle e se os critérios do produto final são atingidos. O uso de controle de processo e análise de tendências é recomendado.

22.5.2.3 *Ambiente de processamento*

A verificação da higiene dos equipamentos é importante para o processamento de ovos desidratados. Devem também ser estabelecidos controles para minimizar condensação e umidade no ambiente de processamento e dentro dos recipientes de armazenamento/expedição. A principal causa de *Salmonella* ou *Enterobacteriaceae* em produto final é a recontaminação vinda do ambiente de processamento. Assim, as amostras do ambiente desempenham papel-chave na verificação da efetividade das medidas preventivas. Análises para *Salmonella* e *Enterobacteriaceae* podem ser usadas para indicar a efetividade das BPH.

22.5.2.4 *Vida de prateleira*

Ovos desidratados são estáveis à temperatura ambiente; dessa forma, as análises de vida de prateleira não são relevantes.

22.5.2.5 *Produto final*

As recomendações para análise de produto final de ovos desidratados são similares àquelas para produtos de ovos líquidos e congelados (ver a Tabela 22.2). A contagem de aeróbios não é recomendada para clara de ovo desidratada porque pode ocorrer a multiplicação de estreptococos do grupo D durante a etapa de retirada do açúcar. Essas bactérias são mais resistentes que os microrganismos preocupantes, como *Salmonella*, e multiplicam-se no pH da clara do ovo. A amostragem rotineira para *Salmonella* é recomendada para os fabricantes em virtude do histórico de surtos com produtos de ovos. *Enterobacteriaceae* é um indicador útil para controle de processo.

Como os produtos pasteurizados de ovos são usados em ambientes institucionais (por exemplo, hospitais e locais de cuidado de longo prazo), devem ser considerados planos de amostragem mais rigorosos para produtos direcionados para esse mercado.

22.6 PRODUTOS COZIDOS DE OVOS

Em 2011, a grande maioria dos produtos de ovos comercializados era vendida na forma líquida ou desidratada, mas o mercado para ovos totalmente cozidos, como omeletes, tortas de ovo, rabanada, ovos mexidos e ovos cozidos, está crescendo. Esses itens são perecíveis e devem ser mantidos sob refrigeração ou congelados.

22.6.1 Microrganismos de importância
22.6.1.1 Perigos e controles

Salmonella e *L. monocytogenes* são os principais perigos a serem considerados para produtos cozidos de ovos. Dados de referência para *Listeria* em ovo líquido cru foram estabelecidos pelo United States Department of Agriculture (USDA) em 2001–2003, sendo que somente 2% de todas as amostras de ovo integral e de gema foram positivas para *L. monocytogenes*. A maioria dos resultados foi inferior a 1 UFC/g, e todos estiveram abaixo de 4 log NMP/g (Victor Cook, comunicação pessoal). *L. monocytogenes* não foi encontrada em nenhum amostra de clara líquida avaliadas. *Listeria* não se multiplica em produtos de ovos mantidos congelados.

Salmonella é o principal perigo, especialmente nos países onde não se exige a refrigeração dos ovos com casca antes da quebra ou processamento. Os dados de referência de *Salmonella* em ovo líquido cru foram estabelecidos pelo USDA em 2001–2003. *Salmonella* foi encontrada em mais de 70% das amostras de ovos líquidos crus avaliadas, com populações variando de não detectável a 5 log NMP/g (Victor Cook, comunicação pessoal). *Salmonella* se multiplica bem em ovos integrais e gema líquidos, mas não se multiplica se os produtos forem mantidos abaixo de 7 °C.

Salmonella e *L. monocytogenes* são controladas usando procedimentos de cocção validados gerenciados por plano HACCP. A recontaminação é gerenciada por meio da aplicação de princípios gerais de higiene de alimentos (CODEX ALIMENTARIUS, 2003). A recontaminação por *L. monocytogenes* é também gerenciada pela aplicação efetiva dos procedimentos da Codex Alimentarius Commission destinados ao controle de *Listeria*, com inclusão de verificação por meio do monitoramento do ambiente (CODEX ALIMENTARIUS, 2007).

Existe pouca informação relacionada à incidência de microrganismos esporulados, como espécies de *Clostridium*, em produtos cozidos de ovos, mas onde houver perigo

Ovos e Derivados **415**

identificado, aplicam-se os mesmos procedimentos usados para controlar a multiplicação de esporulados em carne cozida.

22.6.1.2 Deterioração e controles

A deterioração de produtos cozidos de ovos depende de numerosos fatores como temperatura de armazenamento, números e tipos de microrganismos, ingredientes usados como parte da formulação e tipo de embalagem do produto final. Em embalagem em aerobiose, a deterioração é causada por pseudomonas, espécies de *Serratia*, leveduras, bolores e outros microrganismos encontrados em plantas processadoras de ovos. Leveduras e bolores também são capazes de deteriorar ovos cozidos embalados em salmoura de elevada acidez. O pH baixo de ovos embalados em salmoura diminui a multiplicação de microrganismos deteriorantes; entretanto, ao longo do tempo o pH é normalmente tamponado pelo ovo, o que permite a multiplicação de bactérias deteriorantes. O controle é mais bem conseguido por meio da implementação de procedimentos relacionados à sanitização, à higiene pessoal e a outros programas de pré-requisitos para prevenir a recontaminação com microrganismos deteriorantes após a cocção. É necessário controlar as práticas de sanitização durante o resfriamento, o descascamento e a embalagem de ovos cozidos.

22.6.2 Dados microbiológicos

A Tabela 22.2 resume as análises úteis para produtos cozidos de ovos. Consulte o texto para detalhes importantes relacionados a recomendações específicas.

22.6.2.1 Ingredientes críticos

Os ingredientes usados em produtos cozidos de ovos, que não sejam os próprios ovos, raramente são fonte de patógenos importantes ou de microbiota deteriorante, a menos que esses ingredientes sejam adicionados ao produto após a cocção ou outra etapa letal. Alguns ingredientes (por exemplo, nisina, benzoato, sorbato, ácido cítrico, ácido acético) podem reduzir a taxa de deterioração e a multiplicação de *L. monocytogenes* ou outros microrganismos Gram-positivos.

22.6.2.2 Durante o processamento

Amostras durante o processamento são recomendadas para validação das condições de tempo/temperatura durante o estabelecimento dos PCCs de cocção e para verificar controles após serem feitas modificações aos sistemas de cocção estabelecidos. Amostras de processamento são também úteis na investigação de problemas. A amostragem rotineira para *Salmonella* não é recomendada uma vez que o risco associado com esse patógeno é mais bem controlado por BPH e HACCP.

22.6.2.3 Ambiente de processamento

As análises do ambiente devem ser focadas no controle de *L. monocytogenes*, pois essa é uma preocupação importante para produtos que tem uma vida de prateleira refrigerada longa e permitem sua multiplicação. O controle de *Listeria* também controla microrganismos deteriorantes e *Salmonella*.

Os produtos mais preocupantes são aqueles com vida de prateleira de mais de dez dias em refrigeração e que: (1) permitem a multiplicação de *L. monocytogenes* durante armazenamento/comercialização usual; (2) não possuem inibidores de multiplicação validados; (3) não recebem tratamento listericida após embalagem final e (4) são destinado a consumidores suscetíveis à listeriose. A frequência e o tamanho da amostragem devem refletir o histórico dos problemas de saúde pública vistos na indústria e específicos para o local de produção.

É recomendada a amostragem de superfícies de contato, superfícies de contato indireto e áreas ambientais (tais como pisos e drenos) e pós-cocção antes da embalagem final (CODEX ALIMENTARIUS, 2007). Durante a produção, devem ser coletadas amostras de áreas grandes, empregando esponjas. Os benefícios da amostragem do ambiente para produtos que recebem um tratamento listericida validado após a embalagem final são questionáveis.

Alguns processadores utilizam análises de microrganismos indicadores como uma forma de monitorar mudanças na microbiota geral, após o controle de *Listeria* ter sido atingido e quando o monitoramento ambiental para *Listeria* gera muito poucos positivos para toda a área amostrada. Entretanto, o uso de microrganismos indicadores deve ser diretamente vinculado ao controle de *Listeria* para que tal programa tenha significado.

O controle e o monitoramento de microrganismos deteriorantes no ambiente de processamento são mais bem realizados empregando-se uma abordagem semelhante àquela usada para o processamento de carnes cozidas. Amostras com *swabs* ou esponjas podem ser coletadas antes do início das operações para verificar a efetividade da limpeza e sanitização. A contagem de aeróbios é uma análise usual. Geralmente, as contagens de aeróbios em superfícies de contato com alimentos totalmente limpas e sanitizadas são $< 10^2$ UFC/cm². Valores mais elevados são encontrados durante a produção.

22.6.2.4 *Vida de prateleira*

A vida de prateleira de produtos finais pode ser validada pela retenção do produto em uma temperatura controlada e pela realização de avaliações sensoriais, juntamente com análises microbiológicas a intervalos determinados, incluindo embalagens antes, durante e após a data de validade esperada. Para produtos cozidos de ovos, características sensoriais inaceitáveis costumam ser encontradas antes que a deterioração microbiológica seja observada. Dessa forma, análise sensorial é primordial para o estabelecimento da vida de prateleira de produtos cozidos de ovos. É recomendado que a validação da vida de prateleira seja feita mimetizando as condições de estocagem esperadas e também as exigências de armazenagem que estão no rótulo. Verificações subsequentes da vida de prateleira podem ser realizadas em uma frequência que reflita a confiança a que o produto atende, de forma consistente, a data de validade informada na embalagem.

A validação de que *L. monocytogenes* não se multiplica durante o período de validade após embalagem pode ser de interesse em algumas regiões (SCOTT et al., 2005).

Ovos e Derivados **417**

22.6.2.5 Produto final

Recomenda-se analisar para microrganismos indicadores (tais como contagem de colônias aeróbias, *Enterobacteriaceae*) para controle em andamento e análise de tendências. As contagens de aeróbios em produtos cozidos de ovos geralmente são < 10^3 UFC/g e de *Enterobacteriaceae* <10 UFC/g.

Os produtores devem aplicar planos HACCP validados para eliminar *Salmonella* e *L. monocytogenes* e aplicar BPH efetivo para prevenir a recontaminação por microrganismos do ambiente de processamento. Se a aplicação efetiva de BPH e HACCP for questionável, então a amostragem para *Salmonella* e *L. monocytogenes* pode ser apropriada. Quando evidências indicarem que há potencial para contaminação com *L. monocytogenes* (isto é, amostras positivas em superfícies de contato) deve-se considerar a possibilidade de amostrar o alimento.

O plano de amostragem para *Salmonella* apresentado na Tabela 22.2 é para alimentos nos quais *Salmonella* não se multiplica nas condições normais de armazenamento e comercialização (isto é, Caso 11). Os planos de amostragem para *L. monocytogenes* são para alimentos prontos para o consumo produzidos seguindo os princípios gerais de higiene de alimentos para o controle de *L. monocytogenes* e com um programa de monitoramento ambiental adequado (CODEX ALIMENTARIUS, 2007). Para produtos que não permitem a multiplicação de *L. monocytogenes,* os planos de amostragem apresentados dão 95% de confiança em que um lote de produto contendo uma população média geométrica de 93 UFC/g com um desvio padrão de 0,25 log UFC/g será detectado e rejeitado baseado em qualquer das cinco amostras excedendo 10^2 UFC/g. Esse lote pode ter 55% das amostras abaixo de 10^2 UFC/g e até 45% das amostras acima de 10^2 UFC/g, mas somente 0,002% de todas as amostras desse lote poderão estar acima de 10^3 UFC/g.

As ações a serem tomadas quando o critério de análise para patógenos no produto final não é atingido devem ser (1) evitar que o lote afetado seja liberado para consumo humano, (2) recolhimento do lote, caso tenha sido liberado para consumo humano, (3) determinar e corrigir a causa da falha e (4) verificar a efetividade da(s) ação(ões) corretiva(s) implementadas. Os critérios de higiene do processo (EC, 2005) estabelecem um valor de contaminação indicativa, acima do qual são necessárias ações corretivas para manter a higiene do processo de acordo com a legislação de alimentos europeia.

REFERÊNCIAS

AYRES, L. T. et al. Surveillance for foodborne disease outbreaks, United States 2006. **Morbidity and Mortality Weekly Report,** Atlanta, v. 58, n. 22, p. 609-615, 2009.

BOARD, R. G. The avian eggshell: a resistance network. **Journal of Applied Microbiology,** Oxford, v. 48, n. 2, p. 303-313, 1980.

CODEX ALIMENTARIUS. **Code of hygienic practice for the transport of foods in bulk and semi-packed food (CAC/ RCP 47–2001).** Rome: FAO, 2001. FAO/WHO Food Standards Program.

_____. **Recommended international code of practice**: general principles of food hygiene (CAC/RCP 1–1969). Rome: FAO, 2003. FAO/WHO Food Standards Program.

_____. **Recommended international code of hygienic practice for eggs and egg products** (CAC/ RCP 15 – 1976). Rome: FAO, 2007. FAO/WHO Food Standards Program.

EC - EUROPEAN COMMISSION. Commission regulation (EC) n. 2073/2005 of 15 November 2005 on microbiological criteria for foodstuffs. **Official Journal**, L338, p. 1-26, 2005.

EFSA - EUROPEAN FOOD SAFETY AUTHORITY. Microbiological risks on washing of table eggs. **The EFSA Journal**, Parma, v. 2005, p. 269, 2005.

_____. The community summary report on trends and sources of zoonoses, zoonotic agents, antimicrobial resistance and foodborne outbreaks in the European Union in 2005, **The EFSA Journal**, Parma, v. 2006, p. 94, 2007.

_____. Special measures to reduce the risk for consumers through Salmonella in table eggs, e.g. cooling of table eggs. **The EFSA Journal**, Parma, v. 957, p. 1-29, 2009. Disponível em: <http://www.efsa.europa.eu/EFSA/efsa_locale-1178620753812_1211902325412.htm>. Acesso em: 8 nov. 2010.

FAO - FOOD AGRICULTURE ORGANIZATION; WHO - WORLD HEALTH ORGANIZATION. **Risk assessments of *Salmonella* in eggs and broiler chickens**. Rome; Geneva, 2002. Microbiological Risk Assessment Series, v. 1. Disponível em: <http://www.fao.org/docrep/005/Y4393E/Y4393E00.htm>. Acesso em: 8 nov. 2010.

GMA - GROCERY MANUFACTURERS ASSOCIATION. **Control of *Salmonella* in low moisture foods**. Washington, DC, 2009. Disponível em: <http://www.gmaonline.org/downloads/technical-guidance-and-tools/SalmonellaControlGuidance.pdf>. Acesso em: 8 nov. 2010.

HPSC - HEALTH PROTECTION SURVEILLANCE CENTRE. Update on a nationwide *Salmonella* Typhimurium DT8 outbreak associated with duck eggs. **Epi-Insight**, Dublin, v. 11, n. 10, 2010. Disponível em: <http://ndsc.newsweaver.ie/epiinsight/ja0297u2h4u3xr2ilfu0iz>. Acesso em: 8 nov. 2010.

ICMSF - INTERNATIONAL COMMISSION ON MICROBIOLOGICAL SPECIFICATIONS FOR FOOD. **Microorganisms in foods 2**: sampling for microbiological analysis: principles and specific applications. 2. ed. Toronto: University of Toronto Press, 1986.

_____. Eggs and egg products. In: _____. **Microorganisms in foods 6**: microbial ecology of food commodities. 2. ed. New York: Kluwer Academic: Plenum Publishers, 2005.

LYNCH, M. et al. Surveillance for foodborne-disease outbreaks, United States 1998-2002. **Morbidity and Mortality Weekly Report**, Atlanta, v. 55, n. SS10, p. 1-34, 2006.

SCOTT, V. N. et al. Guidelines for conducting *Listeria monocytogenes* challenge testing of foods. **Food Protection Trends**, Des Moines, v. 25, p. 818-825, 2005.

SHEENAN, R.; VAN OORT, R. *Salmonella* control: protecting eggs and people. **World Poultry**, Sheffield, v. 22, n. 9, p. 2-4, 2006.

STADELMAN, W. J.; COTTERILL, O. J. (Ed.). **Egg science and technology**. 4. ed. Binghamton: Haworth Press, 1995. 257p.

USDA - US DEPARTMENT OF AGRICULTURE; FSIS - FOOD SAFETY INSPECTION SERVICE. **FSIS microbiological testing program for pasteurized egg products, 1995-2008.** Washington, DC, 2009. Disponível em: <http://origin-www.fsis.usda.gov/Science/Sal_Pasteurized_Egg_ Products/index.asp#table1>. Acesso em: 21 nov. 2010.

CAPÍTULO 23

Leite e Produtos Lácteos

23.1 INTRODUÇÃO

Este capítulo agrupa uma grande variedade de produtos feitos à base do leite de vaca empregando-se diversas tecnologias e condições de processamento. Compreendem *commodities* como leite fluido, leite em pó e produtos tradicionais, como queijos e outros leites fermentados. Referências sobre leite obtido de outros animais como ovelha, cabra, búfala, camelas ou éguas podem ser encontradas na publicação da ICMSF (2005), que também discute diferentes tecnologias de processamento e seu impacto sobre os microrganismos nos produtos finais.

O Codex Alimentarius (2009) estabeleceu o *Code of Hygienic Practice for Milk and Milk Products*, e as definições de vários desses produtos estão estabelecidas, como leite evaporado (CODEX ALIMENTARIUS, 1971a), leite condensado adicionado de açúcar (CODEX ALIMENTARIUS, 1971b), queijo de soro (CODEX ALIMENTARIUS, 1971c), creme de leite e creme preparado (CODEX ALIMENTARIUS, 1976), queijo (CODEX ALIMENTARIUS, 1978), queijo fresco (CODEX ALIMENTARIUS, 2001), e leite e creme em pó (CODEX ALIMENTARIUS, 1999a). Uma lista detalhada de todas as definições usadas para produtos lácteos pode ser encontrada no *General Standard for the Use of Dairy Terms* (CODEX ALIMENTARIUS, 1999b). Outros produtos como leite fluido ou creme de leite são normalmente diferenciados com base em regulamentos locais. Sorvete e sorvete à base de leite são produtos lácteos formulados para consumo na forma congelada ou parcialmente congelada.

23.2 LEITE CRU PARA CONSUMO DIRETO

O leite cru contém um grande número de microrganismos originários do próprio animal. Os níveis e a composição da microbiota inicial são influenciados por fatores como o estado de saúde do animal incluindo doença do úbere, contaminação fecal do úbere, sistemas antimicrobianos no leite, e substâncias inibitórias ou drogas veterinárias usadas para tratar animais doentes.

A contaminação secundária adicional é originária tanto do ambiente (acomodações dos animais, equipamento de ordenha, ar etc.) como dos manipuladores de leite. Detalhes desses diferentes fatores podem ser encontrados na publicação da ICMSF (2005).

23.2.1 Microrganismos de importância

Agentes zoonóticos importantes como *Brucella* spp. e *Mycobacterium bovis* foram erradicados dos rebanhos e não têm mais papel importante. *Salmonella* spp., *E. coli* verotoxigênica e hemorrágica (EHEC), *Campylobacter* spp., *Listeria monocytogenes, Staphylococcus aureus, Streptococcus* spp., *Yersinia* spp. e *Coxiella burnetti* são os patógenos mais frequentes e há muitas publicações sobre este assunto (JAYARAO et al., 2006; OLIVER; JAYARO; ALMEIDA, 2005; OLIVER et al., 2009; LEJEUNE; RAJALA-SCHULTZ, 2009).

Muitos outros microrganismos, como bactérias láticas, micrococos, *Bacillus* spp., *Enterobacteriaceae, Pseudomonas* spp., *Mycobacteirum avium* subsp. *paratuberculosis* etc. também fazem parte da biota inicial do leite cru. A composição e os níveis encontrados dependem das condições de saúde dos rebanhos e condições de higiene usadas na coleta do leite (CHAMBERS, 2005; HANTSIS-ZACHAROV; HALPERN, 2007; ELTHOLTH et al., 2009; ALY et al., 2010). Detalhes sobre os patógenos e os comensais podem ser encontrados no material da ICMSF (2005).

23.2.1.1 Perigos e controles

É provável que patógenos estejam presentes no leite cru, mas em níveis baixos que podem ser mantidos por meio da implementação de programas adequados de higiene, que controlam a contaminação inicial. Tais programas incluem:

- Programas de controle de mastite.
- Gestão agrícola e ambiental incluindo a alimentação do animal.
- Programas de higiene de equipamentos e procedimentos de ordenha.
- Programas de resfriamento do leite na fazenda.

O efeito da manipulação do leite cru na microbiota é descrito em detalhe em ICMSF (2005), Verdier-Metz et al. (2009), Rysanek, Zhouharova e Babak (2009) e Sraïri et al. (2009).

Embora a redução seja possível, microrganismos patogênicos ou deteriorantes em leite cru podem não ser completamente eliminados e a multiplicação pode ocorrer facilmente. Por essa razão, a vida de prateleira do leite cru, mesmo quando refrigerado, é limitada. Em muitos países, a comercialização de leite cru para consumo direto é

Leite e Produtos Lácteos

restrita ou completamente proibida, em virtude do risco potencial para a saúde pública. Onde a comercialização de leite cru é permitida, ele é geralmente vendido diretamente na fazenda ou por meio de organizações locais ou regionais. A comercialização desse leite cru está sujeita a exigências específicas e o produto deve ser proveniente de rebanhos certificados. A certificação inclui regras rígidas sobre o manejo dos animais, vigilância constante das condições de saúde dos animais, análises microbiológicas frequentes e por um período longo, e disposições para rotulagem, incluindo o prazo de validade do produto.

As micotoxinas, em especial aflatoxinas B e G, que podem ser ingeridas pelos ruminantes por meio de ração contaminada e excretadas no leite como aflatoxina M_1, são perigos relevantes em algumas partes do mundo (ELGERBI et al., 2004; COFFEY; CUMMINS; WARD, 2009; PRANDINI et al., 2009). Detalhes sobre medidas de controle para rações são fornecidos no Capítulo 11.

23.2.1.2 Deterioração e controles

A deterioração pode ser causada por uma grande variedade de microrganismos presentes no leite cru e muitas alterações físicas e sensoriais indesejáveis têm sido descritas no leite cru. Para detalhes consulte a ICMSF (2005) e Ledenbach e Marshall (2009).

O controle da deterioração é obtido por refrigeração do leite cru e armazenamento por períodos curtos, antes do processamento subsequente.

23.2.2 Dados microbiológicos

Na Tabela 23.1 encontram-se resumidas as análises úteis para leite cru destinado ao consumo cru. Consulte o texto para detalhes importantes relacionados a recomendações específicas.

23.2.2.1 Ingredientes críticos

O leite cru é o único ingrediente. A condição adequada de saúde dos rebanhos deve ser monitorada e mantida.

23.2.2.2 Durante o processamento

Nenhuma análise microbiológica de rotina é recomendada. O leite deve ser examinado para monitorar a condição de saúde do rebanho. Consulte a Tabela 23.1 para orientação.

23.2.2.3 Ambiente de processamento

As condições de higiene dos equipamentos podem ser monitoradas antes do início das operações, usando testes rápidos como ATP. Nenhuma análise microbiológica de rotina é recomendada.

424   Microrganismos em Alimentos 8

Tabela 23.1   Análises de leite cru destinado ao consumo na forma crua para avaliação da segurança e da qualidade microbiológicas

Importância relativa		Análises úteis
Ingredientes críticos	Baixa	Nenhum ingrediente adicionado além do próprio leite. Leite deve ser obtido de rebanhos sadios.
Durante o processamento	Alta	Exame regular de saúde animal para exclusão de animais com doenças crônicas da produção e prevenir a contaminação do leite cru por animais doentes (por exemplo, mastite). Níveis de orientação para exame na fazenda podem ser: • Contagem de células somáticas por animal $< 3 \times 10^5 - 5 \times 10^5$/mL e sem detecção de agentes de mastite. • Ausência de *Salmonella* nos animais e sorologia negativa para *Coxiella burnetti*. • Outros agentes podem ser usados dependendo da importância dos patógenos para uma determinada região. Ver texto para os níveis encontrados normalmente.
Ambiente de processamento	Baixa	Análise do ambiente de processamento é de uso limitado e não é recomendada a menos que seja para monitorar a condição higiênica dos equipamentos.
Vida de prateleira	Baixa	Em virtude da curta vida de prateleira do leite cru, a análise para a determinação da vida de prateleira não é útil.
Produto final	Alta	Análises para indicadores podem ser usadas para verificar as medidas de controle de higiene durante a ordenha e manipulação (análise de tendências). As análises para contagem de mesófilos aeróbios são frequentemente realizadas para determinar o pagamento, geralmente sem um plano de amostragem específico (por exemplo, uma amostra/fornecedor em uma base diária ou periódica).

Produto	Microrganismo	Método analítico[a]	Caso	Plano de amostragem e limites/mL[b]			
				n	c	m	M
Leite cru	Contagem de aeróbios mesófilos	ISO 4833	2	5	2	2×10^4	5×10^4
	Enterobacteriaceae	ISO 21528	6	5	1	10	10^2
	S. aureus	ISO 6888	7	5	2	10	10^2

Esses limites são adequados para leite produzido nas melhores condições de higiene encontradas em países desenvolvidos e em certos países em desenvolvimento. Níveis significativamente mais altos podem ser observados em regiões com condições desfavoráveis de higiene e temperatura na cadeia de fornecimento. Nessas condições, os limites devem ser ajustados à medida que a situação melhora.

Baixa   A análise para *Salmonella* e outros patógenos em leite cru que será submetido a uma etapa letal não é recomendada.

[a] Métodos alternativos podem ser usados, desde que validados pelos métodos ISO.

[b] Consulte o Apêndice A para desempenho desses planos de amostragem.

23.2.2.4 *Vida de prateleira*

Análises microbiológicas para a determinação da vida de prateleira não são relevantes para esses produtos uma vez que sua vida de prateleira é curta.

23.2.2.5 *Produto final*

A análise do produto final é geralmente realizada para determinar a qualidade do leite e o esquema de pagamento. Populações elevadas de mesófilos aeróbios indicam falta de higiene durante a ordenha e manipulação subsequente, e são geralmente penalizados com a redução do pagamento ao fornecedor.

Leite e Produtos Lácteos

425

Para leite cru destinado ao consumo direto, as autoridades estabelecem exigências e medidas de controle rígidas, como, por exemplo, na Alemanha (BUNDESGESETZBLATT JAHRGANG, 2007). Análises periódicas para patógenos, para atendimento de critérios microbiológicos estabelecidos, podem ser incluídas para demonstrar o controle dos microrganismos de importância para a saúde pública. Os critérios específicos são geralmente estabelecidos por autoridades nacionais ou locais, uma vez que a comercialização do leite cru é somente local ou regional. Esses critérios podem variar, de acordo com a situação epidemiológica. Por essa razão, não há critério específico estabelecido na Tabela 23.1.

23.3 LEITE FLUIDO PROCESSADO

O leite fluido processado é produzido empregando tratamento térmico para redução da microbiota inicial do leite cru. Ele pode conter ingredientes adicionados, como aromatizantes e vitaminas, e pode também ser feito de leite em pó reconstituído. Existem diferentes tipos de tratamento térmico, que podem ser suaves, como a termização, intermediários como a pasteurização, ou severos, como a esterilização ou tratamento UHT (ICMSF, 2005; GOFF; GRIFFITHS, 2006). Geralmente, a intensidade do tratamento está relacionada com a vida de prateleira pretendida e com as condições de armazenamento do leite fluido, que variam de uma vida de prateleira curta em refrigeração à prolongada em temperatura ambiente.

23.3.1 Microrganismos de importância
23.3.1.1 Perigos e controles

As populações de células vegetativas e de formadores de esporos patogênicos presentes no leite cru são provavelmente baixas, com populações e ocorrência dependentes de vários fatores, conforme descrito na Seção 23.2.

A termização em temperaturas entre 57 °C e 68 °C por até 30 s reduz a população de microrganismos vegetativos em 3–4 ciclos log. Porém, não permite controle total dos patógenos e é geralmente aplicada apenas para aumentar a vida de prateleira do leite cru por um período limitado de tempo antes de o produto ser posteriormente processado.

A pasteurização é aplicada para destruir células vegetativas de patógenos e aumentar a vida de prateleira dos produtos durante a comercialização e armazenamento refrigerados. O tratamento pode ser realizado em baixas temperatura por um período longo (LTLT, 62 °C–65 °C por 30–32 min) ou em temperatura alta por um período curto (HTST, ≥ 71 °C por ≥ 15 s). Frequentemente, as condições são regulamentadas e podem, portanto, variar de país para país. Por exemplo, nos Estados Unidos, a temperatura para HTST usada na prática é próxima a 80 °C.

Os tratamentos de esterilização e UHT são realizados como processos em batelada em recipientes fechados ou em sistemas contínuos com subsequente embalagem asséptica. As condições variam de 120 °C por 10–30 min para esterilização e ≥ 135 °C por poucos segundos para o UHT. Tais processos produzem produtos comercialmente

426   Microrganismos em Alimentos 8

estéreis e, portanto, têm uma vida de prateleira prolongada em temperatura ambiente. Outras tecnologias, como a microfiltração, não são consideradas neste livro.

Surtos esporádicos, decorrentes da presença de patógenos como *Salmonella* ou *L. monocytogenes*, em leite pasteurizado, aromatizado ou não, foram geralmente causados por contaminação pós-processo (ICMSF, 2005; CDC, 2008). O leite pasteurizado foi incluído nas avaliações de risco para *L. monocytogenes* em alimentos prontos para o consumo e, apesar da capacidade de se multiplicar no produto, o risco por porção consumida foi considerado baixo (FAO; WHO, 2004a, 2004b).

23.3.1.2 *Deterioração e controles*

As condições de pasteurização descritas na Seção 23.3.1.1 também eliminam células vegetativas de bactérias e reduzem a população de psicrotróficos formadores de esporos deteriorantes para produtos refrigerados. Os processos discutidos na mesma seção para produtos estáveis à temperatura ambiente também eliminam microrganismos deteriorantes mesófilos ou termófilos, formadores de esporos. Como já mencionado, a contaminação pós-processamento pode gerar preocupação com a deterioração, assim o controle rigoroso da higiene em adição à pasteurização é essencial para o controle.

23.3.2 Dados microbiológicos

Na Tabela 23.2 encontram-se resumidas as análises úteis para a segurança e a qualidade microbiológica dos produtos de leite fluido processado. Consulte o texto para detalhes importantes relacionados a recomendações específicas.

23.3.2.1 *Ingredientes críticos*

O leite cru é o principal ingrediente usado na produção de leite fluido. Porém, em vários países, é comum o uso do leite em pó em processos de reconstituição. Outros ingredientes, como cacau em pó, açúcar, concentrados de frutas, espessantes e aromatizantes, podem ser adicionados para a produção de produtos esterilizados ou pasteurizados aromatizados. Os microrganismos importantes para esses ingredientes estão descritos nos capítulos apropriados do ICMSF (2005) e neste livro. A adição de tais ingredientes não afeta a segurança dos produtos e a análise de microrganismos (patógenos ou indicadores) é geralmente de uso limitado. A análise é realizada normalmente para assegurar que os ingredientes são produzidos de acordo com BPH, somente como uma verificação periódica e não para aceitação do lote.

A presença de formadores de esporos em ingredientes usados para produtos esterilizados ou UHT merece consideração. Certos ingredientes, como leite em pó, cacau em pó ou espessantes podem ser fonte de esporos com alta resistência térmica e, portanto, a seleção desses ingredientes é considerada crítica para garantir a esterilidade comercial desses produtos. A presença de altas contagens de esporos pode originar problemas de deterioração, que podem ser superados pelo ajuste das condições de processamento ou

Leite e Produtos Lácteos

Tabela 23.2 Análises de produtos de leite fluido processado para avaliação da segurança e da qualidade microbiológicas

Importância relativa		Análises úteis
Ingredientes críticos	Baixa	Análises para patógenos vegetativos ou microrganismos indicadores são úteis apenas para verificar se os ingredientes foram produzidos com BPH.
	Média	Para produtos esterilizados ou UHT, a análise para formadores de esporos mesófilos e ou termófilos é útil para ingredientes críticos e quando os tratamentos térmicos são aplicados no final da escala. Padrões típicos da indústria são $10–10^2$ UFC/g.
Durante o processamento	Baixa	Análise de rotina durante o processamento não é recomendada. É importante para resolução de problemas para identificar fontes potenciais de contaminação. Tal amostragem significativa deve incluir etapas críticas da linha de processamento como os trocadores de calor de placa, enchedoras e tanques intermediários de armazenamento.
Ambiente de processamento	Baixa	Análise do ambiente de processamento para células vegetativas de formadores de esporos ou microrganismos deteriorantes não é recomendada. Pode, no entanto, ser útil para resolução de problemas para identificar fontes potenciais de contaminação (por exemplo, unidades filtrantes, áreas da câmara enchedora ou as próprias enchedoras).
Vida de prateleira	Média	Para produtos refrigerados com vida de prateleira longa (> 17 dias), a análise para vida de prateleira pode ser útil para identificar problemas potenciais (ver o texto).
Produto final	Baixa a alta	Baixa para produtos pasteurizados, alta para produtos esterilizados ou UHT, para os quais a análise e a análise de tendência para avaliar o desempenho da linha e detectar os desvios mais importantes são recomendadas.

Produto	Microrganismo	Método analítico[a]	Caso	Plano de amostragem e limites/mL[b]			
				n	c	m	M
Leite pasteurizado[c]	*Enterobacteriaceae*	ISO 21528	5	5	2	<1	5
Produtos esterilizados ou UHT	Teste de presença/ ausência de microrganismos deteriorantes	Incubar a 30 e 55 °C (se adequado) por 10–14 dias e 5–7 dias, respectivamente	Número fixo de amostras até 100% dos lotes, dependendo do tipo de produto (consulte o texto)	Métodos destrutivos e não destrutivos			

[a] Métodos alternativos podem ser usados, desde que validados pelos métodos ISO.
[b] Consulte o Apêndice A para desempenho desses planos de amostragem.
[c] EC (2005).

por meio do estabelecimento de especificações microbiológicas para assegurar que os números máximos de esporos não sejam ultrapassados. As especificações normalmente incluem limites de $10–10^2$ UFC/g para esporos mesófilos ou termófilos, dependendo das condições de processamento.

23.3.2.2 Durante o processamento

Para esse tipo de produto, não são rotineiramente analisadas nem amostras de produtos intermediários nem resíduos em etapas críticas. Contudo, a amostragem investigativa é importante quando há aumento nas taxas de deterioração. Uma investigação abrangente dos pontos fracos na linha de processamento ou nos procedimentos de limpeza pode incluir amostragem e análise microbiológica de tanques de armazenamento, tanques de equilíbrio, vedações, bombas, válvulas, placas de trocadores de calor ou pistões de enchimento.

23.3.2.3 Ambiente de processamento

A análise de amostras do ambiente de processamento não é recomendada como rotina.

23.3.2.4 Vida de prateleira

A análise microbiológica para determinação da vida de prateleira não é recomenda para produtos comercialmente estéreis, estáveis à temperatura ambiente. Porém, a análise pode ser importante para produtos refrigerados, dependendo da vida de prateleira pretendida e das formas de comercialização em um mercado específico. Por exemplo, a análise de vida de prateleira em leite HTST é amplamente utilizada nos Estados Unidos, onde a vida de prateleira dos leites é geralmente ≥ 17 dias e pode variar de 21 a 30 dias. O risco de deterioração e multiplicação potencial de patógenos pode aumentar nesses produtos com vida de prateleira longa, em decorrência dos baixos níveis de microrganismos competidores. O teste *Mosely Keeping Quality* é um método que tem sido usado para avaliar a vida de prateleira (WEHR; FRANK, 2004) enquanto outros testes mais rápidos também podem ser considerados (RICHTER; VEDAMUTHU, 2001) para produtos com vida de prateleira longa em refrigeração.

23.3.2.5 Produto final

Normalmente não são realizadas análises de produto final de patógenos para produtos pasteurizados refrigerados, em virtude de sua curta vida de prateleira. Análises para indicadores vegetativos, como mesófilos aeróbios, Gram-negativos ou *Enterobacteriaceae* podem servir como verificação da eficiência das condições de pasteurização ou controle da recontaminação ao final da produção. Consulte os padrões específicos regionais ou do país, por exemplo, EC (2005).

A amostragem e análise são de uso limitado para lotes individuais de produtos esterilizados ou UHT produzidos em linhas com funcionamento adequado. Porém, frequentemente realiza-se a incubação de unidades de produto coletadas aleatoriamente e, no caso de produtos UHT, quando ocorrem eventos como inicialização ou paradas de máquinas, trocas dos rolos de embalagem etc., visando à avaliação do desempenho das linhas de processamento durante um longo período. Tais amostragens e análises podem detectar problemas importantes que poderiam originar altas porcentagens de deterioração. A incubação geralmente é feita a 30 °C, para verificar a esterilidade comercial durante a comercialização. Outras temperaturas podem ser importantes se, por exemplo, o produto for comercializado em regiões tropicais. A incubação de um número limitado de amostras a 55 °C por curtos períodos de tempo (5–7 dias) é frequentemente feita para monitoramento ou para atender a exigências regulatórias locais e detectará uma esterilização deficiente mais rapidamente do que a incubação em temperaturas mais baixas.

Leite e Produtos Lácteos

Para produtos sensíveis, como fórmulas infantis líquidas, os esquemas de amostragem para incubação variam de poucas unidades até 100% da produção. A análise após incubação é geralmente feita empregando-se métodos como determinação do pH, medida de ATP, análise microbiológica clássica, análise do vácuo ou determinação de alterações na viscosidade. É importante que a avaliação dos resultados da incubação seja realizada usando-se ferramentas estatísticas como análise de tendência cumulativa para avaliar o desempenho geral das linhas ao longo do tempo.

23.4 CREME DE LEITE

O creme de leite é a fração do leite rica em gordura, geralmente obtida pelo desnate do leite em centrífugas ou desnatadeiras. A classificação depende de exigências regulatórias e geralmente é baseada no conteúdo de gordura: creme de leite com 12% de gordura (*half-cream*) a creme de leite com 48%–53% de gordura (*double-cream*). As categorias de produtos são similares às descritas na Seção 23.3.

23.4.1 Microrganismos de importância
23.4.1.1 Perigos e controles

A composição da microbiota de creme de leite não processado é muito semelhante àquela do leite cru, mas os processos de desnate aplicados podem concentrar microrganismos na fase lipídica. Portanto, é provável que patógenos também estejam presentes em níveis baixos no creme de leite não processado.

Em virtude do elevado teor de gordura e seu efeito protetor sobre os microrganismos, os tratamentos térmicos aplicados são geralmente mais severos que aqueles para leite fluido (ou seja, alguns graus acima ou por mais tempo).

23.4.1.2 Deterioração e controles

A qualidade do creme de leite cru depende da qualidade do leite usado na produção, mas a microbiota é basicamente a mesma.

23.4.2 Dados microbiológicos

Uma vez que a microbiologia e os processos de produção dos produtos à base de creme são similares aos de leite fluido, consulte a Seção 23.3.2 para mais detalhes.

23.5 LEITE CONCENTRADO

Leite concentrado é processado a partir de leite cru ou após a reconstituição de leite em pó. Há três grupos principais: (1) leite condensado e evaporado, (2) leite condensado adicionado de açúcar e (3) concentrados lácteos obtidos por osmose reversa, microfiltração ou ultrafiltração. Esses produtos têm baixo conteúdo de água e sua es-

430

Microrganismos em Alimentos 8

tabilidade microbiológica é atingida por meio da esterilização ou combinação de tratamentos suaves com obstáculos adicionais, como baixo pH ou a adição de açúcar para reduzir a atividade de água para 0,83–0,85.

23.5.1 Microrganismos de importância

23.5.1.1 Perigos e controles

Os mesmos comentários feitos para leites pasteurizados e esterilizados na Seção 23.3.1 são mantidos para leite concentrado e a maior preocupação é o controle da contaminação pós-processamento. Em leite condensado adicionado de açúcar com atividade de água próxima de 0,85, o único patógeno capaz de multiplicar é *S. aureus*. Porém, em condições de anaerobiose em embalagens fechadas, tanto a multiplicação como a formação de enterotoxinas são inibidas.

23.5.1.2 Deterioração e controles

Leites evaporados e concentrados são meios favoráveis à multiplicação microbiana e os problemas de deterioração são geralmente os mesmos observados para leite pasteurizado ou esterilizado/UHT. Em leite condensado adicionado de açúcar, somente micrococos osmotolerantes ou fungos xerofílicos são capazes de se multiplicar e causar deterioração.

Em ambos os casos, o controle é obtido por meio da aplicação de BPH para evitar a contaminação pós-tratamento térmico.

23.5.2 Dados microbiológicos

Na Tabela 23.3 encontram-se resumidas as análises úteis para produtos de leite concentrado. Consulte o texto para detalhes importantes relacionados a recomendações específicas.

23.5.2.1 Ingredientes críticos

O leite evaporado, quando não é produzido com produtos lácteos desidratados reconstituídos, geralmente é obtido a partir de leite fresco sem adição de ingredientes. Para o leite condensado adicionado de açúcar, um ingrediente crítico é a lactose (*seeding lactose*) adicionada após o tratamento térmico para o controle adequado da cristalização do açúcar. As exigências em relação ao nível de leveduras osmofílicas são geralmente incluídas nas especificações da matéria-prima. Se ingredientes como cacau em pó, aromatizantes ou concentrados de frutas são adicionados aos leites concentrados, recomenda-se a mesma abordagem descrita na Seção 23.3.2.1.

23.5.2.2 Durante o processamento

Para leite evaporado, não há recomendação de amostragem de rotina durante o processamento. Para leite condensado adicionado de açúcar, que não é um produto estéril, apesar do tratamento térmico, a amostragem do produto intermediário em etapas críticas como na adição de lactose (*seeding*), nos tanques de cristalização ou nos enchedo-

Leite e Produtos Lácteos

res, é útil para obter informações sobre possíveis problemas de higiene. As amostras são geralmente incubadas por poucos dias a 25 °C e 37 °C e examinadas quanto à presença de leveduras e bolores ou micrococos.

Tabela 23.3 Análises de produtos lácteos concentrados para avaliação da segurança e da qualidade microbiológicas

Importância relativa		Análises úteis
Ingredientes críticos	Baixa	Análise para indicadores de higiene como *Enterobacteriaceae* só é útil para verificar se os ingredientes foram produzidos com BPH.
		Análise para formadores de esporos pode ser útil para leite evaporado esterilizado e nesses casos limites de $10-10^2$ UFC/g são padrões comuns na indústria.
Durante o processamento	Baixa a alta	Análise de rotina durante o processamento para leite evaporado não é recomendada, mas pode ser útil na resolução de problemas para identificar fontes potenciais de contaminação.
		Para leite condensado, adicionado de açúcar, a análise de rotina para leveduras osmofílicas e bolores xerofílicos ou micrococos é útil e o objetivo deve ser a ausência por unidade produzida (após incubação).
Ambiente de processamento	Baixa	Análise de rotina do ambiente para células vegetativas e formadoras de esporos patogênicos ou microrganismos deteriorantes não é recomendada, mas pode ser útil para resolução de problemas para identificar fontes potenciais de contaminação.
Vida de prateleira	Baixa a média	Não aplicável, exceto para leite condensado adicionado de açúcar embalado em atmosfera modificada (que inibe o crescimento de bolores) para detecção de deterioração por bolores xerofílicos após vida de prateleira prolongada.
Produto final	Alta	Para produtos evaporados esterilizados e leite condensado adicionado de açúcar após incubação dos produtos finais (número predefinido de unidades ou porcentagem de produção), a análise microbiológica e a análise de tendência são úteis para avaliar o desempenho da linha e para detectar os desvios mais importantes.
		Para leite condensado adicionado de açúcar, a análise é feita para fungos xerofílicos ou *S. aureus* se for capaz de se multiplicar na atividade de água do produto.

Produto	Microrganismo	Método analítico	Plano de amostragem e limites
Leites evaporados esterilizados	Testes de presença/ ausência para microrganismos deteriorantes	Incubação a 30 e 55 °C (se apropriado) Métodos destrutivos e não destrutivos	Número fixado ou porcentagem de amostra/ lote (ver o texto)
Leite condensado adicionado de açúcar	Presença/ ausência de bolores e *S. aureus*	Incubação a 25 e 37 °C, respectivamente	Número fixado ou porcentagem de amostra/ lote (ver o texto)

23.5.2.3 Ambiente de processamento

Não há recomendação de análise para o ambiente de processamento de leite concentrado.

23.5.2.4 Vida de prateleira

A análise para determinação da vida de prateleira não é relevante para produtos à base de leite condensado. A exceção é a análise para bolores xerofílicos em leite conden-

432 Microrganismos em Alimentos 8

sado adicionado de açúcar e embalado em atmosfera modificada, uma vez que podem se desenvolver após longo tempo (geralmente semanas e meses) depois da produção. Esses resultados somente são úteis para o monitoramento e análises de tendência.

23.5.2.5 Produto final

Leites evaporados e concentrados normalmente são semelhantes aos produtos esterilizados e UHT (ver a Seção 23.3.2.5). As amostras normalmente são incubadas por cerca de três dias a 37 °C e, aproximadamente, cinco dias a 25 °C, respectivamente, e testadas quanto à presença de fungos ou micrococos e, em particular, de *S. aureus* (ver a Tabela 23.3).

23.6 PRODUTOS LÁCTEOS DESIDRATADOS

Muitos leites, como leite integral, leite desnatado, soro, leitelho, queijo e creme de leite, podem ser desidratados, usando-se tecnologias como secagem por pulverizador (*spray drying*) ou por cilindro (*roller drying*). Esses produtos podem ser consumidos diretamente após a reconstituição, mas são mais comumente usados como ingredientes em produtos de panificação, chocolates e confeitos, produtos de culinária, ração animal ou mesmo produtos líquidos como leite UHT ou leite evaporado, em processos combinados. Observe que as fórmulas infantis são tratadas no Capítulo 25.

23.6.1 Microrganismos de importância

23.6.1.1 Perigos e controles

Os dados epidemiológicos sugerem que *Salmonella* é o único perigo importante que precisa ser controlado durante a produção dos produtos lácteos desidratados. Outros perigos, como *S. aureus* ou *B. cereus,* ou a presença de enterotoxinas estafilocócicas préformadas, geralmente estão presentes esporadicamente e em níveis muitos baixos ou ocorrem como resultado de grandes falhas das BPH. Populações baixas (< 10^2 UFC/g) de *S. aureus* ou de *B. cereus* não representam um risco para a saúde humana, desde que o produto não seja manipulado de forma incorreta após a reconstituição e antes do consumo, pois a manipulação descuidada (tempo e temperatura de manutenção) pode permitir a multiplicação e a formação de toxina.

Cronobacter spp. é uma preocupação em fórmulas infantis, o que é tratado no Capítulo 25. A ICMSF não conhece nenhuma avaliação de risco que tenha sido desenvolvida para outros produtos lácteos desidratados além de fórmulas infantis.

23.6.1.2 Deterioração e controles

Em virtude da atividade de água dos produtos desidratados ser extremamente baixa (a_w = 0,3–0,4), a deterioração não é relevante.

23.6.2 Dados microbiológicos

Na Tabela 23.4 encontram-se resumidas as análises úteis para produtos lácteos desidratados. Consulte o texto para detalhes importantes relacionados a recomendações específicas.

Leite e Produtos Lácteos

433

Tabela 23.4 Análises de produtos lácteos desidratados para avaliação da segurança e da qualidade microbiológicas

Importância relativa		Análises úteis
Ingredientes críticos	Alta	Desenvolver boas relações com fornecedores de ingredientes críticos de mistura seca para garantir sua segurança. As exigências para esses ingredientes devem ser equivalentes àquelas para os produtos acabados para garantir sua conformidade. Dependendo do nível de confiança no fornecedor, a análise é realizada para aceitação ou como monitoramento.
Durante o processamento	Alta	Analisar resíduos de produtos para *Salmonella* e *Enterobacteriaceae* em operações críticas e produtos intermediários. Níveis comuns para orientação: • *Enterobacteriaceae* – mesmas exigências dos produtos acabados. • *Salmonella* – ausente em qualquer amostra.
Ambiente de processamento	Alta	Analisar *Salmonella* e *Enterobacteriaceae* em áreas importantes. Níveis comuns para orientação: • *Enterobacteriaceae* – ≤ 100 UFC/g ou amostra. • *Salmonella* – ausente.
Vida de prateleira	Baixa	Não aplicável para produto desidratado.
Produto final	Alta	Analisar indicadores para controle de processo em andamento e análise de tendências. Se contagens de mesófilos forem constantemente muito baixas, os limites internos devem ser ajustados de acordo.

Produto	Microrganismo	Método analítico[a]	Caso	Plano de amostragem e limites/g[b]			
				n	c	m	M
Leite em pó	Contagem de mesófilos	ISO 4833	2	5	2	10^4	10^5
	Enterobacteriaceae	ISO 21528	5	5	2	< 3	9,8

Baixa a alta: Quando as amostras coletadas durante o processamento e do ambiente apresentarem resultados negativos, a análise de um número menor de amostras para verificação é geralmente suficiente. Contudo, a análise do produto final para *Salmonella* para a aceitação do lote é importante quando os dados do ambiente indicam potencial de contaminação ou quando a eficiência das medidas de controle parece prejudicada (por exemplo, construção, limpeza úmida).

Produto	Microrganismo	Método analítico[a]	Caso	Plano de amostragem e limites/25 g[b]			
				n	c	m	M
Leite em pó	*Salmonella*	ISO 6785	12	20[d]	0	0	

[a] Métodos alternativos podem ser usados, desde que validados pelos métodos ISO.

[b] Consulte o Apêndice A para desempenho desses planos de amostragem.

[c] Número mais provável (NMP).

[d] Unidades analíticas individuais de 25 g (ver a Seção 7.5.2 para amostra composta).

23.6.2.1 Ingredientes críticos

Dependendo dos produtos produzidos, durante o processamento podem ser adicionados ingredientes como caseinatos, soro desidratado e outros derivados de leite, vitaminas e elementos traços e minerais ou lecitina. Certos ingredientes, como os derivados de leite, têm uma história de presença de *Salmonella* e são portanto considerados ingredientes de alto risco. Embora os ingredientes adicionados antes do tratamento térmico não representem um problema, aqueles adicionados após a etapa letal (geralmente denominados "ingredientes de mistura seca") representam um risco e, portanto precisam atender às mesmas exigências que as dos produtos finais.

A amostragem e a análise de ingredientes de mistura seca para *Salmonella* e indicadores, como *Enterobacteriaceae*, na recepção, são recomendadas, mas essa prática sozinha não pode garantir sua segurança. Assim, os regimes de amostragem e análises são geralmente adaptados, de acordo com o nível do risco e o nível de confiança do fornecedor (ver o Capítulo 6). A seleção cuidadosa do fornecedor, de ingredientes de alto risco em particular, a comunicação clara das necessidades e suas razões e auditorias para assegurar que todas as medidas de controle e verificações necessárias são realizadas, são importantes elementos para assegurar que os ingredientes atenderão às exigências.

As análises de ingredientes de mistura úmida submetidos a um tratamento térmico subsequente geralmente são realizadas somente para verificar se os produtos são produzidos com BPH, minimizando, então, o risco de ingresso de *Salmonella* na planta.

23.6.2.2 *Durante o processamento*

A análise direta de produtos intermediários normalmente não é recomendada. Contudo, amostras coletadas durante o processamento têm um papel importante para demonstrar e confirmar que as medidas de controle são eficazes. Tais planos de amostragem precisam incluir amostras representativas tomadas após a etapa de secagem e até as operações de enchimento. As amostras devem ser do primeiro pó produzido, do primeiro produto embalado, e também das superfícies de contato com o produto nas quais pode ocorrer o acúmulo de resíduos ou grumos, que podem indicar a presença de condensação e formação de microambientes com potencial para a multiplicação dos microrganismos. Estes pontos de amostragem são de resíduos (*sifter tailings*) das etapas após secagem/resfriamento ou de *tipping stations* de produtos intermediários e máquinas enchedoras. Detalhes adicionais são fornecidos no Capítulo 4.

Embora a frequência de amostragem precise ser adaptada à situação da planta, tais amostras devem atender aos mesmos requisitos microbiológicos que o produto final, tanto para *Salmonella* como para os indicadores, como *Enterobacteriaceae*.

23.6.2.3 *Ambiente de processamento*

Como a causa principal da presença de *Salmonella* ou de populações altas de *Enterobacteriaceae* nos produtos acabados é a recontaminação proveniente do ambiente de processamento, a amostragem e a análise de amostras do ambiente têm um papel importante na verificação da eficiência das medidas preventivas. A análise é realizada para *Salmonella*, o patógeno de importância, e também para *Enterobacteriaceae*, como um indicador de eficiência das BPH. Deve ser observado que analisar apenas para

Leite e Produtos Lácteos

435

Enterobacteriaceae não é adequado, uma vez que mesmo níveis baixos não garantem a ausência do patógeno.

23.6.2.4 Vida de prateleira

A análise para vida de prateleira não é relevante para produtos desidratados porque a baixa atividade de agua previne a multiplicação.

23.6.2.5 Produto final

A ICMSF (1986) propôs diferentes planos de duas classes para leite desidratado no porto de entrada, tanto para populações normais como para populações de alto risco. Além disso, foram propostos planos de três classes para contagem de mesófilos aeróbios e coliformes para esses produtos. Na ausência de conhecimento das condições de processamento, essa proposta ainda é válida. Contudo, considerando que o uso final do leite em pó é frequentemente desconhecido, geralmente aplica-se o critério mais rigoroso.

Enterobacteriaceae é o indicador de escolha e tem sido usado em diferentes regulamentos, por exemplo, da EC (2005), junto com limites mais rigorosos que refletem medidas de controle melhoradas, implementadas nos últimos 20–30 anos. Este livro inclui critérios para *Enterobacteriaceae* em vez de coliformes, reconhecendo que algumas regiões podem ainda utilizar os coliformes em razão da longa história desse grupo como um indicador para produtos lácteos.

As exigências para outros ingredientes lácteos desidratados, além de leite em pó, podem ser menos exigentes pois são usados como matérias-primas em outros produtos e são submetidos a tratamentos térmicos ou as exigências dos produtos finais são diferentes.

Para produtores que aplicam planos de amostragem integrando amostras coletadas durante o processamento e do ambiente, realiza-se um número baixo de análises para *Salmonella* no produto final, somente como verificação. Resultados positivos em amostras obtidas durante o processamento ou em amostras do ambiente indicam um aumento no risco de contaminação do produto final e devem induzir alterações no esquema de amostragem. Por exemplo, pode ser necessário um aumento no número de análises em relação às exigências regulatórias ou até 20 g × 25 g quando o objetivo for a liberação do lote, para demonstrar que o produto está de acordo. Dependendo do uso, ou seja, se for destinado a consumidores sensíveis, deve-se considerar a análise de 60 g × 25 g.

23.7 SORVETES E PRODUTOS SIMILARES

Os sorvetes podem ser divididos em quatro categorias principais, de acordo com os principais ingredientes usados: (1) sorvete produzido exclusivamente com produtos lácteos; (2) sorvete contendo gordura vegetal; (3) sorvete contendo suco de fruta, leite e sólidos lácteos não gordurosos (*sherbet*), e (4) sorvete à base de água, açúcar, sucos de frutos ou concentrados. A composição dos diferentes produtos é regulada por legislações nacionais ou internacionais. Serão abordados, aqui, somente os sorvetes produzidos industrialmente.

23.7.1 Microrganismos de importância
23.7.1.1 Perigos e controles

A maioria dos surtos tem sido relacionada a sorvetes preparados em casa e artesanais, com ingredientes crus (por exemplo, ovos), tratamento térmico inadequado, contaminação por manipuladores infectados ou equipamentos não suficientemente limpos. No entanto, sorvetes produzidos industrialmente também já foram envolvidos em surtos causados por *Salmonella*. Embora nenhuma ligação epidemiológica tenha sido demonstrada, a presença de *L. monocytogenes* tem causado diversos recolhimentos (*recall*) do produto. O sorvete foi incluído na avaliação de risco para *L. monocytogenes* em alimentos prontos para o consumo e concluiu-se que o risco de listeriose decorrente do sorvete é muito pequeno (FAO; WHO, 2004a, 2004b). As exigências regulatórias nos diferentes países podem exigir que esse microrganismo seja considerado.

As células vegetativas de patógenos que podem estar presentes no *mix* para sorvete *in natura* são rapidamente destruídas na etapa de pasteurização. As condições de processamento são geralmente similares àquelas aplicadas para o creme de leite, considerando a composição do *mix* para sorvete em relação ao elevado conteúdo de gordura ou sólidos totais. A presença de patógenos nos produtos finais é geralmente decorrente da contaminação pós-pasteurização proveniente do ambiente de processamento ou da adição de ingredientes contaminados.

23.7.1.2 Deterioração e controles

O congelamento desses produtos previne a deterioração microbiana.

23.7.2 Dados microbiológicos

Na Tabela 23.5 encontram-se resumidas as análises úteis para sorvetes e produtos similares. Consulte o texto para detalhes importantes relacionados a recomendações específicas.

23.7.2.1 Ingredientes críticos

O *mix* para sorvete é pasteurizado, mas ingredientes como frutas, nozes, biscoitos (*cookies*), gotas/pedaços de chocolate ou cobertura de chocolate podem ser adicionados após o processo térmico. O perigo de importância, associado a esses ingredientes, é *Salmonella*. A qualidade microbiológica desses ingredientes deve ser equivalente à dos produtos finais. Por essa razão, a mesma abordagem descrita na Seção 23.6.2.1 é aplicada com respeito à seleção do fornecedor e procedimentos de amostragem e análise.

23.7.2.2 Durante o processamento

Amostras coletadas em etapas críticas ao longo da linha de processamento têm um papel importante na determinação da eficiência das medidas preventivas para controlar

Leite e Produtos Lácteos

Tabela 23.5 Análises de sorvetes para avaliação da segurança e da qualidade microbiológicas

Importância relativa		Análises úteis
Ingredientes críticos	Alta	É importante estabelecer boas relações com fornecedores de ingredientes críticos de mistura seca para garantir sua segurança. As exigências para esses ingredientes devem ser equivalentes àquelas para os produtos acabados para garantir sua conformidade. Dependendo do nível de confiança no fornecedor, a análise é realizada para aceitação ou como monitoramento.
Durante o processamento	Alta	A análise de rotina durante o processamento é recomendada em etapas críticas do processo. A análise para *Enterobacteriaceae* fornece informação importante sobre a higiene das linhas de processamento e níveis que excedam aqueles estabelecidos para o produto final devem desencadear a análise para *Salmonella*.
Ambiente de processamento	Baixa	Nos casos em que existem exigências regulatórias, recomenda-se a análise de amostras ambientais para *L. monocytogenes* (ausência nas amostras coletadas). *Listeria* spp. pode ser usada como um indicador de higiene – enquanto a ausência é certamente o objetivo, níveis baixos de até 10 UFC/g podem ser aceitáveis, mas devem ser interpretados de acordo com as tendências observadas ao longo do tempo. A análise para *Enterobacteriaceae* não é recomendada, com exceção das áreas mantidas secas (valores-alvos sugeridos: 10^2–10^3 UFC/g).
Vida de prateleira	-	Não aplicável.
Produto final	Alta	A análise para *Enterobacteriaceae* fornece informação importante sobre a higiene das linhas de processamento. Altos níveis podem provocar amostragem investigativa para patógenos. A análise para *Salmonella* pode ser limitada à verificação, desde que os resultados das amostras coletadas durante o processamento e do ambiente apresentarem ausência de desvios.

	Produto	Microrganismo	Método analítico[a]	Caso	Plano de amostragem e limites/g[b]			
					n	c	m	M
Alta	Sorvete e produtos similares	Enterobacteriaceae	ISO 21528-2	2	5	2	10	10^2
					Plano de amostragem e limites/25 g[b]			
					n	c	m	M
Baixa		*Salmonella*	ISO 6785	11	10[c]	0	0	-

[a] Métodos alternativos podem ser usados, desde que validados pelos métodos ISO.

[b] Consulte o Apêndice A para desempenho desses planos de amostragem.

[c] Unidades analíticas individuais de 25 g (ver a Seção 7.5.2 para amostra composta).

a recontaminação após o tratamento térmico. As amostras geralmente são coletadas nos tanques de mistura e maturação, nas enchedoras ou após os túneis de solidificação. Atenção especial deve ser dada ao acúmulo de resíduos ou pontos de condensação em que, sob certas circunstâncias, a multiplicação é possível.

A análise de amostras durante o processamento para *Enterobacteriaceae* fornece informações importantes em relação à adoção das BPH e níveis acima de 10 UFC/g indicam práticas de higiene insuficientes, como limpeza inadequada dos tanques de maturação ou práticas inadequadas de manipulação durante o reprocessamento etc.

23.7.2.3 Ambiente de processamento

No plano de amostragem para o ambiente, é importante a inclusão de áreas que possam contribuir para a contaminação das linhas de processamento ou dos produtos expostos, para verificar a eficiência das medidas de controle de higiene. Considerando a umidade e a temperatura nesses ambientes de processamento, é provável a existência de locais de abrigo de *Listeria* spp., incluindo *L. monocytogenes*. Portanto, quando há exigências regulatórias para *L. monocytogenes*, os programas de amostragem e análises são geralmente focados nesses microrganismos. A detecção de altos níveis e a ocorrência disseminada de *Listeria* spp. são indicativas de medidas de controle ineficazes, que devem ser modificadas.

23.7.2.4 Vida de prateleira

Análises microbiológicas para determinação da vida de prateleira de produtos congelados não são importantes.

23.7.2.5 Produto final

Contagem de *Enterobacteriaceae* é uma ferramenta simples e eficiente para determinar as condições de higiene das partes mais secas da linha e níveis aumentados (> 10 ou 10^2 UFC/g) são indicativos de um aumento no risco da presença de *Salmonella*, desencadeando a análise para esse patógeno nos produtos finais. Em países onde existem exigências regulatórias para *L. monocytogenes*, a análise para atendimento dos critérios pode ser realizada, com frequência que depende do nível de controle durante a produção.

23.8 LEITE FERMENTADO

O leite fermentado para uso comercial é produzido a partir de leite integral, semidesnatado ou desnatado, tratado termicamente, ou de leite em pó reconstituído. Os produtos podem ser aromatizados ou naturais. Esta seção discute iogurte, iogurte *mild*, kefir, leite acidófilo (*acidophilus milk*), *kumys* e leites fermentados concentrados tradicionais que, dependendo do país, recebem diferentes denominações como *stragisto*, *labneh*, *ymer* e *ylette*. Numerosos produtos tradicionais são preparados em domicílio ou produzidos e distribuídos localmente ou regionalmente. Em todos os produtos lácteos fermentados, a lactose presente no leite é transformada pelas bactérias láticas causando, concomitantemente, a queda do pH. As características sensoriais dos diferentes produtos, como textura ou sabor, são dependentes da microbiota lática específica ou de suas misturas. Detalhes são fornecidos pela ICMSF (2005).

23.8.1 Microrganismos de importância

23.8.1.1 Perigos e controles

O leite fermentado produzido a partir de leite cru apresenta microrganismos originários desse leite, capazes de sobreviver ao processo de fermentação, que podem in-

Leite e Produtos Lácteos **439**

cluir patógenos como *Brucella* spp., *Mycobacterium bovis* e *E. coli* patogênica que têm maior tolerância a ácidos orgânicos. Esses produtos são, geralmente, produzidos em nível doméstico ou limitados à comercialização local ou regional. O controle desses patógenos pode ser aumentado por meio das exigências severas descritas na Seção 23.2; porém, o controle absoluto usando essas técnicas pode não ser possível.

A maioria dos leites fermentados é produzida usando-se leite aquecido a temperaturas de até 90 °C por vários minutos. Formadores de esporos como *B. cereus* e *C. perfringens* podem sobreviver a esse processo; contudo, a germinação e multiplicação são controladas pela acidificação fermentativa que produz um rápido decréscimo do pH para níveis abaixo dos que permitem a multiplicação desses microrganismos. A fermentação e o ácido resultante são considerados uma medida de controle para todos os leites fermentados. É, portanto, essencial que se evite a inibição da fermentação causada pela presença de substâncias inibitórias como antibióticos ou fagos, que podem atrasar, de maneira significativa, a redução do pH para o limite estabelecido. A triagem do leite com testes rápidos é usada rotineiramente para detectar e rejeitar leites crus contendo antibióticos antes que entre no processo.

A recontaminação de leite fermentado com patógenos por meio da adição de ingredientes, como concentrados de frutas ou polpas, pastas ou xaropes tratados termicamente, nozes, ou aromas naturais ou artificiais é, geralmente, um problema pequeno em razão da natureza desses ingredientes e do fato de serem adicionados à base já acidificada.

23.8.1.2 *Deterioração e controles*

Em virtude do baixo pH dos leites fermentados, a deterioração microbiológica é restrita aos microrganismos acidotolerantes, principalmente leveduras e bolores (LEDENBACH; MARSHALL, 2009). Produtos produzidos com leite cru têm vida de prateleira mais curta, porque os microrganismos deteriorantes podem estar presentes no leite utilizado como matéria-prima. As medidas de controle para evitar ou minimizar esses problemas de deterioração baseiam-se na aplicação de BPH, com foco no projeto higiênico das linhas de produção, medidas higiênicas aplicadas durante a manipulação do material de embalagem, proteção adequada do produto exposto, particularmente durante a operação de envase etc.

A refrigeração pode aumentar o período de armazenamento, mas não inibe totalmente as leveduras e bolores tolerantes ao frio. O controle foca nos procedimentos de BPH para evitar a introdução desses microrganismos deteriorantes provenientes do ambiente nos produtos, principalmente naqueles produzidos com leite termoprocessado, e no uso de ingredientes de alta qualidade. Ingredientes como polpas ou concentrados de frutas podem conter leveduras ou bolores, que podem ser controlados por meio de programas de aprovação de fornecedores e aplicação de BPH durante a manipulação dos recipientes das frutas. Para mais detalhes sobre polpas ou concentrados de frutas, consulte o Capítulo 13.

23.8.2 Dados microbiológicos

Na Tabela 23.6 encontram-se resumidas as análises úteis para leite fermentado. Consulte o texto para detalhes importantes relacionados a recomendações específicas.

Tabela 23.6 Análises de leites fermentados produzidos com leites tratados termicamente para avaliação da segurança e da qualidade microbiológicas

Importância relativa		Análises úteis
Ingredientes críticos	Alta	Análise para presença de substâncias inibitórias no leite é importante e deve ser aplicada como teste de aceitação. Substâncias inibitórias devem estar ausentes ou abaixo dos limites de detecção dos *kits* comerciais validados.
	Alta	Culturas-mãe devem atender às especificações, inclusive ausência de contaminação por fagos.
	Alta	Boas relações com fornecedores de ingredientes críticos como polpas ou concentrados de frutas são importantes para garantir a ausência de microrganismos deteriorantes como leveduras. A análise depende do nível de confiança no fornecedor – tanto para aceitação como para monitoramento. Métodos alternativos de análise como níveis de CO_2 no espaço livre do recipiente podem ser uma opção quando leveduras são a preocupação.
Durante o processamento	Baixa	Análise microbiológica de rotina não é recomendada. Análise investigativa para problemas de deterioração pode ser útil para determinar a origem do problema e implementar ações corretivas.
	Alta	Monitoramento da queda do pH é importante e pode ser feita continuamente ou em intervalos regulares. Inspeção visual pré-operacional após a limpeza é importante para minimizar problemas de deterioração e pode ser complementada por testes rápidos de higiene como a determinação de ATP.
Ambiente de processamento	Baixa	A análise microbiológica de rotina não é recomendada. Análise investigativa pode ser útil para determinar a origem da deterioração e implementar ações corretivas.
Vida de prateleira	Média	Dependendo dos produtos, análises de armazenamento curto (por exemplo, 5 dias a 25 °C para bolores) ou análises de manutenção de qualidade ao longo de toda a vida de prateleira podem fornecer informações úteis sobre as condições de higiene das linhas. Nesses casos, o número de amostras coletadas deve ser representativo das linhas de produção e os resultados são mais bem avaliados usando análise de tendências.
Produto final	Baixa	Nenhum teste regular é recomendado.

23.8.2.1 *Ingredientes críticos*

O leite cru pode ser considerado o ingrediente mais crítico e a microbiota inicial depende das práticas de higiene desde a produção até o uso pelo fabricante do leite fermentado. Os detalhes dos controles de leite cru estão descritos na Seção 23.2.

Concentrados ou polpas de frutas podem introduzir leveduras e bolores se não forem gerenciados adequadamente. Ver o Capítulo 13 para informação adicional.

23.8.2.2 *Durante o processamento*

A determinação rotineira, contínua ou periódica, do pH durante a fermentação é um elemento importante para monitorar essa medida de controle. As linhas de produção de leite fermentado são úmidas e a limpeza é feita por meio de sistemas CIP e COP ou com combinação dos dois. Inspeções visuais pré-operacionais são úteis para verificar a eficiência da limpeza. Tais inspeções podem ser complementadas com testes rápidos para higiene como a determinação de ATP.

Leite e Produtos Lácteos

Não é recomendada a análise microbiológica rotineira para patógenos. Contudo, a análise pode ser muito útil para detecção de acúmulo de microrganismos deteriorantes, como bactérias láticas produtoras de gás (por exemplo, *Leuconostoc* spp.), leveduras e bolores. As melhores amostras são aquelas coletadas de peças críticas de equipamentos, como tanques intermediários de armazenamento, tanques de equilíbrio, enchedoras etc.

23.8.2.3 Ambiente de processamento

O monitoramento rotineiro do ambiente com indicadores de higiene como *Enterobacteriaceae* não é indicado para leite fermentado em virtude da natureza dos ambientes de processamento, que são, frequentemente, limpos com limpeza úmida. Quando ocorrem problemas, a amostragem de investigação e análise para microrganismos deteriorantes fornecerão informações úteis para determinar as causas.

23.8.2.4 Vida de prateleira

Testes rápidos de vida de prateleira (cinco dias a 25 °C) ou amostras de manutenção da qualidade podem ser usados para certos produtos como uma ferramenta de monitoramento do nível geral de higiene e ocorrência de deterioração. Considerando a curta vida de prateleira desses produtos, geralmente os resultados são usados apenas para monitoramento e avaliados com base em análise de tendências.

23.8.2.5 Produto final

Análises de produto final não são realizadas rotineiramente, porque o monitoramento do processo de fermentação fornece informações mais úteis.

23.9 QUEIJOS

Assim como leites fermentados, os queijos podem ser fabricados com leite cru ou tratado termicamente. O tratamento térmico varia em intensidade, variando de termização até pasteurização. Os tratamentos térmicos podem ser aplicados como uma etapa bactericida ou uma etapa destinada somente à redução da atividade enzimática que poderia afetar todo o processo. Independentemente se o queijo é produzido com leite cru ou processado, é importante utilizar leite de boa qualidade para a obtenção de queijo de alta qualidade.

Considerando a variedade de queijos produzidos ao redor do mundo, o leitor deve consultar o ICMSF (2005) para detalhes na classificação e características dos diferentes queijos. Diferentes abordagens regulatórias para padrões de queijos estão em vigor em diferentes regiões.

23.9.1 Microrganismos de importância
23.9.1.1 Perigos e controles

A microbiota inicial do leite cru é discutida na Seção 23.2 e a presença de baixos níveis de certos patógenos não pode ser excluída. As medidas de controle para minimi-

442

Microrganismos em Alimentos 8

zar a incidência, que são especialmente importantes para queijos fabricados com leite cru, podem ser atingidas por meio dos programas descritos na Seção 23.2.1. O efeito dos diferentes tratamentos térmicos também já foi discutido em seções anteriores.

Para queijos feitos com leite cru, a acidificação durante as etapas iniciais de fabricação até o estágio inicial de maturação é considerada fundamental na produção do queijo e tem um papel importante no controle de patógenos. Já foi demonstrado que vários patógenos são eliminados durante essas etapas, em decorrência do efeito combinado do baixo pH, adição de sal em certos queijos, tempo de maturação (que tem impacto na atividade de água), bem como as condições de temperatura durante a maturação, já descrito para vários patógenos.

Contudo, em alguns queijos feitos com leites cru e artesanais, certos patógenos como *E. coli* enterohemorrágica podem sobreviver ou mesmo se multiplicar. Nas regiões em que as medidas de controle não são aplicadas, em virtude da natureza do queijo, atenção especial deve ser dada ao leite empregado na produção para garantir, tanto quanto possível, a ausência de patógenos como *Brucella* ou *L. monocytogenes*. São necessários programas especiais para que tais limites sejam atingidos, existindo exemplos em países que tradicionalmente produzem queijos com leite cru, como França. O Codex Alimentarius (2009) também fornece diretrizes para a produção primária de leite e disposições adicionais para a produção de leite usado para fabricação de queijos à base de leite cru e outros produtos.

23.9.1.2 Deterioração e controles

Os problemas de deterioração relacionados a queijos fabricados com leite cru ou leite termicamente tratado são semelhantes. Podem ser causados pelos microrganismos da maturação, como leveduras e bolores. Em muitos casos, a contaminação bacteriana vem do ambiente, frequentemente água, antes de o queijo ser embalado ou manipulado. A deterioração é caracterizada por alterações visuais ou sensoriais importantes do produto, principalmente quando os queijos são fatiados ou porcionados e reembalados para comercialização. O controle da deterioração é obtido por meio de rigorosa adesão às medidas de higienes durante a manipulação e maturação dos queijos, bem como por sua manutenção em condições adequadas.

O estufamento prematuro ou avançado (isto é, produção excessiva de gás) é uma situação específica, associada à multiplicação de leveduras ou bactérias produtoras de gás como *Bacillus subtilis* e *Clostridium tyrobutyricum* e outras espécies relacionadas. O controle desses deteriorantes é realizado por meio da aplicação de medidas rigorosas de higiene durante a ordenha e evitando o uso de silagem na alimentação de animais produtores de leite para fabricação de queijos duros. Em alguns países, a análise rotineira para clostrídios é realizada para aceitação do leite empregado na fabricação de certos tipos de queijos.

23.9.2 Dados microbiológicos

Na Tabela 23.7 encontram-se resumidas as análises úteis para queijo. Consulte o texto para detalhes importantes relacionados a recomendações específicas.

Leite e Produtos Lácteos

Tabela 23.7 Análises de queijos para avaliação da segurança e da qualidade microbiológicas

Importância relativa		Análises úteis
Ingredientes críticos	Alta	**Somente para queijos produzidos com leite cru**: É importante ter um bom relacionamento com o fornecedor, objetivando a ausência de *Salmonella*, EHEC e *L. monocytogenes* ou outros patógenos que possam sobreviver ao processo de fabricação do queijo.
Durante o processamento	Alta	Monitorar o pH durante a acidificação do coalho para detecção de fermentação lenta. A análise para *S. aureus* durante o processamento pode ser importante se a acidificação não ocorrer como previsto, usando-se critérios apresentados na seção "produto final" (ver o texto).
	Alta a baixa	Para queijos que permitem a multiplicação de *L. monocytogenes* e para queijos à base de leite cru, as análises de resíduos e de superfícies de contato com o produto podem ser importantes para verificar a eficiência das medidas preventivas implementadas. Os patógenos de preocupação variam de queijo para queijo. Níveis comuns para orientação são: • *L. monocytogenes* e *Salmonella* – ausentes.
Ambiente de processamento	Alta a baixa	Perigos importantes e vias de contaminação variam com o tipo de queijo, e análises do ambiente de processamento podem ser úteis para avaliar a eficiência das medidas de controle tomadas. Se adequado, níveis comuns para orientação são: • *L. monocytogenes* e *Salmonella* – ausentes.
Vida de prateleira	Baixa	Podem ser realizadas análises para determinar a eliminação dos patógenos durante a maturação e armazenamento do queijo. A análise de rotina, porém, não é recomendada.
Produto final		Para certos tipos de queijo, análises para *E. coli* e *S. aureus* são úteis para verificar o controle do processo e as condições de higiene. Limites superiores (*M*) podem variar dependendo do tratamento térmico, mas níveis altos podem desencadear amostragem investigativa para patógenos, incluindo EHEC, ou enterotoxinas estafilocócicas (consulte o texto).

	Produto	Microrganismo	Método analítico[a]	Caso	Plano de amostragem e limites/g[b]			
					n	*c*	*m*	*M*
Alta	Queijo fresco	*S. aureus*[c]	ISO 6888-1	8	5	1	10	10^2
Alta	Queijo à base de leite cru	*S. aureus*[c]	ISO 6888-1	7	5	2	10^3	10^4
Baixa	Queijo à base de leite submetido a tratamento térmico suave ou queijo maturado/curado	*S. aureus*[c]	ISO 6888-1	7	5	2	10^2	10^4
Média	Queijo à base de leite pasteurizado	*E. coli*	ISO 16649-2	4	5	3	10	10^2
Baixa	Queijo: sem multiplicação	*L. monocytogenes*	ISO 11290-2	NA[d]	5	0	10^2	-

	Produto	Microrganismo	Método analítico[a]	Caso	Plano de amostragem e limites/25 g[b]			
					n	*c*	*m*	*M*
Alta	Queijo: permite a multiplicação	*L. monocytogenes*	ISO 11290-1	NA[d]	5[e]	0	0	-
Média ou baixa	Queijo à base de leite cru ou leite submetido a tratamento térmico suave	*Salmonella*	ISO 6785	10	5[e]	0	0	-

[a] Métodos alternativos podem ser usados, desde que validados pelos métodos ISO.

[b] Consulte o Apêndice A para desempenho desses planos de amostragem.

[c] Análise para enterotoxina estafilocócica pode ser usada em vez de contagem ou se os critérios forem ultrapassados.

[d] NA = não aplicável, em virtude do uso dos critérios do Codex Alimentarius (2007).

[e] Unidades analíticas individuais de 25 g (ver a Seção 7.5.2 para amostra composta).

444   Microrganismos em Alimentos 8

23.9.2.1 Ingredientes críticos

O leite é considerado o ingrediente crítico, tanto para a presença de patógenos como para a de microrganismos deteriorantes, como clostrídios. Contudo, a análise de rotina para microrganismos específicos raramente é realizada. Assim como para produtos de leite fermentado, a presença de substâncias inibidoras deve ser evitada.

Outros ingredientes usados na produção de certos queijos, como condimentos e ervas, podem ser críticos e fonte de patógenos como *Salmonella* ou *L. monocytogenes*. Tais ingredientes precisam ser identificados durante a análise de perigos realizada no sistema HACCP. A seleção adequada dos fornecedores é a opção preferida e análise para aceitação de lotes não é recomendada.

23.9.2.2 Durante o processamento

Dependendo do tipo de queijo e dos perigos importantes identificados durante a análise de perigos, a amostragem de resíduos de produto e de superfícies de contato com o produto pode ser uma ferramenta útil para detectar patógenos e implementar medidas corretivas apropriadas. Exemplos são *L. monocytogenes* em queijos moles e *Salmonella* em queijo cheddar, que já foram responsáveis por surtos, em virtude da contaminação pós-processamento.

Por outro lado, o processo de maturação de certos queijos pode causar a inativação de patógenos ao longo do tempo. Isso é particularmente importante para *S. aureus* porque, se a fermentação é lenta, o patógeno pode se multiplicar, produzir a toxina e ser destruído durante a maturação. O monitoramento da acidificação adequada é útil para garantir que o processo está sob controle, em vez de realizar análises para a presença de patógenos, desde que adequadamente validado. *E. coli* pode também desparecer durante a fermentação e maturação de certos queijos. Se *E. coli* for usada como um indicador de controle de processo, principalmente em queijos fabricados com leite cru, é importante entender o tempo ótimo e condições da fermentação e cura para realizar a amostragem e a análise. Cepas patogênicas de *E. coli* tendem a ser mais acidotolerantes do que *E. coli* genérica e podem sobreviver quando o indicador é destruído.

23.9.2.3 Ambiente de processamento

A análise para *L. monocytogenes* no ambiente de processamento de queijos moles é importante para verificar a eficiência das medidas de controle de higiene implementadas. O patógeno deve estar ausente em qualquer amostra. *Listeria* spp. pode ser usada como indicador da presença do patógeno. Geralmente, populações variando entre 10 e 10^2 UFC/g são aceitáveis, dependendo da localização na planta processadora. Os níveis podem variar e os limites precisam ser estabelecidos individualmente, dependendo do queijo e das exigências na região.

23.9.2.4 Vida de prateleira

A vida de prateleira de queijos varia consideravelmente, dependendo do tipo de queijo. Queijos frescos podem ter uma vida de prateleira curta, enquanto o queijo duro

Leite e Produtos Lácteos **445**

curado pode ser maturado por mais de um ano. É prudente que o fabricante entenda a vida de prateleira e a ecologia microbiana do produto que fabrica. Em alguns casos, patógenos microbianos podem ser eliminados durante o processo de cura, como discutido na Seção 23.9.2.2. A análise de rotina de vida de prateleira não é recomendada, mas para certos queijos, a compreensão das alterações microbianas ao longo do tempo é, de modo geral, útil.

23.9.2.5 Produto final

Em virtude da grande diversidade de tipos de queijo produzidos em muitas regiões, bem como práticas de produção, consumo e comercialização, é difícil recomendar análises que sejam aplicáveis a todos os tipos de queijo. As regulamentações geralmente focam em estafilococos coagulase positiva ou *S. aureus*, em razão do potencial de produção de toxina. *E. coli* genérica é usada, algumas vezes, para certos tipos de queijos (por exemplo, aqueles fabricados com leite cru ou levemente aquecido) para verificação das medidas de controle. As populações desses microrganismos podem diminuir durante o processo de maturação, portanto as populações escolhidas pelos governos podem ser focadas no pior caso. Por exemplo, os padrões europeus (EC, 2005) indicam que as amostras devem ser coletadas na etapa do processo em que são esperados os níveis mais altos, enquanto os padrões canadenses (HPFB, 2008) e australiano/neozelandês (FSANZ, 2001a, 2001b) não especificam o momento da amostragem. Isso pode explicar a razão dos diferentes níveis listados nesses padrões.

A Tabela 23.7 fornece as recomendações da ICMSF para análise a serem consideradas para certos produtos de queijo. Ao estabelecer critérios para uma aplicação específica, é importante considerar a produção local e as formas de uso e consumo. Por exemplo, para queijos que permitem a multiplicação de *L. monocytogenes,* a análise dos produtos finais pode ser realizada como parte do programa de verificação para demonstrar o controle desse patógeno. Dependendo da vida de prateleira do produto, a liberação pode ser feita com base nos resultados analíticos. Para queijos frescos com uma vida de prateleira relativamente curta, isso pode não ser plausível e a análise, se realizada, serviria apenas para monitoramento e análise de tendência.

Análises quantitativas de *E. coli* em queijos fabricados com leite tratado termicamente ou de *S. aureus* em certos tipos de queijo são úteis para verificar o controle do processamento e as condições de higiene (ver a Tabela 23.7). Contudo, as populações desses microrganismos tendem a diminuir durante o processo de maturação, assim a análise durante o processamento é mais útil para avaliar a segurança do produto. Além disso, práticas de produção de queijo bem estabelecidas podem ser validadas para demonstrar a redução segura desses patógenos potenciais, e também a inibição da formação de toxina durante o processo. Um produtor de queijo cauteloso avaliaria esses parâmetros no seu estudo de HACCP e com análises suficientes pode ser capaz de justificar o uso de medidas como acidificação em vez de análises microbiológicas rotineiras.

Os limites superiores (M) para *S. aureus* podem variar dependendo da extensão do tratamento térmico, mas populações mais altas (por exemplo > 10^5/g) podem desencadear uma amostragem de investigação para enterotoxinas estafilocócicas. De maneira análoga, populações elevadas de *E. coli* podem desencadear a análise para outros patógenos, incluindo *E. coli* patogênica, não incluída na Tabela 23.7. Isso depende do tipo de queijo, das condições de produção e do comportamento dos patógenos específicos, e pode limitar-se à verificação quando os resultados de amostras coletadas durante o processamento e de amostras do ambiente demonstrarem a ausência de desvios.

REFERÊNCIAS

ALY S. S. et al. Association between Mycoboacterium avium subspecies paratubercu-losis infection and milk production in two California dairies. **Journal of Dairy Science**, Lancaster, v. 93, n. 3, p. 1030-1040, 2010.

BUNDESGESETZBLATT JAHRGANG. Berlin, n. 39, p. 1861ff, Aug. 2007.

CDC - CENTERS FOR DISEASE CONTROL AND PREVENTION. Outbreak of Listeria monocytogenes infections associated with pasteurized milk from a local dairy – Massachusetts, 2007. **Morbidity and Mortality Weekly Report**, Atlanta, v. 57, p. 1097-1100, 2008.

CODEX ALIMENTARIUS. **Codex standard for evaporated milks (Codex STAN 281–1971)**. Rome: FAO, 1971a. FAO/WHO Food Standards Program.

_____. **Codex standard for sweetened condensed milks (Codex STAN 282–1971)**. Rome: FAO, 1971b. FAO/WHO Food Standards Program.

_____. **Codex standard for whey cheeses (Codex STAN 284–1971)**. Rome: FAO, 1971c. FAO/WHO Food Standards Program.

_____. **Codex standard for cream and prepared creams (Codex STAN 288–1976)**. Rome: FAO, 1976. FAO/WHO Food Standards Program.

_____. **Codex general standard for cheese (Codex STAN 283–1978)**. Rome: FAO, 1978. FAO/WHO Food Standards Program.

_____. **Codex standard for milk powders and cream powder (Codex STAN 207–1999)**. Rome: FAO, 1999a. FAO/WHO Food Standards Program.

_____. **Codex general standard for the use of dairy terms (Codex STAN 206–1999)**. Rome: FAO, 1999b. FAO/WHO Food Standards Program.

_____. **Codex group standard for unripened cheese including fresh cheese (Codex STAN 221–2001)**. Rome: FAO, 2001. FAO/WHO Food Standards Program.

_____. **Code of hygienic practice for milk and milk products (CAC/RCP 57–2004)**. Rome: FAO, 2009. FAO/WHO Food Standards Program.

CHAMBERS, J. V. The microbiology of raw milk. In: ROBINSON, R. K. (Ed.). **Dairy microbiology handbook**: the microbiology of milk and milk products. 3. ed. Hoboken: John Wiley & Sons Inc., 2005.

COFFEY, R.; CUMMINS, E.; WARD, S. Exposure assessment of mycotoxins in dairy milk. **Food Control**, Oxford, v. 20, p. 239-249, 2009.

ELGERBI, A. M. et al. Occurrence of aflatoxin M1 in randomly selected North African milk and cheese samples. **Food Additives and Contaminants**, London, v. 21, p. 592–597, 2004.

ELTHOLTH, M. M. et al. Contamination of food products with Mycobacterium avium paratuberculosis: a systematic review. **Journal of Applied Microbiology**, Oxford, v. 107, p. 1061–1071, 2009.

EC - EUROPEAN COMMISSION. Commission regulation (EC) N° 2073/2005 of 15 November 2005 on microbio-logical criteria for foodstuffs. **Official Journal**, L338, p. 1-26, 2005.

FAO - FOOD AGRICULTURE ORGANIZATION; WHO – WORLD HEALTH ORGANIZATION. **Risk assessment of Listeria monocytogenes in ready to eat foods:** interpretative summary. Rome; Geneva, 2004a. Microbiological Risk Assessment Series n. 4.

_____. **Risk assessment of Listeria monocytogenes in ready to eat foods:** technical report. Rome; Geneva, 2004b. Microbiological Risk Assessment Series n. 5.

FSANZ - FOOD STANDARDS AUSTRALIA NEW ZEALAND. **Standard 1.6.1 microbiological limits for food.** Canberra, 2001a. Disponível em: <http://www. foodstandards.gov.au/_srcfiles/Standard_1_6_1_Micro_v113.pdf>. Acesso em: 25 abr. 2010.

_____. **User guide to Standard 1.6.1**: microbiological limits for food with additional guideline criteria. Canberra, 2001b. Disponível em: <http://www.foodstandards.gov.au/code/userguide/documents/Micro_0801.pdf>. Acesso em: 25 abr. 2010.

GOFF, H. D.; GRIFFITHS, M. W. Major advances in fresh milk and milk products: fluid milk products and frozen desserts. **Journal of Dairy Science**, Lancaster, v. 89, p. 1163-1173, 2006.

HANTSIS-ZACHOROV, E.; HALPERN, M. Culturable psychrotrophic bacterial communities in raw milk and their proteolytic and lipolytic traits. **Applied and Environmental Microbiology**, Washington, DC, v. 73, p. 7162-7168, 2007.

HPFB - CANADIAN HEALTH PRODUCTS AND FOOD BRANCH. **Standards and guidelines for microbiological safety of food**: an interpretive summary. Ottawa, 2008. Disponível em: <http://www.hc-sc.gc.ca/fn-an/alt_formats/hpfb-dgpsa/pdf/res-rech/intsum-somexp-eng.pdf>. Acesso em: 25 abr. 2010.

ICMSF - INTERNATIONAL COMMISSION ON MICROBIOLOGICAL SPECIFICATIONS FOR FOOD. **Microorganisms in foods 2**: sampling for microbiological analysis: principles and specific applications. 2. ed. Toronto: University of Toronto Press, 1986.

_____. **Microorganisms in foods 6**: microbial ecology of food commodities. 2. ed. New York: Kluwer Academic: Plenum Publishers, 2005.

JAYARAO, B. M. et al. A survey of foodborne pathogens in bulk tank milk and raw milk consumption among farm families in Pennsylvania. **Journal of Dairy Science**, Lancaster, v. 89, p. 451-458, 2006.

LEDENBACH, L. H.; MARSHALL, R. T. Microbiological spoilage of dairy products In: SPERBER, W. H.; DOYLE, M. P. (Ed.). **Compendium of the microbiological spoilage of foods and beverages**. New York: Springer, 2009.

LEJEUNE, J. T.; RAJALA-SHULTZ, P. J. Unpasteurized milk: a continued public health threat. **Clinical Infectious Diseases**, Chicago, v. 48, p. 93-100, 2009.

OLIVER, S. P.; JAYARAO, B. M.; ALMEIDA, R. A. Foodborne pathogen in milk and the dairy farm environment: food safety and public health implications. **Foodborne Pathogens and Disease**, Larchmont, v. 2, n. 2, p. 115-129, 2005.

OLIVER, S. P. et al. Food safety hazards associated with consumption of raw milk. **Foodborne Pathogens and Disease,** Larchmont, v. 6, p. 793-806, 2009.

PRANDINI, A. et al. On the occurrence of aflatoxin M1 in milk and dairy products. **Food and Chemical Toxicology,** Oxford, v. 47, p. 984–991, 2009.

RICHTER, R. L.; VEDAMUTHU, E. R. Milk and milk products. In: DOWNES, F. P.; ITO, K. (Ed.). **Compendium of methods for the microbiological examination of foods.** 4. ed. Washington, DC: American Public Health Association, 2001.

RYSANEK, D.; ZOUHAROVA, M.; BABAK, V. Monitoring major mastitis pathogens at the population level based on examination of bulk tank milk samples. **Journal of Dairy Science,** Lancaster, v. 76, p. 117-123, 2009.

SRAÏRI, M. T. et al. Effect of cattle management practices on raw milk quality on farms operating in a two-stage dairy chain. **Tropical Animal Health and Production,** Edinburgh, v. 41, n. 2, p. 259-272, 2009.

VERDIER-METZ, I. et al. Do milking practices influence the bacterial diversity of raw milk?. **Food Microbiology,** London, v. 26, p. 305-310, 2009.

WEHR, H. M.; FRANK, J. H. (Ed.). **Standard methods for the examination of dairy products.** 17. ed. Washington, DC: American Public Health Association, 2004.

24 CAPÍTULO

Alimentos Termoprocessados Estáveis à Temperatura Ambiente

24.1 INTRODUÇÃO

Alimentos termoprocessados, estáveis à temperatura ambiente, compreendem uma grande variedade de produtos, como hortaliças, frutas, pescados, carnes, leite e produtos lácteos, refeições prontas, sopas e molhos. Para detalhes específicos sobre leite estável à temperatura ambiente e produtos lácteos, ver o Capítulo 23. Produtos estáveis à temperatura ambiente são caracterizados por sua estabilidade durante o armazenamento prolongado em temperatura ambiente e têm um longo histórico de uso seguro. A esterilidade comercial dos alimentos estáveis corresponde à condição alcançada pela aplicação de calor, sozinho ou em combinação com outros tratamentos, na qual ficam livres de microrganismos capazes de se multiplicar nas condições ambientais normais de comercialização e armazenamento. Alimentos termoprocessados estáveis à temperatura ambiente são aqueles submetidos a um dos três processos seguintes:

- O alimento é colocado em uma embalagem que é hermeticamente fechada, submetido a um tratamento térmico para torná-lo comercialmente estável e, então, é resfriado (por exemplo, enlatamento)
- O alimento é submetido a um tratamento térmico contínuo para esterilidade comercial, resfriado e, então, embalado assepticamente em embalagens esterilizadas,

que são hermeticamente seladas com um fechamento esterilizado, em um ambiente livre de microrganismos (por exemplo, processamento asséptico UHT)

- O alimento é submetido a um processo térmico contínuo para esterilidade comercial, inserido a quente em embalagens adequadas, que são, então, hermeticamente fechadas (algumas vezes em ambiente com vapor) e, então, frequentemente invertidas por certo tempo ou submetidas a um ambiente quente para pasteurizar o espaço livre e a embalagem (por exemplo, processamento de molhos acidificados).

Processos de esterilização comercial especializados, baseados em aquecimento ôhmico, tecnologia de micro-ondas e outros desenvolvimentos tecnológicos, estão sendo cada vez mais adotados.

As análises microbiológicas têm um papel importante no controle do processo térmico. Porém, a maioria dos controles de processo é de natureza física, e objetiva garantir que o processo térmico é realizado corretamente, que o resfriamento é rápido e que as embalagens são hermeticamente fechadas. Este capítulo não aborda esses aspectos críticos do processamento térmico, recomendando-se que o leitor consulte outros textos mais específicos sobre o tema (NFPA; GAVIN; WEDDIG, 1995; LAROUSSE; BROWN, 1997; HOLDSWORTH; SIMPSON, 2007).

24.2 MICRORGANISMOS DE IMPORTÂNCIA

24.2.1 Perigos e controles

Os processos térmicos utilizados em alimentos estáveis à temperatura ambiente são suficientes para destruir todas as células vegetativas dos microrganismos. Entre os esporos bacterianos remanescentes, *Clostridium botulinum* e *Bacillus cereus* são perigos potenciais para a segurança. Há também algumas outras espécies relacionadas, que podem conter os mesmos genes para toxinas, mas a resistência térmica tende a ser similar.

C. botulinum é uma bactéria formadora de esporos que, sob certas condições, pode se multiplicar nos alimentos e produzir uma potente neurotoxina. *C. botulinum* é o principal perigo em alimentos estáveis à temperatura ambiente que apresentam pH, nutrientes e atividade de água adequados, na ausência de oxigênio. Alimentos de baixa acidez estáveis à temperatura ambiente fornecem esse ambiente favorável. A acidificação de um produto para pH de 4,6 ou abaixo assegura a inibição da germinação dos esporos de *C. botulinum*. Consequentemente, o pH 4,6 é considerado o "ponto de corte" que define alimentos de baixa acidez (pH > 4,6) e alimentos ácidos/acidificados (pH ≤ 4,6) (CODEX ALIMENTARIUS, 1993). Porém, os processadores devem estar cientes de que a multiplicação de certos bacilos e bolores em alimentos ácidos/acidificados estáveis à temperatura ambiente pode causar um aumento no pH até o ponto em que *C. botulinum* pode começar a se multiplicar e produzir toxina (ODLAUG; PFLUG, 1979; MONTVILLE; SAPERS, 1981; WADE; BEUCHAT, 2003; EVANCHO; TORTORELLI; SCOTT, 2009). Os detalhes a respeito dos aspectos fisiológicos de *C. botulinum* foram descritos (ICMSF, 1996) e aspectos ecológicos nas *commoditie*s alimentares foram revisados (ICMSF, 2005).

Alimentos Termoprocessados Estáveis à Temperatura Ambiente **451**

B. cereus e alguns *Bacillus* spp. podem produzir enterotoxinas que causam vômito e diarreia. Porém, esses microrganismos são mais termossensíveis do que *C. botulinum* e os processamentos térmicos necessários para eliminar os bacilos deteriorantes mais termotolerantes são geralmente suficientes para eliminar *B. cereus*. Consequentemente, esse microrganismo é raramente um problema em alimentos termoprocessados estáveis à temperatura ambiente, embora devam ser tomados cuidados para garantir que os ingredientes sensíveis ao calor sejam gerenciados adequadamente para evitar a produção de toxinas que possam resistir ao processamento térmico.

Além dos perigos microbiológicos diretos, a histamina pode ser também um perigo, decorrente do emprego de peixes submetidos a abuso de temperatura na produção de alimentos termoprocessados estáveis a temperatura ambiente à base de espécies de peixes escombrídeos (Capítulo 10).

24.2.2 Deterioração e controles

Em certas circunstâncias, microrganismos termotolerantes formadores de esporos podem causar deterioração de alimentos comercialmente estéreis. Esses formadores de esporos são mais termorresistentes do que *C. botulinum*. Esporos termófilos de bactérias aeróbias (por exemplo, *Geobacillus stearothermophilus*) e bactérias anaeróbias (por exemplo, *C. thermosaccharolyticum*) têm sido associados à deterioração de alimentos de baixa acidez estáveis à temperatura ambiente. *Desulfotomaculum nigrificans* também tem sido associado à deterioração sulfídrica de hortaliças envasadas. Porém, esses microrganismos somente são problemáticos para alimentos estáveis comercializados e armazenados em temperatura ambiente alta ou para aqueles que não foram rapidamente resfriados após o processamento térmico.

Certos acidófilos formadores de esporos que também são termotolerantes têm sido causa de deterioração de alimentos estáveis à temperatura ambiente ácidos e acidificados. *B. coagulans* var *thermoacidurans*, *C. pasteurianum* e *C. butyricum* são os exemplos mais comuns. Os esporos desses microrganismos são mais termossensíveis do que os esporos de microrganismos termófilos, mas alimentos ácidos e acidificados geralmente são submetidos a tratamentos térmicos menos severos do que alimentos de baixa acidez estáveis à temperatura ambiente. A contaminação pós-processamento por esses microrganismos e por bactérias láticas também pode ser problema em alimentos acidificados quando os processos de enchimento a quente e a retenção são mal controlados.

Em certos produtos de fruta estáveis à temperatura ambiente, os ascósporos de bolores podem sobreviver ao processamento térmico e causar deterioração. Geralmente, o baixo teor de oxigênio de frutas em recipientes hermeticamente fechados impede o crescimento de ascósporos. Porém, certos *Byssochlamys* spp., *Talaromyces* spp. e *Eupenicillium* spp. têm sido associados à deterioração de frutas estáveis à temperatura ambiente e de produtos de frutas estáveis à temperatura ambiente, uma vez que são mais tolerantes a baixas concentrações de oxigênio. Revisões mais detalhadas sobre ecologia desses microrganismos deteriorantes estão disponíveis (ICMSF, 2005).

452 · Microrganismos em Alimentos 8

24.3 CONTROLE DE PROCESSAMENTO

Essa seção aborda somente as análises microbiológicas que se aplicam ao controle do processo na produção de alimentos estáveis à temperatura ambiente.

24.3.1 Integridade da embalagem

Mesmo quando o processamento térmico aplicado foi adequado, a integridade dos recipientes hermeticamente fechados utilizados para alimentos estáveis à temperatura ambiente é crítica para que o processamento seja seguro e necessita de vigilância constante pelos produtores das embalagens e dos seus usuários. Os controles em materiais de embalagem e recipientes finais são predominantemente físicos e devem ser focados nos sistemas de inspeção rotineiros que examinem e mensurem a integridade dos materiais de embalagem e as vedações feitas durante a formação da embalagem (por exemplo, inspeção de falhas na costura de latas, monitoramento dos parâmetros de vedação de embalagens flexíveis).

Análises microbiológicas da integridade da embalagem devem ser feitas somente em certas circunstâncias. Essas análises são caras e especializadas, e não devem ser feitas rotineiramente. Por exemplo, um teste de desafio microbiológico pode ser adequado quando novos processamentos assépticos são avaliados ou quando é necessário investigar falhas durante o processamento. Nos testes de desafio microbiológico, as embalagens são imersas em uma suspensão aquosa de bactérias deteriorantes adequadas. Se, após a incubação das embalagens, ocorrer deterioração causada pelos microrganismos usados no testes de desafio, é provável que haja problemas com a integridade da embalagem.

24.3.2 Aquecimento e resfriamento

O objetivo da esterilização comercial é duplo. Ela torna o alimento isento de quaisquer microrganismos viáveis (incluindo esporos) de significado para a saúde pública e, de maneira geral, inativa microrganismos capazes de multiplicação no alimento nas condições normais de armazenamento e comercialização em temperatura ambiente. O desenvolvimento de um processamento térmico planejado é uma tarefa especializada fora do escopo deste capítulo. Contudo, a medida, o controle e a documentação dos processos térmicos feitos rotineiramente são críticos para a produção de alimentos estáveis à temperatura ambiente de forma contínua e segura.

Os produtos de baixa acidez com pH acima de 4,6 e a_w acima de 0,85 são tradicionalmente submetidos a pelo menos um processamento térmico conhecido como "cozimento botulínico", que é um processo térmico integrado equivalente a 2,5 min a 121,1 °C (250 °F), também conhecido como $F_0 = 2,5$. Dependendo dos valores de referência (valores D e z dos esporos) usados para fazer cálculos ou requisitos legais, um valor de $F_0 = 3,0$ é geralmente considerado o processamento mínimo necessário para proteger a saúde pública com respeito aos alimentos de baixa acidez estáveis à temperatura ambiente. Porém, na prática, os processamentos térmicos são muitas vezes mais severos do que esse, com o objetivo de destruir os microrganismos deteriorantes formadores de esporos.

Os processamentos térmicos aplicados a alimentos ácidos e acidificados (pH ≤ 4,6), alimentos com baixa a$_w$ (≤ 0,85), alimentos que contêm agentes de cura ou alimentos que tenham outras combinações de fatores intrínsecos que previnem a multiplicação de *C. botulinum*, dependem do perigo microbiológico específico a ser abordado.

Os alimentos termoprocessados estáveis à temperatura ambiente devem ser resfriados para temperatura abaixo de 45 °C o mais rápido possível, para prevenir a germinação e multiplicação dos esporos termofílicos que sobrevivem ao processamento térmico. Na maioria das vezes, o resfriamento é obtido por contato indireto com água potável fria contendo cloro residual livre ou outro sanitizante adequado. A qualidade microbiológica dessa água é importante por ser uma fonte potencial de contaminação para o alimento esterilizado, por meio de, por exemplo, entrada nas embalagens hermeticamente fechadas ainda quentes ou entrada através de fissuras nas seções de resfriamento danificadas dos trocadores de calor utilizados em processos contínuos. Deve ser observado que os esporos de bactérias são muito mais resistentes ao cloro do que as células vegetativas, e os esporos de *Clostridium* são mais sensíveis ao cloro do que os esporos de *Bacillus*. Um nível de cloro residual livre de 2–5 mg/L é geralmente suficiente para reduzir o número de bactérias e seus esporos, embora tenham que ser considerados o pH da água, a temperatura e o nível de matéria orgânica uma vez que eles afetam a eficiência da cloração (MOIR et al., 2001).

24.3.3 Manuseio higiênico das embalagens

O manuseio higiênico das embalagens de alimentos termoprocessados estáveis à temperatura ambiente após o tratamento térmico é importante. A contaminação cruzada após o aquecimento pode ser causada pela combinação de uma via de vazamento para a embalagem, água e presença de microrganismos. Todos esses fatores devem ser controlados durante o manuseio higiênico dos alimentos estáveis à temperatura ambiente. Consequentemente, das embalagens devem ser secas o mais rápido possível após o aquecimento, devem ser manuseadas o mínimo possível e armazenadas em local higiênico até atingirem a temperatura ambiente. Latas são especialmente sensíveis à entrada de microrganismos durante o resfriamento, pois as vedações (costuras) ficam enfraquecidas pelo tratamento térmico e há formação de vácuo nas latas durante o resfriamento. Dessa forma, se estiverem úmidas, os microrganismos podem entrar nas latas através das costuras e se não forem manuseadas higienicamente. Além disso, alimentos estáveis à temperatura ambiente devem ser sempre manuseados com cuidado para evitar danos mecânicos a embalagens e recipientes, já que podem ter a vedação hermética rompida e permitir a contaminação do alimento.

24.4 DADOS MICROBIOLÓGICOS

Os processamentos térmicos aplicados na produção de alimentos comercialmente estéreis são planejados para lidar com as cargas microbianas representativas presentes em produtos fabricados quando são adotadas as boas práticas de higiene e de produção. Consequentemente, é importante que se evitem cargas excessivas de esporos, caso contrário pode ocorrer falha do processamento térmico, levando à deterioração ou a problemas na segurança do produto final. Contudo, no geral, alimentos estáveis à temperatura ambiente contêm microrganismos em números tão baixos que a análise microbiológica direta do produto, após tratamento térmico, não tem significado. A chave para a produção de alimentos estáveis à temperatura ambiente seguros de forma consistente é um bom controle do processo, em um sistema de gestão de segurança do alimento bem planejado baseado nos princípios de HACCP. A Tabela 24.1 resume as análises úteis para produtos comercialmente estéreis, estáveis à temperatura ambiente; porém, muitos detalhes importantes estão incluídos na discussão a seguir.

24.4.1 Ingredientes críticos

Certos ingredientes, como açúcares, amidos, condimentos e cereais, podem conter números elevados de esporos bacterianos mesofílicos e termofílicos. Pode ser necessário adotar critérios microbiológicos para aceitar os lotes de ingredientes a fim de garantir que as cargas de esporos sejam mantidas abaixo daquelas que possam ser eliminadas pelo processamento térmico. Outros ingredientes como hortaliças podem também ser considerados críticos em alguns processos. Os acordos entre clientes e fornecedores e as especificações dos ingredientes são importantes meios de controle, que podem ser complementados com a análise dos ingredientes, conforme aplicável. As especificações podem também depender das temperaturas finais de comercialização e do armazenamento dos produtos e precisam ser mais rigorosas para os termofílicos formadores de esporos quando o produto é comercializado ou armazenado em temperatura ambiente elevada. Os cereais e seus produtos derivados contêm esporos, incluindo os *flat sour* e outras bactérias termofílicas formadoras de esporos (BROWN, 2000). Alguns condimentos podem ser fontes ricas de esporos bacterianos muito termorresistentes, incluindo microrganismos *flat sour* termodúricos, anaeróbios putrefativos e produtores de mau cheiro oriundo de sulfetos (*sulfide stinkers*) (KRISHNASWAMY et al., 1973; MCKEE, 1995; FREIRE; OFFORD, 2002; HARA-KUDO et al., 2006). A população microbiana de açúcar refinado consiste de *Bacillus* spp. mesofílico ou termofílico, aeróbio ou anaeróbio, ou *Clostridium* spp. (HOLLAUS, 1977; DE LUCCA et al., 1992; HOLLAUS et al., 1997). Certos xaropes de açúcar podem ser fontes potenciais desses esporos.

Em regiões de clima temperado, a aplicação de critérios microbiológicos para amidos e açúcares usados como ingredientes tem tido sucesso na redução do potencial de deterioração de produtos envasados (NCA, 1968; SMITTLE; ERICKSON, 2001). O preparo da amostra, incluindo tratamentos térmicos específicos, tem um impacto significativo nos números de esporos detectados, portanto é importante consultar Smittle e Erickson (2001) e os métodos associados descritos no texto na aplicação desses critérios. Os critérios adaptados da NCA (1968), que são baseados em cinco amostras por lote, podem ser resumidos como segue:

- Esporos aeróbios termofílicos – média ≤ 125 esporos/10 g; nenhuma amostra > 150 esporos/10 g, usando o método de Olson e Sorrells (2001).

Alimentos Termoprocessados Estáveis à Temperatura Ambiente **455**

Tabela 24.1 Análises de produtos termoprocessados estáveis à temperatura ambiente para avaliação da segurança e da qualidade microbiológicas

Importância relativa		Análises úteis
Ingredientes críticos	Média	Realizar a análise para esporos bacterianos em amidos, açúcares, cereais e condimentos (Seção 24.4.1) caso a confiança no fornecedor for baixa. Geralmente a concentração dos esporos termofílicos termorresistentes e esporos mesofílicos nos ingredientes não deve aumentar a carga de esporos antes do tratamento térmico acima de $10^2/g$ e $10^6/g$, respectivamente (ver o texto). Analise das espécies de peixes escombrídeos para histamina somente se for possível armazenar o peixe de maneira a prevenir a deterioração antes que os resultados estejam disponíveis (ver o Capítulo10, para critérios).
Durante o processamento	Baixa	Realizar a análise da água de resfriamento para potabilidade. A frequência depende da origem da água, uso e controle de sanitizantes.
Ambiente de processamento	Baixa	Análise periódica é recomendada para o seguinte: • Monitoramento da higiene das etapas críticas de produção do processamento pré-térmico que podem permitir a proliferação dos formadores de esporos termorresistentes. • Compreensão da ecologia microbiana de linhas de processamento novas ou modificadas.
	Média	Validação e verificação da limpeza com ênfase especial no monitoramento da higiene das linhas de processamento pós-térmico antes da secagem da embalagem. Pode ser usado em conjunto com monitores de higiene rápidos como ATP e análise da água *cleaning-in-place* (CIP).
Vida de prateleira	Baixa	Não aplicável para produtos acabados, mas pode ser necessário validar a vida de prateleira da embalagem aberta.
Produto final	-	Análise microbiológica direta de rotina do produto final usando métodos tradicionais de análise microbiológica não é recomendada. Dados úteis dependem muito do produto, embalagem e comercialização dos produtos. Análise potencial pode incluir algumas das seguintes:
	Alta	Investigação de incidentes de deterioração. Protocolos de investigação devem ser fixados para determinar se o problema é relacionado ao subprocessamento, à deterioração termofílica ou à contaminação pós-processamento via água de resfriamento e/ou falha na embalagem.
	Média	Verificação de certos processos relacionados com o fechamento hermético pós-processamento térmico dos recipientes pode ser feita pelo teste de incubação da embalagem de uma proporção de embalagens do produto final (ver o texto). Condições típicas de incubação são: • 30–37 °C por 10–14 dias para detectar deterioração mesofílica. • 50–55 °C por 5–7 dias para análise da deterioração termofílica (para produtos expostos a altas temperaturas por longo período). • 25–30 °C por 10–14 dias para deterioração mesofílica (produtos ácidos ou acidificados).
	Média	Para alguns produtos e tipos de embalagens, 10% das embalagens incubadas podem ser abertas e examinadas para deterioração por meios químicos e microbiológicos apropriados (ver o texto).
	Média	Para as espécies de peixes escombrídeos, quando o uso de BPH/HACCP do produto é desconhecido, a análise para histamina pode ser adequada (ver o Capítulo 10).

- Esporos *flat sour* – média ≤ 50 esporos/10 g; nenhuma amostra > 75 esporos/10 g, usando o método de Olson e Sorrells (2001).
- Esporos anaeróbios termofílicos – presentes em ≤ 3 de 5 amostras; nenhuma amostra com ≥ 4 de seis tubos contêm esporos, usando o método de Ashton e Bernard (2001).

- Esporos anaeróbios termofílicos com produção de sulfeto de hidrogênio (deterioradores sulfídricos) – presente em ≤ 2 de 5 amostras; nenhuma amostra com > 5 esporos/10 g, usando o método de Donnelly e Hannah (2001).

Não há especificação de padrões para esporos em cereais e condimentos. Ao estabelecer as especificações, a quantidade de ingredientes no produto final deve ser considerada. No geral, os condimentos não devem estar contaminados em um nível que aumente a carga de esporos no produto antes do processamento térmico em mais de 10^2/g para esporos termofílicos e mais de 10^6/g para esporos mesofílicos. Esses valores podem também ser usados para os cereais como uma diretriz geral.

Para certos produtos à base de frutas ou sucos, estáveis à temperatura ambiente, pode também ser necessário estabelecer especificações para limitar os números de ascósporos de bolores termorresistentes como *Byssochlamys* spp. Porém, isso somente é necessário para processamentos brandos, nos quais níveis excessivos de tais ascósporos poderiam causar deterioração. Para informações relevantes sobre esporos de *Alicyclobacillus* spp. em concentrados de frutas, consulte o Capítulo 20.

24.4.2 Durante o processamento

O processamento térmico correto, a prevenção da contaminação após o processamento térmico e a formulação do produto, quando aplicável, são fatores importantes para controlar a segurança e deterioração dos produtos estáveis à temperatura ambiente. Os ingredientes perecíveis usados na produção de alimentos termoprocessados estáveis à temperatura ambiente devem ser manuseados cuidadosamente antes do processamento para prevenir a deterioração incipiente. Os tempos e as temperaturas de armazenamento e manuseio devem ser controlados. Os processadores também devem assegurar que as matérias-primas e os produtos intermediários são manuseados adequadamente, de forma que na ocorrência de uma pane na linha de processamento, a contaminação cruzada e/ou multiplicação de microrganismos possa ser evitada.

A água de resfriamento pode ser analisada microbiologicamente em intervalos adequados para verificar a conformidade com os padrões para água potável, mas a frequência das análises depende de circunstâncias individuais de produção.

24.4.3 Ambiente de processamento

Em geral, as superfícies de contato com o produto nos equipamentos do processamento devem estar limpas e a limpeza validada e verificada. Os métodos rápidos de monitoramento de higiene, como medida de ATP, podem ser úteis em certas situações para verificar a limpeza monitorada por inspeção visual ou outros meios. Para processamentos térmicos *in-line*, a limpeza pode ser verificada pelo monitoramento do ciclo *cleaning-in-place* (CIP): concentrações de sanitizante, tempos de contato e temperaturas são todos parâmetros importantes para avaliar.

Certas áreas da linha de produção anteriores ao processamento térmico podem necessitar de atenção especial caso possam ser colonizados por bactérias termofílicas ou mesofí-

Alimentos Termoprocessados Estáveis à Temperatura Ambiente

licas formadoras de esporos (por exemplo, branqueadores de vegetais). As condições nessas áreas podem permitir a seleção e o acúmulo de certos formadores de esporos e ocasionar a contaminação do produto alimentício de tal maneira que as condições de processamento são insuficientes para reduzi-la para níveis aceitáveis. O monitoramento microbiológico de rotina dessas áreas, empregando um procedimento adequado, pode ser necessário. Além disso, recomenda-se o monitoramento microbiológico de rotina da linha de processamento após o tratamento térmico e antes da secagem da embalagem, uma vez que essas são áreas críticas nas quais as embalagens são suscetíveis à contaminação cruzada.

24.4.4 Vida de prateleira

O estabelecimento da vida de prateleira não é importante para alimentos estáveis à temperatura ambiente; contudo, pode ser necessário especificar a vida de prateleira após a abertura da embalagem, para permitir o uso seguro do alimento pelo consumidor. A vida de prateleira adequada pode ser estabelecida por meio da combinação de análise microbiológica e modelos preditivos, quando disponíveis (FSAI, 2005).

24.4.5 Produto final

A análise microbiológica direta, de rotina, de produtos estáveis à temperatura ambiente, não é recomendada. O principal meio de garantir a segurança e adequação de alimentos comercialmente esterilizados é o controle do processo realizado como parte do sistema de gerenciamento de segurança do alimentos baseado nos princípios do HACCP. Entretanto, novos produtos ou novos processos podem se beneficiar de certo número de análises do produto final durante o desenvolvimento (por exemplo, estudos com embalagens inoculadas, testes de incubação etc.). A análise do produto final também pode ser útil no diagnóstico de problemas de deterioração. Mais informações sobre as análises para determinar as causas da deterioração são fornecidas por Rangaswami e Venkatesan (1959) e Denny e Parkinson (2001).

Deibel e Jantschke (2001) discutiram os métodos para testar a esterilidade comercial. As opiniões diferem quanto à validade de incubar e analisar os produtos acabados após o processamento. Para lotes únicos, a incubação e a análise podem revelar somente problemas grosseiros do processamento tais como o subprocessamento ou contaminação pós-processamento disseminada. Porém, a incubação e a análise podem fornecer informações úteis sobre o desempenho geral da linha de processamento por longos períodos de tempo quando combinadas com análise de tendência. Esse tipo de análise pode detectar problemas subjacentes que levam a unidades não estéreis esporádicas.

Em certos países, a incubação do produto pode ser uma exigência legal. A menos que esse seja o caso, o teste de incubação de rotina geralmente não é recomendado, mas pode ser útil para verificar, periodicamente, o funcionamento dos controles do processo. Entretanto, os processos assépticos, de enchimento a quente e de retenção, e o processamento de jarras em autoclave são processos específicos nos quais a incubação do produto final é usada rotineiramente. O teste de incubação também é útil durante a implantação e validação de novos processamentos térmicos e durante investigação, quando se suspeita de problemas com o processamento térmico.

458 Microrganismos em Alimentos 8

No caso de alimentos de baixa acidez, se o teste de incubação é realizado, amostras representativas do lote do produto devem ser incubadas a 30–37 °C de 10 a 14 dias para que deteriorantes mesofílicos sejam detectados. Quando os produtos de baixa acidez podem ser expostos a temperaturas elevadas durante o armazenamento e comercialização, a incubação a 50–55 °C por 5–7 dias também pode ser útil para testar para deterioração termofílica. Se há suspeita de deterioração termofílica, análise também deve ser conduzida para excluir a presença de mesofílicos formadores de esporos, para ter certeza que o problema não está relacionado a subprocessamento, e que os organismos detectados são termófilos estritos, e não facultativos. Para alimentos muito ácidos ou acidificados, é recomendada a incubação a 25–30 °C por 10–14 dias para a deterioração mesofílica (CAMPDEN BRI, 2001; DEIBEL; JANTSCHKE, 2001).

A quantidade de amostras incubadas pode variar dependendo do tipo de processamento, tamanho do lote e características do produto. Para produtos em embalagem asséptica, amostras geralmente representam a combinação entre amostras obtidas aleatoriamente e amostras tomadas após eventos específicos, como início (*start-up*) da linha de produção, mudanças nos materiais de embalagem e paradas em virtude de incidentes no processamento. Para produtos autoclavados, o número de amostras é geralmente muito menor e limitado a umas poucas amostras por autoclave. Idealmente, o tamanho da amostra deve ser calculado estatisticamente para ser capaz de detectar um determinado nível de deterioração. Porém, deve ser notado que para níveis de contaminação abaixo de 1%, o número de embalagens a serem examinadas torna-se muito grande.

REFERÊNCIAS

ASHTON, D.; BERNARD, D. T. Thermophilic anaerobic sporeformers. In: DOWNES, F. P.; ITO, K. (Ed.). **Compendium of methods for the microbiological examination of foods.** 4. ed. Washington: American Public Health Association, 2001.

BROWN, K. L. Control of bacterial spores. **British Medical Bulletin**, Oxford, v. 56, n. 1, p. 158-171, 2000.

CAMPDEN BRI. Guidelines on the incubation testing of ambient shelf-stable heat preserved foods. **Guideline**, Gloucestershire, G34, 2001.

CODEX ALIMENTARIUS. **Recommended international code of hygiene practice for low and acidified low acid canned foods (CAC/RCP 23-1979)**. Rome: FAO, 1993. FAO/WHO Food Standards Program.

DEIBEL, K. E.; JANTSCHKE, M. Canned foods: tests for commercial sterility. In: DOWNES, F. P.; ITO, K. (Ed.). **Compendium of methods for the microbiological examination of foods.** 4. ed. Washington, DC: American Public Health Association, 2001.

DENNY, C. B.; PARKINSON, N. G. Canned foods: tests for cause of spoilage. In: DOWNES, F. P.; ITO, K. (Ed.). **Compendium of methods for the microbiological examination of foods.** 4. ed. Washington, DC: American Public Health Association, 2001.

DE LUCCA, A. J. II. et al. Mesophilic and thermophilic bacteria in a cane sugar refinery. **Zuckerind**, v. 117, p. 237-240, 1992.

Alimentos Termoprocessados Estáveis à Temperatura Ambiente

DONNELLY, L. S.; HANNAH, T. Sulfide spoilage sporeformers. In: DOWNES, F. P.; ITO, K. (Ed.). **Compendium of methods for the microbiological examination of foods**. 4. ed. Washington, DC: American Public Health Association, 2001.

EVANCHO, G. M.; TORTORELLI, S.; SCOTT, V. Microbiological spoilage of canned foods. In: SPERBER, W. H.; DOYLE, M. P. (Ed.). **Compendium of the microbiological spoilage of foods and beverages**. New York: Springer, 2009.

FREIRE, F. C. O.; OFFORD, L. Bacterial and yeast counts in Brazilian commodities and spices. **Brazilian Journal of Microbiology**, São Paulo, v. 33, n. 2, p. 145-148, 2002.

FSAI - FOOD SAFETY AUTHORITY OF IRELAND. **Guidance Note No. 18**: Determination of product shelf life. Dublin, 2005. Disponível em: <http:// www.fsai.ie/WorkArea/DownloadAsset.aspx?id=756>. Acesso em: 8 nov. 2010.

HARA-KUDO, Y. et al. Salmonella prevalence and total microbial and spore populations in spices imported to Japan. **Journal of Food Protection**, Des Moines, v. 69, p. 2519–2523, 2006.

HOLDSWORTH, S. D.; SIMPSON, R. **Thermal processing of packaged foods**. 2. ed. New York: Springer Science and Business Media, 2007.

HOLLAUS, F. Die Mikrobiologie bei der Rübenzuckergewinnung: Praxis der Betriebskontrolle und Massnahmen gegen Mikroorganismen. **Zschrft. Zuckerind**, v. 27, p. 722–726, 1977.

HOLLAUS, F. et al. Nitritbildung im Dünnsaftbereich durch Thermus-Arten. **Zschrft Zuckerind**, v. 122, p. 365–368, 1997.

ICMSF - INTERNATIONAL COMMISSION ON MICROBIOLOGICAL SPECIFICATIONS FOR FOOD. **Microorganisms in foods 5**: characteristics of microbial pathogens. Gaithersburg: Aspen Publishers, 1996.

_____. **Microorganisms in foods 6**: microbial ecology of food commodities. 2. ed. New York: Kluwer Academic: Plenum Publishers, 2005.

KRISHNASWAMY, M. A. et al. Some of the types of coliforms, aerobic mesophilic spore formers, yeasts and moulds present in spices. **Journal of Plantation Crops**, Kerala, v. 1, p. 200203, 1973. Supplement.

LAROUSSE, J.; BROWN, B. E. (Ed.). **Food canning technology**. New York: Wiley-VCH, 1997.

MCKEE, L. H. Microbial contamination of spices and herbs: a review. **LWT - Food Science and Technology**, Amsterdam, v. 28, n. 1, p. 1-11, 1995.

MOIR, C. J. et al. Commercially sterile foods. In: MOIR, C. J. (Ed.). **Spoilage of processed foods**: causes and diagnosis. Sydney: AIFST Inc.: NSW Branch, 2001.

MONTVILLE, T. J.; SAPERS, G. Thermal resistance of spores from pH, elevating strains of *Bacillus licheniformis*. **Journal of Food Science**, Champaign, v. 46, p. 1710-1712, 1981.

NCA - NATIONAL CANNERS ASSOCIATION. **Laboratory manual for food canners and processors**. Westport: AVI Publishing, 1968.

NFPA - NATIONAL FOOD PROCESSORS ASSOCIATION; GAVIN, A.; WEDDIG, L. (Ed.). Canned foods: principles of thermal process control, acidification and container closure evaluation. 6. ed. Washington, DC: The Food Processors Institute, 1995.

ODLAUG, T. E.; PFLUG, I. J. *Clostridium botulinum* growth and toxin production in tomato juice containing *Aspergillus gracilis*. **Applied and Environmental Microbiology,** Washington, DC, v. 37, n. 3, p. 496-504, 1979.

OLSON, K. E.; SORRELLS, K. M. Thermophilic flat sour sporeformers. In: DOWNES, F. P.; ITO, K. (Ed.). **Compendium of methods for the microbiological examination of foods.** 4. ed. Washington, DC: American Public Health Association, 2001.

RANGASWAMI, G.; VENKATESAN, R. Studies on the microbial spoilage of canned food. Isolation and identification of some spoilage bacteria. **Proceedings of the Indian Academy of Sciences,** Bangalore, v. 50, n. 6, p. 349-359, 1959.

SMITTLE, R. B.; ERICKSON, J. P. Sweeteners and starches. In: DOWNES, F. P.; ITO, K. (Ed.). **Compendium of methods for the microbiological examination of foods.** 4. ed. Washington, DC: American Public Health Association, 2001.

WADE, W. N.; BEUCHAT, L. R. Proteolytic activity of fungi isolated from decayed and damaged tomatoes and implications associated with changes in pH favorable for survival and growth of foodborne pathogens. **Journal of Food Protection,** Des Moines, v. 66, p. 111-117, 2003.

25 CAPÍTULO

Alimentos Desidratados para Lactentes e Crianças de Primeira Infância[1]

25.1 INTRODUÇÃO

A segurança microbiológica de fórmulas infantis recebeu muita atenção após a publicação da ICMSF (2005), em consequência da emergência de *Enterobacter sakazakii* como um patógeno oportunista importante. Numerosos estudos taxonômicos com os isolados de *E. sakazakii* levaram à sua reclassificação em um novo gênero, *Cronobacter*, abrangendo várias espécies intimamente relacionadas (IVERSEN et al., 2008). O Codex Alimentarius (2008) concordou em alterar *E. sakazakii* para *E. sakazakii* (espécies de *Cronobacter)* no código adotado em 2008. Essa alteração é amplamente aceita, portanto o termo *Cronobacter* spp. é usado ao longo deste capítulo.

Três consultas da FAO e WHO (2004, 2006, 2008) a especialistas resultaram em recomendações das medidas de controle adequadas para *Cronobacter* em fórmulas infantis, que causou a revisão do *Codex alimentarius commission code of hygienic practices*

---

[1] No Brasil, a Resolução–RDC 43 de 19 de setembro de 2011 da Anvisa define fórmula infantil para lactentes como sendo o produto, em forma líquida ou em pó, utilizado sob prescrição, especialmente fabricado para satisfazer, por si só, as necessidades nutricionais dos lactentes sadios durante os primeiros seis meses de vida (cinco meses e 29 dias) (N.T.).

for powdered formulae for infants and young children, bem como dos critérios microbiológicos (CODEX ALIMENTARIUS, 2008). Este capítulo aborda as recomendações da Codex Alimentarius Commission para fórmulas infantis em pó, bem como cereais para lactentes, que têm problemas microbianos e de produção diferentes.

As fórmulas de seguimento em pó não são discutidas em detalhe neste capítulo, mas as mesmas recomendações descritas para fórmulas para lactentes se aplicam, com exceção de *Cronobacter* spp., que não é relevante para bebês > 6 meses (FAO; WHO, 2008).

25.2 FÓRMULAS INFANTIS EM PÓ

As definições de fórmulas infantis variam bastante nos diferentes países. A diretriz da EC 91/321/EEC (EC, 1991), várias alterações descritas na diretriz 2006/141/EC (EC, 2006a) e o Codex Alimentarius (2008) definem fórmulas infantis como alimentos destinados a uma aplicação nutricional especial de bebês de até seis meses de idade. Nesses documentos, produtos para lactentes > 6 meses são classificados como fórmulas de seguimento. Por outro lado, os Estados Unidos não diferenciam os dois grupos etários, e os produtos são classificados com fórmulas infantis (0–12 meses). Estão incluídos nesse grupo de produtos, outros produtos como fortificantes adicionados ao leite humano extraído e fórmulas especiais planejadas para atender às exigências nutricionais de bebês de muito baixo peso que têm deficiências nutricionais e condições clínicas associadas.

A exigências de composição, qualidade e rotulagem de fórmulas infantis em pó estão estabelecidas em regulamentos nacionais ou internacionais, como os padrões para fórmulas infantis do Codex Alimentarius (2008), o *Infant Act* dos Estados Unidos (FDA, 2004), e a *European directive* (EC, 2006a). Existem outros regulamentos nacionais, que podem diferir nas suas definições e exigências.

Os produtos discutidos nesta seção são geralmente fabricados usando-se as mesmas tecnologias e mesmo tipo de equipamentos e linhas de processamento. Outros produtos lácteos em pó, como fórmulas de seguimento, produtos para crianças entre 12 e 36 meses ou mesmo para adultos, são produzidos em linhas e equipamentos similares, mas diferem em termos de exigências regulatórias microbiológicas. Entretanto, se forem produzidos na mesma linha que as fórmulas infantis, tais produtos devem atender às exigências mais rigorosas, de forma que o desempenho adequado das linhas de processamento e a conformidade das fórmulas infantis com os critérios estabelecidos possam estar garantidos.

As fórmulas infantis também são produzidas como produtos concentrados esterilizados ou produtos UHT (temperatura ultra-alta) prontos para consumo (*ready-to-feed*). Esses produtos não são discutidos nas seções seguintes, mas se aplicam os mesmos princípios e comentários descritos no Capítulo 23, Seção 3, para produtos lácteos similares.

25.2.1 Microrganismos de importância

25.2.1.1 Perigos e controles

Salmonella é historicamente reconhecida como o patógeno relevante para essa categoria de produtos. Mais recentemente, *Cronobacter* spp. esteve ligado a casos raros

Alimentos Desidratados para Lactentes e Crianças de Primeira Infância

porém severos de enfermidade e vários casos foram relacionados ao consumo de fórmulas infantis em pó contaminadas (FAO; WHO, 2004, 2006, 2008).

Outras *Enterobacteriaceae* como *Citrobacter freundii* ou *C. koseri* foram relatadas como causadoras ocasionais de meningite em recém-nascidos. O papel das fórmulas infantis como fonte desses microrganismos foi revisto pela FAO e WHO (2004, 2006), determinando-se que a casualidade é plausível, mas ainda não demonstrada (ou seja, categoria B). *Staphylococcus aureus* ou *Bacillus cereus* podem estar ocasionalmente presentes em baixas populações e avaliações de risco foram realizadas (FAO; WHO, 2004, 2006; FSANZ, 2004; EFSA, 2005). As consultas da FAO e WHO a especialistas classificaram ambas espécies na categoria C, ou seja, casualidade menos plausível ou ainda não demonstrada. *S. aureus* e *B. cereus* não representam um perigo direto à saúde dos lactentes e geralmente admite-se que populações baixas são aceitáveis e não causarão doença, desde que o produto seja preparado e manipulado de acordo com as recomendações. Os limites que correspondem a essas avaliações (< 50 ou 100 UFC/g) estão incluídos em vários regulamentos (por exemplo, EC, 2007).

Fórmulas com finalidades dietéticas especiais, fortificantes de leite humano, fórmulas infantis, bem como fórmulas de seguimento são produzidos empregando-se um dos três tipos de processos abaixo (consulte FAO; WHO, 2004, 2006, 2008).

1. **Processos de mistura úmida**, nos quais todas as matérias-primas não processadas e ingredientes processados em separado são manipulados como um produto intermediário líquido, que é tratado termicamente, desidratado e então direcionado para a etapa de envase. Nesse processo, não há nenhuma adição após o tratamento térmico e, principalmente após a etapa de desidratação.

2. **Processos de mistura a seco**, nos quais os ingredientes processados em separado são misturados a seco para obter o produto final, que é então direcionado para a etapa de envase. O processo pode incluir e combinar diferentes etapas de mistura para obtenção do produto final.

3. **Processos combinados**, nos quais parte das matérias-primas não processadas e parte dos ingredientes são processados de acordo com o processo de mistura úmida, descrito aqui, para obtenção do pó base. Esse pó base é considerado um produto intermediário e é posteriormente usado na produção de diferentes produtos finais, com a adição dos ingredientes processados em separado.

Todos os processos que se enquadram em (1) ou (3) têm uma etapa letal, geralmente um tratamento térmico, que permite a redução significativa de microrganismos vegetativos, frequentemente maior que 8–10 unidades log. A presença de *Salmonella* e *Cronobacter* spp. em produtos acabados é, portanto, decorrente da contaminação pós-processamento, que pode ocorrer na fase úmida antes da desidratação, se a linha não for higienicamente projetada ou após a desidratação até o enchimento, incluindo transporte, armazenamento intermediário e operações de mistura a seco, que é observada com maior frequência. A contaminação durante essas etapas pode ser devida ao uso de ingredientes contaminados

464   *Microrganismos em Alimentos 8*

adicionados à base seca, à exposição a superfícies de contato com o alimento contaminadas ou ainda ser proveniente do próprio ambiente de processamento.

A prevenção da contaminação pós-processamento pode ser obtida por meio da seleção cuidadosa de fornecedores para garantir que todos os ingredientes adicionados à base seca atendam às mesmas exigências do produto final. Com relação à contaminação pelas linhas de processamento e ambiente, medidas de higiene bem estabelecidas, tais como zoneamento e minimização de limpeza úmida, são comprovadamente efetivas no controle total de *Salmonella*. Estudos de casos em surtos recentes causados fórmulas infantis contaminadas destacaram a ocorrência de desvios em medidas preventivas bem estabelecidas, em vez de debilidades sistêmicas dessas medidas.

A experiência com a gestão de *Cronobacter* spp. indica que seu controle, tal como o de *Salmonella*, não é possível, isto é, somente é possível minimizar sua presença e consequentemente, o risco de contaminação do produto final (FAO; WHO, 2004, 2006, 2008). Tal gestão só é possível reforçando-se o conceito de zoneamento e eliminando, tanto quanto possível, água, especialmente a utilizada para limpeza. Os detalhes sobre as diferentes medidas de controle empregadas na produção de fórmulas infantis são apresentados por Cordier (2007).

25.2.1.2 Deterioração e controles

Não são relevantes para fórmulas infantis.

25.2.2 Dados microbiológicos

25.2.2.1 Ingredientes críticos

Ingredientes de mistura úmida, como leite em pó, soro em pó e outros derivados de leite, são submetidos a tratamentos térmicos que fornecem redução substancial de microrganismos vegetativos. A amostragem e análise desses ingredientes só é recomendada para verificar se são produzidos de acordo com as BPH.

Os ingredientes de mistura a seco, como lactose, sacarose, misturas de óleos, lecitina, maltodextrina, amidos, vitaminas e elementos traço devem atender às mesmas exigências que os produtos finais. A seleção cuidadosa dos fornecedores de ingredientes, especialmente de risco elevado (tanto para *Salmonella* como para *Cronobacter* spp.), a comunicação clara das necessidades e de seus motivos, e as auditorias para assegurar que todas as medidas de controle e verificações necessárias estão disponíveis, são elementos importantes para assegurar que esses ingredientes atendem às exigências estabelecidas. Recomenda-se a amostragem e análise desses ingredientes, no momento da recepção, para *Salmonella* e *Cronobacter* spp. assim como para *Enterobacteriaceae* como indicador de higiene. No entanto, essas medidas, por si só não são suficientes para garantir a segurança dos ingredientes. Os regimes de amostragem e análises devem ser, portanto, adaptados de acordo como o nível de risco e nível de confiança no fornecedor (ver o Capítulo 6).

25.2.2.2 Durante o processamento

Amostras tomadas durante o processamento têm papel importante na verificação da efetividade das medidas de controle e na demonstração do controle da recontaminação.

Alimentos Desidratados para Lactentes e Crianças de Primeira Infância **465**

Os planos de amostragem efetivos precisam incluir amostras representativas tomadas ao longo da linha de processamento, desde a etapa de desidratação até o envase do produto final. Essas devem incluir o primeiro pó produzido no início da operação, o primeiro produto embalado, assim como amostras de superfícies de contato com o produto, onde pode ocorrer acúmulo de resíduos ou grumos. Exemplos desses pontos de amostragem são os resíduos de peneiras (*sifter tailings*), após o secador e após o resfriador, acima dos equipamentos de enchimento, ou pós finos recolhidos em ciclones e que podem ser indicativos de acúmulo de microrganismos. Detalhes adicionais são fornecidos no Capítulo 3. Essas amostras devem, em princípio, estar de acordo com os mesmos limites microbiológicos dos produtos finais.

25.2.2.3 *Ambiente de processamento*

A principal causa de presença de *Salmonella, Cronobacter* spp. ou *Enterobacteriaceae* em produtos finais é a recontaminação a partir do ambiente de processamento. A amostragem e a análise das amostras ambientais têm, portanto, um papel importante na verificação da efetividade das medidas de controle. São feitas análises para *Salmonella*, e também para *Enterobacteriaceae*, como um indicador de efetividade das BPH.

Deve-se notar que *Enterobacteriaceae* tem um papel duplo como indicador. Com relação à *Salmonella*, populações baixas de *Enterobacteriaceae* não garantem necessariamente a ausência do patógeno, sendo, portanto, necessária a análise direta do patógeno. No caso de *Cronobacter* spp., entretanto, há uma ligação muito mais próxima e a análise direta de *Cronobacter* spp. não vai, necessariamente, fornecer informações adicionais para gestão. Análises investigativas para *Cronobacter* spp. em conjunto com tipagem molecular (por exemplo, ribotipagem) podem ser úteis para mapear o microrganismo por toda a planta.

No passado, populações de *Enterobacteriaceae* no ambiente de 10^2–10^3 UFC/g ou por amostra colhida com *swab* não eram consideradas preocupantes com relação a recontaminação por *Salmonella,* desde que o patógeno não estivesse presente no ambiente de processamento. Entretanto, no caso de *Cronobacter* spp., a experiência tem mostrado que é importante ter um controle muito mais rigoroso de *Enterobacteriaceae* para minimizar a recontaminação, devendo os níveis serem consistentemente inferiores a 10 UFC/g. Populações acima desse valor, e em especial acima de 10^2 UFC/g, levam quase que invariavelmente a elevação das taxas de contaminação do produto final e dessa forma a um aumento concomitante do risco de presença de *Cronobacter* spp. em populações acima da aceitável.

25.2.2.4 *Vida de prateleira*

Análises microbiológicas para avaliar a vida de prateleira não são relevantes para esses produtos.

25.2.2.5 *Produto final*

A ICMSF (1986) havia previamente proposto um plano de 2 classes para *Salmonella* e planos de três classes para coliformes e bactérias mesófilas aeróbias como crité-

466   Microrganismos em Alimentos 8

rios para fórmulas infantis no porto de entrada. Para outros patógenos como *S. aureus* e *B. cereus* não foram incluídas recomendações específicas, mas foi feita uma observação que populações até 10^2 UFC/g seriam aceitáveis, caso fossem realizadas análises. A maioria dessas recomendações foi incluída nas exigências regulatórias existentes, incluindo Codex Alimentarius (1991).

Entretanto, para produtores que aplicam planos de amostragem integrados com amostras durante o processamento e amostras do ambiente, a análise de *Salmonella* no produto final é geralmente empregada apenas como verificação. Resultados positivos para amostras de processo e do ambiente, que indicam um maior risco de presença de *Salmonella* no produto final, devem causar uma mudança no regime de amostragem, isto é, nessas condições pode ser adequado analisar até 60 unidades analíticas de 25 g, para liberação (ver a Tabela 25.1).

Durante a revisão do Codex Alimentarius, a ICMSF propôs um plano de 2 classes para *Cronobacter* spp. baseado nas avaliações de risco da FAO e WHO (2004, 2006). Esse plano de duas classes foi adotado pelo Codex Alimentarius (2008) e é aplicado ou considerado em regulamentos nacionais de diversos outros países.

Com base nos resultados das duas reuniões de especialistas (FAO; WHO, 2004, 2006), recomendou-se uma mudança nos indicadores, de coliformes para o grupo *Enterobacteriaceae*, por ser esse um grupo mais precisamente definido. Requisitos muito mais rigorosos que os critérios do antigo *Code of hygiene* (isto é, para coliformes $n = 5$, $c = 1$, $m < 1$ UFC/g, $M = 20$ UFC/g) são considerados adequados para refletir um risco maior de contaminação por *Cronobacter* spp. Esse critério mais rigoroso (isto é, para *Enterobacteriaceae* $n = 10$, $c = 0$ ou 2, $m = 0$ em amostras de 10 g) foi implementado na União Europeia (EC, 2007) e em outros países.

Em uma consulta a especialistas, as informações científicas e técnicas a respeito da relevância de *Cronobacter* spp. em fórmulas de seguimento foram revisadas e, em razão da falta de evidências, os critérios foram limitados à *Salmonella* e à *Enterobacteriaceae*, sem estabelecimento de limites para *Cronobacter* spp. (FAO; WHO, 2008).

25.3   CEREAIS INFANTIS

Alimentos à base de cereais para bebês e crianças de primeira infância são alimentos para desmame, introduzidos gradualmente a partir dos quatro a seis meses de idade, como parte da diversificação da dieta. Geralmente, eles não representam a única fonte de nutrição. Existem numerosos alimentos tradicionais para desmame à base de cereais ao redor do mundo e várias publicações abordam sua condição microbiológica (por exemplo, LIVINGSTONE; SANDHU; MALLESHI, 1992; POTGIETER et al., 2005; BADAU; JEDEANI; NKAMA,, 2006; WAGACHA; MUTHOMI, 2008). Esse capítulo aborda cereais infantis desidratados produzidos industrialmente.

A definição de produtos à base de cereais para bebes e crianças de primeira infância varia nos diferentes países, incluindo a idade em que são introduzidos na dieta (CUTHBERTSON, 1999; AGOSTONI et al., 2008).

Alimentos Desidratados para Lactentes e Crianças de Primeira Infância

Tabela 25.1 Análises de fórmulas infantis em pó para avaliação da segurança e da qualidade microbiológicas

Importância relativa		Análises úteis
Ingredientes críticos	Alta	É importante desenvolver boas relações com fornecedores de ingredientes críticos de misturas a seco para garantir sua segurança. Os requisitos devem ser equivalentes aos de produtos finais (ver abaixo). Dependendo do grau de confiança no fornecedor, analisar para aceitação ou para monitoramento.
Durante o processamento	Alta	Análises rotineiras durante o processamento são recomendadas em etapas críticas do processo. Requisitos incluem: • *Salmonella* – ausência em qualquer amostra ≥ 25 g. • *Cronobacter* spp. – ausência em qualquer amostra ≥ 10 g. • *Enterobacteriaceae* - ausência em qualquer amostra ≥ 10 g.
Ambiente de processamento	Alta	Em virtude de sua ocorrência em baixas populações, a análise rotineira para *Cronobacter* spp. não é recomendada, mas pode ser considerada para mapeamento da situação na planta ou para investigação. A análise rotineira para *Salmonella* e *Enterobacteriaceae* é recomendada. • *Salmonella* – ausente. • *Enterobacteriaceae* – < 10 UFC/g.
Vida de prateleira	-	Não se aplica.
Produto final		Analisar para indicadores para verificar o controle durante o processamento e análises de tendências.

	Produto	Microrganismo	Método analítico[a]	Caso	Plano de amostragem e limites/g[b]			
					n	c	m	M
Alta	Fórmula infantil	Contagem de aeróbios	ISO 4833	2	5	2	5×10^2	5×10^3

	Produto	Microrganismo	Método analítico[a]	Caso	Plano de amostragem e limites/10 g[b]			
					n	c	m	M
Alta		*Enterobacteriaceae*	ISO 21528-1	NA[c]	10[d]	2	0	-

Quando os resultados durante o processamento e do ambiente forem negativos para *Salmonella*, a análise de um número pequeno de amostras para verificação é geralmente suficiente. Quando esses dados indicarem potencial para contaminação ou quando a efetividade das medidas de controle parece prejudicada (por exemplo, atividades de construção, limpeza úmida), analisar de acordo com as recomendações abaixo.

Considerar que *Cronobacter* spp. é muito mais disseminado e mesmo quando controlado, com populações muito baixas no ambiente, recomenda-se a análise para aceitação de lote de acordo com o plano abaixo.

	Produto	Microrganismo	Método analítico[a]	Caso	Plano de amostragem e limites/25 g[b]			
					n	c	m	M
Baixa a alta	Fórmula infantil	*Salmonella*	ISO 6785	15	60[e]	0	0	-

	Produto	Microrganismo	Método analítico[a]	Caso	Plano de amostragem e limites/10 g[b]			
					n	c	m	M
Alta		*Cronobacter* spp.	ISOTS 22964	14	30[d]	0	0	-

[a] Métodos alternativos podem ser usados, desde que validados pelos métodos ISO.

[b] Consulte o Apêndice A para desempenho desses planos de amostragem.

[c] NA = não se aplica. Critérios do Codex Alimentarius (2008) são recomendados.

[d] Unidades analíticas individuais de 10 g (ver a Seção 7.5.2 para amostra composta).

[e] Unidades analíticas individuais de 25 g (ver a Seção 7.5.2 para amostra composta).

468

Microrganismos em Alimentos 8

Cereais infantis são geralmente produzidos pelo aquecimento de uma sopa de cereal antes de processamentos adicionais. Os principais ingredientes das sopas de cereal são farinha de um único cereal ou de misturas de cereais, e água. Outros ingredientes, como maltodextrina, açúcares, sólidos do leite, amidos, mel, polpas de frutas ou hortaliças e cacau, também podem ser usados.

Após o tratamento térmico, que varia de acordo com o produtor e qualidade sensorial desejada, a sopa é posteriormente processada em secadores de cilindro. Durante essa etapa do processamento, a sopa é distribuída uniformemente em um filme fino sobre os cilindros rotativos aquecidos. Isso causa a evaporação imediata da água e a formação de um filme de produto fino e seco, que é raspado do cilindro para uma esteira transportadora. Apesar de serem atingidas temperaturas elevadas durante essa etapa, a secagem não é considerada uma etapa letal controlada, já que as características do produto e a atividade de água mudam rapidamente, o que afeta as taxas de mortalidade. Esses produtos também podem ser produzidos por extrusão.

O filme de cereal é, então, moído para obter um pó ou flocos pequenos com partículas de tamanho definido. Esse pó base pode ser armazenado antes de processamento adicional, quer seja para envase ou para mistura com ingredientes secos como vitaminas, elementos traço, pós, flocos ou pedaços de frutas ou hortaliças etc. O número e o tipo de ingredientes adicionados geralmente variam (por exemplo, tamanho das partículas) de acordo com a idade do consumidor, que varia de bebês a crianças pequenas de até cerca de 1 ano.

25.3.1 Microrganismos de importância

25.3.1.1 Perigos e controles

As medidas de controle descritas no Capítulo 15 aplicam-se e devem ser implantadas com mais rigor porque a suscetibilidade dos bebes pode ser maior que a da população em geral, e assim os limites regulatórios para cereais infantis podem ser mais rígidos que para produtos à base de cereais para adultos (por exemplo, EC, 2006b). *Salmonella* é o único patógeno bacteriano relevante para essa categoria de produto e alguns surtos foram documentados (RUSHDY et al., 1998). Outros microrganismos como *S. aureus*, *B. cereus* ou *Cronobacter* spp. podem, ocasionalmente, estar presentes em populações baixas. Não existem surtos relatados relacionados a cereais infantis envolvendo esses microrganismos e eles não representam ameaça direta à saúde dos bebes. De maneira geral, aceita-se que populações baixas são toleráveis e não causam enfermidades, desde que o produto seja preparado e manipulado de acordo com as recomendações.

O controle de *Salmonella* é obtido por meio de tratamentos térmicos planejados para que as sopas de cereais tenham as qualidades sensoriais adequadas. Os tempos e temperaturas fornecem reduções substanciais de patógenos vegetativos (geralmente mais de 20 ciclos log) e mesmo alguns esporulados são inativados. Para esses últimos, podem ser obtidas reduções de 3–8 ciclos log, dependendo das condições aplicadas.

As micotoxinas podem representar um perigo significativo em cereais infantis, assim como em outros produtos à base de cereais. Produtos contaminados foram de-

Alimentos Desidratados para Lactentes e Crianças de Primeira Infância

tectados regularmente em uma pesquisa canadense (LOMBAERT et al., 2003), mas uma pesquisa similar realizada no Reino Unido raramente detectou micotoxinas e as amostras positivas estavam abaixo dos limites permitidos (FSA, 2004). O controle é conseguido por meio de seleção cuidadosa de fornecedores. Análises no recebimento dependem da confiança nos fornecedores.

25.3.1.2 Deterioração e controles

Não relevante, pois após a desidratação, todas as etapas do processamento são a seco e a deterioração microbiana não ocorre.

25.3.2 Dados microbiológicos

As análises recomendadas para avaliação da segurança e da qualidade microbiológicas de cereais infantis em pó estão resumidas na Tabela 25.2 e abaixo.

25.3.2.1 Ingredientes críticos

Ingredientes de mistura úmida, como os descritos aqui, são submetidos a tratamentos térmicos que causam reduções substanciais dos microrganismos vegetativos. A amostragem e análise desses ingredientes são recomendadas somente para verificar se são produzidos de acordo com as BPH.

Ingredientes de mistura a seco devem atender aos mesmos requisitos que os produtos acabados. A seleção cuidadosa dos fornecedores de ingredientes, de risco elevado em especial, a comunicação clara das necessidades e de seus motivos, e as auditorias para assegurar que todas as medidas de controle e verificações necessárias estão disponíveis, são elementos importantes de um programa de fornecedores. Recomenda-se a amostragem e análise desses ingredientes para *Salmonella* e para *Enterobacteriaceae* como indicador de higiene. No entanto, essas medidas, por si só não são suficientes para garantir a segurança. Os regimes de amostragem e análises devem ser, portanto, adaptados de acordo como o nível de risco e nível de confiança no fornecedor (ver o Capítulo 6).

Ver o Capítulo 15 para as análises relevantes de micotoxinas nos diferentes grãos. Análises visuais para crescimento de fungos, infestação de insetos e pontos de umidade são adequadas. Devem ser analisadas farinhas e grãos antes da moagem para as micotoxinas pertinentes caso a confiança no fornecedor seja baixa.

25.3.2.2 Durante o processamento

Amostras obtidas durante o processamento tem papel fundamental na verificação da efetividade das medidas de controle e na demonstração do controle sobre a recontaminação. Os planos de amostragem efetivos compreendem amostras representativas da linha de processamento, incluindo a etapa de secagem em cilindro, a etapa de moagem e enchimento de pacotes com o produto final. Exemplos são o primeiro pó produzido no início da operação, o primeiro produto embalado, assim como amostras de superfícies

Tabela 25.2 Análises de cereais infantis em pó para avaliação da segurança e da qualidade microbiológicas

Importância relativa		Análises úteis
Ingredientes críticos	Alta	Exigências para *Salmonella* para ingredientes de misturas a seco devem ser equivalentes àquelas para produto final (ver abaixo). Analisar para aceitação ou para monitoramento. Analisar as farinhas e grãos antes da moagem para as micotoxinas apropriadas, se a confiança no fornecedor for baixa.
Controle do processamento	Alta	Análises rotineiras durante o processamento são recomendadas em etapas críticas do processo. As exigências devem ser ausência de *Salmonella* em qualquer amostra ≥ 25 g e *Enterobacteriaceae* em 1 g ou 0,1 g (dependendo da idade do consumidor, sendo a mais rigorosa aplicada para a faixa de 6–12 meses).
Ambiente de processamento	Alta	Análises rotineiras de amostras ambientais para *Salmonella* (ausência na amostra tomada) e *Enterobacteriaceae* (populações de 100 UFC/g como objetivo) são recomendadas.
Vida de prateleira	-	Não se aplica.
Produto final	Alta	Analisar para indicadores para verificar o controle durante o processamento e análises de tendências. Escolha as populações de *Enterobacteriaceae* e de colônias aeróbias de acordo com a faixa etária e a composição do produto (ver o texto).

Produto	Microrganismo	Método analítico[a]	Caso	Plano de amostragem e limites/g[b]			
				n	c	m	M
Cereais infantis	Contagem de aeróbios	ISO 4833	2	5	2	1×10^3 -5×10^3	1×10^4 -5×10^4
	Enterobacteriaceae	ISO 21528-1 ou ISO 21528-2	5	5	2	0–10	$10-10^2$

Baixa a alta — Em situações em que os resultados durante o processamento e do ambiente são negativos para *Salmonella*, a análise de um número pequeno de amostras para verificação é geralmente suficiente. Quando esses dados indicarem potencial para contaminação ou quando a efetividade das medidas de controle parece prejudicada (por exemplo, atividades de construção, limpeza úmida), é aconselhável analisar até 60×25 g ou equivalente para liberação.

Produto	Microrganismo	Método analítico[a]	Caso	Plano de amostragem e limites/25 g[b]			
				n	c	m	M
Cereais infantis	*Salmonella*	ISO 6579	15	60[c]	0	0	-

[a] Métodos alternativos podem ser usados, desde que validados pelos métodos ISO.

[b] Consulte o Apêndice A para desempenho desses planos de amostragem.

[c] Unidades analíticas individuais de 25 g (ver a Seção 7.5.2 para amostra composta).

de contato com o produto onde em que pode ocorrer acúmulo de resíduos ou grumos. Exemplos dos pontos de amostragem são os resíduos de peneiras (*sifter tailings*), nos moinhos, acima de equipamentos de enchimento, ou pós finos (*fines*) recolhidos de ciclones, que podem ser indicativos de acúmulo de microrganismos. Detalhes adicionais são fornecidos no Capítulo 3. Essas amostras devem, em princípio, estar de acordo com os mesmos limites microbiológicos dos produtos finais.

Alimentos Desidratados para Lactentes e Crianças de Primeira Infância **471**

25.3.2.3 *Ambiente de processamento*

A principal causa de presença de *Salmonella, Cronobacter* spp. ou *Enterobacteriaceae* em produtos finais é a recontaminação pelo ambiente de processamento. A amostragem e análise das amostras ambientais têm, portanto, um papel importante na verificação da efetividade das medidas de controle. São feitas análises para *Salmonella*, e também para *Enterobacteriaceae*, como um indicador de efetividade das BPH.

Populações de *Enterobacteriaceae* de 10 a 10^2 UFC/g ou por *swab* de amostras do ambiente são consideradas alcançáveis, e *Salmonella* deve estar ausente em qualquer uma das amostras tomadas.

25.3.2.4 *Vida de prateleira*

Análises microbiológicas para avaliar a vida de prateleira não são relevantes para esses produtos.

25.3.2.5 *Produto final*

A ICMSF (1986) havia previamente proposto um plano de duas classes para *Salmonella* e planos de três classes para coliformes e bactérias mesófilas aeróbias como critérios para cereais infantis, tratados na mesma categoria que as fórmulas infantis. Para outros patógenos como *S. aureus* e *B. cereus* não foram incluídas recomendações específicas, mas foi feita uma observação que populações até 10^2 UFC/g seriam aceitáveis. A maioria destas recomendações foi incluída nas exigências regulatórias existentes, incluindo o Codex Alimentarius (1991).

Em 2008, os cereais infantis foram excluídos do escopo do Codex Alimentarius. Os critérios para salmonelas, como aqueles incluídos no código anterior (CODEX ALIMENTARIUS, 2006) e propostos pela ICMSF, são ainda relevantes, mas com base nos conhecimentos atuais, a aplicação de critérios para indicadores de higiene diferentes daqueles das fórmulas infantis se justifica. Também deve ser levado em consideração o grupo etário, pois os produtos são consumidos até os 3 anos de idade (algumas vezes com mais idade) como parte de uma dieta diversificada. Para indicadores de higiene, como contagens de aeróbios ou *Enterobacteriaceae*, podem ser adotados limites menos rigorosos que aqueles para fórmulas infantis quando se utiliza um número maior de ingredientes e os produtos são destinados ao consumo por crianças de mais idade.

Para produtores, a aplicação de planos de amostragem integrados com amostras durante o processamento e amostras do ambiente é rotina. Entretanto, a análise de *Salmonella* no produto final é geralmente empregada apenas como verificação. Resultados positivos para amostras de processo e do ambiente, que indicam um maior risco de presença de *Salmonella* no produto final, devem causar uma mudança no regime de amostragem, isto é, nessas condições pode ser adequado analisar até 60 unidades analíticas de 25 g, para liberação.

REFERÊNCIAS

AGOSTONI, C. et al. Complementary feeding: a commentary by the ESPGHAN Committee on Nutrition. **Journal of Pediatric Gastroenterology and Nutrition**, Philadelphia, v. 46, n. 1, p. 99-110, 2008.

BADAU, M. H.; JEDEANI, L. A.; NKAMA, I. Production, acceptability and microbiological evaluation of weaning food formulations. **Journal of Tropical Pediatrics**, London, v. 52, n. 3, p. 166-172, 2006.

CODEX ALIMENTARIUS. **Guidelines on formulated supplementary foods for older infants and young children (CAC/ GL 08-1991)**. Rome: FAO, 1991. FAO/WHO Food Standards Program.

_____. **Codex standard for processed cereal-based foods for infants and young children. (STAN 074-1981, Rev. 1-2006)**. Rome: FAO, 2006. FAO/WHO Food Standards Program.

_____. **Code of hygienic practice for powdered formulae for infants and young children (CAC/ RCP 66-2008)**. Rome: FAO, 2008. FAO/WHO Food Standards Program.

CORDIER, J. L. Production of powdered infant formulae and microbiological control measures. In: FARBER, J. M.; FORSYTHE, S. J. (Ed.). **Enterobacter sakazakii**. Washington, DC: ASM Press, 2007.

CUTHBERTSON, W. F. J. Evolution of infant nutrition. **British Journal of Nutrition**, Cambridge, v. 81, p. 359-371, 1999.

EC - EUROPEAN COMMISSION. Commission Directive 91/321/EEC of 14 May 1991 on infant formulae and follow on formulae. **Official Journal**, L175, p. 35-49, 1991.

_____. Commission directive 2006/141/EC on infant formulae and follow-on formulae and amending directive 1999/21/EC. **Official Journal**, L401, p. 1-31, 2006a.

_____. Commission regulation (EC) Nº 1881/2006 of 19 December 2006 setting maximum levels for certain contaminants in foodstuffs. **Official Journal**, L364, p. 5-24, 2006b.

_____. Regulation 1441/2007 of 5 December 2007 amending regulation (EC) Nº 2073/2005 on microbiological criteria for foodstuffs. **Official Journal**, L322, p. 12-29, 2007.

EFSA - EUROPEAN FOOD SAFETY AUTHORITY. Opinion of the scientific panel on biological hazards on *Bacillus cereus* and other *Bacillus* spp. in foodstuffs. **The EFSA Journal**, Parma, v. 175, p. 1-48, 2005.

FAO - FOOD AGRICULTURE ORGANIZATION; WHO – WORLD HEALTH ORGANIZATION. *Enterobacter sakazakii* **and other microorganisms in powdered infant formula**: meeting report. Rome; Geneva, 2004. Microbiological Risk Assessment Series n. 6. Disponível em: <http://www.fao.org/docrep/007/y5502e/y5502e00.htm>. Acesso em: 9 nov. 2010.

_____. *Enterobacter sakazakii* **and** *Salmonella* **in powdered infant formula**: meeting report. Rome; Geneva, 2006. Microbiological Risk Assessment Series n. 10. Disponível em: <http://apps.who.int/iris/bitstream/10665/43547/2/9241563311_corrigenda_eng.pdf?ua=1>. Acesso em: 9 nov. 2010.

_____. *Enterobacter sakazakii* (*Cronobacter* **spp.) in follow-up formula**: meeting report. Rome; Geneva, 2008. Microbiological Risk Assessment Series n. 15. Disponível em: <http://apps.who.int/iris/bitstream/10665/44032/1/9789241563796_eng.pdf?ua=1>. Acesso em: 9 nov. 2010.

Alimentos Desidratados para Lactentes e Crianças de Primeira Infância **473**

FDA - FOOD AND DRUG ADMINISTRATION. **Infant formula quality control 21 Code of Federal Regulations Part 106 and Infant formula 21 Code of Federal Regulations Part 107.** College Park, 2004. Disponível em: <http://ecfr.gpoaccess.gov/cgi/t/text/text-idx?c=ec fr&sid =a54d7aa620d229a8b296cb8a6ae9084f&tpl=/ecfrbrowse/Title21/21cfr106_main_02.tpl>. Acesso em: 9 nov. 2010.

FSA – FOOD STANDARDS AGENCY. **FSIS 68/04:** survey of baby foods for mycotoxins. London, 2004.

FSANZ - FOOD STANDARDS AUSTRALIA NEW ZEALAND. **Bacillus cereus limits in infant formula.** Canberra, 2004. Final assessment report, application A 454.

ICMSF - INTERNATIONAL COMMISSION ON MICROBIOLOGICAL SPECIFICATIONS FOR FOOD. **Microorganisms in foods 2:** sampling for microbiological analysis: principles and specific applications. 2. ed. Toronto: University of Toronto Press, 1986.

_____. Milk and milk products. In: _____. **Microorganisms in foods 6:** microbial ecology of food commodities. 2. ed. New York: Kluwer Academic: Plenum Publishers, 2005.

IVERSEN, C. et al. *Cronobacter* gen nov, a new genus to accommodate the biogroups of *Enterobacter sakazakii*, and proposal of *Cronobacter sakazakii* gen nov, comb nov, *Cronobacter malonaticus* sp nov, *Cronobacter turicensis* sp nov, *Cronobacter muytjensii* sp nov, *Cronobacter dublinensis* sp nov, *Cronobacter* genomospecies 1, and of three subspecies, *Cronobacter dublinensis* subsp *dublinensis* subsp nov, *Cronobacter dublinensis* subsp *lausannensis* subsp nov and *Cronobacter dublinensis* subsp *lactaridi* subsp. nov. **International Journal of Systematic and Evolutionary Microbiology,** Reading, v. 58, n. 6, p. 1442-1447, 2008.

LIVINGSTONE, A. S.; SANDHU, J. S.; MALLESHI, N. G. Microbiological evaluation of malted wheat, chickpea, and weaning food based on them. **Journal of Tropical Pediatrics,** London, v. 38, n. 2, p. 74-77, 1992.

LOMBAERT, G. A. et al. Mycotoxins in infant cereal foods from the Canadian retail market. **Food Additives and Contaminants,** London, v. 20, n. 5, p. 494-504, 2003.

POTGIETER, N. et al. Bacterial contamination of Vhuswa: a local weaning food and stored drinking water in impoverished households in the Venda region of South Africa. **Journal of Health, Population, and Nutrition,** Dhaka, v. 23, n. 2, p. 150-155, 2005.

RUSHDY, A. A. et al. National outbreak of *Salmonella senftenberg* associated with infant food. **Epidemiology and Infection,** Cambridge, v. 120, n. 2, p. 125–128, 1998.

WAGACHA, J. M.; MUTHOMI, J. W. Mycotoxin problem in Africa: current status, implicatio,ns to food safety and health and possible management strategies. **International Journal of Food Microbiology,** Amsterdam, v. 124, n. 1, p. 1-12, 2008.

CAPÍTULO 26

Alimentos Combinados

26.1 INTRODUÇÃO

Alimentos prontos para cozimento ou prontos para consumo, preparados comercialmente, encontram-se amplamente disponíveis ao redor do mundo. Um alimento combinado é aquele que contém ingredientes de mais de um grupo de *commodity* e a interação entre os ingredientes pode criar condições favoráveis para a multiplicação microbiana, diferentes das propriedades inerentes de cada ingrediente individualmente, o que deve ser considerado para sua segurança microbiológica e estabilidade. Tortas de vegetais e carnes (*pot pies*), saladas com pescados e carnes, sopas desidratadas, tortas doces (sobremesas), sorvetes com sabores, rolinhos de ovos, *dim sum*, *enchiladas*, massas recheadas, sanduiches, pizza e muitos outros pratos são exemplos de alimentos combinados. Como não é possível fornecer uma lista completa de todos os alimentos combinados, são fornecidas apenas considerações gerais para essa ampla categoria de alimentos, detalhando-se um exemplo mais específico, constituído de produtos à base de massa, recheados ou com cobertura.

26.2 CONSIDERAÇÕES GERAIS

Uma ampla faixa de processos é usada para produzir esses alimentos, que podem ser comercializados como produtos perecíveis, semiconservados, refrigerados, congelados ou estáveis. Pequenas alterações na formulação após o processamento, principalmente adição de condimentos como queijo ralado, sementes de gergelim, condimentos moídos ou cobertura de chocolate, podem alterar a microbiota desses produtos de tal forma que diferentes critérios microbiológicos aplicam-se para produtos aparentemente similares. A interface entre dois grupos de produtos também pode influenciar a eficiência do método de conservação tradicional. Por exemplo, um recheio acidificado e com alta umidade, usado em um bolo com pH neutro e de baixa umidade, pode resultar em neutralização do ácido e umidade adequada favorável à multiplicação de certos microrganismos na interface do produto. Essas modificações são específicas dos produtos e devem ser consideradas no *design* do produto.

Vários capítulos deste livro referentes aos produtos apresentam exemplos de alimentos combinados, associados tradicionalmente a uma *commodity* específica, como sorvetes no capítulo de produtos lácteos, massas no capítulo de produtos à base de cereais etc. Outros não se encaixam em um único grupo específico de *commodity*. Consulte o(s) respectivo(s) capítulo(s) quanto aos microrganismos importantes para as *commodities* usadas em alimentos combinados.

26.3 DADOS MICROBIOLÓGICOS

Os dados microbiológicos mais importantes para alimentos combinados devem ser coletados durante o processo de desenvolvimento dos produtos, para que sejam identificados os microrganismos importantes durante sua comercialização, armazenamento e condições de preparo. Como anteriormente discutido, a combinação de diferentes alimentos pode modificar a ecologia microbiana esperada em um produto. Devem ser conduzidos estudos para determinar se há diferença no perfil microbiológico do produto, quando há combinação de componentes, quando comparado ao que geralmente é encontrado nos alimentos separadamente. A validação das fórmulas (receitas), processos, vida de prateleira e uso final é importante para alimentos combinados.

26.3.1 Ingredientes críticos

Para a maioria dos alimentos combinados, a qualidade das matérias-primas é de primordial importância para a qualidade e a segurança microbiológica do produto final. O estabelecimento dos critérios microbiológicos para os produtos finais pode ser menos eficiente do que analisar ingredientes crus ou amostras na linha para reduzir o perigo potencial para o consumidor. Por exemplo, a contagem total de mesófilos pode não indicar aderência às BPH em alimentos combinados que contenham ingredientes fermentados. De modo similar, contagem de coliformes ou *Enterobacteriaceae* pode não ser um indicador útil em alimentos combinados que contêm hortaliças cruas.

Associações entre ingredientes podem facilitar a multiplicação de patógenos ou de microrganismos deteriorantes que estavam sob controle nos ingredientes, separadamente. Por exemplo, leveduras em frutas desidratadas podem causar a deterioração de iogurte e devem ser gerenciadas por meio de especificações de ingredientes. Tais implicações devem ser avaliadas durante o *design* do produto, para garantir que o produto final atenderá às expectativas de vida de prateleira (ver a Seção 26.3.4).

Alimentos Combinados

26.3.2 Durante o processamento

Alguns alimentos combinados comercialmente processados estiveram envolvidos em surtos de enfermidades transmitidas por alimentos. A maioria ocorreu em razão de abuso de tempo–temperatura pós-processamento, armazenamento inadequado ou falha na manipulação pelo preparador antes de servir. Enquanto os perigos que podem estar presentes em preparações comerciais de alimentos são os mesmos que no domicílio, a magnitude do risco é muito maior em uma instalação comercial por causa do maior número de pessoas que são expostas ao produto comercial. Além disso, uma manipulação mais intensa na montagem do produto favorece a contaminação, o que é especialmente importante para produtos que são montados depois que componentes individuais são cozidos.

26.3.3 Ambiente de processamento

A contaminação pós-processo pode ocorrer também em alimentos combinados. As considerações gerais para a verificação e controle do ambiente, descritos no Capítulo 4, aplicam-se aos alimentos combinados. Por exemplo, uma instalação onde são produzidos alimentos combinados refrigerados deve considerar o monitoramento do ambiente para *Listeria* spp., principalmente se favorecem a multiplicação do microrganismo durante a comercialização, o armazenamento e o uso pretendidos. O monitoramento do ambiente para salmonelas pode ser adequada para produtos que são prontos para cozimento, mas que o consumidor submete apenas a um tratamento térmico leve (por exemplo, refeições para micro-ondas, tortas etc.). O monitoramento do ambiente para salmonelas provavelmente reduz o risco final para o consumidor.

26.3.4 Vida de prateleira

A vida de prateleira dos alimentos combinados depende de muitos fatores, como ingredientes, condições de armazenamento, atividade de água, pH, processamento, embalagem etc. Associações entre os ingredientes podem facilitar a multiplicação de microrganismos patogênicos ou deteriorantes que estavam sob controle nos ingredientes em separado. Por exemplo, a interface entre um recheio que tem pH baixo e a_w alta e um bolo com a_w baixa pode resultar na multiplicação e produção de toxina por *Staphylococcus aureus* mesmo quando os ingredientes individuais não permitem a multiplicação. De modo semelhante, os conservantes em um ingrediente aquoso, quando misturado com um ingrediente com alto teor de gordura, podem migrar para a fase lipídica, podendo ocorrer a multiplicação de microrganismos deteriorantes ou patogênicos na fase aquosa. Quando existe potencial para deterioração microbiológica ou problemas de segurança, o produtor deve estabelecer a vida de prateleira com base na compreensão do potencial de ocorrência desses problemas.

Para alguns produtos, os atributos de qualidade ou deterioração modificam-se bem antes dos problemas de segurança em potencial. Estudos de desafio podem ser adequados para produtos combinados, especialmente aqueles com longa vida de prateleira. As recomendações para realização desses estudos já foram publicadas (NACMCF, 2009).

26.3.5 Produto final

Em virtude da grande variedade de produtos nessa categoria, nenhum critério padronizado pode ser recomendado. Porém, as BPH e o HACCP são as medidas recomendadas para o controle dos perigos presentes. Frequentemente, a verificação da eficiência desses programas é mais bem avaliada por meio de análises durante o processamento e do ambiente. Para certas categorias de produto, os critérios podem ser determinados com base nos dados disponíveis, quando há história de um problema microbiológico e quando a análise pode ser útil para prevenir esse problema.

Na seção seguinte, são feitas considerações para uma categoria mais específica de alimentos combinados, composta por produtos à base de massa recheados e com cobertura.

26.4 PRODUTOS À BASE DE MASSA, RECHEADOS OU COM COBERTURA

Uma grande variedade de produtos à base de cereais recheados ou com cobertura, assados ou cozidos, como bolos, tortas, tartes, rosquinhas (*doughnuts*), pães doces, pizza, lasanha, ravióli ou bolinhos de massa, rolinhos de ovos, *bao zi*, empanadas, *enchiladas* e outros, foram abordados em publicação anterior (ICMSF, 2005). Essa referência pode ser consultada para informações mais detalhadas sobre a ecologia microbiana e os controles adequados para esses produtos. Recheios e coberturas podem conter uma grande variedade de ingredientes crus como carnes, peixe, queijo, creme, nozes, hortaliças, frutas, e suas pastas e geleias. Recheios e coberturas podem ser pré-cozidos, mas alguns são adicionados à massa sem cozimento e são cozidos com a massa.

26.4.1 Microrganismos de importância

26.4.1.1 Perigos e controles

Produtos à base de massa recheados e com cobertura potencialmente preocupantes são os recheios ou coberturas que contém ingredientes sensíveis como produtos de origem animal (por exemplo, carnes, pescados, leite, ovos), principalmente se forem cozidos de maneira inadequada. A presença e o potencial para multiplicação de patógenos nos recheios e coberturas dependem da composição, do grau de cozimento e do grau de manipulação antes do uso. O cozimento adequado e a manipulação higiênica de recheios e coberturas cozidos são importantes. O emprego de ovo pasteurizado é eficaz na redução do potencial de contaminação por *Salmonella*, particularmente quando o cozimento do produto final não é suficiente para eliminar o perigo.

As BPH durante o processamento são essenciais para reduzir a contaminação proveniente do ambiente e do equipamentos, a contaminação cruzada com outros ingredientes crus e posterior multiplicação dos microrganismos nos alimentos cozidos. Os procedimentos de limpeza sanitários, o controle de temperatura, os registros do cozimento e resfriamento que se aplicam, e as práticas operacionais dos funcionários devem ser examinados rotineiramente e revisados. Para ingredientes não cozidos, adicionados às cascas de cereais, e cozidos para produzir o produto final, o controle da temperatura é crítico. Em um surto de *S. enteritidis* no Japão, 96 escolares ficaram doentes em decorrência do consumo de pão doce malcozido, servido no lanche escolar. Suspeitou-se fortemente que um vazamento na beirada de um forno causou cozimento insuficiente dos pães, que continham ovos contaminados (MATSUI et al., 2004). Outros detalhes sobre práticas recomendadas são descritas em publicação anterior (ICMSF, 2005).

Consulte os capítulos relativos às diferentes categorias de produtos para compreender os perigos associados aos vários recheios, de acordo com seus ingredientes.

26.4.1.2 Deterioração e controles

Em geral, os produtos à base de massa com recheios ou coberturas podem ser mais suscetíveis à multiplicação microbiana do que os produtos não recheados, em virtude do aumento da a_w e do pH, bem como alterações dos nutrientes, causados pelo processo de rechear ou de aplicar cobertura. Os formadores de esporos que sobrevivem ao tratamento térmico podem multiplicar em alguns produtos finais quando não há controle da formulação ou da temperatura. Fungos e bactérias deteriorantes podem contaminar os produtos durante o processo de rechear e de cobertura por meio dos equipamentos ou ambiente. O controle da temperatura dos recheios, coberturas e produto final que permitem a multiplicação microbiana é essencial para o controle da segurança e também da deterioração. O controle de higiene básica dos equipamentos das áreas de processamento e de enchimento é crítico.

26.4.2 Dados microbiológicos

26.4.2.1 Ingredientes críticos

Consulte os capítulos referentes a cada categoria de produto para compreender os perigos e análises adequadas associadas aos vários recheios.

26.4.2.2 Durante o processamento

Para o controle do processo, o monitoramento de rotina é adequado para recheios e coberturas prontos para o consumo (RTE) após sua adição às bases assadas (*baked shells*), principalmente se favorecem a multiplicação microbiana. Para os materiais cozidos, as contagens de mesófilos e de *Enterobacteriaceae* são os indicadores adequados. A contagem de mesófilos pode ser adequada para certos recheios não cozidos, principalmente se o controle da temperatura não for realizado e houver potencial para a multiplicação no recheio durante o período de produção.

26.4.2.3 Ambiente de processamento

Recomenda-se o monitoramento do ambiente para detectar locais que albergam *Salmonella*, verificando as condições de sanitização da fábrica e para prevenir a contaminação ocasional de produtos intermediários ou finais pelo ambiente. Para produtos prontos para o consumo que favoreçam a multiplicação de *Listeria monocytogenes*, recomenda-se a amostragem do ambiente.

26.4.2.4 Vida de prateleira

A vida de prateleira dos produtos depende da composição dos recheios e coberturas e das condições de comercialização e armazenamento. Refrigeração adequada, embalagem em atmosfera modificada e uso de conservantes influenciam a vida de prateleira dos produtos, individualmente. Para produtos recheados após cozimento, é importante avaliar o nível de controle na interface entre o recheio e a massa. Já foi demonstrado em alguns produtos que a multiplicação pode ser inibida nos subcomponentes (por exemplo, recheio e massa cozida), mas na interface a multiplicação pode ocorrer. A combinação de cozimento e embalagem em atmosfera modificada pode fornecer condições que favoreçam a multiplicação de patógenos formadores de esporos, dependendo da a_w e pH. A validação da vida de prateleira desejada para o produto é importante para garantir a segurança nas condições de uso e comercialização.

26.4.2.5 Produto final

A análise microbiológica pode ser útil para alguns produtos à base de massa recheados ou com cobertura, mas não para outros. A ICMSF propôs anteriormente critérios para *S. aureus* e salmonela para produtos à base de massa contendo recheios ou coberturas que têm $a_w \geq 0,85$, pH $\geq 4,6$ ou que favoreçam a multiplicação de microrganismos patogênicos (ICMSF, 1986). A automação de alguns processos de produção, surgida a partir da publicação mais antiga, pode reduzir o risco potencial apresentado por *S. aureus* se a manipulação intensa pelos trabalhadores for eliminada (por exemplo, massas montadas automaticamente, ao invés de manualmente). Além disso, em alimentos prontos para consumo refrigerados, o risco potencial de *L. monocytogenes* deve ser considerado. A Tabela 26.1 resume a importância relativa da análise de produtos à base de massa recheados ou com cobertura. A seleção de microrganismos específicos bem como os atributos do produto (pH, a_w, conservantes etc.) e controles de processo (por exemplo, tempo e temperatura) dependem do produto. Portanto, as recomendações na Tabela 26.1 são gerais e precisam ser modificadas com base nos resultados de uma completa análise de perigos.

Alimentos Combinados

Tabela 26.1 Análises de produtos à base de massa recheados ou com cobertura para avaliação da segurança e da qualidade microbiológicas

Importância relativa		Análises úteis
Ingredientes críticos	Baixa a alta	Analisar para micotoxinas se a confiança nos ingredientes farináceos for baixa. Analisar os ingredientes sensíveis caso não haja uma etapa de eliminação para *Salmonella*, se a confiança no fornecedor for baixa.
Durante o processamento	Alta	Para recheios ou coberturas cozidos, analisar resíduos adequados de produto e amostras na linha para verificar a adequação do processamento e ausência de recontaminação. Análises adequadas dependem do tipo de produto e do processo envolvido. Consultar o texto.
Ambiente de processamento	Alta	Analisar para *Salmonella* no ambiente da planta de processamento quando pertinente (consultar o texto). Níveis normalmente encontrados: *Salmonella* – ausente.
Vida de prateleira	Alta	Examinar a a_w, o pH e as condições de atmosfera para os produtos com vida de prateleira longa que dependem desses parâmetros para estabilidade.
Produto final	Baixa	Não se recomenda analisar para patógenos em operações normais quando as BPH e o HACCP são efetivos, confirmado pelas análises relevantes acima. Quando essas análises ou desvios de processo indicarem um possível problema de segurança, os seguintes planos de amostragem podem ser considerados caso o patógeno listado seja identificado como um perigo potencial para o produto específico por meio da análise de perigos.

Produto	Microrganismo	Método analítico[a]	Caso	Plano de amostragem e limites/g[b]			
				n	c	m	M
Produtos à base de massa congelados, prontos para o consumo, com recheios ou coberturas de baixa acidez ou alta a_w	*S. aureus*	ISO 6888-1	9	10	1	10^2	10^4
	L. monocytogenes[c]	ISO 11290-2	NA[d]	5	0	10^2	-

Produto	Microrganismo	Método analítico[a]	Caso	Plano de amostragem e limites/25 g[b]			
				n	c	m	M
	Salmonella	ISO 6579	12	20[e]	0	0	-
	L. monocytogenes[f]	ISO 11290-1	NA	5[e]	0	0	-

Produto	Microrganismo	Método analítico[a]	Caso	Plano de amostragem e limites/g[b]			
				n	c	m	M
Produtos à base de massa refrigerados ou congelados, com recheios ou coberturas com baixa acidez ou alta a_w	*S. aureus*	ISO 6888-1	8	5	1	10^2	10^4

Produto	Microrganismo	Método analítico[a]	Caso	Plano de amostragem e limites/25 g[b]			
				n	c	m	M
	Salmonella	ISO 6579	10	5[e]	0	0	-

[a] Métodos alternativos podem ser usados, desde que validados pelos métodos ISO.

[b] Consulte o Apêndice A para desempenho desses planos de amostragem.

[c] Produtos que não favorecem a multiplicação de *L. monocytogenes* na forma de uso pretendido (por exemplo, consumidos congelados ou descongelados e consumidos durante a fase lag).

[d] NA = não aplicável, em virtude do uso dos critérios do Codex.

[e] Unidades analíticas individuais, de 25 g (ver a Seção 7.5.2 para amostra composta).

[f] Produtos que favorecem a multiplicação de *L. monocytogenes* na forma de uso pretendido (por exemplo, descongelados e refrigerados por bastante tempo).

REFERÊNCIAS

ICMSF - INTERNATIONAL COMMISSION ON MICROBIOLOGICAL SPECIFICATIONS FOR FOODS. **Microorganisms in foods 2**: sampling for microbiological analysis: principles and specific applications. 2. ed. Toronto: University of Toronto Press, 1986.

_____. **Microorganisms in foods 6**: microbial ecology of food commodities. 2. ed. New York: Kluwer Academic: Plenum Publishers, 2005.

MATSUI, T. et al. *Salmonella enteritidis* outbreak associated with a school-lunch dessert: cross-contamination and a long incubation period, Japan, 2001. **Epidemiology and Infection**, Cambridge, v. 132, n. 5, p. 873-879, 2004.

NACMCF - NATIONAL ADVISORY COMMITTEE ON MICROBIOLOGICAL CRITERIA FOR FOODS. Parameters for determining inoculated pack/challenge study protocols. **Journal of Food Protection**, Ames, v. 73, n. 1, p. 140-202, 2009.

Considerações sobre Amostragem e Aspectos Estatísticos dos Planos de Amostragem

TIPOS DE PLANOS DE AMOSTRAGEM POR ATRIBUTOS

A ICMSF (1974) foi a primeira a estabelecer orientação sobre o uso de planos de amostragem e critérios microbiológicos para alimentos no comércio internacional. Este livro e uma atualização anterior (ICMSF, 1986) continuam a usar esses conceitos, que também foram adotados pelo Codex Alimentarius e outros. Os planos são planos de amostragem por atributos, nos quais os resultados das análises realizadas nas amostras são usados exclusivamente para classificar cada amostra individual como *aceitável* ou *defeituosa* em um plano de duas classes, ou *aceitável, marginalmente aceitável* ou *defeituosa* em um plano de três classes (Figura A.1), de acordo com alguma condição especificada, ou atributo, da amostra. A decisão de aceitar ou rejeitar o produto está baseada no número de resultados das amostras analisadas em cada classe. O critério microbiológico define a aceitabilidade de um produto ou um lote de produto, com base na ausência ou presença ou número de microrganismos ou quantidade de toxina/metabólito por unidade de massa, volume, área ou lote do produto (CODEX ALIMENTARIUS, 1997). Uma descrição completa da base estatística e operação desses planos foi descrita (ICMSF, 2002), e um resumo está apresentado a seguir.

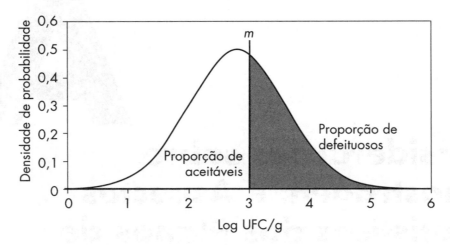

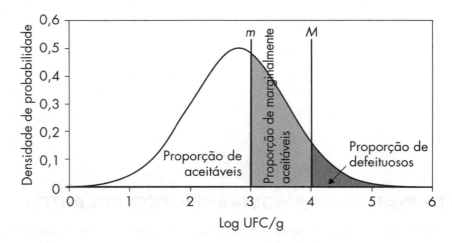

Figura A.1 Relação entre **a)** concentrações log de aceitáveis e de defeituosos em um plano de amostragem de duas classes ($m = 3$ log UFC/g) e **b)** concentrações log de aceitáveis, marginalmente aceitáveis e defeituosos em um plano de amostragem de três classes ($m = 3$ log UFC/g, $M = 4$ log UFC/g) e distribuição de microrganismos com média geométrica = 2,9 e desvio padrão = 0,8.

ESTATÍSTICA BÁSICA DA AMOSTRAGEM

Na amostragem por atributos, a qualidade geral de um lote ou de uma partida de produto é avaliada pela proporção de unidades de um lote que têm o atributo especificado ou satisfazem uma condição especificada. Em microbiologia de alimentos, o atributo especificado é frequentemente a ausência de um patógeno em uma determinada quantidade de produto. Um produto aceitável é aquele que atende ao critério de ausência (isto é, um resultado "negativo"), enquanto o produto defeituoso é aquele que contém

Apêndice A – Considerações sobre Amostragem e Aspectos Estatísticos dos Planos de Amostragem **485**

o microrganismo (geralmente chamado "positivo" em um teste de presença/ausência). Quando o alimento amostrado tem muitos microrganismos, espera-se que o resultado seja positivo na maioria das análises. Entretanto, quando poucos microrganismos estão presentes, espera-se que menos análises deem resultado positivo.

Imagine que dez unidades amostrais de um lote de alimento são analisadas para a presença de um determinado microrganismo, empregando um procedimento laboratorial adequado. Se o microrganismo não é detectado em nenhuma das unidades amostrais, então o lote inteiro é considerado aceitável em relação a esse microrganismo. Entretanto, se o microrganismo é detectado em uma ou mais unidades amostrais, o lote inteiro é rejeitado. Este plano é descrito por $n = 10$ (número de unidades amostrais) e $c = 0$ (número máximo permitido de resultados positivos).

É possível que um plano vá ocasionalmente aprovar um lote defeituoso (isto é, risco do consumidor). Não há como evitar o certo grau de erro nas decisões de aprovar ou rejeitar, a menos que se analise o lote inteiro, mas, nesse caso, não sobra alimento para ser consumido. O risco de uma decisão errada pode ser reduzido por meio da análise de um número maior de unidades amostrais, isto é, aumentar o valor de n. Teoricamente, a chance de uma decisão errada baseada na amostragem pode ser reduzida a qualquer nível que se queira desde que se aumente suficientemente o valor de n, mas, na prática, há um compromisso entre n alto (muitas unidades amostrais) e chance reduzida de fazer uma avaliação errada da situação do lote, e n baixo (poucas unidades amostrais) e chance mais alta de uma decisão errada.

O desempenho de um plano de amostragem é descrito por uma função característica de operação. Essa função relaciona a probabilidade de aceitação (P_a), que é a proporção esperada de vezes que os resultados indicam que o lote é aceitável, a um dado número de amostras do lote analisadas quanto ao defeito e à proporção verdadeira de unidades defeituosas no lote todo.

Com um plano de amostragem com uma única unidade amostral ($n = 1$), para qualquer taxa de defeituosos, a probabilidade de amostrar uma unidade defeituosa é simplesmente a mesma que a taxa de defeituosos verdadeira, e a probabilidade de aceitação do lote com base naquela amostra é dada por ($1 - P_a$). Por exemplo, se a taxa de defeituosos é 50%, há uma chance em duas de selecionar a unidade defeituosa e assim, uma chance em duas de aceitar o lote com base em uma única amostra. Entretanto, se a taxa de defeituosos é 10%, há 10% de chance (uma em dez) de selecionar ao acaso como unidade amostral uma das unidades defeituosas e assim rejeitar o lote, mas há 90% de chance de não selecionar nenhuma unidade defeituosa, e, consequentemente, 90% de chance de aprovar o lote com base em um única amostra analisada. Se forem tomadas duas amostras (isto é, $n = 2$), a chance de não detectar nenhuma positiva entre as duas é o produto da probabilidade de não detectar uma positiva na primeira amostra e a probabilidade de não detectar uma positiva na segunda amostra. Para planos de amostragem com $c = 0$, a probabilidade de aceitação para qualquer número de amostras é dada pelo produto entre a probabilidade de não detectar uma positiva na primeira amostra, a probabilidade de não detectar uma positiva na segunda amostra, a probabilidade de não detectar uma positiva na terceira amostra, e assim por diante. Esta relação entre a taxa de defeituosos verdadeira e a probabilidade de detecção (e, consequentemente, aceitação do lote) é resumida na distribuição binomial, que pode ser descrita matematicamente. De fato, a distribuição hipergeométrica dá uma descrição mais correta do tipo de amostragem realizada para aceitação de produto em microbiologia de alimentos, mas as duas distribuições são muito similares quando a quantidade total analisada é uma proporção pequena do tamanho total do lote em avaliação, de modo que a distribuição binomial dá uma aproximação muito boa para a maioria dos esquemas de amostragem. Entretanto, na análise de patógenos, c é frequentemente estabelecido como 0, especialmente em alimentos prontos para consumo. Quando $c = 0$, a probabilidade de aceitação calculada pela distribuição binomial é uma boa aproximação da probabilidade calculada pela distribuição hipergeométrica para populações de tamanho finito. A Tabela A.1 ilustra o efeito do número de amostras e da taxa de defeituosos verdadeiros na probabilidade de não detectar uma amostra defeituosa e, assim, concluir que o lote é aceitável.

As probabilidades de aceitação mencionadas aqui podem ser calculadas para qualquer combinação de taxa verdadeira de defeituosos, número de amostras (n) e c. Essa relação pode ser plotada como uma *curva característica de operação* (Figura A.2), que é frequentemente utilizada para calcular rapidamente a confiança nos resultados de um plano de amostragem, ou para calcular quantas amostras necessitam ser analisadas para se alcançar um determinado grau de confiança em detectar um lote de qualidade inaceitável, no qual a qualidade é definida pela taxa de unidades defeituosas e o atributo propriamente dito.

Tabela A.1 Efeito na proporção verdadeira de unidades defeituosas e do número de amostras na probabilidade de aceitação de um lote para planos de amostragem com $c = 0$.

% defeituosos	0	5	10	20	30	50
P_a (1 amostra)	1,00	0,95	0,90	0,80	0,70	0,50
P_a (5 amostras)	1,00	0,77	0,59	0,33	0,17	0,03

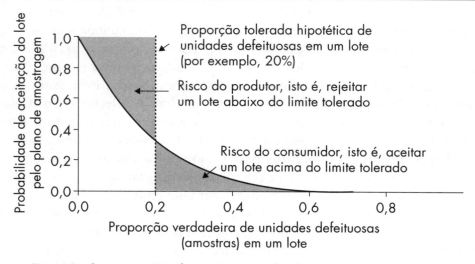

Figura A.2 Curvas características de operação para um plano de amostragem com $n = 5$ e $c = 0$, com indicação dos riscos do produtor e do consumidor.

Apêndice A – Considerações sobre Amostragem e Aspectos Estatísticos dos Planos de Amostragem

Uma vez que as decisões de aceitar ou rejeitar lotes são tomadas com base em amostras retiradas dos lotes, surgem ocasiões em que os resultados das amostras não refletem a condição verdadeira do lote. Deve-se notar que planos de amostragem com amostras de menor tamanho têm menor capacidade de discriminar corretamente entre lotes aceitáveis e inaceitáveis.

O *risco do produtor* é a probabilidade de rejeitar de maneira equivocada um lote de qualidade aceitável, e considera que há uma proporção pequena, porém aceitável, de amostras defeituosas. Por outro lado, o *risco do consumidor* descreve a probabilidade de um lote defeituoso ser aprovado equivocadamente. O risco do consumidor, para os objetivos deste texto, é a probabilidade de aceitar um lote quando o conteúdo microbiano verdadeiro está abaixo do padrão especificado no plano de amostragem, embora as amostras analisadas indiquem qualidade aceitável. O risco do consumidor é equivalente à probabilidade de aceitação (P_a) de um lote inaceitável. O risco do produtor é a probabilidade de rejeição ($1 - P_a$) de um lote aceitável. A Figura A.2 ilustra os riscos do produtor e do consumidor em função da taxa verdadeira de defeituosos em uma partida de produto, para um plano de amostragem de $n = 5$ e $c = 0$. O risco do produtor diminui à medida que a proporção verdadeira de amostras defeituosas diminui, o que incentiva os produtores a operarem bem abaixo do nível de defeituosos tolerado. O risco do consumidor associado com um plano de amostragem diminui à medida que a proporção verdadeira de amostras defeituosas aumenta, porque é mais provável que uma partida defeituosa seja rejeitada.

AMOSTRAGEM REPRESENTATIVA

Ao projetar um plano de amostragem é importante evitar erros na tentativa de fazer com a amostra represente a população do lote tão bem quanto possível, o que pode ser conseguido fazendo-se a amostragem ao acaso. Considere um lote formado por blocos de 10 g denominados *unidades amostrais*, e que foi tomada a decisão de amostrar dez dessas unidades. Essas unidades devem ser selecionadas de maneira tal que cada unidade amostral no lote tem a mesma chance de ser incluída entre as unidades amostrais selecionadas. Na prática, é frequentemente difícil garantir que as unidades sejam selecionadas ao acaso, e isso é particularmente importante para populações com distribuição irregular ou de origem desconhecida. Pelo menos, deve ser feito um esforço no sentido de retirar amostras para análise de todas as partes do lote.

DESEMPENHO DOS MÉTODOS MICROBIOLÓGICOS

As estimativas do desempenho dos planos de amostragem neste livro não levam em conta os erros decorrentes dos métodos de análise microbiológica utilizados para determinar a presença ou concentração de microrganismos em alimentos. Os erros associados aos métodos microbiológicos quantitativos, como técnicas de contagem de colônias, são diferentes dos erros dos métodos qualitativos, como análise de presença/ausência. Os erros que afetam a qualidade dos dados obtidos por laboratórios de análise foram revisados por Corry et al. (2007) e Jarvis (2008). A qualidade dos resultados é caracterizada pela precisão do método, ou seja, pela capacidade de gerar resultados iguais, ou próximos, ao resultado verdadeiro. Repetibilidade (r) de um método reflete a diferença entre dois resultados obtidos quando uma mesma amostra é analisada pelo mesmo analista em condições analíticas idênticas. Por outro lado, reprodutibilidade (R) representa a diferença obtida em dois laboratórios diferentes. Os procedimentos de acreditação do laboratório, as definições nacionais e internacionais e a padronização dos métodos laboratoriais devem procurar definir o nível de incerteza que pode estar associada a uma série de análises (CORRY et al., 2007). Organizações como a International Standards Organization (ISO), Codex Alimentarius e AOAC Internacional tentam fornecer medições da incerteza associada aos métodos utilizados na análise de alimentos para microrganismos patogênicos e outros microrganismos.

A participação de laboratórios em testes de proficiência oferecidos por organizações nacionais, profissionais e comerciais também é uma oportunidade para melhoria no desempenho analítico e nos procedimentos laboratoriais. O controle de qualidade dos meios de cultura utilizados, o controle da temperatura das incubadoras e banhos-maria, melhoria das habilidades e treinamento do pessoal do laboratório e padronização das práticas laboratoriais têm papel importante (BLACK; CRAVEN, 1990; PETERZ, 1992; BERG et al., 1994). Os testes de proficiência facilitam a aferição do desempenho do laboratório e a identificação de fraquezas que necessitam ser melhoradas. As amostras fornecidas nos testes de proficiência têm limitações relacionadas com a preparação e a viabilidade dos microrganismos adicionados à amostra. Consequentemente, os testes de proficiência não têm amostras de checagem para todas as matrizes alimentares. A concentração do patógeno é frequentemente alta e a microbiota competitiva nem sempre é incluída nessas amostras de checagem. Assim, essas amostras podem não detectar de forma precisa a capacidade do laboratório detectar números muito baixos de células injuriadas que podem ocorrer no alimento real. O uso de materiais de referência contendo níveis muito baixos de células injuriadas pode ser mais útil na avaliação do desempenho do laboratório e a confiabilidade em um método. Há materiais de referência desenvolvidos para vários microrganismos (PETERZ; STENERYD, 1993; IN'T VELD; NOTERMANS; VAN DE BERG, 1995).

Métodos simplificados ou alternativos são empregados frequentemente para lidar melhor com números elevados de análises e para obter resultados mais rapidamente, o que é legitimo e pode acomodar uma entrada repentina de amostras, como, por exemplo, amostras de ambiente para detectar a origem da contaminação. Métodos alternativos que permitam que o laboratório analise um número maior de amostras podem ser mais eficientes na identificação da fonte potencial de contaminação do que os métodos tradicionais, que são trabalhosos e, por isso, limitam o número de amostras que pode ser analisado. Entretanto, quando métodos alternativos são utilizados, é muito importante validá-los, pois além de prover mais resultados mais rapidamente, a confiabilidade nos resultados fica garantida. Há uma variedade de procedimentos de validação, que vão de uma simples revisão por um painel de especialistas até procedimentos complexos baseados em extensos estudos comparativos e colaborativos (ANDREWS, 1996; LOMBARD; GOMY; CATTEAU, 1996; RENTENAAR,1996; SCOTTER; WOOD, 1996).

DESEMPENHO QUANTITATIVO DOS PLANOS DE AMOSTRAGEM POR ATRIBUTOS

Em microbiologia de alimentos, o atributo avaliado nos planos de amostragem por atributos é frequentemente baseado na presença ou ausência do microrganismo de preocupação em uma determinada quantidade de amostra, ou serie de amostras do produto (por exemplo, não detectado ou "negativo" em cinco amostras de 25 g cada). Entretanto, o atributo é, algumas vezes, na presença do microrganismo na amostra em concentração acima ou abaixo de um limite (por exemplo, $< 10^2$ UFC/g).

É útil compreender qual a probabilidade de um determinado plano de amostragem detectar um certo nível de contaminação no produto e assim rejeitar um lote inadequado, conhecida como *desempenho do plano de amostragem*. Está bem demonstrado que a contaminação pode não estar homogeneamente distribuída no lote, ou seja, a população não é caracterizada por uma distribuição simples, mas por uma mistura de distribuições múltiplas. Na escala de um lote ou entre lotes, a concentração média normalmente não é constante, e varia de acordo com uma distribuição normal em logaritmos (distribuição log normal). Entretanto, na escala de uma amostra, a concentração média pode ser considerada constante, e, nesse caso, o número de unidades formadoras de colônias (UFC) em uma amostra varia ao acaso, de acordo com a distribuição de Poisson.

Frequentemente, a maioria das amostras de um lote contaminado dá resultado negativo, com apenas algumas amostras positivas. No entanto, estas poucas amostras positivas podem causar enfermidades. Assim, ao selecionar ou desenvolver um plano de amostragem por atributos, o objetivo é assegurar que a concentração *média* no lote é suficientemente baixa, de forma que, para um determinado nível de confiança decorrente da variação, nenhuma amostra do lote contém níveis inaceitáveis de contaminação.

Quando um plano de amostragem por atributos é baseado na detecção de um microrganismo em uma determinada quantidade no alimento, a ausência de um resultado positivo é frequentemente mal interpretada como indicadora da ausência total do contaminante no lote todo. Uma interpretação mais apropriada é que a análise para presença/ausência baseada em métodos de enriquecimento envolve o mesmo conceito do método do "número mais provável", no qual são analisadas replicatas de uma mesma diluição da amostra. Assim, ausência de um resultado positivo sugere apenas que o nível de contaminação está abaixo daquele que o plano de amostragem é capaz de detectar de forma confiável. O desempenho ou probabilidade de um plano de amostragem detectar um microrganismo pode ser determinado (LEGAN et al., 2000; VAN SCHOTHORST et al., 2009). O método descrito por Van Schothorst et al. (2009) é mais adequado para planos de amostragem que envolvem etapas de enriquecimento, e está descrito abaixo.

Pode ser tentador inferir que um resultado negativo para uma amostra pode ser usado para calcular a concentração com base em probabilidade simples, por exemplo, ausência em 25 g sugere que a concentração é < 1 célula/25 g ou $< 0,04$ célula/g, e ausência em cinco amostras de 25 g sugere que a concentração é $< 0,008$ célula/g. Esta abordagem simplista assume que as células estão uniformemente distribuídas no lote, e mesmo nessa concentração a probabilidade de detectar uma amostra positiva não é

100%, mas apenas 63%. Dever ser levada em conta a variação na concentração de células no lote e os aspectos aleatórios da amostragem de partículas pequenas (células) em amostras grandes. A tomada de mais amostras ao acaso dá maior confiança em que os resultados são representativos do lote todo, mas não pode garantir a detecção.

Nos níveis muitos baixos de concentração de patógenos, que geralmente ocorrem nas análises de presença/ausência, é inadequado assumir uma distribuição contínua como a distribuição log normal porque os microrganismos são discretos (descontínuos). Distribuições discretas como o Poisson são mais apropriadas porque a amostra ou não tem o microrganismo ou tem um número contável de microrganismos. Mesmo que as células estejam bem distribuídas no lote, o resultado é afetado por eventos ao acaso, relativos à posição da célula em relação ao local em que se retira a amostra. Assim, mesmo quando a concentração verdadeira em uma amostra está abaixo do limite aceitável, uma unidade amostral pode conter a célula e o lote ser rejeitado em um plano com $c = 0$. De modo similar, uma serie de amostras pode não ter nenhuma célula mesmo se a probabilidade sugerir que, na concentração presente, uma célula seria detectada no volume total de amostra analisada. Este efeito é menos pronunciado quando do uma concentração mais alta de células é aceitável, por exemplo quando o atributo é estabelecido como < 1.000 células/g, ao contrário de ausência na amostra. Isso ocorre porque o erro da amostragem é maior quando menos itens são observados na amostra. Em processos Poisson, o desvio padrão é igual à raiz quadrada do número médio de células/amostra. Os métodos de presença/ausência são baseados na observação de uma, ou no máximo, poucas células. Assim, enquanto o desvio padrão associado a uma contagem de 100 células é ±10%, em uma análise que envolve observação de uma única célula o desvio padrão é 100%.

Está demonstrado que a concentração de microrganismos em alimentos frequentemente segue uma distribuição log-normal. Assim, a distribuição normal de contagens logarítmicas pode ser empregada para estimar a proporção de amostras defeituosas em um lote se a média geométrica geral (em todo este apêndice, o termo "média" refere--se à média geométrica) e o desvio padrão são conhecidos ou podem ser deduzidos. Na realidade, nunca se sabe exatamente quanto é o desvio padrão, e deve ser estimado. Entretanto, as estimativas destes valores podem ser usados para determinar a probabilidade relativa de aceitar um lote defeituoso de alimentos para um determinado plano de amostragem.

Um plano de amostragem não pode nunca indicar com precisão a concentração média em um lote inteiro, podendo somente estimá-la com um determinado nível de confiança. Para avaliar o desempenho de um plano de amostragem, é necessário conhecer o número e tamanho das amostras analisadas, e considerar a variabilidade na concentração de células no lote. O efeito Poisson na amostragem pode também ocorrer em virtude da interpretação do limite de detecção de um determinado plano de amostragem por atributos. Uma planilha que permite estes cálculos e inclui considerações sobre o efeito pode ser encontrada em <www.icmsf.org>.

A planilha foi utilizada para identificar a média geométrica que resulta em uma probabilidade de 5% de aceitação do lote nos diferentes planos de amostragem reco-

Apêndice A – Considerações sobre Amostragem e Aspectos Estatísticos dos Planos de Amostragem **491**

mendados neste livro empregando vários desvios padrões. O desvio padrão verdadeiro da distribuição da concentração de contaminantes em um lote é desconhecido, assim as tabelas incluem várias distribuições da concentração de células, para exemplificação. Por exemplo, o desvio padrão da distribuição da concentração de células em um produto bem homogeneizado, como leite, pode ser menor que aquela para um produto no qual a qualidade dos ingredientes ou a higiene de processamento podem variar ao longo da produção. Os desvios padrões utilizados aplicam-se para a distribuição da concentração de células e não incluem a variação associada a métodos analíticos.

A Tabela A.2 apresenta o desempenho de planos de amostragem empregando contagem de viáveis e apresenta também a concentração média geométrica de UFC/g que seria rejeitada pelo plano de amostragem, com 95% de confiança. A Tabela A.3 dá a concentração média geométrica com 95% de confiança para planos por atributos baseados no enriquecimento das amostras. As médias são dadas como número de gramas ou mL contendo, na média, somente uma célula.

Para alguns casos nas tabelas (por exemplo, Casos 2, 5, 8 e, algumas vezes, 6), à medida que o desvio padrão aumenta, a média geométrica detectada com 95% de confiança também aumenta. Por outro lado, em outros casos (Casos 9 a 15), à medida que o desvio padrão aumenta, a média geométrica detectada com o mesmo nível de confiança diminui. Na Tabela A.3, para planos de amostragem com $n = 1$, são necessárias médias geométricas mais elevadas para detecção com 95% de confiança, enquanto quando são tomadas mais amostras (Casos 10 a 15) detecta-se médias geométricas mais baixas para um desvio padrão mais alto, o que pode parecer contraditório, mas pode ser explicado.

Considere um plano de amostragem com um limite aceitável de 2 log UFC/mL obtido por uma plano de amostragem de duas classes ($m = M = 2$ log UFC/g = 100 UFC/g). A Figura A.3a mostra a distribuição de probabilidades com desvio padrão de 0,25 de 5% das amostras estão abaixo de $m = 2$ e 95% estão acima. A média da distribuição log normal que atende a esse critério é 2,41 (média geométrica 260). Assim qualquer partida que tenha uma média geométrica acima de 260 UFC/mL será rejeitada com 95% de confiança. Caso o desvio padrão aumente para 1,2 (Figura A.3b) e 5% da distribuição continue abaixo de $m = 2$, a distribuição fica mais alargada, o que muda a média log (3,97, média geométrica 9.300) para a direita.

Com $n = 10$ e desvio padrão = 0,25 (Figura A.4a), a distribuição é tal que 74% dos resultados ficam abaixo de $m = 2$ (uma vez que $0,74^{10} = 0,05$, resultando em 5% de probabilidade de não detecção). Se o desvio padrão aumentar para 1,2 (Figura A.4b), a distribuição fica mais alargada, mas novamente 74% da distribuição fica abaixo de $m = 2$. Neste caso, a média geométrica move para a esquerda, o que reduz a média geométrica detectada com 95% de confiança.

492 — Microrganismos em Alimentos 8

Tabela A.2 Desempenho dos planos de amostragem por atributos neste livro, nos quais o atributo é a contagem de dados viáveis

Casos ICMSF	n	c	m	M	Tamanho da amostra	Concentração média geométrica (UFC/g)[a] com 95% de probabilidade de rejeição			
						$dp^b = 0{,}25$	$dp = 0{,}50$	$dp = 0{,}8$	$dp = 1{,}2$
2, 5, 7	5	2	< 1	5	NA[c]	1,6	2,2	2,5	2,7
2, 5, 7	5	2	< 3	9,8	NA	4,8	5,8	6,2	6,1
2, 5, 7	5	2	< 10	–	NA	17	28	51	110
2, 5, 7	5	2	10	10^2	NA	17	25	33	39
2, 5, 7	5	2	10^2	10^3	NA	170	250	330	390
2, 5, 7	5	2	10^2	10^4	NA	170	280	480	790
2, 5, 7	5	2	5×10^2	5×10^3	NA	830	1.300	1.600	1.900
2, 5, 7	5	2	10^3	10^4	NA	1.700	2.500	3.300	3.900
2, 5, 7	5	2	10^3	5×10^4	NA	1.700	2.700	4.500	6.800
2, 5, 7	5	2	10^3	10^5	NA	1.700	2.800	4.800	7.900
2, 5, 7	5	2	10^4	10^5	NA	17.000	25.000	33.000	39.000
2, 5, 7	5	2	2×10^4	5×10^4	NA	30.000	34.000	35.000	33.000
4	5	3	10	10^2	NA	23	39	51	57
3, 6, 8	5	1	2,3	7	NA	2,9	3,2	3,3	3,3
3, 6, 8	5	1	10	10^2	NA	13	16	18	20
3, 6, 8	5	1	10^2	2×10^2	NA	120	130	120	120
3, 6, 8	5	1	10^2	10^3	NA	130	160	180	200
3, 6, 8	5	1	10^3	10^4	NA	1.300	1.600	1.800	2.000
3, 6, 8	5	1	10^4	10^5	NA	13.000	16.000	18.000	20.000
9	10	1	10^2	5×10^2	NA	86	72	54	35
9	10	1	10^2	10^4	NA	86	73	61	46
9	10	1	10^3	10^4	NA	860	730	580	390
10[d]	5	0	10^2	–	NA	93	87	80	71
11	10	0	10^2	–	NA	69	47	30	17
NA	3	1	10/100 mL	100/100 mL	100 mL	19/100 mL	33/100 mL	54/100 mL	91/100 mL
NA	3	1	100/100 mL	10^3/100 mL	100 mL	190/100 mL	330/100 mL	540/100 mL	910/100 mL

O desempenho corresponde à concentração média geométrica (UFC/g) na qual o plano de amostragem rejeita o lote com 95% de confiança.

[a] Os números são indicados completos para maior clareza, mas somente duas casas devem ser consideradas.

[b] dp = desvio padrão de contagens log.

[c] NA = não aplicável pois se utiliza amostra representativa do produto.

[d] Também aplicável aos critérios Codex para *L. monocytogenes* para produtos que não permitem sua multiplicação.

Apêndice A – Considerações sobre Amostragem e Aspectos Estatísticos dos Planos de Amostragem

Tabela A.3 Desempenho dos planos de amostragem por atributos neste livro, nos quais o atributo é presença/ausência (isto é, enriquecimento)

Casos ICMSF	n	c	m	M	Tamanho da amostra	dp[b] = 0,25	dp = 0,50	dp = 0,8	dp = 1,2
10[c]	5	0	0	-	10 g	1 cel em 18 g	1 cel. em 20 g	1 cel. em 22 g	1 cel. em 25 g
10[c]	5	0	0	-	25 g	1 cel. em 44 g	1 cel. em 49 g	1 cel. em 55 g	1 cel. em 62 g
11	10	0	0	-	25 g	1 cel. em 93 g	1 cel. em 120 g	1 cel. em 180 g	1 cel. em 310 g
12	20	0	0	-	25 g	1 cel. em 190 g	1 cel. em 270 g	1 cel. em 490 g	1 cel. em 1.200 g
14	30	0	0	-	10 g	1 cel. em 120 g	1 cel. em 170 g	1 cel. em 340 g	1 cel. em 980 g
14	30	0	0	-	25 g	1 cel. em 290 g	1 cel. em 430 g	1 cel. em 850 g	1 cel. em 2.400 g
15	60	0	0	-	25 g	1 cel. em 590 g	1 cel. em 910 g	1 cel. em 2.000 g	1 cel. em 7.400 g
NA[d]	1	0	0	-	100 mL	1 cel. em 27 mL	1 cel. em 13 mL	1 cel. em 5,0 mL	1 cel. em 1,3 mL
NA	1	0	0	-	250 mL	1 cel. em 69 mL	1 cel. em 33 mL	1 cel. em 13 mL	1 cel. em 3,2 mL
NA	5	0	0	-	100 mL	1 cel. em 177 mL	1 cel. em 196 mL	1 cel. em 219 mL	1 cel. em 249 mL
NA	5	0	0	-	250 mL	1 cel. em 440 mL	1 cel. em 490 mL	1 cel. em 550 mL	1 cel. em 630 mL
NA	5	0	0	-	50 mL	1 cel. em 88 mL	1 cel. em 98 mL	1 cel. em 110 mL	1 cel. em 120 mL

O desempenho corresponde à concentração média geométrica (1 cel. por g) na qual o plano de amostragem rejeita o lote com 95% de confiança.

[a] Os números são indicados completos para maior clareza, mas somente duas casas devem ser consideradas.

[b] dp = desvio padrão de contagens log.

[c] Também aplicável aos critérios Codex para *L. monocytogenes* para produtos que permitem sua multiplicação

[d] NA = não aplicável, pois não existe caso ICMSF.

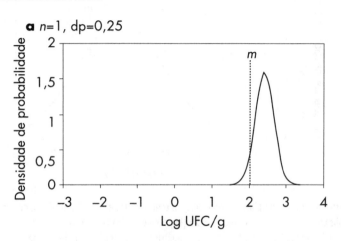

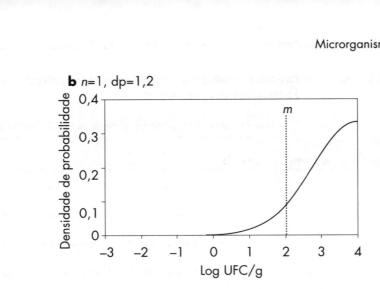

Figura A.3 Distribuições em um plano de amostragem com $n = 1$, e $m = 2$ log UFC/g, para rejeição com 95% de probabilidade. **a** desvio padrão = 0,25 (log médio = 2,41 ou média geométrica = 260) e **b** desvio padrão = 1,2 (log médio = 3,97 ou média geométrica = 9.300).

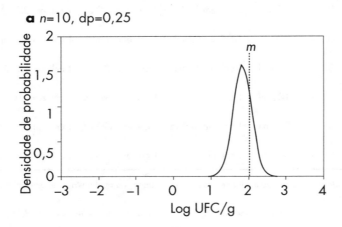

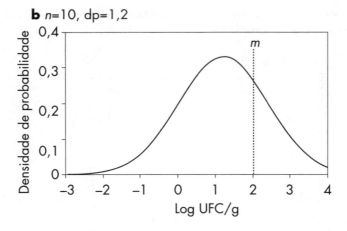

Figura A.4 Distribuições em um plano de amostragem com $n = 10$, e $m = 2$ log UFC/g, para rejeição com 95% de probabilidade. **a** desvio padrão = 0,25 (log médio = 1,84 ou média geométrica = 1,84) e **b** desvio padrão = 1,2 (log médio = 1,22 ou média geométrica = 17); m (········), densidade de probabilidade (———).

Apêndice A – Considerações sobre Amostragem e Aspectos Estatísticos dos Planos de Amostragem **495**

REFERÊNCIAS

ANDREWS, W. H. AOAC International's three validation programs for methods used in the microbiological analysis of foods. **Trends in Food Science & Technology**, Cambridge, v. 7, p. 147-151. 1996.

BERG, C. et al. Microbiological collaborative studies for quality control in food laboratories: reference material and evaluation of analyst's errors. **International Journal of Food Microbiology**, Amsterdam, v. 24, n. 1-2, p. 41-52, 1994.

BLACK, R. G.; CRAVEN, H. M. Program for evaluation of dairy laboratories testing proficiency. **Australian Journal of Dairy Technology**, Melbourne, v. 45, n. 2, p. 86-92, 1990.

CODEX ALIMENTARIUS. **Principles for the establishment and application of microbiological criteria for foods (CAC/ GL-21)**. Rome: FAO, 1997. FAO/WHO Food Standards Program.

CORRY, J. E. L. et al. A critical review of measurement uncertainty in the enumeration of food microorganisms. **Food Microbiology**, London, v. 24, n. 3, p. 230-253, 2007.

ICMSF - INTERNATIONAL COMMISSION ON MICROBIOLOGICAL SPECIFICATIONS FOR FOOD. **Microorganisms in foods 2**: sampling for microbiological analysis: principles and specific applications. Toronto: University of Toronto Press, 1974.

_____. **Microorganisms in foods 2**: sampling for microbiological analysis: principles and specific applications. 2. ed. Toronto: University of Toronto Press, 1986.

_____. Sampling plans. In: _____. **Microorganisms in foods 7**: microbiological testing in food safety management. New York: Kluwer Academic: Plenum Publishers, 2002.

IN'T VELD, P. H.; NOTERMANS, S. H. W.; VAN DE BERG, M. Potential use of microbiological reference material for the evaluation of detection methods for *Listeria monocytogenes* and the effect of competitors: a collaborative study. **Food Microbiology**, London, v. 12, p. 125-134, Feb. 1995.

JARVIS, B. **Statistical aspects of the microbiological analysis of foods**. 2. ed. London: Academic Press, 2008.

LEGAN, D. J. et al. Determining the concentration of microorganisms controlled by attributes sampling plans. **Food Control**, Oxford, v. 12, n. 3, p. 137-147, 2000.

LOMBARD, B.; GOMY, C.; CATTEAU, M. Microbiological analysis of foods in France: standardized methods and validated methods. **Food Control**, Oxford, v. 7, n. 1, p. 5-11, 1996.

PETERZ, M. Laboratory performance in a food microbiology proficiency testing scheme. **Journal of Applied Microbiology**, Oxford, v. 73, n. 3, p. 210-216, 1992.

PETERZ, M.; STENERYD, A. C. Freeze-dried mixed cultures as reference samples in quantitative and qualitative microbiological examinations of food. **Journal of Applied Microbiology**, Oxford, v. 74, n. 2, p. 143–148, 1993.

RENTENAAR, I. M. F. Microval, a challenging Eureka project. **Food Control**, Oxford, v. 7, n. 1, p. 31-36, 1996.

SCOTTER, S.; WOOD, R. Validation and acceptance of modern methods for the microbiological analysis of foods in the UK. **Food Control**, Oxford, v. 7, n. 1, p. 47-51, 1996.

VAN SCHOTHORST, M. et al. Relating microbiological criteria to food safety objectives and performance objectives. **Food Control**, Oxford, v. 20, n. 11, p. 967-979, 2009.

APÊNDICE B

Cálculos para o Capítulo 2

EFEITOS EQUIVALENTES PARA NÍVEL DE MICRORGANISMOS E VARIABILIDADE

Os valores na Figura 2.4 (ver o Capítulo 2) podem ser calculados usando o *z-score*. Para FSO = 2, o cálculo é $x + z \cdot s = 2$, com valor médio x, desvio padrão s e com os z-scores determinados pelo nível de probabilidade. O z-score está na Tabela B.1.

As linhas de probabilidade na Figura 2.4 podem ser calculadas por meio da equação $s = (2 - x)/z$. Por exemplo, a linha para uma probabilidade de 0,05 na Figura 2.4 é determinada por:

$$s = (2 - x) / z = (2 - x) / 1,645.$$

Na Tabela 2.1, os níveis médios de 1,03, 0,63 e 0,18 e o desvio padrão de 0,59 correspondem aos níveis de probabilidade 0,05, 0,01 e 0,001, respectivamente.

$$(2 - 1,03) / 1,675 = 0,59 \text{ (usando } z\text{-score para probabilidade 0,05)}$$

$$(2 - 0,63) / 2,326 = 0,59 \text{ (usando } z\text{-score para probabilidade 0,01)}$$

$$(2 - 0,18) / 3,09 = 0,59 \text{ (usando } z\text{-score para probabilidade 0,001)}$$

Com essa abordagem, o efeito da redução do desvio padrão pode ser convertido em ganho log. A mudança equivalente em nível pela redução do desvio padrão pode ser determinada pela fórmula $\Delta x = z\Delta s$.

Na Tabela 2.2, uma média de –1,2 com desvio padrão de 1,11 resulta em:

$$z = (2 - x) / s = (2 + 1,2) / 1,11 = 2,88.$$

Reduzindo s em H_0 de 0,8 para 0,4, o desvio padrão do nível total reduz de 1,11[1] para 0,87[2], o que resulta em um "ganho" de 0,69[3] logs na média log. Assim, a extensão até a qual a concentração média pode ser movida mantendo a mesma proporção de defeituosos depende tanto da mudança no desvio padrão geral como no nível de conformidade estabelecido (Tabela B.1).

Tabela B.1 *Z-score* em diferentes níveis de probabilidade (teste unilateral)

Nível de probabilidade	z-score
0,05	1,645
0,01	2,326
0,005	2,576
0,002	2,878
0,001	3,090

---

[1] 1,11 = raiz quadrada $(0,8^2 + 0,5^2 + 0,59^2)$ da Tabela 2.2
[2] 0,87 = raiz quadrada $(0,4^2 + 0,5^2 + 0,59^2)$ da Tabela 2.5
[3] 0,69 = 2,88 × (1,11 − 0,87)

Métodos ISO Mencionados nas Tabelas

RAZÃO PARA A ESCOLHA DOS MÉTODOS ISO

Uma das exigências para a articulação precisa de um critério microbiológico é a identificação do método utilizado para gerar o resultado. A ICMSF reconhece a existência de muitas referências padrão e decidiu selecionar os métodos ISO para estar em acordo com a Codex Alimentarius Commission. Outros métodos também podem ser empregados desde que validados por estes métodos (Tabela C.1)

Tabela C.1 Métodos ISO mencionados nas tabelas deste livro

Número do método	Título
ISO 4833:2003	Microbiology of food and animal feeding stuffs – Horizontal method for the enumeration of microorganisms – Colony count technique at 30°C
ISO 6222:1999	Water quality – Enumeration of culturable micro-organisms – Colony count by inoculation in a nutrient agar culture medium
ISO 6461-2:1986	Water quality – Detection and enumeration of the spores of sulfite-reducing anaerobes (clostridia) – Part 2: Method by membrane filtration
ISO 6579:2002	Microbiology of food and animal feeding stuffs – Horizontal method for the detection of *Salmonella* spp
ISO 6785:2001	Milk and milk products – Detection of *Salmonella* spp
ISO 6888-1:1999	Microbiology of food and animal feeding stuffs – Horizontal method for the enumeration of coagulase-positive staphylococci (*Staphylococcus aureus* and other species) – Part 1: Technique using Baird-Parker agar medium

Número do método	Título
ISO 7899–2:2000	Water quality – Detection and enumeration of intestinal enterococci – Part 2: Membrane filtration method
ISO 7932:2004	Microbiology of food and animal feeding stuffs – Horizontal method for the enumeration presumptive *Bacillus cereus* – Colony count technique at 30°C
ISO 7937:2004	Microbiology of food and animal feeding stuffs – Horizontal method for the enumeration of *Clostridium perfringens* – Colony count technique
ISO 9308–1:2000	Water quality – Detection and enumeration of *Escherichia coli* and coliform bacteria – Part 1: Membrane filtration method
ISO 11290–1:1996	Microbiology of food and animal feeding stuffs – Horizontal method for the detection and enumeration of *Listeria monocytogenes* – Part 1: Detection method
ISO 11290–2:1998	Microbiology of food and animal feeding stuffs – Horizontal method for the detection and enumeration of *Listeria monocytogenes* – Part 2: Enumeration method
ISO 16266:2006	Water quality – Detection and enumeration of *Pseudomonas aeruginosa* – Method by membrane filtration
ISO 16649–2:2001	Microbiology of food and animal feeding stuffs – Horizontal method for the enumeration of beta-glucuronidase-positive *Escherichia coli* – Part 1: Colony-count technique at 44°C using 5-bromo-4-chloro-3-indolyl beta-D-glucuronide
ISO 16654:2001	Microbiology of food and animal feeding stuffs – Horizontal method for the detection of *Escherichia coli* O157
ISO 21527–2:2008	Microbiology of food and animal feeding stuffs – Horizontal method for the enumeration of yeasts and moulds – Part 2: Colony count technique in products with water activity less than or equal to 0.95
ISO 21528–1:2004	Microbiology of food and animal feeding stuffs – Horizontal methods for the detection and enumeration of *Enterobacteriaceae* – Part 1: Detection and enumeration by MPN technique with pre-enrichment
ISO/TS 21872-1:2007	Microbiology of food and animal feeding stuffs – Horizontal method for the detection of potentially enteropathogenic *Vibrio* spp. – Part 1: Detection of *Vibrio parahaemolyticus* and *Vibrio cholera*
ISO/TS 22964:2006	Milk and milk products – Detection of *Enterobacter sakazakii*

Objetivos e Realizações da ICMSF

HISTÓRICO E OBJETIVOS

A International Commission on Microbiological Specifications for Foods (ICMSF) foi constituída em 1962, por meio de uma iniciativa da International Committee on Food Microbiology and Hygiene (ICFMH), que faz parte da International Union of Microbiological Societies (IUMS). Por meio da IUMS, a ICMSF é vinculada à International Union of Biological Societies (IUBS) e à Organização Mundial da Saúde (OMS – World Health Organization – WHO) das Organização das Nações Unidas (ONU – United Nations Organization – UNO).

Nos anos 1960, as doenças de origem alimentar passaram a ser mais bem compreendidas, ocasionando um aumento nas análises microbiológicas dos alimentos. Com isso, surgiram problemas imprevistos no comércio internacional de alimentos. Diferentes métodos analíticos e planos de amostragem de validade estatística questionável eram utilizados. Além disso, os resultados analíticos eram interpretados utilizando diferentes conceitos de significado biológico e critérios de aceitação, causando confusão e frustação para as indústrias de alimentos e agências reguladoras. Nesse ambiente, surgiu a ICMSF para: (1) compilar, correlacionar e avaliar as evidências a respeito da segurança e da qualidade dos alimentos; (2) avaliar se os critérios microbiológicos melhoram e asseguram a segurança microbiológica de determinados alimentos; (3) propor, quando adequado, esses critérios, e (4) recomendar métodos de amostragem e análise.

Microrganismos em Alimentos 8

Quase 50 anos depois, o principal papel da Comissão é ser a principal fonte de conceitos científicos independentes e imparciais que, quando adotados pelas agências governamentais e indústria, devem reduzir a incidência das doenças microbiológicas de origem alimentar e da deterioração de alimentos no mundo e facilitar o comércio global.

FUNÇÕES E FILIAÇÕES

A ICMSF fornece informação científica básica por meio de estudos extensos e faz recomendações livres de preconceitos com base nestas informações. Os resultados dos estudos são publicados na forma de livros, documentos de discussão ou publicações referenciadas. As principais publicações da ICMSF estão listadas no Apêndice F. As recomendações da ICMS não têm valor legal, sendo da alçada dos órgãos oficiais nacionais a promulgação dessas recomendações em cada país e, internacionalmente, da Organização da Nações Unidas e suas agencias como WHO e FAO.

A ICMSF atua como um grupo de trabalho, e não como um fórum para leitura de publicações. As reuniões constituem-se principalmente de discussões com as subcomissões, com debates até atingir um consenso, edição de propostas de textos e planejamento. A maior parte do trabalho é feita em reuniões do Comitê Editorial e os membros, algumas vezes com a ajuda de consultores não membros.

Desde 1962, já foram realizadas 43 reuniões em 24 países (Austrália, Brasil, Canadá, Chile, China, Dinamarca, República Dominicana, Egito, Inglaterra, França, Alemanha, Índia, Itália, México, Singapura, África do Sul, Espanha, Suíça, Holanda, Uruguai, Estados Unidos, antiga USSR, Venezuela e antiga Iugoslávia). Durante as reuniões, os membros da ICMSF participam de simpósios organizados por microbiologistas ou autoridades de saúde pública do país-sede.

No momento em que este livro foi publicado, a ICMSF era constituída de 17 microbiologistas de alimentos de 12 países, com combinação de diferentes interesses profissionais em pesquisa, saúde pública, controle legal de alimentos, educação, desenvolvimento de produtos e processos, e controle de qualidade de laboratórios governamentais de saúde pública, agricultura e tecnologia de alimentos (ver o Apêndice E). A ICMSF é também auxiliada por consultores, especialistas em áreas específicas da microbiologia, importantes para o sucesso da Comissão (ver "Colaboradores e Revisores" no início deste livro). Novos membros e consultores são selecionados com base em sua *expertise*, e não como representantes de países. Todo o trabalho é voluntário, sem honorários.

Atualmente, três subcomissões (América Latina, sudeste asiático e China/nordeste asiático) divulgam as atividades da ICMSF entre os microbiologistas de alimentos de suas regiões e facilitam a comunicação mundial (ver o Apêndice E).

A ICMSF obtém seus próprios recursos financeiros para as reuniões. O apoio tem sido obtido de agências governamentais, WHO, IUMS, IUBS e indústrias de alimentos, incluindo mais de 100 empresas e agencias de alimentos em 20 países (ver o Apêndice G). Os recursos para projetos específicos, seminários e conferências têm variadas origens. Parte dos fundos são decorrentes da venda dos livros da ICMSF.

Apêndice D – Objetivos e Realizações da ICMSF

TRABALHO PASSADO E PRESENTE

Desde a sua fundação, a ICMSF tem tido um impacto grande e global no campo da microbiologia de alimentos por abordar temas como métodos de análise de microrganismos, planos de amostragem, critérios microbiológicos, HACCP, avaliação de risco e gestão de risco. Suas atividades e recomendações são publicadas na forma de livros, artigos científicos e não científicos, artigos de opinião, resumos e apresentações.

Durante quase 25 anos, o foco da ICMSF era em metodologias, que resultaram em melhores comparações de métodos microbiológicos e melhor padronização (17 publicações avaliadas por pares). Entre vários aspectos significativos, estabeleceu-se que, para analisar salmonelas, as amostras analíticas podiam ser combinadas em uma única, sem perda de sensibilidade. Com isso, foi possível coletar e analisar o grande número de amostras recomendado em alguns planos de amostragem. Com o rápido desenvolvimento dos métodos alternativos e *kits* de testes rápidos, e com a expansão constante dos agentes biológicos envolvidos nas doenças de origem alimentar, a ICMSF interrompeu seu programa de comparação e avaliação de métodos, reconhecendo que problemas relacionados com metodologia eram abordados de forma mais eficiente por outras organizações.

O objetivo em longo prazo da ICMSF de melhorar a segurança microbiológica dos alimentos no comercio internacional foi inicialmente abordado em dois livros que recomendavam métodos analíticos uniformes (ICMSF, 1978) e planos de amostragem e critérios adequados (ICMSF, 1974, 1978, 2. ed., 1986). Em seguida, a ICMSF desenvolveu um livro sobre a ecologia microbiana em alimentos (ICMSF, 1980a, b), com o objetivo de familiarizar os analistas com os processos utilizados na indústria de alimentos e com os aspectos microbiológicos dos alimentos enviados ao laboratório. O conhecimento da microbiologia das commodities alimentares mais importantes e dos fatores que afetam o conteúdo microbiano destes alimentos ajuda o analista a interpretar os resultados analíticos.

Logo a ICMSF reconheceu que nenhum plano de amostragem pode assegurar a ausência de um patógeno em um alimento. A análise de alimentos nos pontos de entrada, ou em qualquer ponto da cadeia de produção, não pode garantir a sua segurança. Este fato levou a ICMSF a explorar o valor potencial do HACCP na melhoria da segurança dos alimentos. Uma reunião em 1980 com a Organização Mundial da Saúde resultou em um relato sobre o uso do HACCP para controlar os perigos microbiológicos nos alimentos, particularmente em países em desenvolvimento (ICMSF, 1982). A ICMSF desenvolveu então um livro sobre os princípios do HACCP e os procedimentos para o desenvolvimento de planos HACCP (ICMSF, 1988), abordando a importância do controle das condições de produção, colheita, preparação e manuseio dos alimentos. Neste livro, são dadas recomendações para a aplicação do HACCP da produção e colheita até o consumo, juntamente com exemplos de aplicação do HACCP em cada etapa da cadeia de produção de alimentos.

Em seguida, a ICMSF reconheceu que o principal ponto fraco do desenvolvimento de planos HACCP é o processo de avaliação do perigo. É difícil conhecer tudo sobre os diversos agentes biológicos reconhecidamente responsáveis pelas doenças de origem alimentar. ICMSF (1996) reuniu informações importantes sobre as propriedades dos agen-

504

tes biológicos comumente envolvidos em doenças de origem alimentar, e serve como uma referência rápida ao avaliar multiplicação, sobrevivência ou morte de patógenos.

Subsequentemente, a ICMSF atualizou seu livro sobre ecologia microbiana em *commodities* alimentares.

O livro *Microorganisms in foods 7: Microbiological testing in food safety management* (ICMSF, 2002) introduziu o conceito *Food Safety Objective* e sua aplicação no estabelecimento de planos HACCP e critérios microbiológicos. O livro traz um atualização dos aspectos estatísticos da amostragem e a escolha dos "casos" que determinam o rigor dos planos de amostragem. *Microorganisms in foods 7* substituiu a primeira parte de *Microorganisms in foods 2: Sampling for microbiological analysis: Principles and specific applications* (1986). Este livro mostra como sistemas como o HACCP e as BPH garantem mais segurança do que as análises microbiológicas, mas também identifica as circunstancias em que essas análises ainda são úteis. Desde a publicação de *Microorganisms in foods 7* em 2002, vários conceitos importantes deste livro foram adotados pela Comissão do Codex Alimentarius e incluídos em seu manual de procedimentos. O importante é que a nova abordagem de gestão de risco tem sido empregada para facilitar e acelerar o desenvolvimento e comunicação das opções de gestão de risco para inúmeros problemas internacionais de segurança de alimentos e saúde pública. Um bom exemplo é o padrão Codex para o controle de *Cronobacter* spp. (*E. sakazakii*), o microrganismo causador de enfermidade e morte de recém-nascidos em virtude do consumo de fórmulas infantis. Neste caso, a comunidade científica foi capaz de utilizar a abordagem de gestão de risco para fornecer rapidamente orientação aos cuidadores e outros interessados e impactar positivamente a implementação das medidas de prevenção.

Além da edição em inglês da série *Microorganisms in foods* vários livros estão disponíveis em espanhol na América Latina. *Microorganisms in foods 7* está disponível também em mandarim para a China e a versão atualizada de *Microorganisms in foods 6* estará disponível em japonês.

Mais recentemente, a ICMSF publicou uma segunda edição atualizada de *Microorganisms in foods 6: Microbial ecology of food commodities* (2005). Essa publicação descreve a microbiota inicial e a prevalência de patógenos, as consequências microbiológicas do processamento, os padrões típicos de deterioração, os episódios envolvendo as commodities alimentares, e as medidas para controlar patógenos e limitar deteriorantes em 17 *commodities* alimentares mais importantes. Além de atualizar os conhecimentos sobre a ecologia microbiana de cada *commodity*, as medidas de controle foram apresentadas de forma padronizada e alinhadas com os avanços internacionais em gestão de risco. Um índice abrangente também foi incluído.

A ICMSF tem várias publicações úteis, destinadas tanto para a comunidade científica como para leigos. Atendendo à necessidade de uma base científica para a avalição de risco, um grupo de trabalho da ICMSF publicou o artigo "Potential application of risk assessment techniques to microbiological issues related to international trade in food and food products" (ICMSF, 1998). Como os governos precisam utilizar ferramentas da epidemiologia para avaliar o sucesso e desempenho das opções de gestão de

Apêndice D – Objetivos e Realizações da ICMSF

risco, a ICMSF decidiu articular o papel da epidemiologia na gestão de riscos no artigo científico "Use of epidemiologic data to measure the impact of food safety control programs" (ICMSF, 2006). Mais recentemente, a ICMSF publicou dois outros artigos conceituais objetivando examinar as implicações desta nova forma de gestão de riscos no estabelecimento de especificações microbiológicas (VAN SCHOTHORST et al., 2009) e na validação de medidas de controle em uma cadeia de produção de alimentos (ZWITTERING et al., 2010).

Uma publicação muito bem-sucedida é o guia ICMSF para leigos *A simplified guide to understanding and using food safety objectives and performance objectives* (ICMSF, 2005). Inicialmente publicado em inglês, o guia já foi traduzido para francês, português, espanhol e Bahasa Indonésio. Seu objetivo é informar os leitores sobre as novas métricas de gestão de riscos do Codex em linguagem não técnica. O guia está disponível também na página da ICMSF na web em uma versão ilustrada, apropriada como um instrumento educacional.

Muitos membros colaboram ativamente com a FAO e WHO participando de reuniões de especialistas, consultorias e reuniões de grupos de trabalho do Codex, e participando como treinadores especialistas em atividades de treinamento de pessoal. Durante a preparação deste livro, a ICMSF esteve representada no Codex Committee on Food Hygiene (CCFH) e no Codex Committee on General Principles (CCGP), e vários membros representaram a ICMSF em grupos de trabalho eletrônicos e comitês regionais do Codex. Vários conceitos e princípios da ICMSF foram adotados pelo Codex Alimentarius, como, por exemplo, em várias novas diretrizes e no *Codes of Hygienic Practice*, ou em códigos específicos, como os para leite e produtos cárneos. Quando este livro foi impresso, a ICMSF estava oferecendo apoio de especialistas (*expert advice*) no âmbito do Codex Committee on Food Hygiene (CCFH) no Proposed Draft Revision of the Recommended International Code of Hygienic Practice for Collecting, Processing and Marketing of Natural Mineral Waters, no Proposed Draft Guidelines on the Application of General Principles of Food Hygiene to the Control of Viruses in Food, e também no Proposed Draft Guidelines for the Establishment and Application of Microbiological Criteria for Foods.

Após quase 50 anos de atividade, os objetivos originais da ICMSF são ainda mais relevantes hoje, dadas as tendências em segurança de alimentos e a previsão de duplicação da demanda por alimentos e comércio internacional até 2050. As enfermidades causadas por alimentos constituem um problema de saúde pública mundial, e a importação e exportação de alimentos são um fator crítico na recuperação econômica e na segurança alimentar de muitos países. Sistemas globais efetivos de gestão da segurança dos alimentos e padrões são, portanto, importantes do ponto de vista de saúde pública e econômico, visto que os governos almejam proteger seus consumidores enquanto facilitam o comércio. Em um ambiente de interdependência global em segurança alimentar, os países não podem confiar somente nos seus próprios sistemas de gestão da segurança dos alimentos, sendo, portanto, essencial que os padrões de segurança de alimentos sejam baseados em princípios científicos sólidos e que sua equivalência possa ser demonstrada. É neste contexto que o papel continuado da ICMSF como uma fonte líder

Microrganismos em Alimentos 8

de aconselhamento científico independente e imparcial para organismos como a Codex Alimentarius Commission, governos e indústrias, é crucial para o desenvolvimento de padrões de alimentos equivalentes, destinados a reduzir o ônus das doenças globais e a facilitar o comércio internacional de alimentos. O sucesso futuro da ICMSF continua dependendo de sua capacidade de trabalhar de forma efetiva com seus parceiros, assim como do esforço de seus membros e consultores que generosamente cedem seu tempo, e dos que dão o aporte financeiro tão essencial para as atividades da ICMSF.

Ver o Apêndice F, "Publicações da ICMSF", para as citações completas dos livros e publicações mencionados nesta seção.

Locais das Conferências Gerais da ICMSF e Principais Patrocinadores

N°	Ano	Local	Patrocinador
1	1962	Montreal, Quebec, Canada	Members' agencies
2	1965	Cambridge, UK	Members' agencies; Low Temperature Research Station, Cambridge, UK; Pillsbury Co
3	1966	Moscow, USSR	Members' agencies
4	1967	London, UK	Members' agencies; Unilever Research
5	1969	Dubrovnik, Yugoslavia	Members' agencies; Union of Medical Societies of Yugoslavia; US Department of Health, Education and Welfare, Public Health Service, Centers for Disease Control
6	1970	Mexico City, Mexico	Members' agencies; ICMSF sustaining fund
7	1971	Opatija, Yugoslavia	Members' agencies; Union of Medical Societies of Yugoslavia; US Department of Health, Education and Welfare, Public Health Service; Centers for Disease Control
8	1972	Langford, England	Members' agencies; Meat Research Institute; Agriculture Research Council, UK; ICMSF sustaining fund
9	1973	Ottawa, Ontario, Canada	Members' agencies; Health and Welfare Canada, Health Protection Branch; ICMSF sustaining fund
10	1974	Caracas, Venezuela	Members' agencies; Latin American Congress for Microbiology, International Union of Biological Societies; ICMSF sustaining fund
11	1976	Alexandria, Egypt	Members' agencies; Ministry of Health, Arab Republic of Egypt; US Department of Health and Human Services, Centers for Disease Control; ICMSF sustaining fund
12	1977	Cairo, Egypt	Members' agencies; Ministry of Health, Arab Republic of Egypt; US Department of Health and Human Services, Centers for Disease Control; ICMSF sustaining fund
13	1978	Cairo, Egypt	Members' agencies; Ministry of Health, Arab Republic of Egypt; US Department of Health and Human Services, Centers for Disease Control; ICMSF sustaining fund
14	1980	Stresa, Italy	Members' agencies; Comitato Organizzatore "Total Quality Control Congress"; Regione Piemonte; Regione Lombardia; Provincia di Novara; Banca Popolare di Novara; Fondazione Alivar; Italy Centro Studi Hospes;Terme di Crodo, S.P.A.; ICMSF sustaining fund
15	1981	Chexbres, Switzerland	Members' agencies; Nestlé Products Technical Assistance Co.; ICMSF sustaining fund
16	1982	Anaheim, California, USA	Members' agencies; Silliker Laboratories; ICMSF sustaining fund

Apêndice D – Objetivos e Realizações da ICMSF

Nº	Ano	Local	Patrocinador
17	1983	Sharnbrook, Bedford, UK	Members' agencies; Unilever Research, Colworth Laboratories; ICMSF sustaining fund
18	1984	Berlin, Federal Republic of Germany	Members' agencies; Federal Ministry of Youth, Family Affairs and Welfare; German Research Foundation; Senate of Berlin; Unilever Germany; ICMSF sustaining fund
19	1985	La Jolla, California, USA	Members' agencies; Beatrice Foods; Silliker Laboratories; ICMSF sustaining fund XX 1986 Roskilde, Denmark Danish Meat Products Laboratory; ICMSF sustaining fund
20	1986	Roskilde, Denmark	Danish Meat Products Laboratory; ICMSF sustaining fund 21
22	1988	Dubrovnik, Yugoslavia	Members' agencies; Nestlé Products Technical Assistance Co.; ICMSF sustaining fund
23	1989	Milan, Italy	Members' agencies; Comune di Milano, Camera di Commercio Industria, Artigianato, Agricoltura di Milano; Centrale del Latte di Milano; Egidio Galbani Spa di Milano; Istituto Scotti Bassani di Milano; Nuovo-Criai di Caserta; Ciba-Geigy di Milano; Alfa Laval di Monza;ICMSF sustaining fund
24	1990	Playa Dorada, Dominican Republic	Members' agencies; Pan American Health Organization/ World Health Organization; Instituto Dominicano de Technología Industrial (INDOTEC); Central Bank of the Dominican Republic; Asociacion de Propietarios de Hoteles y Condominios de Playa Dorada; Secretaría de Estado de Turismo (SECTUR); Nestlé (Dominican Republic); ICMSF sustaining fund
25	1991	Sydney, NSW, Australia	Members' agencies; Australian Institute of Food Science and Technology; ICMSF sustaining fund
26	1992	Taverny, France	Members' agencies; Nestlé France; ICMSF sustaining fund
27	1993	Papendal, The Netherlands	Members' agencies; The Netherlands EFFI; Netherlands Society for Microbiology; Netherlands Society for Nutrition and Food Technology; ICMSF sustaining fund
28	1994	León, Spain	Members' agencies; Ministerio de Salud y Consumo; ICMSF sustaining fund
29	1996	Pretoria, South Africa	Members' agencies; ABSA Bank, AECI Aroma & Fine Chemicals; Department of Health; Department of Microbiology-WITS; Gold Star Yeasts; Hartlief Continental Meats; Inspection and Quality Services; Kanhym Fresh Meat; KWV; Labotec, Lever Industrial, S.A.; Society for Microbiology, Sea Harvest Corp.; Separations Scientific, SGS Qualitest; Sun International; 3M South Africa; Toyota S.A. Marketing; Traditional Beer Investments, Black Like Me Products; Boehringer Mannheim; Bull Brand Foods; C.A. Milsch; Dragoco S.A.; Enzymes S.A., Firmenich; First National Bank; Foodtek-CSIR; Foundation for Research Development; Meat Industry Centre (ANPI-ARC); Merck; Nestlé; Nutritional Foods, Quest Intern.; Royal Beech Nut; Von Holy Consulting, Willards Foods; Woolworths; Xera Tech-The Document Company; Xerox Office Supplies; ICMSF sustaining fund
30	1997	Annecy, France	Members' agencies; Fondation Marcel Mérieux; ICMSF sustaining fund
31	1998	Guaruja, Brazil	Members' agencies; COMBHAL 98; ICMSF sustaining fund

Nº	Ano	Local	Patrocinador
32	1999	Melbourne, Australia	Members' agencies; Public Health and Development Division of the Victorian Department of Human Services; ICMSF sustaining fund
33	2000	Berlin, Germany	Members' agencies; Bundes Institut für gesundheitlichen Verbraucherschutz und Veterinärmedizin; Bund für Lebensmittelrecht und Lebensmittelkunde e.V.; Milchindustrie-Verband e.V.;Kraft Foods, R&D Inc.; ICMSF sustaining fund
34	2001	Annecy, France	Members' agencies; Fondation Marcel Mérieux; ICMSF sustaining fund
35	2002	Pucon, Chile	Members' agencies; VII Congreso Latinamericano de Microbiologia e Higiene de Alimentos, Nov. 2002, Chile; ICMSF sustaining fund
36	2003	Lugano, Switzerland	Members' agencies; Schweizerische Geselschaft für Lebensmittel Hygiene;ICMSF sustaining fund
37	2004	Hangzhou, Shanghai, Beijing, China	Members' agencies; Silliker Group, Corp; bioMerieux China Ltd.; 3M China Ltd; Unilever; DuPong QUALICON; Beijing Sanyuan Foods Co, Ltd.; Zhejiang Provincial Center for Disease Control and Prevention; Zhejiang Gongshang University, College of Food Science, Biotechnology and Environmental Engineering; Shanghai Jiaotong University, Department of Food Science and Technology; ICMSF sustaining fund
38	2005	Wintergreen, USA	Members' agencies; 3M Microbiology; American Society for Microbiology; Ecolab Inc.; Food Products Association; General Mills; Kraft Foods; Masterfoods USA; Cattlemen's Beef Board and the National Cattlemen's Beef Association; Nestlé USA Inc.; Silliker Inc.; Standard Meat Company; US Environmental Protection Agency/Office of Water; US Department of Agriculture/Cooperative State Research; Education and Extension Service; US Department of Agriculture / Food Safety and Inspection Service; US Food and Drug Administration/Center for Food Safety and Applied Nutrition; Risk Assessment Consortium; International Life Sciences Institute; International Association for Food Protection; Institute of Food Technologists; ICMSF sustaining fund
39	2006	Cape Town, Pretoria, South Africa	Members' agencies; Consumer Goods Council of South Africa (CGCSA);South African Association for Food Science & Technology (SAAFoST); 3M; Unilever SA; ICMSF sustaining fund
40	2007	Singapore	Members' agencies; ILSI Southeast Asia Region; Agri-Food & Veterinary Authority of Singapore; ICMSF sustaining fund
41	2008	New Delhi, India	Members' agencies; ILSI India; Ministry of Food Processing Industries, GOI; Agricultural and Processed Food Products Export Development Authority (APEDA); India Council of Agricultural Research (ICAR); India Council of Medical Research (ICMR); National Horticulture Mission (NHM), Ministry of Agriculture; ICMSF sustaining fund 42 2009 Punta del Este, Uruguay Members' agencies; Latin American Sub-Commission of ICMSF; Uruguayan Society of Food Science and Technology; ICMSF sustaining fund
43	2010	Annecy, France	Members' agencies; Fondation Marcel Mérieux; ICMSF sustaining fund

Participantes da ICMSF

MEMBROS DA ICMSF POR OCASIÃO DA PUBLICAÇÃO DESTE LIVRO

Presidente

Dr. Martin Cole, Chief, CSIRO Division of Food and Nutritional Sciences, PO Box 52, North Ryde, NSW 1670, Riverside Corporate Park, 11, Julius Avenue, North Ryde, NSW 2113, Austrália

Secretária

Dr. Fumiko Kasuga, Section Chief, Division of Biomedical Food Research, National Institute of Health Sciences, 1–18–1 Kamiyoga, Setagaya-ku, Tokyo 158–8501, Japão

Tesoureiro

Dr. Jeffrey M. Farber, Director, Bureau of Microbial Hazards, Food Directorate, Health Canada, Banting Research Centre, Postal Locator 2203G3, Tunney's Pasture, Ottawa, Ontario K1A OL2, Canadá

Membros

Dr. Wayne Anderson, Director Food Science and Standards, Food Safety Authority of Ireland, Abbey Court, Lower Abbey Street, Dublin 1, Irlanda

Dr. Lucia Anelich, Director Anelich Consulting, 281 William Drive, Brooklyn 0181, Pretoria, África do Sul

Dr. Robert L. Buchanan, Director and Professor, Center for Food Safety and Security Systems, University of Maryland, O119 Symons Hall, College Park, MD 20742, Estados Unidos

Dr. Jean-Louis Cordier, Food Safety Manager, Nestlé Nutrition, Operations/Quality & Safety, Avenue Reller 22, Rel 1301–10, CH-1800 Vevey, Suíça

Dr. Ratih Dewanti-Hariyadi, Assistant Professor, Department of Food, Science and Technology, Bogor Agricultural University, Gedung Fateta Kampus IPB Darmaga, Jalan Raya Darmaga, PO Box 220, Bogor 16680, Indonésia

Dr. Russel S. Flowers, Chairman of the Board and Chief Scientific Officer, Silliker Group Corp., 900 Maple Road, Homewood, Illinois 80430, Estados Unidos

Prof. Bernadette D. G. M. Franco, Full Professor, Food Science and Nutrition Department, Faculdade de Ciências Farmacêuticas, Universidade de São Paulo, Av. Prof. Lineu Prestes, 580, 05508-900-São Paulo-SP, Brasil

Prof. Leon G.M. Gorris (*Secretary 2007–2010*), GCEA Regional Regulatory Affairs Director Foods, Unilever R&D Shanghai, 4th Floor, 66 Lin Xin Road, Linkong Economic Development Zone, Chang Ning District, Shanghai 200335, China

Dr. Anna M. Lammerding, Chief, Microbial Food Safety Risk Assessment, Food Safety Risk Assessment Unit, Laboratory for Foodborne Zoonoses, Public Health Agency of Canada, 160 Research Lane, Unit 206, Guelph, Ontario N1G 5B2, Canadá

Dr. Xiumei Liu, Chief Scientist for Food Safety, China CDC, National Institute of Nutrition and Food Safety, China CDC, Ministry of Health, 7 Panjiayuan Nan Li, Beijing 100021, P.R. China Dr. Tom Ross, Associate Professor in Food Microbiology, School of Agricultural Science, University of Tasmania, Private Bag 54, Hobart Tasmania 7001, Austrália

Dr. Katherine M.J. Swanson, Vice President Food Safety, Ecolab, 655 Lone Oak Drive, Eagan, MN 55120, Estados Unidos

Dr. Marta Taniwaki, Scientific Researcher, Instituto de Tecnologia de Alimentos-ITAL, Av. Brasil, 2880, Cep 13070–178, Campinas, SP, Brasil

Prof. Marcel Zwietering, Professor in Food Microbiology, Laboratory of Food Microbiology, Agrotechnology and Food Sciences Group, Wageningen University, P.O. Box 8129, 6700 EV Wageningen, Holanda

MEMBROS ANTERIORES DA ICMSF

Dr. A. C. Baird-Parker	Reino Unido	1974–1999	
Dr. M. T. Bartram	EUA	1967–1968	
Dr. H. E. Bauman	EUA	1964–1977	
Dr. F. Bryan	EUA	1974–1996	Secretário 1981–1991
Dr. L. Buchbinder*	EUA	1962–1965	

Apêndice E – Participantes da ICMSF

Prof. F. F. Busta	EUA	1985–2000	Tesoureiro 1998–2000
Dr. R. Buttiaux	França	1962–1967	
Dr. J. H. B. Christian	Austrália	1971–1991	Presidente 1980–1991
Dr. D. S. Clark	Canadá	1963–1985	Secretário-Tesoureiro 1963–1981
Dr. C. Cominazzini	Itália	1962–1983	
Dr. S. Dahms	Alemanha	1998–2007	
Dr. C. E. Dolman*	Canadá	1962–1973	
Dr. M. P. Doyle	EUA	1989–1999	
Dr. R. P Elliott*	EUA	1962–1977	
Dr. O. Emberger	Tchecoslováquia	1971–1986	
Dr. M. Eyles	Austrália	1996–1999	
Dr. J. Farkas	Hungria	1991–1998	
Mrs. M. Galton*	EUA	1962–1968	
Dr. E. J. Gangarosa	EUA	1969–1970	
Dr. C. Cominazzini	Itália	1962–1983	
Dr. S. Dahms	Alemanha	1998–2007	
Dr. C. E. Dolman*	Canadá	1962–1973	
Prof. L. Gram	Dinamarca	1998–2009	Secretário 2003–2006
Dr. F. Grau	Austrália	1985–1999	
Dr. J. M. Goepfert	Canadá	1985–1989	Tesoureiro 1987–1989
Dr. H. E. Goresline*	EUA/Áustria	1962–1970	
Dr. B C. Hobbs*	RU	1962–1996	
Dr. A. Hurst	RU/Canadá	1963–1969	
Dr. H. Iida	Japão	1966–1977	
Dr. M. Ingram*	RU	1962–1974	Ex-officio member 1962–1968
Dr. J.L. Jouve	França	1993–2004	
Dr. M. Kalember-Radosavljevic	Iugoslávia	1983–1992	
Dr. K. Lewis*	EUA	1962–1982	
Dr. J. Liston	EUA	1978–1991	
Dr. H. Lundbeck*	Suécia	1962–1983	Presidente 1973–1980
Dr. S. Mendoza	Venezuela	1992–1998	
Mrs. Z. Merican	Malásia	1992–2004	
Dr. G. Mocquot	França	1964–1980	
Dr. G. K. Morris	EUA	1971–1974	
Dr. D. A. A. Mossel*	Holanda	1962–1975	
Dr. N. P. Nefedjeva	USSR	1964–1979	
Dr. C. F. Niven, Jr.	EUA	1974–1981	
Dr. P. M. Nottingham	Nova Zelândia	1974–1986	
Dr. J. C. Olson, Jr.	EUA	1968–1982	
Dr. J. Pitt	Austrália	1990–2002	
Dr. H. Pivnick	Canadá	1974–1983	

Dr. M. Potter	EUA	2003–2009	
Dr. F. Quevedo	Peru	1965–1998	
Dr. T. A. Roberts	RU	1978–2000	Presidente 1991–2000
Dr. A. N. Sharpe	Canadá	1985–1998	Tesoureiro 1989–1998
Dr. J. Silliker	EUA	1974–1987	Tesoureiro 1981–1987
Mr. B. Simonsen	Dinamarca	1963–1987	
Dr. H. J. Sinell	Alemanha	1971–1992	
Dr. G. G. Slocum*	EUA	1962–1968	
Dr. P. Teufel	Alemanha	1982–2007	

* Membro Fundador

SUBCOMISSÃO LATINO AMERICANA
Presidente

Dr. Maria Alina Ratto, Microbiol S.A., Joaquim Capelo 222, Lima 18, Peru

Secretário e Tesoureiro

Lic. Ricardo A. Sobol, Food Control S.A., Santiago del Estero 1154, 1075 Buenos Aires, Argentina

Contato da ICMSF

Dr. Bernadette D. G. M. Franco, Universidade de São Paulo, Avenida Professor Lineu Prestes, 580, 05508-900, São Paulo, Brasil

Membros

Dr. Janeth Luna Cortes, Universidad de Bogota Jorge Tadeo Lozano, Carrera 4 No 22–61 Of 436, Bogotá, Colômbia

Dr. Dora Martha Gonzalez Falcon, Ministerio de Ganaderia, Agricultura y Pesca, Constituyente 1476 Oficina 206, Montevidéu, Uruguai

Dr. Pilar Hernandez S., Universidad Central de Venzuela, Apartado 60830, Chacao 1060, Caracas, Venezuela

Membros Anteriores da Subcomissão Latino-Americana

Dr. Fernando Quevedo, Peru

Dr. Eliana Marambio, Chile

Dr. Nenufar Sosa Caruso, Uruguai

Dr. Silvia Mendoza, Chile

Dr. Sebastião Timo Iaria, Brasil

Dra. Ethel G.V. Amato de Lagarde, Argentina

Dr. Rafael Camperchiol, Paraguai

Dr. Cesar Davila Saa, Equador

Dr. Mauro Faber de Freitas Leitao, Brasil

Dra. Josefina Gomez-Ruiz, Venezuela (ex-presidente)

Dra. Yolanda Ortega de Gutierrez, México

Dr. Hernan Puerta Cardona, Colômbia

Dra. Elvira Regus de Pons, República Dominicana

SUBCOMISSÃO DO SUDESTE ASIÁTICO
Presidente

Prof. Son Radu, Department of Food Science, University Putra Malaysia, Malásia

Secretária e contato da ICMSF

Dr. Ratih Dewanti-Hariyadi, Department of Food Science and Technology, Bogor Agricultural University, Indonésia

Tesoureira

Chris Trevena, Unilever, Austrália

Membros

Dr. MAT Siringan, University Researcher IV, Department Natural Sciences Research, Institute UP-NSRI, Diliman, Quezon City, Filipinas

Dr. Matthew Lau, Nanyang Polytechnic, School of Chemical & Life Sciences, Cingapura

Dr. Soo Chuah, Program Manager, Food Safety & Microbiology, Kraft Asia Pacific, Austrália

Dr. Suchart Chaven, PepsiCo, Estados Unidos

Saint Yi Htet, Plant Hygienist, Wyeth Nutritionals, Cingapura

Dr. Pisan Pongsapitch, National Bureau of Agricultural Commodity and Food Standards, Ministry of Public Health, Tailândia

Membros Anteriores da Subcomissão do Sudeste Asiático

Ms. Zahara Merican, Malásia

Ms. Quee Lan Yeoh, Malásia

Dr. Lay Koon Pho, Cingapura

Dr. Reynaldo C. Mabesa, Filipinas

Dr. Kim Loon Lor, Cingapura

Ms. Chakamas Wongkhalaung, Tailândia

Dr. Srikandi Fardiaz, Indonésia

Ms. Quee Lan Yeoh, Malásia

SUBCOMISSÃO CHINA/NORDESTE ASIÁTICO
Presidente, contato da ICMSF

Dr. Xiumei Liu, China CDC, Ministry of Health, China, 7 Panjiayuan Nanli, Chaoyang District, Beijing, 100021, China

Membros

Dr. Fumiko, Kasuga, Section Chief, Division of Biomedical Food Research, National Institute of Health Sciences, 1-18-1 Kamiyoga, Setagaya-ku, Tokyo 158–8501, Japão

Prof. Leon G.M. Gorris, GCEA Regional Regulatory Affairs Director Foods, Unilever R&D Shanghai, 4th Floor, 66 Lin Xin Road, Linkong Economic Development Zone, Chang Ning District, Shanghai 200335, China

Dr. Xingan Lu, Senior Engineer, Head of the Biological Laboratory, Liaoning Entry-exit Inspection & Quarantine Bureau, 2 Changjiang Road, Dalian, Liaoning, 116001, China

Dr. Beizhong Han, Deputy Dean, College of Food Science and Nutritional Engineering, China Agricultural University, Beijing 100083, China

Lijun Chen, Beijing Sanyuan Food, Beijing, China

Min Cao, Director, Great China Quality and Regulatory Operation, General Mills, China, 8/F UD floor, 355 Hongqiao Road, Shanghai, 200030, China

Subiao Lu, 3M China, Building 17, 300 Tianlin Road, Shanghai 200233, China

Dr. Xiaoyuan Wang, State Key Laboratory of Food Science and Technology, Jiangnan University, 1800 Lihu Avenue, Wuxi 214122, China

Membros Anteriores da Subcomissão China/Nordeste Asiático

Ms. Suyun Chen, China

Prof. Naihu Ju, China

Prof. Xueyun Luo, China

Dr. Shuo Wang, China

Publicações da ICMSF

LIVROS

FAO - FOOD AND AGRICULTURE ORGANIZATION; IAEA - INTERNATIONAL ATOMIC ENERGY AGENCY; ICMSF - INTERNATIONAL COMMISSION ON MICROBIOLOGICAL SPECIFICATIONS FOR FOOD. **Microbiological specifications and testing methods for irradiated foods**. Vienna: Atomic Energy Commission, 1970. Technical Report Series n. 104.

ICMSF - INTERNATIONAL COMMISSION ON MICROBIOLOGICAL SPECIFICATIONS FOR FOOD; ELLIOTT, R. P. (Ed.). **Microorganisms in foods 1**: their significance and methods of enumeration. 2. ed. Toronto: University of Toronto Press, 1978.

ICMSF - INTERNATIONAL COMMISSION ON MICROBIOLOGICAL SPECIFICATIONS FOR FOOD; SILLIKER, J. H.; ELLIOTT, R. P. (Ed.). **Microbial ecology of foods**: volume 1 factors affecting life and death of microorganisms. New York: Academic Press, 1980a.

ICMSF - INTERNATIONAL COMMISSION ON MICROBIOLOGICAL SPECIFICATIONS FOR FOOD; SILLIKER, J. H.; ELLIOTT, R. P. (Ed.). **Microbial ecology of foods**. New York: Academic Press, 1980b. [V. 2].

ICMSF - INTERNATIONAL COMMISSION ON MICROBIOLOGICAL SPECIFICATIONS FOR FOOD; ROBERTS, T. A. (Ed.). **Microorganisms in foods 2**: sampling for microbiological analysis: principles and specific applications. 2. ed. Toronto: University of Toronto Press, 1986.

ICMSF - INTERNATIONAL COMMISSION ON MICROBIOLOGICAL SPECIFICATIONS FOR FOOD; SILLIKER, J. H. (Ed.). **Microorganisms in foods 4**: application of the hazard analysis critical control point (HACCP) system to ensure microbiological safety and quality. Oxford: Blackwell Scientific Publications, 1988.

516 Microrganismos em Alimentos 8

ICMSF - INTERNATIONAL COMMISSION ON MICROBIOLOGICAL SPECIFICATIONS FOR FOOD; ROBERTS, T. A. (Ed.). **Microorganisms in foods 5**: characteristics of microbial pathogens. London: Blackie Academic and Professional, 1996.

ICMSF - INTERNATIONAL COMMISSION ON MICROBIOLOGICAL SPECIFICATIONS FOR FOOD; TOMPKIN, R. B. (Ed.). **Microorganisms in foods 7**: microbial testing in food safety management. New York: Kluwer Academic: Plenum Publishers, 2002.

ICMSF - INTERNATIONAL COMMISSION ON MICROBIOLOGICAL SPECIFICATIONS FOR FOOD; ROBERTS, T. A.; PITT, J. I. (Ed.). **Microorganisms in foods 6**: microbial ecology of food commodities. 2. ed. New York: Kluwer Academic: Plenum Publishers, 2005.

PUBLICAÇÕES WHO

ICMSF - INTERNATIONAL COMMISSION ON MICROBIOLOGICAL SPECIFICATIONS FOR FOOD (Autores: SILLIKER, J. H.; BAIRD-PARKER, A. C.; BRYAN, F. L.; OLSON, J. C., JR.; SIMONSEN, B.; VAN SCHOTHORST, M.); WHO - WORLD HEALTH ORGANIZATION. **Report of the WHO/ICMSF meeting on hazard analysis**: critical control point system in food hygiene, WHO/VPH/82.37. Geneva: WHO, 1982.

ICMSF - INTERNATIONAL COMMISSION ON MICROBIOLOGICAL SPECIFICATIONS FOR FOOD (Autores: SIMONSEN, B.; BRYAN, F. L.; CHRISTIAN, J. H. B.; ROBERTS, T. A.; SILLIKER, J. H.; TOMPKIN, R. B.). **Prevention and control of foodborne salmonellosis through application of the hazard analysis critical control point system**: report, International Commission on Microbiological Specifications for Foods (ICMSF), WHO/CDS/VPH/86.65. Geneva: WHO, 1986.

CHRISTIAN, J. H. B. **Microbiological criteria for foods (Summary of recommendations of FAO/ WHO expert consultations and working groups 1975–1981), WHO/VPH/83.54.** Geneva: WHO, 1983.

OUTRAS PUBLICAÇÕES TÉCNICAS

THATCHER, F. S. The microbiology of specific frozen foods in relation to public health: report of an international committee. **Journal of Applied Microbiology**, Oxford, v. 26, n. 2, p. 266-285, 1963.

SIMONSEN, B. et al. Report from the international commission on microbiological specifications for foods (ICMSF). Prevention and control of foodborne salmonellosis through application of hazard analysis critical control point (HACCP). **International Journal of Food Microbiology**, Amsterdam, v. 4, p. 227-247, 1987.

ICMSF - INTERNATIONAL COMMISSION ON MICROBIOLOGICAL SPECIFICATIONS FOR FOOD. Choice of sampling plan and criteria for *Listeria monocytogenes*. **International Journal of Food Microbiology**, Amsterdam, v. 22, n. 2-3, p. 89-96, 1994.

_____. Establishment of microbiological safety criteria for foods in international trade. **World Health Statistics Quarterly**, Geneva, v. 50, n. 1-2, p. 119-123, 1997.

_____. Potential application of risk assessment techniques to microbiological issues relate to international trade in food and food products. **Journal of Food Protection**, Des Moines, v. 61, n. 8, p. 1075-1086, 1998.

Apêndice F – Publicações da ICMSF

_____. **A simplified guide to understanding and using food safety objectives and performance objectives**. North Ride, 2005. Disponível em: <http://www.icmsf.iit.edu/pdf/Simplified%20 FSO9nov05.pdf>. Acesso em: 16 nov. 2010.

_____. Use of epidemiologic data to measure the impact of food safety control programs. **Food Control**, Oxford, v. 17, n. 10, p. 825-837, 2006.

ICMSF - INTERNATIONAL COMMISSION ON MICROBIOLOGICAL SPECIFICATIONS FOR FOOD; VAN SCHOTHORST, M. Principles for the establishment of microbiological food safety objectives and related control measures. **Food Control**, Oxford, v. 9, n. 6, p. 379-384, 1998.

VAN SCHOTHORST, M. et al. Relating microbiological criteria to food safety objectives and performance objectives. **Food Control**, Oxford, v. 20, n. 11, p. 967-979, 2009.

ZWIETERING, M. H. et al. Validation of control measures in a food chain using the FSO concept. **Food Control**, Oxford, v. 21, n. 12, p. 1716-1722, 2010. Supplement.

TRADUÇÕES

THATCHER, F. S.; CLARK, D. S. **Microorganisms in foods 1**: their significance and methods of enumeration. Tradução para o espanhol B. Garcia. Zaragoza: Editorial Acribia, 1973.

ICMSF - INTERNATIONAL COMMISSION ON MICROBIOLOGICAL SPECIFICATIONS FOR FOOD. **Microorganismos de los alimentos 2**: métodos de muestreo para análisis microbialógicos: principios y aplicaciones especificas. Tradução J. A. Ordonez Pereda, M. A. Diaz Hernandez. Zaragoza: Editorial Acribia, 1981.

_____. **Ecología microbiana de los alimentos 1**: factores que afectan a la supervivencia de los microorganismos en los alimentos. Tradução J. Burgos Gonzalez et al. Zaragoza: Editorial Acribia, 1983.

_____. **Ecología microbiana de los alimentos 2**: productos alimenticios. Tradução B. Sanz Perez et al. Zaragoza: Editorial Acribia, 1984.

_____. **El sistema de análisis de riesgos y puntos críticos**: su aplicación a las industrias de alimentos. Tradução P. D. Malmenda, B. M. Garcia Zaragoza: Editorial Acribia, 1988.

_____. **Microorganismos de los alimentos**: caraterísticas de los patógenos microbianos. Tradução Manuel Ramis Vergés. Zaragoza: Editorial Acribia, SA, 1996.

_____. **Microorganismos de los alimentos**: ecología microbiana de los productos alimentarios. Tradução Bernabé Sanz Pérez et al. Zaragoza: Editorial Acribia, SA, 1998.

SOBRE A ICMSF

BARTRAM, M. T. International microbiological standards for foods. **Journal of Milk and Food Technology**, Ames, v. 30, p. 349-351, 1967.

BRYAN, F. L.; TOMPKIN, B. T. The international commission on microbiological specifications for foods (ICMSF). **Dairy Food Environmental Sanitary**, Ithaca, v. 11, p. 66-68, 1991.

CLARK, D. S. The international commission on microbiological specifications for foods. **Food Technology**, Chicago, v. 32, n. 67, p. 51-54, 1977.

CLARK, D. S. International perspectives for microbiological sampling and testing of foods. **Journal of Food Protection**, Des Moines, v. 45, p. 667-671, 1982.

COMINAZZINI, C. The international committee on microbiological specifications for foods and its contribution to the maintenance of food hygiene (in Italian). **Croniche Chimico**, v. 25, p. 16, 1969.

ICMSF - INTERNATIONAL COMMISSION ON MICROBIOLOGICAL SPECIFICATIONS FOR FOODS. **Food Laboratory Newsletters**, Uppsala, v. 1, n. 1, p. 23-25, 1984.

MENDOZA, S.; QUEVEDO, F. Comisión internacional de especificaciones microbiológicas de los alimentos. **Boletín del Instituto Bacteriológico de Chile**, Santiago, v. 13, p. 45, 1971.

QUEVEDO, F. Normalización de alimentos y salud para América Latina y el Caribe. 3. Importancia de los criterios microbiológicos. **Boletín de la Oficina Sanitaria Panamericana**, Washington, DC, v. 99, n. 6, p. 632-640, 1985.

SAA, C. C. The Latin American subcommittee on microbiological standards and specifications for foods. **Revista Facultad de Química Farmcéutica**, Antioquia, v. 7, p. 8, 1968.

SAA, C. C. El comité internacional de especificaciones microbiológicas de los alimentos de la IAMS. **Revista Facultad de Química Farmcéutica**, Antioquia, v. 8, p. 6, 1969.

THATCHER, F. S. The international committee on microbiological specifications for foods. Its purposes and accomplishments. **Journal of AOAC International**, Arlington, v. 54, p. 814-836, 1971.

ICMSF - INTERNATIONAL COMMISSION ON MICROBIOLOGICAL SPECIFICATIONS FOR FOOD. Update. **Food Control**, Oxford, v. 7, p. 99-101, 1996.

Patrocinadores das Atividades da ICMSF

2005-2010

As seguintes organizações patrocinaram as atividades da ICMSF durante a preparação deste livro. A ICMSF valoriza esse apoio e agradece aos patrocinadores. Deve ser reconhecido que o patrocínio não implica em endosso dos conceitos e resultados apresentados neste livro e em outras oportunidades.

3M, Estados Unidos
3M China Limited, China
Agri-Food & Veterinary Authority of Singapore, Cingapura
Agricultural and Processed Food Products Export Development Authority, Índia
American Society for Microbiology, Estados Unidos
Beijing Sanyuan Foods Co, Ltd., China
BioMerieux China Ltd., China
Campbell Soup Company, Estados Unidos
Canadian Meat Council, Canadá
Cargill Inc., Estados Unidos
Cattlemen's Beef Board and the National Cattlemen's Beef Association, Estados Unidos
China North-East Asian Sub-Commission of ICMSF, China

China Chinese Institute of Food Science and Technology, China

Consumer Goods Council of South Africa, África do Sul

Covance Laboratories Inc., Estados Unidos

DuPont China Holding Co., Ltd, China

DuPont Qualicon, Estados Unidos

DSM Food Specialties, Holanda

Ecolab Inc., Estados Unidos Fisheries Council of Canada, Canadá

Fondation Marcel Mérieux, França

Food Products Association (agora Grocery Manufacturers Association), Estados Unidos

Food Safety Authority of Ireland, Irlanda

Friesland Campina Laboratory & Quality Services, Holanda

Fuji Oil Company, Ltd., Japão

General Mills Inc., Estados Unidos

Grand River Foods Ltd., Canadá

H.J. Heinz Company Ltd., Reino Unido

ICMSF Sustaining Fund

India Council of Agricultural Research, Índia

India Council of Medical Research, Índia

Institute of Food Technologists, Estados Unidos

International Association for Food Protection, Estados Unidos

International Life Sciences Institute, Índia

International Life Sciences Institute, Sudeste Asiático

International Life Sciences Institute, Estados Unidos

Cindy Jiang, personal donation, Estados Unidos

Kao Corporation, Japão

Kellogg Company, Estados Unidos Kewpie Corporation, Japão

Kraft Foods, Inc., Estados Unidos

The Kroger Company, Estados Unidos

Latin American Sub-Commission of ICMSF

Maple Leaf Foods, Canadá

Masterfoods, Estados Unidos

McDonald's Corporation, Estados Unidos

Meat and Livestock, Australia

Meiji Dairies Corporation, Japão

Ministry of Food Processing Industries, GOI, Índia

National Horticulture Mission, Ministry of Agriculture, Índia

National Institute of Nutrition and Food Safety, China CDC, MOH, China

Apêndice G – Patrocinadores das Atividades da ICMSF

National Research Foundation, África do Sul

Nestlé Inc., Suíça

Nisshin Seifun Group Inc., Japão

NSF International, Estados Unidos

Risk Assessment Consortium

SFDK Laboratório de Análise de Produtos Ltda, Brasil

Shanghai Jiaotong University, Department of Food Science and Technology, China

Silliker Group Corporation, Estados Unidos

South African Association for Food Science & Technology, África do Sul

Standard Meat Company, Estados Unidos

Unilever Plc., Reino Unido

Unilever SA

Universidade de São Paulo, Brasil

Uruguayan Society of Food Science and Technology, Uruguai

US Department of Agriculture, Cooperative State Research; Education and Extension Service, Estados Unidos

US Department of Agriculture, Food Safety and Inspection Service, Estados Unidos

US Environmental Protection Agency, Office of Water, Estados Unidos

US Food and Drug Administration, Center for Food Safety and Applied Nutrition, Estados Unidos

Wal-Mart Stores Inc., Estados Unidos

Zhejiang Gongshang University, College of Food Science, Biotechnology and Environmental Engineering, China

ÍNDICE REMISSIVO

A

Açúcar
   Dados microbiológicos, 368
   Microrganismos de importância
      Deterioração, 368
      Perigos, 367
Açúcar de cana e beterraba (Consulte também
   Açúcar)
Água
   Água de processamento ou de produto
      Dados microbiológicos, 395
      Microrganismos de importância, 395
      Ranqueamento, importância relativa, 396
   Águas envasadas
      Dados microbiológicos, 397
      Deterioração, 397
      Perigos, 397
      Ranqueamento, importância relativa, 399
   Água potável
      Dados microbiológicos, 393
      Deterioração, 392
      Perigos, 392
      Ranqueamento, importância relativa, 393
Água de Coco
   Dados microbiológicos, 386
   Deterioração, 385
   Perigos, 385

Águas envasadas
   Dados microbiológicos, 397
   Deterioração, 397
   Perigos, 397
   Ranqueamento, importância relativa, 399
Alimentos à base de gorduras (Consulte também
   Alimentos à base de óleos e gorduras)
Alimentos à base de óleos e gorduras
   Maionese e molhos para salada
      Dados microbiológicos, 349
      Microrganismos de importância, 348
      Ranqueamento, importância relativa, 353
   Manteiga
      Dados microbiológicos, 362
      Microrganismos de importância, 361
      Ranqueamento, importância relativa, 364
   Margarina
      Dados microbiológicos, 356
      Microrganismos de importância, 355
      Ranqueamento, importância relativa, 359
   Pastas (*spreads*) com baixo teor de gordura
      Dados microbiológicos, 360
      Microrganismos de importância, 358
      Ranqueamento, importância relativa, 359
   Pastas (*spreads*) de fase aquosa contínua, 364
   Saladas à base de maionese
      Dados microbiológicos, 352
      Microrganismos de importância, 351

524 Microrganismos em Alimentos 8

Ranqueamento, importância relativa, 353
Alimentos combinados
Dados microbiológicos, 476
Perigos, 476
Alimentos desidratados
Cereais infantis,
Ambiente de processamento, 471
Durante o processamento, 469
Ingredientes críticos, 469
Microrganismos de importância, 468
Produto final, 471
Ranqueamento, importância relativa, 470
Fórmulas infantis em pó
Ambiente de processamento, 465
Citrobacter freundii, 463
Durante o processamento, 464
Ingredientes críticos, 464
Microrganismos de importância, 462
Produto final, 465
Ranqueamento, importância relativa, 467
Salmonella, 463
Tipos de processo, 463
Alimentos termoprocessados estáveis à temperatura
ambiente
B. cereus, 451
C. botulinum, 450
Controle de processo
Aquecimento e resfriamento, 452
Manuseio higiênico das embalagens, 453
Integridade da embalagem, 452
Dados microbiológicos
Ingredientes críticos, 454
Produto final, 457
Durante o processamento, 456
Ambiente de processamento, 456
Vida de prateleira, 457
Microrganismos de importância
Deterioração, 451
Perigos, 450
Processos, 450
Ranqueamento, importância relativa, 455
Amostragem investigativa, 85
Amostras de produtos finais
Açúcar, 369
Água de processamento ou de produto, 396
Água potável, 394
Águas envasadas, 398
Alimentos combinados, 478
Alimentos termoprocessados estáveis à
temperatura ambiente, 457
Bebidas à base de chá, 385
Cacau em pó, 344
Café, 334
Carnes cruas, 130
Carnes cruas curadas estáveis à temperatura

ambiente, 137
Carnes cruas picadas, 134
Cereais cozidos, 317
Cereais infantis, 471
Cogumelos, 253
Considerações gerais, 39
Crustáceos cozidos, 181
Crustáceos crus, 179
Ervas desidratadas, 287
Especiarias, 287
Fórmulas infantis em pó, 465
Frutas congeladas, 271
Frutas em compota, 277
Frutas inteiras *in natura,* 263
Frutas minimamente processadas, 267
Frutas secas, 274
Grãos *in natura,* 304
Hortaliças congeladas, 240
Hortaliças cozidas, 237
Hortaliças desidratadas, 243
Hortaliças fermentadas e acidificadas, 245
Hortaliças frescas e minimamente
processadas, 232
Ingredientes processados para ração, 207
Leguminosas desidratadas, 332
Leite concentrado, 432
Leite cru, 424
Leite de coco, 386
Leite fermentado, 441
Leite fluido processado, 428
Macarrão chinês, 314
Maionese, 351
Manteiga, 363
Margarina, 358
Massas frescas, 306
Mel, 372
Molhos desidratados, 291
Moluscos crus, 184
Moluscos sem concha e cozidos, 186
Nozes, 326
Ovos com casca, 407
Ovos desidratados, 413
Ovos líquidos e congelados, 410
Pastas (*spreads*) com baixo teor de gordura, 361
Pescados e derivados, 174
Pescados crus congelados, 177
Pescados pasteurizados, 198
Pet foods, 214
Produtos avícolas cozidos, 162
Produtos avícolas crus, 156
Produtos avícolas desidratados, 165
Produtos avícolas *in natura,* 156
Produtos cárneos cozidos, 144
Produtos cárneos crus, 130
Produtos cárneos secos, 140

Índice Remissivo

525

Produtos cozidos de ovos, 417
Produtos de panificação com cobertura
    ou recheio, 317, 480
Produtos de panificação crus, 306
Produtos de panificação, 311
Produtos envasados à base de pescado, 199
Produtos fermentados à base de pescado, 195
Produtos lácteos desidratados, 435
Produtos levemente conservados à base
    de pescado, 192
Produtos semiconservados à base de pescado, 193
Queijos, 445
Rações não processadas, 210
Refrigerantes, 379
Sementes germinadas, 249
Sementes oleaginosas, 328
Sopas desidratadas, 291
Sorvetes, 438
Sucos de frutas, 383
Sucos de hortaliças, 388
Surimi, 189
Tomates, 276
Xaropes, 371
Amostras de vida de prateleira
Alimentos combinados, 477
Alimentos termoprocessados estáveis
    à temperatura ambiente, 457
Cacau em pó, 344
Carnes cruas, 130
Cereais cozidos, 317
Definição, 65
Crustáceos cozidos, 181
Frutas congeladas, 271
Frutas minimamente processadas, 266
Hortaliças cozidas, 237
Hortaliças frescas e minimamente
    processadas, 231
Leite concentrado, 431
Leite fermentado, 441
Leites fluidos processados, 428
Macarrão chinês, 313
Maionese e molhos para saladas, 350
Manteiga, 363
Margarina, 357
Massas cruas, 313
Ovos líquidos e congelados, 410
Pastas (*spreads*) com baixo teor de gordura, 360
Pescados pasteurizados, 198
Pet foods, 214
Produtos avícolas cozidos, 161
Produtos avícolas desidratados, 165
Produtos cárneos cozidos, 143
Produtos cárneos crus, 130
Produtos cárneos secos, 139
Produtos cozidos de ovos, 416

Produtos levemente conservados à base
    de pescado, 191
Queijos, 444
Rações não processadas, 209
Rações processadas, 207
Sucos de frutas, 382
Amostras do ambiente de processamento
Açúcar, 369
Água potável, 394
Agua de processamento ou de produto, 396
Águas envasadas, 398
Alimentos combinados, 477
Alimentos termoprocessados estáveis
    à temperatura ambiente, 456
Bebidas à base de chá, 385
Cacau em pó, 343
Café, 334
Carnes cruas, exceto carnes picadas, 130
Carnes cruas curadas estáveis à temperatura
    ambiente, 137
Carnes cruas picadas, 134
Cereais cozidos, 317
Cereais infantis, 471
Cogumelos, 253
Definição, 85
Crustáceos cozidos, 181
Crustáceos crus, 178
Ervas desidratadas, 286
Especiarias, 286
Fórmulas infantis em pó, 465
Frutas congeladas, 271
Frutas em compota, 277
Frutas minimamente processadas, 266
Frutas secas, 273
Grãos *in natura,* 303
Hortaliças congeladas, 239
Hortaliças cozidas, 237
Hortaliças desidratadas, 243
Hortaliças fermentadas e acidificadas, 245
Hortaliças frescas e minimamente
    processadas, 231
Ingredientes processados para ração, 207
Leguminosas desidratadas, 330
Leite concentrado, 431
Leite cru, 423
Leite de coco, 386
Leite fermentado, 441
Leite fluido processado, 428
Macarrão chinês, 313
Maionese e molhos para saladas, 349
Manteiga, 363
Margarina, 357
Massas cruas, 313
Mel, 372
Molhos desidratados, 291

Moluscos crus, 184
Moluscos sem concha e cozidos, 185
Nozes, 326
Ovos com casca, 407
Ovos desidratados, 413
Ovos líquidos e congelados, 410
Pastas (*spreads*) com baixo teor de gordura, 360
Peixes crus, 174
Pescados crus congelados, 177
Pescados pasteurizados, 198
Pet foods, 214
Produtos à base de massa, recheados ou com cobertura, 479
Produtos avícolas cozidos, 161
Produtos avícolas desidratados, 164
Produtos avícolas *in natura,* 156
Produtos cárneos cozidos, 143
Produtos cárneos crus, 130
Produtos cárneos secos, 139
Produtos cozidos de ovos, 415
Produtos de cereais desidratados, 308
Produtos de panificação, 310
Produtos envasados à base de pescado, 199
Produtos fermentados à base de pescado, 195
Produtos lácteos desidratados, 434
Produtos levemente conservados à base de pescado, 191
Produtos semiconservados à base de pescado, 193
Queijos, 444
Rações não processadas, 209
Refrigerantes, 378
Saladas à base de maionese, 354
Sementes germinadas, 249
Sementes oleaginosas, 328
Sopas desidratadas, 291
Sorvetes, 438
Sucos de frutas, 382
Sucos de hortaliças, 388
Surimi, 188
Tomates, 276
Xaropes, 370
Amostras durante o processamento
Açúcar, 369
Água potável, 393
Agua de processamento ou de produto, 395
Águas envasadas, 398
Alimentos combinados, 479
Alimentos termoprocessados estáveis à temperatura ambiente, 456
Bebidas à base de chá, 384
Cacau em pó, 341
Café, 333
Carnes cruas curadas estáveis à temperatura ambiente, 137

Carnes cruas picadas, 133
Cereais cozidos, 316
Cereais infantis, 469
Cogumelos, 253
Considerações gerais, 85
Crustáceos cozidos, 180
Crustáceos crus, 178
Ervas desidratadas, 286
Especiarias, 286
Fórmulas infantis em pó, 464
Frutas congeladas, 271
Frutas em compota, 277
Frutas inteiras *in natura*, 261
Frutas minimamente processadas, 266
Frutas secas, 273
Grãos *in natura*, 303
Hortaliças congeladas, 239
Hortaliças cozidas, 237
Hortaliças desidratadas, 242
Hortaliças fermentadas e acidificadas, 245
Hortaliças frescas e minimamente processadas, 230
Ingredientes processados para ração, 207
Leguminosas desidratadas, 330
Leite concentrado, 430
Leite cru, 423
Leite de coco, 386
Leite fermentado, 440
Leite fluido processado, 427
Macarrão chinês, 313
Maionese e molhos para saladas, 352
Manteiga, 362
Margarina, 356
Massas cruas, 313
Mel, 372
Molhos desidratados, 291
Moluscos crus, 183
Moluscos sem concha e cozidos, 185
Ovos com casca, 406
Ovos desidratados, 413
Ovos líquidos e congelados, 409
Pastas (*spreads*) com baixo teor de gordura, 360
Pescados crus congelados, 176
Pescados pasteurizados, 197
Pet foods, 213
Produtos à base de massa, recheados ou com cobertura, 479
Produtos avícolas cozidos, 159
Produtos avícolas desidratados, 164
Produtos avícolas *in natura*, 154
Produtos cárneos cozidos, 141
Produtos cárneos crus, 128
Produtos cárneos secos, 138
Produtos cozidos de ovos, 415
Produtos de panificação, 310

Índice Remissivo

527

Produtos de panificação com cobertura
ou recheio, 317, 479
Produtos envasados à base de pescado, 199
Produtos fermentados à base de pescado, 194
Produtos lácteos desidratados, 434
Produtos levemente conservados à base
de pescado, 191
Produtos semiconservados à base
de pescado, 193
Queijos, 444
Rações não processadas, 209
Refrigerantes, 378
Saladas à base de maionese, 352
Sementes germinadas, 249
Sementes oleaginosas, 327
Sopas desidratadas, 291
Sorvetes, 436
Sucos de frutas, 382
Sucos de hortaliças, 387
Surimi, 188
Tomates, 276
Xaropes, 370
Análise entrelotes, 69-71
Análise intralote, 48
Análises microbiológicas
ALOP, 31
BPH e HACCP
Amostragem baseada em risco, 34
Avaliação de integridade, 39
Limitações, 40
Método analítico, 122
Unidades analíticas e amostras
agrupadas, 123
Princípios, 32
Planos de amostragem e limites, 117
Análise de produto final, 116
Casos da ICMSF versus critérios do Codex
L. monocytogenes, 118
Durante o processamento e análise
ambiental, 116
Grau de risco e condições de uso,
117, 118
Recomendações, etapas do produto
Ambiente de processamento, 114
Critérios para produto final, 115
Durante o processamento, 113
Ingredientes, 113
Produção primária, 112
Ranqueamento, importância relativa, 115
Vida de prateleira, *commodity,* 114
Validação, medidas de controle, 35
Verificação de controle de processo, 36
Categorias, 32
Escolha dos microrganismos, 116
Relações cliente-fornecedor
Auditoria de fornecedores, 106
Dados microbiológicos, 107

Exigências do varejista, 105
Fabricantes subcontratados, 105
FSO, 116
Ingredientes processados, 103
Matérias-primas agrícolas, 103
Negócios, 38
Parâmetros físico-químicos, 102
Parâmetros relacionados a higiene, 102
Performance Objectives, 116
Appropriate Level of Protection (ALOP), 31
Auditoria de fornecedores, 106

B

Bebidas à base de chá
Dados microbiológicos, 384
Perigos, 384
Bebidas não alcoólicas
Água de coco
Dados microbiológicos, 386
Microrganismos de importância, 385
Bebidas à base de chá
Dados microbiológicos, 384
Deterioração, 384
Perigos, 384
Refrigerantes
Dados microbiológicos, 377
Microrganismos de importância, 376
Ranqueamento, importância relativa, 378
Sucos de frutas
Dados microbiológicos, 381
Deterioração, 381
Perigos, 380
Ranqueamento, importância relativa, 382
Sucos de hortaliças
Dados microbiológicos, 387
Deterioração, 387
Perigos, 386
Beta vulgaris (Consulte também Açúcar), 367
Bivalvos (Consulte também Moluscos)
Boas Práticas de Agricultura (BPA), 30, 31, 35
Boas Práticas de Higiene (BPH)
Ações corretivas, 94
Avaliação do controle, 91
Componentes, 90
Verificação de controle ambiental, 37
Verificação de controle de processo, 36
BPA (Consulte também Boas Práticas de Agricultura)
BPH (Consulte também Boas Práticas de Higiene)

C

Cacau em pó
Dados microbiológicos, 341-345
Microrganismos de importância

Perigos, 340, 341
Deterioração, 341
Ponto Crítico de Controle (CCP), 340
Ranqueamento, importância relativa, 342
Salmonella, 340
Café
Dados microbiológicos, 333
Microrganismos de importância
Deterioração, 333
Perigos, 332
Ocratoxina A (OTA), 332, 333
Ranqueamento, importância relativa, 334
Camarão (Consulte também Crustáceos)
Caranguejos (Consulte também Crustáceos)
Carnes cruas curadas estáveis à temperatura ambiente
Dados microbiológicos, 136
Microrganismos de importância
Deterioração, 136
Perigos, 135
Carnes cruas picadas
Dados microbiológicos, 132
Microrganismos de importância, 132
Carnes curadas cozidas estáveis à temperatura
ambiente
Dados microbiológicos, 146
Microrganismos de importância
Deterioração, 146
Perigos, 145
Carnes não curadas estáveis à temperatura ambiente
Dados microbiológicos, 145
Microrganismos de importância, 145
Casos (Consulte também ICMSF, casos)
Definição, 116
Seleção, 116
Suscetibilidade de consumidores, 116
Cereais
Cereais infantis
Ambiente de processamento, 471
Durante o processamento, 469
Ingredientes críticos, 469
Microrganismos de importância, 468-469
Produtos finais, 471
Ranqueamento, importância relativa, 470
Cereais matinais, 307
Com cobertura ou recheio, 317, 479
Cozidos
Dados microbiológicos, 316-317
Deterioração, 315
Perigos, 315
Ranqueamento, importância relativa, 316
Desidratados
Dados microbiológicos, 307-309
Microrganismos de importância, 307
Ranqueamento, importância relativa, 308
Grãos *in natura*
Deterioração, 301

Perigos, 300
Ranqueamento, importância relativa, 302
Macarrão sem recheio e macarrão chinês
Dados microbiológicos, 313-314
Deterioração, 313
Perigos, 311-312
Ranqueamento, importância relativa,
314
Massas frescas e congeladas
Dados microbiológicos, 305-306
Deterioração, 305
Perigos, 304
Ranqueamento, importância relativa,
305
Produtos de Panificação
Dados microbiológicos, 310-311
Deterioração, 309
Perigos, 309
Ranqueamento, importância relativa, 312
Cereais infantis (Consulte também Alimentos
desidratados)
Chocolate (Consulte também Cacau em pó)
Ciguatera, 171
Codex Alimentarius Comission Code of Practice
for Fish and Fishery Products, 172
Cogumelos
Dados microbiológicos, 252
Microrganismos de importância
Deterioração, 251
Perigos, 250
Ranqueamento, importância relativa, 252
Confeitos (Consulte também Cacau em pó)
Considerações estatísticas, planos de amostragem,
483-494
Creme de leite
Dados microbiológicos, 429
Microrganismos de importância, 429
Critérios Codex, *L. monocytogenes,* 118
Crustáceos cozidos (Consulte também Crustáceos)

D

Diretrizes microbiológicas, 33

E

E.coli enterohemorrágica (EHEC), 125, 132, 135,
140, 221, 227, 246, 422, 443,
EHEC (Consulte também *E.coli* enterohemorrágica)
Environmental Protection Agency (EPA), 223
EPA (Consulte também Environmental
Protection Agency)

Índice Remissivo

Ervas desidratadas
Dados microbiológicos, 285
Deterioração, 285
Perigos, 284
Ranqueamento, importância relativa, 286
Escargot
Dados microbiológicos, 147
Microrganismos de importância, 146
Especiarias
Dados microbiológicos, 285
Deterioração, 285
Perigos, 284
Ranqueamento, importância relativa, 286
Especificações microbiológicas, 31
Estabelecimento de um programa de controle de ambiente
Abordagem, 81
Amostragem investigativa, 85
Determinação de microrganismos, 84
Medidas de prevenção, 84
Plano de ação de acordo com os resultados, 86
Plano de avaliação dos dados, 86
Programas e frequência de amostragem, 86
Revisão de dados históricos, 85
Revisão periódica, 86

F

Fabricantes subcontratados, 105
Farinha (Consulte também Cereais)
Food Safety Objectives
ALOP, 44
Relações cliente-fornecedor, 101
Fórmulas infantis em pó (Consulte também Alimentos desidratados)
Fórmulas infantis, 86, 103, 371, 429, 461
Frutas
Congeladas
Dados microbiológicos, 269
Microrganismos de importância, 269
Ranqueamento, importância relativa, 270
Dados microbiológicos, 259
Definição, 257
Em compota
Dados microbiológicos, 277
Microrganismos de importância, 276
Envasadas (Consulte também Alimentos termoprocessados estáveis à temperatura ambiente)
Inteiras *in natura*
Dados microbiológicos, 261
Microrganismos de importância, 260
Microrganismos de importância
Deterioração, 259
Perigos, 259

Minimamente processadas
Dados microbiológicos, 265
Microrganismos de importância, 264
Produção Primária, 258
Secas
Dados microbiológicos, 273
Microrganismos de importância, 272
Ranqueamento, importância relativa, 274
Sucos
Dados microbiológicos, 381
Deterioração, 381
Micotoxinas, 380
Perigos, 380
Ranqueamento, importância relativa, 382
Tomates
Dados microbiológicos, 276
Microrganismos de importância, 275
Frutas congeladas
Dados microbiológicos, 269
Microrganismos de importância
Deterioração, 269
Perigos, 269
Ranqueamento, importância relativa, 270
Frutas em compota
Dados microbiológicos, 277
Durante o processamento e ambiente de processamento, 277
Ingredientes críticos, 277
Microrganismos de importância
Deterioração, 277
Perigos, 276
Vida de prateleira e produto final, 277
Frutas inteiras *in natura*
Dados microbiológicos, 261
Perigos, 260
Frutas minimamente processadas
Dados microbiológicos, 265
Microrganismos de importância
Deterioração, 265
Perigos, 264
Frutas secas
Dados microbiológicos, 273
Microrganismos de importância
Deterioração, 275
Perigos, 275
Ranqueamento, importância relativa, 274
FSO (Consulte também *Food Safety Objectives*)

G

Gráfico hipotético de controle de um indicador microbiano, 76
Grãos (Consulte também Cereais)
Grãos secos, *in natura*

Dados microbiológicos, 302
Métodos de limpeza a seco, 301
Microrganismos de importância
    Deterioração, 301
    Perigos, 300
Ranqueamento, importância relativa, 302

H

HACCP (Consulte também Hazard Analysis and Critical Control Points)
Hazard Analysis and Critical Control Points (HACCP)
    Ações corretivas, 94
    Avaliação do controle, 94
    Etapas de processo, 91
    Validação, medidas de controle, 35
    Verificação do controle de processo, 36
Histamina, 171
Hortaliças
    Cogumelos
        Dados microbiológicos, 252
        Microrganismos de importância, 250
    Congeladas
        Dados microbiológicos, 239
        Microrganismos de importância, 238
    Cozidas
        Dados microbiológicos, 235
        Microrganismos de importância, 234
    Desidratadas
        Dados microbiológicos, 242
        Microrganismos de importância, 241
    Envasadas, 241
    Fermentadas e acidificadas
        Dados microbiológicos, 244
        Microrganismos de importância, 244
    Frescas e minimamente processadas
        Dados microbiológicos, 230
        Microrganismos de importância, 228
    Produção Primária
        Dados microbiológicos, 222
        Diretrizes da OMS, 222
        Melhoradores de solo, 226
        Microrganismos de importância
            Deterioração, 222
            Perigos, 220
        Ranqueamento, importância relativa, 225
        Técnicas hidropônicas, 220
    Sementes germinadas (*sprouted seeds*)
        Dados microbiológicos, 247
        Microrganismos de importância, 246
    Sucos de hortaliças
        Dados microbiológicos, 387
        Deterioração, 387
        Perigos, 386

Temperos à base de vegetais
    Dados microbiológicos, 288
    Deterioração, 288
    Perigos, 287
Hortaliças fermentadas e acidificadas
    Dados microbiológicos, 244-245
    Microrganismos de importância, 244
    Ranqueamento, importância relativa, 245
Hortaliças congeladas
    Dados microbiológicos, 239
    Microrganismos de importância
        Deterioração, 239
        Perigos, 238
    Ranqueamento, importância relativa, 240
Hortaliças cozidas
    Dados microbiológicos, 235
    Microrganismos de importância
        Perigos, 235
        Deterioração, 235
Hortaliças desidratadas
    Microrganismos de importância
        Deterioração, 242
        Perigos, 241
    Ranqueamento, importância relativa, 243
Hortaliças fermentadas
    Dados microbiológicos, 244
    Microrganismos de importância, 244
    Ranqueamento, importância relativa, 245
Hortaliças frescas e minimamente processadas
    Dados microbiológicos, 230
    Microrganismos de importância
        Deterioração, 229
        Local de acondicionamento, 229
        Perigos, 229

I

ICMSF
    Casos, 118, 119
    Membros, 502, 509-514
    Objetivos e Realizações, 501
    Participantes, 509
    Publicações, 515
    Amostragem baseada em risco, 34
    Patrocinadores, 519
Ingredientes críticos
    Alimentos combinados, 476
    Alimentos termoprocessados estáveis à
        temperatura ambiente, 454
    Bebidas à base de chá, 384
    Cacau em pó, 341
    Carnes cruas, 128
    Carnes cruas curadas estáveis à temperatura
        ambiente, 137

Índice Remissivo

Carnes cruas picadas, 132
Cereais cozidos, 316
Cereais infantis, 469
Cogumelos, 252
Considerações gerais, 113
Crustáceos cozidos, 179
Crustáceos crus, 178
Ervas desidratadas, 285
Especiarias, 285
Fórmulas infantis em pó, 464
Frutas congeladas, 270
Frutas em compota, 277
Frutas inteiras *in natura*, 261
Frutas minimamente processadas, 266
Frutas secas, 273
Grãos *in natura*, 302
Hortaliças congeladas, 239
Hortaliças cozidas, 236
Hortaliças desidratadas, 242
Hortaliças fermentadas e acidificadas, 245
Hortaliças frescas e minimamente
  processadas, 230
Ingredientes processados para ração, 205
Leguminosas desidratadas, 330
Leite concentrado, 430
Leite cru, 423
Leite fermentado, 440
Leite fluido processado, 426
Macarrão chinês, 313
Maionese e molhos para saladas, 349
Manteiga, 362
Margarina, 356
Massas cruas, 313
Massas frescas, 305
Molhos desidratados, 291
Nozes, 324
Pastas (*spreads*) com baixo teor de gordura, 360
Pet foods, 213
Produtos avícolas cozidos, 159
Produtos avícolas desidratados, 164
Produtos avícolas *in natura*, 154
Produtos cárneos cozidos, 141
Produtos cárneos crus, 128
Produtos cárneos secos, 138
Produtos cozidos de ovos, 415
Produtos de panificação com cobertura
  ou recheio, 479
Produtos de panificação, 310
Produtos envasados à base de pescado, 199
Produtos fermentados à base de pescado, 194
Produtos lácteos desidratados, 433
Produtos levemente conservados à base
  de pescado, 190
Produtos semiconservados à base
  de pescado, 192

Queijo, 444
Rações compostas, 211
Rações não processadas, 209
Rações processadas, 205
Refrigerantes, 377
Sementes germinadas, 248
Sopas desidratadas, 291
Sorvetes, 436
Sucos de frutas, 381
Sucos de hortaliças, 387
Surimi, 187
Tomates, 276
Ingredientes processados, 103

L

Leguminosas desidratadas
  Dados microbiológicos, 330
  Grãos de soja, 328
  Microrganismos de importância
    Deterioração, 330
    Perigos, 328
  Ranqueamento, importância relativa, 331
  Sufu, 329
  Tofu, 329
Leite
  Creme de leite
    Dados microbiológicos, 429
    Microrganismos de importância, 429
  Leite concentrado
    Ambiente de processamento, 431
    Durante o processamento, 430
    Ingredientes críticos, 430
    Microrganismos de importância, 430
    Produto final, 432
    Ranqueamento, importância relativa, 431
    Vida de prateleira, 431
  Leite cru
    Agentes zoonóticos, 422
    Dados microbiológicos, 423
    Deterioração, 423
    Perigos, 422
    Ranqueamento, importância relativa, 424
  Leite fermentado
    Ambiente de processamento, 441
    Deterioração, 439
    Durante o processamento, 440
    Ingredientes críticos, 440
    Perigos, 438
    Produto final, 441
    Ranqueamento, importância relativa, 440
    Vida de prateleira, 441
  Leite fluido processado
    Ambiente de processamento, 428

Deterioração, 426
Durante o processamento, 427
Ingredientes críticos, 426
Perigos, 425
Produto final, 428
Ranqueamento, importância relativa, 427
Vida de prateleira, 428
Produtos lácteos desidratados
Ambiente de processamento, 434
Durante o processamento, 434
Ingredientes críticos, 433
Microrganismos de importância, 432
Produto final, 435
Ranqueamento, importância relativa, 433
Vida de prateleira, 435
Queijo
Dados microbiológicos, 442
Microrganismos de importância, 441
Sorvetes
Dados microbiológicos, 436
Microrganismos de importância, 436
Ranqueamento, importância relativa, 437
Limite superior da concentração aceitável (m), 34
Limite superior do nível aceitável marginal (M), 34
Listeria monocytogenes, comparação de
planos de amostragem, 118

M

Macarrão sem recheio e macarrão chinês (*noodles*)
Dados microbiológicos, 313
Deterioração, 313
Perigos, 311
Ranqueamento, importância relativa, 314
Maionese
Dados microbiológicos, 349
Ranqueamento, importância relativa, 353
Microrganismos de importância, 348
Saladas à base de maionese
Dados microbiológicos, 352
Deterioração, 352
Perigos, 351
Manteiga
Dados microbiológicos, 362
Deterioração, 362
Perigos, 361
Ranqueamento, importância relativa, 364
Margarina
Dados microbiológicos, 356
Deterioração, 356
Perigos, 355
Ranqueamento, importância relativa, 359
Massas frescas
Dados microbiológicos, 305

Deterioração, 305
Perigos, 304
Ranqueamento, importância relativa, 305
Mastigáveis para animais de estimação
(Consulte também *Pet foods*)
Matérias-primas agrícolas, 103
Mel
Dados microbiológicos, 372
Microrganismos de importância
Perigos, 371
Deterioração, 372
Métodos de enriquecimento (Consulte também
Unidades Analíticas e Amostras Agrupadas)
Métodos ISO, 499
Molhos desidratados
Dados microbiológicos, 290
Deterioração, 290
Perigos, 289
Ranqueamento, importância relativa, 290
Moluscos
Crus
Águas de cultivo, 183
Dados microbiológicos, 182
Durante o processamento, 183
Enfermidades transmitidas, 181
Produto final, 184
Sem concha e cozidos
Dados microbiológicos, 185
Microrganismos de importância, 185
Ranqueamento, importância relativa, 186
Moluscos sem concha e cozidos (Consulte também
Moluscos)

N

Nozes
Aflatoxina, 322
Dados microbiológicos, 324
Microrganismos de importância
Deterioração, 324
Perigos, 322
Ranqueamento, importância relativa, 325
Salmonella, 323
Salmonelose humana, 323
Número de amostras analisadas (*n*), 34
Número máximo tolerável de resultados (*c*), 34

O

Ovos
Ovos com Casca
Campylobacter jejuni, 405
Dados microbiológicos, 406

Índice Remissivo **533**

Deterioração, 405
Perigos, 404
Ranqueamento, importância relativa, 406
Staphylococcus aureus, 405
Ovos desidratados
Dados microbiológicos, 413
Microrganismos de importância, 412
Ovos líquidos e congelados
Ambiente de processamento, 410
Deterioração, 409
Durante o processamento, 409
Ingredientes críticos, 409
Perigos, 408
Produto final, 410
Ranqueamento, importância relativa, 411
Vida de prateleira, 410
Produção, 404
Produtos cozidos de ovos
Ambiente de processamento, 415
Deterioração, 415
Durante o processamento, 415
Ingredientes críticos, 415
Perigos, 414
Produto final, 417
Vida de prateleira, 416
Salmonella, 403
Ovos com casca (Consulte também Ovos)
Ovos desidratados (Consulte também Ovos)
Ovos líquidos e congelados (Consulte
também Ovos)

P

Padrões microbiológicos, 33
Pão (Consulte também Cereais)
Pasta de Camarão, 293
Pastas (*spreads*)
Com baixo teor de gordura, 358
De fase aquosa contínua, 364
Pastas (*spreads*) com baixo teor de gordura
Dados microbiológicos, 360
Deterioração, 359
Perigos, 358
Ranqueamento, importância relativa, 359
Performance Objectives, Relação
cliente-fornecedor, 101
Pernas de rãs
Dados microbiológicos, 147
Microrganismos de importância, 147
Pescado
Pescados e derivados
Clostridium botulinum, 171
Crustáceos cozidos
Ambiente de processamento, 181

Perigos e deterioração, 179
Ranqueamento, importância relativa, 180
Vida de prateleira e produto final, 181
Crustáceos crus
Ingredientes críticos, 178
Microrganismos de importância, 177
Ranqueamento, importância relativa, 178
Vida de prateleira e produto final, 178-179
Enfermidades transmitidas, 169, 170
Histamina, 196
Moluscos crus
Agentes causadores de enfermidades,
181-182
Águas de cultivo, 183
Análise de bivalves, 184
Produto final, 184
Moluscos sem concha e cozidos
Dados microbiológicos, 185
Perigos, 185
Peixes crus marinhos e de água doce
Dados microbiológicos, 172
Microrganismos de importância, 171
Pescados crus congelados
Controle de perigos e deterioração, 175-176
Ranqueamento, importância relativa, 176
Pescados pasteurizados
Ambiente de processamento, 198
Microrganismos de importância, 196
Ranqueamento, importância relativa, 197
Vida de prateleira e produto final, 198
Produtos levemente conservados à base de
pescado
Dados microbiológicos, 189
Ranqueamento, importância relativa, 190
Toxinas aquáticas, 189
Produtos envasados à base de pescado, 199
Produtos fermentados à base de pescado, 194
Produtos totalmente desidratados
ou salgados, 196
Surimi e produtos à base de pescado moído
Dados microbiológicos, 187
Perigos e deterioração, 187
Vibrio parahaemolyticus, 182
Pescados crus congelados, 175
Pescados pasteurizados
Ambiente de processamento, 198
Microrganismos de importância, 196
Ranqueamento, importância relativa, 197
Vida de prateleira e produto final, 198
Pet Foods
Dados microbiológicos, 213
Microrganismos de importância
Deterioração, 213
Perigos, 212
Petiscos (Consulte também *Pet foods*)

Pizza, 317, 475
Produção primária
    Considerações gerais, 112
    Frutas, 258
    Hortaliças, 219
    Ovos, 404
    Produtos avícolas, 152
    Produtos cárneos, 126
Produtos à base de carnes cruas
    Dados microbiológicos
        Ambiente de processamento, 130
        Durante o processamento, 128
        Ingredientes críticos, 128
        Produto final, 130
        Vida de prateleira, 130
    Microrganismos de importância
        Deterioração, 127
        Perigos, 127
Produtos à base de massa, recheados e
    com cobertura
    Dados microbiológicos, 479
    Microrganismos de importância
        Deterioração, 479
        Perigos, 478
    Ranqueamento, importância relativa, 481
Produtos avícolas
    Campylobacter e *Salmonella,* 151, 152
    Comercialmente estéreis, 163
    Cozidos
        Dados microbiológicos, 159
        Microrganismos de importância, 158
    Desidratados
        Dados microbiológicos, 163
        Microrganismos de importância, 163
    In natura
        Dados microbiológicos, 154
        Microrganismos de importância, 153
    Produção primária, 152
    Verificação de controle de processo, 77
Produtos avícolas comercialmente estéreis
    (Consulte também Produtos avícolas)
Produtos avícolas cozidos
    Dados microbiológicos, 159
    Microrganismos de importância
        Perigos, 158
        Deterioração, 159
        Ranqueamento, importância relativa, 160
Produtos avícolas desidratados
    Dados microbiológicos, 163
    Microrganismos de importância
        Deterioração, 163
        Perigos, 163
Produtos avícolas *in natura*
    Dados microbiológicos
        Ambiente de processamento, 156

Análise de tendência, 156
        Durante o processamento, 154
        Ingredientes críticos, 154
        Produto final, 156
        Ranqueamento, importância relativa, 155
        Vida de prateleira, 156
    Microrganismos de importância
        Deterioração, 154
        Perigos, 153
        Salmonella e *Campylobacter,* 153
Produtos cárneos
    Crus
        Dados microbiológicos, 128
        Microrganismos de importância, 127
    Carnes cruas curadas estáveis à temperatura
        ambiente
        Dados microbiológicos, 136
        Microrganismos de importância, 135
    Carnes cruas picadas
        Dados microbiológicos, 132
        Microrganismos de importância, 132
    Carnes curadas cozidas estáveis à temperatura
        ambiente
        Dados microbiológicos, 146
        Microrganismos de importância, 145
    Carnes não curadas estáveis à temperatura
        ambiente
        Dados microbiológicos, 145
        Microrganismos de importância, 145
    Cozidos
        Dados microbiológicos, 141
        Microrganismos de importância, 140
    Escargot
        Dados microbiológicos, 147
        Microrganismos de importância, 146
    Produção primária, 126
    Pernas de rãs
        Dados microbiológicos, 147
        Microrganismos de importância, 147
    Secos
        Dados microbiológicos, 138
        Microrganismos de importância, 137
    Verificação de controle de processo, 77
Produtos cárneos cozidos
    Dados microbiológicos, 141
    Microrganismos de importância
        Deterioração, 141
        Perigos, 140
Produtos cárneos secos, 137
Produtos de panificação com recheio (Consulte
    também Produtos à base de massa, receheados
    e com cobertura)
Produtos envasados à base de pescado, 199
Produtos lácteos desidratados
    Dados microbiológicos, 432

Índice Remissivo

Microrganismos de importância, 432
Ranqueamento, importância relativa, 433
Programas de controle de processo de autoridades competentes
Suco, 78
Carne bovina e de aves, 77
Programas de gestão da segurança de alimentos
Análises microbiológicas
ALOP, 44
Amostragem baseada em risco, 45-46
Avaliação de integridade, 39
BPH e HACCP, 46, 47
Categorias, 45
Condições, 111
Escolha, microrganismos, 116
Limitações, 40
Princípios, 45
Recomendações, etapas de produção, 112
Relações cliente-fornecedor, 38
Seleção de limites e planos de amostragem, 116
Codex Alimentarius Commmision, 30-40

Q

Queijos
Dados microbiológicos, 442-446
Microrganismos de importância
Deterioração, 442
Perigos, 441
Ranqueamento, importância relativa, 443

R

Rações
Compostas
Dados microbiológicos, 211
Microrganismos de importância, 210
Não processadas
Dados microbiológicos, 208
Microrganismos de importância, 207
Processadas
Dados microbiológicos, 205
Microrganismos de importância, 204
Salmonella, 203-214
Rações compostas
Dados microbiológicos, 211
Microrganismos de importância
Deterioração, 210
Perigos, 210
Rações não processadas
Dados microbiológicos, 208
Microrganismos de importância

Deterioração, 208
Perigos, 207
Rações processadas
Dados microbiológicos
Ambiente de processamento, 207
Durante o processamento, 207
Ingredientes críticos, 205
Vida de prateleira e produto final, 207
Microrganismos de importância
Deterioração, 205
Perigos, 204
Rações secas extrusadas ou peletizadas *(pellets)*, 211
Refrigerantes
Dados microbiológicos, 377
Leveduras, 376
Microrganismos de importância
Deterioração, 376
Perigos, 376
Ranqueamento, importância relativa, 378
Relações cliente-fornecedor
Auditoria de fornecedores, 106
Dados microbiológicos, 107
Exigências do varejista, 104
Fabricantes subcontratados, 105
FSO, 101
Ingredientes processados, 103
Matérias-primas agrícolas, 103
Parâmetros físico-químicos, 102
Parâmetros relacionados com higiene, 102
Performance Objectives, 101, 102
Restabelecimento de controle
Boas Práticas de Higiene
Ações corretivas, 94
Avaliação do controle, 92
Componentes, 93
Destino de produtos questionáveis
Considerações sobre análise de sublotes, 98
Opções, 97
Evidências epidemiológicas e reclamações, 96
HACCP
Avaliação do controle, 94
Ações corretivas, 96
Etapas de processo, 91
Perda repetitiva de controle, 98

S

Saccharum officinalis, 367
Sementes germinadas *(sprouted seeds)*
Dados microbiológicos, 247
Microrganismos de importância
Deterioração, 247
Perigos, 246
Ranqueamento, importância relativa, 248

536

Microrganismos em Alimentos 8

Sementes oleaginosas
  Dados microbiológicos, 327
  Deterioração, 327
  Perigos, 327
Soja
  Grãos (Consulte também Leguminosas
    desidratadas)
  Molhos
    A. *oryzae*, 291
    A. *sojae*, 291
    Dados microbiológicos, 292
    Deterioração, 292
    Perigos, 292
Sopas desidratadas
  Dados microbiológicos, 290
  Deterioração, 290
  Perigos, 289
  Ranqueamento, importância relativa, 290
Sorvetes
  Dados microbiológicos, 436
  Microrganismos de importância, 436
  Ranqueamento, importância relativa, 437
Sucos de frutas
  Dados microbiológicos, 381
  Deterioração, 381
  Micotoxinas, 380
  Microrganismos de importância, 380
  Perigos, 380
  Ranqueamento, importância relativa, 382
  Verificação de controle de processo, 78
Surimi, 186

T

Tomates
  Dados microbiológicos
    Durante o processamento e ambiente
      de processamento, 276
    Ingredientes críticos, 276
    Vida de prateleira e produto final, 276
  Microrganismos de importância
    Deterioração, 275
    Perigos, 275

U

Unidades analíticas e amostras agrupadas, 123

V

Validação
  Considerações para, 45
  De BPH, 63
  De limpeza, 63
  De medidas de controle, 35, 47
  Definição, 43
Validação de medidas de controle
  Considerações, 43
  Definição, 43
  Determinação de vida de prateleira, 65
  Limpeza, 63
  Monitoramento e verificação, 44
  Revalidação, 66
  Validação de processo prospectiva, 47
  Validação de processo retrospectiva, 47
  Validação de processo simultânea, 47
  Valor log médio e desvio padrão, 48
  Variabilidade do processo, conformidade
    com FSO, 57
Validação de processo prospectiva, 47
Validação de processo retrospectiva, 47
Validação de processo simultânea, 47
Varejistas, 104
Verificação
  Autoridades competentes, 77
  Controle de ambiente, 37, 81
  Controle de processo, 37, 69
  Definição, 44
Verificação de controle de processo
  Análise intralote e entrelotes, 73
  Estabelecendo critérios microbiológicos, 74
  Informações necessárias, 72
  Obtenção de dados de rotina, 75
  Programas de controle de processo de
    autoridades competentes
    Produtos cárneos e avícolas, 77
    Suco, 78

X

Xaropes
  Dados microbiológicos, 370
  Deterioração, 370
  Perigos, 369